2024 | 한국산업인력공단 | 국가기술자격

고시넷
고패스

조경기능사 필기

핵심이론 + CBT 빈출문제 + 기출문제

2024
최신판

합격자의 추천 공부법! 「기출문제 반복 풀이」

- 유형별 핵심이론
- CBT 빈출 500題 제공
- 과년도 기출문제 15회분(2013년 1회 ~ 2016년 4회) 제공

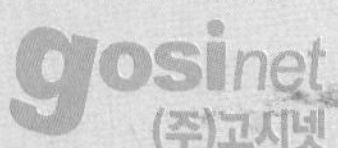

조경기능사 상세정보

자격종목

자격명		관련부처	시행기관
조경기능사	Craftsman Landscape Architecture	국토교통부	한국산업인력공단

검정현황

필기시험

	2013	2014	2015	2016	2017	2018	2019	2020	2021	2022	2023	합계
응시	10,561	10,166	9,844	9,222	8,951	10,656	12,842	13,443	18,092	16,486	17,970	138,233
합격	3,725	3,441	3,967	3,979	4,359	4,480	5,229	6,241	8,401	8,681	9,288	61,791
합격률	35.3%	33.8%	40.3%	43.1%	48.7%	42%	40.7%	46.4%	46.4%	52.7%	51.7%	44.7%

실기시험

	2013	2014	2015	2016	2017	2018	2019	2020	2021	2022	2023	합계
응시	4,986	4,718	4,985	4,922	5,063	5,383	5,692	6,235	8,537	8,705	8,478	67,704
합격	4,533	4,211	4,180	4,334	4,460	5,006	5,194	5,659	7,431	7,474	7,439	59,921
합격률	90.9%	89.3%	83.9%	88.1%	88.1%	93%	91.3%	90.8%	87%	85.9%	87.7%	88.5%

취득방법

구분	필기	실기
시험과목	조경설계, 조경시공, 조경관리	조경 기초 실무
검정방법	객관식 4지 택일형, 60문항(60분) CBT 방식으로 각자가 다른 문제	작업형(3시간)
합격기준	100점 만점에 60점 이상	100점 만점에 60점 이상
■ 필기시험은 시험일 답안지를 전송하면 바로 합격결과를 확인 할 수 있다. ■ 필기시험 합격자는 당해 필기시험 합격자 발표일로부터 2년간 필기시험이 면제된다.		

시험절차

01 시험일정 확인

조경기능사는 기능사 자격증으로 누구나 응시가 가능합니다.
하지만 1년에 4번 시험이 있으므로 시험일정을 미리 확인하셔야 합니다.
필기시험을 합격하셔야 실기에 응시가 가능합니다.

02 필기시험 원서접수

큐넷(www.q-net.or.kr)에 회원가입합니다(이때 반명함판 사진을 등록하셔야 합니다).
큐넷에 로그인 하신 후 [마이페이지] - [원서접수관리] - [원서접수신청]을 클릭하신후 순서에 따라 필기시험 원서접수를 진행합니다.
CBT 시험이므로 특정시간, 특정 장소에서 시험치는 인원이 비교적 소수입니다. 여유좌석을 확인하신 후 접수하셔야 합니다. 접수 마지막에 결제하기를 통해서 검정수수료를 결제합니다.

03 필기시험 응시

접수한 일정에 조금 여유있게 시험장에 도착하시는 것이 좋습니다.
반드시 신분증을 지참하셔야 합니다(원서는 없어도 상관없지만 신분증은 필수입니다).
시험시간 20분 전부터 입실이 가능하며, PC와 함께 비번호를 받습니다.
이후 1시간 동안 필기시험을 진행하며 마지막에 답안지를 전송하면 바로 합격 여부를 화면에 표시해 줍니다.

04 필기시험 합격자 발표

이미 시험 후에 개인의 합격 여부는 확인하였습니다.
하지만 행정적인 조치로 전체적인 해당 회차 합격자 발표를 진행합니다.
산업기사와 기사 등은 자격요건을 따져 서류가 자격요건에 맞는 경우 최종 합격자로 분류되나 기능사는 자격요건이 없으므로 시험 후에 발표난 내역대로 발표합니다.
이날을 기준으로 2년간 필기시험을 치르지 않고 실기에 바로 응시가능합니다.

05 실기시험 원서접수 및 응시

실기시험 원서접수가 시작되면 큐넷에 로그인 하신 후 실기 접수가 가능합니다.
한 번에 응시가능한 실기시험 응시자 수가 제한적이므로 가능한 원서접수가 시작되는 당일 빠르게 접수하도록 합니다.
접수된 일정에 맞춰 시험장에 신분증을 지참하시고 시험에 응시하셔야 합니다.

06 최종 합격자 발표 및 자격증 신청

큐넷 홈페이지를 통해 최종 합격자 발표일에 최종 합격자를 확인하실 수 있습니다.
합격자는 바로 수첩형 자격증을 신청할 수 있으며, 등기우편으로 수령합니다.
상장형 자격증은 합격자 발표가 이뤄진 후 큐넷 홈페이지를 통해 온라인으로 신청 및 즉시수령이 가능합니다.

책의 구성과 학습법

필기_이론편

Part 1. 이론편은 조경양식의 이해에서부터 조경시설물 관리까지 조경기능사 필기 출제기준 주요항목 16가지에서 출제되는 문제를 출제 비중에 맞춰 10개의 Unit으로 구분하여 핵심이론을 정리하였습니다.

15년간 출제된 기출문제를 분석해 핵심이론만을 정리했습니다.

이론 학습을 정리하고, 출제유형을 확인할 수 있도록 기본 기출문제와 해설, 정답을 제시했습니다.

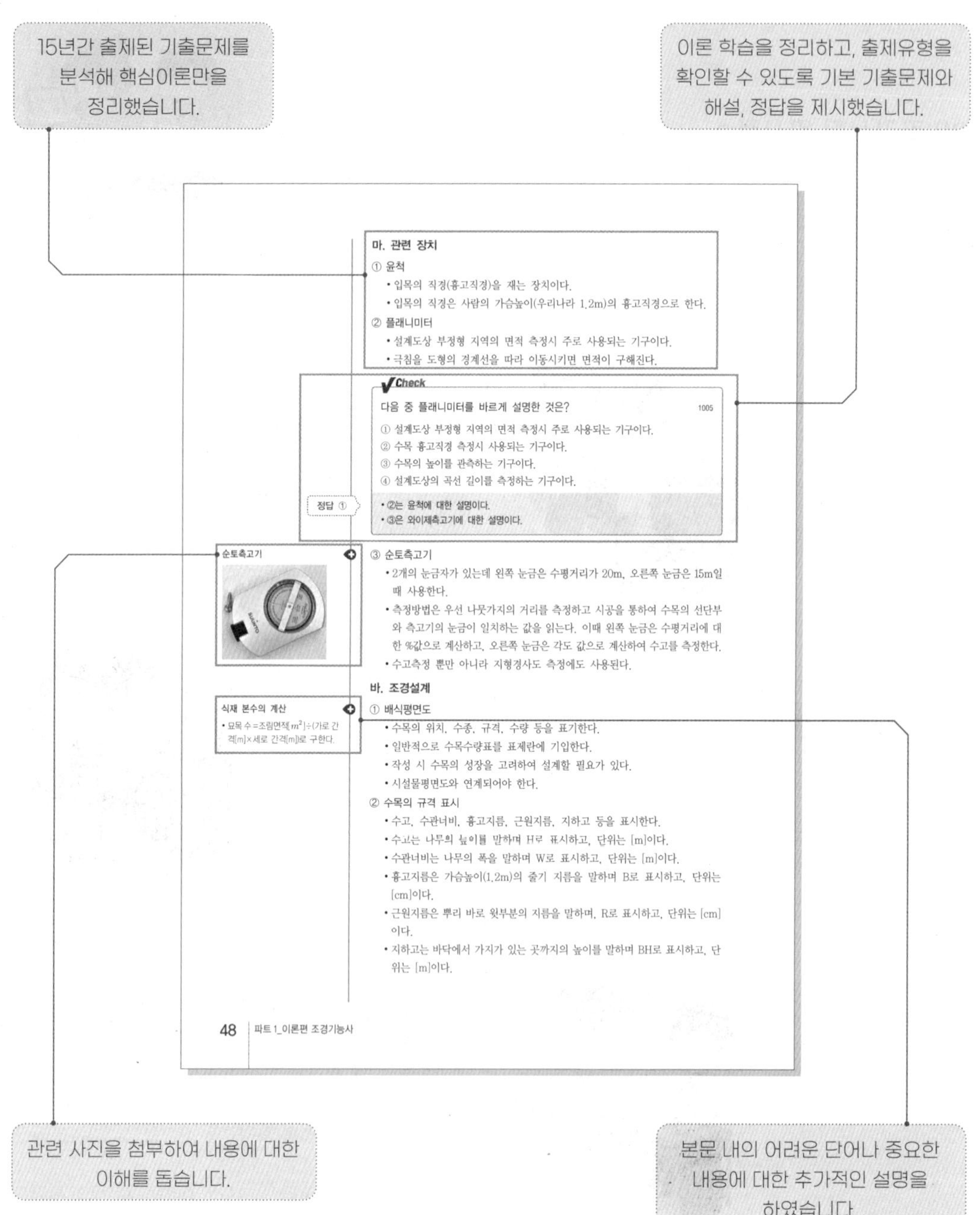

마. 관련 장치

① 윤척
- 입목의 직경(흉고직경)을 재는 장치이다.
- 입목의 직경은 사람의 가슴높이(우리나라 1.2m)의 흉고직경으로 한다.

② 플래니미터
- 설계도상 부정형 지역의 면적 측정시 주로 사용되는 기구이다.
- 극침을 도형의 경계선을 따라 이동시키면 면적이 구해진다.

✓Check

다음 중 플래니미터를 바르게 설명한 것은? 1005

① 설계도상 부정형 지역의 면적 측정시 주로 사용되는 기구이다.
② 수목 흉고직경 측정시 사용되는 기구이다.
③ 수목의 높이를 관측하는 기구이다.
④ 설계도상의 곡선 길이를 측정하는 기구이다.

정답 ①
- ②는 윤척에 대한 설명이다.
- ③은 와이제측고기에 대한 설명이다.

순토측고기

③ 순토측고기
- 2개의 눈금자가 있는데 왼쪽 눈금은 수평거리가 20m, 오른쪽 눈금은 15m일 때 사용한다.
- 측정방법은 우선 나뭇가지의 거리를 측정하고 시공을 통하여 수목의 선단부와 측고기의 눈금이 일치하는 값을 읽는다. 이때 왼쪽 눈금은 수평거리에 대한 %값으로 계산하고, 오른쪽 눈금은 각도 값으로 계산하여 수고를 측정한다.
- 수고측정 뿐만 아니라 지형경사도 측정에도 사용된다.

바. 조경설계

식재 본수의 계산
- 묘목 수=조림면적(m^2)÷(가로 간격[m]×세로 간격[m])로 구한다.

① 배식평면도
- 수목의 위치, 수종, 규격, 수량 등을 표기한다.
- 일반적으로 수목수량표를 표제란에 기입한다.
- 작성 시 수목의 성장을 고려하여 설계할 필요가 있다.
- 시설물평면도와 연계되어야 한다.

② 수목의 규격 표시
- 수고, 수관너비, 흉고지름, 근원지름, 지하고 등을 표시한다.
- 수고는 나무의 높이를 말하며 H로 표시하고, 단위는 [m]이다.
- 수관너비는 나무의 폭을 말하며 W로 표시하고, 단위는 [m]이다.
- 흉고지름은 가슴높이(1.2m)의 줄기 지름을 말하며 B로 표시하고, 단위는 [cm]이다.
- 근원지름은 뿌리 바로 윗부분의 지름을 말하며, R로 표시하고, 단위는 [cm]이다.
- 지하고는 바닥에서 가지가 있는 곳까지의 높이를 말하며 BH로 표시하고, 단위는 [m]이다.

48 파트 1_이론편 조경기능사

관련 사진을 첨부하여 내용에 대한 이해를 돕습니다.

본문 내의 어려운 단어나 중요한 내용에 대한 추가적인 설명을 하였습니다.

필기_문제편

Part 2에서는 CBT에 자주 출제되는 빈출문제를 500제로 정리하였습니다. 조경기능사는 비슷한 유형의 문제가 많이 출제되는 만큼 대표적인 문제를 통해서 집중적으로 문제를 풀어보는 것이 효과적입니다. Part 3에서는 공개된 기출문제 중 가장 최근 분에 해당하는 2013~2016년까지의 출제문제를 회차별로 정리하였습니다.

CBT 시험에 자주 출제되는 문제를 500개로 정리하여 제시합니다.

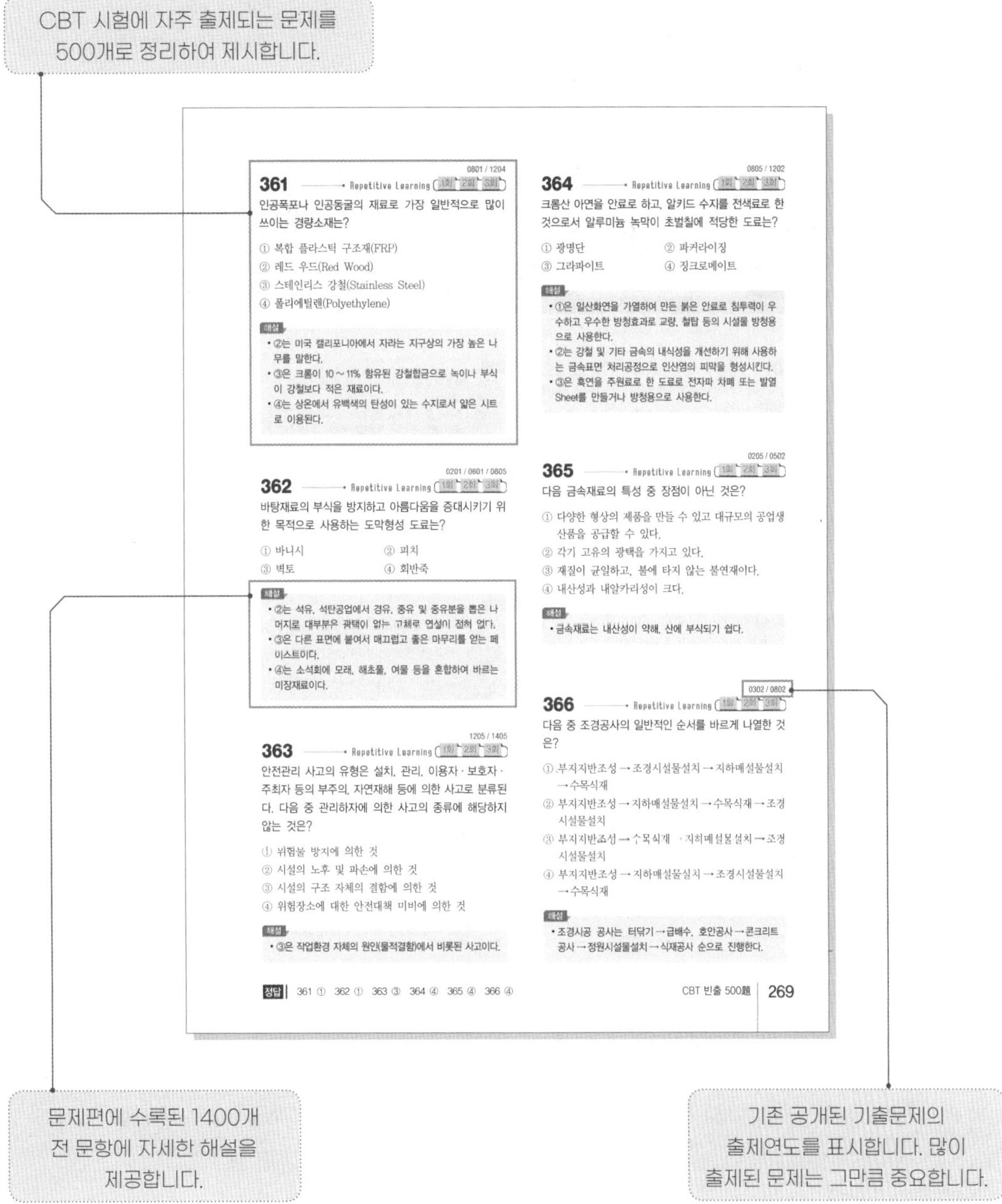

0801 / 1204
361 Repetitive Learning (1회 2회 3회)
인공폭포나 인공동굴의 재료로 가장 일반적으로 많이 쓰이는 경량소재는?

① 복합 플라스틱 구조재(FRP)
② 레드 우드(Red Wood)
③ 스테인리스 강철(Stainless Steel)
④ 폴리에틸렌(Polyethylene)

해설
- ②는 미국 캘리포니아에서 자라는 지구상의 가장 높은 나무를 말한다.
- ③은 크롬이 10~11% 함유된 강철합금으로 녹이나 부식이 강철보다 적은 재료이다.
- ④는 상온에서 유백색의 탄성이 있는 수지로서 얇은 시트로 이용된다.

0201 / 0601 / 0805
362 Repetitive Learning (1회 2회 3회)
바탕재료의 부식을 방지하고 아름다움을 증대시키기 위한 목적으로 사용하는 도막형성 도료는?

① 바니시　② 피치
③ 벽토　④ 회반죽

해설
- ②는 석유, 석탄공업에서 경유, 중유 및 중유분을 뽑은 나머지로 대부분은 광택이 없는 고체로 연성이 전혀 없다.
- ③은 다른 표면에 붙여서 매끄럽고 좋은 마무리를 얻는 페이스트이다.
- ④는 소석회에 모래, 해초풀, 여물 등을 혼합하여 바르는 미장재료이다.

1205 / 1405
363 Repetitive Learning (1회 2회 3회)
안전관리 사고의 유형은 설치, 관리, 이용자 · 보호자 · 주최자 등의 부주의, 자연재해 등에 의한 사고로 분류된다. 다음 중 관리하자에 의한 사고의 종류에 해당하지 않는 것은?

① 위험물 방지에 의한 것
② 시설의 노후 및 파손에 의한 것
③ 시설의 구조 자체의 결함에 의한 것
④ 위험장소에 대한 안전대책 미비에 의한 것

해설
- ③은 작업환경 자체의 원인(물적결함)에서 비롯된 사고이다.

0805 / 1202
364 Repetitive Learning (1회 2회 3회)
크롬산 아연을 안료로 하고, 알키드 수지를 전색료로 한 것으로서 알루미늄 녹막이 초벌칠에 적당한 도료는?

① 광명단　② 파커라이징
③ 그라파이트　④ 징크로메이트

해설
- ①은 일산화연을 가열하여 만든 붉은 안료로 침투력이 우수하고 우수한 방청효과로 교량, 철탑 등의 시설물 방청용으로 사용한다.
- ②는 강철 및 기타 금속의 내식성을 개선하기 위해 사용하는 금속표면 처리공정으로 인산염의 피막을 형성시킨다.
- ③은 흑연을 주원료로 한 도료로 전자파 차폐 또는 발열 Sheet를 만들거나 방청용으로 사용한다.

0205 / 0502
365 Repetitive Learning (1회 2회 3회)
다음 금속재료의 특성 중 장점이 아닌 것은?

① 다양한 형상의 제품을 만들 수 있고 대규모의 공업생산품을 공급할 수 있다.
② 각기 고유의 광택을 가지고 있다.
③ 재질이 균일하고, 불에 타지 않는 불연재이다.
④ 내산성과 내알카리성이 크다.

해설
- 금속재료는 내산성이 약해, 산에 부식되기 쉽다.

0302 / 0802
366 Repetitive Learning (1회 2회 3회)
다음 중 조경공사의 일반적인 순서를 바르게 나열한 것은?

① 부지지반조성 → 조경시설물설치 → 지하매설물설치 → 수목식재
② 부지지반조성 → 지하매설물설치 → 수목식재 → 조경시설물설치
③ 부지지반조성 → 수목식재 → 지하매설물설치 → 조경시설물설치
④ 부지지반조성 → 지하매설물실치 → 조경시설물설치 → 수목식재

해설
- 조경시공 공사는 터닦기 → 급배수, 호안공사 → 콘크리트공사 → 정원시설물설치 → 식재공사 순으로 진행한다.

정답 | 361 ① 362 ① 363 ③ 364 ④ 365 ④ 366 ④

CBT 빈출 500題 | 269

문제편에 수록된 1400개 전 문항에 자세한 해설을 제공합니다.

기존 공개된 기출문제의 출제연도를 표시합니다. 많이 출제된 문제는 그만큼 중요합니다.

책의 구성과 학습법

필기_문제편

2013년 1회 ~ 2016년 4회까지
총 15회분 기출문제를 제공합니다.

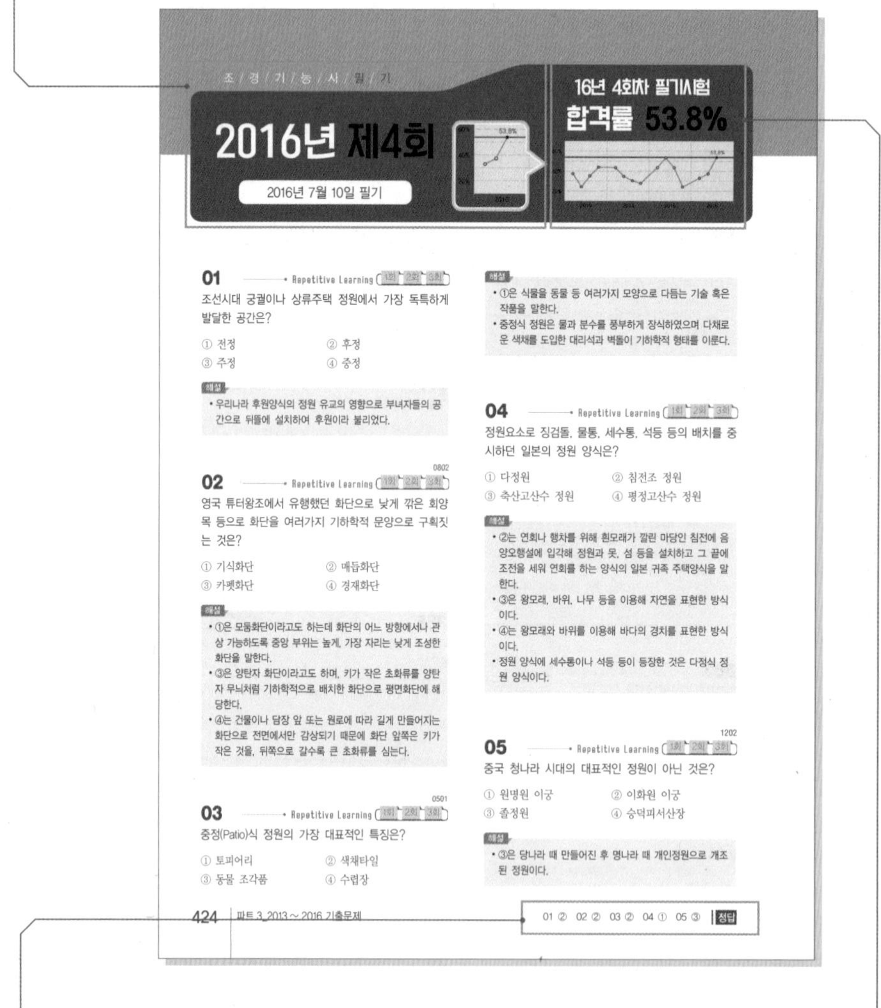
조 / 경 / 기 / 능 / 사 / 필 / 기

2016년 제4회

2016년 7월 10일 필기

16년 4회차 필기시험
합격률 53.8%

01 Repetitive Learning (1회 2회 3회)

조선시대 궁궐이나 상류주택 정원에서 가장 독특하게 발달한 공간은?

① 전정 ② 후정
③ 주정 ④ 중정

해설
- 우리나라 후원양식의 정원 유교의 영향으로 부녀자들의 공간으로 뒤뜰에 설치하여 후원이라 불리었다.

0802

02 Repetitive Learning (1회 2회 3회)

영국 튜터왕조에서 유행했던 화단으로 낮게 깎은 회양목 등으로 화단을 여러가지 기하학적 문양으로 구획짓는 것은?

① 기식화단 ② 매듭화단
③ 카펫화단 ④ 경재화단

해설
- ①은 모둠화단이라고도 하는데 화단의 어느 방향에서나 관상 가능하도록 중앙 부위는 높게, 가장 자리는 낮게 조성한 화단을 말한다.
- ③은 양탄자 화단이라고도 하며, 키가 작은 초화류를 양탄자 무늬처럼 기하학적으로 배치한 화단으로 평면화단에 해당한다.
- ④는 건물이나 담장 앞 또는 원로에 따라 길게 만들어지는 화단으로 전면에서만 감상되기 때문에 화단 앞쪽은 키가 작은 것을, 뒤쪽으로 갈수록 큰 초화류를 심는다.

0501

03 Repetitive Learning (1회 2회 3회)

중정(Patio)식 정원의 가장 대표적인 특징은?

① 토피어리 ② 색채타일
③ 동물 조각품 ④ 수렵장

해설
- ①은 식물을 동물 등 여러가지 모양으로 다듬는 기술 혹은 작품을 말한다.
- 중정식 정원은 물과 분수를 풍부하게 장식하였으며 다채로운 색채를 도입한 대리석과 벽돌이 기하학적 형태를 이룬다.

04 Repetitive Learning (1회 2회 3회)

정원요소로 징검돌, 물통, 세수통, 석등 등의 배치를 중시하던 일본의 정원 양식은?

① 다정원 ② 침전조 정원
③ 축산고산수 정원 ④ 평정고산수 정원

해설
- ②는 연회나 행차를 위해 흰모래가 깔린 마당인 침전에 음양오행설에 입각해 정원과 못, 섬 등을 설치하고 그 끝에 조전을 세워 연회를 하는 양식의 일본 귀족 주택양식을 말한다.
- ③은 왕모래, 바위, 나무 등을 이용해 자연을 표현한 방식이다.
- ④는 왕모래와 바위를 이용해 바다의 경치를 표현한 방식이다.
- 정원 양식에 세수통이나 석등 등이 등장한 것은 다정식 정원 양식이다.

1202

05 Repetitive Learning (1회 2회 3회)

중국 청나라 시대의 대표적인 정원이 아닌 것은?

① 원명원 이궁 ② 이화원 이궁
③ 졸정원 ④ 승덕피서산장

해설
- ③은 당나라 때 만들어진 후 명나라 때 개인정원으로 개조된 정원이다.

424 파트 3_2013 ~ 2016 기출문제

01 ② 02 ② 03 ② 04 ① 05 ③ 정답

각 페이지 하단에 정답을 표기하여
빠르게 확인할 수 있습니다.

해당 회차의 합격률과 4년간의
합격률 추이를 표시합니다.

차례

영역별 출제 키워드

조경양식의 이해	조경의 정의와 역사, 각 대륙별, 국가별 조경양식과 변천사, 조경의 분류
조경계획	조경계획과 조사분석 과정, 조경관련 법규, 조경관련 이론, 기본구성과 기본계획
조경기초설계	조경미, 색, 대비, 조경제도와 설계도면 그리고 도면의 작성법 및 조경설계
조경설계	조경소재, 조경시설의 설계, 조경시설의 종류와 특징(계단 및 주택정원 중심)
조경식물	조경식물의 개요, 조경수목의 분류, 수목의 성질별 분류, 수목의 목적별 분류
기초 식재공사	토목공사(흙깎기, 비탈면 보호공, 성토 등), 수목의 굴취와 운반, 수목의 식재방법
잔디 식재공사	잔디의 종류와 관리 방법, 잔디 방제방법, 골프장 관련 용어
조경인공재료	조경에 사용되는 인공재료의 종류와 특징, 미장 및 포장 재료, 석재와 시멘트, 콘크리트, 목재, 플라스틱, 금속재
조경시설물공사	시공관리, 측량, 기계장비의 활용, 옥외시설물, 옹벽 등 구조물 설치
조경관리	조경포장공사, 병해충과 방제방법, 제초관리, 토양관리, 시비관리, 전정관리, 수목의 보호조치, 수관다듬기

파트 1

이론편

조경기능사

조경기능사란? 조경 실시설계도면을 이해하고 현장여건을 고려하여 시공을 통해 조경 결과물을 도출하여 이를 관리하는 직무이다.

UNIT 1

조경양식의 이해

조경양식의 이해에서는 조경의 정의와 역사, 각 대륙별, 국가별 조경양식과 변천사, 조경의 분류 등이 주요하게 다뤄진다.

1 조경일반

가. 개요

① 조경의 정의

- 좁은 의미로 식재를 중심으로 한 전통적인 조경기술로 정원을 만드는 일을 말하며, 넓은 의미로 정원을 포함한 광범위한 옥외공간 건설을 목표로 한다.
- 미국 ASLA에서는 토지를 계획 · 설계 · 관리하는 기술로서 자연의 보전 및 관리 측면에서 자연과 인공의 적절한 배치를 통해 쾌적한 환경이 되도록 하는 학문이라고 정의하였다.
- 과학적이고 미적인 공간을 창조하는 종합예술로 아름답고 편리하며 생산적인 생활 환경을 조성한다.
- 도시에 자연을 도입하여 도시를 건강하고 아름답게 하는 것이다.
- 옥외에서의 운동, 산책, 휴양 등의 효과를 목적으로 한다.
- 국토를 보존하고 정비하며, 그 이용에 관한 계획을 하는 것이다.

② 조경의 효과

- 공기의 정화와 자연환경을 보호 및 유지한다.
- 인간의 안식처로서의 구실을 하게 된다.
- 살기 좋고 위생적인 주거환경이 된다.
- 수질 및 대기오염을 감소시키고 자연 훼손지역을 복구한다.
- 주택은 충분한 햇빛과 통풍을 얻을 수 있게 된다.
- 소음차단 효과를 얻을 수 있다.
- 토지의 경제적이고 기능적인 이용 · 계획이 가능하다.

③ 조경의 역사

- 고대 이집트, 그리스 등 기원전부터 조경은 시작되었다.(사자의 정원, 바빌론의 정원, 아고라, 코라 등)
- 산업혁명 이후 도시화가 진행되면서 영국에서 풍경식 정원이 대두되었다.
- 19세기에(근대) 들어서면서 공공의 조경이 강조되면서 공원이 등장하였다.
- 20세기 초(1909년) 미국조경가협회에서 조경은 인간의 이용과 즐거움을 위하여 토지를 다루는 기술이라고 정의했다.
- 1975년 미국조경가협회에서 조경은 실용성과 즐거움, 자원의 보전과 효율적 관리, 문화적 지식의 응용을 통하여 설계, 계획하고 토지를 관리하며, 자연 및 인공 요소를 구성하는 기술이라고 정의했다.

도시화의 진전

- 환경오염이 증대되고 있다.
- 기온은 상승되고 있다.
- 강우량은 증가하고 있다.
- 하천의 범람 횟수가 늘고 있다.

④ 조경가(Landscape architect)

- 1858년 미국의 센트럴파크를 설계한 프레더릭 로 옴스테드가 처음으로 사용한 개념이다.
- 경관을 조성하는 전문가로 예술성을 지닌 실용적이고 기능적인 생활환경을 만든다.
- 건축가의 작업과 많은 유사성을 지니고 있으며 경관 건축가라고도 한다.

⑤ 조경가의 역할과 자질

- 공공을 위한 녹지의 조성에 우선을 두어야 한다.
- 합리적 사고를 갖추고 새로운 과학기술을 도입하여 생활환경을 개선시켜 나간다.
- 공학적 지식을 갖추고 건축, 토목, 지역계획 등 관련 분야와 협력하여 계획을 수립한다.
- 자연과학적 지식을 갖추고 기존의 자연환경을 살리면서 기능적이고 경제적인 이용방안을 찾아낸다.
- 인류학, 지리학, 사회학, 환경심리학 등에 관한 인문과학적 지식도 요구된다.

조경기술자의 직무내용

조경설계 기술자	도면제도, 기본계획 수립, 물량 산출, 시방서 작성, 시공감리
조경시공 기술자	식재 공사 시공, 시설물 공사 시공, 설계 변경, 적산 및 견적, 조경시설물 및 자재의 생산
조경관리 기술자	조경수목 생산 및 관리, 전정 및 시비, 병해충 방제, 피해수목 보호 및 처리

Check

조경이 타 건설분야와 차별화될 수 있는 가장 독특한 구성 요소는? 1101

① 지형 ② 암석
③ 식물 ④ 물

- 조경이 타 건설분야(건축, 토목, 기계, 설비, 플랜트) 등과 구별되는 가장 독특한 구성요소는 식물(꽃과 나무)이다.

정답 ③

나. 조경양식

① 조경양식 발생요인

- 크게 자연적 요인과 사회적 요인으로 구분할 수 있다.
- 자연적 요인에는 기후, 지형, 식물, 토질, 암석 등이 있다.
- 사회적 요인에는 사상, 종교, 민족성, 역사성 및 국민성 등이 있다.
- 다른 나라의 조경양식을 받아들이는데 가장 장애가 되는 것은 자연환경이 된다.(사막지역에 연못을 중심으로 하는 중정식이나 수변을 이용하는 회유임천식을 적용하기 어렵다)

② 정원 양식의 분류

정형식	평면기하학식, 노단식, 중정식으로 구분하는 방식으로 실용성을 위해 인위적으로 정원을 조성
자연식	전원풍경식, 회유임천식, 고산수식으로 구분하는 방식으로 자연을 훼손하지 않고 그 특성을 살리는 방식으로 조성
절충식	정형식과 자연식을 절충한 방식으로 실용성과 자연성을 동시에 가짐

③ 자연식 조경양식

- 동아시아에서 발달한 양식이며 자연 상태 그대로를 정원으로 조성한다.
- 전원풍경식, 회유임천식, 고산수식으로 구분된다.

전원풍경식	18세기 영국, 독일 및 한국, 중국, 일본의 정원에서 나타나는 형식으로 자연 상태 그대로 정원을 만드는 양식
회유임천식	정원 중심에 연못과 섬을 만들고 다리를 연결해 주변을 감상하는 방식으로 중국, 일본 정원에서 나타나는 형식
고산수식	자연식 조경 중 물을 전혀 사용하지 않고 나무, 바위와 왕모래 등으로 상징적인 정원을 만드는 양식

고산수식
- 일본에서 발전한 조경양식이다.
- 축소지향적인 일본의 민족성과 극도의 상징성으로 조성되었다.

④ 화단의 분류

- 초화류와 화목류를 조화롭게 꾸며놓은 것을 화단이라고 한다.
- 화단은 그 형태에 따라 크게 평면화단, 입체화단, 특수화단으로 구분한다.

평면화단	동일한 크기를 갖는 초화를 조화롭게 여러가지 무늬로 구성한 화단을 말하며 양탄자화단, 리본화단, 포석화단 등으로 구분할 수 있다.
입체화단	키가 다른 화초를 입체적으로 배치한 화단으로 기식화단, 경재화단, 노단화단, 석벽화단 등으로 구분할 수 있다.
특수화단	특수한 용도와 형태를 가진 화단으로 암석화단, 침상화단, 공중화단, 수생화단, 창문화단 등이 있다.

- 기식화단은 모둠화단이라고도 하는데 화단의 어느 방향에서나 관상 가능하도록 중앙 부위는 높게, 가장자리는 낮게 조성한 화단을 말한다.
- 경재화단은 건물이나 담장 앞 또는 원로에 따라 길게 만들어지는 화단으로 전면에서만 감상되기 때문에 화단 앞쪽은 키가 작은 것을, 뒤쪽으로 갈수록 큰 초화류를 심는다.
- 침상화단은 관상하기에 편리하도록 땅을 1 ~ 2m 깊이로 파내려가 평평한 바닥을 조성하고, 그 바닥에 화단을 조성한 화단을 말한다.

Check

조경양식 발생요인 가운데 사회 환경 요인이 아닌 것은? 1004

① 민족성 ② 사상
③ 종교 ④ 기후

정답 ④

- ④는 자연적 요인에 해당한다.

2 조경의 분류

가. 개요

① 조경의 대상지별 구분

주거지	개인주택의 정원, 아파트 단지 등 공동주택 조경
자연공원	국립공원, 도립공원, 군립공원, 지질공원, 천연기념물 보호구역 등
도시공원	소공원, 어린이 공원, 근린공원, 묘지공원, 체육공원, 문화공원, 수변공원, 생태공원 등
문화재	궁궐, 사찰, 왕릉, 전통민가, 성곽, 서원 등
위락 · 관광시설	유원지, 휴양지, 골프장, 야영장, 경마장, 낚시터 등
기타	도로, 학교, 광장 등

Check

조경을 프로젝트의 수행단계별로 구분할 때, 기능적으로 다른 분류에 해당하는 곳은? 1002

① 전통민가 ② 휴양지 ③ 유원지 ④ 골프장

• ①은 문화재인데 반해 ②, ③, ④는 위락 · 관광시설에 해당한다.

정답 ①

나. 사적지

① 사적지 유형

정치 · 국방	궁터, 관아, 성터, 성곽, 병영, 전적지 등
유적	조개무덤, 주거지, 취락지
산업 · 교통 · 주거생활	교량, 제방, 도요지, 우물, 역사 등
교육 · 의료 · 종교	서원, 향교, 절터, 교회, 성당 등
제사 · 장례	제단, 지석묘, 사당 등

② 사적지 조경

- 민가의 안마당은 가능한 비워둔다.
- 사찰 회랑 경내에는 나무를 심지 않는다.
- 성곽 가까이에는 교목을 심지 않는다.
- 궁이나 절의 건물터는 잔디를 식재한다.
- 묘역 안에는 큰 나무를 심지 않는다.
- 건축물 가까이에는 교목류를 식재하지 않는다.

③ 서원 조경

- 도산서당의 정우당, 남계성원의 지당에 연꽃이 식재된 것은 주렴계의 애련설의 영향이다.
- 서원의 진입공간에는 홍살문이 세워지고, 하마비와 하마석이 놓여진다.
- 서원에 식재되는 수목들은 지조, 절개, 위엄과 신성한 장소를 의미하는 상징적인 목적으로 식재되었다.
- 서원에 식재되는 대표적인 수목은 은행나무로 행단과 관련이 있다.

행단(杏壇)

- 은행나무가 있는 단을 말한다.
- 공자가 제자들에게 글을 가르치던 곳이라는 의미이다.

다. 학교

① 학교 조경 수목 선정기준

생태적 특성	학교가 위치한 지역의 기후, 토양 등의 환경에 조건이 맞도록 수목을 선정
경관적 특성	학교 이미지 개선에 도움이 되며, 계절의 변화를 느낄 수 있도록 수목을 선정
교육적 특성	교과서에서 나오는 수목이 선정되도록 하며 학생들과 교직원들이 선호하는 수목을 선정
경제적 특성	구입하기 쉽고 병충해가 적고 관리하기가 쉬운 수목을 선정

공원 행사의 개최 순서
- 기획 → 제작 → 실시 → 평가

② 학교정원의 공간별 설계방법
- 앞뜰구역에는 잔디밭이나 화단, 분수, 조각물, 휴게시설 등을 설치한다.
- 뒤뜰 면적이 좁은 경우에는 음지식물 학습원을 만들 수 있다.
- 운동장과 교실 건물 사이는 5 ~ 10m의 녹지대를 설치하여 소음과 먼지 등을 차단시킨다.

3 서양 조경양식

가. 개요

서양의 대표적인 조경양식

자연풍경식	영국, 독일
중정식	중세 수도원, 스페인
노단식	이탈리아, 서아시아
평면기하학식	프랑스

① 서양의 정원 양식 발달사
- 14세기 이후 르네상스 시대에서부터 정원이 건축의 일부로 종속되던 시대에서 벗어나 건축물을 정원양식의 일부로 다루려는 경향이 나타났으며, 유럽의 각 나라의 특성에 맞는 정원 양식이 크게 발달하였다.
- 15 ~ 17세기에 걸쳐 이탈리아에서 노단식 정원이 발달했다.
- 17세기 프랑스에서 르노트르식 정원(평면기하학식)이 발달했다.
- 17 ~ 18세기 영국에서 자연풍경식 정원이 발달했다.
- 18세기 이후 영국, 프랑스, 미국 등에서 근대건축식이 발달했다.

Check

서양의 정원 양식의 발달 순서가 맞게 나열된 것은? 0301

① 노단건축식–르노트르식–자연풍경식–근대건축식
② 근대건축식–노단건축식–르노트르식–자연풍경식
③ 르노트르식–노단건축식–자연풍경식–근대건축식
④ 노단건축식–근대건축식–르노트르식–자연풍경식

정답 ①

- 이탈리아의 노단식 정원이 르네상스 시절의 첫 번째 정원양식이다.
- 근대건축식은 18세기 이후의 정원 양식이다.

파라다이소(Paradiso)
- 수도원의 회랑식 정원에서 십자형 동선이 정원을 구획할 때 그 교차점을 말한다.
- 수도원 정원에서 원로의 교차점인 중정 중앙에 큰나무 한 그루를 심는 것을 의미하기도 한다.

② 중세 유럽의 조경 형태
- 수도원을 중심으로 한 조경 발전
- 식재료가 되는 식물을 재배하는 채소원과 과수원
- 의약품 제조를 위해 약초와 허브를 재배하는 약초원
- 수도원의 전형적인 정원으로 예배실을 비롯한 교단의 공공건물에 의해 둘러싸인 네모난 회랑식 정원–클라우스트룸(Claustrum)

③ 차하르 바그(Chahar-bagh)

- 이슬람 정원에서 카니드라 불리는 수로에 의해 만든 4분원의 정원을 말한다.
- 코란경전에 천국의 정원이란 4개의 물길에 둘러싸인 4개의 정원이라 하였다.
- 중세 클로이스터 가든에 나타나는 사분원(四分園)의 기원이 된 회교 정원 양식이다.

④ 19세기 서양의 조경

- 1899년 미국 조경가협회(ASLA)가 창립되었다.
- 19세기 초 도시문제와 환경문제가 심각해졌으나 19세기 말에 들어서야 관련 법률이 제정되었다.
- 19세기 말 조경은 토목공학기술에 영향을 받았다.
- 19세기 말 조경은 전위적인 예술에 영향을 받았다.

⑤ 서양의 정형식 정원 양식 특징

- 기하학적인 땅 가름
- 다듬어진 나무
- 인공적인 무늬화단
- 대칭적이면서 균형과 조화유지

나. 고대 국가

① 고대 그리스의 정원

- 구릉이 많은 지형에 영향을 받았다.
- 아고라는 시장의 기능을 갖춘 광장을 일컫는다.
- 포럼은 공공건물과 주랑으로 둘러싸인 다목적 열린 공간으로 무덤의 전실을 일컫는다.
- 짐나지움은 청년들이 체육 훈련을 하는 공공정원을 일킨는다.
- 히포다무스에 의해 도시계획에서 격자형이 채택되었다.

Check

고대 그리스 조경에 관한 설명 중 틀린 것은? 1102

① 구릉이 많은 지형에 영향을 받았다.
② 짐나지움(Gymnasium)과 같은 공공적인 정원이 발달하였다.
③ 히포다무스에 의해 도시계획에서 격자형이 채택되었다.
④ 서민들의 정원은 발달을 보지 못했으나 왕이나 귀족의 저택은 대규모이며 사치스러운 정원을 가졌다.

- 고대 그리스에서는 아고라, 짐나지움 등으로 대표되는 공공정원이 발달하였다.

정답 ④

주랑(portico)

- 여러 개의 기둥만 나란히 서 있고 벽이 없는 복도를 말한다.
- 건물 입구로 이어지는 현관 또는 통로 위에 지붕이 덮여 있고 기둥으로 지지하거나 벽이 둘러져 있는 곳을 말한다.

고대 로마의 빌라
- 건물과 정원을 같이 포함한 대저택을 말한다.
- 대표적으로 빌라 라우렌티아나, 빌라 투스카니, 빌라 아드리아누스 등이 있다.

② 고대 로마의 정원 배치

제1중정	아트리움 (Atrium)	손님맞이용 공적 공간
제2중정	페리스틸리움 (Peristylium)	가족들의 사적인 공간
후원	지스터스 (Xystus)	5점형 식재 - 수로를 중심으로 원로와 하단 대칭 배치

③ 공중정원(Hanging garden)
- 기원전 600년 경에 건립된 서아시아 바빌론에 위치한 정원으로 세계 7대 불가사의 중 하나이다.
- 현존하지는 않는다.
- 계단식 건물과 테라스 마다 수목을 식재한 정원 양식이다.
- 현대 옥상정원의 시초라 할 수 있다.

④ 수렵원(Hunting garden)
- BC 3000 ~ 333년까지 서아시아에서 오늘날의 공원의 시초라 할 수 있는 왕과 귀족의 사냥을 위해 조성한 궁전사냥터를 말한다.
- 인공으로 언덕을 쌓고 인공호수를 조성하였다.

다. 영국

① 찰스 브릿지맨(Charles Bridgeman)
- 조지 1세의 궁정 정원사이다.
- 버킹엄셔의 「스토우(Stowe) 가든」을 설계하고, 담장 대신 정원 부지의 경계선에 도랑을 파서 외부로부터의 침입을 막은 Ha-ha 수법을 도입하였다.

② 윌리암 켄트(William Kent)
- 18세기 초 잉글랜드의 건축가, 조경가, 가구 디자이너이다.
- '자연은 직선을 싫어한다'라고 주장한 영국의 낭만주의 조경가로 근대 조경의 아버지로 불리운다.

③ 매듭화단(Knot garden)
- 영국 튜터왕조에서 유행했던 화단으로 낮게 깎은 회양목 등으로 화단을 여러 가지 기하학적 문양으로 구획 짓는 것이다.
- 오픈 knot은 매듭 안쪽 공지에 다양한 색의 흙을 채우는 방식이고, 클로즈드 knot은 매듭 안쪽 공간에 같은 종류의 키 작은 화훼를 채워 넣는 방식이다.

Check

영국 정형식 정원의 특징 중 매듭화단이란 무엇인가? 1201

① 낮게 깎은 회양목 등으로 화단을 기하학적 문양으로 구획한 화단
② 수목을 전정하여 정형적 모양으로 만든 미로
③ 가늘고 긴 형태로 한쪽 방향에서만 관상할 수 있는 화단
④ 카펫을 깔아 놓은 듯 화려하고 복잡한 문양이 펼쳐진 화단

정답 ①

- ②는 미원에 대한 설명이다.
- ③은 경재화단에 대한 설명이다.
- ④는 카펫화단에 대한 설명이다.

④ 스토우(stowe) 정원

- 영국 버킹엄셔주에 위치한 정원으로 18세기 영국의 낭만주의 정원 예술에 큰 영향을 미쳤다(풍경식 정원).
- 브릿지맨과 반브르프가 만들고, 켄트와 브라운에 의해 수정되었다.
- 하하(Ha-ha)의 도입과 교차된 부축의 빗나간 각도가 특이점이다.

⑤ 자연풍경식 조경

- 18세기 ~ 19세기 낭만주의 사조와 함께 영국에서 성행하였던 조경양식이다.
- 스테판 스위처가 시작하고, 험프리 랩턴에 의해 완성된 영국의 정원 수법이다.
- 넓은 잔디밭, 통나무 계단 등을 이용한 전원적이며 목가적인 정원 양식이다.
- 정형식 정원의 의장을 탈피하고 자연 그대로의 짜임새가 생겨나도록 하는 사실주의에 입각하여 대칭(Symmetry)의 미를 사용하지 않았다.
- 형태와 선이 자유로우며, 자연재료를 사용하여 자연을 모방하거나 축소하여 자연에 가까운 형태(1 : 1)로 표현한다.

⑥ 공적 조경으로의 전환

- 19세기 영국(1830년대)에서 사적 조경에서 공적 조경으로 전환되었다.
- 산업화로 인한 급격한 도시화로 인한 환경문제를 해결하는 방안으로 공공정원의 필요성이 대두되었다.
- 성제임스공원, 그린파크, 하이드파크, 켄싱턴가든이 대표적인 예이다.

Check

사적인 정원 중심에서 공적인 대중공원의 성격을 띤 시대는? 1201

① 14세기 후반 에스파냐 ② 17세기 전반 프랑스
③ 19세기 전반 영국 ④ 20세기 전반 미국

- 19세기 영국(1830년대)에서 사적 조경에서 공적 조경으로 전환되었다.

정답 ③

⑦ 버컨헤드 공원(Birkenhead Park)

- 공공의 목적을 위해 시민들의 돈으로 조성된 최초의 시민공원(1847년)이다.
- 공원의 효시로 일컬어지는 영국의 공원으로 미국의 센트럴 파크의 설립에 영향을 주었다.
- 미국 식민지 개척을 통한 유럽 각국의 다양한 사유지 중심의 정원양식이 공적인 성격으로 전환되는 계기가 되었다.

⑧ 레드북(Red Book)

- 조경가 험프리 렙톤(Humphry Repton)이 제안한 내용이다.
- 작은 공책 안에 계획의 설명을 적거나 스케치, 그림, 평면도 등을 그려 현황을 분석하도록 하였다.
- 정원의 개조 전후의 모습을 보여준다.

⑨ 큐가든

- 영국 런던 템스 강가에 위치한 왕립 식물원이다.
- William Chambers가 디자인한 곳이다.
- 중국식 파고다나 모스크 등을 설치하여 중국식 영국정원이라는 새로운 풍경정원의 유형을 만들었다.

라. 프랑스

비스타(Vista)

- 통경선이라고도 한다.
- 주축선을 따라 설치된 원로의 양쪽에 짙은 수림을 조성하여 시선을 주축선으로 집중시키는 수법이다.

① 프랑스 정원

- 축선(軸線, Axis)이 중심이 되어 주축선 양쪽에 짙은 수림을 만들어 주축선이 두드러지게 하는 비스타(Vista) 수법을 사용하였다.
- 평면기하학식이 발달하였다.
- 건축식 조경양식이 발달하였다.

② 보르비콩트(Vaux-le-Vicomte) 정원

- 르노트르가 이탈리아 유학 후 귀국하여 만든 최초의 평면기하학식 정원이다.
- 본격적인 프랑스식 정원으로서 루이 14세 당시의 니콜라스 푸케가 앙드레 르노트르(Andre Le notre) 등 당시 최고의 건축가 및 조경가들을 동원하여 만들었다.

③ 베르사유(Versailles) 궁원

- 앙드레 르노트르(Andre Le Notre)가 설계한 세계 최대 규모의 정형식 궁원(평면기하학식)이다.
- 장엄한 스케일로 정원을 건물보다 중심되게 구성하였다.
- 아폴로 분수, 라토나 분수, 물극장 등의 수경시설을 설치하였다.
- 미원, 소로, 야외극장 등을 배치하였고 비스타를 형성하였다.

Check

주축선 양쪽에 짙은 수림을 만들어 주축선이 두드러지게 하는 비스타(Vista) 수법을 가장 많이 이용한 정원은? 1202

① 영국 정원　② 독일 정원
③ 이탈리아 정원　④ 프랑스 정원

정답 ④

- ①은 자연풍경식 정원이 발달하였다.
- ②는 근대건축식 정원이 발달하였다.
- ③은 노단건축식 정원이 발달하였다.

마. 이탈리아

① 이탈리아 정원 양식

- 별장이 구릉지에 위치하는 경우가 많아 정원의 주류는 노단식(테라스)을 사용한다.
- 노단과 노단은 계단과 경사로에 의해 연결되었다.
- 축선을 강조하기 위해 원로의 교점이나 원점에 계단폭포, 물 무대, 분수, 정원극장, 동굴 등의 조경 시설물을 배치하였다.

② 르네상스 시대 이탈리아 정원

- 이탈리아의 조경양식이 크게 발달하기 시작한 시기이다.
- 지형의 경사가 심해 높이가 다른 여러 개의 노단을 잘 조화시켜 좋은 전망을 살린다.
- 강한 축을 중심으로 정형적 대칭을 이루도록 꾸며진다.
- 원로의 교차점이나 종점에는 조각, 분천, 연못, 캐스케이드 벽천, 장식화분 등이 배치된다.

캐스케이드

- 고저차가 있는 지형에서 단을 지어 흐르는 인공적인 폭포 혹은 고저 양면에 있는 정원이나 샘을 상호 연결한 수로를 의미한다.
- 이탈리아 정원에서 많이 사용되었던 조경기법을 말한다.

• 대표적인 작품으로는 빌라 란셀로티, 빌라 메디치, 빌라 란테 등이 있다.

③ 빌라 에스테(Villa d'Este)

• 16세기 르네상스 시대 이탈리아의 대표적인 정원이다.
• 넵튠의 분수, 원형의 분수, 수압오르간 등 100여개의 분수와 물이 있는 정원으로 물의 향연으로 불린다.
• 미로와 자수화단 설치하였다.

④ 이탈리아 바로크 정원 양식

• 17세기 이탈리아에서 매너리즘과 함께 대두된 정원 양식이다.
• 형식을 중시하고 비현실적이며, 타성적인 스타일로 화려하고 세부기교에 치중하여 물을 즐겨 사용하였다.
• 미켈란젤로가 대표적인 건축가이다.
• 미원(수목을 전정하여 정형적 모양으로 만든 미로), 토피어리(식물을 인공적으로 다듬는 것), 잔디, 물극장 등 다양한 물의 기교가 특징이다.

토피어리

• 나무를 다듬어 짐승의 모양이나 어떤 사물의 모양을 만들어 내는 것을 말한다.
• 이탈리아 바로크 정원에서 미원, 물극장 등과 같이 많이 사용됐다.

Check

이탈리아의 노단건축식(Terrace Dominant Architectural Stule) 정원 양식이 생긴 요인에 해당되는 것은? 0501

① 과학기술이 발달했기 때문에 ② 비가 적게 오기 때문에
③ 돌이 많이 나오기 때문에 ④ 지형의 경사가 심하기 때문에

• 이탈리아에서 노단식이 발전하게 된 이유는 지형적인 이유이다.

정답 ④

바. 미국

① 뉴욕의 센트럴 파크(Central Park)

• 1857년 프레드릭 로 옴스테드가 도시 한복판에 근대공원의 면모를 갖추어 만든 최초의 공원이다.
• 식민지 시대의 사유지 중심의 정원에서 공공적인 성격을 지닌 조경으로 전환되는 전기를 마련하였다.
• 넌석은 약 334헥타르의 장방형 슈퍼블록으로 구성 되었다.
• 미국에서 재정적으로 성공하였으며 도시공원의 효시로 국립공원 운동의 계기를 마련하였다.

Check

미국에서 재정적으로 성공하였으며 도시공원의 효시로 국립 공원운동의 계기를 마련한 공원은? 0501

① 센트럴 파크 ② 세인트제임스파크
③ 뷔테쇼몽 공원 ④ 프랭크린파크

• ②는 런던에서 가장 오랜 역사를 지닌 왕립공원이다.
• ③은 프랑스 파리의 쓰레기장을 바로크 양식으로 개조한 공원이다.
• ④는 미국 뉴저지주의 인구 조사 지정장소이다.
• 도시공원의 효시로 국립공원 운동의 계기를 마련한 것은 뉴욕의 센트럴 파크(Central Park)이다.

정답 ①

② 옐로우스톤 국립공원

- 미국의 최초, 최대의 국립공원(1872년)이다.
- 황성분으로 인해 돌이 노랗게 보여서 옐로우스톤이란 이름이 붙여졌다.

사. 스페인

① 스페인 정원

- 회교문화의 영향을 입어 독특한 정원 양식을 보인다.
- 코르도바를 중심으로 한 지역에서 발달한 중정(patio)식 정원이 대표적인 정원 양식이다.
- 스페인에 현존하는 이슬람 정원 형태인 알람브라성과 이슬람 건축물인 헤네랄리페가 대표적인 조경 예이다.
- 건물로 완전히 둘러싸인 가운데 뜰 형태의 정원으로 폐쇄적인 특성을 갖는다.
- 정원의 중심부는 분수가 설치된 작은 연못을 설치하고 난대, 열대 수목이나 꽃나무를 화분에 심어 중요한 자리에 배치하였다.

코르도바

- 스페인 남부의 도시로 코르도바 도의 주도이다.

② 중정(Patio)

- 스페인의 코르도바를 중심으로 한 지역에서 발달한 정원 양식이다.
- 스페인 정원의 대표적인 조경양식으로 내부지향적인 공간을 추구하여 발달하였다.
- 이슬람 문화의 영향을 받아 물을 가장 중요한 구성요소로 취급한다.
- 물과 분수를 풍부하게 장식하였으며 다채로운 색채를 도입한 대리석과 벽돌이 기하학적 형태를 이룬다.

Check

스페인 정원의 대표적인 조경양식은? 1002

① 중정정원 ② 원로정원
③ 공중정원 ④ 비스타정원

정답 ①

- 중정(Patio)은 스페인 정원의 대표적인 조경양식으로 내부지향적인 공간을 추구하여 발달하였다.

③ 알람브라 궁전의 중정

- 나스르 궁전 주변과 내부에 6곳의 중정이 있다.
- 창격자의 중정, 의회의 중정, 알베르카의 중정, 사자의 중정, 린다라하의 중정, 사이프레스(레하)의 중정이 있다.

④ 사자의 중정

- 알람브라 궁의 대표적인 중정이다.
- 가장 화려한 정원으로서 물의 존귀성이 드러낸다.
- 사자의 샘은 4줄기 생명의 강을 뜻하여 수로가 4줄기로 되어 있다.

아. 독일과 네덜란드

① 독일의 풍경식 정원

- 영국의 사실주의 풍경식 정원의 영향을 많이 받았다.
- 식물생태학, 식물지리학 등 과학이론의 기반 위에 발달하였다.
- 분구원, 벽천과 같은 실용적 형태의 정원이 발달하였다.
- 분구원은 산업화 초기 독일에서 정원을 소유하지 못한 시민에게 도시 내의 유휴지나 공한지를 저렴하게 임대해서 녹지로 가꾸게 한 정원이다.
- 벽천은 벽을 타고 물이 흐르는 조형물로 실용과 미관을 겸한 시설이다.

Check

근대 독일 구성식 조경에서 발달한 조경시설물의 하나로 실용과 미관을 겸비한 시설은? 1201

① 연못 ② 벽천
③ 분수 ④ 캐스케이드

- 독일 조경은 분구원, 벽천과 같은 실용적 형태의 정원이 발달하였다.
- 벽천은 벽을 타고 물이 흐르는 조형물로 실용과 미관을 겸한 시설이다.

정답 ②

② 네덜란드 정원

- 튤립, 히아신스, 아네모네, 수선화 등의 구근류로 장식했다.
- 수로로 구성된 운하식이며, 지형상 테라스를 전개시킬 수 없었으므로 분수, 캐스케이드가 사용되지 않았다.
- 원예적으로 개량된 관목성의 꽃나무나 알뿌리 식물 등이 다량으로 식재되어 진다.
- 한정된 공간에서 다양한 변화를 추구했다.

4 동양 조경양식

가. 개괄

① 동양식 정원

- 자연친화적이고 자연과의 조화를 추구하였다.
- 도교와 풍수사상의 영향으로 배산임수, 음양오행 등에 따라 배치하였다.
- 신선사상의 영향을 받아 연못 안에 선산을 상징하는 섬을 만들고, 불로장생을 위해 고래와 거북의 상을 배치하였다.

나. 우리나라 조경

① 우리나라 전통조경

- 신선사상에 근거를 두고 여기에 음양오행설이 가미되었다.
- 연못의 모양은 방지형 등 단순한 형태를 추구하였다.
- 연못에는 영주, 봉래, 방장의 삼신산을 상징하는 세 인공섬을 꾸몄다.
- 연못은 땅 즉 음을, 둥근 섬은 하늘 즉 양을 상징하고 있다.
- 사계절이 분명한 기후와 순박한 민족성을 반영하여 무기교의 기교를 제공하였다.

방지형

- 사각형 형태의 연못을 말한다.
- 땅은 사각형이고, 하늘은 둥글다는 동양철학을 반영한 것이다.

Check

다음 중 신선사상을 바탕으로 음양오행설이 가미되어 정원 양식에 반영된 것은? 0801

① 한국정원 ② 일본정원
③ 중국정원 ④ 인도정원

정답 ①

• 우리나라 전통 정원은 신선사상에 근거를 두고 여기에 음양오행설이 가미되었다.

우리나라 세계문화유산
• 석굴암 · 불국사, 해인사 장경판전, 종묘(1995년)
• 창덕궁, 화성(1997년)
• 경주역사유적지구, 고창 · 화순 · 강화 고인돌 유적(2000년)
• 제주화산섬과 용암동굴(2007년)
• 조선왕릉(2009년)
• 하회와 양동마을(2010년)
• 남한산성(2014년)
• 백제역사유적지구(2015년)
• 산사, 한국의 산지승원(2018년)
• 한국의 서원(2019년)
• 한국의 갯벌(2021년)
• 가야고분군(2023년)

② 우리나라 조경
• 1970년대 산업화와 함께 조경이라는 용어가 사용되었다.
• 고속도로, 댐 등 각종 경제개발에 따른 국토의 자연훼손을 해결하기 위해 조경의 필요성이 대두되었다.
• 우리나라 최초의 대중적인 도시공원은 파고다(탑골)공원이다.
• 우리나라 최초의 국립공원은 지리산 국립공원이다.

③ 백제와 신라의 정원과 신선사상
• 백제의 궁남지에는 사각형 연못을 파고 방장선산을 모방하였다고 하였는데 이는 도가의 신선사상과 관련된다.
• 신라의 궁궐에 큰 못을 파고 다리를 만들었다는 기록을 통해 도교와 관련된 선산을 만드는 것이 이때의 정원 양식임을 알 수 있다.

④ 백제 정원 양식
• 부여 궁남지는 백제 무왕 35년(634년)에 만들어진 별궁 연못으로 수로를 통해 연못을 만들고 섬을 만들었다고 한다.

Check

백제 무왕 35년(634년경)에 만들어진 조경 유적은? 1005

① 안압지 ② 포석정
③ 궁남지 ④ 안학궁

정답 ③

• ①은 통일신라 문무왕 14년에 만들어진 우리나라 조경 가운데 가장 오래된 정원이다.
• ②는 통일신라의 의례 및 연회장소로 사용되었던 정자가 위치한 사적지이다.
• ④는 평양에 소재한 고구려시대의 조경에 해당한다.

• 법주사 석연지는 화강암을 깎아 만든 석조물로 백제시대 정원의 점경물로서 만들어졌고, 물을 담아 연꽃을 심고 부들, 개구리밥, 마름 등의 부엽식물을 곁들이며 물고기도 넣어 키웠다고 한다.
• 임류각은 약 500년 경에 지어진 누각으로 왕과 신하들의 연회장소로 추정되는 유적이다.

⑤ 안압지
• 통일신라 문무왕 14년에 만들어진 우리나라 조경 중 가장 오래된 조경이다.
• 임해전이 주로 직선으로 된 연못의 서쪽에 남북축 선상에 배치되어 있고, 연못 내에 돌을 쌓아 무산 12봉을 본 딴 석가산을 조성하여 화초를 심었던 정원이다.
• 신선사상을 배경으로 한 해안풍경을 묘사하였다.

• 연못 속에는 3개의 섬(거북이형)이 있는데 임해전의 동쪽에 가장 큰 섬과 가장 작은 섬이 위치하여 섬이 타원형을 이룬다.
• 입수구와 출수구는 서로 반대쪽에 위치해 있다.

Check

물가에 세워진 임해전(臨海殿), 봉래산을 본떠서 축소한 연못, 삼신산을 암시하는 3개의 섬 등과 관련 있는 것은? 0802

① 궁남지 ② 안압지
③ 부용지 ④ 부용동정원

• 연못 속에는 3개의 섬(거북이형)이 있는데 임해전의 동쪽에 가장 큰 섬과 가장 작은 섬이 위치하여 섬이 타원형을 이룬다.
• ①은 부여남쪽의 백제 별궁 연못으로 연못 가운데 방장선산을 상징하는 섬을 만들었다고 하지만 현재는 남아있지 않다.
• ③은 네모난 형태의 연못으로 가운데 둥근 섬이 있다.
• ④는 윤선도가 보길도에 지은 정원으로 섬 전체에 차경의 개념을 도입하여 정원으로 조성하였다.

정답 ②

전라남도 담양지역의 정자원림
• 조선시대 담양지역에 지어진 정자들을 말한다.
• 대표적으로 소쇄원 원림, 명옥헌 원림, 식영정 원림 등이 있다.

⑥ 쌍탑형 가람배치
• 7세기 후반 신라에서 확립된 사찰의 공간구성이다.
• 사천왕사, 망덕사는 목탑으로 구성된 쌍탑 가람 형식이다.
• 감은사는 통일직후 문무왕의 명에 따라 창건한 사찰로 석탑을 배치한 최초의 쌍탑 가람배치를 갖는다.
• 8세기 후반 불국사를 필두로 한 많은 사찰에서 채택한 배치방식이다.

⑦ 고려시대 정원
• 석가산과 원정, 화원 등이 특징이다.
• 휴식 · 조망을 위한 정자를 설치하기 시작하였다.
• 송나라의 영향으로 화려한 관상위주의 이국적 정원을 만들었다.
• 대표적인 유적으로 동지(東池), 만월대, 수창궁원, 청평사 문수원 정원 등이 있다.

내원서
• 고려시대 국가가 관리하는 정원과 동산을 관장하는 관서이다.
• 원포와 원지를 관장하여 제향에 소채와 과일을 공급하는 역할을 담당하였다.

⑧ 우리나라 후원양식 정원
• 음양오행설과 풍수지리설 그리고 유교의 영향으로 조선시대에 후원양식이 발전하였다.
• 우리나라에서는 정원을 항상 뒤뜰에 설치하여 후원이라 불렀다.
• 사각형 연못이나 불규칙한 곡선형 연못을 두었다.
• 언덕을 계단모양으로 다듬어 장대석을 앉혀 평지로 만들고 괴석이나 세심석 또는 장식을 겸한 굴뚝을 세워 조화시켰다.
• 석지와 괴석, 화계(꽃밭) 등을 배치하고 생울타리로 된 취병을 둘렀다.
• 대표적인 예로 창덕궁 후원, 경복궁 교태전 후원인 아미산, 창덕궁 낙선재의 후원 등이 있다.

Check

우리나라 후원양식의 정원수법이 형성되는데 영향을 미친 것이 아닌 것은? 1204

① 불교의 영향 ② 음양오행설
③ 유교의 영향 ④ 풍수지리설

정답 ①

• 음양오행설과 풍수지리설 그리고 유교의 영향으로 조선시대에 후원양식이 발전하였다.

사괴석
• 한면이 10 ~ 18cm 정도의 방형 육면체 화강암을 말한다.
• 사고석, 사구석이라고도 한다.
• 조선시대 궁궐이나 사대부의 담장, 연못의 호안공으로 사용되었다.

⑨ 화계
• 조선시대 궁궐의 침전 후정에서 볼 수 있는 대표적인 인공시설물이다.
• 경사지를 이용하여 만든 계단식 화단을 말한다.
• 장대석을 계단상으로 앉혀 사면을 여러층의 평지로 꾸미고 이곳에 꽃을 심어 가꾸는 것을 말한다.
• 교태전 아미산 후원, 낙선재 후원 등이 대표적이다.

⑩ 창덕궁 후원
• 비원이라고 불리우는 한국 최대의 궁중 정원으로 우리나라 고유의 공원을 대표한다.
• 궁원, 금원, 북원, 후원으로 불리었다.
• 규장각, 영화당, 주합루, 서향각, 주합루, 부용지, 부용정, 옥류천, 연경당 등이 있다.
• 청의정은 옥류천 일원에 위치하고 있는 궁궐 내 유일한 초정이다.

Check

우리나라 고유의 공원을 대표할만한 문화재적 가치를 지닌 정원은? 1204

① 경복궁의 후원 ② 덕수궁의 후원
③ 창경궁의 후원 ④ 창덕궁의 후원

정답 ④

• 창덕궁 후원은 비원이라고 불리우는 한국 최대의 궁중 정원으로 우리나라 고유의 공원을 대표한다.

⑪ 경복궁 교태전 후원
• 교태전 뒤뜰에 인공산을 조성하고 아미산이라 칭하였다.
• 장대석으로 계단식 정원을 꾸민 것을 화계라 한다.
• 굴뚝은 육각형이 4개가 있다.
• 굴뚝에는 불가사리, 박쥐, 해태, 십장생, 사군자 등을 새겼다.

⑫ 경복궁 자경전
• 경복궁 침전 동쪽 터에 자리한다.
• 자경전 서쪽 꽃담에는 매화, 천도, 모란, 국화, 대나무, 나비, 연꽃, 석류 등을 색깔이 든 벽돌로 장식하였다.

⑬ 경회루 원지
• 방지와 3개의 방도(장방)로 구성된다.
• 사신을 영접하거나 궁중연회, 유희공간으로 사용되었다.

⑭ 덕수궁

• 우리나라에서 최초의 유럽식 정원에 해당하는 서양식 전각과 서양식 정원이 조성되어 있는 궁궐이다.
• 서양식 전각으로 돈덕전, 정관헌, 석조전 등이 있다.

⑮ 창경궁(昌慶宮)

• 조선 성종때 건축된 궁궐이다.
• 명정전, 문정전, 수녕전, 환경전, 여휘당, 환취정, 낙선재 등이 있다.

⑯ 창경궁 통명전 지당

• 장방형으로 장대석으로 쌓은 석지이다.
• 무지개형 곡선 형태의 석교가 있다.
• 괴석 3개와 앙련(仰蓮) 받침대석이 있다. 3개의 괴석은 삼신선(봉래, 방장, 영주)을 나타내는 것으로 신선사상을 근간으로 한 것을 확인할 수 있다.
• 물은 직선의 석구를 통해 지당에 유입된다.

⑰ 별서(別墅)정원

• 사대부나 양반 계급에 속했던 사람이 부귀나 영화를 등지고 자연과 벗하며 농경하고 살기 위해 세운 별장을 말한다.
• 처사도(處士道)를 근간으로 한 은일사상(隱逸思想)이 적극적으로 구현된 형태이다.
• 별장형 별서는 담양의 소쇄원, 윤선도의 부용동 원림, 정약용의 다산초당 등이 대표적이다.
• 별업형 별서란 효도를 위해 설립한 별서로 강진의 조석루가 대표적이다.

✔Check

부귀나 영화를 등지고 자연과 벗하며 농경하고 살기 위해 세운 주거를 별서(別墅)정원이라 한다. 우리나라의 현존하는 대표적인 것은? 1102

① 윤선도의 부용동 원림 ② 강릉의 선교장
③ 이덕유의 평천산장 ④ 구례의 운조루

• 별장형 별서는 담양의 소쇄원, 윤선도의 부용동 원림, 다산초당 등이 대표석이다.

정답 ①

⑱ 수원 방화수류정

• 조선 정조때 완성한 주변을 감시하고 군사를 지휘하는 지휘소와 정자의 기능을 함께 가지고 있는 누각이다.
• 북문과 동문 사이에 있어서 동북각루라 불리는데 다른 성곽에서 볼 수 없는 독창적인 건축물로 평가받는다.

⑲ 조선시대 정자

• 방의 유무에 따라 유실형과 무실형으로 구분된다.
• 유실형은 방의 위치에 따라 중심형, 편심형, 분리형, 배면형으로 구분된다.
• 중심형은 방이 가운데 1칸을 차지하는 것으로 소쇄원 광풍각, 화순 임대정, 담양 명옥헌, 부용동 세연정 등이 있다.
• 편심형은 방이 정자의 좌우 한쪽에 몰려있는 것으로 남간정사, 옥류각, 암서재, 초간정, 제월당 등이 있다.

홍예문

• 인천의 아치형 터널이다.
• 일본공병대가 1908년에 준공하였다.

사절우(四節友)

• 조선시대 선비들이 즐겨 심고 가꾸었던 식물을 말한다.
• 소나무, 대나무, 매화나무, 국화가 이에 해당한다.

- 분리형은 방과 정자가 분리된 형태로 경정, 다산초당 등이 있다.
- 배면형은 방이 정자의 배면(등쪽) 전체를 차지하는 형태로 부암정, 거연정 등이 있다.

✓Check

조선시대 정자의 평면유형은 유실형(중심형, 편심형, 분리형, 배면형)과 무실형으로 구분할 수 있는데 다음 중 유형이 다른 하나는? 1204

① 광풍각 ② 임대정
③ 거연정 ④ 세연정

정답 ③

- ③은 북한 강계에 있는 누정으로 배면형에 해당한다.

⑳ 조경식물에 대한 기록

- 고려사에서는 고려의 화원에 대해서 언급되었는데 예종때 궁의 남쪽과 서쪽에 두화원을 설치하였다고 나온다.
- 고려말의 동국이상국집에서는 관상용의 정원수로서 단풍나무가 처음으로 문헌에 기술되어 있다.
- 양화소록은 조선전기의 조경관련 대표적인 저서이다.

㉑ 양화소록

- 조선전기의 문신 강희안이 저술한 원예서이다.
- 조선시대 전기 조경관련 대표 저술서이며, 정원식물의 특성과 번식법, 괴석의 배치법, 꽃을 화분에 심는 법, 최화법(催花法), 꽃이 꺼리는 것, 꽃을 취하는 법과 기르는 법, 화분 놓는 법과 관리법 등의 내용이 수록되어 있다.

다. 중국의 조경

① 중국식 정원

- 사실주의보다는 상징적 축조가 주를 이루는 사의(寫意)주의에 입각하였다.
- 조경수법이 풍경식으로 대비에 중점을 두고 있다.
- 정원 외부의 경관을 내부의 경관과 융합시키는 차경수법을 도입하였다.
- 태호석(구멍 뚫린 괴석)을 이용한 석가산 수법이 유행하였다.
- 건물과 정원이 한 덩어리가 되는 형태로 발달하였으며, 기하학적인 무늬가 그려져 있는 원로가 있다.
- 신선사상의 영향을 가장 많이 받았다.

✓Check

다음 중 중국정원의 특징에 해당하는 것은? 1205

① 정형식 ② 태호석
③ 침전조정원 ④ 직선미

정답 ②

- 중국정원은 태호석을 이용한 석가산 수법이 유행하였다.

② 아방궁

- 진시황제가 세운 궁전이다.
- 황하 지류의 남측에 존재하는 상림원에 세운 궁전이다.
- 중국에서 가장 오래전에 큰 규모의 정원으로 만들어졌으나 소실되어 남아 있지 않다.

③ 상림원(上林苑)

- 기록상 남겨진 중국 궁원의 원형에 해당하는 가장 오래된 수렵원이다.
- 진시황이 건설하고, 한나라 무제가 증축한 장안 서쪽에 위치한 궁중의 정원이다.
- 황제의 위락과 수렵활동, 관노비와 빈민들의 경작활동 및 황실용 물품 생산에 이용하였다.

④ 쑤저우 4대 명원(四大名園)

- 창랑정 : 오월국 광릉왕의 개인정원이었으나 이후 북송시대 소순흠이 창랑정을 짓고 별장으로 사용
- 졸정원 : 연못과 수로가 대부분이어서 넓고 화려한 정원
- 유원 : 전통적인 중국정원
- 사자림 : 원나라때 건립한 정원으로 명나라때 다시 중건하였다.

⑤ 졸정원

- 쑤저우 4대 명원 중 하나이자, 중국 4대 정원의 하나이다.
- 당나라때 개인사저로 명나라때 개인정원으로 개조되어 1526년 완공되었다.
- 1997년 유네스코 세계문화유산으로 선정되었다.

⑥ 청나라 정원

- 피서산장, 이화원, 원명원 등이 대표적이다.
- 원명원은 중국 옹정제가 제위 전 하사받은 별장으로 영국에 중국식 정원을 조성하게 된 계기가 된 곳이다.
- 이화원은 청나라의 건륭제가 조영하였으며, 만수산과 곤명호로 구성되어 있는 정원으로 서태후의 여름 피서지이자 만수산 이궁으로도 불리운다.
- 피서산장은 중국 청나라때의 별궁으로 중국에서 가장 큰 황실 정원이다.

Check

다음 중 청(靑)나라 때의 대표적인 정원은? 1005

① 원명원 이궁 ② 온천궁
③ 상림원 ④ 사자림

- ②는 당나라 현종이 양귀비와 즐겨 찾았던 궁궐이다.
- ③은 진시황이 건설하고, 한나라 무제가 증축한 장안 서쪽에 위치한 궁중의 정원이다.
- ④는 원나라때 건립한 정원으로 명나라때 다시 중건하였다.

정답 ①

십장생

- 장수를 상징하는 열 가지 자연물을 말한다.
- 신선사상에서 유래되었다.
- 해, 구름, 산, 물, 소나무, 바위, 불로초(영지버섯), 학, 거북이, 사슴이 이에 해당한다.

낙양원명기

- 이격비가 소개한 낙양의 경원에 대한 문헌이다.
- 당이 멸망하고 북송이 건국한 뒤에도 옛모습을 그대로 유지하는 낙양의 유명한 저택이나 정원을 소개하고 있다.

⑦ 중국의 시대별 조경

주나라	영대
진나라	아방궁
한나라	상림원, 곤명호, 태액지
위, 촉, 오	화림원
당나라	이궁(온천궁, 구성궁, 태화궁 등)
송나라	경림원, 옥류원, 선춘원, 만세산
명나라	졸정원, 유원
청나라	피서산장, 이화원, 원명원, 금원, 사자림 등

라. 일본의 조경

① 일본 정원의 특징

- 조화를 가장 중점에 두었다.
- 축소지향적(축경)이고, 인공적인 기교를 부렸다.
- 추상적으로(왕모래를 냇물, 바위를 폭포) 구성하였다.
- 정신세계를 상징하였으며, 주로 관상적인 가치에 치중하였다.

② 노자공

- 6세기 초엽 백제 유민으로 일본 정원문화의 시초에 해당하는 비조(아스카)궁궐의 남정에 수미산과 오교를 꾸며 주었다.
- 수미산은 불교의 우주관에서 세계의 중심을 상징한다.
- 일본서기에 기록되어있다.

Check

일본정원 문화의 시초와 관련된 설명으로 옳지 않은 것은? 0904

① 오교 ② 노자공 ③ 아미산 ④ 일본서기

정답 ③

- 6세기 초엽 백제 유민 노자공은 일본 정원문화의 시초에 해당하는 비조(아스카)궁궐의 남정에 수미산을 축조하였다.

③ 침전조 양식

- 9세기 ~ 12세기에 나타난 일본의 조경양식이다.
- 연회나 행차를 위해 흰모래가 깔린 마당인 침전에 음양오행설에 입각해 정원과 못, 섬 등을 설치하고 그 끝에 조전을 세우는 양식을 말한다.
- 귤준망의 작정기에 수록되어 있다.

작정기
- 11세기말 귤준망에 의해 저술된 정원만들기에 관한 가장 오래된 저서이다.
- 침전조 양식에 대해 다루고 있다.

④ 일본 정원 양식의 발달 순서

- 회유임천식 → 축산고산수식 → 평정고산수식 → 다정식 순으로 발달했다.

회유임천식	자연경관을 축경(축소)화
축산고산수식	축소지향적인 민족성과 극도의 상징성, 폭포와 바윗돌을 강조, 왕모래(냇물), 바위(폭포), 나무(산봉우리)
평정고산수식	바다의 경치를 표현, 식물 사용 안함, 왕모래, 바위
다정식	16세기 모모야마(桃山)시대, 징검돌, 물통, 세수통, 석등 등을 이용해 조화미를 표현

✔ Check

다음 중 일본에서 가장 늦게 발달한 정원 양식은? 0401

① 회유임천식 ② 다정식
③ 평정고산수식 ④ 축산고산수식

• 일본 정원 양식은 회유임천식 → 축산고산수식 → 평정고산수식 → 다정식 순으로 발달했다.

정답 ②

마. 인도 조경

① 인도 정원

- 회교풍의 정원 양식을 갖는다.
- 연못과 분수가 있으며, 물은 노단식 혹은 중정식으로 이용된다.
- 아그라의 타지마할이 대표적인 예이다.

② 타지마할(Taj-mahal)

- 이슬람 건축의 백미로 불리운다.
- 물의 반사성을 이용한 수로를 이용한 4분원이 특징이다.
- 묘원의 정원에 해당한다.

✔ Check

인도 정원에 해당하는 것은? 1005

① 알람브라(Alhambra) ② 보르비콩트(Vaux-le-viconte)
③ 베르사유(Versailles) 궁원 ④ 타지마할(Taj-mahal)

• ①은 중세 스페인의 회교식 정원으로 1240년 경에 건립되었다.
• ②는 르노트르가 이탈리아 유학 후 프랑스에 귀국하여 만든 최초의 평면기하학식 정원이다.
• ③은 프랑스 루이13세의 사냥용 별장이었는데 1662년 궁원으로 증개축되었다.

정답 ④

UNIT 2 조경계획

조경계획에서는 조경계획과 조사분석 과정, 조경관련 법규, 조경관련 이론, 기본구성과 기본계획에 대해서 다뤄진다.

1 개요

PDCA 사이클
- 경영분석도구에 해당한다.
- 계획(Plan)－추진(Do)－검토(Check)－조치(Action) 순으로 진행한다.

① 프로젝트의 수행단계별 순서

- 프로젝트의 수행단계별 순서는 계획－설계－시공－관리 순으로 진행된다.
- 계획은 장래 행위에 대한 구상을 하는 일로 조경계획에 있어서는 목표설정, 자료분석 및 종합, 기본계획 단계에 해당한다.
- 설계는 시공을 목표로 아이디어를 도출하고 도면에 구체적으로 표현하는 일로 조경계획에 있어서는 기본설계와 실시설계 단계에 해당한다.
- 시공은 공학적인 지식을 바탕으로 다른 분야와는 달리 생물을 다룬다는 특수한 기술이 필요한 단계이다.
- 관리는 식생의 이용 및 시설물의 효율적 이용 유지, 보수 등 전체적인 것을 다루는 단계로 운영관리, 유지관리, 이용관리 등으로 구분할 수 있다.

Check

프로젝트의 수행단계 중 주로 자료의 수집, 분석 종합에 초점을 맞추는 단계는?

0902

① 조경설계 ② 조경시공
③ 조경계획 ④ 조경관리

정답 ③

- 조경분양의 프로젝트를 수행하는 단계에서 목표설정, 자료분석 및 종합, 기본계획은 계획에 해당하고, 기본설계와 실시설계는 설계에 해당한다.

② 조경계획 과정

- 목표설정－자료분석 및 종합－기본계획－기본설계－실시설계 순으로 진행된다.
- 목표설정은 조경이 추구해야할 구체적인 목표를 설정하는 단계이다.
- 자료분석 및 종합 단계는 기초적인 자료의 수집과 정리 및 여러 가지 조건의 분석과 통합을 실시하는 단계이다.
- 기본계획은 여러 가지 대안들 중 최종안으로 결정된 대안을 기본계획으로 확정하는 단계이다.
- 기본설계는 기본계획에 맞춰 세부과정을 시각적으로 각 공간의 규모, 사용재료, 마감방법을 구체적으로 제시해 주는 단계이다.
- 실시설계는 시공상세도를 작성하고 공사비 내역을 산출하는 단계이다.

③ 기본설계

- 조경계획 및 설계과정에 있어서 각 공간의 규모, 사용재료, 마감방법을 제시해 주는 단계이다.
- 평면도 작성을 위해서는 단지 설계 및 지형변경에 관한 기초지식이 많이 요구된다.
- 조경설계 시 가장 먼저 현장의 측량이 실시되어야 한다.

④ 실시설계

- 시공상세도를 작성하고 공사비 내역을 산출하는 단계이다.
- 기본설계의 결과를 기초로 시설물의 규모, 배치, 공사방법과 기간, 공사비, 유지관리 등에 관하여 조사 및 분석을 통해 최적안을 도출하고 설계도서, 도면, 시방서, 내역서 등을 작성하는 것을 말한다.

⑤ 실시설계 용어의 정의

시방서	시공에 관하여 도면에 표시하기 어려운 사항을 글로 작성한 것
내역서	공사비를 체계적으로 정확한 근거에 의하여 산출한 서류
적산	공사에 소요되는 자재의 수량, 품 또는 기계 사용량 등을 산출하여 공사에 소요되는 비용을 계산한 것
일반 관리비	순공사비에 일정한 비율을 곱한 금액으로 개별 공사에는 필요하지 않지만 본지점경비, 영업비, 연구비 등 사업경영상 필수불가결한 비용

2 자연, 인문, 사회 환경 조사분석

① 조경계획 과정

- 목표설정－자료분석 및 종합－기본계획－기본설계－실시설계 순으로 진행된다.

② 환경 조사와 분석

- 크게 자연환경과 인문환경의 조사 · 분석으로 구분할 수 있다.
- 자연환경의 조사 · 분석은 해당 지역의 자연생태계에 대한 조사와 분석을 말한다. 지형, 기후, 토양, 경관, 식생 등을 대상으로 한다.
- 인문환경의 조사 · 분석은 계획 구역 내에 거주하고 있는 사람과 이용자를 이해하고, 이용자 집단의 특성과 사회적 활동 및 규범(교통, 문화, 생활양식, 역사성 등) 등을 대상으로 한다.

Check

조경계획을 실시할 때 조사해야 할 자연환경 요소에 해당하지 않는 것은?

0902

① 기상 ② 식생
③ 교통 ④ 경관

- ③은 인문환경 분석의 대상에 해당한다.

정답 ③

지리정보시스템(GIS)

- 조경분야에서 컴퓨터를 활용함에 있어서 설계 대상지의 특성을 분석하기 위해 자료수집 및 분석에 사용된다.

천이초지

- 천이란 생물학에서 어떤 생물군락이 환경의 변화에 따라 새로운 식물군락으로 변해가는 과정을 말한다.
- 천이초지란 초지로서 천이가 진행되고 있는 곳을 말한다.

③ 색채와 자연환경

풍토색	• 기후와 토지의 색, 즉 지역의 태양빛, 흙의 색 등을 의미한다. • 인접한 지역의 경우 유사한 특성을 갖는다.
지역색	• 그 지역의 특성을 전달하는 색채와 그 지역의 역사, 풍속, 지형, 기후 등의 지방색과 합쳐 표현된다. • 지역의 건축물, 도로환경, 옥외광고물 등의 특징을 갖고 있다.

④ 미기후(Micro-climate)

- 주변환경과 다른 특정 지역의 특별한 기후나 지표면으로부터 지상 수미터 사이의 기후를 말한다.
- 지형은 미기후의 주요 결정 요소가 된다.
- 그 지역 주민에 의해 지난 수년 동안의 자료를 얻을 수 있다.
- 미기후는 세부적인 토지이용에 커다란 영향을 미치게 된다.
- 일반적으로 지역적인 기후 자료보다 미기후 자료를 얻기가 어렵다.
- 관련 조사항목은 태양 복사열, 대기 오염정도, 공기 유동 정도, 안개 및 서리 등이 있다.

⑤ 정원에서의 눈가림 수법

- 정원의 넓이를 한층 더 크고 변화 있게 하려는 조경기술이다.
- 변화와 거리감을 강조하는 수법이다.
- 원래 동양적인 것이다.

⑥ 통경선(Vistas)

- 좌우로 시선이 제한되어 일정한 지점으로 시선이 모이도록 구성하는 경관 요소이다.
- 강조하는 지점을 부각하고 멀리서 경치를 바라보는 듯한 느낌으로 인해 관상자로 하여금 실제의 면적보다 넓고 길게 보이게 하는 수법이다.
- 프랑스에서 유행한 기법이다.

Check

다음 중 비스타(Vista)에 대한 설명으로 가장 잘 표현된 것은? 0502

① 서양식 분수의 일종이다.
② 차경을 말하는 것이다.
③ 정원을 한층 더 넓게 보이게 하는 효과가 있다.
④ 스페인 정원에서는 빼 놓을 수 없는 장식물이다.

정답 ③

• 비스타는 강조하는 지점을 부각하고 멀리서 경치를 바라보는 듯한 느낌으로 인해 관상자로 하여금 실제의 면적보다 넓고 길게 보이게 하는 수법이다.

스카이라인

• 물체가 하늘을 배경으로 이루어지는 윤곽선을 말한다.

⑦ 랜드마크(Landmark)

- 주변지역의 경관과 비교할 때 지배적이며, 특징을 가지고 있어 지표적인 역할을 하는 것을 말한다.
- 식별성이 높은 지형이나 시설을 지칭하는 것이다.
- 서울시내의 남산에 위치한 남산타워 등이 대표적인 예이다.

⑧ 오픈 스페이스

㉠ 개요

- 오픈 스페이스는 건축물에 점유되지 않은 모든 토지를 말한다.
- 고원, 광장, 공원묘지, 운동장, 유원지, 놀이터, 농지, 산림, 하천 등이 있다.

㉡ 효용성

- 도시 개발형태의 조절
- 도시 내 자연을 도입
- 도시 내 레크리에이션을 위한 장소를 제공
- 도시 기능간 완충효과의 증대

⑨ 차경(借景)

- 멀리 보이는 자연풍경을 경관 구성 재료의 일부로 이용하는 것을 말한다.
- 전망이 좋은 곳에서 쉽게 적용시킬 수 있는 수법이다.
- 차경을 이용할 때 정원은 깊이가 있게 된다.
- 영국의 풍경식 정원과 동양의 정원에서 많이 사용되었다.

⑩ 경석(景石)의 배석(配石)

- 아름다운 돌을 앉혀 부근의 경관까지 아름답게 꾸미는 것을 말한다.
- 시선이 집중하기 쉬운 곳, 시선을 유도해야 할 곳에 앉힌다.
- 홀로 앉히기도 하나, 보통 짝으로 구성한다.
- 돌 주위에는 회양목, 철쭉 등을 돌에 붙여 식재한다.
- 차경(借景)의 정원에 쓰면 유효하다.

3 조경 관련 법

① 도시공원

- 시민들의 건강한 여가생활을 촉진하고 정신건강에 기여하며, 사회적 소통을 촉진하고 도시에 대한 애착심과 자긍심을 높이는 장소이다.
- 도시의 중심적인 역할과 함께 도시의 성장을 이끄는 역할을 담당한다.
- 도시민 및 도시환경에 자연을 제공해준다.
- 공기정화와 함께 자연재해를 예방해준다.

② 도시공원의 설치규모와 유치거리

소공원, 역사공원, 문화공원, 수변공원	제한없음	제한없음
어린이공원	1,500m^2 이상	250m 이하
근린생활권근린공원, 체육공원, 도시농업공원	10,000m^2 이상	500m 이하/단, 체육공원과 도시농업공원은 제한없음
도보권근린공원	30,000m^2 이상	1,000m 이하
도시지역권근린공원, 묘지공원	100,000m^2 이상	제한없음
광역권근린공원	1,000,000m^2 이상	제한없음

③ 도시공원 시설 종류

조경시설	관상용식수대, 잔디밭, 산울타리, 못 및 폭포 등
휴양시설	야유회장, 야영장 등, 경로당, 노인복지회관 등
유희시설	시소, 정글짐, 사다리, 궤도, 모험놀이장, 발물놀이터, 뱃놀이터, 낚시터 등
운동시설	체육시설(무도학원, 무도장, 자동차경주장 제외), 자연체험장
교양시설	도서관, 독서실, 온실, 야외극장, 과학관 등
편익시설	우체통, 공중전화실, 약국, 전망대, 시계탑, 유스호스텔, 선수전용숙소, 운동시설 관련 사무실, 대형마트 및 쇼핑몰
공원관리시설	창고, 차고, 게시판, 표지, 조명시설, 쓰레기통, 수도 등
그 밖의 시설	납골시설, 장례식장, 화장장 및 묘지

④ 어린이공원 설계기준

- 설치기준에는 제한이 없으며, 유치거리는 250m 이하, 규모는 1,500m^2 이상으로 한다.
- 건폐율은 당해 공원면적의 5% 이내로 하고, 공원시설 부지면적은 공원면적의 60% 이하로 한다.
- 공원구역 경계로부터 250m 이내에 거주하는 주민 500명 이상은 어린이공원 조성계획의 정비를 요청할 수 있다.

Check

도시공원 및 녹지 등에 관한 법규에 의한 어린이공원의 설계기준으로 부적합한 것은? 0901

① 유치거리는 250m 이하
② 규모는 1,500m^2 이상
③ 공원시설 부지면적은 60% 이하
④ 건물면적은 10% 이하

정답 ④

- 어린이공원의 건폐율은 당해 공원면적의 5% 이내로 하고, 공원시설 부지면적은 공원면적의 60% 이하로 한다.

모험공원

- 여러가지 폐품이나 재료 등을 제공해 주어 어린이들이 직접 자르고, 맞추고, 조립하는 놀이를 통해 창의력을 가지도록 하는 공원이다.

⑤ 어린이공원 공간구성

- 동적인 놀이공간은 어느 정도 그늘이 지는 공간으로 배치해서 여름철 이용도 고려해야 한다.
- 그네는 중앙이나 출입구 주변 및 놀이가 활발한 자리나 통행량이 많은 곳에는 배치하지 않는다.
- 미끄럼틀은 북향 또는 동향으로 배치한다.
- 정적인 놀이시설과 동적인 놀이시설은 분리시켜 배치하여야 한다.
- 어린이공원은 안전성이 가장 중요하므로 주변으로부터 쉽게 관찰이 되도록 설치하여야 한다.
- 감독 및 휴게를 위한 공간은 놀이공간이 잘 보이는 곳으로 아늑한 곳으로 배치한다.

⑥ 묘지공원

- 묘지이용자에게 휴식 등을 제공하기 위해 묘지와 공원시설을 혼합하여 설치하는 도시공원이다.
- 최대 유치거리는 필요없으며, 면적은 $100,000m^2$ 이상의 규모로 한다.
- 정숙한 장소로 장래 시가화가 예상되지 아니하는 자연녹지지역에 설치하여야 한다.
- 묘지공원의 건폐율은 당해 공원면적의 2% 이내로 하며, 공원시설 부지면적은 당해공원면적의 20% 이상으로 한다.
- 묘지공원에는 주로 묘지이용자를 위하여 필요한 조경시설, 휴양시설, 편익시설과 그 밖의 시설 중 장례식장 · 납골시설 및 화장장을 설치할 수 있고, 정숙한 분위기를 저해하지 아니하는 범위 안에서 설치하여야 하며, 도로 · 광장 및 공원관리시설은 필수시설로 한다.
- 공원시설 부지면적을 제외하고는 공원시설과 조화를 이룰 수 있도록 교목, 관목, 잔디 그 밖의 지피식물 등으로 녹화하여야 한다.
- 전망대 주변에는 큰 나무를 피하고, 적당한 크기의 화목류를 배치한다.

Check

묘지공원의 설계 지침으로 가장 올바른 것은? 0502

① 장제장 주변은 기능상 키가 작은 관목만을 식재한다.
② 산책로는 이용하기 좋게 주로 직선화한다.
③ 묘지공원 내는 경건한 분위기를 위해 어린이 놀이터 등 휴게시설 설치를 일체 금지시킨다.
④ 전망대 주변에는 큰 나무를 피하고, 적당한 크기의 화목류를 배치한다.

- ①에서 장제장은 관리사무소와 가까운 곳에 진입로와 연결시키되 묘역에서 격리시켜 배치한다.
- ②에서 산책로는 직선화할 필요는 없다.
- ③에서 묘지공원에 설치하는 놀이터는 묘역 사이와 차단수목을 식재하여 경계를 짓도록 한다.

정답 ④

⑦ 소공원

- 도시지역 안의 자투리 땅 등 소규모 토지를 이용하여 도시민의 휴식을 위해 설치하는 공원이다.
- 설치규모에 대하여 제한이 없다.
- 건폐율은 당해 공원면적의 5% 이내로 하고, 공원시설 부지면적은 당해 공원면적의 20% 이하로 한다.

⑧ 도시공원 수림지 관리

- 하예(下刈) : 임목 주변의 잡초를 제거하고 덩굴 등을 잘라주어 나무가 잘 자라도록 해 준다.
- 제벌(除伐) : 원하지 않은 침입수종을 제거하고, 조림목 중 자람과 형질이 나쁜 것을 없애주는 작업을 말한다.
- 병충해 방제

공원 조경 설계 시 상록수와 낙엽수의 비율
- 상록수 : 낙엽수를 6 : 4의 비율로 배식한다.

⑨ 식물관리비
- 식물의 수량×작업률×작업횟수×작업단가로 구한다.
- 단위년도 조경관리 예산 a=T×P로 산정한다. 이때 T는 작업전체의 비용, P는 작업률이다.

⑩ 녹지의 기능별 세분류

완충녹지	대기오염, 소음, 진동, 악취, 그 밖에 이에 준하는 공해와 각종 사고나 자연재해, 그 밖에 이에 준하는 재해 등의 방지를 위하여 설치하는 녹지
경관녹지	도시의 자연적 환경을 보전하거나 이를 개선하고 이미 자연이 훼손된 지역을 복원 · 개선함으로써 도시경관을 향상시키기 위하여 설치하는 녹지
연결녹지	도시 안의 공원, 하천, 산지 등을 유기적으로 연결하고 도시민에게 산책공간의 역할을 하는 등 여가 · 휴식을 제공하는 선형(線形)의 녹지

Check

주거지역에 인접한 공장부지 주변에 공장경관을 아름답게 하고, 가스, 분진 등의 대기오염과 소음 등을 차단하기 위해 조성되는 녹지의 형태는? 1101

① 차폐녹지 ② 차단녹지 ③ 완충녹지 ④ 자연녹지

정답 ③

- 녹지는 기능에 따라 완충녹지, 경관녹지, 연결녹지로 구분한다.

⑪ 국토교통부의 공원녹지기본계획 수립기준
- 공원녹지의 보전 · 확충 · 관리 · 이용을 위한 장기발전방향을 제시하여 도시민들의 쾌적한 삶의 기반이 형성되도록 할 것
- 자연 · 인문 · 역사 및 문화환경 등의 지역적 특성과 현지의 사정을 충분히 감안하여 실현가능한 계획의 방향이 설정되도록 할 것
- 자연자원에 대한 기초조사 결과를 토대로 자연자원의 관리 및 활용의 측면에서 공원녹지의 미래상을 예측할 수 있도록 할 것
- 체계적 · 지속적으로 자연환경을 유지 · 관리하여 여가활동의 장이 형성되고 인간과 자연이 공생할 수 있는 연결망을 구축할 수 있도록 할 것
- 장래 이용자의 특성 등 여건의 변화에 탄력적으로 대응할 수 있도록 할 것
- 광역도시계획, 도시 · 군기본계획 등 상위계획의 내용과 부합되어야 하고 도시 · 군기본계획의 부문별 계획과 조화되도록 할 것

⑫ 자연공원
- 자연공원법상 자연공원은 국립공원, 도립공원, 군립공원 및 지질공원으로 구분된다.
- 자연공원 조성시 가장 중요한 것은 자연경관요소이다.

Check

자연공원법상 자연공원이 아닌 것은? 1102

① 국립공원 ② 도립공원 ③ 군립공원 ④ 생태공원

정답 ④

- 자연공원법상 자연공원은 국립공원, 도립공원, 군립공원 및 지질공원으로 구분된다.

⑬ 1년 이하의 징역 또는 1천만 원 이하의 벌금

- 위탁 또는 인가를 받지 아니하고 도시공원 또는 공원시설을 설치하거나 관리한 자
- 허가를 받지 아니하거나 허가받은 내용을 위반하여 도시공원 또는 녹지에서 시설 · 건축물 또는 공작물을 설치한 자
- 거짓이나 그 밖의 부정한 방법으로 허가를 받은 자
- 도시공원에 입장하는 사람으로부터 입장료를 징수한 자

4 기능분석, 종합, 평가

가. 관련 이론

① 근린주구론

- 페리(C. A. Perry)가 주거단지의 커뮤니티 조성을 위해 구분한 단지계획을 말한다.
- 1926년 초등학교 학구를 기준으로 생활권 단위를 설정하였다.
- 주민생활의 편리성, 사회적 건전성, 사회적 교류를 도모할 수 있는 물리적인 주거환경 단위를 말한다.
- 일상생활에 필요한 모든 시설을 도보권 내에 두고, 차량 동선을 구역 내에 끌어들이지 않았으며, 간선도로에 의해 경계가 형성되는 도시계획 구상이다.
- 실제 구현된 사례로는 포레스트힐즈가든, 래드번 등이 있다.

② 래드번(Rad Burn)

- 미국 뉴저지에서 영국 하워드의 전원도시 개념을 적용하여 도시 교외에 개발된 주택지를 말한다.
- 보행자와 자동차를 완전히 분리하였다.
- 보행로는 공원으로 연결되도록 설계하였고, 학교접근로에 공원이 연계되어 아동들이 자동차와의 접점없이 등교할 수 있도록 하였다.

Check

미국에서 하워드의 전원도시의 영향을 받아 도시 교외에 개발된 주택지로서 보행자와 자동차를 완전히 분리하고자 한 것은? 0702

① 래드번(Rad Burn) ② 레치워어드(Letch Worth)
③ 웰린(Welwyn) ④ 요세미티

- ②는 영국 잉글랜드 하트퍼드셔주의 도시로 하워드의 전원도시 개념을 적용한 최초의 전원도시이다.
- ③은 영국 잉글랜드 하트퍼드셔주의 도시로 하워드의 전원도시 개념을 적용한 가장 성공적인 전원도시이다.
- ④는 미국 캘리포니아 중부의 국립공원(1890년)이다.

정답 ①

③ 생태적 결정론(Ecological Determinism)

- 미국의 맥하그(Ian McHarg)가 주장하였다.
- 자연계는 생태계의 원리에 의해 구성되어 있으며, 따라서 생태적 질서가 인간환경의 물리적 형태를 지배한다는 이론이다.
- 경제성에만 치우치기 쉬운 환경계획을 자연과학적 근거하에 인간의 환경적응의 문제를 파악하여 새로운 환경의 창조에 기여하자는 것이다.

④ 그린스워드안

- 1858년 뉴욕 센트럴파크 설계현상공모에 옴스테드와 캘버트 보의 당선작이다.
- 입체적 동선체계
- 차음과 차폐를 위한 주변식재
- 넓고 쾌적한 마차 드라이브 코스
- 산책로와 동적놀이를 위한 운동장

⑤ 녹지계통의 형태

분산식	녹지대를 도시 이곳저곳에 분산해서 조성
환상식	• 도시 중심에서 5 ~ 10km의 고리형태로 녹지를 조성한 것 • 도시 확대를 방지하는 데 효과적
방사식	• 도시 중심에서 외부로 방사상의 녹지대를 조성 • 도시 내부와 외부의 관련이 매우 좋으며 재난 시 시민들의 빠른 대피에 큰 효과를 발휘
위성식	• 환상 내부에 녹지대 조성하고 녹지 내에 위성도시를 배치하는 방식 • 대도시에서 인구분산을 위해 효과적
평행식	띠모양으로 일정한 간격을 두고 평행하게 녹지 배치
방사환상식	• 방사식과 환상식의 결합 • 이상적인 도시 녹지대 형식
방사분산식	방사식과 분산식의 결합

Check

일반도시에서 가장 많이 사용되고 있는 이상적인 녹지 계통은? 1001

① 분산식 ② 방사식
③ 환상식 ④ 방사환상식

정답 ④

• 일반적인 도시의 이상적인 녹지대 형식은 방사환상식이다.

⑥ 아른스테인(S. Arnstein) 주민참가의 단계

- 비참가 → 형식적 참가 → 시민권력의 단계로 이뤄진다.
- 비참가 단계에서는 조작과 치료가 필요하다.
- 형식적 참가 단계에서는 정보제공, 상담과 유화가 필요하다.
- 시민권력의 단계에서는 파트너십, 권한위양, 자치관리 등이 필요하다.

나. 레크리에이션

① 레크리에이션의 접근방법과 기법

- S. Gold(1980)의 접근방법 분류

자원접근방법	자연자원에 맞춰 레크리에이션 기회의 종류와 양을 결정
활동접근방법	과거 참가사례가 앞으로도 레크리에이션 기회를 결정하도록 계획하는 방법, 즉 공급이 수요를 만들어 내는 방법
경제접근방법	지역의 경제기반에 근거해 레크리에이션의 양과 형태 등을 결정하는 방법, 즉, 수요와 공급은 가격으로 환산
형태접근방법	과거의 일반 대중이 여가시간에 언제, 어디에서, 무엇을 하는가를 상세하게 파악하여 그들의 행동패턴에 맞추어 계획하는 방법
복합형	이용자 그룹과 자원의 형태를 구분하여 결합

Check

어느 레크리에이션 활동에서의 과거 참가사례가 앞으로도 레크리에이션 기회를 결정하도록 계획하는 방법, 즉 공급이 수요를 만들어 내는 방법은? 0202 / 0802

① 자원접근방법(Resource approach)
② 활동접근방법(Activity approach)
③ 경제접근방법(Economic approach)
④ 행태접근방법(Behavioral approach)

- 과거 참가사례를 참조해 계획하는 방법은 활동접근방법이다.

정답 ②

② 레크리에이션의 수요 분류

잠재수요	• 사람들에게 내재되어 있는 수요 • 적당한 시설, 접근수단, 정보 등이 제공되면 참여가능
유도수요	대중매체나 교육에 의해 자극시킨 잠재수요
표출수요	• 기존의 레크리에이션 기회에 참여 또는 소비하고 있는 수요 • 사람들의 기호도가 파악

③ 옥외 레크리에이션 관리체계의 기본요소

- 이용자 관리가 가장 중요하나.

이용자(Visitor)	레크리에이션 경험의 수요를 창출하는 주체
자연자원 (Natural Resource)	• 레크리에이션 활동 및 이용이 발생하는 근거 • 이용자 만족도 좌우 요소
관리(Management)	이용자의 요구에 부응하여 가용한 자원의 서비스와 활동을 조정하는 행위

다. 경관요소

① 경관요소의 지각 강도

- 지각 강도가 높은 것은 눈에 잘 띄는 것이다.

높음	따뜻한 색채(흰색 등), 대각선(사선), 동적인 상태, 거친 질감
낮음	차가운 색채, 수평선, 고정된 상태, 섬세하고 부드러운 질감

② 경관의 시각적 구성 요소

• 우세요소(기본요소)와 가변요소로 구분할 수 있다.

우세요소	선, 형태, 크기와 위치, 질감, 색채, 농담 등
가변요소	광선, 기상조건, 계절, 시간, 규모 등

✓Check

다음 중 경관의 우세요소가 아닌 것은? 0601

① 형태 ② 선
③ 소리 ④ 텍스쳐

정답 ③

• 소리는 경관의 요소에 포함되지 않는다.

③ 케빈 린치(K. Lynch)의 5가지 경관 구성요소

지표물(Landmark)	해당 지역을 대표하는 건물이나 이정표
통로(Path)	사람이 다니는 길에 따른 경관의 변화
모서리(Edge)	길에 포함되지 않은 모든 라인
지역(District)	도시의 구획
결절점(Node)	관찰자가 속에 들어갈 수 있는 점으로 목적지, 혹은 출발지가 될 수 있는 지점

조경에서의 물

• 호수, 연못, 풀 등은 정적으로 이용된다.
• 분수, 폭포, 벽천, 계단폭포(캐스케이드) 등은 동적으로 이용된다.
• 조경에서 물의 이용은 동, 서양 모두 즐겨했다.

④ 경관의 유형

지형경관	지형지물이 경관에서 지배적인 위치를 지는 경관
위요경관	주위 경관 요소들에 의하여 울타리처럼 둘러싸인 경관
초점경관	좌우로의 시선이 제한되고 중앙의 한 점으로 모이는 경관
세부경관	외부로의 시선이 차단되고 세부적인 특성이 지각되는 경관
전경관	파노라마 경관, 넓은 초원과 같이 시야가 가리지 않고 멀리 터져 보이는 경관
일시경관	무리지어 나는 철새, 설경 또는 수면에 투영된 영상 등에서 느껴지는 경관
관개경관	수림의 가지와 잎들이 천정을 이루고 수간이 교목의 수관 아래 형성되는 경관으로 숲속의 오솔길 등이 대표적이다.

✓Check

넓은 초원과 같이 시야가 가리지 않고 멀리 터져 보이는 경관을 무엇이라 하는가? 1104

① 전경관 ② 지형경관
③ 위요경관 ④ 초점경관

정답 ①

• ②는 지형지물이 경관에서 지배적인 상황을 말하며, 인간적 척도와 관계를 갖기 어렵다.
• ③은 수목 또는 경사면 등의 주위 경관 요소들에 의하여 자연스럽게 둘러싸여 있는 경관으로 정적인 느낌을 받는다.
• ④는 관찰자의 시선이 경관 내의 어느 한 점으로 유도되는 경관으로 강물이나 계곡 혹은 길게 뻗은 도로 등을 말한다.

5 기본구상

① 기본구상

- 수집된 자료를 종합한 후에 이를 바탕으로 개략적인 계획안을 결정하는 단계이다.
- 몇 가지의 대안을 만들어 각 대안의 장 · 단점을 비교한 후에 최종안으로 결정하는 단계를 말한다.

② 도시기본구상도의 표시기준

- 시가화 용지

주거용지	노란색
상업용지	분홍색
공업용지	보라색
관리용지	갈색

- 보전용지는 옅은 연두색, 개발제한구역은 옅은 파란색으로 표시한다.

Check

도시기본구상도의 표시기준 중 공업용지는 무슨 색으로 표현되는가? 0901

① 노란색 ② 파란색
③ 빨간색 ④ 보라색

- 공업용지는 보라색으로 표시한다.
- ①은 주거용지를 의미한다.

정답 ④

6 기본계획

① 기본계획

- 여러가지 대안들 중 최종안으로 결정된 대안을 기본 계획으로 확정하는 단계이다.
- 마스터플랜(Master Plan)의 작성이 위주가 되는 과정이다.
- 기초조사－터가르기－동선계획－식재계획 순으로 조경계획을 진행한다.

토지이용계획
- 조경의 기본계획에서 일반적으로 토지 이용분류, 적지 분석, 종합배분의 순서로 이루어지는 계획이다.

Check

마스터 플랜(Master Plan)이란? 1205

① 기본계획이다. ② 실시설계이다.
③ 수목 배식도이다. ④ 공사용 상세도이다.

- 마스터플랜(Master Plan)의 작성이 위주가 되는 과정은 기본계획이다.

정답 ①

② 동선계획

- 조경설계 시 동선은 원로, 산책로, 주차장 등을 대상으로 한다.
- 가급적 단순하고 명쾌해야 한다.
- 성격이 다른 동선을 반드시 분리해야 한다.
- 가급적 동선의 교차를 피하도록 한다.
- 이용도가 높은 동선은 짧게 해야 한다.

③ 교통 동선의 분류체계

유형	특징
우회형(루프형)	교통량이 적은 곳, 동선이 길어질 수 있다.
대로형(자루형)	교통량이 적은 곳, 각 건물 접근 불편
격자형	건물 배치가 용이
우회 전진형	운전 시 급한 배치가 많음, 방향성 상실 위험

조경기초설계

조경기초설계에서는 조경미, 색, 대비, 조경제도와 설계도면 그리고 도면의 작성법 및 조경설계 등이 주요하게 다뤄진다.

1 조경 디자인 개요

가. 조경미

① 조경미

- 조경부지 내에 모든 조경재를 배치함에 있어서 시청각적으로 느껴지는 아름다움을 말한다.
- 점, 선, 면, 형태, 질감, 비례, 균형 등을 효과적으로 활용한다.
- 내용미, 형식미, 표현미를 삼재미라고 한다.

② 조경미의 종류

구분	내용
대비미	색채나 형태 질감면에서 서로 달리하는 요소가 배열될 때의 아름다움을 말한다.
강조미	동질의 요소 사이에 상반되는 것을 삽입하여 통일감을 주는 아름다움을 말한다.
반복미	정연한 가로수, 뜀 돌의 배열, 벽천이나 분수에서 끊임없이 물을 내뿜는 것 등 단순미가 되풀이 될 때의 아름다움을 말한다.
점층미	회화에 있어서의 농담법과 같은 수법으로 화단의 풀꽃을 엷은 빛깔에서 점점 짙은 빛깔로 맞추어 나갈 때 생기는 아름다움을 말한다.
조화미	구릉지의 능선이나 초가지붕의 곡선과 같이 서로 어울리게 함으로써 나타나는 아름다움을 말한다.
균형미	가정한 중심선을 기준으로 양쪽의 크기나 무게가 보는 사람에게 안정감을 줄 때를 말한다.
동일미	동일한 종류, 색채 또는 선으로 통일시켰을 때 나타나는 아름다움을 말한다.
단순미	개체가 특징있는 것으로 단순한 자태를 균형과 조화 속에 나타내는 미이다.
운율미	연속적으로 변화되는 색채, 형태, 선, 소리 등에서 찾아볼 수 있는 미이다.

통일성과 다양성

- 통일성을 달성하기 위해서는 균형, 조화, 대칭, 강조가 이용된다.
- 다양성을 달성하기 위해서는 비례, 율동, 대비를 이용한다.

Check

정연한 가로수, 뛴 돌의 배열, 벽천이나 분수에시 끊임없이 물을 내뿜는 것 등은 어떤 미를 응용한 예인가? 0905

① 점층미 ② 반복미
③ 대비미 ④ 조화미

- ①은 회화에 있어서의 농담법과 같은 수법으로 화단의 풀꽃을 엷은 빛깔에서 점점 짙은 빛깔로 맞추어 나갈 때 생기는 아름다움을 말한다.
- ③은 색채나 형태 질감면에서 서로 달리하는 요소가 배열될 때의 아름다움을 말한다.
- ④는 구릉지의 능선이나 초가지붕의 곡선과 같이 서로 어울리게 함으로써 나타나는 아름다움을 말한다.

정답 ②

③ 비대칭

- 내재적 균형이라고도 한다.
- 똑같지는 않아도 비중이 같은 시각적 요소가 대칭의 중심축 좌우에 있을 때 성립한다.
- 지렛대의 원리가 성립한다.
- 보다 인간적이고 동적인 균형을 얻을 수 있으며, 무한한 양상(樣相)을 가질 수 있다.
- 미적인 형 그 자체로는 균형을 이루지 못하지만 시각적인 힘의 통합에 의해 균형을 이룬 것처럼 느끼게 하여 동적인 감각과 변화있는 개성적 감정을 불러일으키며, 세련미와 성숙미 그리고 운동감과 유연성을 주는 미적 원리이다.

Check

다음 중 비대칭이 주는 효과가 아닌 것은? 0305

① 단순하기 보다는 복잡성을 띠게 된다. ② 정돈성은 없으나 동적(動的)이다.
③ 무한한 양상(樣相)을 가질 수 있다. ④ 규칙적이고 통일감이 있다.

정답 ④

- ④는 대칭이 주는 효과이다.

④ 운율미

- 연속적으로 변화되는 색채, 형태, 선, 소리 등에서 찾아볼 수 있는 미이다.
- 변화되는 색채, 일정하게 들려오는 파도소리, 폭포소리 등이 있다.

⑤ 질감(Texture)

- 재질에 따라 다르게 느껴지는 감각이나 시각적인 특성을 말한다.
- 물체의 조성 성질로 시각적, 촉각적으로 느껴지는 물체 표현의 감이다.
- 물체의 표면이 빛을 받았을 때 생기는 밝고 어두움의 배합률에 따라 시각적으로 느끼는 감각을 말한다.
- 상록의 울창한 숲이나 감청색의 깊은 연못은 차분하고 존엄한 느낌을 준다.
- 직선은 굳건하고 남성적이며, 지그재그선은 유동적이고 활동적이다.
- 곡선은 자유, 우아함, 섬세함, 간접적이며, 여성적인 느낌을 갖게 한다.

⑥ 강조(Accent)

- 동질의 요소 사이에 상반되는 것을 삽입하여 통일감을 주는 아름다움을 말한다.
- 구릉지의 맨 위쪽에 세워진 건물의 토지 이용방법에 해당한다.

Check

피아노의 리듬에 맞추어 움직이는 분수를 계획할 때 가정해서 적용할 경관 구성원리는? 0605

① 율동 ② 조화 ③ 균형 ④ 비례

정답 ①

- ②는 구릉지의 능선이나 초가지붕의 곡선과 같이 서로 어울리게 함으로써 나타나는 아름다움을 말한다.
- ③은 가정한 중심선을 기준으로 양쪽의 크기나 무게가 보는 사람에게 안정감을 줄 때를 말한다.
- ④는 조경재료를 배열하였을 때 형태 및 색체에 있어서 양적 혹은 길이와 폭의 대소에 따라 일정한 크기의 비율로 증가 또는 감소된 상태를 배치할 때의 미적원리이다.

⑦ 율동

- 다른 원리에 비해 생명감이 강하며 활기 있는 표정과 경쾌한 느낌을 준다.
- 피아노의 리듬에 맞추어 움직이는 분수를 계획할 때 적용할 경관 구성원리이다.

⑧ 조경미의 요소 중 축

- 축은 두 점 또는 그 이상의 점을 통하는 선으로 이루어진다.
- 축은 직선 또는 곡선으로도 가능하다.
- 축을 사용한 전형적인 예는 프랑스의 베르사유궁전이 있다.
- 축선은 통일을 가하는 요소로 여러 개로도 사용된다.
- 축선 위에는 원로, 캐널, 캐스케이드, 병목 등을 설치해서 강조하고 있다.
- 축의 교점에는 분수, 못, 조각상 등을 설치하는 것이 효과적이다.

⑨ 조경에서의 점

- 조형에서 가장 기본적인 요소이다.
- 암시적으로 기능적 및 미적인 효과를 높이는 데 많이 활용된다.
- 대비, 균형, 강조 등을 구성요소로 해서 이용된다.
- 경석, 석탑, 시계탑, 조각물, 휴지통, 독립수 등이 이에 해당된다.

⑩ 조경에서의 선

- 점이 모여서 구성되는 요소이다.
- 원로의 포장, 생울타리, 냇물 등이 이에 해당된다.
- 수평선은 조화, 평화감을 느끼게 한다.
- 수직선은 평형, 균형, 권위감, 남성감 등을 느끼게 한다.
- 대각선은 방향과 변화, 운동감 등을 느끼게 한다.

Check

정원에서 미적요소 구성은 재료의 짝지움에서 나타나는데 도면상 선적인 요소에 해당되는 것은? 1104

① 분수 ② 독립수
③ 원로 ④ 연못

- ①, ②, ④는 모두 점적인 요소에 해당한다.

정답 ③

나. 색(色)

① 색의 3속성

- 채도는 색의 맑고 탁한 정도이다.
- 명도는 색의 밝고 어두운 정도를 나타낸다.
- 그레이스케일은 명도의 기준척도로 사용된다.
- 두 색상 중에서 빛의 반사율이 높은 쪽이 밝은 색이다.
- 색상은 빨강, 노랑, 파랑 등을 구분하게 하는 색 자체의 특성이다.

② 색의 무게감

- 가장 가볍게 느껴지는 색은 흰색이고, 가장 무겁게 느껴지는 색은 검정이다.
- 중량감을 순서대로 배치하면 검정>파랑>빨강>보라>주황>초록>노랑>흰색 순이다.

간상세포와 원추세포

- 간상세포는 망막주변에 분포하면서 명암을 구별하는 세포이다.
- 원추세포는 황반주변에 분포하면서 색채를 지각하는 세포이다.

가시광선
- 인간이 볼 수 있는 파장이다.
- 380 ~ 780nm이다.

③ 명암순응
- 외부의 자극에 따라 자극기관이 감수성을 변화시키는 과정과 변화된 상태를 순응이라고 한다.
- 눈이 빛의 밝기에 순응해서 물체를 본다는 것을 명암순응이라 한다.
- 명순응은 시야가 밝은 곳에 적응하는 상태를 말한다.
- 암순응은 시야가 어두움에 적응하는 상태를 말하며, 명순응에 비해 시간이 오래 걸린다.

메타메리즘
- 광원, 관측하는 사람, 관측조건 등의 차이로 인해 두 물체의 색이 같게 보이다가도 달라 보이는 현상을 말한다.
- 낮에 태양광 아래에서 본 물체의 색이 밤에 실내 형광등 아래에서 보니 달라 보이는 현상을 말한다.

④ 색의 온도감
- 빨강, 주황, 노랑, 연두, 초록, 파랑 등의 순서로 따뜻한 느낌에서 차가운 느낌을 준다.
- 따뜻한 색은 전진해 보이고, 온화하고, 친근하고, 활성적인 느낌을 준다.
- 차가운 색은 이성적이고, 상쾌한 느낌을 준다.

Check

따뜻한 색 계통이 주는 감정에 해당되지 않는 것은? 0301

① 전진해 보인다. ② 정열적이거나 온화하다.
③ 상쾌한 느낌을 준다. ④ 친근한 느낌을 준다.

정답 ③

- ③은 차가운 색이 주는 감정에 해당한다.

⑤ 색의 잔상(殘像, Afterimage)
- 색의 잔상이란 어떤 색을 일정 시간 보고 있을 경우 그 색의 자극이 망막에 흔적을 남겨 자극을 제거한 후에도 동질 또는 이질의 경험을 일으키는 현상을 말한다.
- 잔상은 원래 자극의 세기, 관찰시간과 크게 비례한다.
- 주어진 자극이 제거된 후에도 원래의 자극과 색, 밝기가 같은 상이 보인다.
- 주어진 자극이 제거된 후에도 원래의 자극과 색, 밝기가 반대인 상이 보인다.

연색성
- 조명된 사물의 색 재현 충실도를 나타내는 광원의 성질을 말한다.
- 조명 광에 의하여 물체의 색을 결정하는 광원의 성질을 말한다.

⑥ 톤온톤(Tone on tone) 배색
- 동일 색상에서 명도 차를 비교적 크게 하는 배색을 말한다.
- 벽돌로 만들어진 건축물에 태양광선이 비추어지는 부분과 그늘진 부분에서 나타나는 배색이 대표적이다.

⑦ 색명법
- 관용색명은 일상생활에서 쉽게 경험할 수 있는 사물의 색 이름으로 특정 색을 표현하는 방법을 말한다.
- 계통색명은 모든 색을 계통적으로 분류해서 표현할 수 있도록 한 색의 이름을 말한다.

빛의 3원색
- 빨강(R), 초록(G), 파랑(B)을 의미한다.
- 동시에 3가지 조명을 비췄을 때 백색광을 만든다.

⑧ 교통 표지판의 색상
- 가장 중요하게 고려할 것은 명시성이다.
- 빨간색은 금지, 노란색은 주의, 녹색은 안내, 파란색은 지시를 의미한다.
- 위험을 알리는 데는 노랑-검정 배색이 가장 명시성이 뛰어나다.

Check

색광의 3원색인 R, G, B를 모두 혼합하면 어떤 색이 되는가? 0705

① 검은색 ② 회색
③ 흰색 ④ 붉은색

• 빛의 3원색을 혼합하면 백색이 만들어진다.

정답 ③

다. 대비

① 색의 대비

• 색채나 형태 질감면에서 서로 달리하는 요소가 배열될 때의 아름다움을 말한다.

• 물체의 색과 밝기의 차이로 구분된다.

색상대비	도형의 색이 바탕색의 잔상으로 나타나는 심리보색의 방향으로 변화되어 지각되는 대비효과
명도대비	밝기가 다른 두 색이 서로 영향을 받아 밝은 색은 더 밝게, 어두운 색은 더 어둡게 보이는 현상
채도대비	색의 채도를 다르게 하여 더 맑게 혹은 더 탁하게 보이는 현상
보색대비	보색인 색을 이웃하여 놓을 경우 색상이 더 뚜렷해지면서 선명하게 보이는 현상
연변대비	어떤 두 색이 맞붙어 있을 때 그 경계 언저리에 대비가 더 강하게 일어나는 현상
한난대비	색의 차고 따뜻한 느낌에 의해 느껴지는 대비현상
면적대비	면적에 따라 색채가 다르게 느껴지는 현상

Check

도형의 색이 바탕색의 잔상으로 나타나는 심리보색의 방향으로 변화되어 지각되는 대비효과를 무엇이라고 하는가? 1101

① 색상대비 ② 명도대비
③ 채도대비 ④ 동시대비

• ②는 밝기가 다른 두 색이 서로 영향을 받아 밝은 색은 더 밝게, 어두운 색은 더 어둡게 보이는 현상이다.
• ③은 색의 채도를 다르게 하여 더 맑게 혹은 더 탁하게 보이는 현상이다.
• ④는 화면에 두 가지 이상의 색을 동시에 비교해 볼 때 색들이 실제의 색과 다르게 보이는 현상을 말한다.

정답 ①

② 채도대비

• 색의 채도를 다르게 하여 더 맑게 혹은 더 탁하게 보이는 현상을 말한다.
• 무채색끼리는 채도대비가 일어나지 않는다.
• 채도대비는 명도대비와 같은 방식으로 일어난다.
• 고채도의 색은 무채색과 함께 배색하면 더 선명해 보인다.
• 회색의 시멘트 블록들 가운데에 놓인 붉은 벽돌은 실제의 색보다 더 선명해 보이는 것도 채도대비에 의한 결과이다.

색과 면적
- 낮은 채도일수록 넓어 보이고, 높은 채도일수록 좁아 보인다.
- 한색에 가까울수록 넓어 보이고, 난색에 가까울수록 좁아 보인다.

③ 면적대비
- 면적에 따라 색채가 다르게 느껴지는 현상을 말한다.
- 면적이 커지면 명도와 채도가 높아진다.
- 큰 면적의 색을 고를 때의 견본색은 원하는 색보다 어둡고 탁한 색을 골라야 한다.

라. 기타

① 오방색
- 청, 백, 적, 흑, 황색을 말한다.

청색	동쪽, 나무(木), 봄
적색	남쪽, 불(火), 여름
백색	서쪽, 쇠(金), 가을
흑색	북쪽, 물(水), 겨울
황색	중앙, 흙(土)

Check

오방색 중 황(黃)의 오행과 방위가 바르게 짝지어진 것은? 1202

① 금(金)－서쪽 ② 목(木)－동쪽
③ 토(土)－중앙 ④ 수(水)－북쪽

정답 ③

- ①은 백색을, ②는 청색을, ④는 흑색을 의미한다.

② 가법혼색
- 2종류 이상의 색광을 혼합하여 별개의 색감을 발생시키는 것을 말한다.
- 2차색은 1차색에 비하여 명도가 높아진다.
- 빨강 광원에 녹색 광원을 흰 스크린에 비추면 노란색이 된다.
- 파랑에 녹색 광원을 비추면 시안(cyan)이 된다.
- 가법혼색의 3원색(빨강, 초록, 파랑)을 동시에 비추면 흰색이 된다.

한색
- 파랑, 녹색 등 차갑고, 무거우며 딱딱한 느낌을 주는 색을 말한다.
- 정신집중을 요하는 사무공간에 어울리는 색이다.

③ 푸르키니에 현상
- 물체의 배경이 밝은 장소에서 어두운 장소로 바뀌면 붉은색은 어둡게 되고, 푸른색이 밝은 흰색으로 보이는 현상을 말한다.
- 해가 지면서 주위가 어둑해질 무렵 낮에 화사하게 보이던 빨간 꽃이 거무스름해져 보이고, 청록색 물체가 밝게 보인다.

④ 먼셀의 색상환
- 가시광선의 스펙트럼을 고리형태로 연결하여 색을 배열한 것이다.
- 색상환의 12시 방향에 빨강(R)을 기준으로 노랑(Y), 초록(G), 파랑(B), 보라(P)까지의 5가지색을 기본으로 하고, 그 사이사이에 중간색인 주황(YR), 연두(GY), 청록(BG), 남색(PB), 자주(RP)를 고른 간격에 배치한 이것이 먼셀의 10색상환이다.
- 색을 표기할 때는 색상 · 명도 · 채도의 순으로 쓴다. 색상이 5R, 명도가 4, 채도가 14라면 5R 4/14로 표기하고, 5R 4의 14라고 읽는다.

2 조경 제도

가. 개요

① 제도

- 제도 용구와 숫자, 기호, 글자를 이용해 용지 위에 도면을 작성하는 것을 말한다.
- 각종 기구(T자, 삼각자, 스케일 등)를 사용하여 설계자의 의사를 선, 기호, 문장 등으로 용지에 표시하여 전달하는 것이다.

② 조경 제도의 순서

㉠ 축척과 도면의 크기 결정

㉡ 도면의 윤곽선과 표제란 설정

㉢ 도면의 위치 설정

㉣ 도면 완성

㉤ 표제란 완성

③ 표제란

- 도면의 번호, 도명 등을 기입하는 곳을 말한다.
- 기입해야 하는 내용은 공사명, 도면명, 도면번호, 범례, 수목과 시설물의 수량표, 방위표, 축척 등이 있다.
- 용지의 긴 쪽 길이를 가로 방향으로 설정할 때 표제란은 오른쪽 아래 구석에 위치한다.

CAD 특징

- 정확성
- 신속성
- 응용성
- 자동화를 통한 생산성 향상

Check

제도 후 도면의 표제란에 기재하지 않아도 되는 것은? 0801

① 도면명 ② 도면번호

③ 제도장소 ④ 축척

- 표제란에 기입해야 하는 내용은 공사명, 도면명, 도면번호, 범례, 수목과 시설물의 수량표, 방위표, 축척 등이 있다.

정답 ③

④ 도면의 작도 방법

- 도면은 될 수 있는 한 간단히 하고, 중복을 피한다.
- 도면은 그 길이 방향을 좌우 방향으로 놓은 위치를 정위치로 한다.
- 사용 척도는 대상물의 크기, 도형의 복잡성 등을 고려하여 그림이 명료성을 갖도록 선정한다.
- 표제란을 보는 방향은 통상적으로 도면의 방향과 일치하도록 하는 것이 좋다.

⑤ 제도 기호

기호	의미
ϕ	지름
R	반지름
SR	구의 반지름
Sϕ	구의 지름
□	정사각형의 변
t	판의 두께

용적률

- 한 필지의 토지 위에 건축할 수 있는 건축물의 연면적 합계를 말한다.
- 건축연면적을 대지면적으로 나눈 값으로 구한다.

✓Check

다음 식의 'A'에 해당하는 것은? 1205

용적률=A/대지면적

① 건축면적 ② 건축연면적
③ 1호당 면적 ④ 평균층수

정답 ②

• 용적률은 건축연면적을 대지면적으로 나눈 값으로 구한다.

나. 설계도면

① 설계도면의 종류

평면도	물체를 위에서 내려다 본 것으로 가정하고 수평면상에 투영하여 작도한 것
스케치	눈높이나 눈보다 조금 높은 위치에서 보여지는 공간을 실제 보이는 대로 자연스럽게 표현한 그림
입면도	구조물의 외적 형태를 보여 주기 위한 도면
투시도	3차원의 느낌이 가장 실제의 모습과 가깝게 나타나는 도면으로 설계 내용을 실제 눈에 보이는 대로 절단한 면을 그린 그림
조감도	시공 후 전체적인 모습을 알아보기 쉽도록 그린 그림
상세도	다른 도면들에 비해 확대된 축척을 사용하며 재료, 공법, 치수 등을 자세히 기입하는 도면
현황도	조경 시 기본계획을 수립하는데 가장 기초로 이용되는 도면
단면도	구조물의 내부나 내부공간의 구성을 보여주는 도면
다이어그램	설계자의 의도를 개략적인 형태로 나타낸 일종의 시각언어로서 도면을 단순화시켜 상징적으로 표현한 그림
배치도	대지 안에 건물이나 부대시설의 배치를 나타낸 도면

✓Check

조경 시 기본계획을 수립하는데 가장 기초로 이용되는 도면은? 1005

① 조감도 ② 입면도
③ 현황도 ④ 상세도

정답 ③

• ①은 시공 후 전체적인 모습을 알아보기 쉽도록 그린 그림이다.
• ②는 구조물의 외적 형태를 보여 주기 위한 도면이다.
• ④는 다른 도면들에 비해 확대된 축척을 사용하며 재료, 공법, 치수 등을 자세히 기입하는 도면이다.

② 평면도

• 위에서 수직 투영된 모양을 일정한 축척으로 나타내는 도면으로 2차원적이며, 입체감이 없는 도면이다.
• 모든 설계에서 가장 기본적인 도면이다.

③ 조감도

- 시공 후 전체적인 모습을 알아보기 쉽도록 그린 그림을 말한다.
- 3개의 소점으로 구성된다.
- 1소점은 평행투시, 2소점은 유각투시, 성각투시, 3소점은 사각투시, 경사투시라고 한다.
- 3소점 투시도는 투시도법 중 입체감을 잘 살릴 수 있어 조경 등에서 많이 사용된다.

설계도서의 종류

- 공사시방서
- 설계도면
- 물량내역서
- 표준시방서
- 전문시방서
- 상세시공도면
- 감리자의 지시사항 등

다. 투상법

① 투시도법

- 선원근법이라고도 한다.
- 소실점을 정하고 그곳에 모인 선을 기준으로 그린 것으로 공간의 깊이와 원근감을 표시할 수 있는 도법이다.
- 물체의 앞이나 뒤에 화면을 놓은 것으로 생각하고, 시점에서 물체를 본 시선과 그 화면이 만나는 각점을 연결하여 물체를 그리는 투상법이다.

② 정투상도(3각법)

- 물체를 3각 안에 놓고 투상하는 것으로 눈→투상면→물체의 순으로 그려내는 방법이다.
- 정면도를 중심으로 놓고 위에는 평면도, 왼쪽에는 좌측면도를 그린다.

③ 사투상도(경사투상도)

- 기준선 위에 물체의 정면을 실물과 같은 모양으로 놓고, 측면이나 윗면은 30°, 45°, 60° 등의 삼각자로 경사각을 주어 그려 입체감을 나타내는 방법이다.
- 물체를 투상면에 대하여 한쪽으로 경사지게 투상하여 입체적으로 나타낸 것이다.
- 물체의 3면을 동시에 볼 수 있고, 정면이 실물과 같은 모양이다.

도면에서 물체의 상대적인 크기 표시

- 단면도, 입면도, 투시도, 평면도 등에서 물체의 상대적인 크기를 느끼게 하기 위해 그리는 대상은 사람, 수목, 자동차 등이다.

라. 도면의 작성

① 척도

- 물체의 실제 지수에 대한 도면에 표시한 대상물의 비를 의미한다.
- 실척은 실물과 같은 크기로 그리는 것으로 현척이라고도 한다.
- 축척은 실물을 도면에 나타낼 때의 축소비율을 말한다.
- 배척은 실물을 도면에 나타낼 때의 확대비율을 말한다.
- 정원설계에는 주로 1/50 ~ 1/100 축척을 많이 이용한다.

② 축척의 계산

- 길이의 경우 축척 $= \frac{\text{도면길이}}{\text{실제길이}}$로 구한다.
- 면적의 경우 $(\text{축척})^2 = \frac{\text{도면면적}}{\text{실제면적}}$으로 구한다.

Check

설계 도면에서 표제란에 위치한 막대 축척이 1/200이다. 도면에서 1cm는 실제 몇 m인가? 1104

① 0.5m ② 1m
③ 2m ④ 4m

정답 ③

• 축척이 1/200에서 도면의 1cm는 200cm에 해당하므로 2m이다.

Check

축척 1/1,000의 도면의 단위 면적이 16m^2일 것을 이용하여 축척 1/2,000의 도면의 단위 면적으로 환산하면 얼마인가? 1101

① 32m^2 ② 64m^2
③ 128m^2 ④ 256m^2

정답 ②

• 축척이 1/1,000에서 도면의 단위면적이 16m^2이라면, 축척이 1/2,000에서는 가로와 세로가 각각 2배이므로 4배가 되어서 64m^2이 된다.

③ 도면에서 철근 표시방법

- 도면에서 철근을 표시할 때는 [수량] [철근재질][철근지름(mm)] @ [철근간격(mm)]으로 표시한다.
- 철근재질에서 D는 이형철근, 원형철근은 ϕ로 표기한다.

④ 골재의 단면표시

표시	재료	표시	재료
	자연석		인조석
	모르타르		무근콘크리트
	철근		잡석
	구조재		보조재
	치장재		단열재
	지반선		벽돌

⑤ 선의 모양에 따른 분류

굵은 실선	• 단면의 윤곽을 표시한다. • 외형선, 단면선
가는 실선	• 설명, 보조, 지시, 단면을 표시한다. • 치수선, 인출선, 지시선, 해칭선, 치수보조선
점선(파선)	• 물체의 보이지 않는 부분의 모양을 표시한다. • 숨은선
1점쇄선	• 물체의 절단한 위치 및 경계를 표시한다. • 중심선, 경계선, 절단선
2점쇄선	• 물체가 있을 것으로 가상되는 부분을 표시한다. • 가상선

Check

실선의 굵기에 따른 종류(굵은선, 중간선, 가는선)와 용도가 바르게 연결되어 있는 것은? 1202

① 굵은선–도면의 윤곽선 ② 중간선–치수선
③ 가는선–단면선 ④ 가는선–파선

• ②의 치수선은 가는 실선으로 표시한다.
• ③의 단면선은 굵은 실선으로 표시한다.
• ④의 파선은 점선으로 표시한다.

정답 ①

⑥ 인출선

- 수목명, 본수, 규격 등을 기입하기 위하여 주로 이용되는 선이다.
- 도면의 내용물 자체에 설명을 기입할 수 없을 때 사용하는 선이다.
- 인출선의 긋는 방향과 기울기는 하나의 도면 내에서는 가능한 통일하는 것이 좋다.
- 인출선은 가는 실선을 사용하며, 한 도면 내에서는 그 굵기와 질은 동일하게 유지한다.

⑦ 치수 기입

- 제도의 KS 규격 치수 단위는 mm이고, mm 기호를 기재하지 않는다.
- 치수 기입에는 치수선, 치수보조선, 인출선 등을 사용한다.
- 치수는 치수선 중앙 상단에 평행하게 쓴다.
- 치수보조선은 치수선에 직각으로 치수선을 연장하여 그린다.

⑧ 선 긋는 법

- 선은 처음부터 끝나는 부분까지 일정한 힘으로 한 번에 긋는다.
- 선의 연결과 교차부분이 정확하게 되도록 한다.
- 원과 원호를 먼저 그리고 수평선, 수직선 순으로 긋는다.
- 수평선은 왼쪽에서 오른쪽으로, 위에서부터 아래쪽으로 긋는다.
- 수직선은 밑에서 위로, 왼쪽에서부터 오른쪽으로 차례대로 긋는다.
- 오른쪽 위로 향한 사선은 왼쪽 아래에서 오른쪽 위로 긋는다.
- 왼쪽 위로 향한 사선은 왼쪽 위에서 오른쪽 아래로 긋는다.

마. 관련 장치

① 윤척

- 입목의 직경(흉고직경)을 재는 장치이다.
- 입목의 직경은 사람의 가슴높이(우리나라 1.2m)의 흉고직경으로 한다.

② 플래니미터

- 설계도상 부정형 지역의 면적 측정시 주로 사용되는 기구이다.
- 극침을 도형의 경계선을 따라 이동시키면 면적이 구해진다.

Check

다음 중 플래니미터를 바르게 설명한 것은? 1005

① 설계도상 부정형 지역의 면적 측정시 주로 사용되는 기구이다.
② 수목 흉고직경 측정시 사용되는 기구이다.
③ 수목의 높이를 관측하는 기구이다.
④ 설계도상의 곡선 길이를 측정하는 기구이다.

정답 ①

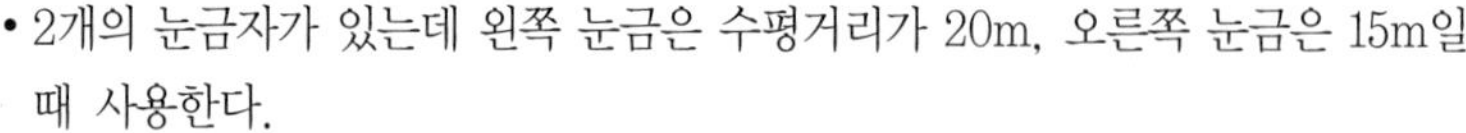
- ②는 윤척에 대한 설명이다.
- ③은 와이제측고기에 대한 설명이다.

순토측고기

③ 순토측고기

- 2개의 눈금자가 있는데 왼쪽 눈금은 수평거리가 20m, 오른쪽 눈금은 15m일 때 사용한다.
- 측정방법은 우선 나뭇가지의 거리를 측정하고 시공을 통하여 수목의 선단부와 측고기의 눈금이 일치하는 값을 읽는다. 이때 왼쪽 눈금은 수평거리에 대한 %값으로 계산하고, 오른쪽 눈금은 각도 값으로 계산하여 수고를 측정한다.
- 수고측정 뿐만 아니라 지형경사도 측정에도 사용된다.

바. 조경설계

식재 본수의 계산

- 묘목 수=조림면적[m^2]÷(가로 간격[m]×세로 간격[m])로 구한다.

① 배식평면도

- 수목의 위치, 수종, 규격, 수량 등을 표기한다.
- 일반적으로 수목수량표를 표제란에 기입한다.
- 작성 시 수목의 성장을 고려하여 설계할 필요가 있다.
- 시설물평면도와 연계되어야 한다.

② 수목의 규격 표시

- 수고, 수관너비, 흉고지름, 근원지름, 지하고 등을 표시한다.
- 수고는 나무의 높이를 말하며 H로 표시하고, 단위는 [m]이다.
- 수관너비는 나무의 폭을 말하며 W로 표시하고, 단위는 [m]이다.
- 흉고지름은 가슴높이(1.2m)의 줄기 지름을 말하며 B로 표시하고, 단위는 [cm]이다.
- 근원지름은 뿌리 바로 윗부분의 지름을 말하며, R로 표시하고, 단위는 [cm]이다.
- 지하고는 바닥에서 가지가 있는 곳까지의 높이를 말하며 BH로 표시하고, 단위는 [m]이다.

Check

시공시 설계도면에 수목의 치수를 구분하고자 한다. 다음 중 흉고직경을 표시하는 기호는? 1104

① B ② C.L
③ F ④ W

• 흉고지름(직경)은 가슴높이(1.2m)의 줄기 지름을 말하며 B로 표시하고, 단위는 [cm]이다.

정답 ①

③ 교목의 규격표시

H×W	• 수간의 식별이 어려운 침엽수나 상록활엽수 • 잣나무, 주목, 구상나무, 아왜나무, 철쭉, 편백, 향나무 등
H×W×R	소나무, 동백나무, 개잎갈나무
H×B	• 수간부의 지름이 일정한 수목 • 메타세콰이아, 버즘나무, 은행나무, 벚나무, 은사시나무 등
H×R	• 수간부의 지름이 뿌리와 가슴부위에 차이가 큰 경우 • 단풍나무, 감나무, 목련, 느티나무, 모과나무 등

Check

다음 중 식재시 수목의 규격 표기 방법이 다른 것은? 1102

① 은행나무 ② 메타세콰이아
③ 잣나무 ④ 벚나무

• ③은 H×W로 표시하는데 반해, ①, ②, ④는 H×B로 표시한다.

정답 ③

④ 관목성 수목의 규격표시

- 기본적으로 H×W로 표시하고, 필요에 따라 뿌리분의 크기, 지하고, 가지수, 수관길이 등을 지정할 수 있다.
- 줄기 수가 적고, 도장지가 발달하여 수관폭의 측정이 곤란하고 가지의 수가 중요한 수목의 경우는 H×W×가지 수로 표시하다.

⑤ 조경 제도용구

T자	수평선을 긋는 도구
삼각자	수직선과 사선을 긋는 도구
원형템플릿	수목을 표현할 때 많이 쓰는 도구
원호자	곡선자라고도 하며, 각종 반지름의 원호를 그릴 때 사용
운형자	원 이외의 곡선을 긋는데 사용
자유곡선자	자유롭게 구부려서 곡선을 긋는데 사용
플래니미터	설계도상의 부정형 지역의 면적측정시 사용되는 기구
삼각축척	1/100 ~ 1/600 축척눈금을 가지며, 축척에 맞게 길이를 측정
컴퍼스	템플릿에 없는 큰 원이나 원호를 그릴 때 사용하는 도구

> **Check**
>
> 다음 제도용구 가운데 곡선을 긋기 위한 도구는? 0702
>
> ① T자 ② 삼각자
> ③ 운형자 ④ 삼각축척자
>
> 정답 ③
>
> • ①은 수평선을 긋는 도구이다.
> • ②는 수직선과 사선을 긋는 도구이다.
> • ④는 1/100 ~ 1/600 축척눈금을 가지며, 축척에 맞게 길이를 측정하는 도구이다.

사. 등고선과 지형도

① 등고선

- 등고선 상에 있는 모든 점들은 같은 높이로서 등고선은 같은 높이의 점들을 연결한다.
- 등경사지는 등고선 간격이 같다.
- 급경사지는 등고선 간격이 좁고, 완경사지는 등고선 간격이 넓다.
- 등고선은 도면의 안이나 밖에서 폐합되며 도중에 없어지지 않는다.
- 높이가 다른 등고선이라도 절벽, 동굴에서는 교차할 수 있고, 동굴이나 절벽의 지형이 아닌 곳에서는 교차하지 않는다.
- 어떤 지점에서 최대 경사 방향은 그 등고선에 직각인 방향이다.

> **Check**
>
> 등고선에 관한 설명 중 틀린 것은? 0701
>
> ① 등고선 상에 있는 모든 점들은 같은 높이로서 등고선은 같은 높이의 점들을 연결한다.
> ② 등고선은 급경사지에서는 간격이 좁고, 완경사지에서는 넓다.
> ③ 높이가 다른 등고선이라도 절벽, 동굴에서는 교차한다.
> ④ 모든 등고선은 도면 안 또는 밖에서 만나지 않고, 도중에서 소실된다.
>
> 정답 ④
>
> • 등고선은 도면의 안이나 밖에서 폐합되며 도중에 없어지지 않는다.

성토와 절토의 구분

- 성토는 흙을 쌓는 것을 말하고, 절토는 흙을 깎아내는 것을 말한다.
- 성토는 평면도에서 도로쪽에서 사면이 올라가게 그린다.
- 절토는 용지경계쪽에서 사면이 내려가게 그린다.

② 등고선의 종류

구분	설명
주곡선	• 지형을 표시하는데 가장 기본이 되는 등고선이다. • 얇은 실선으로 표시한다.
계곡선	• 주곡선 다섯줄 단위로 표시한다. • 굵은 실선으로 표시한다.
간곡선	• 평탄한 지형 내에서 주곡선만으로 굴곡을 표시하기 힘들 때 주곡선 사이에 긋는 선이다. • 긴 파선으로 표시한다.
조곡선	• 간곡선 사이의 굴곡을 표현하기 위해 긋는 선이다. • 짧은 파선으로 표시한다.

③ 지형도

능선	• 산의 꼭대기가 일정한 간격을 두고 연결되어 연속적으로 솟아오른 지형이다. • 지형도에서 U자 모양으로 그 바닥이 낮은 높이의 등고선을 향한다.
계곡	• 길게 패인 모양의 지형을 말한다. • 지형도에서 ∩자 모양으로 그 바닥이 높은 높이의 등고선을 향한다.
현애	낭떠러지를 말한다.

Check

지형도에서 U자 모양으로 그 바닥이 낮은 높이의 등고선을 향하면 이것은 무엇을 의미하는가? 0202 / 0801 / 1202

① 계곡 ② 능선
③ 현애 ④ 동굴

• ①은 지형도에서 ∩자 모양으로 그 바닥이 높은 높이의 등고선을 향한다.
• ③은 낭떠러지를 말한다.

정답 ②

3 시방서와 적산

① 시방서

• 설계도면에 표시하기 어려운 사항 및 공사수행에 관련된 제반 규정 및 요구사항 등을 구체적으로 글로 써서, 설계 내용의 전달을 명확히 하고 적정한 공사를 시행하기 위한 것이다.
• 설계자가 시방서와 공사내역서를 작성한다.
• 작성해야 하는 내용은 재료의 종류 및 품질, 시공방법의 정도, 재료 및 시공에 대한 검사, 공사개요 및 공법 등이다.
• 표준시방서는 시공에 관하여 표준이 되는 일반적인 공통사항을 작성한 것이다.
• 특기시방서는 특별한 사항 및 전문적인 사항을 기재한 것으로 표준시방시와 상이한 조항이 있을 때 특기시방서가 우선한 것으로 한다.

Check

시방서의 기재사항이 아닌 것은? 1101

① 재료의 종류 및 품질
② 건물인도의 시기
③ 재료의 필요한 시험
④ 시공방법의 정도 및 완성에 관한 사항

• 시방서에 작성해야 하는 내용은 재료의 종류 및 품질, 시공방법의 정도, 재료 및 시공에 대한 검사, 공사개요 및 공법 등이다.

정답 ②

② 적산

- 도면과 시방서에 의하여 공사에 소요되는 자재의 수량, 시공면적, 체적 등의 공사량을 산출하는 과정을 말한다.
- 수량 산출의 종류에는 설계수량, 계획수량, 소요수량 등이 있다.
- 일반적인 공사 수량 산출시 중복이 되지 않게 세분화 한다.

③ 일위대가표

- 공사에 사용되는 재료비, 인력비 등을 현재 단가 1개 기준으로 잡아 공사 규모에 맞게 곱하여 총공사단가를 산정하는 표를 말한다.
- 품셈을 통해서 산정한다.
- 계금은 1원 단위이고, 금액란의 금액은 0.1원 단위이다.

Check

설계도서 중 일위대가표를 작성할 때 일위대가표의 금액란의 금액 단위 표준은? 1005

① 0.01원 ② 0.1원
③ 1원 ④ 10원

정답 ②

- 계금은 1원 단위이고, 금액란의 금액은 0.1원 단위이다.

소운반의 운반거리

- 표준품셈에서 규정한 소운반 거리는 20m 이내의 거리를 말한다.

④ 품셈

- 인간이나 기계가 공사 목적물을 만들기 위하여 단위물량당 소요로 하는 노력과 품질을 수량으로 표현한 것을 말한다.
- 일위대가표 작성의 기초가 된다.

⑤ 표준품셈에서 지주목을 세우지 않을 때

- 인력시공시 인력품의 10%를 감한다.
- 기계시공시 인력품의 20%를 감한다.

⑥ 순공사원가

- 재료비, 노무비, 경비를 합산한 금액을 말한다.

Check

다음 중 순공사원가에 해당되지 않는 것은? 1205

① 재료비 ② 노무비
③ 이윤 ④ 경비

정답 ③

- 순공사원가는 재료비, 노무비, 경비를 합산한 금액을 말한다.

⑦ 경비

- 공사의 시공을 위하여 소요되는 공사원가 중 재료비, 노무비를 제외한 원가를 말한다.
- 기업유지를 위한 관리활동 부문에서 발생하는 일반관리비와 구분된다.
- 전력비, 수도광열비, 운반비, 기계경비, 가설비, 품질관리비, 지급임차료, 보험료, 복리후생비, 산업안전보건관리비, 소모품비, 세금과 공과, 폐기물처리비, 환경보전비, 안전관리비 등이 있다.

조경설계

조경설계에서는 조경소재, 조경시설의 설계, 조경시설의 종류와 특징(계단 및 주택정원 중심)에 대해서 다뤄진다.

1 조경소재 개요

① 재료의 특성

강성	외력을 받아 변형을 일으킬 때 이에 저항하는 성질
인성	재료가 파괴되기까지 높은 응력에 잘 견딜 수 있고, 동시에 큰 변형을 나타내며 파괴되는 성질
연성	재료가 탄성한계 이상의 힘을 받아도 파괴되지 않고 가늘고 길게 늘어나는 성질
취성	재료가 외력을 받았을 때 작은 변형만 나타내도 파괴되는 성질
전성	재료에 압력을 가했을 때 재료가 압축되면서 압력의 수직방향으로 얇게 펴지는 성질
탄성	재료에 가해지던 외부 하중을 제거했을 때 원래의 위치로 복귀할 수 있는 성질
내구성	재료가 손상없이 오래 특성을 유지할 수 있는 성질
소성	재료가 외부에서 한계 이상의 힘을 받아 형태가 바뀐 뒤 본래의 모양으로 돌아가지 않는 성질
경도	재료의 긁기, 절단, 마모 등에 대한 저항성
강도	재료가 파손되기 전까지 견딜 수 있는 하중의 양
크리프	일정한 응력을 가할 때, 변형이 시간과 더불어 증대하는 현상

✚ 재료의 강도에 영향을 주는 요인
- 온도와 습도
- 강도의 방향성(方向性)
- 하중속도와 하중시간

Check

재료의 긁기, 절단, 마모 등에 대한 저항성을 나타내는 용어는? 0902

① 경도(硬度) ② 강도(强度)
③ 전성(展性) ④ 취성(脆性)

- ②는 재료가 파손되기 전까지 견딜 수 있는 하중의 양을 말한다.
- ③은 재료에 압력을 가했을 때 재료가 압축되면서 압력의 수직방향으로 얇게 펴지는 성질을 말한다.
- ④는 재료가 외력을 받았을 때 작은 변형만 나타내도 파괴되는 성질을 말한다.

정답 ①

② 조경재료의 기능에 따른 분류

생물재료	• 생명을 가진 재료(수목, 지피식물, 초화류 등) • 자연성, 연속성, 조화성, 다양성을 갖는다.
무생물재료	• 생명을 가지지 않은 재료(목질재료, 우드칩, 인조석 등) • 균일성, 불변성, 가공성을 갖는다.

③ 조경재료의 특성에 따른 분류

자연재료	자연에서 만들어진 재료
인공재료	자연재료 혹은 무생물재료를 가공한 재료

2 조경시설 설계

가. 원로

① 원로의 구조

- 기울기가 15% 이상인 경우에는 계단을 만든다.
- 잔디밭을 가로지르는 원로는 자갈포장을 피해야 한다.

② 원로 시공

- 원로는 단순 명쾌하게 설계, 시공이 되어야 한다.
- 원로의 폭

관리용 트럭 통행 가능	3.0m
보행자 2인이 나란히 통행	1.5 ~ 2.0m
보행자 1인이 통행	0.8 ~ 1.0m

Check

원로의 시공계획시 일반적인 사항을 설명한 것 중 틀린 것은? 1205

① 원로는 단순 명쾌하게 설계, 시공이 되어야 한다.
② 보행자 한 사람 통행 가능한 원로폭은 0.8 ~ 1.0m 이다.
③ 원칙적으로 보도와 차도를 겸할 수 없도록 하고, 최소한 분리시키도록 한다.
④ 보행자 2인이 나란히 통행 가능한 원로폭은 1.5 ~ 2.0m 이다.

정답 ③

- 보행자와 트럭 1대가 함께 통행 가능하게 도로의 폭은 6m 이상으로 하고, 회전반지름 역시 6m로 한다. 관리용 트럭이 통행 가능하게 하려면 도로의 폭을 3m로 한다.

③ 콘크리트 포장

- 내구성과 내마멸성이 좋아 일단 파손된 곳은 보수가 어렵고 보행감이 좋지 않으므로 시공 때 각별한 주의가 필요한 포장방법이다.
- 인도의 경우 5 ~ 6cm 두께로, 차도의 경우는 인도의 2배 두께로 포장한다.

나. 연못

① 자연식 연못설계

- 일반적으로 연못의 설계 시 연못의 면적은 정원 전체 면적의 1/9 이하가 힘의 균형을 이룰 수 있는 적정한 규모이며, 최소 $1.5m^2$ 이상의 넓이가 바람직하다.

② 연못의 유지관리

- 겨울철에는 동파를 방지하기 위해 물을 빼 둔다.
- 녹이 잘 스는 부분은 녹막이 칠을 수시로 해준다.
- 수중식물 및 어류의 상태를 수시로 점검한다.
- 물이 새는 곳이 있는지의 여부를 수시로 점검하여 조치한다.

③ 일류공

- 연못의 배수구 중 하나로 중앙에 설치하는 배수구이다.
- 수면을 일정하게 유지하는 역할을 한다.
- 일류공에는 철망을 설치할 필요가 있다.

다음 그림은 어떤 공법을 나타낸 그림인가? 0305

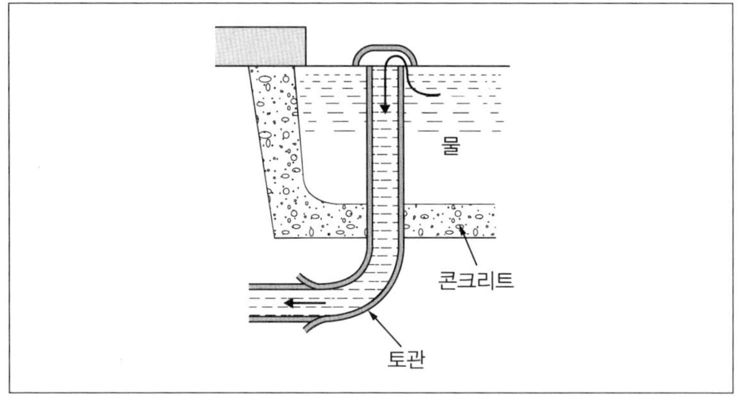

① 호안공　　② 집수지
③ 배수공　　④ 일류공

- ①은 연못이나 냇가의 비탈이 점차 허물어지는 것을 방지하기 위해 설치하는 시설이다.
- ②는 빗물 등을 모아 놓고 사용한 인공연못터를 말한다.
- ③은 연못 바닥 깊은 곳에 설치하여 연못의 수위를 일정하게 유지하기 위한 시설이다.

정답 ④

④ 연못의 급배수

- 배수공은 연못 바닥의 가장 깊은 곳에 설치한다.
- 일류공에는 철망을 설치할 필요가 있다.
- 급배수에 필요한 파이프의 굵기는 강우량과 급수량을 고려해야 한다.
- 항상 일정한 수위를 유지하기 위한 시설을 배수공이라고 한다.

다. 계단

① 계단

- 계단의 폭은 연결도로의 폭과 같거나 그 이상의 폭으로, 단 높이는 18cm 이하, 단 너비는 26cm 이상으로 한다.
- 높이 2m를 넘는 계단에는 2m 이내마다 당해 계단의 유효폭 이상의 폭으로 너비 120cm 이상인 계단참을 둔다.
- 높이 1m를 초과하는 계단으로서 계단 양 측에 벽, 기타 이와 유사한 것이 없는 경우에는 난간을 두고, 계단의 폭이 3m를 초과하면 매 3m 이내마다 난간을 설치한다. 단, 계단의 단 높이가 15cm 이하이고 단 너비가 30cm 이상일 경우 예외로 한다.

② 계단 설치

- 경사가 18%를 초과하는 경우는 보행에 어려움이 발생되지 않도록 계단을 설치하도록 한다.
- 계단의 경사도는 수평면에서 35°를 기준으로 한다.

③ 단높이(h)와 디딤변 너비(b)의 관계

- 2h+b가 60 ~ 65cm가 표준이다.
- 축상을 18cm 이하, 디딤변의 너비는 26cm 이상으로 한다.
- 단높이가 높으면 반대로 답면(디딤변)은 좁아야 한다.
- 디딤변에 물이 고이지 않게 하기 위해 약간의 구배를 준다.

Check

지면보다 1.5m 높은 현관까지 계단을 설계하려 한다. 단면을 30cm로 적용할 때 필요한 계단수는?(단, 2a+b=60cm으로 지정한다) 1001

① 10단 정도　② 20단 정도
③ 30단 정도　④ 40단 정도

정답 ①

- 2h+b가 60cm로 하므로 , b가 30cm이므로 h는 15이므로 1.5m이면 총 10단이 필요하다.

라. 주택정원

① 주택정원의 구분

휴게시설	파고라(Pergola), 야외탁자, 벤치, 정자 등
유희시설	미끄럼틀, 시소 등
수경시설	연못, 벽천, 폭포, 분수 등
편익시설	주차장, 전망대 등
조명시설	조명등, 정원등 등

② 주택정원을 설계할 때 고려할 사항

- 무엇보다도 안전 위주로 설계해야 한다.
- 시공과 관리하기가 쉽도록 설계해야 한다.
- 재료는 구하기 쉬운 것을 넣어 설계한다.
- 단지의 외곽부에는 차폐 및 완충식재를 한다.

③ 안뜰

- 응접실이나 거실 전면에 접한 뜰을 말한다.
- 휴식과 단란이 이루어지는 주택정원의 중심이 된다.
- 가족의 구성단위나 취향에 따라 계획한다.
- 면적이 넓고 양지바른 곳에 위치하는 공간으로 한다.

④ 앞뜰

- 전정을 말한다.
- 주택의 바깥에서 대문을 거쳐 현관에 이르는 공간이다.
- 가장 밝은 공간이 되도록 조성해야 한다.
- 주택정원에서 공공성이 가장 강한 공간이다.

Check

주택정원의 세부공간 중 가장 공공성이 강한 성격을 갖는 공간은? 1205

① 안뜰 ② 앞뜰
③ 뒤뜰 ④ 작업뜰

- ①은 응접실이나 거실 전면에 위치한 뜰로 정원의 중심이 되는 곳으로 휴식과 단란이 이루어지는 공간이다.
- ③은 집 뒤에 위치한 공간으로 조선시대 중엽 이후 풍수설에 따라 주택조경에서 새로이 중요한 부분으로 강조된 공간이다.
- ④는 장독대, 쓰레기통, 빨래건조대 등을 설치하는 공간으로 구석진 공간이나 분리된 공간으로 한다.

정답 ②

⑤ 뒤뜰
- 후정을 말한다.
- 집 뒤에 위치한 공간이다.
- 조선시대 중엽 이후 풍수설에 따라 주택조경에서 새로이 중요한 부분으로 강조된 공간이다.

⑥ 작업뜰
- 장독대, 쓰레기통, 빨래건조대, 채소밭 등을 설치하는 공간을 말한다.
- 구석진 공간이나 분리된 공간으로 한다.

⑦ 가운데 뜰
- 중정을 말한다.
- 집안 건물과 건물 사이의 마당 또는 건물 내부에 노출되어 구성된 공간을 말한다.
- 주위가 건물로 둘러싸여 있어 식물의 생육을 위한 채광, 통풍, 배수 등에 주의해야 한다.

⑧ 벽천
- 벽을 타고 물이 흐르는 조형물로 실용과 미관을 겸한 정원에 설치하는 수경시설이다.
- 벽체, 토수구, 수반으로 구성된다.

조경식물

조경식물에서는 조경식물의 개요, 조경 수목의 분류, 수목의 성질별 분류, 수목의 목적별 분류, 그외 자주 출제되는 조경식물 세부내용에 대해서 다뤄진다.

1 조경식물 파악

가. 개요

① 조경 수목의 구비조건

- 불리한 환경에서도 견딜 수 있는 힘이 커야 한다.
- 병 · 해충에 대한 저항성이 강해야 한다.
- 다듬기 작업 등 관리가 용이해야 한다.
- 이식이 용이하며, 이식 후에도 잘 자라야 한다.
- 번식이 쉽고, 소량으로도 구입이 가능해야 한다.

Check

조경 수목의 구비조건으로 적합하지 않은 것은? 0905

① 불리한 환경에서도 견딜 수 있는 힘이 커야 한다.
② 병 · 해충에 대한 저항성이 강해야 한다.
③ 다듬기 작업 등 관리가 용이해야 한다.
④ 번식이 어렵고, 소량으로 구입할 수 있어야 한다.

정답 ④

- 번식이 쉽고, 소량으로도 구입이 가능해야 한다.

② 좋은 상태의 수목

- 가지의 수가 지나치게 많지 않고, 여러 방향으로 고르게 배치된 것
- 뿌리의 발육이 좋고 곧은 뿌리보다 곁뿌리가 훨씬 많은 것
- 병 · 해충의 피배를 입은 흔적이 없고, 잔가지가 충실한 것
- 가지보다 뿌리가 더 충실해야 한다.

조경식물의 옛 용어
- 동백을 산다(山茶)라 불렀다.
- 백목련을 옥란(玉蘭)이라 불렀다.
- 연을 부거(芙渠)라 불렀다.
- 장미를 가우(佳友)라 불렀다.

③ 실내 조경식물의 선정 기준

- 낮은 광도에 견디는 식물
- 온도 변화에 둔감한 식물
- 가스에 잘 견디는 식물
- 내건성과 내습성이 강한 식물
- 병해충에 잘 견디는 식물
- 가시나 독성이 없는 안전한 식물

④ 조경 수목의 정기 관리작업

- 수관 손질
- 병충해 방제
- 생육상태 점검
- 화단정리
- 가지치기(전정) 및 거름주기
- 잡초제거 및 관수(灌水)
- 월동작업

Check

조경 수목의 관리계획에는 정기 관리작업, 부정기 관리작업, 임시 관리작업으로 분류할 수 있다. 그 중 정기 관리작업에 속하는 것은? 1102

① 고사목 제거 ② 토양 개량
③ 세척 ④ 거름주기

• ①, ②, ③은 부정기 관리작업에 해당한다.

정답 ④

⑤ 수목의 고사 처리

• 조경공사표준시방서의 기준상 수목은 수관부 가지의 약 2/3 이상이 고사하는 경우에 고사목으로 판정한다.
• 지피 · 초화류는 해당 공사의 목적에 부합되는가를 기준으로 감독자의 육안검사 결과에 따라 고사여부를 판정한다.

⑥ 수목종자의 저장

• 건조저장은 종자를 5 ~ 10% 이내의 함수량이 되도록 건조시킨다.
• 보호저장은 은행, 밤, 도토리 등을 모래와 혼합하여 실내나 창고에서 5℃로 유지한다.
• 밀봉저장은 가문비나무, 삼나무, 편백 등의 종자를 유리병이나 데시케이터 등에 방습제와 함께 넣는다.
• 노천매장은 잣나무, 단풍나무류, 느티나무 등의 종자를 모래와 1 : 2의 비율로 섞어 양지쪽에 묻는다.

⑦ 개화를 촉진하는 정원수 관리

• 햇빛을 충분히 받도록 해준다.
• 물을 되도록 적게 주어 꽃눈이 많이 생기도록 한다.
• 너무 많은 꽃봉오리는 솎아낸다.
• 비료를 시비하지 않으며, 수형을 잡기 위해서는 전정을 실시한다.

나. 수목 구조와 분포

① 기공

• 숨구멍이라고도 한다.
• 두 개의 공변세포가 마주보는 중앙에 생기는 구멍이다.
• 잎의 뒷면에 주로 분포한다.
• 광합성에 필요한 이산화탄소를 흡수하고, 물을 수증기의 형태로 내 보낸다.

② 수목 뿌리의 역할

저장근	양분을 저장하여 비대해진 뿌리
부착근	줄기에서 새근이 나와 다른 물체에 부착하는 뿌리
기생근	다른 물체에 기생하기 위한 뿌리
호흡근	수중식물의 부근으로 호흡작용을 하는 뿌리
지지근	식물체를 지지하는 기근

외래식물
- 외국 혹은 국내의 다른 지역에서 들어온 모든 식물을 말한다.
- 귀화식물도 외래식물의 한 종류이다.

③ 식물의 천연분포
- 식물이 한 곳에 분포하는 것은 기후, 토양, 지형 등 다양한 요인에 의한다.
- 가장 큰 요인은 기후요인이고, 그중에서도 기온과 강수량이다.

④ 기온과 수목
- 싹이 트고 꽃이 피며 열매가 맺고 낙엽이 지는 현상은 기온의 변화에 의하여 생긴다.
- 일반적으로 기온이 5℃가 되면 나무는 생장하기 시작한다.
- 상록활엽수는 중부 지방에서는 겨울에 얼어죽는 경우가 많다.
- 꽃이 만발하였을 때 기온이 떨어지면 화기가 길어진다.

⑤ 바람과 수목
- 웃자람을 방지하여 수형을 조절한다.
- 식물에서 발생하는 노폐물을 제거한다.
- 강한 바람에도 지탱할 수 있도록 지지력을 향상시킨다.
- 통풍을 통해 온도를 조절한다.
- 단점으로는 인근의 병충해를 전파한다.

⑥ C/N율
- 식물체 내의 탄수화물과 질소의 비율을 말한다.
- 탄소(C)의 양을 질소(N)의 양으로 나눈 값이다.
- 식물의 개화와 결실에 관련되며, 탄소는 미생물의 영양원이고, 질소는 미생물의 에너지원이 된다.
- C/N율이 높아지면 질소기아 현상이 발생할 수 있으며, 착화가 많아지고 결실이 좋아진다.

Check

곁눈 밑에 상처를 내어 놓으면 잎에서 만들어진 동화물질이 축적되어 잎눈이 꽃눈으로 변하는 일이 많다. 어떤 이유 때문인가? 0301 / 1204

① C/N율이 낮아지므로 ② C/N율이 높아지므로
③ T/R율이 낮아지므로 ④ T/R율이 높아지므로

정답 ②

- T/R율은 지상부/뿌리의 무게비율로 묘포의 흙성분, 비료 주기 등의 영향을 받는다.
- 곁눈 밑에 상처를 내면 동화작용으로 합성된 탄수화물이 축적되어 C/N율이 높아지고 이로 인해 꽃눈 형성 및 결실이 좋아진다.

다. 조경 수목의 분류

① 조경 수목의 크기에 따른 분류

교목류	땅속에서 나오는 줄기가 하나로 시작되어 높이 자라는 나무
관목류	줄기가 밑동이나 땅 속에서부터 갈라져 나와 낮게 자라는 떨기 나무
만경목류	덩굴식물인 목본식물

② 교목
- 땅속에서 나오는 줄기가 하나로 시작되어 높이 자라는 나무를 말한다.
- 뚜렷하고 곧은 원줄기가 있고, 줄기와 가지의 구별이 명확하며 줄기의 길이가 현저히 큰 나무를 가리킨다.

- 녹나무, 잣나무, 소나무, 동백나무, 느티나무, 전나무, 백목련, 은행나무, 칠엽수, 살구나무, 감나무 등이 있다.

Check

다음 중 교목으로만 짝지어진 것은? 1104

① 동백나무, 회양목, 철쭉 ② 전나무, 송악, 옥향
③ 녹나무, 잣나무, 소나무 ④ 백목련, 명자나무, 마삭줄

- ①에서 회양목, 철쭉은 관목에 해당한다.
- ②에서 송악은 덩굴식물이고, 옥향은 관목에 해당한다.
- ④에서 명자나무는 관목이고, 마삭줄은 덩굴식물에 해당한다.

정답 ③

③ 관목
- 줄기가 밑동이나 땅 속에서부터 갈라져 나와 낮게 자라는 떨기 나무를 말한다.
- 진달래, 회양목, 꽝꽝나무, 철쭉, 옥향, 명자나무, 꼬리조팝나무, 병꽃나무, 화살나무, 매실나무 등이 있다.

④ 관목의 분류

상록침엽관목	개비자나무, 눈주목, 눈향나무, 둥근측백, 옥향 등
상록활엽관목	꽝꽝나무, 호랑가시나무, 파라칸사스, 광나무, 돈나무, 사철나무, 서향, 회양목 등
낙엽활엽관목	생강나무, 화살나무, 명자나무, 모란, 무궁화, 수국, 장미, 조팝나무, 철쭉, 영산홍, 박태기나무 등

Check

조경 수목의 분류 중 상록관목에 해당되지 않은 것은? 0605

① 피라칸사스 ② 꽝꽝나무
③ 호랑가시나무 ④ 보리수나무

- ①, ②, ③은 모두 상록활엽관목이고, ④는 낙엽활엽관목이다.

정답 ④

⑤ 지피식물

㉠ 개요
- 지표면에 생육하면서 지면을 피복하는 식물을 말한다.
- 수목의 하부에 식재하여 경관을 조성하거나 경사면에 심어 표토 유실을 방지하는데 이용된다.
- 상록 지피식물에는 인동덩굴, 송악, 꽃잔디, 맥문동, 부귀초, 솜털식물, 기는 향나무 등이 있다.

㉡ 지피식물의 조건
- 관리가 용이하고 병충해에 잘 견뎌야 한다.
- 번식력이 왕성하고 생장이 비교적 빨라야 한다.
- 성질이 강하고 환경조건에 대한 적응성이 넓어야 한다.
- 지표면을 치밀하게 피복해야 한다.
- 키가 낮고 다년생이며 부드러워야 한다.
- 쉽게 대량으로 구매가능해야 한다.

Check

다음 중 목본성인 지피식물로 가장 적당한 것은? 0801

① 송악　② 금매화
③ 비비추　④ 송엽국

정답 ①

• 상록 지피식물에는 인동덩굴, 송악, 꽃잔디, 맥문동, 부귀초, 솜털식물, 기는 향나무 등이 있다.

㉢ 맥문동
- 백합과에 속하는 상록 다년생 초본식물(지피식물)이다.
- 여름에는 연보라 꽃과 초록의 잎을, 가을에는 검은 열매를 감상할 수 있다.
- 겨울철에도 지상부의 잎이 말라 죽지 않고 노지에서 월동할 수 있다.

Check

겨울철 지상부의 잎이 말라 죽지 않는 지피식물은? 0302

① 비비추　② 맥문동
③ 옥잠화　④ 들잔디

정답 ②

• ①은 백합과의 다년생 초본식물로 겨울에도 노지 월동이 가능하나 지상부는 죽었다가 봄이 오면 다시 살아난다.
• ③은 백합과의 다년생 초본식물로 겨울에도 노지 월동이 가능하나 지상부는 죽었다가 봄이 오면 다시 살아난다.
• ④는 겨울에도 노지 월동이 가능하나 지상부는 죽었다가 봄이 오면 다시 살아난다.

⑥ 상록수
- 시각적으로 불필요한 곳을 가려준다.
- 겨울철에는 바람막이로 유용하다.
- 변화되지 않는 생김새를 유지한다.
- 사철나무, 아왜나무, 회양목, 구상나무, 비자나무, 독일가문비, 전나무, 리기다소나무, 섬잣나무, 주목, 편백, 동백나무, 개비자나무, 눈주목, 눈향나무, 둥근측백, 옥향 등이 있다.

Check

다음 중 상록용으로 사용할 수 없는 식물은? 1201

① 마삭줄　② 불로화
③ 골고사리　④ 남천

정답 ②

• ②는 한해살이 식물로 상록용으로는 사용할 수 없다.
• ①은 상록활엽 덩굴식물이다.
• ③은 상록 다년초이다.
• ④는 상록관목이다.

⑦ 활엽수

㉠ 개요

- 잎이 넓은 나무를 말한다.
- 꽝꽝나무, 호랑가시나무, 피라칸사스, 광나무, 돈나무, 사철나무, 서향, 회양목(상록관목), 생강나무, 화살나무, 명자나무, 모란, 무궁화, 수국, 장미, 조팝나무, 철쭉, 영산홍, 박태기나무 등(낙엽관목), 감나무, 계수나무, 노각나무, 느티나무, 대추나무, 떡갈나무, 매실나무, 산수유, 백목련, 수양버들, 이팝나무(낙엽교목) 등이 있다.

㉡ 상록활엽수

- 1년 내내 푸른 잎을 달고 있으며, 잎이 넓은 나무를 말한다.
- 동백나무, 가시나무, 비파나무, 아왜나무, 후박나무(교목), 꽝꽝나무, 호랑가시나무, 피라칸사스, 광나무, 돈나무, 사철나무, 서향, 회양목(관목) 등이 있다.

㉢ 낙엽활엽수

- 낙엽이 지는 잎이 넓은 나무를 말한다.
- 생강나무, 화살나무, 명자나무, 모란, 무궁화, 수국, 장미, 조팝나무, 철쭉, 영산홍, 박태기나무 등(낙엽관목), 감나무, 계수나무, 노각나무, 느티나무, 대추나무, 떡갈나무, 매실나무, 산수유, 백목련, 수양버들, 이팝나무(낙엽교목) 등이 있다.

⑧ 침엽수

㉠ 개요

- 잎이 바늘처럼 뾰족한 나무를 말한다.
- 낙엽송, 낙우송, 메타세콰이아, 은행나무(낙엽교목), 구상나무, 비자나무, 독일가문비, 전나무, 리기다소나무, 섬잣나무, 주목, 편백(상록교목), 개비자나무, 눈주목, 눈향나무, 둥근측백, 옥향(상록관목) 등이 있다.

㉡ 상록침엽수

- 1년 내내 푸른 잎을 달고 있으며, 잎이 바늘처럼 뾰족한 나무를 말한다.
- 구상나무, 비자나무, 독일가문비, 전나무, 리기다소나무, 섬잣나무, 주목, 편백(교목), 개비자나무, 눈주목, 눈향나무, 둥근측백, 옥향(관목) 등이 있다.

한대림

- 연평균 기온이 5℃ 이하인 개마고원을 중심으로 한 북한의 산악지방에 널리 분포하는 상록침엽수림이 주를 이룬다.
- 잎갈나무, 가문비나무, 분비나무, 종비나무, 전나무, 잣나무, 주목 등이 있다.

Check

상록침엽성의 수종에 해당하는 것은? 0904

① 산딸나무 ② 낙우송
③ 비자나무 ④ 동백나무

- ①은 낙엽활엽교목이다.
- ②는 낙엽침엽교목이다.
- ④는 상록활엽교목이다.

정답 ③

위성류

- 위성류과에 속하는 낙엽활엽관목이다.
- 활엽수이지만 잎의 형태가 침엽수와 같아서 조경적으로 침엽수로 이용한다.

㉢ 낙엽침엽수

- 낙엽이 지는 잎이 바늘처럼 뾰족한 나무를 말한다.
- 낙엽송, 낙우송, 메타세쿼이아, 은행나무(교목), 잎갈나무 등이 있다.

⑨ 덩굴식물

㉠ 개요

- 땅바닥으로 뻗거나 다른 것에 감겨 오르는 줄기를 갖는 식물을 말한다.
- 담쟁이덩굴, 인동덩굴, 포도, 장미, 칡, 능소화, 송악, 등나무, 멀꿀, 오미자, 으름 등이 있다.

Check

다음 중 덩굴식물이 아닌 것은? 0701

① 등나무 ② 인동
③ 송악 ④ 겨우살이

정답 ④

- ④는 대표적인 기생관목이다.

㉡ 인동덩굴(Lonicera Japonica Thunb)

- 반상록 활엽 덩굴성이다.
- 원산지는 한국, 중국, 일본이다.
- 꽃은 1 ~ 2개씩 엽액에 달리며 포는 난형으로 길이는 1 ~ 2cm이다.
- 열매는 둥글고 9 ~ 10월에 윤나는 검은색으로 성숙한다.
- 줄기가 오른쪽으로 감아 올라가며, 소지에는 적갈색 털이 나있고 속이 비어 있다.

라. 수목의 성질별 구분

① 천근성 수종

- 뿌리가 얕게 뻗는 수종으로 생존 최소 깊이 60cm, 생육 최소 깊이 90cm 이상인 수종을 말한다.
- 자작나무, 버드나무, (현)사시나무, 독일가문비나무, 미루나무, 매화나무, 벚나무 등이 있다.

② 심근성 수종

- 뿌리가 땅속 깊이 뻗는 수종으로 생존 최소 깊이 90cm, 생육 최소 깊이 150cm 이상인 수종을 말한다.
- 섬잣나무, 태산목, 은행나무, 느티나무, 전나무, 백합나무, 후박나무, 소나무, 주목, 동백나무 등이 있다.

Check

다음 중 심근성 수종으로 가장 적당한 것은? 0605

① 버드나무 ② 사시나무
③ 자작나무 ④ 느티나무

정답 ④

- ①, ②, ③은 모두 천근성 수종이다.

③ 내건성 및 내습성

- 건조한 땅 및 습기가 많은 땅에 견디는 능력을 말한다.
- 내건성이 좋은 수종에는 향나무, 가중나무, 소나무, 참나무, 녹나무, 자작나무 등이 있다.
- 내습성이 좋은 수종에는 메타세콰이아, 낙우송, 버드나무, 능수버들, 함박꽃나무, 수국, 주엽나무, 오리나무, 호도나무, 오동나무, 위성류 등이 있다.

Check

배수가 잘되지 않는 저습지대에 식재하려 할 경우 적합하지 않은 수종은? 1104

① 메타세콰이아 ② 자작나무
③ 오리나무 ④ 능수버들

- ②는 내건성, 내한성 등은 우수하나 내습성은 좋지 않으므로 저습지대에 적합하지 않다.

정답 ②

④ 맹아성

- 줄기나 가지가 꺾이거나 다칠 경우 그 속의 숨은 눈이 자라서 싹이 나오는 성질을 말한다.
- 맹아성이 강한 나무에는 쥐똥나무, 가시나무, 사철나무, 탱자나무, 무궁화, 미루나무, 느티나무, 능수버들, 회양목, 개나리, 플라타너스, 양버즘나무 등이 있다.
- 맹아성이 약한 나무에는 비자나무, 벚나무, 향나무, 해송, 백송, 살구나무, 소나무, 이팝나무 등이 있다.

인공적인 수형을 만드는데 적합한 수목의 특징

- 자주 다듬어도 자라는 힘이 쇠약해지지 않는 나무
- 병이나 벌레 등에 견디는 힘이 강한 나무
- 되도록 잎이 작고 잎의 양이 많은 나무
- 다듬어 줄 때마다 잔가지와 잎이 굵은 가지보다 잘 자라는 나무

Check

다음 중 굵은 가지를 잘라도 새로운 가지가 잘 발생하는 수종들로만 짝지어진 것은? 0805

① 벚나무, 백합나무 ② 느티나무, 플라타너스
③ 해송, 단풍나무 ④ 소나무, 향나무

- ①의 벚나무, ③의 해송, ④의 소나무, 향나무는 맹아성이 약한 대표적인 나무들이다.

정답 ②

⑤ 음수와 양수

- 그늘에서 견딜 수 있는 힘(내음성)에 따라서 구분된다.
- 강음수, 음수, 중성수, 양수, 강양수로 구분할 수 있다.
- 상음수에는 팔손이, 회양목, 굴거리나무, 눈주목, 금송, 사철나무 등이 있다.
- 음수에는 식나무, 녹나무, 단풍나무, 칠엽수, (독일)가문비나무 등이 있다.
- 중성수에는 개나리, 동백나무, 참나무, 편백 등이 있다.
- 양수에는 향나무, 은행나무, 소나무, 밤나무, 가중(죽)나무, 느티나무, 플라타너스, 백목련, 무궁화, 산수유, 박태기, 일본잎갈나무, 석류나무 등이 있다.
- 강양수에는 낙엽송, 버드나무, 자작나무, 포플러, 붉나무 등이 있다.

Check

다음 수종 중 음수가 아닌 것은? 1001

① 주목 ② 독일가문비나무
③ 팔손이나무 ④ 석류나무

정답 ④

• ④는 양수로 전광의 30～60%로 생존이 가능한 나무에 해당한다.

⑥ 조경 수목의 생장 속도

• 일반적으로 양지에서 잘 자라는 나무는 생장이 빠르다. 즉, 양수일수록 생장이 빠르다.
• 일반적으로 물을 좋아하는 나무가 생장이 빠르다. 즉, 내수성이 좋을수록 생장이 빠르다.
• 일반적으로 뿌리가 얕을수록 나무의 생장이 빠르다. 즉, 천근성일수록 생장이 빠르다.
• 생장속도가 빠른 나무는 귀룽나무가 대표적이다.
• 생장속도가 느린 나무는 주목, 비자나무가 대표적이다.

해빙염(Deicing Salt)

• 염화칼슘이나 염화나트륨이 주로 사용된다.
• 장기적으로는 수목의 쇠락(Decline)으로 이어진다.
• 일반적으로 상록수가 낙엽수보다 더 큰 피해를 입는다.
• 잎 가장자리에 갈변이나 조기변색, 낙엽이 발생한다.

⑦ 내염성

• 수목이 염류(염분) 농도에 견디는 능력을 말한다.
• 간척지나 바닷가에 심기에 적당한 수종을 평가할 때 사용한다.
• 가장 강한 수종 : 사철나무, 해송, 비자나무, 노간주나무, 곰솔 등이 있다.
• 강한 수종 : 목련, 소나무, 향나무, 개나리, 광나무 등이 있다.
• 약한 수종 : 일본목련, 느티나무, 은행나무, 매실나무 등이 있다.

Check

다음 중 임해공업단지에 공장 조경을 하려 할 때 가장 적합한 수종은? 0802

① 광나무 ② 히말라야시다
③ 감나무 ④ 왕벚나무

정답 ①

• 광나무는 내염성이 강해 임해공업단지에 적합한 수종이다.

⑧ 아황산가스(SO_2)

㉠ 수목의 피해

• 수목 잎의 엽록체를 붕괴시키고 각종 조직을 파괴시킨다.
• 만성적으로는 활엽수의 탈색, 황화, 은색화를 초래하고, 침엽수에는 잎의 황화현상을 초래한다.
• 침엽수는 물에 젖은 듯한 모양, 적갈색으로 변색되는 급성피해를 입힌다.
• 활엽수 잎의 끝부분과 엽맥사이 조직의 괴사, 물에 젖은 듯한 모양(엽육조직 피해), 조기낙엽 등의 급성피해를 입힌다.
• 한 낮이나 생육이 왕성한 봄, 여름에 오래된 잎부터 피해를 입기 쉽다.

㉡ 아황산가스(SO_2)와 자동차 배기가스에 대한 내성

• 강한 수종 : 은행나무, 사철나무, 쥐똥나무, 양버즘나무, 벽오동나무, 향나무, 화백, 가시나무, 편백, 칠엽수, 백합, 태산목, 플라타너스 등이 있다.

- 약한 수종 : 느티나무, 단풍나무, 독일가문비, 백합나무, 삼나무, 소나무, 전나무, 자작나무, 왕벚나무, 히말라야시다, 조팝나무, 목련, 고로쇠나무, 금목서 등이 있다.

Check

다음 중 일반적으로 자동차 매연에 대한 저항성이 가장 강한 수종은? 1102

① 은행나무 ② 소나무
③ 목련 ④ 단풍나무

- ②, ③, ④는 자동차 배기가스 및 아황산가스에 약한 수종이다.

정답 ①

⑨ 척박한 토지에서도 잘 자라는 수종

- 자귀나무, 소나무, 자작나무, 졸참나무, 곰솔, 고추나무, 오리나무, 아까시나무 등이 있다.
- 자귀나무는 지력이 낮은 척박지에서 지력을 높이기 위한 수단으로 식재 가능한 콩목 콩과(科)의 수종이다.
- 비옥한 토지에서는 거의 대부분의 수종이 잘 자란다.

실물간 양료 요구도(비옥도)

- 유실수는 물과 양분을 가장 많이 필요로 하는 나무이다.
- 활엽수는 침엽수에 비해 비옥도가 높다.
- 소나무는 비옥도가 낮다.

Check

다음 중 척박지에 잘 견디는 수종으로만 짝지어진 것은? 0801

① 왕벚나무, 가중나무 ② 물푸레나무, 버드나무
③ 느티나무, 향나무 ④ 소나무, 자작나무

- 소나무와 자작나무는 척박한 토양에서도 잘 자라는 대표적인 수종이다.

정답 ④

⑩ 산성토양에 잘 견디는 수종

- pH 5.0 미만의 강산성에서도 잘 견디는 수종을 말한다.
- 진달래, 철쭉, 자귀나무, 낙엽송, 육송, 적송, 해송 등이 있다.

⑪ 수생식물

- 물속에서 살아가는 식물을 말한다.
- 물 위에 떠서 뿌리를 물에 내리는 식물에는 개구리밥, 생이가래, 부레옥잠이 있다.
- 땅속줄기나 뿌리를 물 밑에 내리고 잎이나 줄기의 일부는 물 위에 솟아올라 꽃이 피는 식물에는 붓꽃이나 부들, 부추, 갈대, 연꽃, 미나리, 고랭이 등이 있다.

⑫ 뿌리분의 형태

조개분	• 느티나무, 소나무 등 직근이 발달한 심근성 수종 • 분의 넓이를 근원직경의 4배, 분의 깊이를 근원직경의 4배로 함
접시분	• 향나무, 자작나무 등의 직근이 적고 측근이 많은 천근성 수종 • 분의 넓이를 근원직경의 4배, 분의 깊이를 근원직경의 2배로 함
보통분	• 대부분의 상록수, 활엽수 • 분의 넓이를 근원직경의 4배, 분의 깊이를 근원직경의 3배로 함

✔ Check

다음 중 뿌리분의 형태를 조개분으로 굴취하는 수종으로만 나열된 것은? 1102

① 소나무, 느티나무 ② 버드나무, 가문비나무
③ 눈주목, 편백 ④ 사철나무, 사시나무

정답 ①

• 조개분은 소나무, 느티나무 등과 같이 직근이 발달한 심근성 수종에 맞는 뿌리분의 형태이다.

⑬ 수관의 형태

원추형	• 긴 삼각형 모양으로 줄기 윗부분이 뾰족한 형태 • 전나무, 낙엽송, 자작나무, 주목, 은행나무 등
원정형	• 종 모양과 비슷한 형태 • 벚나무, 플라타너스, 감나무, 팥배나무, 산사나무 등
평정형	• 컵이나 술잔 같은 모양 • 느티나무, 단풍나무, 산딸나무, 배롱나무 등
우산형	• 우산과 같은 모양 • 산수유, 편백, 화백, 층층나무 등
반구형	• 구를 절반으로 쪼갠 형태 • 녹나무, 회양목, 옥향 등
수양형	• 줄기가 아래로 늘어진 형태 • 수양버들, 공작단풍 등
조형형	• 맹아력이 좋아 수형을 다듬어 아름답게 꾸미는 형태 • 향나무, 쥐똥나무, 사철나무 등
만경형	• 다른 물체에 감겨서 자라는 형태 • 등나무, 능소화, 인동덩굴 등

⑭ 수목의 개화습성

당년 가지에 꽃 피는 수종	장미, 배롱나무, 무궁화, 능소화, 대추나무, 포도, 감나무, 등나무 등
2년생 가지에 꽃 피는 수종	수수꽃다리, 개나리, 박태기나무, 벚나무, 수양버들, 목련, 살구나무, 앵두나무, 산수유, 생강나무 등
3년생 가지에 꽃 피는 수종	사과나무, 배나무, 명자나무, 산당화 등

✔ Check

정원수는 개화 생리에 따라 당년에 자란 가지에 꽃 피는 수종, 2년생 가지에 꽃 피는 수종, 3년생 가지에 꽃 피는 수종으로 구분한다. 다음 중 2년생 가지에 꽃 피는 수종은? 1204

① 장미 ② 무궁화
③ 살구나무 ④ 명자나무

정답 ③

• ①과 ②는 당년 가지에 꽃이 피는 수종이다.
• ④는 3년생 가지에 꽃이 피는 수종이다.

⑮ 삽목(꺾꽂이)이 가능한 나무

- 개나리, 구기자, 닥나무, 담쟁이, 동백나무, 꽝꽝나무, 명자나무, 모과나무, 무궁화, 박태기나무, 버드나무, 벚나무, 사철나무, 은행나무, 향나무, 산초나무, 석류나무 등이 있다.

토식
- 수분을 꺼리는 나무에 대해 식재 시 흙을 넣는 방법
- 전나무, 서향, 해송, 소나무, 향나무 등

Check

수종에 따라 또는 같은 수종이라도 개체의 성질에 따라 삽수의 발근에 차이가 있는데 일반적으로 삽목 시 발근이 잘되지 않는 수종은? 1202

① 오리나무 ② 무궁화 ③ 개나리 ④ 꽝꽝나무

- 오리나무는 삽목 시 발근이 잘되지 않아 열매를 직파해서 번식한다.

정답 ①

⑯ 꽃이 먼저 피는 수종
- 꽃이 먼저 피고, 잎이 나중에 나는 특성을 갖는 수목을 말한다.
- 개나리, 산수유, 백목련이 대표적이다.

마. 수목의 목적별 분류

① 꽃을 관상하는 수종
- 흰색 꽃 : 쥐똥나무, 이팝나무, 층층나무, 일본목련, 백목련, 조팝나무, 산사나무, 고광나무 등
- 황색 꽃 : 풍년화, 생강나무, 금목서, 모감주나무, 개나리, 산수유 등
- 분홍색 꽃 : 박태기나무, 배롱나무, 산철쭉 등
- 연자주색 꽃 : 벌개미취
- 주황색 꽃 : 능소화

Check

다음 중 백색 계통 꽃이 피는 수종들로 짝지어진 것은? 0505

① 박태기나무, 개나리, 생강나무 ② 쥐똥나무, 이팝나무, 층층나무
③ 목련, 조팝나무, 산수유 ④ 무궁화, 매화나무, 진달래

- ①에서 박태기나무는 분홍색 꽃, 개나리와 생강나무는 노란색 꽃이 핀다.
- ③에서 산수유는 노란색 꽃이 핀다.
- ④의 수종들은 모두 다양한 색의 꽃이 피는 수종이다.

정답 ②

② 봄 화단용 식물
- 매화나무는 2 ~ 3월에 꽃이 피는 나무이다.
- 풍년화는 2 ~ 3월에 노란 꽃이 피는 나무이다.
- 생강나무는 3월에 잎보다 먼저 꽃이 황색으로 피는 나무이다.
- 데이지는 봄부터(3 ~ 5월) 가을까지 꽃이 핀다.
- 금잔화는 가을에 파종하여 3 ~ 5월부터 초여름까지 꽃을 피운다.
- 백목련은 3 ~ 4월에 잎보다 꽃이 먼저 피는 나무이다.
- 산수유는 3 ~ 4월에 꽃이 핀다.
- 박태기나무는 4월 하순경에 분홍색 꽃이 피는 나무이다.
- 팬지는 가을에 씨를 뿌리면 이른 봄(4 ~ 5월)에 꽃이 피는 1년 초화류이다.
- 수수꽃다리(라일락)는 4 ~ 5월에 꽃이 피는 낙엽관목이다.

Check

이른 봄에 꽃이 피는 수종끼리만 짝지어진 것은? 1104

① 매화나무, 풍년화, 박태기나무 ② 은목서, 산수유, 백합나무
③ 배롱나무, 무궁화, 동백나무 ④ 자귀나무, 태산목, 목련

정답 ①

• ②에서 은목서는 10～11월에 꽃이 피고, 백합나무는 6～7월에 꽃이 핀다.
• ③의 배롱나무는 7～9월 꽃이 피고, 무궁화는 7～8월에 꽃이 핀다.
• ④에서 자귀나무는 6～7월에 꽃이 피고, 태산목은 6월에 꽃이 핀다.

③ 여름에 꽃을 볼 수 있는 수종

• 은목서(주황색)
• 협죽도(짙은 홍색, 붉은색)
• 능소화(주황색)
• 산딸나무(흰색)
• 나무수국(흰색－분홍색－붉은색)
• 배롱나무(진분홍색)
• 석류나무(붉은색)

Check

일반적으로 여름에 백색 계통의 꽃이 피는 수목은? 1104

① 산사나무 ② 왕벚나무 ③ 산수유 ④ 산딸나무

정답 ④

• ③은 잎보다 먼저 피는 황색의 꽃이 아름답고 가을에 붉게 익는 열매는 식용과 관상용으로 이용이 가능하다.

④ 줄기색이 관상대상인 수종

• 백색 : 자작나무, 분비나무, 서어나무
• 갈색 : 편백
• 적갈색 : 소나무
• 녹색 : 벽오동
• 얼룩무늬 : 버즘나무, 노각나무, 배공나무, 모과나무

꽃의 향기를 위해 식재하는 수종
• 조경 수목의 선정 시 꽃향기가 주가 되는 나무
• 함박꽃나무, 서향, 목서류 등

⑤ 열매가 관상대상인 수종

• 열매를 관상하기 위해 식재하는 수종을 말한다.
• 호자나무, 멀꿀, 아라비카(커피 품종), 치자나무, 팥배나무, 석류나무, 모과나무, 피라칸사스 등이 있다.
• 빨간색의 열매를 갖는 수목은 주목, 사철나무, 남천, 피라칸사스, 자금우, 산수유, 낙상홍, 화살나무, 팥배나무 등이 있다.

Check

홍색(紅色) 열매를 맺지 않는 수종은? 1202

① 산수유 ② 쥐똥나무 ③ 주목 ④ 사철나무

정답 ②

• ②의 열매는 겨울철에 새까맣게 익는다.

⑥ 수목의 질감

구분	내용
거친 질감	• 큰 잎, 두꺼운 가지 등으로 눈에 잘 띈다. • 큰 건물이나 서양식 건물에 어울린다. • 버즘나무, 칠엽수, 백합나무 등
중간 질감	• 적당한 잎이나 가지, 적당한 밀도 등 • 대부분의 나무
부드러운 질감	• 작으나 많은 잎, 얇은 가지, 밀도있는 구성 등 • 회양목, 쥐똥나무 등

Check

질감이 거칠어 큰 건물이나 서양식 건물에 가장 잘 어울리는 수종은? 1005

① 철쭉류 ② 소나무
③ 버즘나무 ④ 편백

• 버즘나무, 칠엽수, 백합나무 등이 대표적인 거친 질감의 수종이다.

정답 ③

⑦ 차폐를 목적으로 식재

㉠ 개요

• 경관상의 가치가 없거나 너무 노출된 것을 막기 위해 시행한다.
• 서양측백, 호랑가시, 쥐똥나무, 담쟁이덩굴, 인동덩굴, 측백 등이 주로 사용된다.

㉡ 차폐수종

• 지하고가 낮고 지엽이 치밀한 수종이 좋다.
• 전정에 강하고 유지 관리가 용이한 수종이 좋다.
• 아랫가지가 말라죽지 않는 상록수가 좋다.
• 맹아력이 큰 수종이 좋다.

⑧ 방음용 수목

• 소음이 많이 발생하는 곳에서 소음을 차단하거나 감소시키기 위해 식재하는 나무를 말한다.
• 잎이 치밀한 상록교목이 좋다.
• 지하고가 낮고 자동차 배기가스에 견디는 힘이 강한 것이 좋다.
• 아왜나무, 녹나무, 식나무, 구실잣밤나무, 후피향나무 등이 많이 쓰인다.

Check

조경 수목을 이용 목적으로 분류할 때 바르게 짝지어진 것은? 1005

① 방풍용－회양목 ② 방음용－아왜나무
③ 산울타리용－은행나무 ④ 가로수용－무궁화

• 방풍용으로는 해송, 삼나무, 편백, 가시나무, 느티나무, 녹나무, 구실잣밤나무, 후박나무, 아왜나무, 팽나무 등이 많이 쓰인다.
• 산울타리용으로는 개나리, 꽝꽝나무, 명자나무, 호랑가시나무, 사철나무, 탱자나무, 측백나무, 편백, 무궁화, 쥐똥나무, 찔레나무 등이 많이 쓰인다.
• 가로수용으로는 회화나무, 이팝나무, 은행나무, 메타세콰이아, 가중나무, 플라타너스, 느티나무, 벚나무, 층층나무, 양버즘나무 등이 많이 쓰인다.

정답 ②

조경수를 이용한 가로막이 시설의 기능
• 보행자의 움직임 규제
• 시선차단
• 광선방지

⑨ 방화용 수목

- 화재의 피해를 줄이거나 최소화하기 위해 식재하는 나무를 말한다.
- 잎이 두껍고, 함수량이 많으며, 상록수로 잎이 오랫동안 매달려 있는 것이 복사열을 차단하고 바람에 의해 불꽃이 날리는 것을 방지하기에 좋다.
- 광나무, 식나무, 가시나무, 아왜나무, 사철, 후박나무 등이 많이 사용된다.

⑩ 방풍용 수목

- 바람을 막기 위해 식재하는 나무를 말한다.
- 강한 풍압에 견디기 위해 심근성이고, 줄기와 가지가 강인해야 한다.
- 수고는 높아야 하고, 상록수여야 한다.
- 씨뿌림으로 육성한 것이 좋다.
- 일반적으로 높이 10m의 방풍림은 바람 아래쪽 약 300m까지 방풍효과를 얻을 수 있다고 한다.
- 해송, 삼나무, 편백, 가시나무, 느티나무, 녹나무, 구실잣밤나무, 후박나무, 아왜나무, 팽나무 등이 많이 쓰인다.

Check

일반적으로 높이 10m의 방풍림에 있어서 방풍효과가 미치는 범위를 바람 위쪽과 바람 아래쪽으로 구분할 수 있는데, 바람 아래쪽은 약 얼마까지 방풍효과를 얻을 수 있는가? 0905

① 100m ② 300m
③ 500m ④ 1,000m

정답 ②

- 일반적으로 높이 10m의 방풍림은 바람 아래쪽 약 300m까지 방풍효과를 얻을 수 있다고 한다.

⑪ 방사 · 방진용 수목

- 호수나 강가 근처의 모래땅에서 모래의 이동을 막기 위해 수목을 이용하는 것을 말한다.
- 식재 후 가급적 빠른 시간 내에 토양을 안정시킬 수 있도록 맹아력이 우수한 것이어야 한다.
- 빠른 생장력과 뿌리뻗음이 깊고, 지상부가 무성하면서 지엽이 바람에 상하지 않는 수목이어야 한다.

석간수

- 자연석 공사 시 돌과 돌 사이에 붙여 심는 나무
- 회양목, 철쭉, 맥문동

⑫ 녹음수

- 여름철에 강한 햇빛을 차단하기 위해 식재되는 수목을 말한다.
- 겨울에는 낙엽이 되어야 하고, 사람의 머리가 닿지 않도록 지하고가 높아야 한다.
- 병충해가 적어야 하고, 나무에서 악취가 나지 않아야 한다.
- 느티나무, 회화나무, 칠엽수, 가중나무, 은행나무, 물푸레나무, 벽오동, 이팝나무, 오동나무, 벚나무, 플라타너스 등이 있다.

Check

일반적으로 수종 요구특성은 그 기능에 따라 구분 되는데, 녹음식재용 수종에서 요구되는 특징으로 가장 적합한 것은? 1001

① 생장이 빠르고 유지 관리가 용이한 관목류
② 지하고가 높고 병충해가 적은 낙엽활엽수
③ 아래 가지가 쉽게 말라 죽지 않는 상록수
④ 수형이 단정하고 아름다운 상록침엽수

- ①에서 녹음수는 관목보다는 교목이어야 한다.
- ③과 ④에서 녹음수는 겨울에는 낙엽이 되는 활엽수가 좋다.

정답 ②

⑬ 비료목(肥料)
- 질소고정 능력이 있는 식물로 메마른 땅에서도 잘 자라고 땅을 비옥하게 하는 나무들이다.
- 땅의 힘을 높여 숲의 나무가 잘 자라도록 하기 위해 심는 나무들이다.
- 아카시아나무, 자귀나무, 싸리나무, 다릅나무, 오리나무, 보리수나무, 칡, 소철, 자운영 등이 있다.

⑭ 단풍이 아름다운 수종
- 황색 단풍 : 백합나무, (붉은)고로쇠나무, 느티나무, 은행나무, 계수나무, 낙엽송, 메타세콰이아, 상수리나무, 네군도단풍, 층층나무, 튤립나무 등
- 홍색 단풍 : 화살나무, 담쟁이덩굴, 신나무, 복자기, 붉나무, 화살나무, 감나무, 단풍나무, 벚나무, 검양옻나무, 매자나무 등

Check

다음 중 붉은색 계통의 단풍이 드는 나무가 아닌 것은? 0801

① 백합나무 ② 벚나무
③ 화살나무 ④ 검양옻나무

- ①의 단풍은 황색이다.

정답 ①

바. 대나무

① 대나무
㉠ 개요
- 외관이 아름답다.
- 탄력이 있다.
- 벌레 피해를 쉽게 받는다.
- 적응력과 유연성이 뛰어나다.

㉡ 대나무의 이용
- 대나무를 조경 재료로 사용하려면 가을이나 겨울철에 잘라서 쓰는 것이 좋다.
- 대나무에 기름을 빼려면 불에 쬐어 수세미로 닦아 준다.

② 대나무의 대표적인 종류

㉠ 오죽

- 벼과의 왕대속에 속하는 상록활엽교목이다.
- 땅속줄기가 옆으로 뻗으면서 죽순이 나와서 높이 2 ~ 20m, 지름 2 ~ 5cm 자라며 속이 비어 있다.
- 줄기가 첫해에는 녹색이고, 2년째부터 검은 자색이 짙어져 간다.
- 잎은 비소 모양이고 잔톱니가 있으며 어깨털은 5개 내외로 곧 떨어지는 '반죽'이라고 불리운다.

㉡ 신이대

- 조릿대류에 속한다.
- 길게 자라며, 생장 후에도 껍질이 떨어지지 않으며 붙어있다.

Check

죽(竹)은 대나무류, 조릿대류, 밤부류로 분류할 수 있다. 그 중 조릿대류로 길게 자라며, 생장 후에도 껍질이 떨어지지 않으며 붙어있는 종류는? 1101

① 죽순대 ② 오죽 ③ 신이대 ④ 마디대

정답 ③

- ①은 맹종죽이라고도 하는데 부드러운 털이 한쪽으로 달라붙어 모죽이라고도 한다.
- ②는 줄기가 첫해에는 녹색이고, 2년째부터 검은 자색이 짙어져 간다.

사. 알뿌리 화초

① 알뿌리 화초

- 땅속에 알뿌리라는 양분을 저장하는 기관을 갖고, 이 양분에 의해 싹을 틔우고 자라는 식물을 말한다.
- 튤립, 수선화, 크로커스, 히아신스(봄에 개화), 칸나, 달리아, 글라디올러스, 백합(여름에 개화) 등이 있다.

Check

다음 화초 중 재배 특성에 따른 분류 중 알뿌리 화초에 해당하는 것은? 1102

① 크로커스 ② 맨드라미
③ 과꽃 ④ 백일홍

정답 ①

- ②는 비름과의 한해살이풀로 알뿌리 화초가 아니다.
- ③, ④는 국화과의 한해살이풀로 알뿌리 화초가 아니다.

② 칸나

- 7월부터 10월까지(여름부터 가을까지) 꽃이 피는 알뿌리 화초이다.
- 열대지방 알뿌리 화초로 실내에서 키워야 한다.
- 홍초과에 해당된다.
- 잎은 넓은 타원형이며, 길이 30 ~ 40cm로서 양끝이 좁고 밑부분이 엽초로 되어 원줄기를 감싸며 측맥이 평행하다.
- 삭과는 둥글고 잔돌기가 있다.
- 뿌리는 고구마 같은 굵은 근경이 있다.

Check

다음 [보기]가 설명하는 식물명은? 1201

보기

- 홍초과에 해당된다.
- 잎은 넓은 타원형이며, 길이 30~40cm로서 양끝이 좁고 밑부분이 엽초로 되어 원줄기를 감싸며 측맥이 평행하다.
- 삭과는 둥글고 잔돌기가 있다.
- 뿌리는 고구마 같은 굵은 근경이 있다.

① 히아신스 ② 튤립 ③ 수선화 ④ 칸나

- ①은 비짜루과 무릇아과에 속하는 여러해살이풀이다.
- ②는 백합과의 여러해살이풀이다.
- ③은 수선화과의 여러해살이풀이다.

정답 ④

아. 화단용 초화류

① 다년생 초화류

- 여러해살이 또는 숙근초라 불리우는, 씨를 뿌린 뒤 2년 이상 생육하는 초화류를 말한다.
- 겨울에는 지상부는 말라죽으나 지하부는 살아남아 생육한다.
- 작약, 금계국, 매발톱꽃, 꽃잔디, 국화, 베고니아, 제라늄 등이 있다.

② 화단용 초화류 조건

- 모양이 아름답고 가급적 키가 작아야 한다.
- 가지가 많이 갈라져 꽃이 많이 달려야 한다.
- 개화기간이 길어야 한다.
- 성질이 강건하고 재배와 이식이 비교적 용이해야 한다.
- 환경에 대한 적응성이 강해야 한다.
- 병충해에 강해야 한다.

양탄자화단

- 키가 작은 꽃을 촘촘히 심어 양탄자처럼 기하학적 무늬를 만드는 화단
- 팬지, 앨리섬, 금잔화 등을 심는다.

Check

여러해살이 화초에 해당되는 것은? 1002

① 베고니아 ② 금어초 ③ 맨드라미 ④ 금잔화

- ②는 관상용으로 재배하는 경우 1~2년을 살아가는 풀이다.
- ③은 춘파 일년초로 봄에 씨를 뿌려 1년 이내에 생을 마친다.
- ④는 추파 일년초로 가을에 씨를 뿌려 이듬해 봄, 여름에 개화하는 저온성 화훼이다.

정답 ①

③ 화단에 초화류 식재 방법

- 식재할 곳에 1m당 퇴비 1~2kg, 복합비료 80~120g을 밑거름으로 뿌리고 20~30cm 깊이로 갈아 준다.
- 심기 한나절 전에 관수해 주면 캐낼 때 뿌리에 흙이 많이 붙어 활착에 좋다.
- 흙이 밟혀 굳어지지 않도록 널빤지를 놓고 심는다.
- 식재한 화초에 그늘이 지도록 작업자는 태양을 등지고 심어 나간다.
- 큰 면적의 화단은 중앙부위에서 바깥쪽으로 심어 나가는 것이 좋다.

- 묘를 심은 다음에는 양손으로 뿌리 주변을 가볍게 눌러준다.
- 식재하는 줄이 바뀔 때마다 서로 어긋나게 심는 것이 보기에 좋고 생장에 유리하다.
- 만개 되었을 때를 생각하여 적당한 간격으로 심는다.

④ 봄에 씨뿌림하는 1년초

- 마리골드는 2 ~ 5월에 파종해서 5 ~ 11월에 개화하는 1년초이다.
- 채송화는 2 ~ 6월에 파종해서 6 ~ 10월에 개화하는 1년초이다.
- 샐비어는 2 ~ 6월에 파종해서 6 ~ 10월에 개화하는 1년초이다.

자. 과(科) 단위로 빈출되는 수종

① 단풍나무과(科)

단풍나무	잎이 5 ~ 6cm이며 단풍색이 붉은색이다.
복자기	소엽에 톱니가 없거나 2 ~ 3개씩 있고 잎자루에 털이 있으며 열매는 3개씩 달리고 털이 있다. 단풍색이 붉은색이다.
신나무	잎에 털이 없거나 약간 있다. 단풍색이 붉은색이다.
고로쇠나무	단풍이 황색이며, 열편은 다시 갈라지지 않는다.

Check

다음 중 단풍나무과 수종이 아닌 것은? 1002

① 고로쇠나무 ② 이나무 ③ 신나무 ④ 복자기

정답 ②

- ②는 버드나무과 수종이다.

② 목련과(Magnoliaceae)

- 상록 또는 낙엽교목에 해당한다.
- 낙엽교목에는 함박꽃나무, 자목련, 일본목련, 백목련 등이 있다.
- 상록교목에는 태산목, 버지니아목련 등이 있다.

Check

다음 중 목련과(科)의 나무가 아닌 것은? 1005

① 태산목 ② 튤립나무 ③ 후박나무 ④ 함박꽃나무

정답 ③

- ③은 녹나무과의 상록활엽교목이다.

③ 물푸레나무과

- 꿀풀목의 과이다.
- 교목 또는 관목이고, 열매는 삭과, 액과, 핵과이다.
- 27종 600여종이 있으나 우리나라에는 쥐똥나무, 개나리, 물푸레나무, 이팝나무, 미선나무, 광나무 등이 분포하고 있다.

④ 장미과(科) 식물

- 장미목의 과로 4,828종을 포함하고 있다.
- 주로 목본이며, 초본, 덩굴식물도 있다.
- 피라칸타, 해당화, 왕벚나무, 조팝나무, 모과나무, 귀룽나무 등이 있다.

⑤ 감탕나무과(Aquilofiacoae)

- 열매는 약한 독성이 있어 사람이 섭취하면 설사나 구토를 일으킨다.
- 열매는 새들이나 야생동물에게 중요한 먹이가 된다.
- 감탕나무, 호랑가시나무, 먼나무, 꽝꽝나무, 낙상홍, 동청목, 먼나무, 마테나무 등이 있다.

차. 그 외 대표적인 빈출 수종

① 느티나무

- 느릅나무과의 낙엽교목이다.
- 뿌리뻗음이 웅장하고 광범위하게 뻗어 나간 심근성 수목으로 방풍용으로 많이 식재된다.
- 수종의 수명이 긴 나무에 속한다.
- 지하고가 높고 낙엽활엽수로 병충해 등이 없으며, 공해에 강해 가로수용, 녹음용으로도 많이 식재된다.

✓Check

다음 중 일반적으로 수종의 수명이 가장 긴 것은? 0801

① 왕벚나무 ② 수양버들
③ 능수버들 ④ 느티나무

- 느티나무는 수종의 수명이 긴 나무에 속한다.

정답 ④

② 배롱나무(백일홍)

- 중국에서 들어온 부처꽃과(科)의 낙엽활엽소교목이다.
- 줄기가 아름다우며 여름에 당년에 자란 가지에서 개화하여 꽃이 100여일 간다고 하여 백일홍이라고도 한다.
- 개화기간이 길며, 줄기의 수피 껍질이 매끈하고, 적갈색 바탕에 백반이 있어 시각적으로 아름답다.
- 나무줄기의 중간부분에 뿌리를 돋게 하여 번식시키는 높이떼기 혹은 고취법으로 번식하기에 적합하다.
- 줄기의 수피가 얇아 옮겨 심은 직후 직사광선에 의한 피소 피해를 막기 위해 새끼, 짚, 녹화마대 등으로 줄기감기를 반드시 해야 한다.
- 한 여름(7 ~ 9월) 꽃이 드문 때 분홍색(일부 흰색) 꽃이 핀다.

✓Check

다음 중 줄기의 수피가 얇아 옮겨 심은 직후 줄기감기를 반드시 하여야 되는 수종은? 1204

① 배롱나무 ② 소나무
③ 향나무 ④ 은행나무

- 줄기감기는 수피로부터 수분의 증발을 막기 위해 그리고 강한 일광으로부터 수피를 보호하고 수피의 그을림을 막기 위해서 실시한다. 줄기의 수피가 얇아 줄기감기를 반드시 해야 하는 수종은 배롱나무이다.
- ②는 옮겨 심은 후 줄기에 새끼줄을 감고 진흙을 반드시 이겨 발라야 되는 수종이다.

정답 ①

③ 능소화(Campsis Grandifolia K.Schum)

- 중국이 원산인 낙엽활엽덩굴나무이다.
- 추위에 약하여 우리나라의 경우 남부지방에서 주로 자란다.
- 잎은 한 자루에 7 ~ 9개의 작은 잎이 서로 마주보고 달린다.
- 덩굴로 자라면서 여름(7 ~ 8월경)에 아름다운 나팔모양의 주황색 꽃이 피는 수종이다.
- 동양적인 정원이나 사찰 등의 관상용으로 좋다.

④ 흰말채나무

- 층층나무과로 낙엽활엽관목이다.
- 열매는 9 ~ 10월 경에 까맣게 익는다.
- 수피가 여름에는 녹색이나 가을, 겨울철에는 붉은 줄기가 아름답다.
- 잎은 대생하며 타원형 또는 난상타원형이고, 표면에 작은 털이 있으며 뒷면은 흰색의 특징을 갖는다.

Check

겨울철에 붉은색 줄기를 감상하기 위한 수종으로 가장 적합한 것은? 0802 / 0904

① 나무수국 ② 불두화 ③ 신나무 ④ 흰말채나무

정답 ④

- ①은 7 ~ 8월 타원형 모양의 흰색 꽃이 아름답게 달린다.
- ②는 5 ~ 6월 공 모양의 흰색 꽃이 탐스럽게 달린다.
- ③은 꽃은 황백색으로 달리고, 단풍이 아름다워 조경수로 심는다.

⑤ 꽃양배추

- 지중해 연안 유럽 원산의 브라시카 올레라케아(Brassica Oleracea)를 말한다.
- 꽃양배추의 꽃은 꽃이 아니라 잎사귀이다.
- 초록색 잎들이 온도가 떨어지면 엽록소를 잃게 되어 흰색, 분홍색, 자주색 등으로 색깔이 변하게 된다.
- 추운 날씨를 좋아하고, 추울수록 더 진한 색을 띄므로 겨울 화단에 식재해서 관상용으로 즐기기 좋다.

⑥ 산수유(Cornus Officinalis)

- 중국과 한국에서 주로 생식한다.
- 열매는 핵과로 타원형이며 길이는 1.5 ~ 2.0cm이다.
- 잎은 대생, 장타원형, 길이는 4 ~ 10cm, 뒷면에 갈색털이 있다.
- 잎보다 먼저 피는 황색의 꽃이 아름답고 가을에 붉게 익는 열매는 식용과 관상용으로 이용 가능하다.

Check

다음 중 일반적으로 봄에 가장 먼저 황색 계통의 꽃이 피는 수종은? 1004

① 등나무 ② 산수유 ③ 박태기나무 ④ 벚나무

정답 ②

- ①은 5월에 연한 자주색의 꽃이 피는 낙엽만경식물이다.
- ③은 5월에 분홍색의 화려하고 많은 꽃이 피는 낙엽활엽관목이다.
- ④는 봄에 분홍색, 하얀색 꽃이 피는 낙엽활엽교목이다.

⑦ 생강나무

- 녹나무목 녹나무과의 식물이다.
- 3월에 잎보다 먼저 꽃이 황색으로 피는 나무이다.
- 9 ~ 10월에 검은 열매가 맺는다.

⑧ 회양목

- 상록활엽관목으로 질감이 부드러운 수목이다.
- 잎은 두껍고 타원형이다.
- 3 ~ 4월경에 꽃이 연한 황색으로 핀다.
- 열매는 삭과로 달걀형이며, 털이 없으며 갈색으로 9 ~ 10월에 성숙한다.

⑨ 목서류

- 중국 원산의 물푸레나무과의 상록활엽관목이다.
- 잎이 녹색, 줄기는 고동색을 띤다.
- 가을에 그윽한 향기를 가진 등황색 꽃이 피는 수종으로 향이 좋아 향수로 많이 사용된다.
- 꽃이 주황색 또는 황색이면서 잎이 두꺼운 것은 금목서, 꽃이 흰색이거나 약간 황색이면서 잎이 얇은 것은 은목서이다.

⑩ 금목서

- 중국 원산의 물푸레나무과의 상록활엽관목이다.
- 잎이 녹색, 줄기는 고동색을 띠며, 가시가 없다.
- 가을에 그윽한 향기를 가진 등황색 꽃이 피는 수종으로 향이 좋아 향수로 많이 사용된다.

⑪ 잣나무

- 소나무과에 속하는 상록침엽교목이다.
- 암수 한 그루이다.
- 1속에서 잎이 5개씩 모여나는 소나무 종류를 모두 잣나무류라고 한다.

✔Check

다음 중 1속에서 잎이 5개 나오는 수종은? 1101

① 백송 ② 방크스소나무
③ 리기다소나무 ④ 스트로브잣나무

- 잎이 5개씩 모여나는 소나무 종류를 모두 잣나무류라고 한다.

정답 ④

⑫ 개잎갈나무

- 소나무과에 속하는 상록침엽교목이다.
- '설송(雪松)'이라 불리기도 한다.
- 천근성 수종으로 바람에 약하며, 수관폭이 넓고 속성수로 크게 자라기 때문에 적지 선정이 중요하다.
- 성목의 수간 질감이 가장 거칠고, 줄기는 아래로 처지며, 수피가 회갈색으로 갈라져 벗겨진다.
- 잎은 짧은 가지에 30개가 뭉쳐나며(총생), 3 ~ 4cm로 끝이 뾰족하며, 바늘처럼 찌른다.

Check

다음 중 성목의 수간 질감이 가장 거칠고, 줄기는 아래로 처지며, 수피가 회갈색으로 갈라져 벗겨지는 것은? 1205

① 배롱나무 ② 개잎갈나무
③ 벽오동 ④ 주목

정답 ②

• ①은 개화기간이 길며, 줄기의 수피 껍질이 매끈하고, 적갈색 바탕에 백반이 있어 시각적으로 아름다우며 한 여름에 꽃이 드문 때 개화하는 부처꽃과(科)의 수종이다.
• ③은 벽오동과의 낙엽활엽교목으로 나무껍질이 초록색이다.
• ④는 주목과의 상록침엽교목으로 줄기의 껍질과 속이 모두 붉은색이다.

⑬ 호랑가시나무(감탕나무과)

• 감탕나무과 식물이다.
• 상록활엽수교목으로 열매가 적색이다.
• 잎은 호생으로 타원상의 6각형이며, 가장자리에 바늘 같은 각점(角點)을 가지고 어긋난다.
• 자웅이주이다.
• 열매는 구형으로서 지름 8～10mm이며, 적색으로 먹는다.

⑭ 미선나무(Abeliophyllum Distichum Nakai)

• 미선나무는 우리나라에서만 자라는 희귀식물로 물푸레나무과에 속하는 나무로 충북 등에서 자생한다.
• 꽃은 지난해에 형성되었다가 3월에 잎보다 먼저 총상꽃차례로 달린다.
• 상아색과 분홍색 꽃이 피는 나무로 나눠진다.
• 낙엽활엽관목으로 원산지는 한국이며, 세계적으로 1속1종뿐이다.
• 열매의 모양이 둥근부채를 닮았다.
• 잎은 마주나며 끝이 뾰족하다.

총상꽃차례
• 길게 자란 꽃대 양옆으로 작은 꽃자루가 계속 나는 형태를 말한다.
• 아까시나무, 미선나무가 대표적인 예이다.

Check

다음 설명하고 있는 수종으로 가장 적합한 것은? 0805

• 꽃은 지난해에 형성되었다가 3월에 잎보다 먼저 총상꽃차례로 달린다.
• 물푸레나무과로 원산지는 한국이며, 세계적으로 1속1종뿐이다.
• 열매의 모양이 둥근부채를 닮았다.

① 미선나무 ② 조록나무
③ 비파나무 ④ 명자나무

정답 ①

• ②는 상록의 활엽교목으로, 우리나라, 일본, 중국, 타이완 등에서 자란다.
• ③은 장미과의 상록활엽수로 중국 남서부가 원산지이다.
• ④는 중국 원산의 장미과 낙엽활엽 떨기나무이다.

UNIT 6

기초 식재공사

기초 식재공사에서는 토목공사(흙깎기, 비탈면 보호공, 성토 등), 수목의 굴취와 운반, 수목의 식재방법 등에 대해서 다뤄진다.

1 토목공사

가. 흙깎기 공사

① 흙깎기(切土) 공사

- 보통 흙에서는 흙깎기 비탈면 경사를 1 : 1 정도로 한다.
- 작업물량이 기준보다 작은 경우 장비를 동원하는 것보다 인력으로 시공하는 것이 경제적이다.
- 흙깎기를 할 때는 안식각보다 약간 작게 하여 비탈면의 안정을 유지한다.
- 식재공사가 포함된 경우의 흙깎기에서는 지표면 표토를 보존하여 식물생육에 유용하도록 한다.

② 굴착면의 기울기

지반의 종류	굴착면의 기울기
모래	1 : 1.8
연암 및 풍화암	1 : 1.0
경암	1 : 0.5
그 밖의 흙	1 : 1.2

③ 경사도(%)

- 수평거리 100에 대한 수직거리의 비율을 말한다.
- 경사도 100%는 경사각도 45°를 의미한다.

Check

등고선 간격이 20m인 1/25,000 지도의 지도상 인접한 등고선에 직각인 평면거리가 2cm인 두 지점의 경사도는? 1102

① 2%　　② 4%
③ 5%　　④ 10%

- 축척 1/25,000 지도상의 평면거리가 2cm이므로 실제 평면거리는 500m이므로 경사도는 $\frac{20}{500} \times 100 = 4\%$가 된다.

정답 ②

④ 비탈 경사의 표현

- 비탈 경사는 높이 : 너비로 표시한다.
- 만약 비탈 경사가 1 : 1.5라고 높이가 1이고, 밑너비가 1.5라는 의미이다.

⑤ 비탈면 식재

- 관목 식재시 1 : 2보다 완만하게 하여야 한다.
- 교목이나 잔디 식재시 1 : 3보다 완만하게 하여야 한다.
- 절개사면에서는 사면 상단부에, 성토사면인 경우 사면하부에 식재한다.

Check

비탈면에 교목과 관목을 식재하기에 적합한 비탈면 경사로 모두 옳은 것은?

1104

① 교목 1 : 2 이하, 관목 1 : 3 이하
② 교목 1 : 3 이상, 관목 1 : 2 이상
③ 교목 1 : 2 이상, 관목 1 : 3 이상
④ 교목 1 : 3 이하, 관목 1 : 2 이하

정답 ④

- 관목 식재시 1 : 2, 교목 식재시 1 : 3보다 완만하게 하여야 한다.

⑥ 보도교

- 높이가 2m 이상인 보도교는 난간을 설치하여야 한다.
- 경사가 있는 보도교의 경우 종단 기울기가 8%를 넘지 않도록 하여 미끄럼을 방지하기 위해 바닥을 거칠게 표면처리하여야 한다.

⑦ 흙의 안식각

- 자연붕괴가 지속되다 안정화되었을 때 사면과 수평면이 이룬 흙의 각도를 말한다.
- 자연구배 혹은 자연경사라고 한다.
- 마찰력, 점착력, 부착력, 함수량에 따라 달라지지만 보통의 안식각은 30° 정도이다.
- 토질이 건조했을 때 안식각이 작은 것부터 점토<보통흙<모래<자갈의 순이다.

나. 비탈면 보호공

① 식생매트공

- 면상의 매트에 종자를 붙여 비탈면에 포설, 부착하여 일시적인 조기녹화를 도모하도록 시공한다.
- 비탈면을 평평하게 끝손질한 후 고정핀 등을 꽂아주어 떠오르거나 바람에 날리지 않도록 밀착한다.
- 비탈면 상부 0.2m 이상을 흙으로 덮고 단부(端部)를 흙 속에 묻어 넣어 비탈면 어깨로부터 물의 침투를 방지한다.
- 긴 매트류로 시공할 때에는 비탈면의 위에서 아래로 길게 세로로 깔고 흙쌓기 비탈면을 다지고 붙일 때에는 수평으로 깔며 양단을 0.05m 이상 중첩한다.

② 종자분사파종공

- 종자, 비료, 파이버(fiber), 침식방지제 등을 물과 교반하고 펌프로 살포하여 녹화한다.
- 비탈 기울기가 급하고 토양조건이 열악한 급경사지에 기계와 기구를 사용해서 종자를 파종한다.

• 한랭도가 적고 토양조건이 어느 정도 양호한 비탈면에 한하여 적용한다.

③ 식생구멍공

• 비탈면에 일정한 간격으로 구멍을 파고 종자, 비료, 흙을 섞은 것을 채워 넣는 방법이다.
• 비료의 유실이 적고 효과가 오래도록 지속된다.

④ 종자뿜어붙이기법

• 모르타르건을 이용하여 종자, 비료, 토양에 물을 첨가하여 살포하는 방법이다.
• 짧은 시간과 급경사 지역에 사용하는 시공방법이다.

Check

비탈면을 보호하기 위한 방법이 아닌 것은? 0401

① 식생자루공법 ② 콘크리트격자블럭공법
③ 비탈깎기공법 ④ 식생매트공법

• ③은 비탈면 보호공법에 포함되지 않는다.

정답 ③

⑤ 비탈면의 녹화와 조경에 사용되는 식물

• 적응력이 큰 식물
• 생장이 빠른 식물
• 시비 요구도가 작은 식물
• 파종과 식재시기의 폭이 넓은 식물

다. 성토와 더돋우기

① 성토

• 지반 위에 흙을 돋우어 쌓는 작업을 말한다.
• 일정한 장소에 흙을 쌓아 일정한 높이를 만드는 일을 말한다.

② 더돋우기(Extra-Banking)

• 가라앉을 것을 예측하여 흙을 계획높이 보다 더 쌓는 것을 말한다.
• 일반적으로 계획된 높이보다 10 ~ 15% 더 높이 쌓아 올린다.

기초 토공사의 종류

• 지반정지공사 : 표토의 제거, 성토와 절토
• 굴토공사 : 터파기, 잔토처리, 되메우기
• 흙막이공사 : 흙막이 벽체, 지지체, 차수벽

Check

흙을 이용하여 2m 높이로 마운딩하려 할 때, 더돋우기를 고려해 실제 쌓아야 하는 높이로 가장 적합한 것은? 1205

① 2m ② 2m 20cm ③ 3m ④ 3m 30cm

• 일반적으로 더돋우기는 계획된 높이보다 10 ~ 15% 더 높이 쌓아 올리는 것이므로 2m 높이로 마운딩하려면 2m 20cm ~ 2m 30cm의 높이가 적당하다.

정답 ②

③ 마운딩

㉠ 개요

• 경관에 변화를 주거나 방음, 방풍 등을 위한 목적으로 작은 동산을 만드는 공사를 말한다.
• 미적효과를 높이면서 원활한 배수와 적정 토심을 확보하기 위해 토양을 보충하는 공사를 말한다.

㉡ 기능

- 유효 토심의 확보
- 배수 방향의 조절
- 자연스러운 경관 연출
- 방음, 방풍의 효과

Check

조경공사에서 작은 언덕을 조성하는 흙쌓기 용어는? 1001

① 사토 ② 절토
③ 마운딩 ④ 정지

정답 ③

- ①은 쓸모가 없어서 버려지는 흙을 일컫는다.
- ②는 땅을 평평하게 하기 위해 파내는 작업을 말한다.
- ④는 부지와 도로의 높이가 맞지 않을 경우 이를 맞추는 작업을 말한다.

2 굴취와 운반

가. 뿌리분

① 뿌리분의 종류

조개분	• 심근성 수종에 해당 • 뿌리분 직경의 1/2까지는 직각으로 파내려가고, 그 아래쪽은 깊이 1/2로 비스듬히 판다.
접시분	• 천근성 수종에 해당 • 뿌리분 직경의 1/2 깊이로 얇게 판다.
보통분	일반 수종은 뿌리분 직경의 1/2까지는 직각으로 파내려가고, 그 아래쪽은 깊이 1/4로 비스듬히 판다.

Check

다음 중 뿌리분의 형태별 종류에 해당하지 않는 것은? 1202

① 보통분 ② 사각분
③ 접시분 ④ 조개분

정답 ②

- 뿌리분의 종류에는 조개분, 접시분, 보통분으로 구분한다.

② 보통분

- 일반 수종은 뿌리분 직경의 1/2까지는 직각으로 파내려가고, 그 아래쪽은 깊이 1/4로 비스듬히 판다.
- 벚나무, 플라타너스, 단풍나무, 향나무, 측백, 이팝나무 등에 해당된다.

③ 뿌리분의 크기

- 일반적으로 뿌리분의 크기는 근원직경의 4배로 한다.
- 구체적인 뿌리분의 크기는 24+(N−3)×d로 구한다. 이때 N은 근원직경, d는 상록수(4)와 낙엽수(5)의 상수이다.

④ 수목의 총중량

- 수목의 총중량은 지상부와 지하부의 합으로 구한다.
- 뿌리분 중량 W[g]=V×UW로 구한다. 이때 V는 뿌리분의 체적, UW는 뿌리분의 단위체적중량이다.

✔ Check

수목의 총중량은 지상부와 지하부의 합으로 계산할 수 있는데, 그 중 지하부(뿌리분)의 무게를 계산하는 식은 W=V×K이다. 이 중 V가 지하부(뿌리분)의 체적일 때 K는 무엇을 의미하는가? 1101

① 뿌리분의 단위체적 중량　② 뿌리분의 형상 계수
③ 뿌리분의 지름　④ 뿌리분의 높이

- 뿌리분 중량 W[g]=V×UW로 구한다. 이때 V는 뿌리분의 체적, UW는 뿌리분의 단위체적중량이다.

정답 ①

⑤ 물받이(물집)

- 근원직경의 5 ~ 6배로 주간을 따라 원형으로 높이 10 ~ 20cm의 턱을 만들어 물받이를 설치한다.
- 가로수의 경우에는 주간 주위로 경계석보다 낮게 구를 파서 물받이로 활용한다.
- 경사지에는 경사 윗방향을 깊이 절개하고 경사 아랫방향에 턱을 만들되, 턱의 지지력이 약할 경우 지지판을 댄다. 물받이를 만들기 곤란한 경사지에는 지중으로 관수할 수 있도록 투수관, 유공관 등을 수간 외주부에 수직방향으로 박아 물받이로 활용한다.

나. 굴취와 운반

① 뿌리분 굴취

- 분의 크기는 뿌리목 줄기 지름의 3 ~ 4배를 기준으로 한다.
- 수목 주위를 파 내려가는 방향은 지면과 직각이 되도록 한다.
- 분의 주위를 1/2정도 파 내려갔을 무렵부터 뿌리감기를 시작한다.
- 준비한 새끼로 뿌리분의 측면을 위에서 아래로 감아 내려가며 허리감기를 한 후, 땅 속 곧은 뿌리만 남기고 직근을 자르면서 뿌리분 밑 부분 흙을 조금씩 파내며 밑면과 윗면을 석줄, 넉줄 감기를 한다.

② 수목을 장거리 운반할 때 주의사항

- 운반할 나무는 줄기에 새끼줄이나 거적으로 감싸주어 운반 도중 물리적인 상처로부터 보호한다.
- 밖으로 넓게 퍼진 가지는 가지런히 여미어 새끼줄로 묶어 줌으로써 운반 도중의 손상을 막는다.
- 장거리 운반이나 큰 나무인 경우에는 뿌리분을 거적으로 다시 감싸 주고 새끼줄 또는 고무줄로 묶어준다.
- 차량 등에 적재하여 운반할 때 바람으로 인해 솔잎을 지탱하는 엽관 부위가 상해 고사의 원인이 되기도 하므로 주의한다.
- 나무를 싣는 방향은 반드시 뿌리분이 트럭의 앞쪽으로 오게 실어야 한다.

Check

큰 나무이거나 장거리로 운반할 나무를 수송 시 고려할 사항으로 가장 거리가 먼 것은? 0205 / 0805

① 운반할 나무는 줄기에 새끼줄이나 거적으로 감싸주어 운반 도중 물리적인 상처로부터 보호한다.
② 밖으로 넓게 퍼진 가지는 가지런히 여미어 새끼줄로 묶어 줌으로써 운반 도중의 손상을 막는다.
③ 장거리 운반이나 큰 나무인 경우에는 뿌리분을 거적으로 다시 감싸 주고 새끼줄 또는 고무줄로 묶어준다.
④ 나무를 싣는 방향은 반드시 뿌리분이 트럭의 뒤쪽으로 오게 하여 실어야 내릴 때 편리하게 한다.

정답 ④

• 나무를 싣는 방향은 반드시 뿌리분이 트럭의 앞쪽으로 오게 하여 실어야 한다.

③ 운반 작업 시 주의사항

- 운반 시의 시선은 진행방향을 향하고 뒷걸음 운반을 하여서는 안 된다.
- 무거운 물건을 운반할 때 무게 중심이 높은 화물은 인력으로 운반하지 않는다.
- 어깨보다 높은 위치에서 화물을 들고 운반하여서는 안 된다.
- 1인당 무게는 25kg 정도가 적당하며, 무리한 운반을 피한다.
- 단독으로 긴 물건을 어깨에 메고 운반할 때에는 화물 앞부분 끝을 어깨에 메고 뒤쪽 끝을 끌면서 운반한다.
- 내려놓을 때는 천천히 내려놓도록 한다.
- 물건을 들어 올릴 때는 팔과 무릎을 이용하며 척추는 곧게 한다.
- 무거운 물건은 공동 작업으로 실시하고, 공동 작업을 할 때는 신호에 따라 작업한다.

3 식재

가. 식재 개요

① 황금비

- 나무를 심을 때 가상의 중심선과 부축선이 만나는 곳에 식수하는 것을 말한다.
- 원의 중심이나 원주, 대각선의 교차점, 네 귀의 모서리 직선에서 중점과 황금률의 분할점 등에 식재하는 것을 말한다.
- 황금비는 단변이 1일 때 장변은 1.618이다.

② 수목의 종류별 식재순서

- 수목은 주변의 형태를 고려하여 대교목 → 소교목 → 대관목 → 소관목 → 지피류 순으로 식재한다.

Check

다음 중 정원수 식재작업의 순서상 가장 먼저 식재를 진행해야 할 수종은? 0905

① 회양목 ② 큰 소나무 ③ 철쭉류 및 잔디 ④ 명자나무

정답 ②

• 보기 중 가장 큰 나무는 큰 소나무이다.

③ 수목의 식재

- 수목의 식재 순서는 구덩이 파기 → 수목 넣기 → 2/3정도 흙 채우기 → 물 부어 막대기 다지기 → 나머지 흙 채우기 → 지주 세우기 순으로 진행한다.
- 식재 구덩이의 크기는 뿌리분 크기의 1.5배 이상 크게 파야 한다.
- 수목이 큰 경우, 식재 후 지주를 세워 바람이나 동물에 의해 나무가 흔들리지 않도록 하여야 한다.
- 교목의 경우, 식재작업이 끝난 후에 나무의 크기를 감안해 흙을 도톰하게 쌓아 둔덕을 만들고 물주기를 위한 물집을 만들어 준다.

④ 식재 구덩이 파기

- 식재 구덩이의 크기는 뿌리분 크기의 1.5배 이상 크게 파야 한다.
- 바닥을 부드럽게 파서 양질의 토양을 투입한다.
- 수목의 방향, 경사 등을 조절할 수 있게 바닥면은 중앙을 약간 높게 한다.

⑤ 가로수 식재 위치

- 보 · 차도 경계부로부터 가로수 수간의 중심까지 최소 1m, 보도가 없는 경우 갓길에서 2m로 한다.

나. 가식과 이식

① 수목의 가식

- 식재를 하기 전에 일정기간 동안 지정된 장소에 임시로 식재하는 행위이다.
- 사질양토이자 그늘지고 약간 습한 곳이 좋다.
- 식재지에서 가깝고 배수가 잘되는 곳이 좋다.

Check

굴취해 온 나무를 가식할 장소로 적합하지 않은 곳은? 0904

① 식재지에서 가까운 곳　　② 배수가 잘되는 곳
③ 햇빛이 드는 양지바른 곳　　④ 그늘이 많이 지는 곳

- 사질양토이자 그늘지고 약간 습한 곳이 좋다.

정답 ③

② 이식적기

- 일반적으로 수목의 이식적기는 뿌리 활동이 시작되기 직전이다.
- 침엽수와 상록활엽수는 이른 봄이 가장 이식하기 좋은 때이다.

Check

조경 수목 중 일반적인 상록활엽수(常綠闊葉樹)의 이식적기는? 0904

① 이른 봄과 장마철
② 여름과 휴면기인 겨울
③ 초겨울과 생장기인 늦은 봄
④ 늦은 봄과 꽃이 진 시기

- 일반적으로 수목의 이식적기는 뿌리 활동이 시작되기 직전이다.

정답 ①

③ 이식한 나무가 활착이 잘되도록 조치하는 방법

- 현장 조사를 충분히 하여 이식 계획을 철저히 세운다.
- 나무의 식재 방향과 깊이는 최대한 이식 전과 같은 상태로 한다.
- 식재하기 전 가을에 거름을 충분히 주고 갈아엎은 후 봄에 식재해야 한다.
- 주 풍향, 지형 등을 고려하여 안정되게 지주목을 설치한다.

④ 수간감기

- 하절기 일사, 동절기 동해로부터 수간의 피해를 방지하기 위해 수피가 얇은 수목에 새끼, 황마제 테이프, 마직포 등을 사용하여 수간감기를 한다.
- 수피가 얇은 나무에서 햇빛에 의해 수피가 타는 것을 방지하기 위하여 실시한다.
- 수간으로부터 수분의 증산을 억제하고, 상해를 예방하여 병해충의 침투를 방지한다.

⑤ 수목을 이식할 때 고려사항

- 지상부의 지엽을 전정해 준다.
- 뿌리분의 손상이 없도록 주의하여 이식한다.
- 굵은 뿌리를 자른 부위는 방부처리 하여 부패를 방지한다.
- 뿌리분의 크기를 기준에 맞게 하고, 이식이 힘든 수종인 경우 뿌리분의 크기를 기준보다 더 크게 한다.

⑥ 이식에 대한 적응성

- 일반적으로 맹아성이 좋은 나무는 이식에 대한 적응성이 뛰어나다.

쉬운 수종	벽오동, 사철나무, 쥐똥나무, 단풍나무, 편백, 미루나무, 수양버들, 은행나무, 버드나무, 오동나무, 팽나무, 가이즈카 향나무, 명자나무 등
어려운 수종	소나무, 자작나무, 섬잣나무, 일본잎갈나무, 가시나무, 일본목련, 목련, 전나무, 백합나무, 감나무, 태산목 등

Check

다음 중 이식에 대한 적응성이 강하여 이식이 가장 쉬운 수종으로만 짝지어진 것은? 1005

① 소나무, 태산목 ② 주목, 섬잣나무
③ 사철나무, 쥐똥나무 ④ 백합나무, 감나무

정답 ③

- ①, ②, ④는 모두 이식이 어려운 수종이다.

다. 접목방법

① 접붙이기 번식을 하는 목적

- 종자가 없고 꺾꽂이로도 뿌리 내리지 못하는 수목의 증식에 이용된다.
- 씨뿌림으로는 품종이 지니고 있는 고유의 특징을 계승시킬 수 없는 수목의 증식에 이용된다.
- 가지가 쇠약해지거나 말라 죽은 경우 이것을 보태주거나 또는 힘을 회복시키기 위해서 이용된다.
- 모수의 형질을 그대로 유지하여 우량품종을 대량으로 증식하는 방법이다.

② 유대접

- 줄기가 굳으면 접목이 안 되는 경우 어린 대목에 접을 하는 방법이다.
- 대목을 대립종자의 유경이나 유근을 사용하여 접목하는 방법이다.
- 접목한 뒤에는 관계습도를 높게 유지하며, 정식한 후에 근두암종병의 발병율이 높다는 단점을 갖는다.

③ 박피접

- 대목의 껍질을 11자 모양으로 절개하여 벗기고 껍질과 목질부를 약간 제거한 접수를 끼워 맞추는 접목법이다.
- 활착률이 매우 높다.

④ 꺾꽂이(삽목)번식

㉠ 개요

- 식물체로부터 뿌리, 잎, 줄기 등의 식물체 일부를 분리하여 발근한 후 하나의 독립된 개체로 만드는 작업을 말한다.
- 무성번식의 한 방법이다.

㉡ 특징

- 모수의 특성을 그대로 이어 받는다.
- 실생묘에 비해 개화·결실이 빠르다.
- 병충해에 대한 저항력이 커진다.
- 20 ~ 30℃의 온도와 포화상태에 가까운 습도 조건이면 항시 가능하다.
- 왜성화할 수도 있다는 단점이 있다.

⑤ 뿌리돌림

- 미리 뿌리를 자르거나 굵은 뿌리의 껍질을 벗긴 후 다시 묻어 6개월 ~ 2년 정도 양생하여 근원 근처에 새로운 잔뿌리를 많이 발생시킨 후 이식하는 방법이다.
- 뿌리돌림 할 때, 분의 크기는 근원 지름의 4 ~ 5배, 길이는 수간 근원직경의 1.5 ~ 2.5배 정도가 적당하다.
- 뿌리돌림 시, 남겨 둘 곧은 뿌리는 15 ~ 20cm의 폭으로 환상박피 한다.
- 초봄이나 늦가을에 노목이나 보호수와 같이 중요한 나무는 2 ~ 4회 나누어 연차적으로 실시한다.
- 낙엽수류는 3월 중순 ~ 4월 상순에 실시하는 것이 좋다.
- 이식 후 활착을 돕기 위해 잔뿌리의 신생과 신장을 도모하는 작업이다.

Check

조경 수목 중 낙엽수류의 일반적인 뿌리돌림 시기로 가장 알맞은 것은? 1004

① 3월 중순 ~ 4월 상순　　② 5월 상순 ~ 7월 상순
③ 7월 하순 ~ 5월 하순　　④ 8월 상순 ~ 9월 상순

- 뿌리돌림은 초봄이나 늦가을에 노목이나 보호수와 같이 중요한 나무는 2 ~ 4회 나누어 연차적으로 실시하며, 낙엽수류는 3월 중순 ~ 4월 상순에 실시하는 것이 좋다.

정답 ①

라. 인공식재

① 인공식재 기반 조성

- 토양, 방수 및 배수시설 등에 유의한다.
- 식재층과 배수층 사이는 부직포를 깐다.
- 건축물 위의 인공식재 기반은 방수처리 한다.
- 천근성 수종은 생존 최소 깊이 60cm 이상으로 하고, 심근성 수종은 생존 최소 깊이 90cm 이상으로 한다.

② 식재작업 준비단계

- 수목 및 양생제 반입 여부를 재확인한다.
- 공정표 및 시공도면, 시방서 등을 검토한다.
- 식재할 곳의 제반환경을 반드시 사전에 조사한다.
- 수목의 배식, 규격, 지하 매설물 등을 고려하여 식재 위치를 결정한다.

③ 정형식 배식의 종류

단식	중요한 위치에 잘생기고 중량감 있는 정형수를 단독식재
대식	좌우 대칭형으로 식재하여 질서감 유지
열식	일정한 간격으로 직선상에 식재하여 차폐효과 고양
교호식재	두 줄의 열식을 어긋나게 배치하여 식재열의 폭을 확대
집단식재	집단으로 간격을 두고 심어 덩어리로써 질량감을 제고

Check

정형식 배식 방법에 대한 설명이 옳지 않은 것은? 1202

① 단식－생김새가 우수하고, 중량감을 갖춘 정형수를 단독으로 식재
② 대식－시선축의 좌우에 같은 형태, 같은 종류의 나무를 대칭 식재
③ 열식－같은 형태와 종류의 나무를 일정한 간격으로 직선상에 식재
④ 교호식재－서로 마주보게 배치하는 식재

정답 ④

- ④는 두 줄의 열식을 어긋나게 배치하여 식재열의 폭을 확대하는 방법이다.

④ 배식 방법

점식	한 그루의 나무를 다른 나무와 연결시키지 않고 독립하여 심는 것
열식	줄을 맞춰서 심는 것
군식	여러 그루를 심어서 무리를 만드는 것
부등변삼각형 식재	크기나 종류가 다른 세 종류의 나무를 거리가 다르게 심는 것으로 입체면을 만들기 위해 자연풍경식에서 사용한 방법
혼식	낙엽수와 상록수를 배합하여 심는 것

⑤ 자연식 배식법 원칙

- 정원 안에 숲의 자연 그대로의 생김새를 재생시키고자 하는 수법이다.
- 나무의 위치를 정할 때에는 장래 어떠한 관계에 놓일 것인가를 예측하면서 배치한다.
- 여러 그루의 나무가 하나의 직선 위에 줄지어 서게 되는 것은 절대로 피해야 한다.

⑥ 고속도로 식재

- 주행 관련 식재

시선유도	도로 선형의 변화를 미리 파악하게 해 준다.
지표식재	랜드마크의 역할을 한다.

- 사고방지 관련 식재

차광	중앙선 너머의 빛 차단 역할
명암순응	터널 진입 · 진출로 명암차를 극복하기 위해 식재
진입방지	사람이나 동물의 침입을 방지하는 역할
완충	차량의 이탈 시 충격 완화 역할

UNIT 7

잔디 식재공사

잔디 식재공사에서는 잔디의 종류와 관리 방법, 잔디 방제방법, 골프장 관련 용어 정리 등이 다뤄진다.

1 잔디 시공

가. 개요

① 잔디밭 조성 효과

- 아름다운 지표면 구성
- 쾌적한 휴식 공간 제공
- 흙이 바람에 날리는 것 방지
- 빗방울에 의한 토양 유실 방지
- 기온 조절, 공기 정화

② 조경용 소재의 외관상 용도에 따른 분류

평면적 재료	잔디 등 지피를 덮는 재료
입체적 재료	조경수목, 담장, 파고라, 조각상 등
구획 재료	땅을 구분짓는 회양목이나 경계석 등

나. 한지형 잔디

① 한지형 잔디

- 3월 중순에 생육을 시작하여 12월 이후 3월까지 휴면기를 갖는 잔디를 말한다(적정 생장온도가 15 ~ 24℃).
- 내한성이 강하고, 손상 시 회복 속도가 빠르다.
- 벤트그래스(크리핑벤트그래스, 레드톱 등), 라이그래스(페레니얼라이그래스, 이탈리안라이그래스), 페스큐(톨페스큐 등), 블루그래스(켄터키블루그래스 등)가 있다.

Check

한지형 잔디에 속하지 않는 것은? 0904

① 버뮤다그래스 ② 이탈리안라이그래스
③ 크리핑벤트그래스 ④ 켄터키블루그래스

정답 ①

- ①은 대표적인 난지형 잔디이다.

② 벤트그래스류

- 한지형 잔디이다.
- 불완전 포복형이지만, 포복력이 강한 포복경을 지표면으로 강하게 뻗는다.
- 서양 잔디 중 가장 양질의 잔디면을 만들 수 있어 우리나라 골프장에 가장 많이 심어져 있다.
- 잎의 폭이 2 ~ 3mm로 질감이 매우 곱고 품질이 좋아서 골프장 그린에 많이 이용한다.
- 초장을 4 ~ 7mm로 짧게 깎아 관리한다.
- 짧은 예취에 견디는 힘이 가장 강하나, 병충해에 가장 약하여 방제에 힘써야 한다.

③ 톨페스큐

- 한지형 잔디로 잎 표면에 도드라진 줄이 있다.
- 질감이 거칠기는 하나 고온과 건조에 가장 강하다.
- 척박한 토양에서도 잘 견디기 때문에 비탈면의 녹화에 적합하다.
- 주형(株型)으로 분얼로만 퍼져 자주 깎아주지 않으면 잔디밭으로의 기능을 상실한다.

④ 켄터키블루그래스

- 한지형 잔디 중 가장 많이 사용하는 종이다.
- 품질이 우수하고 건조 및 하고 현상에 강하다.
- 회복력이 빠르고 내습성이 강하다.
- 초기 생육이 느리고 잔디깎기에 약한 단점을 갖는다.

분얼

- 잔디에서는 대부분의 마디가 지면과 접하는 부위에 밀집되어 있고, 이 부분의 마디에 있는 곁눈이 신장하는 것을 말한다.

Check

다음 잔디의 종류 중 잔디깎기에 가장 약한 것은? 0901

① 버뮤다그래스 ② 벤트그래스
③ 금잔디 ④ 켄터키블루그래스

- 초기 생육이 느리고 잔디깎기에 약한 단점을 갖는 잔디는 켄터키블루그래스이다.

정답 ④

다. 난지형 잔디

① 난지형 잔디

- 4월 중순부터 생육을 시작하여 10월 중순 이후 휴면기를 갖는 잔디를 말한다 (적정 생장온도가 27 ~ 35℃).
- 답압에 강하나 밟지 않는 경우 지나치게 신장하고, 음지에 약한 단점을 갖는다.
- 한국잔디류, 버뮤다그래스 등이 있다.

② 버뮤다그래스

- 대표적인 난지형 잔디이다.
- 내답압성이 크며, 관리하기가 가장 용이한 잔디이다.
- 한국잔디에 비해 생육속도가 대단히 빠르나 내한성이 약한 단점이 있다.
- 하이브릿버뮤다그래스는 포기를 풀어 심어서 가꾸기를 할 수 있다.

Check

대표적인 난지형 잔디로 내답압성이 크며, 관리하기가 가장 용이한 것은? 0902

① 버뮤다그래스 ② 금잔디
③ 톨페스큐 ④ 라이그래스

정답 ①

• ②는 잎이 가늘고, 부드러우며, 생장이 늦으나 녹색으로 오랜 시간을 버티는 한국잔디(난지형)이다.
• ③은 한지형 잔디로 잎 표면에 도드라진 줄이 있으며, 질감이 거칠기는 하나 고온과 건조에 가장 강한 잔디이다.
• ④는 한지형 잔디로 초기 발아 및 생육속도가 가장 빠르나 우리나라 여름철 날씨에 약한 단점이 있는 잔디이다.

라. 서양잔디와 한국형 잔디

① 서양잔디

- 그늘에서도 견디는 성질이 있다.
- 주로 종자를 뿌려서 번식한다.
- 벤트그래스는 일반적으로 겨울철에 푸르다.
- 자주 깎아 주어야 한다.

② 한국형 잔디의 특징

- 난지형 잔디(발아적온이 30 ~ 33℃)에 속한다.
- 지표를 덮는 힘이 크다(지피성).
- 포복성이어서 밟는데 견디는 힘이 크다(내답압성).
- 병해충과 공해에 비교적 강하다.
- 온도가 높아야 잘 자란다.
- 내습력 및 내음성이 약하고, 손상 시 회복속도가 느리고 겨울 동안 황색상태로 남아 있는 단점이 있다.
- 조성속도 및 성장속도가 매우 느려 자주 깎을 필요가 없다.
- 일반적으로는 뗏장에 의해서 번식하나 종자번식도 가능하다.

Check

다음 중 잔디(한국잔디)특성 중 가장 거리가 먼 것은? 0502

① 지피성이 강하다. ② 내답압성이 강하다.
③ 재생력이 강하다. ④ 내습력이 강하다.

정답 ④

• 한국형 잔디는 내습력이 약하다.

③ 들잔디

- 우리나라에서 가장 많이 이용되는 잔디이다.
- 여름에는 무성하지만 겨울에는 잎이 말라 죽어 푸른빛을 잃는다.
- 더위 및 건조에 강하다.
- 번식은 지하경(地下莖)에 의한 영양번식을 위주로 한다.
- 뗏밥은 주로 생육이 왕성한 6 ~ 7월 경에 주는 것이 적당하다.
- 척박한 토양에서 잘 자란다.

• 깎기 높이는 2 ~ 3cm로 한다.
• 해충은 황금충류, 병은 녹병의 발생이 많다.

Check

우리나라 들잔디(zoysia japonica)의 특징으로 옳지 않은 것은? 1204

① 여름에는 무성하지만 겨울에는 잎이 말라 죽어 푸른빛을 잃는다.
② 번식은 지하경(地下莖)에 의한 영양번식을 위주로 한다.
③ 척박한 토양에서 잘 자란다.
④ 더위 및 건조에 약한 편이다.

• ④에서 들잔디는 더위 및 건조에 강하다.

정답 ④

마. 잔디의 관리

① 잔디의 뗏밥주기

• 뗏밥은 가는 모래 2, 밭흙 1, 유기물 약간을 섞어 사용한다.
• 뗏밥으로 이용하는 흙은 일반적으로 열처리를 하거나 증기소독을 하기도 한다.
• 토양은 기존 잔디밭의 토양과 같은 것을 5mm 체로 쳐서 사용한다.
• 뗏밥은 한지형 잔디의 경우 봄, 가을에 주고 난지형 잔디의 경우 생육이 왕성한 6 ~ 8월에 주는 것이 좋다.
• 잔디포장 전면에 골고루 뿌리고, 레이크(Rake)로 긁어준다.
• 뗏밥의 두께는 일반적으로 5 ~ 10mm 정도로 주고, 일시에 다량으로 사용하는 것은 피해야 하며, 잎끝이 묻히면 피해를 입으므로 15일 이상의 간격으로 여러차례 실시하는 것이 좋다.

② 대취(Thach)

• 지표면과 잔디(녹색식물체) 사이에 형성되는 것으로 이미 죽었거나 살아있는 뿌리, 줄기 그리고 가지 등이 서로 섞여 있는 유층을 말한다.
• 한국잔디는 다른 잔디보다 리그닌 조직을 많이 함유하므로 낮은 생육에도 불구하고 두꺼운 대취층이 형성된다.
• 대취층에 병원균이나 해충이 기거하면서 피해를 준다.
• 탄력성이 있어서 그 위에서 운동할 때 안전성을 제공한다.
• 소수성인 대취의 성질로 인하여 토양으로 수분이 전달되지 않아서 국부적으로 마른 지역을 형성하며 그 위에 잔디가 말라 죽게 한다.

③ 토양 심도

• 식재지 표토의 최소 토심은 식재할 식물의 생육에 필요한 깊이 이상이어야 한다.

식물 종류	생존 최소 토심(cm)	생육 최소 토심(cm)
잔디, 초본류	15	30
소관목	30	45
대관목	45	60
천근성 교목	60	90
심근성 교목	90	150

④ 잔디깎기 요령

- 잘려진 잎은 한곳에 모아서 버린다.
- 깎는 빈도와 높이는 규칙적이어야 한다.
- 깎는 기계의 방향은 계획적이고 규칙적이어야 미관상 좋다.
- 일반적으로 난지형 잔디는 고온기에 잘 자라므로 여름에 자주 깎아 주어야 한다.
- 키가 큰 잔디는 한 번에 깎지 말고 처음에는 높게 깎아주고, 상태를 보아가면서 서서히 낮게 깎아 준다.
- 가뭄이 계속될 때는 잔디가 일시적 동면상태가 되므로 가능한 잔디깎기를 하지 않는 것이 좋다.

Check

다음 중 일반적인 잔디깎기의 요령으로 틀린 것은? 0805

① 깎는 빈도와 높이는 규칙적이어야 한다.
② 깎는 기계의 방향은 계획적이고 규칙적이어야 미관상 좋다.
③ 깎아낸 잔디는 잔디밭에 그대로 두면 비료가 되므로 그대로 두는 것이 좋다.
④ 키가 큰 잔디는 한 번에 깎지 말고 처음에는 높게 깎아주고, 상태를 보아가면서 서서히 낮게 깎아 준다.

정답 ③

- 잘려진 잎은 한곳에 모아서 버린다.

잔디 우량종자 구비조건

- 본질적으로 우량한 인자를 가졌을 것
- 완숙종자일 것
- 신선한 햇 종자일 것

⑤ 잔디깎기 효과

- 잡초 발생을 줄일 수 있다.
- 평편한 잔디밭을 만들 수 있다.
- 아름다운 잔디면을 감상할 수 있다.
- 병충해를 방지할 수 있다.
- 이용의 편리를 도모할 수 있다.
- 잔디의 분얼을 촉진시킨다.

뗏장심기와 비교한 종자파종의 잇점

- 비용이 적게 든다.
- 작업이 비교적 쉽다.
- 균일하고 치밀한 잔디를 얻을 수 있다.

⑥ 파종잔디 조성

- 1ha당 잔디종자는 약 50 ~ 150kg정도 파종한다.
- 파종시기는 난지형 잔디는 5 ~ 6월 초순 경, 한지형 잔디는 9 ~ 10월 또는 3 ~ 5월경을 적기로 한다.
- 종방향, 횡방향으로 파종한다.
- 토양 수분 유지를 위해 폴리에틸렌필름이나 볏집, 황마천, 차광막 등으로 덮어 준다.
- 파종 순서는 경운 → 기비 살포 → 정지작업 → 파종 → 복토 → 전압 → 멀칭 순으로 진행한다.
- 잔디 종자는 미세하므로 복토를 하지 않고 레이크(Rake)로 가볍게 긁어 준다.

✓Check

잔디밭 조성 시 뗏장심기와 비교한 종자파종 방법의 이점이 아닌 것은? 1004

① 비용이 적게 든다.
② 작업이 비교적 쉽다.
③ 균일하고 치밀한 잔디를 얻을 수 있다.
④ 잔디밭 조성에 짧은 시일이 걸린다.

• 종자파종은 잔디밭 조성에 뗏장심기에 비해 오래 걸린다.

정답 ④

⑦ 슬라이싱
- 고결화된 토양을 완화시키기 위해 칼로 토양을 베어주는 작업을 말한다.
- 잔디의 포복경 및 지하경도 잘라주는 효과가 있다.
- 통기성과 투수성을 개선하고, 절단된 뿌리의 재생을 촉진시킨다.
- 레노베이어, 론에어 등의 장비가 사용되는 작업이다.

⑧ 살수기 배치간격
- 정삼각형의 효율이 가장 좋다.
- 바람이 없을 때를 기준으로 살수 작동 최대간격을 살수 직경의 60 ~ 65%로 제한한다.

⑨ 잔디밭에 물을 공급하는 관수
- 식물에 물을 공급하는 방법은 지표관개법과 살수관개법으로 나눌 수 있다.
- 살수관개법은 설치비가 많이 들지만, 관수 효과가 높다.
- 수압에 의해 작동하는 회전식은 360°까지 임의로 조절이 가능하다.
- 회전장치가 수압에 의해 지면보다 10cm 상승 또는 하강하는 팝업(Pop-up) 살수기는 평상시는 지면과 평행하게 설치되어 있다.
- 관수시간은 오후 6시 이후 저녁이나 일출 전에 한다.

✓Check

잔디밭의 관수시간으로 가장 적당한 것은? 1204

① 오후 2시 경에 실시하는 것이 좋다.
② 정오 경에 실시하는 것이 좋다.
③ 오후 6시 이후 저녁이나 일출 전에 한다.
④ 아무 때나 잔디가 타면 관수한다.

• 관수시간은 오후 6시 이후 저녁이나 일출 전에 한다.

정답 ③

⑩ 잔디의 거름주기
- 난지형 잔디는 하절기에 한지형 잔디는 봄과 가을에 집중해서 거름을 준다.
- 한지형 잔디의 경우 고온에서의 시비는 피해를 촉발시킬 수 있으므로 가능하면 시비를 하지 않는 것이 원칙이다.
- 가능하면 제초작업은 비 오기 직전에 실시하며 불가능시에는 시비 후 관수한다.

- 화학비료인 경우 연간 3 ~ 8회 정도로 나누어 거름주기를 한다.
- 질소질 비료는 $1m^2$ 당 5 ~ 10g을 연 2회 봄, 가을에 주는 것이 좋다.
- 질소질 비료를 과용하면 붉은녹병을 유발한다.

Check

잔디밭 관리에 대한 설명으로 옳은 것은? 1001

① 1년에 1 ~ 3회만 깎아준다.
② 겨울철에 뗏밥을 준다.
③ 여름철 물주기는 한낮에 한다.
④ 질소질 비료의 과용은 붉은녹병을 유발한다.

정답 ④

- ①에서 한국잔디는 연 3회 정도, 서양식 잔디의 경우 주 1회씩 깎아주는 것이 좋다.
- ②에서 뗏밥은 한지형 잔디의 경우 봄, 가을에 주고 난지형 잔디의 경우 생육이 왕성한 6 ~ 8월에 주는 것이 좋다.
- ③에서 관수시간은 오후 6시 이후 저녁이나 일출 전에 한다.

바. 잔디 식재

① 잔디 식재 방법

- 전면식재 : 뗏장의 간격을 1 ~ 3cm 간격으로 어긋나게 식재한다.
- 이음매 식재 : 뗏장의 간격을 3 ~ 7cm 간격으로 어긋나게 식재한다.
- 어긋나게 식재 : 20 ~ 30cm 간격으로 어긋나게 식재한다.
- 줄떼 식재 : 뗏장을 한쪽 변의 1/2 ~ 1/3으로 길게 잘라서 이어붙이고 간격은 15 ~ 20cm로 한다.

② 잔디 떼심기 주의사항

- 뗏장의 이음새에는 흙을 충분히 채워준다.
- 관수를 충분히 하여 흙과 밀착되도록 한다.
- 경사면의 시공은 아래에서 위로 떼꽂이로 밀리지 않게 작업한다.
- 뗏장을 붙인 다음에 롤러 등의 장비로 전압을 실시한다.

③ 뗏장 붙이는 방법

- 뗏장붙이기 전에 미리 땅을 갈고 정지(整地)하여 밑거름을 넣는 것이 좋다.
- 뗏장 붙이는 방법에는 전면붙이기, 어긋나게붙이기, 줄붙이기 등이 있다.
- 줄붙이기나 어긋나게붙이기는 뗏장을 절약하는 방법이지만, 아름다운 잔디밭이 완성되기까지에는 긴 시간이 소요된다.
- 경사면의 시공은 줄붙이기로 시행한다.

④ 잔디 뗏장의 양 계산

- 뗏장의 양 $= \frac{\text{전체면적}}{\text{뗏장 1장의 면적}}$ 으로 구한다.

Check

잔디 1매(30×30cm)에 1본의 꼬치가 필요하다. 경사 면적이 $45m^2$인 곳에 잔디를 전면붙이기로 식재하려 한다면 이 경사지에 필요한 꼬치는 약 몇 개인가? (단, 가장 근삿값을 정한다) 1004

① 46본 ② 333본 ③ 450본 ④ 495본

• 뗏장 1장의 면적은 0.3(m)×0.3(m)이므로 =0.09(m^2)이므로 대입하면 뗏장의 양 = $\frac{45}{0.09}$ = 500장이 필요하다.

정답 ④

사. 잔디 방제

① 잔디의 잡초 방제

㉠ 방법

- 파종 전 갈아엎기
- 잔디깎기
- 손으로 뽑기
- 선택성 제초제의 사용

㉡ 주의

- 비선택성 제초제의 사용은 잔디까지 제거할 수 있어서 사용할 때 각별한 주의가 요구된다.
- 클로버(토끼풀) 제초에 효율적인 수화제는 디캄바 액제이다.

② 풍뎅이 유충

- 풍뎅이의 애벌레를 일컫는다.
- 땅속에서 잔디뿌리와 지하경 등을 잘라 먹거나 낙엽층 또는 기타 부식질 속에서 먹이활동을 한다.
- 한국잔디의 해충으로 가장 큰 피해를 준다.

③ 브라운패치

- 문고병이라고도 한다.
- 산디의 잎에 갈색 냉반이 동그랗게 생기고, 특히 6 ~ 9월경에 벤트그래스에 주로 나타나는 병해이다.
- 갈색 냉반이 확대되어 암갈색을 띠다가 심하면 회백색이 되어 고사한다.

④ 그을음병

- 진딧물이나 깍지벌레의 분비물에서 곰팡이가 감염되어 발생한다.
- 식물체가 말라 죽지는 않으나 광합성이 방해되므로 쇠약해진다.

⑤ 녹병

- 배수불량 및 과다한 밟기가 원인으로 잎에 황색의 반점과 황색 가루가 발생하는, 잔디에 가장 많이 발생하는 병이다.
- 17 ~ 22℃ 정도의 기온에서 습윤 시 잘 발생한다.
- 질소질 비료 성분이 부족한 지역에서 발생하기 쉽다.
- 담자균류에 속하는 곰팡이로서 연 2회 발생한다.
- 디니코나졸을 살포하여 방제한다.

✓Check

다음 설명과 관련이 있는 잔디의 병은? 1004

- 17 ~ 22℃ 정도의 기온에서 습윤 시 잘 발생
- 질소질 비료 성분이 부족한 지역에서 발생하기 쉬움
- 담자균류에 속하는 곰팡이로서 연 2회 발생
- 디니코나졸수를 살포하여 방제

① 흰가루병 ② 그을음병
③ 잎마름병 ④ 녹병

정답 ④

- ①은 곰팡이종의 병원균에 의해 발생하는 병으로 식물의 잎과 줄기에 하얀 밀가루 같은 균사로 덮이는 증상이다.
- ②는 진딧물이나 깍지벌레의 분비물에서 곰팡이가 감염되어 발생하는 병이다.
- ③은 주로 참깨에서 발생하는 병으로 고온다습하면 주로 발생한다.

⑥ 붉은녹병
- 잎에 등황색의 반점이 생기고 반점으로부터 붉은 가루가 발생한다.
- 잔디밭의 미관을 나쁘게 하지만 죽지는 않는다.
- 우리나라 들잔디에 가장 많이 발생하는 병이다.
- 5 ~ 6월, 9월 중순 ~ 10월 하순에 발견된다.

⑦ 메틸브로마이드
- 고독성 농약으로 인체에 위해를 준다.
- 강력한 오존층 파괴물질로 규정된 농약이다.
- 잔디의 상토 소독에 사용된다.

2 골프장

① 벤트그래스류
- 서양 잔디 중 가장 양질의 잔디면을 만들 수 있어 우리나라 골프장에 가장 많이 심어져 있다.
- 초장을 4 ~ 7mm로 짧게 깎아 관리하는 잔디이다.
- 추위에 견디는 힘과 짧은 예취에 견디는 힘이 강하나 단점으로 병해충에 가장 약하며, 특히 여름철에 농약을 많이 뿌려 주어야 잘 견딘다.

✓Check

우리나라 골프장 그린에 가장 많이 이용되는 잔디는? 0805

① 블루그래스 ② 벤트그래스
③ 라이그래스 ④ 버뮤다그래스

정답 ②

- 서양 잔디 중 가장 양질의 잔디면을 만들 수 있어 우리나라 골프장에 가장 많이 심어져 있다.

② 들잔디

- 우리나라에서 가장 많이 이용되는 난지형 잔디이다.
- 골프 코스 중 티와 그린 사이에 짧게 깎은 페어웨이 및 러프 등에서 가장 이용이 많은 잔디이다.
- 잎이 상대적으로 억세 공이 구르지 않아 그린용으로 사용은 적합하지 않다.

③ 로타리모우어

- 잔디밭의 넓이가 165m^2(약 50평) 이상으로 잔디의 품질이 아주 좋지 않아도 되는 골프장의 러프지역, 공원의 수목지역 등에 많이 사용하는 잔디 깎는 기계이다.
- 경사지, 러프, 법면, 잡초구역 등 경기진행과 무관한 지역의 예초작업에 주로 사용된다.

④ 골프장 코스의 구성요소

티	• 티잉 그라운드를 말한다. • 골프코스에서 홀(Hole)의 출발지점에 해당한다.
페어웨이	티와 그린 사이의 공간으로 잔디를 짧게 깎는 지역이다.
해저드	골프장에서 잔디와 그린이 있는 곳을 제외하고 모래나 연못 등과 같이 장애물을 설치한 곳
러프	페어웨이의 외곽부분에 잔디를 덜 다듬어 잡초와 수림이 형성된 곳이다.
그린	• 잔디를 매우 짧게 깎아 다듬어 놓은 곳이다. • 홀에 깃대를 꽂아 표시한다.

Check

골프장 코스를 구성하는 요소 중 페어웨이와 그린 주변에 모래 웅덩이를 조성해 놓은 곳은? 1001

① 티 ② 벙커
③ 해저드 ④ 러프

- ①은 골프코스에서 홀(Hole)의 출발지점에 해당한다.
- ③은 골프장에서 잔디와 그린이 있는 곳을 제외하고 모래나 연못 등과 같이 장애물을 설치한 곳이다.
- ④는 페어웨이의 외곽부분에 잔디를 덜 다듬어 잡초와 수림이 형성된 곳이다.

정답 ②

⑤ 골프장 용지

- 기복이 있어 지형에 변화가 있는 곳
- 모래참흙인 곳
- 부지가 남북으로 길게 잡은 곳
- 클럽하우스의 대지가 부지의 북쪽에 자리 잡은 곳

⑥ 골프장 뗏밥넣기

- 땅속의 줄기가 노출되는 것을 막아 표면이 고른 골프장 관리를 위해서이다.
- 0.3 ~ 0.7cm 높이로 넣어준다.

비배관리

• 거름을 잘 뿌려 토지의 양분을 풍부하게 하여 식물을 잘 가꾸는 전 과정을 말한다.

⑦ 골프장 잔디의 거름주기

• 한국잔디의 경우에는 보통 5 ~ 8월에 집중적인 시비를 실시한다.
• 시비 시기는 잔디에 따라 다르지만 대체적으로 생육량이 늘어가기 시작할 때, 즉 생육이 앞으로 예상될 때 비료를 주는 것이 원칙이다.
• 일반적으로 관리가 잘 된 기존 골프장의 경우 질소, 인산, 칼륨의 비율을 1 : 0.6 : 1 정도로 하여 시비할 것을 권장하고 있다.
• 비배관리 시 다른 모든 요소가 충분히 있어도 한 요소가 부족하면 식물생육은 부족한 원소에 지배를 받는다.

조경인공재료

조경인공재료에서는 각종 조경에 사용되는 인공재료의 종류와 특징, 미장 및 포장 재료, 석재와 시멘트, 콘크리트, 목재, 플라스틱, 금속재 등에 대해서 다뤄진다.

1 조경인공재료 파악

가. 벽돌

① 기본(표준형) 벽돌

- 건설공사에 사용하는 벽돌의 표준규격은 190×90×57mm이다.
- 기존형 벽돌의 규격은 21cm×10cm×6cm이다.

② 마름질에 따른 벽돌의 구분

온장벽돌		반절	
칠오토막			
반토막		반반절	
이오토막			

Check

다음 중 벽돌의 마름질에 따른 분류 명칭이 아닌 것은? 0802

① 반절벽돌 ② 칠오토막벽돌 ③ 온장벽돌 ④ 인방벽돌

- ④는 창문이나 출입문의 상단에서 하중을 지탱하는 벽돌쌓는 법을 말한다. 이는 마름질에 따른 분류와 거리가 멀다.

정답 ④

③ 벽돌의 소요량

- 벽돌 시공 시 벽면의 두께에 따라 0.5B(90mm), 1.0B(190mm), 1.5B(290mm), 2.0B(390mm)로 구분한다.
- 0.5B 쌓기는 벽돌을 가로방향으로 쌓는 것으로 줄눈 10mm를 포함하였을 때 벽돌 한 장의 면적은 (190+10)×(57+10)=200×67mm로 약 0.0134 m^2이므로 1m^2에 약 75장의 벽돌이 필요하다.
- 1B 쌓기는 벽돌을 세로방향으로 쌓는 것으로 1m^2에 약 149장의 벽돌이 필요하다.

Check

2.0B 벽두께로 표준형 벽돌쌓기를 실시할 때 기준량(m^2당)은? 1104

① 약 195장 ② 약 224장 ③ 약 244장 ④ 약 298장

- 2B 쌓기는 1B 쌓기를 2배로 하는 것이므로 1m^2에 약 149×2=298장의 벽돌이 필요하다.

정답 ④

④ 재료의 할증률

- 시방 및 도면에 의해 산출된 재료의 정미량에 재료의 운반, 절단, 가공 및 시공 중에 발생되는 손실량을 가산해주는 %를 말한다.

10%	단열재, 목재(판재), 정형석재, 강판, 동판, 화강암, 조경용 수목, 잔디 등
7%	대형 형강
5%	원형철근, 일반볼트, 강관, 파이프, 목재(각재), 석고보드, 시멘트 벽돌, 호안블록, 기와
3%	이형철근, 고장력볼트, 일반용 합판, 타일, 붉은 벽돌, 내화벽돌, 경계블록
2%	도료(칠), 무근 레미콘
1%	유리, 철근 레미콘

Check

길이 100m, 높이 4m의 벽을 1.0B 두께로 쌓기 할 때 소요되는 벽돌의 양은? (단, 벽돌은 표준형 190×90×57이고, 할증은 무시하며 줄눈나비는 10mm를 기준으로 한다) 0802

① 약 30,000장 ② 약 52,000장
③ 약 59,600장 ④ 약 48,800장

정답 ③

- 1B 쌓기는 벽돌을 세로방향으로 쌓는 것으로 $1m^2$에 약 149장의 벽돌이 필요하다.
- 길이 100m, 높이 4m의 벽은 $400m^2$에 해당한다.
- $400m^2$에는 약 400×149=59,600장의 벽돌이 필요하다.

⑤ 제작방법에 따른 분류

구운(소성) 벽돌	일반벽돌(점토벽돌), 외장벽돌, 내화벽돌, 붉은 벽돌
굽지 않은 벽돌	진흙벽돌, 시멘트 벽돌

⑥ 포장용 벽돌(포도 벽돌)

- 도로 포장용, 옥상 포장용으로 사용되는 벽돌이다.
- 흡수율이 적고, 내마모성이 크다.
- 압축강도가 가장 강하다.

⑦ 적벽돌 포장

- 질감이 좋고 특유한 자연미가 있어 친근감을 준다.
- 마멸되기 쉽고 강도가 약하다.
- 다양한 포장패턴을 연출할 수 있다.
- 모로 세워깔기는 평깔기에 비해 더 많은 벽돌이 필요하다.

⑧ 벽돌쌓기

- 가로, 세로 줄눈의 너비는 10mm를 표준으로 한다.
- 미리 정한 바가 없다면 영국식 쌓기 또는 화란식 쌓기로 한다.
- 하루의 벽돌쌓기 높이는 1.2m를 표준으로 하고, 최대 1.5m 이하로 한다.
- 시공 시 통줄눈으로 하면 하중이 고르게 분산될 수 없다. 막힌 줄눈으로 쌓는 것이 좋다.

- 벽돌은 어느 부분이든 균일한 높이로 쌓아 올라간다.
- 붉은 벽돌은 쌓기 전에 충분한 물 축임을 실시한다.

Check

벽돌쌓기 시공에서 하루에 쌓을 수 있는 벽돌 벽의 최대 높이는 몇 m 이하인가? 1101

① 1.0m ② 1.2m
③ 1.5m ④ 2.0m

- 하루의 벽돌쌓기 높이는 1.2m를 표준으로 하고, 최대 1.5m 이하로 한다.

정답 ③

⑨ 벽돌쌓기 모르타르 배합비

- 벽돌쌓기의 시멘트 모르타르 배합비는 1 : 3을 기본으로 한다(1은 시멘트, 3은 모래).
- 아치쌓기의 시멘트 모르타르 배합비는 1 : 2를 기본으로 한다.
- 치장용 줄눈에 필요한 모르타르는 1 : 1 모르타르를 기본으로 한다.

⑩ 내민줄눈

- 벽면이 고르지 않을 때 주로 사용되는 형태로 줄눈 자체의 효과를 증대시킨다.
- 우리나라의 전통담장의 사고석 시공에서 흔히 볼 수 있는 줄눈이다.

⑪ 영국식 쌓기

- 길이쌓기 켜와 마구리쌓기 켜가 번갈아 반복되게 쌓는 방법으로 모서리나 벽이 끝나는 곳에는 반적이나 2·5 토막이 쓰이는 벽돌쌓기 방법이다.
- 벽돌쌓기 방법 중 가장 견고하고 튼튼한 방법이다.

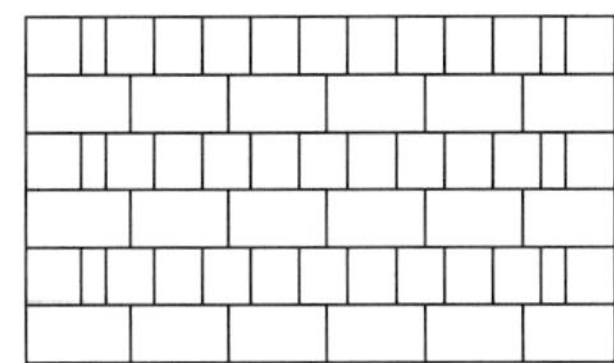

⑫ 네덜란드식 쌓기(화란식)

- 한 켜는 마구리쌓기, 다음 켜는 길이쌓기로 하고 길이켜의 모서리와 벽 끝에 칠오토막을 사용하는 벽돌쌓기 방법이다.
- 일하기 쉬워서 우리나라에서 많이 사용한다.

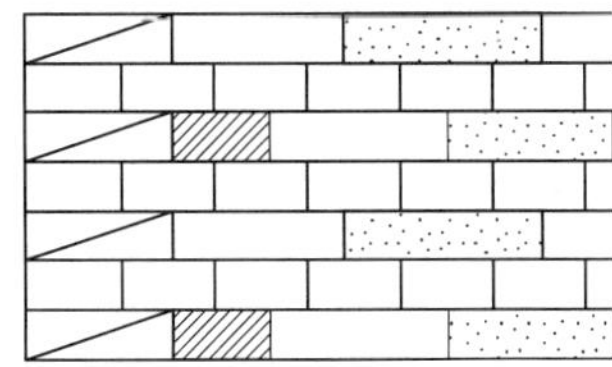

✓Check

한 켜는 마구리쌓기, 다음 켜는 길이쌓기로 하고 길이켜의 모서리와 벽 끝에 칠오토막을 사용하는 벽돌쌓기 방법은? 1204

① 네덜란드식 쌓기　　② 영국식 쌓기
③ 프랑스식 쌓기　　④ 미국식 쌓기

정답 ①

- ②는 길이쌓기 켜와 마구리쌓기 켜가 번갈아 반복되게 쌓는 방법으로 모서리나 벽이 끝나는 곳에는 반적이나 2·5 토막이 쓰이는 벽돌쌓기 방법이다.
- ③은 한 켜에서 벽돌마무리와 길이가 교대로 나타나도록 하는 조적방식으로 통줄눈이 많이 생긴다.
- ④는 치장벽돌을 사용하여 벽체의 앞면 5～6켜까지는 길이쌓기로 하고 그 위 한 켜는 마구리쌓기로 하여 본 벽돌벽에 물려 쌓는 벽돌쌓기 방식이다.

⑬ 프랑스식 쌓기

- 한 켜에서 벽돌마무리와 길이가 교대로 나타나도록 하는 조적방식으로 통줄눈이 많이 생긴다.
- 의장효과가 뛰어나다.

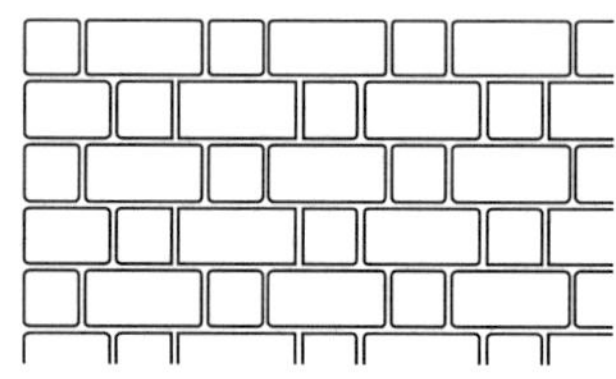

⑭ 미국식 쌓기

- 치장벽돌을 사용하여 벽체의 앞면 5～6켜까지는 길이쌓기로 하고 그 위 한 켜는 마구리쌓기로 하여 본 벽돌벽에 물려 쌓는 벽돌쌓기 방식이다.

⑮ 길이쌓기

- 한 면의 벽을 쌓는 방식으로 벽돌의 긴 면이 보이도록 쌓는 방식을 말한다.
- 가장 일반적인 쌓기 방식으로 공간벽, 덧붙임벽 등에 쓰인다.

⑯ 옆세워쌓기

- 중간에 공간을 두고 앞뒤에 면이 보이게 옆세워 놓고 다음은 마구리 1장을 옆세워 가로 걸쳐대어 쌓는 방법이다.
- 경사, 문턱 등에 사용한다.

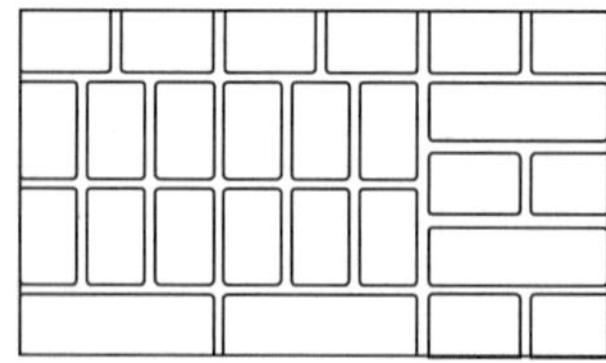

⑰ 속빈 시멘트 블록의 압축강도

- 비중이 1.8 이상인 것은 중량블록, 비중이 1.8 이하인 것은 경량블록이라고 한다.
- 각 급수별 전 단면적에 대한 압축강도(kg/cm^2)

1급	2급	3급
60 이상	40 이상	25 이상

나. 소형고압블록

① 소형고압블록

- 일정한 크기의 골재와 시멘트를 배합하여 높은 압력과 열로 처리한 보도블록이다.
- 내구성과 강도가 좋으며, 재료의 종류가 다양하다.
- 보도용과 차도용으로 구분하여 사용한다.
- 보도용은 시공 시 하중이나 강도 등을 고려하여 블록의 두께를 6cm 정도로 한다.
- 시공과 보수가 쉽다.

> **인조석보도블록**
> - 천연석을 잘게 분쇄하여 색소와 시멘트를 혼합 연마한 것이다.
> - 부드러운 질감을 느끼게 하지만 미끄러운 결점이 있는 보차도용 콘크리트 제품이다.

Check

다음 중 소형고압블록의 특징으로 틀린 것은? 0601

① 재료의 종류가 다양하다.
② 시공과 보수가 어렵다.
③ 보도용과 차도용으로 구분하여 사용한다.
④ 내구성과 강도가 좋다.

- 소형고압블록은 시공과 보수가 쉽다.

정답 ②

② 소형고압블록 포장의 시공방법

- 보도의 가장 자리는 보통 경계석을 설치하여 형태를 규정짓는다.
- 기존 지반을 잘 다진 후 모래를 3 ~ 5cm 정도 깔고 보도블록을 포장한다.
- 일반적으로 원로의 종단 기울기가 5% 이상인 구간의 포장은 미끄럼방지를 위하여 거친면으로 마감한다.
- 블록 깔기가 끝나면 반드시 진동기를 사용해 바닥을 고르게 마감한다.
- 블록의 최종 높이는 경계석과 같아야 한다.

다. 점토 제품

① 점토

- 입자 크기가 $2\mu m$ 이하의 부드러운 흙으로 찰흙이라고도 한다.
- 조경용으로 벽돌, 도관, 타일, 적벽돌, 오지토관, 기와 등을 만드는 재료로 많이 사용된다.
- 물과 결합하여 가소성을 가지고 열에 반응하여 화학적 변화를 일으키며 이후에는 원래의 점토로 돌아가기 어렵다.
- 예비치리 – 원료조합 – 반죽 – 숙성 – 성형 – 시유(施釉) – 소성 순으로 공정이 진행된다.

Check

조경재료 중 점토 제품이 아닌 것은? 0905

① 소형고압블록 ② 타일
③ 적벽돌 ④ 오지토관

- ①은 보차도용 콘크리트 제품으로 일정한 크기의 골재와 시멘트를 배합하여 높은 압력과 열로 처리한 보도블록이다.

정답 ①

② 점질토와 사질토

㉠ 점질토

- 점토 함량이 50% 이상인 토양을 점질토라고 한다.
- 점질토의 자연상태에서 m^3당 중량은 1,500 ~ 1,700kg 정도이다.

㉡ 점질토와 사질토의 비교

구분	점질토	사질토
투수계수	작다	크다
압밀속도	늦다	빠르다
내부마찰각	작다	크다
점착성	있다	없다
건조 수축량	크다	작다

③ 자기

- 점토, 석영, 장석, 도석 등을 원료로 하여 적당한 비율로 배합한 다음 높은 온도로 가열하여 유리화될 때까지 충분히 구워 굳힌 제품이다.
- 점토 제품 중 가장 높은 온도(1,230 ~ 1,460℃)에서 소성되며, 경도와 강도가 가장 크다.
- 흡수율은 1% 이하로 거의 없다.
- 모자이크 타일, 위생도기 등에 주로 사용된다.

④ 타일의 동해

- 점토 제품에서 점토 제품 자체가 흡수한 수분이 동결함에 따라 생기는 균열과 제품 뒷면에 물이 스며들어 그것이 얼어서 제품을 발리시키는 현상을 말한다.
- 흡수율과 기공률이 클수록 발생할 가능성이 높다.
- 줄눈 시공이 충분하지 못할 때도 발생한다.

흙의 분류

- 사토 : 모래 85% 이상 포함된 토양
- 식토 : 점토가 40% 이상, 모래가 45% 이하, 미사가 40% 이하인 토양
- 식양토 : 점토가 37.5 ~ 50% 포함된 토양

⑤ 타일 붙임재료

- 접착력과 내구성이 강하고 경제적이며 작업성이 있어야 한다.
- 접착력이 일정기준 이상 확보되어야만 타일의 탈락현상과 동해에 의한 내구성의 저하를 방지할 수 있다.
- 종류는 무기질 시멘트 모르타르와 유기질 고무계 또는 에폭시계 등이 있다.
- 투수율과 흡수율이 작아야 한다.

⑥ 도관

- 양질의 찰흙을 고온에서 구워 만든 관이다.
- 흡수성과 투수성이 거의 없으므로 배수관, 상·하수도관, 전선 및 케이블관 등에 사용된다.

⑦ 토관

- 진흙을 빚어 소성한 관이다.
- 강도는 약한 편이고, 흡수율은 20% 이하이다.
- 표면이 거칠고 투수율이 크므로 연기나 공기의 환기통으로 사용된다.

Check

표면이 거칠고 투수율이 크므로 연기나 공기의 환기통으로 사용하는 관은?

1002

① 테라코타　　② 토관
③ 강관　　④ 콘크리트관

- ①은 도토 또는 자기질토를 반죽하여 소성한 타일로 내화력과 풍화에 강한 특성을 갖는다.
- ③은 철로 만든 원형 또는 각형의 내부가 비어있는 관이다.
- ④는 콘크리트로 만든 관으로 하수, 폐수관 등에 사용된다.

정답 ②

⑧ 도자기 제품

- 돌을 빻아 빚은 것을 1,300℃ 정도의 온도로 구웠기 때문에 거의 물을 빨아들이지 않으며, 마찰이나 충격에 견디는 힘이 강하다.
- 외장타일, 계단타일, 야외탁자 등이 대표적이다.

라. 기타 재료

① 각종 재료의 관리

- 목재가 갈라진 경우에는 내부를 퍼티로 채우고 샌드페이퍼로 문질러 준 후 페인트로 마무리 칠을 해 준다.
- 철재에 녹이 슨 부분은 녹을 제거한 후 2회에 걸쳐 광명단 도료를 칠한다.
- 콘크리트 균열은 수지계 및 시멘트계 재료(모르타르 및 방수재 등)를 통해서 보수한다.
- 철재 시설의 회전부분에 마찰음이 나지 않도록 그리스를 주입한다.

② 조경용 섬유재

- 볏짚, 새끼줄, 밧줄 등이 있다.
- 볏짚은 약한 나무를 보호하기 위하여 줄기를 싸주거나(잠복소) 지표면을 덮어주는 데(방한) 사용된다.
- 새끼줄은 10타래를 1속이라 하며, 이식할 때 뿌리분이 깨지지 않도록 감는 데 사용한다. 강한 햇볕에 줄기가 타는 것을 방지하고, 천공성 해충의 침입을 방지하기 위하여 감아준다.
- 밧줄은 마섬유로 만든 섬유로프가 많이 사용되며, 이식작업이나 운반 등 무거운 물체를 목도할 때 사용된다.

역청재료

- 원유의 건류 · 증류에 의해서 얻어지는 유기화합물이다.
- 아스팔트, 타르, 피치 등이 대표적이다.
- 방수, 방부, 포장 등에 사용된다.

목도

- 두 사람 이상이 짝이 되어 뒷덜미에 몽둥이를 얹어 무거운 나무 등을 함께 매어 나르는 것을 말한다.

Check

볏짚의 쓰임 용도로 가장 적절하지 않은 것은?　0905

① 줄기를 싸 주거나 지표면을 덮어준다.
② 줄기를 감싸 해충의 잠복소를 만들어 준다.
③ 내한력이 약한 나무를 보호하기 위해 사용된다.
④ 이식작업이나 운반 등 무거운 물체를 목도할 때 사용된다.

- ④는 밧줄의 용도에 해당한다.

정답 ④

③ 코이어 메시

- 코코넛 열매를 원료로 한 천연섬유 재료이다.
- 도로 절 · 성토면의 녹화공사, 해안매립 및 호안공사, 하천제방 및 급류 부위의 법면보호공사 등에 사용된다.

④ 녹화마대

- 마(麻) 소재의 친환경 조경자재이다.
- 수목 굴취 시 뿌리분을 감는 데 사용하며, 포트(pot)역할을 하여 잔뿌리 형성에 도움을 준다.
- 통기성, 흡수성, 보온성, 부식성이 우수하여 줄기감기용, 겨울철 수목보호를 위해 사용된다.

Check

수목 굴취 시 뿌리분을 감는 데 사용하며, 포트(pot)역할을 하여 잔뿌리 형성에 도움을 주는 환경친화적인 재료는? 0501

① 새끼줄 ② 철선 ③ 녹화마대 ④ 고무밴드

정답 ③

- ①은 이식할 때 뿌리분이 깨지지 않도록 감는 데 사용한다. 강한 햇볕에 줄기가 타는 것을 방지하고, 천공성 해충의 침입을 방지하기 위하여 감아준다.

⑤ 녹화테이프

- 천연 코코넛 재질의 친환경 조경자재이다.
- 지주목 설치 시에 필요한 완충재료이다.
- 작업능률이 뛰어나고 통기성과 내구성이 뛰어나며 상열을 막기 위해 사용된다.

⑥ 인공지반용 경량토

- 용적밀도가 0.01 ~ 0.15g/cc인 골재로 인공토양 제조 시 핵으로서의 역할을 한다.
- 버미큘라이트(Vermiculite), 펄라이트(Perlite)가 가장 좋으며, 경석, 화산재, 부석 등이 있다.

⑦ 생태호안복구 소재

- 섶단 : 버드나무가지, 갯버들류 등 삽목이 가능하고 맹아력이 있는 수종의 가지와 천연야자섬유에 갈대를 식재하여 사용한다.
- 야자롤 : 지지항목과 섶단을 결박하기 위해 사용한다.
- 돌망태 : 철망이나 단단히 결속된 일반제품을 사용하되, 자연석은 산석 또는 강석을 사용한다.
- 갯버들 : 잎이 피기 전에는 삽순을 그대로 쓸 수 있으나 잎이 핀 후에는 미리 삽목한 묘목을 사용한다.

생태복원용 재료

- 생태복원용으로 사용되는 재료에는 식생매트, 식생자루, 잔디블록, 식생공, 식생대, 식생판 등이 있다.

Check

생태복원을 목적으로 사용하는 재료로서 가장 거리가 먼 것은? 1202

① 식생매트 ② 잔디블록 ③ 녹화마대 ④ 식생자루

정답 ③

- ③은 통기성, 흡수성, 보온성, 부식성이 우수하여 줄기감기용, 겨울철 수목보호를 위해 사용된다.

⑧ 재료의 열전도율

재료		열전도율(W/m · k)
금속계	알루미늄	200
	강재	53
시멘트 모르타르	시멘트 모르타르	1.4
	콘크리트	1.6
벽돌/타일	시멘트 벽돌	0.60
	타일	1.3
석재	대리석	2.8
그 외	파티클보드	0.15
	석고보드	0.18
	유리	0.55

⑨ 유리

- 규사, 탄산나트륨, 소다, 석회 등을 녹인 후 냉각시켜 만든다.
- 열전도율 및 열팽창률이 작다.
- 약한 산에는 침식되지 않지만 염산 · 황산 · 질산 등에는 서서히 침식된다.
- 광선에 대한 성질은 유리의 성분, 두께, 표면의 평활도 등에 따라 다르다.
- 굴절률은 1.45 ~ 2.0 정도이고, 납을 함유하면 높아진다.

Check

유리의 주성분이 아닌 것은? 1201

① 규산 ② 소다
③ 석회 ④ 수산화칼슘

- 유리는 규사, 탄산나트륨, 소다, 석회 등을 녹인 후 냉각시켜 만든다.

정답 ④

마. 미장재료

① 미장재료

- 건축물의 내벽, 외벽, 바닥, 천장 등을 아름답게 꾸미고, 방음, 방습, 단열 등의 용도를 위해 마감하는 재료이다.
- 시멘트 모르타르, 회반죽, 벽토, 석회, 점토 등이 있다.
- 회반죽은 상여물, 해초풀, 기타 전 · 접착제 등을 섞어 반죽하여 만든 미장재료이다.
- 미장재료에 방수제, 방동제, 착색제 등을 섞어 사용한다.

Check

미장재료에 속하는 것은? 0902

① 페인트 ② 니스
③ 회반죽 ④ 래커

- ①, ②, ④는 도료의 종류이다.

정답 ③

② 벽토

- 표면에 붙여서 매끄럽고 좋은 마무리를 얻는 페이스트이다.
- 외벽을 아름답게 나타내는 데 사용하는 미장재료이다.
- 토벽에 바르는 흙으로 진흙에 고운 모래, 짚 여물, 착색 안료와 물을 혼합하여 반죽한 것이다. 자연적인 분위기를 살릴 수 있고, 우리나라 고유의 전통성을 강조하기에 좋다.

Check

다음 미장재료 중 가장 자연적인 분위기를 살릴 수 있고, 우리나라 고유의 전통성을 강조시키기에 가장 좋은 것은? 0905

① 시멘트 모르타르 ② 테라조
③ 벽토 ④ 페인트

정답 ③

- ①은 시멘트와 모래를 섞어 물로 반죽한 것으로 벽돌, 블록, 석재 등을 쌓거나 벽, 바닥, 천장의 바탕의 마감재료로 사용한다.
- ②는 대리석, 화강암 등의 부순 골재에 안료, 시멘트 등의 고착제를 섞어 경화시킨 후 포면에 광을 낸 재료로 바닥이나 벽의 마감재로 사용된다.
- ④는 도장재료이다.

바. 포장재료

① 보도 포장재료의 조건

- 내구성이 있고, 시공·관리비가 저렴한 재료
- 재료의 색채가 아름다운 재료
- 재료의 표면 청소가 간단하고, 건조가 빠른 재료
- 자연 배수가 용이한 재료
- 변화가 적고, 질감이 좋은 재료
- 태양광선의 반사가 적어야 하고, 미끄럽지 않은 재료
- 밝은 색의 재료

② 우레탄 포장재

- 탄성이 있는 우레탄을 이용한 포장재이다.
- 광장 등 넓은 지역을 포장할 때 쓰이며, 바닥에 색채 및 자연스러운 문양을 다양하게 할 수 있는 소재이다.
- 인라인스케이트장, 경기장 트랙, 농구장, 테니스장, 배드민턴장, 종합체육시설 등에서 많이 사용되고 있다.

Check

다음 포장재료 중 광장 등 넓은 지역을 포장할 때 쓰이며, 바닥에 색채 및 자연스러운 문양을 다양하게 할 수 있는 소재는? 0502 / 0802

① 벽돌 ② 우레탄
③ 자기타일 ④ 고압블럭

정답 ②

- 우레탄 포장재는 탄성이 있는 우레탄을 이용한 포장재로 인라인스케이트장, 경기장 트랙, 농구장, 테니스장, 배드민턴장, 종합체육시설 등에서 많이 사용되고 있다.

③ 카프(KAP)

- Korean Anti Pollution Method 공법을 의미한다.
- 흙에 시멘트와 다목적 토양개량제(KAP)를 섞어 기층과 표층을 겸하는 간이 포장재료이다.
- 값싸고 손쉽게 신속히 시공가능한 경제적인 공법이다.
- 고궁의 원내 포장, 산책로와 공원 등의 자연포장에 최적이다.

④ 세라믹 포장

㉠ 개요

- 세라믹 볼을 에폭시 수지와 혼합하여 미장마감하는 방법이다.

㉡ 특징

- 투수성이 크고 색상이 화려하다.
- 융점이 높고, 상온에서의 변화가 적다.
- 압축에 강하고, 경도가 높다.
- 자외선이나 마찰에 의한 변색이 없다.
- 내마모성, 내산성, 내약품성, 내화성, 내충격성 등이 강하다.

⑤ 아스팔트

- 비교적 경제적이다.
- 점성과 감온성을 가지고 있다.
- 점착성이 크고 부착성이 좋기 때문에 결합재료, 접착재료로 사용한다.
- 융점은 일정하지 않고 원유의 산지나 정제방법에 따라 다르다.
- 물에 용해되지 않아 방수제로 사용된다.
- 아스팔트 포장에서 아스팔트 양의 과잉 혹은 골재의 입도불량 시 표면연화가 발생한다.
- 아스팔트의 양부를 판별하는 주요 성질에는 침입도, 연화점, 신도, 감온성 등이 있으며 그중 가장 중요한 것은 침입도이다.

구분	내용
침입도(Penetration)	아스팔트의 컨시스턴시(consistency), 즉 견고성 정도를 나타내는 것이다.
연화점	아스팔트를 가열했을 때 연해져 유동성이 생기는 온도를 말한다.
신도(伸度)	아스팔트의 늘어나는 정도를 말한다.
감온성	온도에 따라 아스팔트의 경도 또는 점도가 변화하는 정도를 말한다.

✔ Check

아스팔트의 양부를 판단하는 성질로 아스팔트의 경도를 나타내는 것은? 1101

① 연화점 ② 침입도
③ 시공연도 ④ 마모도

- 아스팔트의 양부를 판별하는 주요 성질에는 침입도, 연화도, 신도, 감온성 등이 있으며 그중 가장 중요한 것은 침입도이다.
- ①은 아스팔트를 가열했을 때 연해져 유동성이 생기는 온도를 말한다.

정답 ②

표면연화

- 아스팔트 포장에서 아스팔트 양의 과잉 혹은 골재의 입도불량, 연질의 아스팔트 사용, 텍코트 과잉 시에 발생한다.
- 발생 장소에 석분이나 모래를 살포하여 다져야 한다.

⑥ 아스팔트 포장

- 돌가루와 아스팔트를 섞어 가열한 것을 식기 전에 다져 놓은 자갈층 위에 고르게 깔아 롤러로 다져 끝맺음한다.
- 방수성이 크고, 청소가 쉽고, 무거운 차량에도 견딜 수 있다.
- 외관이 곱고 먼지가 나지 않으며, 소음이 적다.

⑦ 마사토 포장

- 마사토를 포설한 후 다짐하고 이후 안정제를 살포하는 연질포장방법이다.
- 자연의 질감을 그대로 유지하면서도 표토층을 보전할 필요가 있는 지역의 포장에 사용된다.
- 공원 산책로, 학교 운동장 등에 많이 이용한다.

사. 석질재료

① 조경 석질재료

㉠ 장점

- 외관이 매우 아름답다.
- 내구성과 강도가 크다.
- 변형되지 않으며 가공성이 있다.

㉡ 단점

- 무거워서 다루기가 힘들다.
- 가공이 어렵다.
- 가격이 비싸고 긴 재료를 얻기 힘들다.
- 화열에 닿으면 화강암 등은 균열이 생기고, 석회암이나 대리석과 같이 분해가 일어나기도 한다.

Check

석재의 특성 중 장점에 해당되지 않는 것은? 1102

① 불연성이며, 압축강도가 크고 내구성 · 내화학성이 풍부하며 마모성이 적다.
② 종류가 다양하고 같은 종류의 석재라도 산지나 조직에 따라 여러 외관과 색조가 나타난다.
③ 외관이 장중하고 치밀하여 가공 시 아름다운 광택을 낸다.
④ 화열에 닿으면 화강암 등은 균열이 생기고, 석회암이나 대리석과 같이 분해가 일어나기도 한다.

정답 ④

- ④는 장점이 아닌 단점에 해당한다.

② 돌의 상태에 따른 용어

용어	설명
뜰녹	돌의 성분 중 철이 산화하여 돌의 색깔이 검게 변하는 것
절리	돌을 구성하는 여러 광물의 배열상태에 따라 갈라진 틈
조면	돌이 풍화 · 침식되어 표면이 자연적으로 거칠어진 상태
석리	암석을 규정하고 있는 조암광물의 집합상태에 따라 생기는 눈의 모양
층리	퇴적암이나 변성암에서 나타나는 평행의 절리
편리	변성암에서 생기는 절리로 불규칙한 방향의 얇은 판자 모양으로 갈라지는 현상
석목	암석의 쪼개지기 쉬운 면

③ 석재의 역학적 성질

- 현무암의 탄성계수는 후크(Hooke)의 법칙을 따른다.
- 석재의 강도는 압축강도가 특히 크며, 인장강도는 매우 작다.
- 석재 중 풍화에 가장 큰 저항성을 가지는 것은 화강암이다.
- 석재 중 흡수율이 가장 작은 것은 대리석이다.
- 공극률이 크면 흡수율이 커 동해되기 쉬우며 내구성이 작다.
- 공극률이 크면 내화성이 크다.

④ 석재의 비중

- 비중이 클수록 조직이 치밀하고, 흡수율이 낮으며, 압축강도가 크다.
- 석재의 비중은 일반적으로 2.0 ~ 2.7이다.
- 경석의 겉보기 비중은 약 2.5 ~ 2.7이다.
- 계산법은 공시체의 건조무게(g)를 A, 공시체의 침수 후 표면 건조포화상태의 공시체의 무게(g)를 B, 공시체의 수중무게(g)를 C라 할 때, 석재의 비중= $\frac{A}{(B-C)}$로 구한다.

⑤ 석재의 가공 순서

- 혹두기-정다듬-도드락다듬-잔다듬-물갈기 순으로 가공한다.
- 혹두기는 표면의 큰 돌출부분만 떼어 내는 마감법이다.
- 정다듬은 정을 사용해 비교적 고르고 곱게 다듬는 마감법이다.
- 도드락다듬은 정다듬한 면을 도드락망치를 이용해 1 ~ 3회 곱게 다듬는 마감법이다.
- 잔다듬은 도드락다듬면을 일정 방향이나 평행선으로 나란히 찍어 다듬어 평탄하게 마무리하는 마감법이다.
- 물갈기는 잔다듬면을 연마기나 숫돌을 이용해 갈아내는 방법이다.
- 버너마감은 화강암 표면의 기계로 켠 자국을 없애주고 자연스러운 느낌을 주므로 가장 널리 사용되는 마감법이다.

Check

석재의 가공 공정상 날망치를 사용하는 표면 마무리 작업은? 1101

① 혹두기 ② 잔다듬
③ 정다듬 ④ 도드락다듬

- ①은 표면의 큰 돌출부분만 떼어 내는 마감법이다.
- ③은 정으로 비교적 고르고 곱게 다듬는 마감법이다.
- ④는 정다듬한 면을 도드락망치를 이용해 1 ~ 3회 곱게 다듬기는 마감법이다.

정답 ②

⑥ 석재의 성인에 의한 분류

- 화성암 : 마그마가 굳어서 형성된 암석으로 화강암, 반려암, 섬록암, 안산암, 현무암, 석영조면암, 부석 등이 있다.
- 수성암(퇴적암) : 화성암의 풍화물, 유기물 등이 땅속에 퇴적되어 지열과 지압의 영향을 받아 응고된 암석으로 석회암, 역암, 사암, 응회암, 이판암, 점판암 등이 있다.

데발 시험기(Deval abrasion tester)

- 콘크리트, 석재 등의 굵은 골재의 마모 감량을 측정하는 장치이다.
- 원석을 파쇄한 뒤 일정한 체를 통과한 골재의 중량을 전체 중량의 백분율로 표시한다.

- 변성암 : 화성암, 수성암 등이 온도와 압력 등에 의해 변성작용을 받아 형성된 암석으로 대리석, 트래버틴, 사문암, 편마암, 석면 등이 있다.

✓Check

퇴적암의 종류에 속하지 않는 것은? 1001

① 안산암 ② 응회암
③ 역암 ④ 사암

정답 ①

- ①은 화성암이다.

⑦ 화성암의 성분상 분류

- 이산화규소(SiO_2)의 농도가 높을수록 산성을 띠게 되고, 그만큼 산소도 많이 포함하게 된다.
- 이산화규소의 농도에 따라 산성, 중성, 염기성으로 분류한다.

⑧ 화강암

㉠ 개요

- 석영, 장석, 운모로 구성된다.
- 전반적인 색상은 밝은 회백색을 띠나 흑운모, 각섬석, 휘석 등은 검은색을 띠며, 산화철을 포함하면 미홍색을 띤다.
- 경관석, 바닥 포장용, 석탑, 석등, 묘석 등에 사용된다.

㉡ 특성

- 마모, 풍화 등에 대한 내구성이 크다.
- 외관이 수려하나 함유광물의 열팽창계수가 달라 내화성이 약해 화재 시 파괴된다.
- 강도가 너무 단단하여 건축용 휨재나 조각 등에는 부적절하다.

국내의 화강암 분류

- 회백색 계열 : 포천석, 신북석, 일동석, 거창석 등
- 담홍색 계열 : 진안석, 문경석, 운천석, 철원석 등

✓Check

다음 중 내화성이 가장 약한 암석은? 0701

① 안산암 ② 화강암
③ 사암 ④ 응회암

정답 ②

- ①은 내화력이 우수하고 광택이 없는 화성암으로 구조용으로 많이 사용된다.
- ③은 내화성이 커 800℃까지 압축강도가 증진된다.
- ④는 가공은 용이하나 흡수율이 높고, 내수성이 크지만 강도가 높지 못해 건축용으로는 부적절하여 석축 등에 이용한다.

⑨ 다양한 석재

대리석	• 석회암이 변성된 변성암으로 주성분은 탄산석회이다. • 강도가 높고, 석질이 치밀하고 연마하면 아름다운 광택을 내므로 실내 장식재, 조각재로 많이 사용되는 석재이다. • 내화성이 낮고 풍화되기 쉬우며 산에 약해 실외용으로는 적합하지 않다.
응회암	• 화성암의 풍화물, 유기물, 기타 광물질이 땅속에 퇴적되어 지열과 지압의 영향을 받아 응고된 수성암의 한 종류이다. • 가공은 용이하나 흡수율이 높고, 내수성이 크지만 강도가 높지 못해 건축용으로는 부적절하여 석축 등에 이용한다.

석회암	• 탄산칼슘($CaCO_3$) 성분으로 이루어진 퇴적암이다. • 외관이 미려한 것은 대리석이라고 부르기도 한다. • 내구연한이 짧아 구조재로 적당하지 않다. • 시멘트, 석회, 비료, 카바이트 제조 등에 주로 사용된다.
사문암	• 감람석 또는 섬록암이 변질된 변성암의 한 종류이다. • 암석의 질이 경질이나 풍화성이 있어 실외용으로는 적합하지 않다. • 암녹색 바탕에 흑백색의 아름다운 무늬가 있어 내장 마감용 석재로 주로 사용된다.
점판암	• 점토가 큰 압력을 받아 응결된 수성암으로 내수성이 우수해 지붕 및 벽의 재료로 사용된다. • 판모양으로 떼어낼 수 있어 디딤돌, 바닥포장재 등으로 사용하기도 한다.

Check

퇴적암의 일종으로 판모양으로 떼어낼 수 있어 디딤돌, 바닥포장재 등으로 사용하는 것은? 0601

① 화강암 ② 안산암
③ 현무암 ④ 점판암

• ①은 조직이 균질하고 내구성 및 강도가 큰 편이며, 외관이 아름다운 장점이 있는 반면 내화성이 작아 고열을 받는 곳에는 적합하지 않다.
• ②는 내화력이 우수하고 광택이 없는 화성암으로 구조용으로 많이 사용된다.
• ③은 마그마가 굳어서 형성된 화성암으로 석질이 치밀하여 토대석, 석축에 쓰이며, 최근에는 주로 암면의 원료로 사용된다.

정답 ④

⑩ 자연석

• 산석 및 강석은 50 ~ 100cm 정도의 돌로 주로 경관석, 석가산용으로 쓰인다.
• 호박돌은 주로 수로의 사면보호, 연못바닥, 원로의 포장 등에 쓰인다.
• 자연잡석은 지름 20 ~ 30cm 정도의 돌로 주로 기초용으로 사용된다.
• 자갈은 지름 2 ~ 3cm 정도이며, 주로 콘크리트의 골재, 석축의 메움돌 등으로 쓰인다.

⑪ 정원에 사용되는 자연석의 특징

• 정원석으로 사용되는 자연석은 산이나 개천에 흩어져있는 돌을 그대로 운반하여 이용한 것이다.
• 경도가 높은 돌은 기품과 운치가 있는 것이 많고 무게가 있어 보여 가치가 높다.
• 부지 내 타 물체와의 대비, 비례, 균형을 고려하여 크기가 적당한 것을 사용한다.
• 자연석은 대부분 거무스레하거나 엷은 푸른색을 띤다.

⑫ 다양한 자연석

구분	내용
태호석	중국 쑤저우 부근의 태호 주변의 구릉에서 채취하는 검고 구멍이 많은 기석이다.
견치석	• 형상은 재두각추체에 가깝고 전면은 거의 평면을 이루며 대략 정사각형으로 뒷길이, 접촉면의 폭, 뒷면 등이 규격화된 돌을 말한다. • 돌을 뜰 때 앞면, 뒷면, 길이, 접촉부 등의 치수를 지정해서 깨낸 돌이다. • 접촉면의 폭은 전면 한 변의 길이의 1/10 이상이어야 하고, 접촉면의 길이는 한 변의 평균 길이의 1/2 이상이다. • 무게는 보통 70 ~ 100kg으로, 주로 옹벽 등의 쌓기용으로 메쌓기나 찰쌓기 등에 많이 사용된다. 뒷길이 / 뒷면 / 앞면 / 전면 접촉부
판석	• 두께는 15cm 미만이며, 폭이 두께의 3배 이상인 판 모양의 석재이다. • 나비에 비해 두께가 얇은 석재를 말한다. • 주로 조경공간의 포장용으로 사용되는 가공석이다.
호박돌	• 호박형의 천연석으로 가공하지 않은 지름 18cm 이상의 돌이다. • 주로 수로의 사면보호, 연못바닥, 벽면 장식 등에 사용되는 자연석이다.
마름돌	• 석재 중에서 가장 고급품으로 주로 미관을 요구하는 돌쌓기 등에 사용된다. • 형태가 정형적인 곳에 사용하나, 시공비가 많이 드는 단점이 있다.
괴석	• 20 ~ 80cm 정도의 크기를 갖는 특이한 돌을 일컫는다. • 석가산, 전원주택의 정원 등을 만들 때 주로 사용한다. • 자연의 모습이나 형상석으로 궁궐 후원 첨경물로 석분에 꽃을 심듯이 꽂거나 화계 등에 많이 도입하였다.

Check

일반적으로 흙막이용 돌쌓기에 사용되는 것으로 앞면의 길이를 기준으로 하여 길이는 1.5배 이상, 접촉부 나비는 1/10 이상으로 하는 시공 재료는? 1104

① 호박돌 ② 경관석 ③ 판석 ④ 견치돌

정답 ④

• ①은 호박형의 천연석으로 가공하지 않은 지름 18cm 이상의 돌이다.
• ②는 자연석 가운데 형태가 아름다운 관상용 돌을 말한다.
• ③은 두께는 15cm 미만이며, 폭이 두께의 3배 이상인 판 모양의 석재이다.

Check

다음 중 주로 수로의 사면보호, 연못바닥, 벽면 장식 등에 사용되는 자연석은? 0605

① 산석 ② 호박돌 ③ 잡석 ④ 하천석

정답 ②

• ①은 산이나 들에서 채집된 돌로 자연풍화로 인해 표면이 마모되어 있으나 잘 보존되어 있는 돌을 말한다.
• ③은 형상이 고르지 못한 깬돌로 주로 기초용으로 사용한다.
• ④는 하천에서 채집된 돌로 모서리가 마모되어 둥글게 되어 있는 돌이다.

⑬ 화강석 판석 중량 계산

- 비중은 4℃ 물의 단위체적당 질량의 비이므로 화강석의 경우는 비중이 밀도에 해당한다.
- 밀도는 $\frac{중량}{부피}$으로 구한다.
- 판석의 부피를 구한 후 밀도와 곱하면 중량이 구해진다.

⑭ 석재판(板石) 붙이기 시공법

- 습식공법 : 모르타르 이용
- 건식공법 : 앵커, 트러스, 오픈 조인트 방법
- 유닛공법 : GPC공법(구조체와 일체화된 석재패널을 중장비를 이용해 조립식으로 설치하는 방법)

⑮ 바닥 판석 시공

- 판석은 점판암이나 화강석을 잘라서 사용한다.
- Y형의 줄눈을 만든다(줄눈 간격 1 ~ 2cm, 깊이 판석보다 1cm 낮게).
- 기층은 잡석다짐 후 콘크리트로 조성한다.
- 가장자리에 놓을 판석은 선에 맞춰 절단하여 사용한다.

⑯ 형태별 자연석의 분류

와석	소가 누워있는 것과 같은 돌로 횡석보다 안정감을 주는 자연석
평석	윗부분이 평평한 돌로 안정감을 주어 주로 앞쪽에 놓는 자연석
입석	세워서 쓰는 돌을 말하며, 전후 · 좌우 사방 어디에서나 볼 수 있으며, 키가 높아야 효과적인 돌
환석	둥근 생김새를 갖는 돌
횡석	눕혀서 쓰는 돌로 불안감을 주는 돌을 받쳐서 안정감을 주는 자연석
괴석	괴상한 모양의 돌로 제주도나 흑산도의 현무암 돌이 대표적
각석	각이 진 돌로 3각, 4각석 등이 대표적
사석	비스듬히 세워서 쓰는 돌로 절벽 등의 풍경 표현

Check

자연석 중 눕혀서 사용하는 돌로, 불안감을 주는 돌을 받쳐서 안정감을 갖게 하는 돌은? 1205

① 입석 ② 평석
③ 환석 ④ 횡석

- ①은 세워서 쓰는 돌을 말하며, 전후 · 좌우 사방 어디에서나 볼 수 있으며, 키가 높아야 효과적이다.
- ②는 윗부분이 평평한 돌로 안정감을 주어 주로 앞쪽에 놓는다.
- ③은 둥근 생김새를 갖는 돌을 말한다.

정답 ④

⑰ 자갈

- 지름이 2mm 이상의 모래보다 큰 암설을 말하는데, 일반적으로 많이 사용하는 것은 지름이 2 ~ 3cm 정도이다.
- 콘크리트의 골재, 작은 면적의 포장용, 미장용 등으로 사용된다.

암설
- 풍화작용으로 파괴되어 생긴 바위 부스러기를 말한다.

⑱ 조약돌

- 가공하지 않은 천연석으로 지름이 10 ~ 20cm 정도의 계란형의 작고 동글동글한 돌을 말한다.
- 보행에 지장을 주어 보행 속도를 억제하고자 할 때 사용하는 포장재료이다.

⑲ 잡석

- 크기가 지름 20 ~ 30cm 정도의 것이 크고 작은 알로 고루 섞여 있으며 형상이 고르지 못한 돌을 말한다.
- 큰 돌을 깨서 만드는 경우도 있어 깬돌이라고도 한다.
- 주로 기초용으로 사용하는 석재이다.

아. 시멘트

① 보통 포틀랜드 시멘트

- 석회(CaO)와 점토를 주성분으로 실리카(SiO_2), 알루미나(Al_2O_3), 산화철(Fe_2O_3) 등을 첨가하여 만든 가장 많이 사용하는 시멘트이다.
- 가격이 싸므로 조경공사 현장에서도 많이 사용하는 등 가장 일반적으로 사용되는 시멘트이다.
- 석고를 혼합하는 이유는 급속한 응결을 막기 위해서이다.
- 간단한 구조물에 많이 사용된다.

Check

일반 조경공사 현장에서 가장 많이 사용하는 시멘트는? 0305

① 조강 포틀랜드 시멘트　② 알루미나 시멘트
③ 보통 포틀랜드 시멘트　④ 실리카 시멘트

정답 ③

- ①은 겨울철 또는 수중 공사 등 빠른 시일 내에 마무리해야 할 공사에 사용된다.
- ②는 조기강도가 아주 크므로(24시간 만에 보통 포틀랜드 시멘트의 28일 강도) 긴급공사 등에 많이 사용된다.
- ④는 포틀랜드 시멘트 클링커에 화산회, 규산백토, 실리카질 암석의 하소물 등을 첨가한 혼합시멘트로 미장 모르타르용으로 적합한 시멘트이다.

② 조강 포틀랜드 시멘트

- 경화에 따른 수화열이 크고 초기의 강도 발현이 가능하여 공사를 빨리할 수 있다.
- 수축이 커지며, 분말도가 크고, 규산3석회 성분과 석고 성분이 많다.
- 콘크리트 제조 시 수명성과 내화학성이 높아진다.
- 높은 수화열로 단면이 큰 구조물에 적합하지 않으며, 긴급공사, 동절기 한중공사에 주로 사용된다.

③ 알루미나 시멘트

- 알루민산 석회를 주광물로 한 시멘트이다.
- 조기강도가 아주 크므로(24시간 만에 보통 포틀랜드 시멘트의 28일 강도) 긴급공사 등에 많이 사용된다.
- 산, 염류, 해수 등의 화학적 작용에 대한 저항성이 크다.

• 열분해 온도가 높아 내화성이 우수하다.
• 해안공사, 동절기 공사(한중 콘크리트)에 적합하다.

Check

알루민산 석회를 주광물로 한 시멘트로 조기강도(24시간 만에 보통 포틀랜드 시멘트의 28일 강도)가 아주 크므로 긴급공사 등에 많이 사용되며, 해안공사, 동절기 공사에 적합한 시멘트의 종류는? 1104

① 알루미나 시멘트 ② 백색 포틀랜드 시멘트
③ 팽창 시멘트 ④ 중용열 포틀랜드 시멘트

• ②는 보통 포틀랜드 시멘트에서 착색성분을 현저히 낮게 한 시멘트로 인조대리석 및 미장공사에 사용된다.
• ③은 물과 반응하여 경화할 때 팽창하는 특성을 갖는 시멘트로 각종 균열 보수공사 및 그라우트용에 사용된다.
• ④는 초기강도는 낮으나 장기강도는 높고 화학적 저항성이 큰 시멘트이다.

정답 ①

④ 혼합시멘트
• 포틀랜드 시멘트의 클링커에 적절한 혼합재를 섞어서 만든 시멘트를 말한다.
• 고로슬래그 시멘트, 플라이애시 시멘트, 실리카 시멘트, 포틀랜드포졸란 시멘트 등이 있다.

Check

다음 중 혼합시멘트로 가장 적절한 것은? 0502

① 보통 포틀랜드 시멘트 ② 조강 포틀랜드 시멘트
③ 실리카 시멘트 ④ 중용열 포틀랜드 시멘트

• 혼합시멘트에는 고로슬래그 시멘트, 플라이애시 시멘트, 실리카 시멘트, 포틀랜드포졸란 시멘트 등이 있다.

정답 ③

⑤ 플라이애시 시멘트
• 장기강도는 보통 포틀랜드 시멘트를 능가한다.
• 건조수축도 보통 포틀랜드 시멘트에 비해 적다.
• 수화열이 보통 포틀랜드 시멘트보다 낮아 매스콘크리트용에 적합하다.
• 모르타르 및 콘크리트 등의 화학 저항성이 강하고 수밀성이 우수하다.

⑥ 고로 시멘트
• 용광로에서 선철을 제조할 때 나온 광석 찌꺼기를 석고와 함께 시멘트에 섞은 것이다.
• 수화열이 낮고 내구성이 높으며, 화학적 저항성이 크나 투수가 적다는 특징을 갖는다.
• 장기강도가 좋고, 내해수성이 우수하다.

Check

보통 포틀랜드 시멘트와 비교했을 때 고로(高爐) 시멘트의 일반적 특성에 해당하지 않은 것은? 1204

① 초기강도가 크다.
② 내열성이 크고 수밀성이 양호하다.
③ 해수(海水)에 대한 저항성이 크다.
④ 수화열이 낮아 매스콘크리트에 적합하다.

정답 ①

• 고로 시멘트의 초기강도는 작으나 장기강도는 크다.

⑦ 실리카 시멘트

㉠ 개요

• 실리카질의 혼화제를 클링커에 혼합하여 만든 시멘트이다.
• 화학적 저항성이 크므로 주로 단면이 큰 구조물, 해안공사 등에 사용된다.

㉡ 특징

• 저온에서는 응결이 늦고, 초기강도가 작다.
• 수밀성이 크고 고열에 잘 견딘다.
• 블리딩이 감소하고, 워커빌리티와 장기강도가 커진다.
• 건조수축은 약간 증대하지만 화학저항성 및 내수, 내해수성이 우수하다.
• 알칼리골재반응에 의한 팽창의 저지에 유효하다.

급결제

• 시멘트의 응결을 빠르게 하기 위하여 사용하는 혼화제이다.

⑧ 시멘트 페이스트와 모르타르

• 콘크리트가 단단히 굳어지는 것은 시멘트와 물의 화학반응에 의한 것이다.

구분	구성
시멘트 페이스트	시멘트+물
모르타르	시멘트+모래+물

촉진제

• 촉진제는 응결을 촉진시켜 미장재료의 조기강도를 크게 하는 혼화재료로 염화칼슘, 염화나트륨, 규산소다를 주로 사용한다.

⑨ 포졸란(Pozzolan)

• 콘크리트의 물성을 개선하기 위하여 시멘트 중량의 5% 이상을 사용하는 혼화재 중 하나이다.
• 실리카질 물질(SiO_2)을 주성분으로 하여 그 자체는 수경성(hydraulicity)이 없으나 시멘트의 수화에 의해 생기는 수산화칼슘[$Ca(OH)_2$]과 상온에서 서서히 반응하여 불용성의 화합물을 만드는 광물질 미분말의 재료이다.
• 워커빌리티, 장기강도 증대, 블리딩 및 재료분리를 감소시킨다.

Check

추운 지방에서나 엄동기에 콘크리트 작업을 할 때 시멘트에 무엇을 섞으면 굳어지는 속도가 촉진되는가? 0601

① 염화칼슘　② 페놀
③ 물　④ 석회석

정답 ①

• 염화칼슘은 우수한 촉진제로서 저온에서도 상당한 강도 증진을 볼 수 있어 한중콘크리트 사용에 유효하다.

⑩ 시멘트의 풍화

㉠ 개요

- 풍화란 시멘트가 저장 중 공기와 접촉하여 공기 중의 수분 및 이산화탄소를 흡수하면서 나타나는 수화반응이다.
- 풍화의 척도는 시멘트를 900 ~ 1,000℃에서 60분의 강열을 했을 때 나타나는 감량인 강열감량(Ignition Loss)을 사용한다.

㉡ 풍화의 특징

- 풍화한 시멘트는 강열감량이 증가한다.
- 시멘트가 풍화하면 밀도(비중)가 떨어진다.
- 고온다습한 경우 급속도로 진행된다.
- 초기강도와 압축강도가 작아지며, 내구성이 저하된다.
- 응결이 지연되며, 이상응결이 발생한다.

⑪ 시멘트 클링커 화합물

화합물	조기강도	장기강도	수화열	수축률
규산3칼슘(C_3S)	크다	보통	보통	보통
알루민산3칼슘(C_3A)	크다	작다	크다	크다
규산2칼슘(C_2S)	작다	크다	작다	작다
알루민산철4칼슘(C_4AF)	작다	작다	작다	작다

⑫ 시멘트 성질 및 특성

- 포틀랜드 시멘트는 실리카, 알루미나, 산화철 및 석회를 혼합하여 사용한다.
- 시멘트의 종류마다 비중, 분말도, 응결시간, 강도, 물리적 성질 등이 다르다.
- 분말도는 수화작용에 큰 영향을 미치고 시공연도, 공기량, 내구성에도 영향을 주며 분말도가 클수록 풍화되기 쉽다.
- 시멘트시험의 종류에는 비중시험, 분말도시험, 안정성시험, 강도시험 등이 있다.
- 시멘트 강도시험은 모르타르 시험체를 성형한 후 재령 24시간 시험체에 대해 압축강도시험을 실시한다.

⑬ 시멘트의 응결

- 시멘트와 물이 화학반응을 일으키는 작용이다.
- 수화에 의하여 유동성과 점성을 상실하고 고화하는 현상이다.
- 시멘트 겔이 서로 응집하여 시멘트입자가 치밀하게 채워지는 단계로서 경화하여 강도를 발휘하기 직전의 상태이다.
- 시멘트의 응결시간은 분말도가 미세한 것일수록, 또 수량이 적고 온도가 높을수록 짧아진다.
- 포틀랜드 시멘트(보통, 중용열, 조강 등)의 길모아시험 시멘트의 응결시간 기준은 1시간 이후에 시작해서 10시간 이내에 끝난다.

⑭ 시멘트의 비중

- 시멘트의 비중은 콘크리트의 단위중량 계산, 배합설계 및 시멘트의 품질판정에 필요하다.
- 시멘트의 비중을 통해 클링커의 소성상태, 풍화의 정도, 혼합재의 섞인 양, 시멘트의 품질 등을 알 수 있다.
- 시멘트의 비중시험은 르샤틀리에의 비중병을 이용한다.

시멘트의 각 특성과 관련된 시험
- 비중 – 르샤틀리에 비중병과 항온수조
- 분말도 – 브레인 공기투과장치
- 안정성 – 오토클레이브 팽창도시험, 르샤틀리에 시험
- 수화열 – 열량계를 통한 용해열 측정 및 전열온도 측정 방법
- 응결시간 – 비카트침

⑮ 시멘트의 강도
- 시멘트가 경화하는 힘의 크기를 나타낸다.
- 3일, 7일 강도를 초기강도라 하고, 28일 강도를 후기강도라 한다.
- 28일(4주) 강도는 콘크리트가 최종적으로 가지는 강도의 약 80% 정도에 해당한다.
- 시멘트의 분말도, 화합물 조성 및 온도 등에 따라 결정된다.

Check

일반 콘크리트는 타설 뒤 몇 주일 정도 지나야 콘크리트가 지니게 될 강도의 80% 정도에 해당되는가? 0802

① 1주일 ② 2주일
③ 3주일 ④ 4주일

정답 ④

- 28일(4주) 강도는 콘크리트가 가지는 약 80% 정도를 가진다.

⑯ 시멘트 액체 방수
- 방수액을 시멘트, 물, 모래와 함께 혼합하여 콘크리트의 표면에 발라 방수층을 만드는 공법이다.
- 균열이 쉽게 발생하고, 온도변화와 진동에 대한 내구성이 부족하다.
- 가격이 저렴하고 시공이 간편하다.
- 방수제의 종류에는 염화칼슘계, 지방산계, 규산소다계, 파라핀 에멀션계 및 아스팔트 에멀션계 등이 있다.

⑰ 시멘트의 저장
- 시멘트는 방습적인 구조로 된 사일로 또는 창고에 품종별로 구분하여 저장하여야 한다.
- 저장 중에 약간이라도 굳은 시멘트는 공사에 사용하지 않아야 한다. 3개월 이상 저장한 시멘트는 사용 전에 재시험을 실시하여 그 품질을 확인한다.
- 포대시멘트를 쌓아서 저장하면 그 질량으로 인해 하부의 시멘트가 고결할 염려가 있으므로 시멘트를 쌓아올리는 높이는 13포대 이하로 하는 것이 바람직하다.
- 일반적으로 50℃ 정도 이하의 시멘트를 사용하는 것이 좋다.
- 벽이나 땅바닥에서 30cm 이상 떨어진 마루 위에 쌓는다.
- 600포 미만의 시멘트를 저장하는 창고의 면적은 0.4×(시멘트 포대 수)/13 m^3으로 구한다.

Check

가설공사 중 시멘트 창고 필요면적 산출 시에 최대로 쌓을 수 있는 시멘트 포대 기준은? 0901

① 9포대 ② 11포대
③ 13포대 ④ 15포대

정답 ③

- 시멘트를 쌓아올리는 높이는 13포대 이하로 하는 것이 바람직하다.

자. 콘크리트

① 콘크리트의 특징

㉠ 장점

- 재료의 획득 및 운반이 용이하다.
- 모양을 임의대로 만들 수 있다.
- 압축강도가 크며, 임의대로 강도를 얻을 수 있다.
- 내수, 내화, 내구성이 강한 구조물을 만들 수 있다.

㉡ 단점

- 압축강도에 비해 인장강도, 휨강도, 전단강도는 매우 작다.
- 경화 시 콘크리트 내부의 잉여수의 증발에 의한 체적감소로 수축이 발생한다.
- 경화에 시간이 오래 걸린다.
- 시공과정에서 품질의 양부를 조사하기 어렵다.

Check

다음 중 일반적인 콘크리트의 특징이 아닌 것은? 0802

① 모양을 임의대로 만들 수 있다.
② 임의대로 강도를 얻을 수 있다.
③ 내화, 내구성이 강한 구조물을 만들 수 있다.
④ 경화 시 수축균열이 발생하지 않는다.

- 콘크리트는 경화 시 콘크리트 내부의 잉여수의 증발에 의한 체적감소로 수축이 발생한다.

정답 ④

② 굳지 않은 콘크리트의 성질을 표시하는 용어

용어	내용
워커빌리티 (Workability)	• 재료의 분리를 일으키지 않고 타설, 응결 및 마감 등의 작업이 용이한 정도를 표시하는 콘크리트의 성질로 시공성이라고도 한다. • 정량적으로 표시하기가 어려워 정성적으로 표시하며, 컨시스턴시에 의한 작업의 난이도 정도 및 재료분리에 저항하는 정도를 나타낸다. • 워커빌리티를 측정하는 방법에는 슬럼프시험, 다짐계수시험, 슬럼프플로시험, 미롤딩시험, VB시험 등이 있다.
컨시스턴시 (Consistency)	• 반죽질기를 말한다. • 주로 수량에 의해서 변화하는 유동성의 정도를 의미한다.
플라스티시티 (Plasticity)	• 성형성을 의미한다. • 거푸집 등의 형상에 순응하여 채우기 쉽고, 분리가 일어나지 않는 성질을 말한다.
피니셔빌리티 (Finishability)	• 마감성을 의미한다. • 마무리하기 쉬운 정도를 말한다.
펌퍼빌리티 (Pumpability)	• 펌프용 콘크리트의 워커빌리티를 판단하는 하나의 척도로 사용된다.

✓Check

콘크리트를 혼합한 다음 운반해서 다져 넣을 때까지 시공성의 좋고 나쁨을 나타내는 성질 즉, 콘크리트의 시공성을 나타내는 것은? 1202

① 슬럼프시험 ② 워커빌리티
③ 물-시멘트비 ④ 양생

정답 ②

- ①은 콘크리트의 시공연도를 측정하는 시험방법이다.
- ③은 콘크리트 배합에서 물과 시멘트의 무게비로 콘크리트의 강도를 결정하는 요소이다.
- ④는 콘크리트를 친 후 응결과 경화가 완전히 이루어지도록 보호하는 것을 말한다.

✓Check

콘크리트공사에서 워커빌리티의 측정법으로 적절하지 않은 것은? 0905

① 표준관입시험 ② 구관입시험
③ 다짐계수시험 ④ 비비(Vee-Bee)시험

정답 ①

- ①은 63.5kg의 해머로, 샘플러를 76cm에서 타격하여 관입 깊이 30cm에 도달할 때까지의 타격횟수 N값을 구하는 시험으로 흙의 저항 및 물리적 성질을 측정하는 방법이다.

슬럼프시험

- 콘크리트의 시공연도(Workability &Consistency)를 측정하기 위해 실시하는 시험이다.
- 슬럼프값이 높을 경우 콘크리트는 묽은 비빔이다.

③ 콘크리트의 시공연도

- 재료분리의 발생을 적게 하고 밀실하게 채워지기 위해 콘크리트의 유동성이 필요한데, 이를 시공연도라 한다.
- 시공연도에 영향을 주는 요인에는 시멘트의 성질, 골재의 입형과 조립도, 혼화재료, 물-시멘트비, 굵은 골재의 최대치수, 잔골재율, 단위수량, 공기량, 비빔시간, 온도 등이 있다.

④ 감수제

- 시멘트 입자를 분산시켜 원하는 콘크리트 워커빌리티를 위해 필요한 단위수량을 감소시키고, 작업성을 향상시킨다.
- 소요의 워커빌리티를 얻기 위하여 필요한 단위수량을 약 10~15% 정도 감소시킬 수 있다.
- 동일 워커빌리티 및 강도의 콘크리트를 얻기 위하여 필요한 단위시멘트양을 감소시킨다.
- 수밀성이 향상되고 투수성이 감소되며, 내약품성이 커진다.
- 동결융해에 대한 저항성이 증가되고, 건조수축을 감소시킨다.

⑤ 시멘트 혼화제(Chemical Admixture)

㉠ 개요

- 콘크리트의 물성을 개선하기 위하여 시멘트 중량의 5% 이하를 사용한다.
- 종류에는 AE제, 지연제, 촉진제, 고성능 감수제, 방청제, 증점제, 유동화제 등이 있다.

㉡ 종류와 특징

AE제	시공연도를 향상시키고 단위수량을 감소시키며, 동결융해작용에 대한 저항을 증가시킨다.
고성능 감수제	강력한 감수효과와 강도를 대폭적으로 증가시킨다.
유동화제	강력한 감수효과를 이용한 유동성을 대폭적으로 개선시킨다.
방청제	염화물에 의한 강재의 부식을 억제시킨다.
증점제	점성, 응집작용 등을 향상시켜 재료분리를 억제시킨다.
지연제	서중콘크리트, 매스콘크리트 등에 석고를 혼합하여 응결을 지연시킨다.
촉진제	응결을 촉진시켜 콘크리트의 조기강도를 크게 한다.

급결제

- 콘크리트의 조기강도를 빠르게 증진시키나 장기강도는 일반적으로 떨어진다.
- 염화칼슘, 물유리, 탄산나트륨, 규소불산염류 등이 있다.

Check

다음 중 콘크리트 타설 시 염화칼슘의 사용 목적은? 1205

① 콘크리트의 조기강도 증대 ② 콘크리트의 장기강도 증대
③ 고온증기 양생 ④ 황산염에 대한 저항성 증대

- 콘크리트에 염화칼슘을 섞으면 콘크리트의 조기강도 증진 효과는 매우 크나 장기강도는 일반적으로 떨어진다.

정답 ①

⑥ 혼화재

㉠ 개요

- 콘크리트의 물성을 개선하기 위하여 시멘트 중량의 5% 이상을 사용한다.
- 사용량이 많아서 그 자체의 부피가 콘크리트의 배합계산에 관계된다.
- 종류에는 플라이애시, 고로슬래그, 실리카 흄, 포졸란, 팽창제 등이 있다.

㉡ 종류와 특징

플라이애시	워커빌리티, 펌퍼빌리티 개선
고로슬래그	수화열 억제, 알칼리골재반응 억제
실리카 흄	수밀성, 화학적 저항성 증대, 블리딩 저감, 알칼리골재반응 억제
포졸란	워커빌리티, 장기강도 증대, 블리딩 및 재료분리 감소
팽창제	경화과정에서 팽창을 일으킴

Check

콘크리트용 혼화재료로 사용되는 플라이애시에 대한 설명 중 틀린 것은? 1205

① 포졸란 반응에 의해서 중성화 속도가 지감된다.
② 플라이애시의 비중은 보통 포틀랜드 시멘트보다 작다.
③ 입자가 구형이고 표면조직이 매끄러워 단위수량을 감소시킨다.
④ 플라이애시는 이산화규소(SiO_2)의 함유율이 가장 많은 비결정질 재료이다.

- ①은 혼화재 중 포졸란에 대한 설명이다.

정답 ①

측압

• 콘크리트 타설 시 기둥이나 벽체의 거푸집에 가해지는 콘크리트의 수평방향 압력을 말한다.

빈배합과 부배합

• 빈배합은 콘크리트 배합 시 단위 시멘트의 양이 비교적 적은 배합이고, 부배합은 단위 시멘트의 양이 비교적 많은 배합이다.

⑦ 콘크리트 측압

• 콘크리트의 타설 속도가 빠를수록 측압이 크다.
• 콘크리트 비중이 클수록 측압이 크다.
• 진동기를 사용하면 다짐이 충분해지므로 측압은 커진다.
• 슬럼프(Slump)가 크고, 배합이 좋을수록 크다.
• 거푸집의 수평단면이 클수록 측압은 크다.
• 거푸집의 강성이 클수록 측압은 크다.
• 벽 두께가 두꺼울수록 커진다.
• 습도가 높을수록 커지고, 온도는 낮을수록 커진다.
• 철근량이 적을수록 측압은 커진다.
• 부배합이 빈배합보다 측압이 크다.
• 조강 포틀랜드 시멘트 등을 활용하면 측압은 작아진다.
• 경화속도가 늦을수록 측압이 크다.

⑧ 레미콘 규격

• 골재 최대치수–압축강도(호칭강도)–슬럼프를 수치화하여 표시한다.
• 골재 최대치수는 골재 중 가장 굵은 골재의 지름을 말한다.
• 압축강도(호칭강도)는 타설 28일 후의 압축강도를 기준으로 한다.
• 슬럼프는 콘크리트의 반죽질기를 말하는데 보통 5 ~ 21cm를 사용한다.

⑨ 콘크리트의 종류

구분	내용
서중 콘크리트	㉠ 개요 • 일 평균기온이 25℃, 최고온도가 30℃를 초과하는 시기 및 장소에서 사용하는 콘크리트이다. • 골재와 물은 가능한 한 저온상태에서 사용한다. ㉡ 특징 • 슬럼프 저하 등 워커빌리티의 변화가 생기기 쉽다. • 동일 슬럼프를 얻기 위한 단위수량이 많아진다. • 콜드 조인트가 발생하기 쉽다. • 초기강도 발현은 빠른 반면에 장기강도가 저하될 수 있다.
한중 콘크리트	• 일 평균기온이 4℃ 이하인 곳에서 동결을 방지하기 위해 시공하는 콘크리트를 말한다. • 물을 가열하여 사용하는 것을 원칙으로 하며, 시멘트는 가열해서는 안 된다.
프리팩트 콘크리트	• 조골재를 먼저 투입한 후에 골재와 골재 사이 빈틈에 시멘트 모르타르를 주입하여 제작하는 방식의 콘크리트이다. • 미리 골재를 거푸집 안에 채우고 특수 혼화제를 섞은 모르타르를 펌프로 주입하여 골재의 빈틈을 메워 콘크리트를 만드는 형식이다.
AE (Air Entrained) 콘크리트	• 공기연행제라는 콘크리트의 작업성 및 동결융해 저항성능을 향상시키기 위해 사용하는 첨가제를 첨가한 콘크리트이다. • 블리딩 등의 재료분리가 적어지며, 단위수량이 저감된다. • 워커빌리티가 좋아진다. • 내구성, 수밀성, 내동결성이 좋아진다. • 발열이나 증발이 적고, 수축균열이 적어진다. • 압축강도가 저하된다.

Check

다음에서 설명하고 있는 콘크리트의 종류는? 0902

- 슬럼프 저하 등 워커빌리티의 변화가 생기기 쉽다.
- 동일 슬럼프를 얻기 위한 단위수량이 많아진다.
- 콜드 조인트가 발생하기 쉽다.
- 초기강도 발현은 빠른 반면에 장기강도가 저하될 수 있다.

① 한중콘크리트 ② 경량콘크리트
③ 서중콘크리트 ④ 매스콘크리트

- ①은 일 평균기온이 4℃ 이하인 곳에서 동결을 방지하기 위해 시공하는 콘크리트로 물을 가열해서 사용하는 것을 원칙으로 한다.
- ②는 콘크리트의 중량 감소를 위해 사용하는 콘크리트이다.
- ④는 부재의 단면치수가 80cm 이상일 때 타설하는 콘크리트이다.

정답 ③

Check

AE콘크리트의 성질 및 특징에 대한 설명으로 틀린 것은? 1205

① 수밀성이 향상된다.
② 콘크리트 경화에 따른 발열이 커진다.
③ 입형이나 입도가 불량한 골재를 사용할 경우에 공기연행의 효과가 크다.
④ 일반적으로 빈배합의 콘크리트일수록 공기연행에 의한 워커빌리티의 개선효과가 크다.

- AE콘크리트는 발열이나 증발이 적고, 수축균열이 적어진다.

정답 ②

⑩ 거푸집 널의 해체시기
- 일반적으로 연직부재의 거푸집은 수평부재의 거푸집보다 빨리 떼어낸다.
- 확대기초, 보, 기둥 등의 측면은 콘크리트 압축강도가 5MPa 이상이면 제거 가능하다.
- 슬래브 및 보의 밑면, 아치의 내면은 최소 14Mpa 이상일 때 제거 가능하다.

⑪ 콘크리트의 재료분리
㉠ 개요
- 잔골재율이 클수록 분리경향은 감소한다.
- 굵은 골재와 모르타르의 비중차가 적을수록 분리경향은 적어진다.
- 모르타르의 점도가 커질수록 분리경향은 적어진다.

㉡ 재료분리의 원인
- 콘크리트의 플라스티시티(Plasticity)가 작은 경우
- 단위수량이 지나치게 큰 경우
- 굵은 골재의 최대치수가 지나치게 큰 경우

㉢ 재료분리를 줄이는 방법
- 플라이애시를 적당량 사용한다.
- 세장한 골재보다는 둥근 골재를 사용한다.
- AE제나 AE감수제 등을 사용하여 사용수량을 감소시킨다.

레이턴스(Laitance)
- 콘크리트 타설 후 블리딩 현상으로 콘크리트 표면에 물과 함께 떠오르는 미세한 물질을 말한다.
- 부착력을 약화시키고, 수밀성을 나쁘게 한다.

⑫ 블리딩

㉠ 개요

- 재료 분리현상의 일종으로 시멘트 페이스트와 물이 분리되어 일부의 물이 미세한 물질과 함께 콘크리트 상부에 모이는 현상을 말한다.
- 침강균열의 원인으로 작용하고, 상부의 콘크리트를 다공질로 만들어 품질을 저하시키며, 수밀성과 내구성을 저하시킨다.
- 블리딩으로 모인 물이 증발하고 남은 백색의 미세한 물질을 레이턴스라고 한다.

㉡ 성능저하

- 레이턴스 발생으로 골재와 시멘트 페이스트의 부착력이 저하한다.
- 철근 하부의 공극으로 인해 철근과 시멘트 페이스트의 부착력이 저하한다.
- 콘크리트의 수밀성이 저하한다.

⑬ 물－결합재비(W/B)

- 굳지 않은 시멘트 페이스트 혹은 모르타르 속에서 물과 결합재의 중량 백분율을 말한다.
- 결합재는 시멘트와 혼화재를 합한 것을 말한다.
- 물－결합재비가 낮을수록 콘크리트의 내구성은 증가한다.

⑭ 배합비

- 배합비는 시멘트, 모래, 자갈의 혼합비율을 말한다. 주로 콘크리트 $1m^3$에 소요되는 재료의 양으로 계량하여 용접배합 비율로 표시한다.
- 배합비는 콘크리트의 강도, 내구성, 작업성 등을 결정한다.
- 빈배합이란 콘크리트 배합 시 단위시멘트양이 적은 배합비를 말한다.
- 부배합이란 콘크리트 배합 시 단위시멘트양이 많은 배합비를 말한다.

Check

콘크리트의 용적 배합 시 배합비 1 : 2 : 4에서 2에 해당하는 재료는? 0205

① 모래 ② 시멘트
③ 자갈 ④ 물

정답 ①

- 배합비는 시멘트, 모래, 자갈의 혼합비율을 말한다.

박리제(Form Oil)

- 거푸집의 해체를 용이하게 하기 위해 거푸집 널에 바르는 기름류(비눗물, 폐유, 식물성 기름, 경유, 중유, 파라핀 합성수지, 왁스)를 말한다.

⑮ 콘크리트 균열 방지법

- 물－시멘트비를 작게 한다.
- 단위수량과 시멘트양을 감소시킨다.
- 슬럼프(Slump)값을 작게 한다.
- 타설 시 내 · 외부 온도차를 줄이고, 콘크리트의 온도상승을 작게 한다.
- 발열량이 작은 시멘트와 혼화제를 사용한다.

⑯ 콘크리트 타설 시 안전유의사항

- 콘크리트 타설 시에는 기초→기둥, 벽체→보→슬래브 순으로 타설 순서를 준수해 작업에 임해야 한다.
- 콘크리트 타설은 운반거리가 먼 곳부터 타설을 시작한다.

- 낙하 높이는 보통 1.5m 이내로 최대 2m를 초과하지 않도록 자유낙하 높이를 최소화한다.
- 진동기 사용 시 지나친 진동은 거푸집 무너짐의 원인이 될 수 있으므로 적절히 사용해야 하며, 거푸집 및 철근에 직접적인 진동을 주지 않도록 주의한다.
- 콘크리트를 수직으로 낙하시킨다.
- 한 구획 내의 콘크리트는 타설이 완료될 때까지 연속해서 타설하여야 하며, 콘크리트는 그 표면이 한 구획 내에서는 거의 수평이 되도록 타설하는 것을 원칙으로 한다.

⑰ 격리재와 와이어메시

㉠ 격리재(Separator)

- 철판제, 철근제, 파이프제 또는 모르타르제를 사용하여 거푸집 상호 간의 간격을 유지하는 것을 말한다.
- 콘크리트의 측압력을 부담하지 않는다.

㉡ 와이어메시(Wire Mesh)

- 고강도 철선을 가로세로로 직교시켜 용접접합한 격자형의 시트로 콘크리트의 인장력 보강용으로 이용된다.
- 콘크리트 포장 시 콘크리트 하면에서 두께의 1/3 위치에 설치한다.

Check

조경시공에서 콘크리트 포장을 할 때, 와이어메시(Wire Mesh)는 콘크리트 하면에서 어느 정도의 위치에 설치하는가? 0701

① 콘크리트 두께의 1/4 위치 ② 콘크리트 두께의 1/3 위치
③ 콘크리트 두께의 1/2 위치 ④ 콘크리트의 밑바닥

- 콘크리트 포장 시 와이어메시는 콘크리트 두께의 1/3 위치에 설치한다.

정답 ②

⑱ 내부진동기 이용 진동다지기 주의사항

- 2층 이상으로 타설되는 콘크리트에서 진동다지기를 할 때는 진동기를 하층의 콘크리트 속으로 찔러 넣어 다짐으로서 하층과의 경계가 생기는 것(콜드 조인트)을 방지하여야 한다.
- 진동기는 수직방향으로 넣고 간격은 약 50cm 이하로 한다.
- 진동기를 넣고 나서 뺄 때까지 시간은 보통 5～15초가 적당하다.
- 진동기는 콘크리트를 횡방향으로 이동시킬 목적으로 사용해서는 안 된다.

⑲ 콘크리트의 중성화(탄산화) 이론

- 경화한 콘크리트는 강알칼리성(pH 12 이상)을 나타내지만 시간의 경과와 함께 공기 중의 이산화탄소(탄산가스, CO_2)의 영향을 받아 알칼리성을 상실(pH 11 미만)하게 되는 현상을 말한다($Ca(OH)_2 + CO_2 \rightarrow CaCO_3 + H_2O \uparrow$).

⑳ 철근의 피복 두께

- 피복 두께란 철근 표면에서 이를 감싸고 있는 콘크리트 표면까지의 두께를 말한다.
- 철근의 부식방지, 내화성 및 내구성 확보, 골재의 유동성 확보, 구조내력 및 부착력의 확보를 위해 철근 피복 두께를 유지하여야 한다.

이형철근

• 이형철근은 원형철근과 달리 철근의 표면에 마디와 돌기가 형성되어 있어 부착력이 우수하고 균열 발생 시 균열의 폭이 작은 특징을 갖는다.

㉑ 철근의 지름 표기법

• 원형철근의 지름은 ϕ로 표기한다.
• 이형철근의 지름은 D로 표기한다.
• 고강도 이형철근의 지름은 HD 혹은 H/D로 표기한다.

Check

철근을 D13으로 표현했을 때, D는 무엇을 의미하는가? 1205

① 둥근철근의 지름　② 이형철근의 지름
③ 둥근철근의 길이　④ 이형철근의 길이

정답 ②

• 둥근철근의 지름은 ϕ를, 이형철근의 지름은 D를 숫자 앞에 붙인다.

㉒ 콘크리트의 비파괴시험

• 구조물에 손상을 주지 않고 콘크리트의 품질을 평가하는 방법을 말한다.
• 반발경도법(압축강도), 인발법(강도), 초음파 속도법(강도), 초음파시험(균열깊이), 방사선투과시험(균열 및 골재분포) 등이 있다.

차. 골재

① 콘크리트용 골재로서 요구되는 성질

• 잔 것과 굵은 것이 적당히 혼합된 것이 좋다.
• 골재의 표면이 깨끗하고 유해 물질이 없는 것이 좋다.
• 납작하거나 길지 않고 구형에 가까운 것이 좋다.
• 단단하고 치밀한 것이 좋다.
• 소요의 내화성과 내구성을 가진 것이 좋다.

Check

콘크리트의 구성 재료 중 품질이 우수한 골재에 대한 설명으로 틀린 것은? 0702

① 단단하고 둥근 모양을 가지는 골재가 좋다.
② 소요의 내화성과 내구성을 가진 것이 좋다.
③ 골재에는 흙, 기름, 푸석돌 등이 없어야 좋다.
④ 납작하고 길쭉한 모양을 가지는 골재가 강도를 높이는 데 좋다.

정답 ④

• 골재의 형태는 납작하거나 길지 않고 구형에 가까운 것이 좋다.

② 비중에 따른 콘크리트 골재의 분류

• 초경량골재, 경량골재, 보통골재, 중량골재로 구분된다.
• 초경량골재의 가장 대표적인 종류는 펄라이트이다.
• 경량골재는 절건비중이 2.0 이하인 것으로 천연경량골재, 인공경량골재, 부산물경량골재 등이 있다.

천연경량골재	경석 화산자갈, 응회암, 용암 등
인공경량골재	팽창성 혈암, 팽창성 점토, 플라이애시 등
부산물경량골재	팽창 슬래그, 석탄 찌꺼기 등

• 보통골재는 절건비중이 2.4 ~ 2.6 정도인 것으로 천연골재, 인공골재, 부산물골재 등이 있다.

구분	종류
천연골재	강모래, 강자갈, 산모래, 산자갈, 바다모래, 바다자갈, 일반모래, 일반자갈
인공골재	부순 돌, 부순 자갈, 부순 모래
부산물골재	고로슬래그 골재, 동슬래그 골재

• 중량골재는 원자로, 방사선 등의 차폐효과를 위한 콘크리트에 사용되는 갈철광, 자철광, 중정석, 철편 등과 같이 비중이 큰 골재를 말한다.

③ 골재의 함수상태

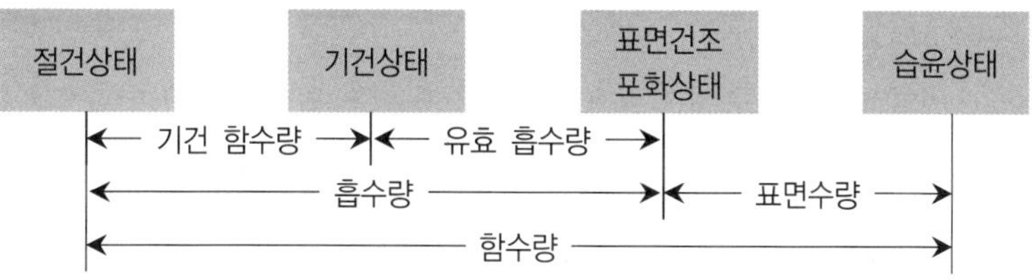

㉠ 골재의 함수상태

상태	설명
절대건조상태	건조로에서 건조시킨 상태로 함수율이 0인 상태
공기 중 건조상태	실내에 방치한 경우 골재입자의 표면과 내부의 일부가 건조한 상태
표면건조상태	골재입자의 표면에는 물이 없으나 내부의 공극에는 물이 꽉 차 있는 상태, 콘크리트 배합설계의 기준
습윤상태	골재입자의 내부에 물이 채워져 있고, 표면에도 물이 부착되어 있는 상태

㉡ 관련 수량

수량	설명
함수량	습윤상태의 골재의 내외에 함유하는 전체수량으로 습윤상태의 수량에서 절건상태의 수량을 뺀 것
흡수량	표건상태의 골재 중에 포함된 수량
표면수량	함수량과 흡수량의 차로 습윤상태의 수량에서 표건상태의 수량을 뺀 것으로 습윤상태의 골재표면의 수량
기건함수량	기건상태의 수량에서 절건상태의 수량을 뺀 것
유효흡수량	표건상태의 수량에서 기건상태의 수량을 뺀 것

Check

골재의 표면에는 수분이 없으나 내부의 공극은 수분으로 가득차서 콘크리트 반죽 시에 투입되는 물의 양이 골재에 의해 증감되지 않는 이상적인 골재의 상태를 무엇이라 하는가? 1104

① 표면건조 포화상태 ② 습윤상태
③ 공기 중 건조상태 ④ 절대건조상태

• ②는 골재입자의 내부에 물이 채워져 있고, 표면에도 물이 부착되어 있는 상태이다.
• ③은 실내에 방치한 경우 골재입자의 표면과 내부의 일부가 건조한 상태이다.
• ④는 건조로에서 건조시킨 상태로 함수율이 0인 상태이다.

정답 ①

④ 골재의 함수율과 흡수율, 공극률

㉠ 골재의 함수율

- 건조 골재량 대비 물의 중량을 백분율로 나타낸 것을 말한다.
- 골재의 함수율은 $\frac{\text{습윤골재량} - \text{건조골재량}}{\text{건조골재량}} \times 100[\%]$으로 구한다.

㉡ 골재의 흡수율

- 흡수량(표면건조상태와 절대건조상태의 중량 차) 대비 절대건조상태의 중량비를 백분율로 나타낸 것이다.
- 흡수율 $= \frac{\text{표면건조상태} - \text{절대건조상태}}{\text{절대건조상태}} \times 100[\%]$로 구한다.

㉢ 공극률

- 일정한 용기를 채운 골재 사이의 전체 빈틈 용적의 그 용기 전체의 용적에 대한 백분율을 표시한 것이다.
- 공극률은 $\left(1 - \frac{w}{g}\right) \times 100[\%]$으로 구한다. 이때 w는 골재의 단위용적중량[ton/m^3]이고, g는 골재의 비중이다.

⑤ 골재의 실적률

㉠ 개요

- 용기에 채운 절대건조상태의 골재의 비중 대비 단위용적중량의 백분율을 말한다.
- 실적률은 $\frac{\text{단위용적중량}}{\text{절대건조상태의 골재의 비중}} \times 100[\%]$ 혹은 100－공극률로 구한다.
- 골재입형의 양부를 평가하는 지표이다.
- 부순 자갈의 실적률은 그 입형 때문에 강자갈의 실적률보다 적다.

㉡ 특징

- 실적률이 큰 골재를 사용하면 시멘트 페이스트 양이 적게 든다.
- 콘크리트의 내구성과 강도가 증가한다.
- 콘크리트의 밀도가 커지면 투수성, 흡습성의 감소를 기대할 수 있다.
- 건조수축 및 수화열이 감소된다.

✔Check

단위용적중량이 1.65t/m^3이고 굵은 골재 비중이 2.65일 때 이 골재의 실적률(A)과 공극률(B)은 각각 얼마인가? 1201

① A : 62.3%, B : 37.7%　　② A : 69.7%, B : 30.3%
③ A : 66.7%, B : 33.3%　　④ A : 71.4%, B : 28.6%

정답 ①

- 실적률은 $\frac{\text{단위용적중량}}{\text{절대건조상태의 골재의 비중}} \times 100[\%]$ 혹은 100－공극률로 구한다.
- 단위용적중량이 1.65이고, 골재의 비중은 2.65이므로 실적률은 $\frac{1.65}{2.65} \times 100 = 62.26\cdots(\%)$이고, 공극률은 37.73…%이다.

카. 목재

① 목재의 장단점

장점	단점
• 가공하기 쉽고 열전도율이 낮다. • 단열성이 크다. • 가볍고 무늬가 아름답다. • 가격이 비교적 저렴하다. • 온도에 대한 팽창, 수축이 비교적 작다. • 충격, 진동에 대한 흡수성이 크다. • 생산량이 많으며 입수가 용이하다. • 촉감이 좋고, 친근감을 준다. • 소리, 전기 등의 전도성이 작다.	• 가연성이므로 불에 타기 쉽다. • 크기에 제한을 받는다. • 부패성이 크다. • 함수율에 따라 변형되기 쉽다. • 해충의 피해가 크다.

Check

다음 중 목재에 관한 설명으로 틀린 것은? 1102

① 단열성이 크다.
② 가공성이 좋다.
③ 소리, 전기 등의 전도성이 크다.
④ 건조가 불충분한 것은 썩기 쉽다.

• 목재는 소리, 전기 등의 전도성이 작다.

정답 ③

② 목재의 건조

㉠ 목적

- 목재수축에 의한 손상 방지
- 목재강도 및 내구성 증가
- 균류에 의한 부식 방지 및 충해 예방
- 전기 및 열 절연성의 증가
- 변색 및 충해의 방지
- 중량의 경감

㉡ 방법

- 천연건조법, 침수건조법, 인공건조법(증기실, 열기실)으로 구분된다.
- 천연건조법은 직사광선을 받지 않는 그늘에서 장기간 건조하는 방법으로 균일한 건조가 가능하여 열기건조의 예비건조 방법으로 주로 사용하지만 넓은 장소가 필요하고 기후와 입지의 영향을 많이 받는다.
- 동일한 자연건조 시 두께 3cm의 침엽수는 약 2～6개월 정도 걸리고, 활엽수는 그보다 오래 걸린다.
- 침수건조법은 생목을 수중에 수침시켜 수액을 뺀 후 대기 건조시키는 방법으로, 침수시키는 이유는 건조기간을 단축시키기 위해서이다.
- 인공건조법은 증기실, 열기실 등에서 인위적인 조절을 통해 단시일 내에 수액을 추출하기 위해 수분을 배제시키는 방법이다. 증기법, 열기법, 훈연법, 진공법, 고주파건조법 등이 있다.
- 침엽수가 활엽수보다 건조가 빠르다.

✓Check

목재의 건조목적과 가장 관련이 없는 것은? 1004

① 부패 방지 ② 사용 후의 수축, 균열 방지
③ 강도 증진 ④ 무늬 강조

정답 ④

• 목재의 건조와 무늬 강조는 크게 관련이 없다.

③ 열기건조법
- 밀폐된 실내에서 가열한 공기를 보내서 건조를 촉진시키는 방법이다.
- 낮은 함수율까지 건조할 수 있다.
- 자본의 회전기간을 단축시킬 수 있다.
- 기후와 장소 등의 제약 없이 건조할 수 있다.
- 건조작업이 자연건조법에 비해 복잡하고 특수한 기술을 요구한다.

옹이(Knot)
- 나무의 줄기에서 뻗어 나온 가지로 인한 흠으로, 목재의 강도를 감소시킨다.

④ 목재의 구조
㉠ 심재
- 나무의 중심 부위를 말한다.
- 오래된 세포들로 구성되며 세포막만 남아 나무를 지탱하는 역할을 한다.
- 수지, 타닌, 리그닌 등의 성분이 침적되어 색깔이 진하게 나타난다.
- 수분함량이 적어서 변형이 거의 없다.
- 변재에 비해 비중, 내후성 및 강도가 크고, 신축 변형량이 작다.
- 가구재로 많이 사용된다.

㉡ 변재
- 나무의 바깥 부분을 말한다.
- 새로운 세포들로 구성되어 생활기능을 담당하고 있다.
- 수액의 통로이며, 탄수화물 등 양분의 저장소이다.
- 목질이 연하고 수분함량이 많아서 변형이 쉽고 강도가 약하다.

✓Check

목재의 심재와 비교한 변재의 일반적인 특징에 대한 설명으로 틀린 것은? 1101

① 재질이 단단하다. ② 흡수성이 크다.
③ 수축변형이 크다. ④ 내구성이 작다.

정답 ①

• 변재는 목질이 연하고 수분함량이 많아서 변형이 쉽고 강도가 약하다.

⑤ 함수율과 강도
- 목재가 대기의 온도와 습도에 맞게 평형에 도달한 상태를 의미하는 기건상태의 함수율은 약 15%이다.
- 목재에서 흡착수만이 최대한도로 존재하고 있는 상태인 섬유포화점(Fiber saturation point)의 함수율은 30% 정도이다.
- 섬유포화점 이하에서는 함수율의 감소에 따라 목재의 강도가 증가하고 탄성(인성)이 감소한다.

• 섬유포화점 이상에서는 함수율이 변화하여도 목재의 강도가 일정하고 신축을 일으키지도 않는다.

Check

목재의 강도에 대한 설명 중 가장 거리가 먼 것은? 1204

① 휨강도는 전단강도보다 크다.
② 비중이 크면 목재의 강도는 증가하게 된다.
③ 목재는 외력이 섬유방향으로 작용할 때 가장 강하다.
④ 섬유포화점에서 전건상태에 가까워짐에 따라 강도는 작아진다.

• 섬유포화점 이하에서는 함수율의 감소에 따라 목재의 강도가 증가하고 탄성(인성)이 감소한다.

정답 ④

⑥ 목재의 강도

• 생나무에 비해 기건재(함수율 15%)는 1.5배, 전건재(함수율 0%)는 3배 이상 강도가 크다.
• 비중이 클수록 변재보다 심재가 강도가 크다.
• 목재의 비중이 증가하면 외력에 대한 저항과 탄성은 커진다.
• 흠이 있으면 강도가 떨어진다.
• 함수율과 가장 관련있는 것은 압축강도이다.
• 전단강도를 제외한 목재의 강도는 가력방향이 섬유방향일 때 가장 강하고, 섬유방향과 직각일 때 가장 약하다.
• 목재의 경도는 면 중에서 마구리면이 약간 크고 곧은결면과 널결면은 별로 차이가 없다.
• 일반적인 강도는 인장강도>휨강도>압축강도>전단강도의 순이다.

목재의 압축강도
• 목재의 양방향에서 내부로 미는 힘에 대한 저항력을 말한다.
• 압축강도가 큰 목재에는 참나무, 낙엽송, 나왕 등이 있다.

마구리
• 나무를 톱으로 잘랐을 때 나이테가 보이는 면을 말한다.

⑦ 목재의 비중

㉠ 목재의 비중
• 목재의 비중은 섬유질과 공극률에 의하여 결정된다.
• 목재의 공극률 $V=\left(1-\frac{r_1}{r}\right)\times 100$으로 구한다. r은 목재의 (진)비중, r_1은 목재의 절건비중이다.

㉡ 기건비중
• 목재성분 중 수분을 공기 중에서 제거한 상태의 비중으로 통상 대기의 온도, 습도와 평형된 수분을 함유한 상태를 말한다.
• 일반적으로 건설재료로 사용하는 목재의 비중으로 함수율이 약 15% 정도일 때를 의미한다.
• 대표적인 국내산 목재의 기건비중

낙엽송	0.52
갈참나무	0.83
소나무	0.47
가문비나무	0.43

Check

일반적으로 건설재료로 사용하는 목재의 비중이란 다음 중 어떤 상태의 것을 말하는가?(단, 함수율이 약 15% 정도일 때를 의미한다) 1102

① 포수비중 ② 절대비중
③ 진비중 ④ 기건비중

정답 ④

• ②는 골재 내부의 공극에 포함된 수분을 모두 건조시킨 상태의 비중을 말한다.
• ③은 주어진 온도에서의 물질의 중량과 같은 온도의 진공상태에서 동일한 부피를 지닌 물의 중량과의 비를 말한다.

목재의 치수 표시방법

제재 치수	제재소에서 톱으로 제재한 상태의 치수
마무리 치수	대패로 깎아낸 후의 마감치수
제재 정치수	제재목을 지정 치수대로 한 것

⑧ 목재의 구분

각재	• 목재의 두께가 7.5cm 이상 • 목재의 두께가 7.5cm 미만이면서 너비가 두께의 4배 미만
판재	목재의 두께가 7.5cm 미만이면서 너비가 두께의 4배 이상
조각재	원목의 4면을 따낸 목재
가공재	목재의 단점을 보완하기 위해 다양한 방법으로 목재를 가공한 것

합성수지 접착제의 접착력과 내수성

• 접착력의 크기는 에폭시>요소>멜라민>에스테르>초산비닐 수지 순이다.
• 내수성의 크기는 실리콘>에폭시>페놀>멜라민>요소>아교의 순이다.

⑨ 목재 압착 방법

• 접착력 강화를 위해 접착제를 도포한 목재를 높은 압력으로 접착시키는 방법을 말한다.
• 냉압법, 열압법, 냉압 후 열압법 등이 있다.
• 주로 예압으로 냉압법을 이용해서 가열하지 않고 성형하며, 이후 높은 온도와 강한 압력을 이용해 열압 접착한다.

⑩ 목재의 도장 전 작업

• 목재의 도장 전에 소지조정, 샌딩실러를 통해 목재 자체가 가지는 아름다움을 최대한 살리도록 해야 한다.
• 소지조정은 소지면을 평활하게 하기 위해 연마하는 과정을 말한다. 이때 눈메꿈 작업 등을 통해 소지의 결핍을 소지면에서 갈아서 제거한다.
• 샌딩실러는 일종의 눈막음제로 목재에 침투하여 하도제의 역할을 한다.

⑪ 목재의 도료

• 목재의 외관 및 보호를 위해 표면에 도포하는 재료를 말한다.
• 기름과 안료, 희석제, 건조제 등으로 구성된다.
• 기름에는 건성유와 반건성유 등이 이용된다.
• 건조제는 상온에서 기름에 용해되는 건조제와 가열하여 기름에 용해되는 건조제로 구분할 수 있다.
• 희석제는 도료의 유동성을 조절하고 도료를 묽게 만들어 다루기 쉽게 하며, 증발속도를 조절한다.

목재 연결 철물

• 목재를 연결하여 움직임이나 변형 등을 방지하고, 거푸집의 변형을 방지하는 철물로 볼트, 너트, 못, 꺾쇠 등이 있다.

⑫ 목재의 방화제(防火劑)

• 화재에 취약한 목재의 단점을 보완하기 위해 목재를 난연성으로 만들어 연소시간을 연장시키는 재료를 말한다.
• 붕산암모늄, 취화암모늄, 염화암모늄, 황산암모늄, 제2인산암모늄으로 대표되는 암모늄염이 무기방화제로 많이 사용된다.

⑬ 라왕(나왕)

- 인도, 인도네시아, 필리핀 등지에 널리 분포된 상록교목 40여 종을 총칭하는 목재이다.
- 빛깔이 아름답고 광택이 있으며, 재질이 균일하고 가공하기 쉽다.
- 가볍고 유연하며 경제적이다.
- 건축재나 가구재로 널리 사용된다.
- 병충해에 취약하고 쉽게 썩을 수 있어 정원 구조물로 사용하기에는 내구성이 약하다.

Check

목재를 가공해 놓으면 무게가 있어서 보기 좋으나 쉽게 썩는 결점이 있다. 정원 구조물을 만드는 목재 재료로 가장 좋지 못한 것은? 0202

① 소나무　　② 밤나무
③ 낙엽송　　④ 라왕

- 라왕은 병충해에 취약하고 쉽게 썩을 수 있어 정원 구조물로 사용하기에는 내구성이 약하다.

정답 ④

⑭ 합판

㉠ 개요

- 합판을 베니어판이라 하는데 베니어란 원래 목재를 얇은 판으로 만든 한 것을 말하며, 이것을 단판이라고도 한다. 합판은 이를 여러 장(홀수개) 직교로 겹쳐 1장의 판재로 만든 것이다.
- 슬라이스드 베니어(Sliced veneer)는 끌로서 각목을 얇게 절단한 것으로 아름다운 결을 장식용으로 이용하기에 좋다는 특징이 있다.
- 합판의 종류에는 일반합판, 미송합판, MDF합판, OSB합판, 태고합판 등이 있다.
- 합판의 특징은 동일한 원재로부터 많은 장목판과 나무결 무늬판이 제조되며, 팽창이나 수축 등에 의한 결점이 없고 방향에 따른 강도 차이가 없다.
- 균일한 크기 및 강도를 얻을 수 있어 사용에 능률적이며, 완전 이용이 가능하다.
- 접착제를 사용하여 포름알데히드가 배출되고, 나무를 얇게 가공하여 불에 약하다는 단점을 갖는다.
- 합판의 단판 제법에는 로터리 베니어, 소드 베니어, 슬라이스드 베니어 등이 있으며, 로터리 베니어는 목재의 이용효율이 높고, 가장 널리 사용된다.

㉡ 내수성 합판

- 내습성이 좋은 접착제를 사용하여 물이나 습기가 많은 환경에서도 오랜 기간 기능과 구조가 유지되는 합판을 말한다.
- 거푸집, 주방가구, 욕실 가구 등에서 사용된다.

Check

합판의 특징에 대한 설명으로 옳은 것은? 1104

① 팽창, 수축 등으로 생기는 변형이 크다.
② 목재의 완전 이용이 불가능하다.
③ 제품이 규격화되어 사용에 능률적이다.
④ 섬유방향에 따라 강도의 차이가 크다.

정답 ③

- ①에서 합판은 팽창이나 수축 등에 의한 결점이 없다.
- ②에서 목재의 완전 이용이 가능하다.
- ④에서 합판은 방향에 따른 강도 차이가 없다.

흰개미

- 죽은 나무와 낙엽을 먹이삼아 분해하는 곤충으로 목재나 목조건축물에 침입하면 안쪽에서부터 갉아 먹어 피해를 끼친다.

⑮ 인조목

- 시멘트와 모래를 섞어 인공적으로 나무처럼 만든 인조나무이다.
- 제작 시 숙련공이 다루지 않으면 조잡한 제품을 생산하게 된다.
- 안료를 잘못 배합하면 표면에서 분말이 나오게 되어 시각적으로 좋지 않고 이용에도 문제가 생긴다.
- 목재의 질감은 표출되지만 목재에서 느끼는 촉감을 맛볼 수 없다.
- 반영구적으로 사용가능하다.

⑯ 목재의 방부처리법

㉠ 침지법

- 목재를 방부용액에 담가 공기를 차단하여 방부처리하는 방법이다.
- 방부용액은 주로 크레오소트유를 사용한다.

㉡ 도포법

- 충분히 건조된 목재에 약재를 도포하여 방부처리하는 방법이다.
- 방부용액은 크레오소트유, 아스팔트 방부칠 등이 사용된다.

㉢ 주입법

- 방부용액을 목재에 주입하여 방부처리하는 방법이다.
- 주입하는 방법에 따라 상압주입법, 가압주입법, 생리적주입법 등이 있다.
- 가압주입법은 압력용기 속에 목재를 넣어서 처리하는 방법으로 신속하고 효과적이며 로우리법, 베델법, 루핑법, 불톤법 등이 있다.
- 방부용액은 크레오소트유, PCP 등이 사용된다.

㉣ 표면탄화법

- 목재의 표면을 태워서 방부처리하는 방법이다.

Check

크레오소트유를 사용하며 내용연수가 장기간 요구되는 철도 침목에 많이 이용되는 방부법은? 1005

① 가압주입법	② 표면탄화법
③ 약제도포법	④ 상압주입법

정답 ①

- ②는 목재의 표면을 태워서 방부처리하는 방법이다.
- ③은 충분히 건조된 목재에 약재를 도포하여 방부처리하는 방법이다.
- ④는 목재를 방부제 속에 일정기간 담가두는 방법이다.

⑰ 방부제

㉠ 목재 방부제의 특성

- 목재에 침투가 잘되고 방부성이 큰 것
- 목재에 접촉되는 금속이나 인체에 피해가 없을 것
- 목재의 인화성, 흡수성에 증가가 없을 것
- 목재의 강도를 키우고 중량을 가볍게 할 것

㉡ 대표적인 종류

크레오소트유 (Creosote Oil)	• 대표적인 목재용 유성 방부제 혹은 비휘발성 기름에 혼합되어 있는 유기용매이다. • 석탄을 235 ~ 315℃에서 고온건조하여 얻은 타르 제품이다. • 독성이 적고 방부성이 우수하고 내습성이 있다. • 자극적인 악취가 나고, 흑갈색으로 외관이 불미하다. • 주로 눈에 보이지 않는 토대, 기둥, 도리 등에 사용한다.
CCA계 방부제	• 크롬, 구리, 비소로 구성된 수용성 맹독성 방부제이다. • 맹독성 때문에 사용을 금지하고 있다. • CCA를 대신하여 ACQ 방부목재가 사용된다.
PCP(Penta Chloro Phenol) 방부제	• 대표적인 유용성 방부제이다. • 인체에 독성이 강해 사용이 규제되고 있다. • 열이나 약제에도 안정적이며 거의 무색제품이다. • 방부력이 우수하나, 자극적인 냄새가 난다.

Check

목재를 방부 처리하고자 할 때 주로 사용되는 방부제는? 1102

① 알코올 ② 크레오소트유
③ 광명단 ④ 니스

- ③은 철제의 방청제로 사용되며, 목재의 방부제로 사용해서는 안 된다.
- ④는 목재 및 기타 소재의 표면처리에 사용되는 투명한 도료로 목재를 보호하는 목적으로 사용된다.

정답 ②

타. 플라스틱

① 합성수지(플라스틱, Plastic)의 특성

㉠ 장점

- 열을 차단하는 효과가 우수하다.
- 빛을 잘 투과시키는 투과성이 좋다.
- 산이나 알칼리 등의 화학약품에 잘 녹지 않는다.
- 고무줄과 같은 성질의 탄성이 있다.
- 가볍고 전기절연성이 좋아 전기가 통하지 않는다.
- 내수성이 좋아 녹슬거나 썩지 않는다.
- 범용성 수지의 경우 가격이 싸다.
- 뛰어난 방수성과 성형성, 비오염성 등을 갖는다.
- 전성, 연성이 크고 유리와 같은 파쇄성이 없다.
- 마모가 적고 탄력성이 크므로 바닥재료 등에 적합하다.

㉡ 단점

- 열팽창계수가 크고, 표면의 경도가 낮으며, 표면에 상처가 생기기 쉽다.
- 일반적으로 정전기의 발생량이 많고, 자외선에 약하다.
- 내화성 및 내마모성, 내후성 및 내광성이 부족하다.
- 강도와 강성이 약해 구조재로 사용하기 어렵다.
- 압축(누르는)강도는 높지만 인장(당기는)강도가 낮다.
- 수명이 반영구적이어서 환경오염의 우려가 있다.

✓Check

일반적인 플라스틱 제품의 특성으로 옳은 것은? 1001

① 마모가 적고 탄력성이 크므로 바닥재료 등에 적합하다.
② 내열성이 크고 내후성, 내광성이 좋다.
③ 불에 타지 않으며 부식이 된다.
④ 흡수성이 크고 투수성이 부족하여 방수제로는 부적합하다.

정답 ①

- 플라스틱 제품은 마모가 적고 탄력성이 커 바닥재료로 많이 사용한다.

② 열가소성 수지

- 가열하거나 용제에 녹이면 물리적으로 유연하게 되어 자유롭게 성형할 수 있는 수지를 말한다.
- 일반적으로 무색투명하다.
- 열에 의해 가소성이 증대하나 냉각하면 다시 고화된다.
- 종류에는 아크릴수지, 염화비닐수지(PVC), 폴리스티렌수지, 쿠마론 수지, 폴리아미드 수지, 폴리에틸렌수지, 폴리프로필렌수지, 폴리카보네이트 등이 있다.

③ 열경화성 수지

- 가열하여 경화 성형하면 다시 열을 가해도 형태가 변하지 않는 수지를 말한다.
- 축합반응을 하여 고분자로 된 것이다.
- 내열성, 내용제성, 내약품성, 기계적 성질, 전기절연성이 좋다.
- 식기나 전화기 등의 재료로 쓰인다.
- 충전제를 넣어 강인한 성형물을 만들거나, 섬유 강화 플라스틱을 제조하는 데에도 사용된다.
- 종류에는 페놀수지, 요소수지, 멜라민수지, 폴리에스테르수지, 에폭시수지, 실리콘수지, 알키드수지, 프란수지 등이 있다.

✓Check

다음 중 열경화성(축합형) 수지인 것은? 1102

① 폴리에틸렌수지 ② 폴리염화비닐수지
③ 아크릴수지 ④ 멜라민수지

정답 ④

- ①, ②, ③은 열가소성 수지이다.

④ 염화비닐수지(PVC)

- 플라스틱 창호의 주요 원재료로 열가소성 수지이다.
- 경량으로 화학약품에 대한 저항성이 크다.
- 난연성 재료로 자기 소화성을 갖는다.
- 전기적 성질이 우수하고 가공이 용이하다.
- 60℃ 이하의 온도로 사용할 수 있는 장소에 적합하다.
- 시멘트, 석면 등을 가하여 수지 시멘트로 사용할 수 있다.
- 여러 종류의 부재료를 혼합하여 필름, 시트, 판재, 파이프 등의 성형품을 만들 수 있다.
- 주로 건축재료나 전선 피복재, PVC 파이프로 사용된다.

⑤ 아크릴(Acryl)수지

- 대표적인 열가소성 수지로 유기 글라스(유기유리)라고도 하며, 가열하면 연화 또는 융해하여 가소성이 되고, 냉각하면 경화하는 재료이다.
- 아세톤 · 사이안산 · 메탄올을 원료로 하여 만든다.
- 분자구조가 쇄상구조로 되어있으며, 평판 성형되어 유리(Glass)와 같이 이용되는 경우가 많다.
- 내화학 약품성, 유연성, 내후성, 성형성이 우수하다.
- 착색이 자유롭고 상온에서 절단 가공이 용이하다.
- 광선 및 자외선에 대한 투과성(투명성)이 뛰어나 조명용, 채광판 및 건물의 내 · 외장재 및 도료로 널리 사용된다.

Check

투명도가 높으므로 유기유리라는 명칭이 있으며, 착색이 자유롭고 내충격 강도가 크고, 평판, 골판 등의 각종 형태의 성형품으로 만들어 채광판, 도어판, 칸막이벽 등에 쓰이는 합성수지는? 1204 / 1302

① 요소수지 ② 아크릴수지
③ 에폭시수지 ④ 폴리스티렌수지

- ①은 요소와 포름알데히드로 제조된 내수성이 좋지 않은 열경화성 수지로 접착제, 전기절연재, 도료 등에서 사용한다.
- ③은 열경화성 합성수지로 내수성, 내약품성, 전기절연성, 접착성이 뛰어나 접착제나 도료로 널리 이용된다.
- ④는 발포제로서 보드상으로 성형하여 단열재로 널리 사용되며 건축물의 천장재, 블라인드 등에 널리 쓰이는 열가소성 수지이다.

정답 ②

⑥ 실리콘수지

- 열경화성 수지로, 규소수지라고도 한다.
- 내열성, 내한성, 내수성이 우수하고 광범위한 온도(−80 ~ 250℃의 범위)에서 안정하여 gasket, packing의 원료로 사용된다.
- 물을 튀기는 발수성 및 탄성을 가지며 내후성 및 내화학성, 전기절연성 등이 아주 우수하다.
- 공업용 페인트, 방수용 재료, 접착제, 도료, 전기절연제 등으로 주로 사용된다.

베이클라이트
- 최초로 합성된 인공 플라스틱을 말한다.

폴리에틸렌(PE)관
- 가볍고 충격에 견디는 힘이 크다.
- 유연성이 좋아 시공이 용이하다.
- 경제적이다.

⑦ 페놀계수지
- 강도가 우수하며, 베이클라이트를 만든다.
- 내산성, 전기 절연성, 내약품성, 내수성이 좋다.
- 내알칼리성이 약하다는 결점이 있다.
- 수지 그 자체보다는 필러나 섬유의 연결재로 주로 사용된다. 내열성이 요구되는 자동차 부품이나 절연체로 이용된다.

⑧ 접착제의 대표적인 종류

㉠ 페놀수지 접착제
- 접착력, 내열성, 내수성이 우수하나 유리나 금속의 접착에는 적절하지 않다.
- 종류로는 수용형, 용제형, 분말형 등이 있다.
- 목재, 금속, 플라스틱 및 이들 이종재(異種材) 간의 접착에 사용되는 합성수지 접착제이다.

㉡ 에폭시계 접착제
- 주제와 경화제로 이루어진 2성분형이 대부분인 열경화성 수지 접착제이다.
- 금속, 석재, 도자기, 유리, 콘크리트, 플라스틱재 등의 접착에 사용되는 만능형 접착제이다.
- 경화제를 사용하여 만들어지므로 접착할 때 압력을 가할 필요가 없다.
- 급경성으로 내알칼리성, 내산성 등의 내화학성이나 접착력이 크고 내구력, 내수성, 내약품성이 우수한 합성수지 접착제이다.
- 접착제로 사용되는 수지 중 접착력이 제일 우수하다.

Check

다음 중 접착력이 가장 우수한 것은? 1002

① 요소수지 접착제 ② 에폭시수지 접착제
③ 멜라민수지 접착제 ④ 페놀수지 접착제

- ①은 요소와 포름알데히드로 제조된 무색투명한 열경화성 수지 접착제로 내수성이 부족하고 값이 저렴하다.
- ③은 멜라민과 포름알데히드로 제조된 순백색 또는 투명백색의 열경화성 수지 접착제로, 표면경도가 높고, 내열성, 내약품성, 내수성 및 전기적 성질이 뛰어나다.
- ④는 수용형, 용제형, 분말형 등이 있으며 목재, 금속, 플라스틱 및 이들 이종재(異種材) 간의 접착에 사용되는 합성수지 접착제이다.

정답 ②

⑨ FRP(Fiber Reinforced Plastics)
- 폴리에스테르 강화판 혹은 강화 폴리에스테르판이라고도 한다.
- 유리섬유를 폴리에스테르수지에 혼입하여 가압 · 성형한 판이다.
- 가벼우며 녹슬지 않고 가공하기 쉽다는 장점이 있으나 고온에서는 사용할 수 없다는 단점을 갖는다.
- 내식성, 내구성, 내산 및 내알칼리성이 좋아 내 · 외수장재, 가구재, 구조재 등으로 사용한다.
- 조경에서는 인공폭포, 수목 보호판, 인공동굴의 재료로 많이 사용된다.

⑩ 플라스틱 첨가제

- 가소제 : 폴리머의 유연성, 가공의 작업성 등을 높이기 위해 첨가하는 물질이다.
- 안정제 : 열안정제, 자외선안정제 등이 있으며 열이나 자외선으로부터 플라스틱의 분해나 기능상실을 억제하기 위해 첨가하는 물질이다.
- 충진제 : 양을 늘리기 위한 증량제와 기계적, 전기적 성질이나 가공성을 개선하기 위해 첨가되는 보강제 등이 있다.
- 난연제 : 플라스틱의 연소성을 감소시키기 위해 첨가하는 물질이다.
- 발포제 : 플라스틱을 스펀지 등과 같은 다공성 제품을 만들기 위해 첨가하는 물질이다.

파. 도료

① 도료

- 구조재료의 용도상 필요한 물리 · 화학적 성질을 강화시키고, 미관을 증진시킬 목적으로 재료의 표면에 피막을 형성시키는 액체 재료를 말한다.
- 물체에 도장되어 도막이 형성되었을 때 물체의 보호와 미장의 기능을 발휘하는 유동상태의 화학제품을 말한다.

② 멜라민수지 도료

- 열경화성 수지 도료이다.
- 내수성이 크고 열탕에서도 침식되지 않는다.
- 무색투명하고 착색이 자유로우며 도막이 굳고 내수성, 내약품성, 내용제성이 뛰어나다.
- 알키드수지로 변형하여 도료, 내수베니어합판의 접착제 등에 이용된다.

③ 래커(Lacquer)

- 초화면(硝化綿)과 같은 용제에 용해시킨 섬유계 유도체를 주성분으로 하고 여기에 합성수지, 가소제와 안료를 첨가한 도료로 셀룰로오스 도료라고도 한다.
- 건조가 빠르고 도막이 견고하며 광택이 좋고 연마가 용이하며, 불점착성 · 내마멸성 · 내수성 · 내유성 · 내후성 등이 강한 고급 도료이다.
- 건조가 빨라 스프레이 건을 사용하는 것이 좋다.
- 자연 건조방법에 의한 상온(常溫)에서 경화된다.
- 결점으로는 도막이 얇고 부착력이 약하다.
- 도막의 건조시간이 빨라 백화를 일으키기 쉽다.

바니시(Varnish)

- 니스라고도 하는 도막형성용 도료로 바탕재료의 부식을 방지하고 아름다움을 증대시키기 위한 목적으로 사용된다.

백화

- 마감제를 뿌렸을 때 성에 낀 것처럼 새하얗게 변색되는 현상을 말한다.

Check

도장 시 스프레이 건(Spray Gun)을 사용하는 것이 가장 적합한 도료는? 1201

① 수성페인트 ② 유성페인트
③ 래커 ④ 에나멜

- ①은 안료를 물에 용해하여 수용성 교착제와 혼합한 분말 상태의 도료로 외부마감용 도료로 많이 사용한다.
- ②는 가장 보편적으로 많이 사용하는 도료로 전용 신나와 희석해서 사용한다.
- ④는 유성바니시를 전색제로 하여 안료를 첨가한 것으로 도막이 견고할 뿐만 아니라 광택도 좋으나 바탕의 재질을 살릴 수 없다.

정답 ③

④ 클리어래커

- 은폐력이 없는 투명 래커로 목재바탕의 무늬를 살리기에 적합하며, 오일니스에 비해 도막이 얇으나 견고하다는 특징을 갖는다.
- 안료를 가하지 않아 목재의 무늬를 아름답게 낼 수 있다.

⑤ 유성페인트

- 보일드유와 안료를 혼합한 것이다.
- 건성유 자체로도 도막을 형성할 수 있으나 건성유를 가열 처리하여 점도, 건조성, 색채 등을 개량한 것이 보일드유이다.
- 방부, 방습효과가 있고, 착색이 자유롭다.
- 도막은 견고하나 바탕의 재질을 살릴 수 없다.
- 내후성은 좋으나 내알칼리성이 좋지 않다.

⑥ 수성페인트

㉠ 개요

- 안료를 물에 용해하여 수용성 교착제와 혼합한 분말 상태의 도료를 말한다.
- 바르고 나면 물이 증발하고, 표면에 남은 합성수지가 도막을 형성한다.
- 모르타르, 콘크리트 바탕, 목재, 벽지 등에 주로 사용한다.
- 먼저 칠할 바탕을 만들고, 초벌 후 퍼티를 먹이고, 연마한 후 재벌칠한 후 정벌칠을 한다.

퍼티(Putty)

- 조경, 건축 등에서 벌어진 틈새를 메꾸거나 움푹 패인 곳을 채우는 일종의 접착제를 말한다.

㉡ 특징

- 굳은 뒤에는 물에 용해되지 않는다.
- 독성이 없고 바르기 쉬우며 빨리 건조된다.
- 내구성이나 내수성이 약하며, 광택이 없다.

⑦ 방청용 도료

- 철재가 녹스는 것을 방지하기 위해 칠하는 도료이다.
- 징크로메이트(Zincromate), 광명단, 워시프라이머 등이 있다.

Check

다음 중 철공사에 사용되는 방청용 도료에 해당하지 않는 것은? 0601

① 에멀션페인트	② 광명단
③ 징크로메이트계	④ 워시프라이머

정답 ①

- ②는 일산화연을 가열하여 만든 붉은 안료로 침투력이 우수하고 방청효과가 뛰어나 교량, 철탑 등의 시설물 방청용으로 사용한다.
- ③은 크롬산아연을 안료로 하고, 알키드수지를 전색제로 한 것으로서 알루미늄 녹막이 초벌칠에 적당한 방청도료이다.
- ④는 전색제와 징크로메이트를 주제로 한 프라이머로 속건성이며 방청성, 부착력, 적합성이 우수한 방청도료이다.

⑧ 가연성 도료의 보관

- 직사광선을 피하고 환기를 자주 실시해야 한다.
- 소방 및 위험물취급 관련 규정에 따른다.
- 건물 내에 수용할 때에는 방화구조적인 장소를 선택한다.
- 주위 건물에서 격리된 독립된 건물에 보관하는 것이 좋다.

하. 금속재료

① 금속재료의 장단점

장점	단점
• 여러 가지 하중에 대한 강도가 크다. • 재질이 균일하고 불연재이다. • 각기 고유의 광택이 있다. • 탄성계수가 크고 균질한 재료의 대량 생산이 가능하다. • 전연성이 크고 가공성형이 우수하다.	• 가열 시 연화하기 쉽다. • 질감이 차갑다. • 녹이 슬기 쉽다. • 비중이 높고 색상이 다양하지 못하다. • 산에 부식되기 쉽다.

Check

일반적인 금속재료의 장점이라고 볼 수 없는 것은? 1004

① 여러 가지 하중에 대한 강도가 크다.
② 재질이 균일하고 불연재이다.
③ 각기 고유의 광택이 있다.
④ 가열에 강하고 질감이 따뜻하다.

• 금속재료는 가열 시 연화하기 쉽고, 질감이 차갑다.

정답 ④

② 금속재의 부식 환경

• 온도가 높을수록 녹의 양은 증가한다.
• 습도가 높을수록 부식속도가 빨리 진행된다.
• 도장이나 수선 시기는 여름보다 겨울이 좋다.
• 내륙이나 전원지역보다 자외선이 많은 일반 도심지가 부식속도가 빠르다.

활동

• 구리에 아연 40%를 첨가하여 제조한 합금이다.

③ 주철

• 92 ~ 96%의 철을 함유하고 나머지는 크롬 · 규소 · 망간 · 유황 · 인 등으로 구성된다.
• 탄소 함유량이 약 1.7 ~ 6.6%, 용융점은 1,100 ~ 1,200℃로서 선철에 고철을 섞어서 용광로에서 재용해하여 탄소 성분을 조절하여 제조한다.
• 복잡한 형상 제작 시 품질이 좋고 작업이 용이하며, 내식성도 뛰어나다.
• 창호철물, 자물쇠, 맨홀 뚜껑 등의 재료로 사용된다.

Check

복잡한 형상 제작 시 품질이 좋고 작업이 용이하며, 내식성도 뛰어난 금속재료로, 탄소 함유량이 약 1.7 ~ 6.6%, 용융점은 1,100 ~ 1,200℃로서 선철에 고철을 섞어서 용광로에서 재용해하여 탄소 성분을 조절하여 제조하는 것은? 0904

① 동합금 ② 주철
③ 중철 ④ 강철

• ①은 동(구리)을 주성분으로 하여 주석과 인으로 탈산한 삼원합금이다.
• ④는 철의 순도에서 탄소 함유량이 0.1 ~ 1.7%이다.

정답 ②

④ 강재의 열처리

- 강재에 기계적, 물리적 성질을 부여하기 위해 가열과 냉각을 시행하는 열적 조작기술이다.
- 열처리 기술에는 담금질, 뜨임, 풀림, 불림 등이 있다.

담금질 (Quenching)	강을 적당한 온도로 가열하여 오스테나이트 조직에 이르게 한 후 마텐자이트 조직으로 변화시키기 위해 급냉시키는 처리
뜨임 (Tempering)	담금질한 강에 적당한 인성을 부여하기 위해 적당한 온도까지 가열한 후 다시 냉각시키는 처리
풀림 (Annealing)	강을 연화하거나 내부응력을 제거할 목적으로 강을 800～1,000℃로 일정한 시간 가열한 후에 로(爐) 안에서 천천히 냉각시키는 처리
불림 (Normalizing)	조직을 개선하고 결정을 미세화하기 위해 800～1,000℃로 가열하여 소정의 시간까지 유지한 후에 대기 중에서 냉각시키는 처리

⑤ 아연(Zn)

- 이온화 경향이 크고 철에 의해 침식된다.
- 산 및 알칼리에 약하나 일반대기나 수중에서는 내식성이 크다.
- 인장강도나 연신율이 낮기 때문에 열간 가공하여 결정을 미세화하여 가공성을 높일 수 있다.
- 순수한 아연은 청백색의 광택을 지니나 불순물을 함유하면 광택이 저하된다.
- 주 용도는 철판의 아연도금(함석판)이다.

⑥ 알루미늄

㉠ 개요

- 수산화알루미늄이 풍부하게 들어있는 보크사이트에서 산화된 알루미늄을 제련해서 만든다.
- 비중은 철의 약 1/3 정도인 2.7로 경량이다.

㉡ 특성

- 열, 전기전도성이 동 다음으로 크고, 반사율도 높다.
- 융점은 약 659℃ 정도로 낮아 용해주조도는 좋으나 내화성이 부족하다.
- 순도가 높은 알루미늄은 맑은 물에 대해 내식성이 크고 전연성이 크다.
- 연질이고 강도가 낮으며, 응력－변형곡선은 강재와 같이 명확한 항복점이 없다.
- 알루미늄은 상온에서 판, 선으로 압연가공하면 경도와 인장강도가 증가하고 연신율이 감소한다.
- 산과 알칼리에 약하고, 콘크리트나 강판에 접촉하면 부식되기 쉽다.
- 알칼리나 해수에 침식되기 쉬우므로 해안가 공사 시 특히 주의해야 한다.
- 알루미늄의 부식률은 대기 중의 습도와 염분함유량, 불순물의 양과 질 등에 관계되며 0.08mm/년 정도이다.

강(鋼)과 비교한 알루미늄의 특성

- 강도가 작다.
- 전기 전도율이 높다.
- 열팽창률이 크다.
- 비중이 작다.

Check

원광석인 보크사이트에서 추출한 물질을 전기 분해해서 만드는 금속은? 0901

① 니켈 ② 비소
③ 구리 ④ 알루미늄

• 보크사이트는 수산화알루미늄을 다량 포함하는 광석이다.

정답 ④

⑦ 금(金)

• 연성과 전성이 뛰어난 빛나는 노란색의 금속이다.
• 연성은 늘어나는 성질을 말하며, 금>은>알루미늄>구리>백금>납>아연>철>니켈 순이다.
• 전성은 타격이나 압연에 의해 얇은 판으로 넓게 펴질 수 있는 성질로, 금>은>백금>알루미늄>철>니켈>구리>아연 순이다.

⑧ 티탄, 티타늄

• 가볍고 녹이 슬지 않으며, 은빛의 광택이 나는 금속이다.
• 자석에 붙지 않으며, 열이나 전기의 전도도가 낮다.
• 임플란트, 형상기억합금 등에 사용된다.

⑨ 스테인레스강

• 크롬이 10 ~ 11% 함유된 강철합금으로 녹이나 부식이 강철보다 적은 재료이다.
• 용접 시 내식성을 향상시킬 수 있는 용접은 불활성가스용접이다.

⑩ 고장력 볼트

㉠ 개요

• 강구조물은 구조물의 특성상 접합부위가 많이 발생하고 가장 많이 사용되는 접합방식은 용접과 리벳결합, 볼트체결 등이며, 최근에는 간편성과 신뢰성을 고려하여 고장력 볼트체결이 많아지고 있다.

㉡ 특징

• 국부적인 집중응력이 없고, 응력전달이 원활하다.
• 강성 및 내력이 크다.
• 반복하중에 대해서도 피로강도가 높다.
• 불량개소의 수정이 쉬우며, 현장시공설비가 간단하다.
• 용접 등에 비해서 재해의 위험이 적다.
• 소음이 적고 너트가 풀리지 않는다.
• 노동력이 절감되고 공기를 단축시킬 수 있다.

조경시설물공사

조경시설물공사에서는 시공관리, 측량, 기계장비의 활용, 옥외시설물, 옹벽 등 구조물 설치 등에 대해서 다뤄진다.

1 시공 개요

가. 시공관리

① 시공관리

- 공기 내에 주어진 공정계획에 의해 관리하여 품질과 원가의 적정성을 확보하는 것을 말한다.
- 시공관리의 3대 목적에는 공정관리, 원가관리, 품질관리가 있으며 추가적으로 안전관리를 포함하여 4대 목적으로 분류한다.

Check

시공관리의 4대 목표를 구성하는 요소가 아닌 것은? 1001

① 원가 ② 안전
③ 관리 ④ 공정

정답 ③

- 시공관리의 3대 목적에는 공정관리, 원가관리, 품질관리가 있으며 추가적으로 안전관리를 포함하여 4대 목적으로 분류한다.

② 공정

- 공사 목적물을 완성하기까지 필요로 하는 여러가지 작업의 순서와 단계를 말한다.
- 가장 효과적으로 공사 목적물을 만들 수 있으며, 시간을 단축시키고 비용을 절감할 수 있는 방법을 정할 수 있다.

③ 횡선식 공정표(Bar-chart)

- 각 공정별 착수 및 종료일이 명시되어 있어 판단이 용이하다.
- 공정표가 단순하여 작성하기 쉽다.
- 막대그래프를 이용한다.
- 주공정을 파악하기 힘들고, 대형공사에 사용이 어렵다.

관리하자에 의한 사고(인적결함)의 원인

- 시설의 노후 · 파손
- 위험장소에 대한 안전대책 미비
- 위험물 방치

④ 네트워크 공정표

- 공사 통제 기능이 좋다.
- 문제점의 사전 예측이 용이하다.
- 일정의 변화에 탄력적으로 대처할 수 있다.
- 네트워크 기법의 표시상의 제약으로 작업의 세분화 정도에는 한계가 있다.
- PERT, CPM, PDM 등이 있다.

Check

네트워크 공정표의 특성에 관한 설명으로 틀린 것은? 0905

① 개개의 작업이 도시되어 있어 프로젝트 전체 및 부분파악이 용이하다.
② 작업순서 관계가 명확하여 공사 담당자 간의 정보교환이 원활하다.
③ 네트워크 기법의 표시상의 제약으로 작업의 세분화 정도에는 한계가 있다.
④ 공정표가 단순하여 경험이 적은 사람도 이용하기 쉽다.

• ④는 횡선식 공정표의 특징에 해당한다.

정답 ④

⑤ 재해발생 시 조치사항

- 재해발생 시 모든 사항에 우선하여 재해자에 대한 응급조치를 취해야 한다.
- 긴급조치 → 재해조사 → 원인분석 → 대책수립의 순을 따른다.
- 긴급조치 과정은 재해발생 기계의 정지 → 재해자의 구조 및 응급조치 → 상급 부서의 보고 → 2차 재해의 방지 → 현장보존 순으로 진행한다.

나. 관리방식

① 직영방식

㉠ 개요

- 건축주가 자재, 노무자, 기계설비를 직접 조달하는 방식이다.
- 공사내용이 단순하고 시공 과정이 용이할 때 적합하다.
- 풍부하고 저렴한 노동력, 재료의 보유 또는 구입편의가 있을 때 적합하다.
- 일반도급으로 단가를 정하기 곤란한 특수한 공사가 필요할 때 적합하다.

㉡ 특징

- 관리책임이나 책임소재가 명확하다.
- 긴급한 대응이 가능하다.
- 이용자에게 양질의 서비스가 가능하다.
- 애착심을 가지므로 관리효율의 향상을 꾀한다.

② 도급방식

㉠ 개요

- 건축주가 건축의 시공을 업체에 맡겨서 진행하는 방법이다.
- 규모가 크고 노력, 재료 등을 포함하는 업무에 적합하다.
- 시급한 준공을 필요로 할 때 적합하다.

㉡ 특징

- 규모가 큰 시설 등의 관리를 효율적으로 할 수 있다.
- 전문가를 합리적으로 이용할 수 있다.
- 도급자에게는 경쟁입찰을 시켜 비교적 경제적일 수 있다.

Check

공사의 실시방식 중 도급방식의 특징으로 옳은 것은? 0701

① 발주자의 업무가 번잡하다.
② 도급자에게는 경쟁입찰을 시켜 비교적 경제적일 수 있다.
③ 공사의 설계변경 업무가 단순하다.
④ 발주자는 임기응변의 조치를 취하기 쉽다.

정답 ②

• ①, ③, ④는 직영방식의 특징에 해당한다.

③ 공사비 지불순서

착공금(전도금)	도급금액의 70% 이내로 한다.
중간불(기성불)	월별이나 공정부분별로 지급하는데 통상 도급금액의 90%까지 지급한다.
준공불(완공불)	건물 인도 후 대금을 청산하고 계약을 해지한다.
하자보증금	부실공사 방지를 위한 담보액으로 1～3년 이하의 기간 동안 계약금의 2～5%를 예치한다.

④ 도급방식의 구분

- 공사실시 방식에 따라 일식(일괄)도급, 분할도급으로 구분한다.
- 공사비 지급방식에 따라 정액도급, 단가도급, 실비정산 보수가산도급으로 구분한다.

⑤ 공동도급(Joint Venture)

- 각 업자의 자금부담이 경감되어 공사이행의 확실성이 보장된다.
- 여러 회사의 참여로 위험이 분산된다.
- 공사에 대하여 연대책임을 지므로 단독도급에 비해 발주자는 더 큰 안정성을 기대할 수 있다.
- 공사의 하자책임이 불분명하다.

⑥ 건설공사의 입찰

㉠ 입찰개요

- 입찰 및 계약의 순서는 입찰공고 → 참가 등록 → 설계도서 배부 → 현장설명 및 질의응답 → 적산 및 견적기간 → 입찰등록 → 입찰 → 개찰 → 낙찰 → 계약의 순서를 따른다.
- 입찰방식에는 공개(일반)경쟁입찰, 지명경쟁입찰, 일괄입찰, 특명입찰 등이 있다.

㉡ 일괄입찰

- 발주자가 입찰 시 공사의 설계서 및 시공도면 등을 작성하여 입찰서와 함께 제출하는 설계·시공 일괄입찰을 말한다.
- 턴키입찰이라고도 한다.

㉢ 일반경쟁입찰

- 유자격자는 모두 입찰에 참여할 수 있으며, 균등한 기회를 제공한다.
- 공사비 등을 절감할 수 있다.
- 담합의 우려가 적다.
- 부적격자에게 낙찰될 우려가 있다는 단점을 가진다.

㉣ 설계시공일괄입찰도급(턴키 도급, Turn-key base)

- 금융, 토지, 설계, 시공, 시운전 등 모든 요소를 포괄한 도급계약방식으로 주문자가 필요로 하는 모든 것을 조달하여 주문자에게 인도하는 방식을 말한다.
- 공사비의 절감과 공기단축이 가능하나 공사의 품질이 저하될 우려가 있다.

Check

건설업자가 대상 계획의 기업 · 금융 · 토지조달 · 설계 · 시공 · 기계기구설치 · 시운전 및 조업지도까지 주문자가 필요로 하는 모든 것을 조달하여 주문자에게 인도하는 도급계약방식은? 0702

① 지명경쟁입찰 ② 수의계약
③ 턴키(Turn-key)입찰 ④ 제한경쟁입찰

- ①은 시공능력 등이 검증된 소수의 대상자에게 입찰자격을 부여하는 방식으로 담합가능성은 존재하나 시공의 신뢰성을 확보할 수 있다.
- ②는 경매, 입찰 등의 방법 없이 임의로 적당한 상대자를 선정하여 체결하는 계약방식이다.
- ④는 시공능력 등이 검증된 소수의 대상자에게 입찰자격을 부여하는 방식으로 담합가능성은 존재하나 시공의 신뢰성을 확보할 수 있다.

정답 ③

⑦ 현장대리인

- 건설공사의 시공관리와 그 밖의 기술상의 관리를 위해 공사현장에 상주하여 계약문서와 공사 감독관의 지시에 따라 공사현장의 관리 및 공사에 관한 모든 사항을 처리하는 사람이다.

⑧ 건설공사 감리 구분

- 설계감리 : 설계단계의 감리이다.
- 검측감리 : 설계 및 관계법대로 시공이 되었는지 확인한다.
- 시공감리 : 품질, 시공, 안전을 감리하고 기술지도, 시공검측을 확인한다.
- 책임감리 : 시공감리와 관계법에 따라 발주청의 감독권한을 대행한다.

발주자

- 건설공사를 시공사와 계약하면서 공사비를 지급하는 발주처를 의미한다.
- 공사의 설계 및 시공을 의뢰하는 사람을 말한다.

다. 조경설계 및 시공

① 조경설계

- 식재, 포장, 계단, 분수 등과 같은 한정된 문제를 해결하기 위해 구성요소, 재료, 수목들을 선정하여 기능적이고 미적인 3차원적 공간을 구체적으로 창조하는 데 초점을 두어 발전시키는 것이다.
- 아름다운 경관과 쾌적한 환경을 조성하기 위해 예술적, 공학적, 생태적인 지식과 기술을 활용하여 아름답게 꾸미는 데 필요한 설계 관련 업무를 말한다.

② 조경시공

㉠ 개요

- 설계에 의해서 정해진 방침에 따라 경제적, 능률적으로 목적을 달성하는 데 있다.
- 설계된 조경공간 및 시설의 조성으로 경관을 창조하는 일이다.
- 터닦기 → 급배수, 호안공사 → 콘크리트공사 → 정원시설물설치 → 식재공사 순으로 진행한다.

㉡ 특성

- 생명력이 있는 식물재료를 많이 사용한다.
- 시설물은 미적이고 기능적이며 안전성과 편의성 등이 요구된다.
- 조경 수목은 정형화된 규격표시가 있기 때문에 규격이 다른 나무들은 현장 검수에서 문제의 소지가 있다.
- 각종 자연재료만을 사용하므로 주변에서 조달하기 위해 기계 장비 투입이 잦은 편이다.
- 조경 수목은 생물인 관계로 일정한 규격으로 표준화하기가 어렵다.
- 공사의 규모가 크고, 기계 장비의 투입이 많으므로 인력 사용은 적은 편이다.

Check

조경에서 이상적인 시공을 설명한 것 중 가장 알맞은 것은? 0802

① 설계도면과는 무관하게 임의로 적합한 시공을 하는 데 있다.
② 설계에 의해서 정해진 방침에 따라 경제적, 능률적으로 목적을 달성하는 데 있다.
③ 경제적인 것은 관계없이 보기 좋게 하면 된다.
④ 재료를 최고급품으로 써서라도 목적을 달성하는 데 있다.

정답 ②

- 조경시공은 설계에 따라 조경공간과 시설을 조성하는 목적을 달성하는 것이 중요하다.

③ 기준점(Bench Mark)과 규준틀

- 신축할 건축물의 높이의 기준이 되는 주요 가설물로 이동의 위험이 없는 인근 건물의 벽 또는 담장에 설치하는 것을 말한다.
- 기준점은 훼손될 것을 고려하여 2곳 이상에 설치한다.
- 규준틀은 건축에 있어서 가장 기본적인 것으로 설계도면의 배치도에 맞게 건물의 위치를 기준 먹을 중심으로 맞추는 가설물을 말한다.

④ 환경생태복원 녹화공사

- 비탈면녹화공사
- 옥상 및 벽체녹화공사
- 자연하천 및 저수지공사

⑤ 임해매립지 식재지반에서의 조경시공

- 지하수위조정
- 염분제거
- 배수관부설

2 측량

① 목적에 따른 측량의 분류

- 토지측량 : 토지면적이나 경계선 등을 도면 위에 나타내는 측량이다.
- 수준측량 : 지형의 표고차를 나타내는 측량이다.
- 지형측량 : 토지의 평면위치와 표고를 측량해 지형도를 만드는 측량이다.
- 노선측량 : 도로, 철도 등의 계획 및 공사를 위한 측량이다.
- 수로측량(항만측량) : 하천이나 항만 등에 관한 측량이다.
- 터널측량 : 터널의 계획 및 시공에 필요한 측량이다.
- 천문측량 : 북극성을 기준으로 지구상의 위치를 정하는 측량이다.

측량의 3대 요소
- 거리
- 방향(각)
- 고저차(높이)

② 지오이드(Geoid)면

- 동중력면이라고도 한다.
- 정지된 평균해수면을 육지까지 연장하여 지구 전체를 둘러쌌다고 가상한 곡면을 말한다.
- 수준측량의 기준점으로 해발고도는 0m이다.

③ 수준측량 관련 용어

수평면	연직선에 직교하는 모든 점을 잇는 곡면으로 대략 지구의 형상을 이룬다.
지평면	연직선에 직교하는 평면으로 어떤 점에서는 수평면에 접하는 평면이며, 시준거리에서는 수평면과 일치한다.
기준면	표고의 기준이 되는 수평면을 말한다.
표고	기준면으로부터 목표물에 이르는 수직거리를 말한다.
수준점	기준면으로부터 표고를 결정하여 놓은 측표로서 수준 측량의 기준점이 된다.
후시	기지점에 세운 표척의 눈금을 읽는 것을 말한다.
전시	표고를 알고자 하는 미지점의 표척 눈금을 읽는 것을 말한다.
중간점	어느 한 점의 표고를 구하기 위해 전시만 읽는 점을 말한다.
전환점	수준차 측량의 시작과 끝점 사이에 여러 빈 레벨을 설치하는데 진후의 측량을 연결하기 위하여 전시후시를 하게 되는 표척 설치점이다.

④ 레벨

- 높이차 측량을 하기 위해 만든 시준선이 지평면을 형성할 수 있도록 한 측량 장비이다.
- 시준선을 형성하는 망원경과 시준선의 수평을 유지하는 정준장치, 수평을 만드는 기준이 되는 기포관으로 구성된다.

⑤ 수준측량

- 지표 위 어느 점의 표고를 결정하여 여러 점들의 표고차를 결정하는 측량을 말한다.
- 레벨과 표척, 야장(수첩)을 이용한다.

Check

수준측량과 관련이 없는 것은? 1201

① 레벨 ② 표척
③ 앨리데이드 ④ 야장

정답 ③

• ③은 평판측량에서 도판 위에서 목표물을 시준하여 방향선을 그려서 목표물의 방향을 결정하는 기구이다.

⑥ 측량기구

야장	측량한 결과를 기입하는 수첩
측량 핀	테이프의 길이마다 그 측점을 땅 위에 표시하기 위하여 사용되는 핀
폴(Pole)	일정한 지점이 멀리서도 잘 보이도록 곧은 장대에 빨간색과 흰색을 교대로 칠하여 만든 기구
보수계(Pedometer)	측정 시 보폭 수를 헤아리는 기구
표척	계측점의 높이를 계측할 때 사용하는 기구
스타프	멀리서도 읽을 수 있도록 특수 고안된 자

⑦ 항공사진측량

㉠ 개요

- 대공표지설치, 항공사진촬영, 지상기준점측량, 항공삼각측량, 세부도화 등을 포함하여 수치지형도 제작용 도화원도 및 도화파일이 제작되기까지의 과정을 말한다.
- 넓은 지역(소축척) 측량 시 경제적이다.
- 축척 변경이 용이하다.
- 분업화에 의한 작업능률성이 높다.
- 동적인 대상물의 측량이 가능하다.
- 좁은 면적일 경우 비경제적이고 일기에 영향을 받는다.

㉡ 항공사진 판독과정의 고려요소

- 크기 : 대상물이 갖는 입체감, 평면적인 넓이와 길이를 판독한다.
- 형상 : 개체나 목표물의 윤곽, 구성, 배치 및 일반적인 형태를 판독한다.
- 음영 : 빛의 방향에 따른 그림자의 방향 등을 통해 건물, 산, 다리 등의 그림자를 판독한다.
- 색조 : 빛 반사에 의해 수목의 종류, 토양의 습윤도를 판독한다.
- 질감 : 피사체의 질, 짜임새에 의해 초목, 식물의 잎, 거칠기, 세밀감을 판독한다.
- 모양 : 사진상 배열에 의해 지질, 지리, 토양, 산림, 자원 등을 판독한다.

✓Check

항공사진 측량 시 낙엽수와 침엽수, 토양의 습윤도 등의 판독에 쓰이는 요소는? 1102

① 질감 ② 음영
③ 색조 ④ 모양

- ①은 피사체의 질, 짜임새에 의해 초목, 식물의 잎, 거칠기, 세밀감을 판독한다.
- ②는 빛의 방향에 따른 그림자의 방향 등을 통해 건물, 산, 다리 등의 그림자를 판독한다.
- ④는 사진상 배열에 의해 지질, 지리, 토양, 산림, 자원 등을 판독한다.

정답 ③

⑧ 평판측량 방법

- 평판을 사용하여 야외에서 직접 도면상에 작도를 하여 지형도를 만드는 측량 방법을 말한다.
- 방사법, 전진법, 교회(선)법이 있으며, 교회법에는 전방교회(선)법, 측방교회(선)법, 후방교회(선)법이 있다.
- 방사법은 한 측점에 평판을 세우고 그 주변 목표점들의 방향선과 거리를 측정하여 지형을 측정하는 방법으로 비교적 좁은 지역에서 세부 측량을 할 때 효율적인 측량방법이다.
- 전진법은 도선법, 절측법이라고 하며, 한 측점에서 많은 점의 시준이 어렵거나 좁은 지역의 측량에 사용되는 방법으로 시준 장애물이 많을 때 유리하다.
- 전방교회(선)법은 이미 알고 있는 2개 혹은 3개의 기지점에 평판을 설치하고 이들 점에서 측정하려는 미지점을 시준하여 방향선을 그릴 때 그 교점을 이용하여 목표의 위치를 측정하는 방법이다.
- 측방교회(선)법은 한 개의 기지점에 평판을 설치하고 다른 한 개의 기지점을 시준하여 방향선을 그리고 평판을 다시 미지점에 설치하고 처음 시준한 기지점을 향하여 방향선을 그리는 방법이다.
- 후방교회(선)법은 도면상에 없는 미지점의 평판을 세워 그 점(미지점)의 위치를 결정하는 측량방법이다.

✓Check

비교적 좁은 지역에서 대축척으로 세부 측량을 할 경우 효율적이며, 지역 내에 장애물이 없는 경우 유리한 평판측량 방법은? 1104

① 방사법 ② 전진법
③ 전방교회법 ④ 후방교회법

- ②는 도선법, 절측법이라고 하며, 한 측점에서 많은 점의 시준이 어렵거나 좁은 지역의 측량에 사용되는 방법이다.
- ③은 이미 알고 있는 2개 혹은 3개의 기지점에 평판을 설치하고 이들 점에서 측정하려는 미지점을 시준하여 방향선을 그릴 때 그 교점을 이용하여 목표의 위치를 측정하는 방법이다.
- ④는 도면상에 없는 미지점의 평판을 세워 그 점(미지점)의 위치를 결정하는 측량방법이다.

정답 ①

평판측량도구

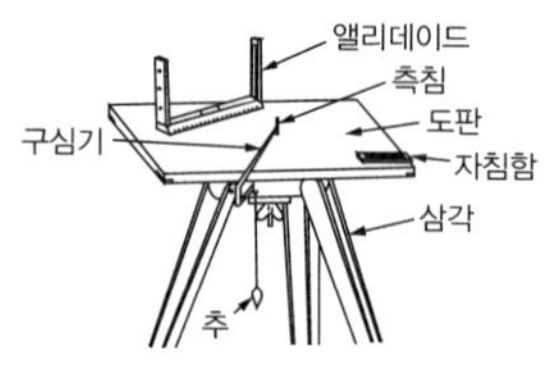

⑨ 평판측량 도구

평판	삼각대 위에 고정시켜 그 표면에 도지를 깔고 측정한 결과를 그리는 판
삼각대	도판이 움직이지 못하도록 고정하는 장치
앨리데이드	도판 위에서 목표물을 시준하여 방향선을 그려서 목표물의 방향을 결정
구심기	추를 이용해 지상의 측점과 도면의 측점을 연직선에 위치
자침기	자침을 이용해 평판의 방향이나 도면의 방향을 선정

방위

- 방위각은 북쪽을 0°로, 남쪽을 180°로 시계방향으로 잰 각도이다.
- 방위는 북위와 남위로 표시한다.

⑩ 평판측량 3요소

정준 (수평맞추기)	평판을 수평으로 하는 것
구심 (중심맞추기)	제도용지의 도상점과 땅 위의 측점을 동일하게 맞추는 것
표정 (방향맞추기)	• 평판을 일정 방향으로 맞추는 것 • 측량결과에 큰 영향을 주므로 주의해야 한다.

Check

평판측량에서 제도용지의 도상점과 땅 위의 측점을 동일하게 맞추는 것은?

0902

① 정준 ② 자침기
③ 표정 ④ 구심

정답 ④

- ①은 평판을 수평으로 하는 것을 말한다.
- ②는 자침을 이용해 평판의 방향이나 도면의 방향을 선정하고 표시하는 기구이다.
- ③은 평판을 일정 방향으로 맞추는 것을 말한다.
- ①, ③, ④는 평판측량의 3요소에 해당한다.

⑪ 약측정 방법

- 현장 답사 등과 같은 높은 정확도를 요하지 않는 경우에 간단히 거리를 측정하는 방법을 말한다.
- 목측, 보측, 시각법이 있다.

3 기계장비의 활용

① 굴삭용 기계

- 백호 : 기계가 위치한 지면보다 낮은 장소를 굴착하는 데 적합한 장비로 드래그셔블(Drag Shovel)이라고도 한다.
- 파워셔블 : 기계가 위치한 지면보다 높은 곳의 땅을 파는 데 적합한 장비이다.
- 클램셀 : 좁은 곳의 수직터파기에 쓰이는 장비이다.
- 드래그라인 : 지면에 기계를 두고 깊이 8m 정도의 연약한 지반의 넓고 깊은 기초 흙 파기를 할 때 주로 사용하는 기계이다.

② 백호(Back Hoe)

- 기계가 위치한 지면보다 낮은 장소를 굴착하는 데 적합한 장비로 드래그셔블(Drag Shovel)이라고도 한다.
- 기동성이 뛰어나고, 대형목의 이식과 자연석의 운반, 놓기, 쌓기 등에 가장 많이 사용된다.
- 파는 힘이 강력하고 비교적 경질지반도 적용한다.
- 경사로나 연약지반에서는 타이어식보다 무한궤도식이 안전하다.

Check

조경공사용 기계인 백호(Back Hoe)에 대한 설명 중 틀린 것은? 0801

① 이용 분류상 굴착용 기계이다.
② 굳은 지반이라도 굴착할 수 있다.
③ 기계가 놓인 지면보다 높은 곳을 굴착하는 데 유리하다.
④ 버킷(Bucket)을 밑으로 내려 앞쪽으로 긁어 올려 흙을 깎는다.

- 백호는 기계가 위치한 지면보다 낮은 장소를 굴착하는 데 적합한 장비로 드래그셔블(Drag Shovel)이라고도 한다.

정답 ③

③ 드래그라인

- 토공사용 굴착장비이다.
- 지면에 기계를 두고 깊이 8m 정도의 연약한 지반의 넓고 깊은 기초 흙 파기를 할 때 주로 사용하는 기계이다.
- 기계가 서 있는 위치보다 낮은 곳의 굴착에 용이하다.
- 넓은 면적을 팔 수 있으나 파는 힘은 강력하지 못하다.
- 연질지반 굴착, 모래채취, 수중 흙 파올리기에 이용한다.

④ 파워셔블(Power Shovel)

- 기계가 위치한 지면보다 높은 곳의 땅을 파는 데 적합한 장비이다.
- 기계위치보다 높은 곳의 굴착, 비탈면 절취에 적합하다.

Check

흙을 굴착하는 데 사용하는 것으로 기계가 서 있는 위치보다 높은 곳의 굴삭을 하는 데 효과적인 토공 기계는? 0601

① 모터 그레이더 ② 파워셔블
③ 드래그라인 ④ 클램셸

- ①은 운동장이나 광장과 같이 넓은 대지나 노면을 판판하게 고르거나 필요한 흙쌓기 높이를 조절하는 데 사용하는 배토정지용 기계이다.
- ③은 지면에 기계를 두고 깊이 8m 정도의 연약한 지반의 넓고 깊은 기초 흙파기를 할 때 주로 사용하는 기계이다.
- ④는 좁은 곳의 수직터파기에 쓰이는 장비이다.

정답 ②

⑤ 조경공사 운반용 기계

- 덤프트럭(Dump Truck) : 공사용 토사나 골재를 운반하는 장비이다.
- 크레인(Crane) : 무거운 물체를 들어올려서 운반하는 장비이다.
- 지게차(Forklift) : 통나무나 무거운 물체를 들어올려서 운반하는 장비이다.
- 체인블록(Chain Block) : 수동력을 이용해 큰 하중의 물체를 들어올리거나 내리는 장비이다.

⑥ 트럭 크레인(Truck Crane)

- 운반작업에 편리하고 평면적인 넓은 장소에 기동력 있게 작업할 수 있는 장비로 트럭에 크레인이 달려있다.
- 무거운 돌을 놓거나 큰 나무를 옮길 때 신속하게 운반과 적재를 동시에 할 수 있어 편리한 장비이다.

⑦ 모터 그레이더(Motor Grader)

- 운동장이나 광장과 같이 넓은 대지나 노면을 판판하게 고르거나 필요한 흙쌓기 높이를 조절하는 데 사용하는 배토정지용 기계이다.
- 길이 2 ~ 3m, 너비 30 ~ 50cm의 배토판으로 지면을 긁어가면서 작업한다.
- 배토판은 상하좌우로 조절할 수 있으며, 각도를 자유롭게 조절할 수 있기 때문에 지면을 고르는 작업 이외에 언덕 깎기, 눈치기, 도랑파기 작업 등도 가능하다.

✓Check

다음 중 건설장비 분류상 배토정지용 기계에 해당되는 것은? 1304

① 램머　　② 모터 그레이더
③ 드래그라인　　④ 파워셔블

정답 ②

- ①은 지반을 다질 때 사용하는 다짐기계이다.
- ③은 지면에 기계를 두고 깊이 8m 정도의 연약한 지반의 넓고 깊은 기초 흙 파기를 할 때 주로 사용하는 기계이다.
- ④는 기계가 위치한 지면보다 높은 곳의 땅을 파는 데 적합한 장비이다.

⑧ 론 스파이크(Lawn Spike)

- 다져진 잔디밭에 공기 유통이 잘되도록 구멍을 뚫는 기계이다.
- 특수강의 칼을 사용하여 잔디밭의 오래된 뿌리를 자르고, 공기나 물의 침투를 좋게 하는 데 사용한다.

와이어로프

- 조경공사의 돌쌓기용 암석을 운반하기에 적합한 재료이다.
- 강철 철사(소선)를 여러 겹 합쳐 꼬아 만든 밧줄이다.

⑨ 예불기(예취기)

- 원동기를 동력으로 둥근 톱, 특수 날 등을 이용해 잡초, 관목을 자르는 기계이다.
- 작업 시 작업자 상호 간의 최소 안전거리는 10m 이상을 유지한다.

4 옥외시설물 설치

가. 주차장

① 노외주차장의 구조 · 설비기준

- 노외주차장의 출구와 입구에서 자동차의 회전을 쉽게 하기 위하여 필요한 경우에는 차로와 도로가 접하는 부분을 곡선형으로 하여야 한다.
- 노외주차장의 출구 부근의 구조는 해당 출구로부터 2미터(이륜자동차전용 출구의 경우에는 1.3미터)를 후퇴한 노외주차장의 차로의 중심선상 1.4미터의 높이에서 도로의 중심선에 직각으로 향한 왼쪽 · 오른쪽 각각 60°의 범위에서 해당 도로를 통행하는 자를 확인할 수 있도록 하여야 한다.
- 노외주차장의 출입구 너비를 3.5m 이상으로 하여야 하며, 주차 대수 규모가 50대 이상인 경우에는 출구와 입구를 분리하거나 너비 5.5m 이상의 출입구를 설치하여 소통이 원활하도록 하여야 한다.
- 노외주차장에서 주차에 사용되는 부분의 높이는 주차바닥면으로부터 2.1m 이상으로 하여야 한다.

② 직각주차방식

- 도로방향에 대해 도로의 연석이나 주차장 벽면과 자동차가 직각을 이루도록 주차하는 방식을 말한다.
- 동일 면적에서 가장 많은 주차 대수를 설계할 수 있는 주차방식이다.

Check

동일 면적에서 가장 많은 주차 대수를 설계할 수 있는 주차방식은? 1005

① 직각주차방식 ② 30° 주차방식
③ 45° 주차방식 ④ 60° 주차방식

- 동일 면적에서 가장 많은 주차 대수를 주차할 수 있는 주차방식은 직각주차방식이다.

정답 ①

③ 주차장의 주차구획

- 평행주차형식의 경우

구분	너비	길이
경형	1.7m 이상	4.5m 이상
일반형	2.0m 이상	6.0m 이상
보도와 차도의 구분이 없는 주거지역의 도로	2.0m 이상	5.0m 이상
이륜자동차전용	1.0m 이상	2.3m 이상

- 평행주차형식 외의 경우

구분	너비	길이
경형	2.0m 이상	3.6m 이상
일반형	2.5m 이상	5.0m 이상
확장형	2.6m 이상	5.2m 이상
장애인전용	3.3m 이상	5.0m 이상
이륜자동차전용	1.0m 이상	2.3m 이상

나. 옥상정원

① 옥상정원 고려사항

- 건물구조에 영향을 미치는 하중(荷重) 문제 : 경량재료(버미큘라이트, 펄라이트, 피트, 화산재 등) 사용
- 토양층 깊이
- 방수 및 배수 문제

② 옥상녹화 방수 소재의 요구성능

- 내근성
- 내화학성
- 내박테리아성
- 내움푹패임성
- 수밀성 및 투수성

③ 옥상정원의 환경조건

- 토양 수분의 용량이 적다.
- 토양 온도의 변동 폭이 크다.
- 양분의 유실속도가 빠르다.
- 바람의 피해를 받기 쉽다.

④ 바탕체의 거동에 의한 방수층의 파손 요인에 대한 해결방법

- 거동 흡수 절연층의 구성
- 합성고분자계, 금속계 또는 복합계 재료 사용
- 콘크리트 등 바탕체가 온도 및 진동에 의한 거동 시 방수층 파손이 없을 것

Check

다음 옥상정원에 대한 설명 중 적절하지 않은 것은? 0305

① 햇볕이 강한 곳이므로 건물 구조가 견딜 수 있는 한 큰 나무를 심어 그늘을 만든다.
② 잔디를 입히는 곳의 흙의 두께는 30cm 정도를 표준으로 한다.
③ 건물 구조가 약할 때에는 큰 화분에 심은 나무를 이용하는 것이 좋다.
④ 배수에 특히 유의하여 바닥에 관암거를 설치하고 10cm 정도의 왕모래를 깔도록 한다.

정답 ①

- 큰 나무는 건물 구조안전에 문제가 될 뿐 아니라 관리 및 미관에도 좋지 않다.

다. 휴게시설 등 야외시설

① 휴게공간의 입지 조건

- 경관이 양호한 곳
- 시야가 확보되는 곳
- 보행동선이 합쳐지는 곳
- 기존 녹음수가 조성된 곳

② 트렐리스(Trellis)

- 덩굴식물을 지탱하거나 수직으로 비치는 햇빛을 가리기 위해 좁고 얄팍한 목재, 금속으로 만든 격자모양의 구조물을 말한다.
- 양식으로 꾸며진 중문으로 볼 수 있다.
- 보통 가는 철제파이프 또는 각목으로 만든다.
- 간단한 눈가림 구실을 하거나, 장미 등 덩굴식물을 올려 장식한다.

Check

좁고 얄팍한 목재를 엮어 1.5m 정도의 높이가 되도록 만들어 놓은 격자형의 시설물로서 덩굴식물을 지탱하기 위한 것은? 0805

① 파고라 ② 아치
③ 트렐리스 ④ 정자

- ①은 뜰이나 편평한 지붕 위에 나무를 가로세로로 얹어 만든 서양식 정자를 말한다.
- ②는 구멍이 있는 부분에 하중을 지지하기 위해 곡선형으로 쌓아 올린 구조를 말한다.
- ④는 경치가 좋은 곳에서 쉴 수 있도록 벽이나 문 없이 개방되게 지은 건축물을 말한다.

정답 ③

③ 파고라(Pergola)

- 뜰이나 편평한 지붕 위에 나무를 가로세로로 얹어 덩굴성 식물을 올려 만든 서양식 정자를 말한다.
- 들보는 칸과 칸 사이의 두 기둥을 건너지르는 나무를 말한다.
- 도리는 들보와 직각으로 기둥과 기둥을 건너 위에 얹는 나무를 말한다.
- 장식과 차양의 역할을 한다.
- 밤나무 등을 주로 사용한다.
- 보행동선과의 마찰을 피한다.
- 테라스 위, 통경선의 끝 부분, 주택정원의 구석진 곳 등에 만든다.

④ 테라스(Terrace)

- 실내에서 직접 밖으로 나갈 수 있도록 거실이나 응접실 또는 식당 앞에 건물과 잇대어서 만드는 공간으로 지붕이 없는 것을 말한다.
- 건물과 정원을 연결시키는 역할을 한다.

Check

건물과 정원을 연결시키는 역할을 하는 시설은? 0201 / 1205

① 아치 ② 트렐리스
③ 파고라 ④ 테라스

- ①은 구멍이 있는 부분에 하중을 지지하기 위해 곡선형으로 쌓아 올린 구조를 말한다.
- ②는 덩굴식물을 지탱하거나 수직으로 비치는 햇빛을 가리기 위해 좁고 얄팍한 목재, 금속으로 만든 격자모양의 구조물을 말한다.
- ③은 뜰이나 편평한 지붕 위에 나무를 가로세로로 얹어 만든 서양식 정자를 말한다.

정답 ④

⑤ 막구조

- 코팅된 직물로 막을 만들고 막 자체의 인장력으로 힘을 전달하게 하는 형태 저항형 대공간 구조를 말한다.
- 유목민들의 텐트 구조에서 유래된 것으로 현대적인 막구조는 캐나다 몬트리올에서 개최된 엑스포에서 개선되었다.
- 막 면의 겹에 따라 1중막, 2중막으로 나누어진다.
- 자체 투광성이 있어 낮에는 인공조명이 필요 없다.
- 파고라, 셸터, 자전거보관대 등 조경분야에서 이용한다.

수목 보호대(Grating)

- 포장된 지역에서도 수목을 식재할 수 있도록 하는 설비를 말한다.

⑥ 몰(Mall)

- 상점가의 보행자 중심 도로를 말한다.
- 도시환경을 개선하는 한 방법이다.
- 원래의 뜻은 나무그늘이 있는 산책길이란 뜻이다.

⑦ 볼라드(Bollard)

- 보행자의 안전을 위해 차량이 보행구역 안으로 진입하는 것을 차단하는 교통 시설물을 말한다.
- 보행인과 차량교통의 분리를 목적으로 설치하는 시설물이다.

Check

보행인과 차량교통의 분리를 목적으로 설치하는 시설물은? 0904

① 트렐리스(Trellis) ② 벽천
③ 볼라드(Bollard) ④ 램프(Lamp)

정답 ③

- ①은 덩굴식물을 지탱하거나 수직으로 비치는 햇빛을 가리기 위해 좁고 얄팍한 목재, 금속으로 만든 격자모양의 구조물을 말한다.
- ②는 벽을 타고 물이 흐르는 조형물로 실용과 미관을 겸한 시설이다.
- ④는 불을 켜거나 피워 빛을 내는 조명기구이다.

⑧ 음수대

- 녹지에 접한 포장부위에 배치한다.
- 관광지 · 공원 등에는 설계대상 공간의 성격과 이용특성 등을 고려하여 필요한 곳에 음수대를 배치한다.
- 지수전과 제수밸브 등 필요시설을 적정 위치에 제 기능을 충족시키도록 설계한다.
- 겨울철의 동파를 막기 위한 보온용 설비와 퇴수용 설비를 반영한다.
- 배수구는 청소가 쉬운 구조와 형태로 설계한다.

⑨ 휴지통

- 통풍이 좋고 건조하기 쉬운 구조로 한다.
- 내화성이 있는 구조로 한다.
- 쓰레기를 수거하기 쉽도록 한다.
- 산책로 가로변, 보행자 전용도로 등에서 진행방향의 우측에 잘 보이는 곳에 설치한다.

Check

조경공간에서의 휴지통에 대한 설명 중 틀린 것은? 0802

① 통풍이 좋고 건조하기 쉬운 구조로 한다.
② 내화성이 있는 구조로 한다.
③ 쓰레기를 수거하기 쉽도록 한다.
④ 지저분하므로 눈에 잘 띄지 않는 장소에 설치한다.

• 휴지통은 산책로 가로변, 보행자 전용도로 등에서 진행방향의 우측에 잘 보이는 곳에 설치한다.

정답 ④

⑩ 휴게시설 의자

㉠ 개요

• 체류시간을 고려하여 설계하며, 긴 휴식에 이용되는 의자는 앉음판의 높이가 낮고 등받이를 길게 설계한다.
• 등받이 각도는 수평면을 기준으로 약 96 ~ 110°를 기준으로 하고, 휴식시간이 길어질수록 등받이 각도를 크게 한다.
• 앉음판의 높이는 34 ~ 46cm를 기준으로 하되 어린이를 위한 의자는 낮게 할 수 있다.
• 의자의 길이는 1인당 최소 45cm를 기준으로 하되, 팔걸이부분의 폭은 제외한다.

㉡ 목재벤치

• 목재는 벤치 좌면 재료 가운데 이용자가 4계절 가장 편하게 사용할 수 있는 재료이다.
• 목재벤치 좌판(坐板)의 도장보수는 보통 2 ~ 3년 주기로 실시하는 것이 좋다.

Check

야외용 의자 제작 시 2인용을 기준으로 할 때 얼마 정도의 길이가 필요한가? (단, 여유공간을 포함한다) 1004

① 60cm 정도 ② 120cm 정도
③ 180cm 정도 ④ 200cm 정도

• 의자의 길이는 1인당 최소 45cm를 기준으로 하되, 팔걸이부분의 폭은 제외한다.

정답 ②

⑪ 수경시설

• 조경공간에서 식물과 더불어 동적인 경관을 제공하고 소리와 청량감을 줄 수 있는 물을 이용한 제반 시설을 말한다.
• 벽천, 캐스케이드, 인공폭포, 분수대, 연못, 도섭지 등이 있다.

⑫ 모래터 조성

• 적어도 하루에 4 ~ 5시간의 햇볕이 쬐고 통풍이 잘되는 곳에 설치한다.
• 어린이들을 위한 운동시설로서 모래터에 사용되는 모래의 깊이는 30cm 이상으로 한다.

유리섬유강화플라스틱(FRP)

• 벤치, 인공폭포, 인공암, 수목 보호판, 화분대 등 습기에 노출되기 쉬운 시설물의 재료로는 많이 사용된다.

- 여름철 강한 햇빛을 차단하기 위해 버즘나무, 백합나무 등의 녹음수를 식재한다.
- 가장자리는 방부처리한 목재 또는 각종 소재를 사용하여 지표보다 높게 모래막이 시설을 해준다.
- 모래밭은 가급적 휴게시설에서 가깝게 배치한다.

Check

여름철 모래터 위에 강한 햇빛을 차단하여 그늘을 만들기 위해 식재하는 녹음용수로 가장 적합한 수종은? 0901

① 버즘나무 ② 잣나무
③ 후피향나무 ④ 수양버들

정답 ①

- 여름철 강한 햇빛을 차단하기 위해 버즘나무, 백합나무 등의 녹음수를 식재한다.

⑬ 어린이 놀이 시설물 설치
- 가장 먼저 안전을 고려하여 설치하도록 한다.
- 시소는 출입구에 가까운 곳, 휴게소 근처에 배치하도록 한다.
- 미끄럼대의 미끄럼판의 각도는 일반적으로 30 ~ 40° 정도의 범위로 한다.
- 그네는 안전을 위해 가급적 구석진 자리에 설치한다.

⑭ 도섭지
- 바지를 걷고 건널 수 있는 작은 내로 수경시설에 속한다.
- 주로 어린이들의 물놀이를 위해 만든 얕은 물 놀이터를 일컫는다.

라. 시설물 관리

① 관리 시설물
- 유지보수가 필요한 시설물을 말한다.
- 조명시설, 표지판 등은 계속적인 유지보수가 필요한 시설물이다.

② 조경시설물 관리원칙
- 여름철 그늘이 필요한 곳에 차광시설이나 녹음수를 식재한다.
- 노인, 주부 등이 오랜 시간 머무는 곳은 가급적 목재를 사용한다.
- 그늘이나 습기가 많은 곳의 목재시설물은 콘크리트나 석재로 교체한다.
- 바닥에 물이 고이는 곳은 배수시설을 하고 다시 포장한다.
- 이용자의 사용빈도가 높은 것은 충분히 조이거나 용접한다.

Check

조경시설물의 관리원칙으로 옳지 않은 것은? 1305

① 여름철 그늘이 필요한 곳에 차광시설이나 녹음수를 식재한다.
② 노인, 주부 등이 오랜 시간 머무는 곳은 가급적 석재를 사용한다.
③ 바닥에 물이 고이는 곳은 배수시설을 하고 다시 포장한다.
④ 이용자의 사용빈도가 높은 것은 충분히 조이거나 용접한다.

정답 ②

- 노인, 주부 등이 오랜 시간 머무는 곳은 가급적 목재를 사용한다.

③ 시설물의 관리를 위한 방법

- 콘크리트 포장의 갈라진 부분은 파손된 재료 및 이물질을 완전히 제거한 후 조치한다.
- 배수시설은 정기적인 점검을 실시하고, 배수구의 잡물을 제거한다.
- 유희시설물의 점검은 용접부분 및 움직임이 많은 부분을 철저히 조사한다.
- 벽돌 및 자연석 등의 원로포장 파손 시는 모래를 기존 보도블록 높이보다 약간 높이 깔고 보수한다.

④ 조경 시설물관리를 위한 연간 작업 계획표 작업내용

- 안전점검 및 순회점검
- 전면도장 및 도로 보수
- 청소
- 부분별 수선 및 교체
- 개량 및 신설
- 재해복구공사 및 방제검사
- 하자조사와 하자공사

⑤ 시설물 관리를 위한 페인트 칠하기 방법

- 목재의 바탕칠을 할 때에는 별도의 작업 없이 불순물을 제거한 후 바로 수성페인트를 칠한다.
- 철재의 바탕칠을 할 때에는 불순물을 제거한 후 녹제거와 부식방지를 위해 방청도료를 처리한 후 유성페인트를 칠한다.
- 목재의 갈라진 구멍, 홈, 틈은 퍼티로 땜질하여 24시간 후 초벌칠을 한다.
- 콘크리트, 모르타르면의 틈은 석고로 땜질하고 유성 또는 수성페인트를 칠한다.

⑥ 목재시설물의 특징과 유지관리 대책

㉠ 특징

- 감촉이 좋고 외관이 아름답다.
- 철재보다 부패하기 쉽고 잘 갈라진다.

㉡ 유지관리대책

- 통풍을 좋게 한다.
- 빗물 등의 고임을 방지한다.
- 건조되기 쉬운 간단한 구조로 한다.
- 정기적인 보수와 칠을 해 주어야 한다.
- 20℃ 전후의 온도와 40 ~ 50%의 습도를 유지하는 것이 좋다.

Check

목재시설물에 대한 특징 및 관리 등의 설명으로 틀린 것은? 1501

① 감촉이 좋고 외관이 아름답다.
② 철재보다 부패하기 쉽고 잘 갈라진다.
③ 정기적인 보수와 칠을 해 주어야 한다.
④ 저온 때 충격에 의한 파손이 우려된다.

- ④는 플라스틱 시설물에 대한 설명이다.

정답 ④

시설물의 사용연수

- 목재벤치 : 7년
- 원로의 모래자갈 포장 : 10년
- 철재시소 : 10년
- 철재파고라 : 20년

⑦ 합성수지 놀이시설물 특징 및 관리요령

㉠ 특징

- 경량이지만 강도가 높다.
- 성형 및 착색이 자유롭다.
- 내수성이 높고 절연성이 뛰어나다.
- 내구성 및 내마모성이 떨어진다.
- 저온일 때 충격에 의한 파손이 우려된다.

㉡ 관리요령

- 시간이 지남에 따라 딱딱해지고 부서지기 쉬우므로 정해진 기한이 지나면 부품이나 시설을 교체해 줘야 한다.
- 겨울철 저온기 때 충격에 의한 파손을 주의한다.

마. 디딤돌과 경관석

① 디딤돌 크기

- 디딤돌로 이용할 돌의 두께는 10 ~ 20cm가 적당하다.
- 보행 중 군데군데 잠시 멈추어 설 수 있도록 설치하는 돌의 크기는 지름 50 ~ 55cm가 적당하다.
- 좋은 보행감을 느낄 수 있는 디딤돌과 디딤돌 사이의 중심 간 길이는 35 ~ 50cm가 적당하다.
- 디딤돌의 모양은 원형이나 사각형, 자연스러운 부정형 등이 주로 사용되며, 넘어지지 않도록 편평해야 한다.

Check

일반적인 성인의 보폭으로 디딤돌을 놓을 때 좋은 보행감을 느낄 수 있는 디딤돌과 디딤돌 사이의 중심 간 길이로 가장 적당한 것은? 0501

① 20cm 정도 ② 40cm 정도
③ 50cm 정도 ④ 80cm 정도

정답 ②

- 좋은 보행감을 느낄 수 있는 디딤돌과 디딤돌 사이의 중심 간 길이는 35 ~ 50cm가 적당하다.

② 디딤돌 놓기 방법

- 정원의 잔디, 나지 위에 놓아 보행자의 편의를 돕는다.
- 넓적하고 평평한 자연석, 판석, 통나무 등이 활용된다.
- 돌의 머리는 경관의 중심을 향해서 놓는다.
- 돌 표면이 지표면보다 3 ~ 5cm 정도 높게 앉힌다.
- 디딤돌이 시작되는 곳 또는 급하게 구부러지는 곳 등에 큰(지름 50cm) 디딤돌을 놓는다.
- 크기와 모양이 다양한 돌을 지그재그로 놓도록 한다.

③ 수변의 디딤돌(징검돌) 놓기

- 보행에 적합하도록 지면과 수평으로 배치한다.
- 징검돌의 상단은 수면보다 15cm 정도 높게 배치하고, 한 면의 길이는 30 ~ 60cm 정도로 한다.
- 디딤돌 및 징검돌의 장축은 진행방향에 직각이 되도록 배치한다.
- 물순환 및 생태적 환경을 조성하기 위하여 투수지역에서는 무거운 디딤돌을 피한다.

Check

다음 중 서양식 정원에서 많이 쓰이는 디딤돌 놓기 수법은 어느 것인가?

0801

① 직선타(直線打) ② 삼연타(三連打)
③ 사삼타(四三打) ④ 천조타(千鳥打)

- ②는 세 개씩 이어서 붙여 배석하는 수법으로 동양식 정원 조경에서 활용된다.
- ③은 세 개씩 배석하고 다시 세 개의 배석에 연이어 네 개씩 되게 반복하는 배석기법으로 넓은 조경부지에 어울린다.
- ④는 새발뛈돌이라고 하는데 새가 걸어간 발자국 모양으로 어긋나게 배석하는 기법이다.

정답 ①

④ 경관석 놓기

- 경관석의 크기와 외형을 고려한다.
- 경관석 배치의 기본형은 부등변삼각형이다.
- 돌 주위에는 회양목, 철쭉 등을 돌에 가까이 붙여 식재한다.
- 시선이 집중하기 쉬운 곳, 시선을 유도해야 할 곳에 앉혀 놓는다.
- 3, 5, 7 등의 홀수로 만들며, 돌 사이의 거리나 크기 등을 조정배치한다.
- 경관석 여러 개를 무리지어 놓는 것을 경관석 짜임이라 한다.
- 전체적으로 볼 때 힘의 방향이 분산되지 않아야 한다.
- 경관석을 다 놓은 후에는 그 주변에 알맞는 관목이나 초화류를 식재하여 조화롭고 돋보이는 경관이 되도록 한다.

Check

경관석을 여러 개 무리지어 놓는 것에 대한 설명 중 틀린 것은? 1104

① 홀수로 조합한다.
② 일직선상으로 놓는다.
③ 크기가 서로 다른 것을 조합한다.
④ 경관석 여러 개를 무리지어 놓는 것을 경관석 짜임이라 한다.

- 경관석 배치의 기본형은 부등변삼각형이다.

정답 ②

직선타(直線打)

- 서양식 정원에서 많이 쓰이는 배석기법으로 일정한 간격으로 직선을 그리며 배석하는 수법이다.
- 다른 디딤돌 배석에 비해 돌이 적게 드나 단조롭고 불편하다.

5 경관조명시설 설치

① 조경 조명시설

- 정원, 공원의 광장 등은 0.5 ~ 1.0Lux로 한다.
- 시설물 주변은 2.0Lux로 한다.

② 나트륨등

- 내부에 나트륨 외에 크세논 가스를 봉입한 고순도 방전등이다.
- 열효율이 높고 투시성이 좋으며 관리비도 싸다.
- 설치비용이 비싸다는 단점을 갖는다.
- 광질(光質)의 특성 때문에 안개지역 조명, 도로 조명, 터널 조명 등으로 사용하기 적합한 등이다.

Check

설치비용은 비싸지만 열효율이 높고 투시성이 좋으며 관리비도 싸서 안개지역, 터널 등의 장소에 설치하기 적합한 조명등은? 0904

① 할로겐등 ② 고압수은등
③ 저압나트륨등 ④ 형광등

정답 ③

- ①은 유리 벌브 내에 할로겐 가스를 봉입한 램프로 공학이나 의학 및 각종 산업계에서 많이 사용하는 등이다.
- ②는 수은가스의 방전을 이용한 등으로 가격이 저렴하다는 장점을 가져 가로등, 공장 등에서 많이 사용하는 등이다.
- ④는 수은 증기의 방전으로 발생하는 자외선을 형광물질에 의해 가시광선으로 바꾸어 빛을 내는 조명장치로 수명이 짧고 효율이 낮다.

③ 수은등

- 수은가스의 방전을 이용한 등으로 가격이 저렴하다는 장점을 가져 가로등, 공장 등에서 많이 사용하는 등이다.
- 일반적으로 평균수명이 가장 긴 등이다.

6 옹벽 등 구조물 설치

가. 돌쌓기

① 돌쌓기 시공 시 일반적인 유의사항

- 서로 이웃하는 상하층의 세로 줄눈이 연속되지 않게 한다(막힌줄눈).
- 돌쌓기 시 뒤채움을 잘하여야 한다.
- 석재는 수분을 충분히 흡수시켜서 사용해야 한다.
- 밑돌은 가장 큰 돌을, 아래부위에 쌓을수록 비교적 큰 돌을 쌓아 안전도를 높인다.
- 돌끼리 접촉이 좋도록 하고, 굄돌을 사용하여 안정되게 놓는다.
- 하루에 1 ~ 1.2m 이하로 찰쌓기를 하는 것이 좋다.
- 모르타르 배합비는 보통 1 : 2 ~ 1 : 3으로 한다.

Check

돌쌓기 시공상 유의해야 할 사항으로 옳지 않은 것은? 1204

① 서로 이웃하는 상하층의 세로 줄눈을 연속하게 된다.
② 돌쌓기 시 뒤채움을 잘하여야 한다.
③ 석재는 수분을 충분히 흡수시켜서 사용해야 한다.
④ 하루에 1 ~ 1.2m 이하로 찰쌓기를 하는 것이 좋다.

- 서로 이웃하는 상하층의 세로 줄눈이 연속되지 않게 한다.

정답 ①

② 자연석 무너짐 쌓기

- 경사진 지형에서 흙이 무너지는 것을 방지하기 위하여 토양의 안식각을 유지하며 크고 작은 돌을 자연스러운 상태가 되도록 쌓아 올리는 방법을 말한다.
- 기초가 될 밑돌은 약간 큰 돌을 사용해서 땅속에 20 ~ 30cm 정도 깊이로 묻는다.
- 크고 작은 돌이 서로 상재미가 있도록 좌우로 놓아 나간다.
- 돌을 쌓은 단면의 중간이 오목하게 들어가 보이도록 쌓는다.
- 돌과 돌이 맞물리는 곳에는 작은 돌을 끼워 넣지 않는다.
- 제일 윗부분에 놓이는 돌은 돌의 윗부분이 수평이 되도록 놓는다.
- 돌을 쌓고 난 후 돌과 돌 사이의 틈에는 키가 작은 관목(회양목 등)을 식재한다.

Check

자연석 무너짐 쌓기에 대한 설명으로 부적합한 것은? 1101

① 크고 작은 돌이 서로 상재미가 있도록 좌우로 놓아 나간다.
② 돌을 쌓은 단면의 중간이 볼록하게 나오는 것이 좋다.
③ 제일 윗부분에 놓이는 돌은 돌의 윗부분이 수평이 되도록 놓는다.
④ 돌과 돌이 맞물리는 곳에는 작은 돌을 끼워 넣지 않도록 한다.

- 돌을 쌓은 단면의 중간이 오목하게 들어가 보이도록 쌓는다.

정답 ②

③ 전통건축의 돌쌓기

바른층 쌓기	같은 켜에서는 돌의 높이가 일정하게 해서 수평줄눈이 일직선이 되게 하고, 각 켜에서의 돌의 높이는 다를 수 있도록 한 쌓기 방법
허튼층 쌓기	수평줄눈이 되게 돌을 쌓되 높이가 다른 돌을 써서 수평줄눈이 연속되지 않고 막힌줄눈이 되게 쌓는 방법
층지어 쌓기	2, 3켜 정도는 막쌓지만 일정한 켜마다는 수평줄눈이 일직선이 되게 쌓는 방법

④ 견치석 쌓기

- 지반이 약한 곳에 석축을 쌓아 올려야 할 때는 잡석이나 콘크리트로 튼튼한 기초를 만들어 놓은 후 하나씩 주의 깊게 쌓아 올린다.
- 경사도가 1 : 1보다 완만한 경우를 돌붙임이라 하고 경사도가 1 : 1보다 급한 경우를 돌쌓기라고 한다.
- 쌓아 올리고자 하는 높이가 높을 때는 이음매가 경사지도록 쌓아 올려야 한다.
- 쌓아 올리고자 하는 높이가 높을 때는 군데군데 물 빠짐 구멍을 뚫어 놓는다.

⑤ 찰쌓기

- 뒤채움에 콘크리트를 사용하고, 줄눈에 모르타르를 사용하여 쌓는다.
- 뒷면의 배수를 위해 $2m^2$마다 지름 6 ~ 9cm정도의 배수공을 설치한다.
- 견고하다는 장점을 갖는다.

Check

돌쌓기의 종류 중 찰쌓기에 대한 설명으로 옳은 것은? 0702

① 뒤채움에 콘크리트를 사용하고, 줄눈에 모르타르를 사용하여 쌓는다.
② 돌만을 맞대어 쌓고 잡석, 자갈 등으로 뒤채움을 하는 방법이다.
③ 마름돌을 사용하여 돌 한 켜의 가로 줄눈이 수평적 직선이 되도록 쌓는다.
④ 막돌, 깬돌, 깬 잡석을 사용하여 줄눈을 파상 또는 골을 지어 가며 쌓는 방법이다.

정답 ①

- ②는 메쌓기에 대한 설명이다.
- ③은 켜쌓기에 대한 설명이다.
- ④는 골쌓기에 대한 설명이다.

⑥ 메쌓기

- 돌만을 맞대어 쌓고 뒤채움은 잡석, 자갈 등으로 하는 방식이다.
- 설계도면 및 공사시방서에 명시가 없을 경우 높이는 1.5m 이하로 해야 한다.

⑦ 호박돌 쌓기

- 줄눈 어긋나게 쌓기법으로 쌓는다.
- 표면이 깨끗한 돌을 사용한다.
- 크기가 비슷한 것이 좋다.
- 규칙적인 모양으로 쌓는 것이 보기에 자연스럽다.
- 기초공사 후 찰쌓기로 시공한다.

⑧ 자연석 쌓기 총 물량

- 면적(m^2)×뒷길이(m)×단위중량(t/m^3)×비공극률로 구한다.
- 면적은 (경사면의 길이+0.2)×자연석 쌓기 폭으로 구한다.

Check

자연석 쌓기를 할 면적이 100m^2, 자연석의 평균 뒷길이가 20cm, 단위중량이 2.5t/m^3, 자연석을 쌓을 때의 공극률이 30%라고 할 때 조경공의 노무비는?(단, 정원석 쌓기에 필요한 조경공은 1t당 2.5명, 조경공의 노임단가는 43,800원이다) 0905

① 3,550,000원 ② 2,190,000원
③ 2,380,000원 ④ 3,832,500원

- 자연석 뒷길이는 20cm이므로 0.2m이다.
- 공극률이 30%이므로 0.3이고, 비공극부분은 0.7이 된다.
- 총 물량=100×0.2×2.5×0.7=35ton이 된다.
- 조경공의 노무비는 35톤×2.5명×43,800원=3,832,500원이 된다.

정답 ④

⑨ 기초의 종류

구분	내용
줄기초 (연속기초)	담장의 기초와 같이 길게 띠 모양으로 받치는 기초
독립기초	하중을 독립적으로 지반에 전달하는 기초
복합기초	2개 이상의 기둥을 합쳐서 1개의 기초로 받치는 것
온통기초	상부구조에서 전달되는 응력을 단일기초판으로 모아 지반에 전달하는 방식

⑩ 자연석 중량

- 자연석 중량=높이×폭×길이×실체적률×단위중량으로 구한다.
- 실체적률은 70%(0.7), 단위중량은 2.65ton/m^3을 적용한다.
- 몇 명의 사람이 들 수 있는 돌이냐에 따라 2목, 4목, 6목 등으로 구분한다.
- 2목=0.3×0.4×0.5×0.7×2.65=0.111톤이다.
- 4목=0.4×0.5×0.6×0.7×2.65=0.223톤이다.
- 6목=0.5×0.6×0.7×0.7×2.65=0.389톤이다.

나. 옹벽

① 토사(석)붕괴에 대한 대책

- 적절한 경사면의 기울기를 계획한다.
- 활동의 가능성이 있는 토석은 제거한다.
- 말뚝(강관, H형강, 철근콘크리트)을 박아 지반을 강화시킨다.
- 지표수가 침투되지 않도록 배수시키고 지하수위 저하를 위해 수평보링을 시킨다.
- 활동에 의한 붕괴를 방지하기 위해 비탈면 하단을 다진다.
- 비탈면 천단부(상부) 주변에는 굴착된 흙이나 재료 등을 적재해서는 안 된다.

② 옹벽 쌓기

- 벽 뒤로부터의 토양에 의한 붕괴를 막기 위한 공사를 말한다.
- 사용재료에 따라 콘크리트, 철근 콘크리트, 벽돌, 돌쌓기 옹벽으로 구분한다.
- 구조형식에 따라 중력식, 반중력식, 캔틸레버, 부벽식 옹벽 등으로 구분한다.

구분		설명
중력식 옹벽		상단이 좁고 하단이 넓은 형태의 옹벽으로 자중(自重)으로 토압이 저항하며, 높이 4m 내외의 낮은 옹벽에 적합
반중력식 옹벽		중력식과 철근콘크리트 옹벽의 중간 구조로 자중을 가볍게 하기 위해 중간에 철근을 보강한 것으로 높이 6m 정도의 옹벽에 적합
캔틸레버 옹벽	L자형	캔틸레버(Cantilever)를 이용하여 재료를 절약한 것으로 자체 무게와 뒤채움한 토사의 무게를 지지하여 안전도를 높인 옹벽으로 주로 5m 내외의 높지 않은 곳에 설치하는 옹벽
	역 T형	지반이 연약한 경우 T형보를 넣어 설치하는 옹벽
부벽식 옹벽		외벽면에서 바깥쪽으로 튀어나와 벽체가 쓰러지지 않게 지탱하는 부벽을 설치해 연약지반이나 5m 이상의 높은 경사면에 설치하는 옹벽

Check

일반적으로 상단이 좁고 하단이 넓은 형태의 옹벽으로 자중(自重)으로 토압이 저항하며, 높이 4m 내외의 낮은 옹벽에 많이 쓰이는 종류는? 0201 / 0802

① 중력식 옹벽 ② 캔틸레버 옹벽
③ 부벽식 옹벽 ④ 조립식 옹벽

정답 ①

- ②는 현관의 차양처럼 한쪽 끝이 고정되고 다른 끝은 받쳐지지 않은 상태로 된 캔틸레버(Cantilever)를 이용하여 재료를 절약하여 가장 경제성이 높은 옹벽으로 L형과 역T형으로 구분한다.
- ③은 외벽면에서 바깥쪽으로 튀어나와 벽체가 쓰러지지 않게 지탱하는 부벽을 설치해 연약지반이나 5m 이상의 높은 경사면에 설치하는 옹벽이다.

③ 옹벽의 배수구

- 옹벽 찰쌓기를 할 때는 배수구로 PVC(경질염화비닐)관을 설치한다.
- 뒷면에 물이 고이지 않도록 $3m^2$마다 배수구 1개씩 설치하는 것이 좋다.

조경관리

조경관리에서는 조경포장공사, 병해충과 방제방법, 제초관리, 토양관리, 시비관리, 전정관리, 수목의 보호조치, 수관다듬기 등에 대해서 다뤄진다.

1 조경 포장기반 조성

① 관수의 효과
- 토양 중의 양분을 용해하고 흡수하여 신진대사를 원활하게 한다.
- 증산작용으로 인한 잎의 온도 상승을 막고 식물체 온도를 유지한다.
- 토양의 건조를 막고 생육 환경을 형성하여 나무의 생장을 촉진시킨다.

Check

관수의 효과가 아닌 것은? 1205

① 토양 중의 양분을 용해하고 흡수하여 신진대사를 원활하게 한다.
② 증산작용으로 인한 잎의 온도 상승을 막고 식물체 온도를 유지한다.
③ 지표와 공중의 습도가 높아져 증산량이 증대된다.
④ 토양의 건조를 막고 생육 환경을 형성하여 나무의 생장을 촉진시킨다.

- 관수는 식물에 직접 물을 주는 작업으로 공중의 습도까지 조절하지는 않는다.

정답 ③

② 도로 우수거
- 빗물받이로 L형 측구를 설치한다.
- 팽창줄눈 설치 시 자수판의 간격은 20m 이내로 한다(최대 30m).
- 배수관의 경사는 지름이 50cm일 경우 1/150 ~ 1/300, 지름이 15cm일 경우 1/300 ~ 1/600으로 한다.

③ 유공관 설치
- 지하층 배수(암거배수)를 위해 유공관을 설치하는 방법이다.
- 굵은 자갈－유공관－잔자갈－굵은 모래－(필터)－흙 순으로 배치한다.

④ 암거배수
- 농경지의 지하수위를 낮추기 위한 배수 방법으로 자갈이나 관 등을 묻어 배수시킨다.
- 토양수분의 조절로 작물의 생육환경을 개선시킨다.
- 농기계의 작업능률을 높이고, 지온조절을 통해 동상해를 방지한다.

⑤ 지하층 배수
- 지하층 배수는 속도랑을 설치해 줌으로써 가능하다.
- 암거배수의 배치형태는 어골형, 평행형, 빗살형, 부채살형, 자유형 등이 있다.
- 속도랑의 깊이는 천근성보다 심근성 수종을 식재할 때 더 깊게 한다.
- 큰 공원에서는 자연 지형에 따라 배치하는 자연형 배수방법이 많이 이용된다.

빗물받이(우수거)
- 표면의 우수를 모아서 유입시키는 시설로 물이 모이는 장소에 설치한다.
- 보통 20m(최대 30m 이내)에 하나씩 설치한다.

⑥ 어골형 암거

- 중앙에 큰 맹암거를 중심으로 하여 작은 맹암거를 좌우에 어긋나게 설치하는 방법이다.
- 경기장이나 어린이놀이터와 같은 넓고 평탄한 지형에 적합하며, 전 지역의 배수가 균일하게 요구되는 지역에 설치한다.

Check

지하층의 배수를 위한 시스템 중 넓고 평탄한 지역에 주로 사용되는 것은? 1301

① 어골형, 평행형　　② 즐치형, 선형
③ 자연형　　④ 차단법

정답 ①

- ②는 정구장과 같이 좁고 긴 형태의 전 지역을 균일하게 배수하려는 암거 방법이다.
- ③은 등고선을 고려하여 주관을 설치하고, 주관을 중심으로 양측에 지관을 지형에 따라 필요한 곳에 설치하는 방법이다.
- ④는 도로법면에 많이 사용하는 방법으로 경사면 자체의 유수를 방지하는 방법이다.

⑦ 자연형 암거

- 등고선을 고려하여 주관을 설치하고, 주관을 중심으로 양측에 지관을 지형에 따라 필요한 곳에 설치하는 방법이다.

⑧ 빗살형 암거

- 정구장과 같이 좁고 긴 형태의 전 지역을 균일하게 배수하려는 암거 방법이다.

⑨ 방사식

- 지역이 광대해서 하수를 한 개소로 모으기가 곤란할 때 배수지역을 수 개 또는 그 이상으로 구분해서 배관하는 배수 방식이다.
- 대도시에서는 편리한 배수방식으로 하수처리장의 개수가 많아진다는 단점이 있다.

⑩ 옥외조경공사 지역의 배수관 설치

- 경사는 관의 지름이 작은 것일수록 급하게 한다(지름 150mm의 경우 1/300 ~1/600 정도가 적당하다).
- 배수관의 깊이는 동결심도 아래에 설치한다.
- 관에 소켓이 있을 때는 소켓이 관의 상류쪽으로 향하도록 한다.
- 관의 이음부는 관 종류에 따른 적합한 방법으로 시공하며, 이음부의 관 내부는 매끄럽게 마감한다.

Check

다음 배수관 중 가장 경사를 급하게 설치해야 하는 것은? 1201

① ϕ100mm　　② ϕ200mm
③ ϕ300mm　　④ ϕ400mm

정답 ①

- 배수관의 경사는 관의 지름이 작은 것일수록 급하게 한다.

⑪ 오수관거 최소관경

- 오수관로는 관로 내 점검 및 청소 등 유지관리를 위하여 200mm를 표준으로 한다.
- 우수관로 및 합류관로는 관로 내 점검 및 청소 등 유지관리를 위하여 250mm를 표준으로 한다.
- 오수관로에서 장래 하수량증가 계획이 없는 경우, 유지관리 하는 데 지장이 없는 범위 내에서 초기관로에 국지적으로 150mm를 제한하여 사용할 수 있다.

2 병해충 방제

가. 병해충 개요

① 코흐의 원칙

㉠ 개요

- 균의 병원성 문제를 균 대 동물의 관계에서 고찰하는 감염발증학의 기초를 만든 것이다.

㉡ 특정 병의 원인균으로 인정받기 위한 4원칙

- 미생물이 언제나 그 병의 병환부에 존재해야 한다.
- 미생물은 분리되어 배지 위에서 순수 배양되어야 한다.
- 순수배양한 미생물을 접종하여 동일한 병이 발생되어야 한다.
- 발병된 피해부위에서 접종에 사용한 미생물과 동일한 성질을 가진 미생물이 재분리 되어야 한다.

② 표징

- 육안 또는 돋보기로 확인 가능한 병원체의 모습을 말한다.
- 병원체의 영양기관에는 균사, 균사막, 근상균사속, 균핵, 자좌 등이 있다.
- 병원체의 번식기관에는 포자, 자실체 등이 있다.

③ 전염원

- 1차 전염원은 활동하면서 휴면상태로 생존하다가 봄이나 가을에 첫 감염을 일으키는 균핵, 난포자, 균사, 자낭포자 등이 있다.
- 2차 전염원은 1차 전염원으로부터 형성되는 분생포자 등이 있다.

④ 병삼각형

- 발병에 관계되는 3대 요소를 말한다.
- 기주, 병원체(주요인), 환경요인(유인)으로 구성된다.
- 기주는 수목의 식숙도, 식재장소, 식재거리 등을 말한다.
- 병원체는 곰팡이, 세균 등을 말한다.
- 환경요인은 강수량, 온도 등을 말한다.

주광성(Phototaxis)

- 스스로 움직일 수 있는 생물이 빛에 반응하는 현상을 말한다.
- 곤충이 빛에 반응하여 일정한 방향으로 이동하려는 행동습성을 말한다.

Check

식물병의 발병에 관여하는 3대 요인과 가장 거리가 먼 것은? 1104

① 일조부족 ② 병원체의 밀도
③ 야생동물의 가해 ④ 기주식물의 감수성

- ①은 환경요인, ②는 병원체, ④는 기주에 해당한다.

정답 ③

세계 3대 수목병
- 잣나무 털녹병
- 느릅나무 시들음병
- 밤나무 줄기마름병

⑤ 직접침입
- 각피침입으로 표피세포를 뚫고 직접 침입하는 형태를 말한다.
- 흡기로 침입, 세포 간 균사로 침입, 흡기를 가진 세포 간 균사로 침입, 각피 아래만 침입, 부착기 · 침입관 · 세포 내 균사로 침입 등이 있다.
- 도열병균, 탄저병균, 벼잎집무늬마름병균 등 균류가 대표적이다.

⑥ 비전염성 병
- 식물체 전체에 발생하는 병이다.
- 발병지역이 넓고, 초기 증상이 빠르게 진행된다.
- 시듦병, 세균성 연부병 등이 있다.

나. 식물병

① 흰가루병(Powdery Mildew)
- 곰팡이 질병의 하나이다.
- 수목에 치명적인 병은 아니지만 발생하면 생육이 위축되고 외관을 나쁘게 한다.
- 식물의 잎이나 줄기에 백색 점무늬가 생기고 점차 퍼져서 흰 곰팡이 모양이 된다.
- 가을이 되면 병환부에 흰가루가 섞여서 자낭구라 불리는 미세한 흑색의 알맹이가 다수 형성된다.
- 장미, 단풍나무, 배롱나무, 벚나무 등에 많이 발생한다.
- 병든 낙엽을 모아 태우거나 땅속에 묻음으로써 전염원을 차단하는 것이 필수적이다.
- 통기불량, 일조부족, 질소과다 등이 발병유인이다.
- 석회유황합제, 티오파네이트메틸수화제(지오판엠), 디비이디시(황산구리)유제(산요루) 등의 살포로 방제할 수 있다.

Check

다음 수종 중 흰가루병이 가장 잘 걸리는 식물은? 0801

① 대추나무 ② 향나무
③ 동백나무 ④ 장미

정답 ④

- 흰가루병은 장미, 단풍나무, 배롱나무, 벚나무 등에 많이 발생한다.

② 기주교대
- 이종기생균이 그 생활사를 완성하기 위하여 기주를 바꾸는 것을 말한다.
- 소나무 잎녹병의 경우 기주식물은 소나무인데 중간기주로 황벽나무, 참취, 잔디를 중간기주로 한다.
- 기주교대를 하는 녹병에는 소나무 잎녹병, 버드나무 잎녹병, 오리나무 잎녹병, 전나무 잎녹병, 포플러 잎녹병 등이 있다.

③ 소나무류 잎녹병
- 대표적인 기주는 소나무류(소나무, 해송, 스트로브잣나무 등)이다.
- 중간기주로는 황벽나무, 참취, 잔디 등이 있다.
- 중간기주를 제거하고 만코지수화제를 9월에 살포한다.

④ 잣나무 털녹병

- 대표적인 기주는 잣나무, 스트로브 잣나무이다.
- 중간기주로는 송이풀, 까치밥나무 등이 있다.
- 잎의 기공으로 침입하여 줄기로 전파된다.
- 감염된 나무와 중간기주를 제거하고 조기에 가지치기를 실시한다.

⑤ 향나무 녹병

- 중간기주는 대나무, 사과나무, 모과나무 등의 장미과 식물이다.
- 4월에 향나무 잎과 줄기에 갈색의 돌기가 형성된다.
- 비가 오면 한천모양이나 젤리모양으로 부풀어 오른다.
- 향나무 주위에 장미과 식물을 심지 않도록 한다.

⑥ 그을음병

- 진딧물, 깍지벌레와 같은 흡즙성 해충의 분비물로 인해 발생된다.
- 소나무, 낙엽송, 주목, 버드나무, 사철나무, 동백나무 등에서 많이 발생한다.

⑦ 참나무 시들음병

- 매개충은 광릉긴나무좀이다.
- 매개충의 암컷등판에는 곰팡이를 넣는 균낭이 있다
- 곰팡이가 도관을 막아 수분과 양분을 차단한다.
- 월동한 성충은 5월경에 침입공을 빠져나와 새로운 나무를 가해한다.
- 피해목은 7월 하순부터 빨갛게 시들면서 말라죽기 시작하고 겨울에도 잎이 떨어지지 않고 붙어 있다.
- 피해목은 벌채 및 훈증처리한다.
- 우리나라에서는 2004년 경기도 성남시에서 처음 발견되었다.

Check

참나무 시들음병에 대한 설명으로 옳지 않은 것은? 1202

① 매개충은 광릉긴나무좀이다.
② 피해목은 초가을에 모든 잎이 낙엽된다.
③ 매개충의 암컷등판에는 곰팡이를 넣는 균낭이 있다
④ 월동한 성충은 5월경에 침입공을 빠져나와 새로운 나무를 가해한다.

- 피해목은 7월 하순부터 빨갛게 시들면서 말라죽기 시작하고 겨울에도 잎이 떨어지지 않고 붙어 있다.

정답 ②

⑧ 사철나무 탄저병

- 잎에 크고 작은 점무늬가 생기고 차츰 움푹 들어가면 진전되므로 지저분한 느낌을 준다.
- 관리가 부실한 나무에서 많이 발생하므로 거름주기와 가지치기 등의 관리를 철저히 하면 문제가 없다.
- 상습발생지에서는 병든 잎을 모아 태우거나 땅속에 묻고, 6월경부터 살균제를 3 ~ 4회 살포한다.

⑨ 오동나무 탄저병

- 5 ~ 6월경 잎과 어린 줄기에 발생한다.
- 어린 실생묘가 심하게 침해되면 모잘록증상을 띠면서 전멸하기도 한다.
- 잎은 기형으로 오그라들면서 일찍 낙엽이 된다.
- 병든 가지와 잎은 즉시 잘라서 태우며 낙엽은 늦가을에 모아서 태운다.

⑩ 오리나무 갈색무늬병

- 병균이 종자의 표면에 부착되어 전반된다.
- 종자전염을 하는 수목병이다.
- 병든 잎은 말라죽고 일찍 낙엽이 지므로 묘목은 쇠약해지고 성장이 떨어진다.
- 돌려짓기를 하고 적기에 솎음질을 하며, 병든 낙엽은 모아 태운다.

⑪ 장미 검은무늬병

- 비가 자주 오거나 식재된 주변환경으로 인해 습기가 높을 때 주로 발생한다.
- 잎에 커다란 검은색 병반이 생기고, 잎의 조기탈락으로 수세가 약화되며, 이로 인해 동해의 피해를 받기 쉽다.

⑫ 모과나무의 붉은별무늬병

- 녹병균류의 한 종류로 살아있는 식물조직에서만 살아가는 절대기생체이자 이종기생균으로 서로 다른 두 종의 기주를 옮겨다니면서 병을 일으킨다.
- 4 ~ 7월까지는 모과나무에 기생하고, 7월 이후에는 향나무에 기생하여 거의 반영구적으로 생존하면서 감염된다.

⑬ 배나무 붉은별무늬병

- 배나무를 주기주로, 향나무를 중간기주로 하는 병이다.
- 배나무에 정자와 수포자를 형성하고 향나무에 동포자를 형성한다.
- 향나무에서 동포자세대를 거쳐야만 배나무에 병을 일으킬 수 있다.

Check

배나무 붉은별무늬병의 겨울포자 세대의 중간기주 식물은? 0905

① 잣나무 ② 향나무
③ 배나무 ④ 느티나무

정답 ②

- 배나무 붉은별무늬병은 배나무에 정자와 수포자를 형성하고 향나무에 동포자를 형성한다.

⑭ 밤나무 뿌리혹병

- 상처를 통한 세균의 감염에 의한 수목병이다.
- 주로 활엽수에 침해한다.

⑮ 소나무 혹병

- 적송과 해송의 줄기나 가지에 크고 작은 혹을 만드는 병이다.
- 가지나 줄기에 생긴 작은 혹이 비대해져 2월경에 혹의 표면에서 오렌지색 혹은 황갈색의 물엿같은 점액(녹병포자)이 흘러나오고, 4 ~ 5월경에는 혹의 표면이 터지면서 틈새를 통해 노란 가루(녹포자)가 흩어져 나온다.
- 참나무류를 중간기주로 한다.

Check

다음 중 소나무 혹병의 중간기주는? 1102

① 송이풀 ② 배나무
③ 참나무류 ④ 향나무

• 소나무 혹병은 참나무류를 중간기주로 한다.

정답 ③

⑯ 겨우살이
- 다른 식물에게 기생해서 겨울을 나는 기생식물을 일컫는 말이다.
- 나무의 가지에 기생하면 그 부위가 국소적으로 이상비대한다.
- 기생당한 부위의 윗부분은 위축되면서 말라죽는다.
- 참나무류에 가장 큰 피해를 주며, 팽나무, 물오리나무, 자작나무, 밤나무 등의 활엽수에도 많이 기생한다.

다. 빗자루병

① 빗자루병
- 파이토플라스마(Phytoplasma)를 병원균으로 하는 전염병이다.
- 빗자루병에 잘 걸리는 수종에는 붉나무, 오동나무, 대추나무, 벚나무 등이 있다.

② 파이토플라스마(Phytoplasma)
- 식물에 기생하여 병해를 일으키는 특수한 세균이다.
- 파이토플라스마(Phytoplasma)에 의한 수목병에는 뽕나무 오갈병, 붉나무 빗자루병, 오동나무 빗자루병, 대추나무 빗자루병 등이 있다.

Check

다음 중 파이토플라스마에 의한 빗자루병에 잘 걸리는 수종은? 1005

① 소나무 ② 대나무
③ 오동나무 ④ 낙엽송

• 파이토플라스마(Phytoplasma)에 의한 수목병에는 뽕나무 오갈병, 붉나무 빗자루병, 오동나무 빗자루병, 대추나무 빗자루병 등이 있다.

정답 ③

③ 뽕나무 오갈병
- 파이토플라스마의 기생으로 잎에 노란색 오갈증상이 나타나고, 잔주름이 많이 생기며, 가지는 크지 못하고 잔가지가 많이 나오는 병이다.
- 접목이나 매개충에 의해 전염된다.

④ 대추나무 빗자루병
- 파이토플라스마를 병원균으로 하는 전염병이다.
- 마름무늬매미충이 병든 식물을 흡즙할 때 옮겨간 병원체가 건강한 나무를 흡즙할 때 전염된다.
- 잔가지와 황록색의 아주 작은 잎이 밀생하고, 꽃봉오리가 잎으로 변화된다.
- 전염된 나무는 옥시테트라사이클린 항생제를 수간주입한다.

라. 해충

① 미국흰불나방

- 8월 중순경에 양버즘나무(플라타너스)의 피해 나무줄기에 잠복소를 설치하여 가장 효과적인 방제가 가능하다.
- 양버즘나무(플라타너스), 이팝나무, 벚나무 등에 많은 피해를 입힌다.
- 애벌레 때 잎맥만 남기고 잎을 모두 갉아먹어 가장 많은 피해를 준다.
- 1화기보다 2화기에 피해가 심하다.
- 성충의 활동시기에 피해지역 또는 그 주변에 유아등이나 흡입포충기를 설치하여 유인 포살한다.
- 알 기간에 알덩어리가 붙어 있는 잎을 채취하여 소각하며, 잎을 가해하고 있는 군서 유충을 소살한다.
- 흰불나방 방제에는 디플루벤주론 수화제(디밀란), 트리클로르폰 수화제(디프록스), 카바릴 수화제(세빈) 등을 이용한다.

Check

8월 중순경에 양버즘나무의 피해 나무줄기에 잠복소를 설치하여 가장 효과적인 방제가 가능한 해충은? 1001

① 진딧물류 ② 미국흰불나방
③ 하늘소류 ④ 버들재주나방

정답 ②

- 잠복소는 해충뿐 아니라 익충에게도 피해를 줘 효과적인 방제대책으로 보기 힘들다. 그러나 미국흰불나방의 번데기를 잡는 데는 효과적이다.

② 솔나방

- 잎을 갉아먹는(식엽성) 해충이다.
- 1년에 1회 성충은 7 ~ 8월에 발생한다.
- 솔잎에 400 ~ 600개의 알을 낳는다.
- 유충이 잎을 가해하며, 심하게 피해를 받으면 소나무가 고사하기도 한다.
- 트리클로르폰 수화제(디프록스)를 이용해 방제한다.

③ 솔잎혹파리

- 1929년 서울의 비원(秘苑)과 전남 목포지방에서 처음 발견된 해충이다.
- 솔잎 기부에 충영(벌레혹)을 형성하고 그 안에서 흡즙해 소나무에 피해를 준다.
- 보통 1년에 1회 발생한다.
- 11월 벌레혹 내부가 공동화되면 유충은 땅으로 떨어져 땅속에서 월동한다.

④ 소나무좀

- 딱정벌레목 나무좀과의 곤충이다.
- 월동한 성충이 나무줄기나 가지의 껍질 밑에 구멍을 뚫고 들어가 형성층에 산란하면 부화한 유충이 인피부를 갉아먹어 수목의 양분이동을 단절시켜 고사시키는 피해를 입힌다.
- 유충은 2회 탈피하며 유충기간은 약 20일이다.

Check

다음 해충 중 성충의 피해가 문제되는 것은? 1204

① 솔나방 ② 소나무좀
③ 뽕나무하늘소 ④ 밤나무순혹벌

- ①은 유충(송충이)이 잎을 가해하며, 심하게 피해를 받으면 소나무가 고사하기도 한다.
- ③은 유충으로 활동하며 주간이나 줄기 속에 뚫고 들어가 중심부에서 아래로 향하는 터널을 만들어 가해한다.
- ④는 유충으로 월동하여 벌레혹 안에서 기생하면서 피해를 입힌다.

정답 ②

⑤ 알락하늘소
- 하늘소과의 곤충이다.
- 버드나무, 감귤류, 배나무, 뽕나무, 석류나무, 무화과나무 등을 기주로 한다.
- 목질이 연약한 수목의 아래쪽에 구멍을 뚫어 알을 낳는다.

⑥ 측백나무 하늘소(Juniper Bark Borer)
- 기주식물은 측백나무, 향나무류, 편백나무 등이다.
- 수피 바로 밑의 형성층 부위를 갉아먹어 피해를 입힌다.
- 일반적인 하늘소류의 피해와 다르게 측백나무 하늘소는 톱밥같은 가해 똥을 외부로 배출하지도 않고 침입공도 없어 발견이 어렵다.
- 수간의 하충부는 건전하나 일정 부분의 높이 이상이 변색되거나 특정 줄기나 가지가 변색되면 의심해보아야 한다.
- 기생성 천적인 좀벌류, 맵시벌류, 기생파리류로 생물학적 방제를 한다.
- 측백나무 하늘소의 산란시기와 부화유충의 침입시기인 3월 중순에서부터 4월 중순 사이에 방제한다.

Check

측백나무 하늘소 방제 시기로 가장 적절한 것은? 1101

① 봄 ② 여름
③ 가을 ④ 겨울

- 측백나무 하늘소의 산란시기와 부화유충의 침입시기인 3월 중순에서부터 4월 중순 사이에 방제한다.

정답 ①

⑦ 솔수염하늘소
- 소나무재선충의 매개충이다.
- 수세가 약한 쇠약목이나 고사된 가지를 골라 산란을 한다.
- 6 ~ 7월에 성충이 최대로 출현한다.

⑧ 소나무재선충
- 소나무, 잣나무, 해송 등에 기생해 나무를 갉아먹는 선충이다.
- 솔수염하늘소, 북방수염하늘소 등의 매개충에 기생하며 매개충을 통해 나무에 옮는다.
- 소나무에 특히 심각한 피해를 끼치는 해충이다.

⑨ 깍지벌레

- 감나무, 벚나무, 동백나무, 호랑가시나무, 사철나무, 치자나무 등에 잘 발생한다.
- 잎이나 가지에 붙어 즙액을 빨아먹어 잎이 황색으로 변하게 되고 2차적으로 그을음병을 유발시킨다.
- 콩 꼬투리 모양의 보호깍지로 싸여있고, 왁스 물질을 분비하기도 한다.
- 기계유 유제, 메티다티온, 메치온(수프라사이드) 유제, 포스파미돈 액제를 살포해서 방제한다.

Check

다음 조경 식물의 주요 해충 중 흡즙성 해충은? 0701

① 깍지벌레 ② 독나방
③ 오리나무잎벌레 ④ 미끈이하늘소

정답 ①

- ②는 애벌레가 참나무, 밤나무 등 활엽수 및 과일나무의 잎을 갉아먹는다.
- ③은 오리나무를 갉아먹는 잎벌레이다.
- ④는 참나무, 밤나무 등에 서식해 나무에 구멍을 뚫고 수액을 먹는다.

⑩ 진딧물

- 유충은 적색, 분홍색, 검은색이다.
- 끈끈한 분비물을 분비한다.
- 무궁화, 단풍나무, 사과나무, 벚나무 등 식물의 어린잎이나 새 가지, 꽃봉오리에 붙어 수액을 빨아먹어 생육을 억제한다.
- 점착성 분비물을 배설하여 그을음병을 발생시킨다.
- 생물학적 방제를 위해 무당벌레, 꽃등애, 풀잠자리 등이 진딧물을 방제할 수 있다.
- 정원수 전반에 가해하며, 메타유제(메타시스톡스), DDVP, 포스팜제(다이메크론) 등의 살포로 방제한다.

유충과 성충이 동시에 나뭇잎에 피해를 주는 해충

- 느티나무벼룩바구미
- 버들꼬마잎벌레
- 큰이십팔점박이무당벌레

⑪ 방패벌레

- 흡즙성 해충으로 버즘나무, 철쭉류, 배나무 등에 많은 피해를 주는 해충이다.
- 철쭉류에 피해를 주는 진달래방패벌레, 버즘나무에 피해를 주는 버즘나무방패벌레, 후박나무에 피해를 주는 후박나무방패벌래 등이 있다.

⑫ 식엽성 해충

- 솔나방 : 소나무 잎을 먹는다.
- 잣나무 넓적벌레 : 잣나무 잎을 먹는다.
- 흰불나방 : 양버즘나무(플라타너스), 이팝나무, 벚나무의 잎을 먹는다.
- 독나방 : 활엽수의 잎을 먹는다.
- 텐트나방 : 벚나무, 포플러, 상수리나무, 장미 등의 잎을 먹는다.

✓Check

가해방법에 따른 해충의 분류 중 잎을 갉아먹는 해충은? 0605

① 진딧물 ② 솔나방
③ 응애 ④ 밤나방

- ①은 식물의 진액을 빨아먹어 말라죽게 한다.
- ③은 거미강에 속하며 덥고 건조한 환경을 좋아하고 뾰족한 입으로 즙을 빨아먹는 해충이다.
- ④는 잎, 열매의 표피 등을 가해하는 잡식성 해충이다.

정답 ②

마. 방제

① 병 · 해충의 화학적 방제
- 약제 살포와 도포에 의한 해충 방제법을 말한다.
- 병 · 해충을 일찍 발견해야 방제효과가 크다.
- 병 · 해충이 발생하는 과정이나 습성을 미리 알아두어야 한다.
- 효과가 빠르고 정확하나 약해에 주의해야 한다.
- 될 수 있으면 발생 전에 약을 뿌려 예방하는 것이 좋다.

② 살비제
- 응애류를 방제하기 위하여 사용하는 약제를 말한다.
- 살비제도 같은 약제를 연용하여 살포할 경우 방제효과가 떨어진다.

③ 톱신페이스트
- 수목을 전정한 뒤 수분증발 및 병균 침입을 막기 위하여 상처 부위에 칠하는 도포제이다.
- 원예용 살균제(도포)로 많이 사용된다.

④ 재배학적 방제법
- 경종적방제라고도 한다.
- 포장위생, 경운, 윤작 및 혼작, 이식재배, 저항성 내충성 품종이용 등의 방법이 있다.

⑤ 생물학적 방제법
- 천적을 활용하는 방제법을 말한다.
- 생태계 및 환경 피해를 방지할 수 있고 경제적이다.
- 효과의 발현에 시간이 오래걸리는 단점이 있다.

무당벌레
- 진딧물, 깍지벌레, 오리나무잎벌레의 천적이다.

⑥ 물리적 방제법
- 온도, 습도, 광선, 소리, 색 등 곤충의 주관성을 이용해 해충을 방제하는 방법이다.
- 잠복소를 이용해 월동 벌레를 유인해 방제하는 방법도 있다.

⑦ 잠복소
- 곤충의 습성(겨울철을 나기 위해 따뜻한 곳을 찾는)을 이용해 잠복소를 설치하여 월동 벌레를 유인하기 위해 설치한다.
- 설치시기는 9월 하순경이 적당하다.

Check

해충의 방제 방법 분류상 잠복소를 설치하여 해충을 방제하는 방법은? 0605

① 물리적 방제법 ② 내병성 품종 이용법
③ 생물적 방제법 ④ 화학적 방제법

정답 ①

- ②는 재배학적 방제법의 한 종류이다.
- ③은 천적을 이용해 해충을 방제하는 방법이다.
- ④는 약제를 이용한 방제방법이다.

⑧ 기계적 방제법

- 기계를 사용해 해충을 방제하는 방법이다.
- 포살법은 직접 해충의 알이나 유충, 번데기 등을 간단한 기구를 이용해 잡아 죽이는 방법이다.
- 유살법은 곤충의 행동 습성을 이용해 유인 포살하는 방법이다.
- 그 외 소살법, 경운법, 진동법 등이 있다.

⑨ 조경 수목의 병해와 방제법

- 빗자루병 : 옥시테트라사이클린칼슘알킬트리메틸암모늄 수화제
- 그을음병 : 마라톤 등 유기인계 살충제
- 잎녹병 : 티디폰 또는 디니코나졸 수화제
- 흰가루병 : 마이탄 수화제 또는 비타놀 수화제
- 검은점무늬병 : 만코제브수화제(다이센엠-45)

Check

다음 중 조경 수목의 병해와 방제 방법이 바르게 짝지어진 것은? 1002

① 빗자루병-배수구 설치
② 검은점무늬병-만코제브 수화제(다이센엠-45)
③ 잎녹병-페니트로티온 수화제(메프치온)
④ 흰가루병-트리클로르폰 수화제(드프록스)

정답 ②

- ①은 옥시테트라사이클린칼슘알킬트리메틸암모늄 수화제로 방제한다.
- ③은 티디폰 또는 디니코나졸 수화제로 방제한다.
- ④는 마이탄 수화제 또는 비타놀 수화제로 방제한다.

바. 농약

유효 주성분의 조성에 따른 분류
- 살충제의 경우 유기인계, 카바메이트계, 피레스로이드계, 유기염소계, 벤조일-우레아계, 네라이스톡신계 등으로 구분한다.

① 농약의 물리적 성질

구분	내용
고착성(Tenacity)	살포하여 부착한 약제가 이슬이나 빗물에 씻겨 내리지 않고 식물체 표면에 묻어있는 성질
부착성(Adhesiveness)	약액이 식물체나 충체에 붙는 성질
침투성(Penetrating)	약제가 식물체나 충체에 스며드는 성질
현수성(Suspensibility)	균일한 분산상태를 유지하려는 성질
습전성(Property)	살포한 약액이 작물이나 해충의 표면을 잘 적시고 퍼지는 성질
수화성(Wettability)	수화제와 물과의 친화도를 나타내는 성질

② 분제

- 유효성분을 고체증량제와 소량의 보조제를 혼합 분쇄한 미분말을 말한다.
- 유효성분 농도가 1 ~ 5% 정도인 것이 많다.
- 잔효성이 유제에 비해 짧다.
- 유제나 수화제에 비해 작물에 대한 고착성이 불량하다.

③ 방제 대상별 농약 포장지 색깔

- 생장조절제(영양제) : 청색
- 살충제 : 초록색
- 살균제 : 분홍색
- 비선택성 제초제 : 뚜껑이 노란색, 용기의 표지는 빨강색
- 선택성 제초제 : 노랑색
- 전착제 : 흰색

④ 농약의 보조제

구분	내용
전착제	농약의 주성분을 식물체 및 병해충 표면에 잘 퍼지게 하거나, 부착시키기 위하여 사용하는 계면활성제를 말한다.
용제	액상농약 제제 시 주성분을 녹이기 위해 사용하는 용매를 말한다.
증량제	고체농약 제제 시 주성분의 농도를 낮추고 부피를 증가시키 위한 물질을 말한다.
유화제	유제의 유화성을 향상시키는 계면활성제를 말한다.
협력제	유효성분의 생물활성을 향상시키는 물질을 말한다.
약해경감제	제초제 등의 약효를 일정부분 완화시키기 위한 물질을 말한다.

⑤ 식물의 생장조절제

- 식물의 생장을 촉진 또는 억제시키는 데 사용되는 약제를 말한다.
- 지베레린, 아토닉액제(삼공아토닉), 나트탈렌초산, 다미노지드(Daminozide) 등이 대표적이다.

Check

다음 중 수목의 생장을 촉진하기 위하여 살포하는 생징 조절제는? 0801

① 부타클로르 · 에톡시설퓨론입제(풀제로)
② 리뉴론수화제(아파론)
③ 아토닉액제(삼공아토닉)
④ 글리포세이트액제(근사미)

- ①, ②, ④는 모두 제초제이다.

정답 ③

페니트로티온 유제

• 유해충에 대한 접촉살충제, 소화 중독제로 유기인계 살충제이다.

⑥ 살충제의 종류

접촉살충제	• 해충의 체(體) 표면에 직접 살포하거나 살포된 물체에 해충이 접촉되어 약제가 체내에 침입하여 독(毒) 작용을 일으키는 약제이다. • 대부분의 살충제가 해당된다.
지속성 접촉제	• 잔효성이 길어 해충에 직접 닿지 않아도 식물체에 계속 남아있는다. • 천적 등 방제대상이 아닌 곤충류에도 피해를 주기 쉽다.
침투성 살충제	• 약제를 식물체의 뿌리, 줄기, 잎 등에 흡수시켜 깍지벌레와 같은 흡즙성 해충을 죽게 하는 살충제이다. • 주로 흡즙성 해충을 방제하는 것을 목적으로 한다.

Check

약제를 식물체의 뿌리, 줄기, 잎 등에 흡수시켜 깍지벌레와 같은 흡즙성 해충을 죽게 하는 살충제는? 1101

① 기피제 ② 유인제
③ 소화중독제 ④ 침투성살충제

정답 ④

• ①은 해충이 접근을 싫어하게 하는 약제이다.
• ②는 해충을 유인할 때 사용하는 약제이다.
• ③은 식물체 표면에 약제성분을 부착시켜 해충이 먹이와 함께 약제를 먹게 하여, 해충의 소화기관 내로 들어가 독 작용을 보이는 약제이다.

⑦ 농약의 혼용사용

㉠ 개요

• 농약을 하나의 단제로 사용하는 것이 아니라 2가지 이상을 혼합하여 사용하는 것을 말한다.
• 혼용 시 살포횟수 감소에 의한 방제비용과 노력의 절감, 약효의 증진과 독성의 경감, 같은 약제의 연용에 대한 내성이나 저항성 발달 억제 등의 장점이 있다.

㉡ 주의사항

• 혼용 시 침전물이 생기면 사용하지 않아야 한다.
• 농약의 혼용은 반드시 농약 혼용가부표를 참고한다.
• 농약을 혼용하여 조제한 약제는 될 수 있으면 즉시 살포하여야 한다.
• 한 약제씩 완전히 섞은 후에 다른 약을 희석한다.
• 가급적 3종 이상의 혼합을 지양한다.

⑧ 농약 취급 시 주의사항

• 농약을 다른 용기에 옮겨서 보관하지 않아야 하며, 주변에 버리는 것도 금해야 한다.
• 유제는 유기용제의 혼합으로 화재의 위험성이 있다.
• 농약은 저온보다 고온에서 분해가 촉진된다.
• 분말제제는 흡습되면 물리성에 변화가 생기므로 주의한다.
• 고독성 농약은 일반 저독성 약제와 혼합해서는 안 된다.

⑨ 농약 살포 시 주의사항

- 바람을 등지고 뿌린다.
- 정오부터 2시경까지는 뿌리지 않는 것이 좋다.
- 마스크, 안경, 장갑을 착용한다.
- 피로하거나 건강이 나쁠 때는 작업하지 않는다.
- 작업 중에 식사 또는 흡연을 금한다.

Check

조경 수목에 사용되는 농약과 관련된 내용으로 적절하지 않은 것은? 0802

① 농약은 다른 용기에 옮겨 보관하지 않는다.
② 살포작업은 아침 · 저녁 서늘한 때를 피하여 한낮 뜨거운 때 살포한다.
③ 살포작업 중에는 음식을 먹거나 담배를 피우면 안 된다.
④ 농약 살포작업은 한 사람이 2시간 이상 계속하지 않는다.

- 정오부터 2시경까지는 뿌리지 않는 것이 좋다.

정답 ②

⑩ 기타 농약 사용방법

㉠ 수간 약액 주입

- 나무뿌리의 기능이 원활하지 못하거나 빠른 수세의 회복을 목적으로 할 때, 양분의 이동이 원활하지 못할 때 주로 사용한다.
- 농약살포가 어려운 지역과 솔잎혹파리 방제에 사용되는 농약 사용법이다.
- 수간에 드릴로 구멍을 뚫어 미량양분의 원액 또는 희석액을 주입한다.
- 나무의 수간에 상처를 남기므로 꼭 필요할 때만 실시한다.
- 나무에 잎이 있는 5 ~ 9월의 맑게 갠 날 실시한다.
- 20 ~ 30°의 각도로 지름 10mm의 구멍을 뚫는다.

㉡ 도포법

- 수간과 줄기 표면의 상처에 침투성 약액을 발라 조직 내로 약효성분이 흡수되게 하는 농약 사용법이다.

유탁액

- 섞이지 않는 두 종류의 액체가 콜로이드 형태로 섞인 상태를 말한다.

Check

다음 중 수간주입 방법으로 옳지 않은 것은? 1202

① 구멍 속의 이물질과 공기를 뺀 후 주입관을 넣는다.
② 중력식 수간주사는 가능한 한 지제부 가까이에 구멍을 뚫는다.
③ 구멍은 50 ~ 60°가량 경사지게 세워 지름 20mm 정도로 뚫는다.
④ 뿌리가 제구실을 못하고 다른 시비방법이 없을 때, 빠른 수세회복을 원할 때 사용한다.

- 수간에 드릴로 구멍을 뚫어 미량양분의 원액 또는 희석액을 주입하기 위해 20 ~ 30°의 각도로 지름 10mm의 구멍을 뚫는다.

정답 ③

⑪ 유제의 소요량

- 유제의 소요량은 희석배수 대비 10a당 살포량을 말한다.
- 소요량 $=\frac{\text{10a당 살포량}}{\text{희석배수}}$ 으로 구한다.

Check

Methidathion(메치온) 40% 유제를 1000배액으로 희석해서 10a당 6말(20L/말)을 살포하여 해충을 방제하고자 할 때 유제의 소요량은 몇 mL인가? 1205

① 100mL ② 120mL
③ 150mL ④ 240mL

정답 ②

- 10a당 살포량이 120L이고, 희석배수가 1,000배이므로 대입하면 $\frac{120}{1,000}=0.12$L이므로 120mL이다.

⑫ 희석배수

- 농약에 희석하는 물의 양을 농약 약량의 배수로 표시한 값이다.
- 희석배수 $=\frac{\text{농약용액}}{\text{농약량}}$ 으로 구한다.

Check

비중이 1.15인 이소푸로치오란 유제(50%) 100mL로 0.05% 살포액을 제조하는데 필요한 물의 양은? 1204

① 105L ② 111L
③ 115L ④ 125L

정답 ③

- 50% 이소푸로치오란 유제 100mL라는 것은 이소푸로치오란의 약량이 0.5×100mL=50mL이고, 비중이 1.15이다.
- 0.05%라는 것은 0.0005를 의미하므로 이는 희석배수가 $\frac{1}{0.0005}=2,000$배임을 의미한다.
- 물의 양은 농약용액의 양으로 보면 되므로 2,000×50mL×1.15=115,000mL이므로 115L가 된다.

3 제초관리

① 잡초의 특성

- 재생 능력이 강하고 번식 능력이 크다.
- 종자의 휴면성이 강하고 수명이 길다.
- 생육 환경에 대하여 적응성이 대단히 크다.
- 땅을 가리지 않고 흡비력이 강하다.

② 잡초 종자의 발아 습성

- 발아의 주기성 : 일정한 간격을 두고 발아율이 변화한다.
- 계절성, 기회성 : 계절의 일장에 반응하여 휴면이 타파된다.
- 준동시성 : 일정기간 내에 대부분의 종자가 발아한다.
- 연속성 : 오랜 기간 지속적으로 발아한다.

Check

계절적 휴면형 잡초 종자의 감응 조건으로 가장 적절한 것은? 1104

① 온도 ② 일장
③ 습도 ④ 광도

• 계절적 휴면형 잡초는 일장에 반응한다.

정답 ②

③ 작물과 잡초 간의 경합

• 경합이란 일정한 환경조건에서 한 종류 이상의 식물이 동시에 동일한 자원을 요구함으로써 일어나는 경쟁과 상호억제작용을 말한다.
• 임계 경합기간(Critical Period of Competition)이란 작물이 잡초와 경합에 의해 생육 및 수량이 가장 크게 영향을 받는 기간으로 경합에 가장 민감한 시기를 말한다.

④ 대표적인 잡초

사마귀풀	• 물기가 많은 논이나 늪에서 자라는 일년생 광엽잡초이다. • 논잡초로 많이 발생할 경우는 기계수확이 곤란하다. • 줄기 기부가 비스듬히 땅을 기며 뿌리가 내리는 잡초이다.
피	• 아시아 원산의 곡류의 일종이다(벼과 피속). • 가축사료용, 구황작물용, 건강식품으로 재배되기도 한다. • 주로 종자에 의해 번식한다.
바랭이	• 볏과의 관속식물로 밭에 많이 발생하여 우생하는 한해살이풀이다. • 줄기는 옆으로 기면서 마디에서 뿌리가 나오고 가지가 갈라진다.

ppm
• 백만분율로, 1ppm은 1/1,000,000을 의미한다.

⑤ 제초작업

• 제초제는 사용범위가 넓고 약효가 30 ~ 35일간 지속된다.
• 제초 작업 시 잡초의 뿌리 및 지하경을 완전히 제거해야 한다.
• 심한 모래땅이나 척박한 토양에서는 약해가 우려되므로 제초제를 사용하지 않는다.
• 인력 제초는 비효율적이나 약해의 우려가 없어 안전한 방법이다.

⑥ 제초제 사용 시 주의사항

• 비나 눈이 올 때는 사용하지 않는다.
• 다른 약과 섞어서 사용하는 것은 신중하게 결정해야 한다.
• 적용 대상에 표시되지 않은 식물에는 사용하지 않는다.
• 살포할 때는 보안경과 마스크를 착용하며, 피부가 노출되지 않도록 한다.

글리포세이트액제
• 근사미라고도 불리우는 잡초와 작물 모두를 살멸시키는 비선택성 제초제이다.

⑦ 약물의 병용효과

상가작용	두 개의 효과가 합해지는 만큼의 효과
상승작용	두 개의 효과가 합해지는 것보다 큰 효과
길항작용	약물의 작용이 감소 또는 상쇄되는 효과

Check

두 종류 이상의 제초제를 혼합하여 얻은 효과가 단독으로 처리한 반응 각각을 합한 것보다 높을 때의 효과는? 1205

① 부가효과(Additive effect)
② 상승효과(Synergistic effect)
③ 길항효과(Antagonistic effect)
④ 독립효과(Independent effect)

정답 ②

- ①은 상가작용으로 두 개의 효과가 합해지는 만큼의 효과가 상승하는 것을 의미한다.
- ③은 약물의 작용이 감소 또는 상쇄되는 효과를 의미한다.

⑧ 잡초방제용 제초제

- 씨마네 수화제(씨마진)－트리아진계 제초제이다.
- 알라클로로 유제(라쏘)－산아미드계 제초제이다.
- 파라코－패러쾃디클로라이드－액제(그라목손)－비피딜리움계 제초제이다.

4 토양관리

가. 토양 개요

① 토양의 3상

- 수목식재에 가장 적합한 토양의 구성비는 고상 : 액상 : 기상이 50 : 25 : 25인 비율이다.
- 식물의 생육에는 물의 비율이 높은 토양이 유리하므로 고상 : 액상 : 기상이 50 : 30 : 20인 비율이 좋다. 이때 고상은 광물질 : 유기질이 45 : 5가 적당하다.

고상	무기물이 밀착되고 부식토나 유기물이 흡착된 것
액상	고상의 주변을 둘러싸고 있는 수막
기상	토양에 물이 흡수되면 공기가 밀려가고, 배수나 증발로 인해 공기가 다시 들어차는 것

Check

식물의 생육에 가장 알맞은 토양의 용적 비율(%)은?(단, 광물질 : 수분 : 공기 : 유기질의 순서로 나타낸다) 1001

① 50 : 20 : 20 : 10
② 45 : 30 : 20 : 5
③ 40 : 30 : 15 : 15
④ 40 : 30 : 20 : 10

정답 ②

- 광물질과 유기질의 합이 고상이므로 50%가 적당하다.

② 토양의 단면

<table>
<tr><td rowspan="4">A0층</td><td colspan="2">• 유기물층이다.
• 낙엽과 그 분해물질이 유기물로 되어 있는 층</td></tr>
<tr><td>L층</td><td>낙엽이 대부분 분해되지 않고 원형 그대로 쌓여 있는 층</td></tr>
<tr><td>F층</td><td>낙엽이 분해되지만 원형을 일부 유지하는 층</td></tr>
<tr><td>H층</td><td>전부 부패된 유기물층으로 흑갈색</td></tr>
<tr><td rowspan="4">A층</td><td colspan="2">• 표층이다.
• 광물토양의 최상층으로 외계와 접촉하여 영향을 받는 층</td></tr>
<tr><td>A1층</td><td>부식이 많은 광물질층</td></tr>
<tr><td>A2층</td><td>용탈층</td></tr>
<tr><td>A3층</td><td>B층으로 변이 중</td></tr>
<tr><td rowspan="4">B층</td><td colspan="2">• 집적층이다.
• 외계의 영향을 간접적으로 받는 층</td></tr>
<tr><td>B1층</td><td>부식이 적은 광물질 토양</td></tr>
<tr><td>B2층</td><td>집적층, 괴상구조</td></tr>
<tr><td>B3층</td><td>C층으로 변이 중</td></tr>
<tr><td>C층</td><td colspan="2">• 모재층이다.
• 외계로부터 토양생성작용이 없고, 단지 광물질이 풍화된 층</td></tr>
<tr><td>D층</td><td colspan="2">기암층이다.</td></tr>
</table>

③ 토양의 경도

• 외부 힘에 대한 토양의 저항력으로 토립 사이의 응집력과 입자 간의 마찰력에 의해 생긴다.

토양경도	식물생육
28 이상	수목의 뿌리 활착 어려움
14 ~ 28	잔디의 생육 불가능
9.4 ~ 14	수목의 생장 저하
5.8 ~ 9.4	나지화의 시작
3.6 ~ 5.8	수목의 생육에 적합
1.5 ~ 3.0	잔디의 성장에 적합
0.8 이하	빗물에 의한 침식붕괴 시작

④ 토성

• 토양의 입경조성 즉, 토양을 구성하는 개체 입자의 크기에 의한 토양의 분류를 말한다.

점토	점성이 강하다.
점토질 양토	약간의 모래가 감지되나 점성이 강하다.
양토	어느 정도 모래가 감지되고 점성 역시 있다.
사질양토	모래의 느낌이 강하고 점성은 그다지 없다.
사토	대부분 모래이고 점성은 느끼기 힘들다.
실트질 양토	모래도, 점성도 느껴지지 않고 밀가루 같은 느낌이다.

Check

토양의 무기질입자의 단위조성에 의한 토양의 분류를 토성(土性)이라고 한다. 다음 중 토성을 결정하는 요소가 아닌 것은? 0802

① 자갈 ② 모래 ③ 미사 ④ 점토

정답 ①

• 토성에는 자갈이 포함되지 않는다.

⑤ 토양 통기성

- 토양 속에는 대기와 마찬가지로 질소, 산소, 이산화탄소 등의 기체가 존재한다.
- 토양생물의 호흡과 분해로 인해 토양 공기 중에는 대기에 비하여 산소가 적고 이산화탄소가 많다.
- 기체는 농도가 높은 곳에서 낮은 곳으로 확산작용에 의해 이동한다. 대기보다 산소가 적은 토양으로 산소가, 대기보다 이산화탄소가 적은 대기로 이산화탄소가 이동한다.
- 건조한 토양에서는 이산화탄소와 산소의 이동이나 교환이 쉽다.

⑥ 토양의 상태에 따른 뿌리 발달

- 비옥한 토양에서는 뿌리목 가까이에서 많은 뿌리가 갈라져 나가고 길게 뻗지 않는다.
- 척박지에서는 뿌리의 갈라짐이 적고 길게 뻗어 나간다.
- 건조한 토양에서는 수분을 흡수하기 위해 뿌리가 길어지는 경향이 있다.
- 습한 토양에서는 호흡을 위하여 땅 표면 가까운 곳에 뿌리가 퍼진다.

⑦ 토양수분의 형태적 분류

중력수	중력의 작용에 의해 이동할 수 있어 토양공극으로부터 쉽게 제거된다.
결합수	토양 중의 화합물의 한 성분으로 화합수라고도 한다. 식물에 이용될 수 없다.
모관수	식물이 이용할 수 있는 수분의 대부분으로 중력에 저항하여 토양입자와 물분자 간의 부착력에 의해 모세관 사이에 남아있다.
흡습수	흡착되어 있어서 식물이 이용하지 못하는 수분이나 가열하면 쉽게 증발된다.

⑧ 염해지 토양

- 바다를 간척하여 만든 토양으로 마그네슘, 나트륨 함량이 높다.
- 토양 염분이 0.03% 이상이면 식혈 염분차단층을 설치하고, 토양 염분 0.02% 이하인 경우 식재한다.
- 지하수를 사용하지 않고 비료를 주지 않으면서 볏짚을 넣어주고 높은 두둑재배를 해야 한다.

Check

바다를 매립한 공업단지에서 토양의 염분함량이 많을 때는 토양 염분을 몇 % 이하로 용탈시킨 다음 식재하는가? 0702

① 0.08 ② 0.02 ③ 0.1 ④ 0.3

정답 ②

• 토양 염분을 0.02% 이하로 용탈 후에 식재한다.

⑨ 표토

㉠ 개요

- 지질 지표면을 이루는 흙으로, 유기물과 토양 미생물이 풍부한 유기물층과 용탈층 등을 포함한 표층 토양을 말한다.
- 농경지에서는 지표면으로부터 7 ~ 25cm까지를 말한다.

㉡ 특징

- 우수의 배수능력을 갖고 있다.
- 토양오염의 정화가 진행된다.
- 토양미생물이나 식물의 뿌리 등이 활발히 활동하고 있다.
- 오랜 기간의 자연작용에 따라 만들어진 중요한 자산이다.

⑩ 조경용 식물의 생육토심

식물종류	생존최소토심		생육최소토심	
	인공토	자연토	토양등급중급이상	토양등급상급이상
잔디, 초화류	10	15	30	25
소관목	20	30	45	40
대관목	30	45	60	50
천근성 교목	40	60	90	70
심근성 교목	60	90	150	100

⑪ 토양의 변화에서 체적비(토량변화율)

- 자연상태의 토양을 기준으로 흐트러진 상태의 토양과 다져진 상태의 토양의 체적비를 말한다.
- 성토, 절토 및 사토량의 산정은 자연상태의 양을 기준으로 한다.
- $L = \frac{\text{흐트러진 상태의 토양}}{\text{자연상태의 토양}}$으로 구한다.
- $C = \frac{\text{다져진 상태의 토양}}{\text{자연상태의 토양}}$으로 구한다.
- 흐트러진 상태의 흙이 가장 큰 부피를 갖고, 자연상태, 다져진 상태의 흙이 가장 작은 부피를 갖는다.

Check

터파기 공사를 할 경우 평균부피가 굴착 전보다 가장 많이 증가하는 것은?

1104

① 모래 ② 보통흙

③ 자갈 ④ 암석

- L값은 흐트러진 상태의 토양값으로 입자의 크기가 클수록 커지므로 암석의 부피가 가장 많이 증가한다.

정답 ④

⑫ 토공량의 관계식

- 잔토처리 토량=(터파기 체적−되메우기 체적)×토량환산계수
- 되메우기 토량=터파기 체적−기초 구조부 체적

입상구조(Granular)

- 입자 즉, 알갱이로 이루어진 구조를 말한다.
- 유기물이 많은 건조지역에서 주로 발달한 구조이다.
- 작물 생육에 가장 좋은 구조로 알려져 있다.

토목섬유(Geosynthetics)

- 인공지반 조성 시 토양유실 및 배수기능이 저하되지 않도록 배수층과 토양층 사이에 여과와 분리를 위해 설치한다.

명거배수와 암거배수

- 명거배수는 눈에 보이는 배수시설을 말하며, 암거배수란 눈에 보이지 않게 설치한 배수시설을 말한다. 명거배수가 암거배수에 비해 비용이 적게 소요된다.

나. 토양의 개량

① 여성토

- 가라앉을 것을 예측하여 계획높이보다 더 쌓는 흙을 말한다.
- 연약지반을 개선하는 용도로 많이 사용한다.

② 과습지역 토양의 물리적 관리 방법

- 암거배수 시설설치
- 명거배수 시설설치
- 토양치환
- 유효 토층의 개량(다공질 자재를 묻는다)

③ 유공관

- 유공관을 지면과 수직으로 뿌리 주변에 세워 토양 내 공기를 공급하여 뿌리호흡을 유도한다.
- 수관폭 내로 포장(아스콘, 콘크리트, 블록, ILP 등)이 된 수목 근계의 표토는 코아 천공기 등으로 구멍을 뚫어 유공관을 넣고 토중으로 공기와 수분이 유입될 수 있도록 한다.
- 유공관의 깊이는 수종, 규격, 식재지역의 토양 상태에 따라 다르게 할 수 있으나 평균 깊이는 1m 이내로 하는 것이 바람직하다.

Check

토양환경을 개선하기 위해 유공관을 지면과 수직으로 뿌리 주변에 세워 토양 내 공기를 공급하여 뿌리호흡을 유도하는데, 유공관의 깊이는 수종, 규격, 식재지역의 토양 상태에 따라 다르게 할 수 있으나, 평균 깊이는 몇 m 이내로 하는 것이 바람직한가? 1601

① 1m ② 1.5m
③ 2m ④ 3m

정답 ①

- 유공관의 깊이는 수종, 규격, 식재지역의 토양 상태에 따라 다르게 할 수 있으나 평균 깊이는 1m 이내로 하는 것이 바람직하다.

④ 토양 개량제

- 버미큘라이트 : 질석 및 흑운모를 고온에서 구운 토양 개량제이다.
- 피트모스 : 토양의 물리성과 화학성을 개선하기 위한 유기질 토양 개량재이다.
- 펄라이트 : 화산활동으로 발생한 용암이 급랭하면서 생성된 유리질 암석으로 통기성과 보수성이 양호하여 작물의 조기활착을 개선하는 토양 개량제이다.
- 부엽토 : 낙엽을 썩힌 것으로 산지나 인위적으로 퇴적하여 만든 것으로 배수와 통기를 잘되게 하여 토양의 물리적 성질을 개선하는 토양 개량제이다.
- 바크 : 제재업이나 펄프 공업의 폐기물을 퇴비화한 것으로 부식과정을 거치면 양이온치환용량이 매우 높아진다.
- 그 외 왕겨, 훈탄, 수태 등이 있다.

Check

토양 개량제로 활용되지 못하는 것은? 1004

① 홀맥스콘 ② 피트모스
③ 부엽토 ④ 펄라이트

• ①은 식물의 발근 촉진제이다.

정답 ①

⑤ 피트모스(Peat Moss)
- 상토의 유기물 자재로 토양의 물리성과 화학성을 개선하기 위한 토양 개량재이다.
- 갈탄 또는 이탄 및 이끼류가 퇴적된 것이다.
- 통기성과 보수력이 매우 우수하다.
- 보수력이 지나치게 좋아 과습의 우려가 있다는 단점이 있다.

5 시비관리

가. 개요

① 거름을 주는 목적
- 조경 수목을 아름답게 유지하도록 한다.
- 병해충에 대한 저항력을 증진시킨다.
- 토양 미생물의 번식을 도와준다.
- 열매 성숙을 돕고, 꽃을 아름답게 한다.

② 거름을 줄 때 주의사항
- 흙이 몹시 건조하면 맑은 물로 땅을 축이고 거름주기를 한다.
- 두엄, 퇴비 등으로 거름을 줄 때는 완전히 썩은 것을 선택하여 실시한다.
- 속효성 거름주기는 7월 말 이내에 끝낸다.
- 거름을 주고 난 다음에는 흙으로 덮어 정리 작업을 실시한다.

③ 식물의 필수원소
- 다량원소 : 1ha에 10kg 이상 필요한 성분으로 탄소, 수소, 산소, 질소, 인, 칼륨, 칼슘, 마그네슘, 황 등 9종류이다.
- 다량원소 중 탄소, 수소, 산소는 물과 공기로부터 공급받는다.
- 미량원소는 : 1ha에 10kg 미만이 필요한 성분으로 철, 망간, 구리, 아연, 몰리브덴, 붕소, 염소, 니켈 등 8종이다.

Check

식물의 생육에 필요한 필수원소 중 다량원소가 아닌 것은? 1002

① Mg ② H
③ Ca ④ Fe

• ④는 미량원소에 해당한다.

정답 ④

④ 비료의 3요소

- 비료의 3요소는 질소(N), 인(P), 칼륨(K)이다.
- 다량원소 중 탄소, 수소, 산소는 물과 공기로부터 공급받으므로 나머지 질소, 인, 칼륨이 비료의 3요소가 된다.
- 칼슘과 마그네슘, 황은 질소, 인, 칼륨에 비해 소량 필요하므로 소량 필수원소로 분류한다.

질소와 탄소 비율

- 조경 수목의 꽃눈분화, 결실 등과 가장 관련이 깊은 값으로 탄수화물의 생성이 풍부할 때 꽃이 잘 필 수 있는 조건은 질소보다 탄소가 많아야 한다.

⑤ 질소(N)

- 탄소동화작용, 질소동화작용, 호흡작용 등 생리기능에 중요하며, 뿌리, 가지, 잎 등의 생장점에 많이 분포되어 있다.
- 결핍 시 식물의 아래 잎에서부터 잎 전면에 황화현상이 발생하고, 신장생장이 불량하여 줄기나 가지가 가늘고 작아지며, 묵은 잎부터 황변하여 떨어지게 된다.
- 과다 사용 시 병에 대한 저항력을 감소시키므로 특히 토양의 비배관리에 주의해야 한다.

Check

탄소동화작용, 질소동화작용, 호흡작용 등 생리기능에 중요하며, 뿌리, 가지, 잎 등의 생장점에 많이 분포되어 있는 비료성분으로, 결핍 시 신장생장이 불량하여, 줄기나 가지가 가늘고 작아지며, 묵은 잎부터 황변하여 떨어지게 하는 것은? 0905

① Fe ② P
③ Ca ④ N

정답 ④

- ①이 결핍되면 가지 상부의 연한 잎이 해를 입고, 연한 잎 전체가 황백색을 띠고 마른 반점이 나타나다가 말라 떨어진다.
- ②가 결핍되면 생장이 억제되어 식물체가 왜소하고 잎이 광택이 없는 어두운색으로 변한 후 자색의 반점이 생긴 후 고사한다.
- ③이 결핍되면 생장이 억제되어 근계가 많아지고 짧아진다. 세포벽이 점화되고 뿌리 끝의 세포가 썩는다.

⑥ 질소기아현상

- 탄질률이 30 이상 높은 유기물을 넣을 때 미생물이 토양 중의 질소를 빼앗아 이용하므로 작물이 일시적으로 질소의 부족증상을 일으키는 것을 말한다.
- 미생물과 고등식물 간, 미생물 상호 간에 질소경쟁이 일어난다.
- 미생물의 번식이 왕성하면 작물은 영양부족이 일어나지만 토양으로부터 질소의 유실을 억제하는 효과가 발생한다.

⑦ 철(Fe)의 결핍

- 가지 상부의 연한 잎이 해를 입고, 연한 잎 전체가 황백색을 띠고 마른 반점이 나타나다가 말라 떨어진다.
- 양분결핍 현상이 생육초기에 일어나기 쉬우며, 새잎에 황화현상이 나타나고 엽맥 사이가 비단무늬 모양이 된다.

⑧ 인(P)

- 세포분열을 촉진하여 식물체의 각 기관들의 수를 증가시키고 특히 꽃과 열매가 많이 달리게 하며, 뿌리의 발육, 녹말 생산, 엽록소의 기능을 높이는데 관여하는 영양소이다.
- 결핍 시 생장이 억제되어 식물체가 왜소하고 잎이 광택이 없는 어두운색으로 변한 후 자색의 반점이 생긴 후 고사한다.
- 과다 사용 시 양분(아연, 구리, 철, 망간)의 결핍을 가져온다.

⑨ 황산암모늄

- 속효성 산성비료(화학적, 생리적 산성)로 주로 덧거름으로 사용된다.
- 계속 주면 흙이 산성으로 변한다.

복합비료

- 비료의 3요소 중 2성분 이상이 포함된 비료로 질소－인산－칼륨 순으로 함량을 나타낸다.

Check

비료는 화학적 반응을 통해 산성비료, 중성비료, 염기성 비료로 분류되는데, 다음 중 산성비료에 해당하는 것은? 1101

① 황산암모늄 ② 과인산석회
③ 요소 ④ 용성인비

- ②는 불용성인 인광석을 황산으로 처리하여 제조한 인산질 비료로 화학적 반응으로는 산성에 속하나 생리적 반응으로는 중성비료에 해당한다.
- ③은 염화칼륨과 함께 중성비료에 해당한다.
- ④는 규산질비료와 함께 염기성 비료이다.

정답 ①

⑩ 요소

- 질소를 주성분으로 하는 질소질비료의 한 종류이다.
- 생리적, 화학적 중성비료로 속효성비료이다.
- 잔디의 생육상태가 쇠약하고, 잎이 누렇게 변할 때 사용하면 효과적이다.

⑪ 속효성 비료

- 대부분의 화학비료가 해당된다.
- 덧거름으로 주는 것이 좋으므로 주로 봄～가을에 준다.
- 시비 후 5～7일 정도면 바로 비효가 나타난다.
- 강우가 많은 지역과 잦은 시기에는 유실정도가 빠르다.
- 속효성 거름주기는 7월 말 이내에 끝낸다.

⑫ 지효성 비료

- 대부분 유기질 비료에 해당한다.
- 밑거름으로 주는 것이 좋으므로 주로 늦가을부터 이른 봄 사이에 준다.

Check

다음 중 일반적으로 조경 수목에 밑거름을 시비하는 가장 적절한 시기는? 0701

① 개화 전 ② 개화 후
③ 장마 직후 ④ 낙엽진 후

- 밑거름으로 주는 것이 좋으므로 늦가을부터 이른 봄 사이에 주는 것이 적절하다.

정답 ④

나. 비료의 시비

① 엽면시비

- 토양에 시비하는 것이 아니라 양분을 잎을 통해 신속히 흡수시키기 위해 잎의 뒷면에 있는 기공을 통해 시비하는 것을 말한다.
- 뿌리 발육 불량지역에 효과적이다.
- 적은 양으로도 효과가 빨리 나타난다.
- 무기양분 시비에 좋다.

② 선상거름주기

- 산울타리처럼 수목이 대량으로 군식되었을 때 식재된 수목을 따라 수목 밑동으로부터 일정한 간격을 두고 도랑처럼 길게 거름 구덩이를 파서 거름을 주는 방법이다.

③ 윤상거름주기

- 수관폭을 형성하는 가지 끝 아래의 수관선을 기준으로 하여 환상으로 깊이 20 ~ 25cm, 나비 20 ~ 30cm 정도로 둥글게 파서 거름을 주는 방법이다.

Check

거름을 줄 때 윤상거름주기를 실시할 경우, 수관폭을 형성하는 가지 끝 아래의 수관선을 기준으로 하여 환상으로 깊이는 20 ~ 25cm로 하고, 나비는 어느 정도로 해야 하는가? 0901

① 10 ~ 15cm ② 20 ~ 30cm
③ 40 ~ 50cm ④ 50cm 이상

정답 ②

- 나비 20 ~ 30cm 정도로 둥글게 파서 거름을 준다.

④ 방사상 시비법

- 수목의 밑동으로부터 밖으로 방사상 모양으로 땅을 파고 거름을 주는 방법이다.
- 파는 도랑의 깊이는 바깥쪽은 넓게, 수관선을 중심으로 해서 길이는 수관폭의 1/3 정도로 한다.

⑤ 시비시기

- 온대지방에서는 수종에 관계없이 가장 왕성한 생장을 하는 시기가 봄이며, 이 시기에 맞게 비료를 주는 것이 가장 바람직하다.
- 시비효과가 봄에 나타나게 하려면 겨울눈이 트기 4 ~ 6주 전인 늦은 겨울이나 이른 봄에 토양에 시비한다.
- 질소비료를 제외한 다른 대량원소는 연중 필요할 때 시비하면 되고, 미량원소를 토양에 시비할 때에는 가을에 실시한다.
- 우리나라의 경우 고정생장을 하는 소나무, 전나무, 가문비나무 등은 4 ~ 6월에 새로운 가지가 신장을 하므로 늦은 겨울에 1회 시비하는 것이 효과적이다.

⑥ 수목의 위조

- 위조란 식물이 수분 흡수를 못하고 영구히 시드는 현상을 말한다.
- 위조방지제로 그린너가 사용된다.

⑦ 영구위조점

- 토양이 건조하여 식물의 뿌리가 이를 흡수하기 어렵게 되어 식물이 마르기 시작하는 시점을 위조점이라고 하는데, 이 지점을 지나 물을 줘도 식물이 살아나지 못하게 되는 시점을 말한다.
- 사토의 영구위조는 2 ~ 4%로 매우 낮다.

6 전정관리

① 전정(가지치기, 가지다듬기)

- 목적에 알맞은 수형으로 만들기 위해 나무의 일부분을 잘라주는 관리방법을 말한다.
- 건강한 생육과 원하는 모양의 유지를 위해 나무의 일부분을 잘라주는 작업을 말한다.

생장을 억제하는 전정	• 향나무, 주목 등을 일정한 모양으로 유지하기 위하여 전정을 한다. • 정원에 식재된 나무가 필요 이상으로 커지지 않게 하기 위하여 녹음수 전정을 한다.
세력을 갱신하는 전정	과일나무가 늙어서 꽃맺음이 나빠지는 경우에 실시하는 전정이다.
개화 결실을 목적으로 하는 전정	• 끝눈에서 개화하는 나무는 꽃이 진 직후에 가지치기를 실시한다. • 열매를 목적으로 할 때에는 수액이 유동하기 전인 휴면기에 전정을 한다. • 곁눈이 꽃눈으로 분화하는 나무는 휴면기에 가지치기를 한다. • 한 가지에 많은 봉우리가 생긴 경우 솎아 낸다든지, 열매를 따버리는 등의 작업을 한다. • 작은 가지나 내측(內側)으로 뻗은 가지는 제거한다. • 약한 가지는 짧게, 강한 가지는 길게 많이 전정하는 것을 원칙으로 한다.
수목의 생리를 조정하는 전정	성원수를 이식할 때 가지와 잎을 적당히 자른다.

Check

다음 중 전정의 목적에 대한 설명으로 옳지 않은 것은? 1205

① 희귀한 수종의 번식에 중점을 두고 한다.
② 미관에 중점을 두고 한다.
③ 실용적인 면에 중점을 두고 한다.
④ 생리적인 면에 중점을 두고 한다.

- 전정과 희귀한 수종의 번식과는 거리가 멀다.

정답 ①

② 수목의 전정

- 가로수의 밑가지는 2m 이상 되는 곳에서 나오도록 한다.
- 이식 후 활착을 위한 전정은 본래의 수형이 파괴되지 않도록 한다.
- 대부분의 조경 수목은 겨울철(11월 ~ 3월) 수목의 휴면기에 전정한다.
- 춘계전정(4 ~ 5월) 시 진달래, 목련, 철쭉 등의 화목류는 개화가 끝난 후에 하는 것이 좋다.
- 침엽수는 10 ~ 11월경이나 2 ~ 3월에 한 번 실시한다.
- 상록활엽수는 5 ~ 6월과 9 ~ 10월경 두 번 실시한다.
- 낙엽수는 일반적으로 11 ~ 3월 및 7 ~ 8월경에 각각 한 번씩 두 번 전정한다.
- 하계에는 수목의 생장이 왕성한 때이므로 강전정을 하면 수형이 흐트러지고, 도장지가 나오고, 수관 내의 통풍이나 일조상태가 불량해져서 병충으로 인한 피해가 발생하기 쉬우므로 약전정을 2 ~ 3회 나누어서 실시한다.
- 상록수는 겨울 전정 시 강전정을 할 경우 동해 피해를 입기 쉽다.

Check

꽃이 피고 난 뒤 낙화할 무렵 바로 가지다듬기를 해야 좋은 수종은? 1205

① 철쭉　② 목련
③ 명자나무　④ 사과나무

정답 ①

- 춘계전정(4 ~ 5월) 시 진달래, 목련, 철쭉 등의 화목류는 개화가 끝난 후에 하는 것이 좋다.

③ 전정 시 제거해야 하는 가지

- 고사지, 역지, 허약지, 교차지, 도장지 등은 일반적으로 제거한다.
- 밑에서 움돋는 가지, 병충해를 입은 가지나 손상지 등을 제거한다.
- 아래를 향해 자라는 하향지나 교차한 교차지를 제거한다.
- 곁가지를 제거하거나 다듬는다.

도장지
- 당년에 필요 이상으로 많이 자란 가지로 웃자란 가지를 일컫는다.

④ 수목의 전정요령

- 수형을 고려할 때 상부는 깊게 하부는 얕게 전정하는 것이 좋다.
- 전정작업을 하기 전 나무의 수형을 살펴 이루어질 가지의 배치를 염두에 둔다.
- 우선 나무의 정상부로부터 주지의 전정을 실시한 후 아래로 내려가면서 전정한다.
- 밖에서 안으로 들어가면서 전정한다.
- 수양버들처럼 아래로 늘어지는 나무는 위쪽의 눈을 남겨 둔다.
- 특별한 경우를 제외하고는 줄기 끝에서 여러 개의 가지가 발생치 않도록 해야 한다.
- 주지의 전정은 주간에 대해서 사방으로 고르게 굵은 가지를 배치하는 동시에 상하(上下)로도 적당한 간격으로 자리잡도록 한다.
- 도장지를 한 번에 잘라내면 그 부위에서 다시 새로운 도장지가 발생하기 쉬우므로 길이의 반 정도를 우선 절단하여 가지의 세력을 약화시킨 후 겨울 전정 때 기부를 잘라내는 것이 좋다.
- 굵은 가지는 가지터기를 남기지 않고 바짝 자르는 것이 좋으며 이때 가지 밑살은 약간 남겨둔다.

• 가는 가지는 가지의 바깥쪽 눈 바로 위를 비스듬히 자른다.
• 충분한 햇빛을 받을 수 있도록 가지를 배치한다.
• 병해충 피해를 받은 가지는 제거한다.

Check

가는 가지를 자르는 방법에 대한 설명으로 옳은 것은? 0902

① 자를 가지의 바깥쪽 눈 바로 위를 비스듬히 자른다.
② 자를 가지의 바깥쪽 눈과 평행하게 멀리서 자른다.
③ 자를 가지의 안쪽 눈 바로 위를 비스듬히 자른다.
④ 자를 가지의 안쪽 눈과 평행한 방향으로 자른다.

• 가는 가지는 가지의 바깥쪽 눈 바로 위를 비스듬히 자른다.

정답 ①

⑤ 마디 위 자르기
• 나무의 생장속도를 억제하거나 수형의 균형을 위해 필요 이상 길게 자란 가지를 잘라주는 작업이다.
• 낙엽수는 휴면기, 상록수는 4월 ~ 장마 전까지가 적당하다.
• 가지를 자를 때는 바깥 눈 바로 위에서 자르는 것이 좋다.

⑥ 지륭(가지깃)
• 가지를 지탱하기 위해 발달한 가지 밑살 또는 가지깃을 말한다.
• 나무가 상처를 입으면 나무에 저장된 양분 중 일부가 화학적 방어물질로 바뀌어 방어벽을 형성하는데 해당 양분이 지륭에 저장되어 있다.
• 전정 시 지륭을 파괴하지 않고 절단해야 칼루스(유상조직)가 빨리 형성되어 나무 상처부위의 분화구 형성이 잘된다.
• 만약 지륭을 절단하면 나무가 무방비 상태가 되면서 부패의 확산으로 이어지게 된다.

⑦ 도포제(방부제) 사용
• 특별한 경우를 제외하고 벚나무의 굵은 가지를 전정할 필요가 없다.
• 2.5cm 이상의 굵은 가지를 전정했을 경우는 반드시 도포제(방부제)를 발라줘야 한다.
• 벚나무 외에도 철쭉류, 진달래, 개나리, 라일락, 목련류 등은 굵은 가지를 전정했을 때 도포제를 발라준다.

Check

다음 중 굵은 가지를 전정하였을 때 전정부위에 반드시 도포제를 발라주어야 하는 것은? 1102

① 잣나무 ② 메타세쿼이아
③ 느티나무 ④ 자목련

• 벚나무 외에도 철쭉류, 진달래, 개나리, 라일락, 목련류 등은 굵은 가지를 전정했을 때 도포제를 발라준다.

정답 ④

⑧ 여름 전정

- 6～8월에 행하는 전정을 말한다.
- 낙엽 활엽수(단풍나무류, 자작나무 등) 위주로 전정한다.
- 강전정은 피하고 도장지, 포복지, 맹아지 등을 제거한다.
- 제 1신장기를 마치고 가지와 잎이 무성하게 자라면 통풍이나 채광이 나쁘게 되기 때문에 도장지나 너무 혼잡하게 된 가지를 잘라 주어 광이나 통풍을 좋게 하기 위한 전정이다.

⑨ 겨울 전정

- 12～3월에 행하는 전정을 말한다.
- 일반수목의 수형을 잡아주기 위해 굵은 가지의 강전정을 한다.
- 병충해의 피해를 입은 가지의 발견이 쉽다.
- 가지의 배치나 수형이 잘 드러나므로 전정하기가 쉽다.
- 굵은 가지를 잘라 내어도 전정의 영향을 거의 받지 않는다.
- 휴면기이므로 막눈이 발생하지 않아 새 가지가 나오기 전까지 수종 고유의 아름다운 수형을 감상할 수 있다.

⑩ 수목의 키를 낮추는 전정

- 수맥이 유동하기 전에 수목의 성장을 제어하기 위해 강전정을 한다.
- 유동 전 정전은 나무의 성장을 늦추고, 더 낮은 높이에서 가지가 뻗치도록 유도할 수 있다.

⑪ 전정도구

갈쿠리전정가위 고지가위	교목류의 높은 가지를 전정하거나 열매를 채취할 때 사용
적심가위 또는 순치기가위	주로 연하고 부드러운 가지나 수관 내부의 가늘고 약한 가지를 자를 때와 꽃꽂이를 할 때 흔히 사용
적과(적화)가위	꽃눈이나 열매를 솎을 때, 과일 수확 시 사용
대형전정가위 조형전정가위	수관 전체를 어떤 모양이나 형태를 연출해 낼 때 사용

Check

소나무나 오엽송 등의 높은 위치에 가지를 전정하거나 열매를 채취할 경우 사용하는 전정가위는? 0601

① 갈쿠리전정가위(고지가위)　② 조형전정가위
③ 대형전정가위　④ 순치기가위

정답 ①

- ②와 ③은 수관 전체를 어떤 모양이나 형태를 연출해 낼 때 사용한다.
- ④는 주로 연하고 부드러운 가지나 수관 내부의 가늘고 약한 가지를 자를 때와 꽃꽂이를 할 때 흔히 사용한다.

⑫ 전정가위의 사용방법

- 전정가위의 날을 가지 밑으로 가게 한다.
- 잘리는 부분을 잡고 밑으로 약간 눌러준다.
- 가위를 위쪽에서 몸 앞쪽으로 돌리는 듯 자른다.
- 지름 1cm 이하인 얇은 가지는 전정가위 날 사이에 넣고 단번에 자른다.

- 지름 1cm 이상의 굵은 가지는 날을 크게 벌려 받쳐주는 날쪽으로 수직으로 돌리면서 앞으로 끌어당기면서 자른다.

7 수목보호조치

가. 수목의 피해 종류

① 피소

- 줄기 볕데임 현상을 말한다.
- 여름철 피소는 고온피해로 여름철 오후 기온이 높고 태양의 고도가 낮아 남서방향에서 줄기나 가지의 일부가 손실되는 피해를 말한다.
- 겨울철 피소는 오후에 수간의 남서쪽 부위가 그늘진 부위보다 온도가 많이 높아 일시적으로 조직의 해빙현상이 나타났다가 일몰 후 급격한 온도저하로 인해 수피 내부의 살아있는 조직이 동결하여 피해를 받는 현상을 말한다.

② 상렬(霜裂)

- 추위로 줄기 밑 수피가 얼어터져 세로 방향의 금이 생겨 말라죽는 경우를 말한다.
- 수피가 얇은 수종에서 주로 많이 발생한다.
- 상렬의 피해가 많은 수종에는 단풍나무, 산딸기나무, 일본목련, 배롱나무, 벚나무 등이 있다.

Check

다음 중 상렬(霜裂)의 피해가 가장 적게 나타나는 수종은? 0805

① 소나무 ② 단풍나무
③ 일본목련 ④ 배롱나무

- 상렬의 피해란 추위로 줄기 밑 수피가 얼어터져 세로 방향의 금이 생겨 말라죽는 경우를 말한다.
- ①은 내한성이 강한 수종으로 상렬의 피해가 적다.

정답 ①

③ 상해(霜害)

- 수목이 서리로 인해 피해를 입는 것을 말한다.
- 만상(晩霜)은 늦서리로 이른 봄에 입는 피해를 말한다.
- 조상(早霜)은 가을철 첫 서리로 인해 입는 피해를 말한다.

④ 상해(霜害)의 피해

- 분지를 이루고 있는 우묵한 지형에 상해가 심하다.
- 성목보다 유령목에 피해를 받기 쉽다.
- 북쪽보다는 일차(日差)가 심한 남쪽 경사면, 큰 나무보다 어린나무, 건조토양보다 습한 토양에서의 피해가 심하다.
- 늦은 가을과 이른 봄에 많이 발생한다.

⑤ 수목의 한해(寒害)

- 동면에 들어가는 수종들은 추위에 강해 한해에 강하다.
- 이른 서리는 특히 연약한 가지에 많은 피해를 준다.
- 서리에 의한 피해는 일반적으로 침엽수가 낙엽수보다 강하다.

⑥ 동해(凍害)

- 온도가 지나치게 내려가 작물의 조직 내에서 결빙이 생겨 받는 피해를 말한다.
- 난지산(暖地産) 수종, 생육지에서 멀리 떨어져 이식된 수종일수록 동해에 약하다.
- 건조한 토양보다 과습한 토양에서 더 많이 발생한다.
- 침엽수류와 낙엽활엽수류는 상록활엽수류보다 내동성이 크다.

⑦ 한발의 해

- 여름철 기온이 높아 수분 증발이 심해 수분 부족으로 말라 죽는 현상을 말한다.
- 한발의 해에 약한 수종은 오리나무, 버드나무, 미루나무, 돌베나무 등이 있다.

Check

다음 중 한발의 해에 가장 강한 수종은? 1101

① 오리나무 ② 버드나무
③ 소나무 ④ 미루나무

정답 ③

- ①, ②, ④는 한발의 해에 약한 수종이다.

나. 수목 치료 및 보호조치

① 수목 외과수술

- 상처부위나 부패로 인한 공동이 더 이상 부패되지 않도록 하며, 수간의 물리적 지지력을 높이고 자연스러운 외형을 갖게 하기 위해서 실시한다.
- 수목의 건강회복과 수세 증진에 목적을 두고 시행한다.
- 공동의 충진물로는 콘크리트, 아스팔트, 목재, 벽돌, 고무 밀납 등을 사용했으나 최근에는 합성수지(에폭시, 불포화 폴리에스테르, 우레탄 고무) 등을 주로 사용한다.

Check

다음 ㉠~㉦을 수목 외과수술 방법의 순서에 따라 바르게 나열한 것은? 0805

㉠ 공동충진	㉡ 부패부 제거
㉢ 살균, 방충처리	㉣ 매트처리
㉤ 방부, 방수처리	㉥ 인공나무 껍질 처리
㉦ 수지처리	

① ㉠→㉡→㉢→㉣→㉤→㉦→㉥
② ㉡→㉢→㉤→㉠→㉣→㉥→㉦
③ ㉢→㉥→㉦→㉣→㉠→㉤→㉡
④ ㉥→㉡→㉣→㉢→㉤→㉦→㉠

정답 ②

- 수목 외과수술은 부패부 제거, 공동 가장자리의 형성층 노출, 소독 및 방부처리, 공동충진, 방수처리, 표면경화처리, 인공수피 처리의 순으로 진행한다.

② 노목의 세력회복을 위한 뿌리자르기의 시기와 방법

- 뿌리자르기의 가장 좋은 시기는 땅이 풀린 직후부터 4월 상순이다. 식물이 봄 성장을 시작하기 전에 높은 수준의 탄수화물을 가지고 있으므로 절단이 성공할 가능성이 높다.
- 뿌리자르기 방법은 나무의 근원 지름의 5 ~ 6배 되는 길이로 원을 그려, 그 위치에서 45 ~ 50cm의 깊이로 파내려간다.
- 뿌리 자르는 각도는 직각 또는 아래쪽으로 45°가 적절하다.

Check

조경 수목의 단근작업에 대한 설명으로 틀린 것은? 1402

① 뿌리 기능이 쇠약해진 나무의 세력을 회복하기 위한 작업이다.
② 잔뿌리의 발달을 촉진시키고, 뿌리의 노화를 방지한다.
③ 굵은 뿌리는 모두 잘라야 아랫가지의 발육이 좋아진다.
④ 땅이 풀린 직후부터 4월 상순까지가 가장 좋은 작업시기다.

- 나무의 근원 지름의 5 ~ 6배 되는 길이로 원을 그려, 그 위치에서 45 ~ 50cm의 깊이로 파내려가면서 뿌리를 자른다.

정답 ③

③ 저온의 해를 받은 수목의 관리방법

- 멀칭(흙, 낙엽 등의 피복 이용)을 한다.
- 상록수의 경우 바람막이를 설치한다.
- wilt-pruf(시들음방지제) 살포로 수목의 갈색화 방지 혹은 감소가 가능하다.
- 강한 가지치기는 하지 않아야 하며, 적당한 시비를 해주는 것이 좋다.

8 생울타리 다듬기

① 산(생)울타리

㉠ 개요

- 살아있는 나무를 심어 만든 울타리를 말한다.
- 적합한 수종은 측백나무, 편백나무, 가이즈카향나무(상록침엽교목), 꽝꽝나무, 호랑가시나무, 사철나무(상록활엽관목), 쥐똥나무, 개나리, 명자나무, 무궁화, 탱자나무, 찔레나무(낙엽활엽관목) 등이다.
- 개나리는 산울타리용 수종 중 맹아력이 가장 강하다.
- 단면의 모양은 생울타리 밑가지의 생육을 건전하게 하기 위해 삼각형 형태가 좋다.

㉡ 조건

- 맹아력이 커서 가지다듬기(전정작업)에 잘 견딜 것
- 아랫가지가 말라 죽지 않을 것
- 가급적 상록수로서 잎이 아름답고 가지가 치밀할 것
- 성질이 강하고 아름다울 것

Check

생울타리를 전지 · 전정하려고 한다. 태양의 광선을 가장 골고루 받지 못하는 생울타리 단면의 모양은? 1001

① 원주형 ② 원뿔형
③ 역삼각형 ④ 달걀형

정답 ③

• 단면의 모양은 생울타리 밑가지의 생육을 건전하게 하기 위해 삼각형 형태가 좋다.

② 생울타리용 관목의 식재간격

• 조경설계기준 상의 생울타리용 관목의 식재간격은 0.25 ~ 0.75m, 2 ~ 3줄을 표준으로 하되, 수목 종류와 식재장소에 따라 식재간격이나 줄 숫자를 적정하게 조정해서 시행해야 한다.

③ 산울타리 다듬기 방법

• 일반 수종은 장마 때와 가을에 2회 정도 전정한다.
• 생장이 빠르고 맹아력이 강한 수종은 1년에 3 ~ 4회 실시한다.
• 화목류는 꽃이 진 후에 실시하고, 덩굴식물의 경우는 가을에 실시한다.

정원과 바람
• 통풍이 잘 이루어지지 않으면 식물은 병해충의 피해를 받기 쉽다.
• 겨울에 북서풍이 불어오는 곳은 바람막이를 위해 상록수를 식재한다.
• 생울타리는 바람을 막는 데 효과적이며, 시선을 유도할 수 있다.

④ 필요한 수목의 수

• 1열이라는 조건이 없을 때는 울타리의 면적/수목의 면적으로 구한다.
• 1열로 구성할 경우는 긴변/수목의 폭(W)으로 구한다.

Check

가로 1m×세로 10m의 공간에 H0.4m×W0.5m 규격의 철쭉으로 생울타리를 만들려고 하면 사용되는 철쭉의 수량은? 0601

① 약 20주 ② 약 40주
③ 약 80주 ④ 약 120주

정답 ②

• 1열이라는 조건이 없으므로 울타리의 면적은 1×10=10m^2이고, 수목의 면적은 0.5×0.5=0.25m^2이다(수고는 고려할 필요가 없다).
• 10/0.25=40주가 필요하다.

⑤ 창살울타리

• 사람의 침입을 방지하기 위한 울타리를 말한다.
• 적극적 침입방지 기능일 경우 최소 1.5m 이상, 사람의 침입을 방지하기 위해서는 180 ~ 200cm가 적당하다.

9 가로수 식재와 관리

① 가로수를 심는 목적
- 녹음을 제공한다.
- 도시환경을 개선한다.
- 시선을 유도한다.
- 도시 위생을 향상시킨다.

② 가로수가 갖추어야 할 조건
- 공해에 강한 수목
- 답압에 강한 수목
- 이식에 잘 적응하는 수목
- 지하고가 높은 수목
- 강한 바람에도 잘 견딜 수 있는 수목
- 여름철 그늘을 만들고 병해충에 잘 견디는 수목

Check

가로수가 갖추어야 할 조건이 아닌 것은? 0705 / 1402

① 공해에 강한 수목 ② 답압에 강한 수목
③ 지하고가 낮은 수목 ④ 이식에 잘 적응하는 수목

- 지하고가 사람이나 차량이 다니기에 불편함이 없도록 높은 수목이어야 한다.

정답 ③

③ 가로수용으로 적합한 수종
- 회화나무, 이팝나무, 은행나무, 메타세쿼이아, 가중나무, 플라타너스, 느티나무, 벚나무, 층층나무, 양버즘나무 등이 있다.

④ 가로수 식재
- 일반적으로 가로수 식재는 도로변에 교목을 줄지어 심는 것을 말한다.
- 가로수 식재 형식은 일정 간격으로 같은 크기의 같은 나무를 일렬 또는 이열로 식재한다.
- 가로수의 식재간격은 나무의 종류나 식재목적, 식재지의 환경에 따라 다르나 8m를 기준으로 한다.
- 가로수는 보도의 나비가 2.5m 이상 되어야 식재할 수 있으며, 건물로부터는 5.0m 이상 떨어져야 그 나무의 고유한 수형을 나타낼 수 있다.
- 가로수는 차도 가장자리에서 60 ~ 70cm 떨어진 곳에 심는 것이 좋다.

Check

가로수는 키 큰 나무(교목)의 경우 식재간격을 몇 m 이상으로 할 수 있는가? (단, 도로의 위치와 주위 여건, 식재수종의 수관폭과 생장속도, 가로수로 인한 피해 등을 고려하여 식재간격을 조정할 수 있다) 1205

① 6m ② 8m ③ 10m ④ 12m

- 가로수의 식재간격은 나무의 종류나 식재목적, 식재지의 환경에 따라 다르나 8m를 기준으로 한다.

정답 ②

10 수관 다듬기

① 수형 구성
- 나무 전체의 생김새를 말한다.
- 수관과 수간에 의해 이뤄진다.
- 가장 예민한 영향을 미치는 환경인자는 광선이다.

Check

다음 중 수형은 무엇에 의해 이루어지는가? 0801

① 줄기+뿌리 ② 잎+가지
③ 수관+줄기 ④ 흉고직경

정답 ③

- 수관과 수간(줄기)에 의해 이뤄진다.

② 평정형
- 수관 상단부가 평면 혹은 넓게 완만한 곡선을 이루며 컵이나 술잔같은 모양을 보이는 형태를 말한다.
- 느티나무, 팽나무, 자귀나무, 단풍나무, 배롱나무 등이 대표적이다.
- 순따기가 끝나면 8월경에 잎솎기를 한다. 순따기만으로 순의 강약을 조절하기 충분하지 않아 잎을 조절하여 나무 전체의 균형을 유지한다.

③ 구형
- 수관이 공처럼 생긴 모양의 수형을 말한다.
- 반송, 수국, 회화나무 등이 있다.

④ 수간에 의한 수형의 분류

㉠ 직간
- 수목의 주간이 지표면에서 나무의 끝부분까지 똑바로 자란 직간형에는 단간, 쌍간, 다간이 있다.

단간	주간의 본수가 하나
쌍간	주간의 본수가 2개로 나란한 형태
다간	주간의 본수가 5개 이상인 형태

- 직간형에는 전나무, 삼나무, 해송 등이 있다.

㉡ 곡간
- 수목의 주간이 자연상태에서 곡선형인 곡간형에는 사간, 현애가 있다.

사간	주간이 비스듬히 기울어 자라는 형태
현애	벼랑에 심겨진 경우로 줄기가 아래로 늘어지는 형태

㉢ 반간
- 기울어짐이 심해 기형적인 형태이다.

Check

나무줄기가 옆으로 비스듬히 기울어진 수형을 무엇이라고 하는가? 0902

① 사간 ② 곡간
③ 직간 ④ 다간

• ②는 줄기가 굽은 형태를 말한다.
• ③은 줄기가 곧은 형태를 말한다.

정답 ①

⑤ 형상수
- 토피어리(Topiary)라고 한다.
- 수목을 기하학적인 모양으로 수관을 다듬어 만든 수형을 말한다.

⑥ 형상수를 만들 때의 유의사항
- 형상수를 만들 수 있는 대상수종은 맹아력이 좋은 것을 선택한다.
- 전정 시기는 상처를 아물게 하는 유합조직이 잘 생기는 3월 중에 실시한다.
- 수형을 잡는 방법은 통대나무에 가지를 고정시켜 유인하는 방법, 규준틀을 만들어 가지를 유인하는 방법, 가지에 전정만을 하는 방법 등이 있다.
- 강전정으로 형태를 단번에 만들지 말고, 연차적으로 원하는 수형을 만들어 간다.
- 불필요하다고 판단되는 가지를 쳐버린 다음, 남은 가지를 적당한 방향으로 유인한다.

Check

토피어리(형상수)를 만드는 방법 및 순서에 관한 설명으로 틀린 것은? 0902

① 상처에 유합 조직이 생기기 쉬운 따뜻한 계절을 택하여 실시한다.
② 불필요하다고 판단되는 가지를 쳐버린 다음, 남은 가지를 적당한 방향으로 유인한다.
③ 강전정으로 형태를 단번에 만들지 말고, 연차적으로 원하는 수형을 만들어 간다.
④ 토피어리를 만드는 방법은 어떤 수종이든 규준틀을 만들어 가지를 유인하는 것이 가장 효과적이다.

• 토피어리를 만드는 방법은 수목의 수형과 크기 등을 고려하여 결정한다.

정답 ④

11 소나무류 관리

① 소나무

- 우리나라에서 가장 흔하게 볼 수 있는 겉씨식물 상록침엽교목이다.
- 단성화, 자웅동주로 한그루에서 암꽃과 수꽃이 따로 같이 핀다.

② 소나무 이식과 생장형태

- 이식적기는 뿌리 활동이 시작되기 직전(2 ~ 3월)이다.
- 옮겨 심은 후 줄기에 새끼줄을 감고 수분증발을 막고, 외상을 방지하여 해충(소나무좀)의 침입을 막기 위해 진흙을 반드시 이겨 발라야 되는 수종이다.
- 4 ~ 6월경에 새싹이 나와 자라다 생장이 멈춘 후 양분의 축적이 일어나는 1회 신장형 생장형태를 갖는다.

Check

옮겨 심은 후 줄기에 새끼줄을 감고 진흙을 반드시 이겨 발라야 되는 수종은?

0805

① 배롱나무 ② 은행나무

③ 향나무 ④ 소나무

정답 ④

- ①은 옮겨심은 후 직사광선에 피소되기 쉬워 새끼, 짚, 녹화마대 등으로 줄기감기를 해주는 수종이다.

③ 부후 가능성

- 부후란 목재가 부후균에 의해 썩는 것을 말한다.
- 침엽수 중 소나무, 잣나무, 낙엽송, 전나무, 해송, 삼나무, 편백 등은 상처유합이 잘되어 부후가능성이 적다.
- 침엽수 중 가문비나무류는 상처가 부후될 위험이 크다.
- 활엽수는 상처유합이 잘되지 않고 부후되기 쉬우므로 원칙적으로는 가지를 자르지 않는다.

적심(摘心, Candle Pinching)

- 고정생장하는 수목(주로 활엽수)에 실시한다.
- 수관이 치밀하게 되도록 교정하는 작업이다.
- 촛대처럼 자란 새순을 가위로 잘라주거나 손끝으로 끊어준다.

④ 소나무 순지르기

- 소나무 순지르기는 발육과 생장을 억제해서 수형을 형성시키기 위한 전정(가지다듬기)이다.
- 매년 5 ~ 6월경에 실시한다.
- 새순이 5 ~ 10cm의 길이로 자랐을 때 실시한다.
- 손으로 순을 따 주는 것이 좋다.
- 중심 순은 모두 제거하고 나머지 순도 힘이 지나칠 경우 1/2 ~ 1/3 정도 남겨두고 끝부분을 따버린다.
- 노목이나 약해 보이는 나무는 다소 빨리 실시하고, 수세가 좋거나 어린나무는 5 ~ 7일 늦게 한다.
- 1주일 간격으로 3회에 걸쳐 가위나 손끝으로 아래서부터 잘라낸다.
- 상장생장(上長生長)을 정지시키고, 곁눈의 발육을 촉진시킴으로써 새로 자라나는 가지의 배치를 고르게 한다.
- 순따기가 끝나면 8월경에 잎솎기를 한다. 순따기만으로 순의 강약을 조절하기 충분하지 않아 잎을 조절하여 나무 전체의 균형을 유지한다.

✓Check

다음 중 소나무류 순지르기에 가장 적절한 시기는? 0505

① 봄 ② 여름
③ 가을 ④ 겨울

• 소나무 순지르기는 매년 5～6월경에 실시한다.

정답 ①

⑤ 눈따기

- 신초(햇가지)가 발육하기 전에 일부의 잎눈을 제거함으로써 전체적으로 작물의 생장을 촉진하는 방법이다.
- 눈이 트기 전 가지의 여러 곳에 자리 잡은 눈 가운데 필요로 하지 않은 눈을 따버리는 작업을 말한다.

12 지주목 관리

① 지주목의 설치

- 지주목은 수목을 식재한 후 바람으로 인한 뿌리의 흔들림이나 쓰러짐을 방지하고, 활착을 촉진시키기 위해 수목을 고정시키는 것을 말한다.
- 나무높이 2.5m 이상의 수목에는 지주목을 설치하되, 해안지역 및 강풍지구에는 나무높이 2.0m 이상의 수목에 지주목을 설치한다.
- 수피와 지주가 닿은 부분은 보호조치를 취한다.
- 지주목을 설치할 때에는 풍향과 지형 등을 고려한다.
- 대형목이나 경관상 중요한 곳에는 당김줄형을 설치한다.
- 생울타리에는 가로지지대 및 별도의 지주대를 설치한다.
- 지주목은 뿌리가 상하지 않도록 조심해서 설치한다.
- 지주목을 묶어야 할 나무줄기 부위는 타이어 튜브나 마대 혹은 새끼 등의 완충재를 감는다.
- 지주목의 아래는 뾰족하게 깎아서 땅속으로 30～50cm 정도의 깊이로 박는다.
- 지상부의 지주는 페인트칠을 하는 것이 좋다.

② 지주목의 종류

- 삼발이 지주가 가장 안정되고 간단한 방법이지만 자리를 많이 차지해 통행인이 많은 곳에는 설치하기 힘들다. 통행인이 많은 곳은 삼각지주 또는 사각지주를 많이 설치한다.
- 연결형지주는 동일한 규격의 수목을 연속적으로 모아 심었거나 줄지어 심었을 때 적합한 지주이다.
- 당김줄형은 대형나무 및 경관적으로 중요한 곳에 설치하며, 나무줄기의 적당한 높이에서 고정한 와이어로프를 세 방향으로 벌려서 지하에 고정하는 지주이다.

Check

지주목 설치 요령 중 적절하지 않은 것은? 0401 / 1002

① 지주목을 묶어야 할 나무줄기 부위는 타이어 튜브나 마대 혹은 새끼 등의 완충재를 감는다.
② 지주목의 아래는 뾰족하게 깎아서 땅속으로 30 ~ 50cm 정도의 깊이로 박는다.
③ 지상부의 지주는 페인트칠을 하는 것이 좋다.
④ 통행인이 많은 곳은 삼발이형, 적은 곳은 사각지주와 삼각지주가 많이 설치된다.

정답 ④

• 삼발이 지주가 가장 안정되고 간단한 방법이지만 자리를 많이 차지해 통행인이 많은 곳에는 설치하기 힘들다. 통행인이 많은 곳은 삼각지주 또는 사각지주를 많이 설치한다.

③ 쇠조임
- 줄당김 작업과 병행해서 진행한다.
- 쇠막대기나 철사줄을 이용해 찢어진 가지를 붙들어 매거나 스스로 지탱할 수 없는 가지를 더 튼튼한 옆가지에 붙이는 작업을 말한다.

13 멀칭 관리

① 멀칭의 기대효과
- 표토의 유실을 방지
- 토양의 입단화를 촉진
- 잡초의 발생을 최소화
- 유익한 토양미생물의 생장을 촉진

② 멀칭재료의 분류
- 유기질 멀칭재료에는 볏짚, 잔디 깎은 풀, 솔잎, 톱밥, 우드 칩, 펄프 등이 있다.
- 광물질 멀칭재료에는 왕모래, 마사, 자갈, 조약돌 등이 있다.
- 합성 멀칭재료에는 비닐, 폴리프로필렌, 부직포, 토목섬유 등이 있다.

③ 우드 칩
- 죽은 나무나 폐기된 나무를 수거해 연소하기 쉬운 칩 형태로 분쇄하여 에너지원으로 사용할 수 있게 만든 제품으로 유기질 멀칭재료로 사용한다.
- 미관효과가 우수하고, 잡초를 억제한다.
- 작물배양에 도움이 되는 부식성 선충을 많이 증식시킨다.
- 토양의 경화를 방지하고, 호흡을 증대하며, 수분을 유지하여 토양을 개량한다.

Check

분쇄목인 우드 칩(Wood Chip)을 멀칭재료로 사용할 때의 효과가 아닌 것은? 1004

① 미관효과 우수 ② 잡초억제기능
③ 배수억제효과 ④ 토양개량효과

정답 ③

• 우드 칩은 분해되기 전(4 ~ 5년)까지는 배수기능을 좋게 해 준다.

④ 짚싸기

- 추위에 약한 수목을 겨울철 강풍 등에 의한 동해를 방지하게 하기 위해 실시하는 작업이다.
- 볏짚을 잘 덮고 동여매 보온을 하는 역할을 한다.
- 주로 모과나무, 벽오동, 배롱나무, 장미 등 추위에 약한 나무의 지상부를 보호하기 위한 월동방법이다.

고시넷 국가기술자격 **조경기능사**

파트 2

문제편

CBT 빈출 500題

CBT란? Computer Based Test의 약자로 기존 시험과 달리 컴퓨터의 문제은행에 저장된 문제들이 수험생마다 각각 다르게 출제되어 컴퓨터를 통해서 답안을 체크하고 전송하면 바로 합격여부를 확인할 수 있는 시험이다.

조경기능사 CBT 빈출 500題

0705

001 Repetitive Learning (1회 2회 3회)

조경의 개념과 거리가 먼 것은?

① 건축, 토목의 일부이며, 이들과 조형미를 이루게 한다.
② 국토를 보존하고 정비하며, 그 이용에 관한 계획을 하는 것이다.
③ 과학적이고 미적인 공간을 창조하는 종합예술이다.
④ 아름답고 편리하며 생산적인 생활 환경을 조성한다.

해설
- 조경은 건축과 토목을 아우르는 분야이지 그들의 일부가 아니다.

0302 / 1404

002 Repetitive Learning (1회 2회 3회)

다음 조경의 효과로 가장 부적합한 것은?

① 공기의 정화 ② 대기오염의 감소
③ 소음 차단 ④ 수질오염의 증가

해설
- 조경은 수질 및 대기오염을 감소시키고 자연 훼손지역을 복구한다.

1304

003 Repetitive Learning (1회 2회 3회)

훌륭한 조경가가 되기 위한 자질에 대한 설명 중 틀린 것은?

① 건축이나 토목 등에 관련된 공학적인 지식도 요구된다.
② 합리적 사고 보다는 감성적 판단이 더욱 필요하다.
③ 토양, 지질, 지형, 수문(水文) 등 자연과학적 지식이 요구된다.
④ 인류학, 지리학, 사회학, 환경심리학 등에 관한 인문과학적 지식도 요구된다.

해설
- 합리적 사고를 갖추고 새로운 과학기술을 도입하여 생활환경을 개선시켜 나간다.

0401 / 1102

004 Repetitive Learning (1회 2회 3회)

정원양식의 발생요인 중 자연환경 요인이 아닌 것은?

① 기후 ② 지형
③ 식물 ④ 종교

해설
- ④는 사회적 요인에 해당한다.

0802

005 Repetitive Learning (1회 2회 3회)

정원양식의 형성에 영향을 미치는 사회적인 조건에 해당되지 않는 것은?

① 국민성 ② 자연지형
③ 역사, 문화 ④ 과학기술

해설
- ②는 자연적 요인에 해당한다.

0405 / 1204

006 Repetitive Learning (1회 2회 3회)

다음 중 정형식 정원에 해당하지 않는 양식은?

① 평면기하학식 ② 노단식
③ 중정식 ④ 회유임천식

해설
- ④는 정원 중심에 연못과 섬을 만들고 다리를 연결해 주변을 감상하는 방식으로 중국, 일본 정원에서 나타나는 자연식 조경양식이다.

001 ① 002 ④ 003 ② 004 ④ 005 ② 006 ④ | 정답

1205

007 Repetitive Learning (1회 2회 3회)

자연 경관을 인공으로 축경화(縮景化)하여 산을 쌓고, 연못, 계류, 수림을 조성한 정원은?

① 전원풍경식 ② 회유임천식
③ 고산수식 ④ 중정식

해설
- ①은 18세기 영국, 독일 및 한국, 중국, 일본의 정원에서 나타나는 형식으로 자연 상태 그대로 정원을 만드는 양식이다.
- ③은 자연식 조경 중 물을 전혀 사용하지 않고 나무, 바위와 왕모래 등으로 상징적인 정원을 만드는 양식이다.
- ④는 건물의 내부에 정원을 꾸미는 방식으로 주택의 외부 공간을 실용적인 목적으로 구성하였으며 정형식 조경양식에 속한다.

0305 / 1304

008 Repetitive Learning (1회 2회 3회)

다음 중 침상화단(Sunken garden)에 관한 설명으로 가장 적합한 것은?

① 관상하기 편리하도록 지면을 1～2m 정도 파내려가 꾸민 화단
② 중앙부를 낮게 하기 위하여 키 작은 꽃을 중앙에 심어 꾸민 화단
③ 양탄자를 내려다보듯이 꾸민 화단
④ 경계부분을 따라서 1열로 꾸민 화단

해설
- ③은 양탄자화단 혹은 호문화단이라고도 한다.

0702 / 0904

009 Repetitive Learning (1회 2회 3회)

중세 수도원의 전형적인 정원으로 예배실을 비롯한 교단의 공공건물에 의해 둘러싸인 네모난 공지를 가리키는 것은?

① 아트리움(Atrium)
② 페리스틸리움(Peristylium)
③ 클라우스트룸(Claustrum)
④ 파티오(patio)

해설
- ①은 고대 로마의 정원 중 제1중정을 가리킨다.
- ②는 고대 로마의 정원 중 제2중정을 가리킨다.
- ④는 크고 작은 벽에 의해 둘러싸인 작은 정원(안뜰, 테라스)을 말하는데 스페인식 정원의 특색이다.

0405 / 0705 / 1204

010 Repetitive Learning (1회 2회 3회)

관상하기에 편리하도록 땅을 1～2m 깊이로 파내려가 평평한 바닥을 조성하고, 그 바닥에 화단을 조성한 것은?

① 기식화단 ② 모둠화단
③ 양탄자화단 ④ 침상화단

해설
- ①은 화단의 어느 방향에서나 관상 가능하도록 중앙 부위는 높게, 가장 자리는 낮게 조성한다.
- ②는 기식화단을 말한다.
- ③은 키가 작은 초화류를 양탄자 무늬처럼 기하학적으로 배치한 화단으로 평면화단에 해당한다.

0402 / 0405

011 Repetitive Learning (1회 2회 3회)

조경을 대상지별로 구별할 때 위락 · 관광시설에 해당되지 않는 곳은?

① 휴양지 ② 유원지
③ 골프장 ④ 사찰

해설
- ④는 문화재에 해당한다.

0401 / 1004

012 Repetitive Learning (1회 2회 3회)

조경을 프로젝트의 대상지별로 구분할 때 문화재 주변 공간에 해당되지 않는 곳은?

① 궁궐 ② 사찰
③ 유원지 ④ 왕릉

해설
- ③은 위락 · 관광시설에 해당한다.

0202 / 0705 / 1005

013 Repetitive Learning (1회 2회 3회)

다음 조경의 대상 중 자연적 환경요소가 가장 빈약한 곳은?

① 도시조경 ② 천연기념물, 보호구역
③ 도립공원 ④ 국립공원

해설
- ②, ③, ④는 모두 자연공원으로 자연적 환경요소가 가장 중요한 요소이다.

정답 | 007 ② 008 ① 009 ③ 010 ④ 011 ④ 012 ③ 013 ①

1004

014 Repetitive Learning 1회 2회 3회

서양에서 정원이 건축의 일부로 종속되던 시대에서 벗어나 건축물을 정원양식의 일부로 다루려는 경향이 나타난 시대는?

① 중세　② 르네상스
③ 고대　④ 현대

해설
• 14세기 이후 르네상스 시대에서부터 정원이 건축의 일부로 종속되던 시대에서 벗어나 건축물을 정원양식의 일부로 다루려는 경향이 나타났으며, 유럽의 각 나라의 특성에 맞는 정원양식이 크게 발달하였다.

0202 / 0405

015 Repetitive Learning 

고대 그리스에 만들어졌던 광장의 이름은?

① 아트리움　② 길드
③ 무데시우스　④ 아고라

해설
• 고대 그리스에서 시장의 기능을 갖춘 광장을 아고라라 한다.
• ①은 고대 로마의 정원 중 제1중정을 가리킨다.

0302 / 1501

016 Repetitive Learning 1회 2회 3회

고대 그리스에서 청년들이 체육 훈련을 하는 자리로 만들어졌던 것은?

① 페리스틸리움　② 지스터스
③ 짐나지움　④ 보스코

해설
• ①은 고대 로마의 정원 중 제2중정을 가리킨다.
• ②는 고대 로마의 정원 중 후원을 가리킨다.

0402 / 1002

017 Repetitive Learning 1회 2회 3회

고대 로마의 정원 배치는 3개의 중정으로 구성되어 있었다. 그중 사적인 기능을 가진 제2중정에 속하는 곳은?

① 아트리움　② 지스터스
③ 페리스틸리움　④ 아고라

해설
• ①은 제1중정, ②는 후원이다.
• ④는 고대 그리스의 시장의 기능을 포함한 광장을 일컫는다.

0705 / 1104

018 Repetitive Learning 1회 2회 3회

다음 중 고대 로마의 폼페이 주택정원에서 볼 수 없는 것은?

① 아트리움　② 페리스틸리움
③ 포럼　④ 지스터스

해설
• ③은 그리스 시대 공공건물과 주랑으로 둘러싸인 다목적 열린 공간으로 무덤의 전실을 가리키기도 했던 곳을 말한다.

1202 / 1604

019 Repetitive Learning 1회 2회 3회

메소포타미아의 대표적인 정원은?

① 베다사원　② 베르사유 궁전
③ 바빌론의 공중정원　④ 타지마할 사원

해설
• ①은 기원전 1500년 경의 인도지역의 사원을 말한다.
• ②는 루이13세의 사냥용 별장이었는데 1662년 궁원으로 증개축되었다.
• ④는 인도 무굴제국의 대표적인 건축물(묘원)이다.

0904 / 1305

020 Repetitive Learning 1회 2회 3회

버킹엄셔의 「스토우 가든」을 설계하고, 담장 대신 정원 부지의 경계선에 도랑을 파서 외부로부터의 침입을 막은 Ha-ha 수법을 실현하게 한 사람은?

① 켄트　② 브릿지맨
③ 와이즈맨　④ 챔버

해설
• ①은 영국 전원 풍경을 회화적으로 묘사한 근대적 조경의 아버지로 "자연은 직선을 싫어한다"라고 주장한 영국의 낭만주의 조경가이다.
• ④는 동양정원론을 출판하여 중국정원을 소개한 사람이다.

0502 / 0802 / 0901

021 Repetitive Learning 1회 2회 3회

"자연은 직선을 싫어한다"라는 신조에 따라 직선적인 원로와 수로, 산울타리 등을 배척하고 불규칙적인 생김새의 정원을 꾸민 영국의 낭만주의 조경가는?

① 브릿지맨　② 켄트
③ 챔버　④ 렙톤

014 ② 015 ④ 016 ③ 017 ③ 018 ③ 019 ③ 020 ② 021 ② | 정답

해설

- ①은 버킹엄셔의 「스토우 가든」을 설계하고, 담장 대신 정원 부지의 경계선에 도랑을 파서 외부로부터의 침입을 막은 Ha-ha 수법을 실현하게 한 사람이다.
- ③은 동양정원론을 출판하여 중국정원을 소개한 사람이다.
- ④는 18세기 후반 이후 풍경식 정원(사실주의 자연풍경식)을 완성한 조경가로 Red Book을 창안하였다.

0802 / 1604

022 Repetitive Learning (1회 2회 3회)

영국 튜터왕조에서 유행했던 화단으로 낮게 깎은 회양목 등으로 화단을 여러가지 기하학적 문양으로 구획 짓는 것은?

① 기식화단　② 매듭화단
③ 카펫화단　④ 경재화단

해설

- ①은 모둠화단이라고도 하는데 화단의 어느 방향에서나 관상 가능하도록 중앙 부위는 높게, 가장자리는 낮게 조성한 화단을 말한다.
- ③은 양탄자화단이라고도 하며, 키가 작은 초화류를 양탄자 무늬처럼 기하학적으로 배치한 화단으로 평면화단에 해당한다.
- ④는 건물이나 담장 앞 또는 원로에 따라 길게 만들어지는 화단으로 전면에서만 감상되기 때문에 화단 앞쪽은 키가 작은 것을, 뒤쪽으로 갈수록 큰 초화류를 심는다.

0201 / 0202 / 0601

023 Repetitive Learning (1회 2회 3회)

다음 중 풍경식 정원에서 요구되는 계단의 재료는 어느 것이 가장 좋겠는가?

① 콘크리트 계단　② 벽돌 계단
③ 통나무 계단　④ 인조목 계단

해설

- 전원풍경식은 넓은 잔디밭, 통나무 계단 등을 이용한 전원적이며 목가적인 정원 양식이다.

1002 / 1601

024 Repetitive Learning (1회 2회 3회)

형태와 선이 자유로우며, 자연재료를 사용하여 자연을 모방하거나 축소하여 자연에 가까운 형태로 표현한 정원 양식은?

① 건축식　② 풍경식
③ 정형식　④ 규칙식

해설

- 풍경식 조경양식은 형태와 선이 자유로우며, 자연재료를 사용하여 자연을 모방하거나 축소하여 자연에 가까운 형태(1 : 1)로 표현한다.

0202 / 0205

025 Repetitive Learning (1회 2회 3회)

영국에서 가장 발달한 정원 양식은 다음 중 어느 것인가?

① 노단건축식　② 자연풍경식
③ 평면기하학식　④ 임천회유식

해설

- ①은 경사지에 계단식으로 조성한 정원 방식으로 화려하고 방대한 특징을 갖는 방식으로 이탈리아와 서아시아에서 이용되었다.
- ③은 지형이 넓고 평탄한 분지에서 강력한 대칭과 비례, 원근법 등으로 정원을 구성한 방식으로 프랑스에서 발달하였다.
- ④는 정원 중심에 연못과 섬을 만들고 다리를 연결해 주변을 감상하는 방식으로 중국, 일본 정원에서 나타나는 형식이다.

0305 / 0605

026 Repetitive Learning (1회 2회 3회)

다음 중 대칭(symmetry)의 미를 사용하지 않은 것은?

① 영국의 자연풍경식
② 프랑스의 평면기하학식
③ 이탈리아의 노단건축식
④ 스페인의 중정식

해설

- 풍경식 조경양식은 정형식 정원의 의장을 탈피하고 자연 그대로의 짜임새가 생겨나도록 하는 사실주의에 입각하여 대칭(symmetry)의 미를 사용하지 않았다.

0205 / 0701

027 Repetitive Learning (1회 2회 3회)

계단폭포, 물 무대, 분수, 정원극장, 동굴 등의 조경수법이 가장 많이 나타났던 정원은?

① 영국 정원　② 프랑스 정원
③ 스페인 정원　④ 이탈리아 정원

해설

- 지형적인 이유로 이탈리아 정원에는 계단폭포나 동굴 등의 조경수법이 많이 사용되었다.

정답 | 022 ② 023 ③ 024 ② 025 ② 026 ① 027 ④

0801 / 1201

028 Repetitive Learning (1회 2회 3회)

19세기 유럽에서 정형식 정원의 의장을 탈피하고 자연 그대로의 경관을 표현하고자 한 조경수법은?

① 노단식 ② 자연풍경식
③ 실용주의식 ④ 회교식

해설
- ①은 경사지에 계단식으로 조성한 정원 방식으로 화려하고 방대한 특징을 갖는 방식으로 이탈리아와 서아시아에서 이용되었다.
- 풍경식 조경양식은 정형식 정원의 의장을 탈피하고 자연 그대로의 짜임새가 생겨나도록 하는 사실주의에 입각하여 대칭(symmetry)의 미를 사용하지 않았다.

1202

029 Repetitive Learning (1회 2회 3회)

영국인 Brown의 지도하에 덕수궁 석조전 앞뜰에 조성된 정원 양식과 관계되는 것은?

① 빌라 메디치 ② 보르비콩트 정원
③ 분구원 ④ 센트럴 파크

해설
- ①은 이탈리아 로마에 위치한 르네상스 최초의 빌라(별장)이다.
- ③은 산업화 초기 독일에서 정원을 소유하지 못한 시민에게 도시 내의 유휴지나 공한지를 저렴하게 임대해서 녹지로 가꾸게 한 정원이다.
- ④는 미국 도시공원의 효시로 옴스테드에 의해 지어졌다.
- 덕수궁 석조전 앞뜰의 정원은 평면기하학식 정원이므로 평면기하학식 정원을 찾는 문제이다.

0705 / 0905

030 Repetitive Learning (1회 2회 3회)

다음 중 여러 단을 만들어 그곳에 물을 흘러내리게 하는 이탈리아 정원에서 많이 사용되었던 조경기법은?

① 캐스케이드 ② 토피어리
③ 록 가든 ④ 캐널

해설
- ②는 식물을 동물의 도형 등 여러가지의 모양으로 다듬는 기술 혹은 작품을 말한다.
- ③은 자연석을 조화있게 배치하여 만든 정원을 말한다.
- ④는 수위가 다른 곳을 연결시키는 데 필요한 갑문을 가진 운하를 의미한다.

1202

031 Repetitive Learning (1회 2회 3회)

주축선 양쪽에 짙은 수림을 만들어 주축선이 두드러지게 하는 비스타(vista) 수법을 가장 많이 이용한 정원은?

① 영국 정원 ② 독일 정원
③ 이탈리아 정원 ④ 프랑스 정원

해설
- ①은 자연풍경식 정원이 발달하였다.
- ②는 근대건축식 정원이 발달하였다.
- ③은 노단건축식 정원이 발달하였다.

0605 / 1604

032 Repetitive Learning (1회 2회 3회)

이탈리아의 노단건축식 정원, 프랑스의 평면기하학식 정원 등은 자연 환경 요인 중 어떤 요인의 영향을 가장 크게 받아 발생한 것인가?

① 기후 ② 지형
③ 식물 ④ 토지

해설
- 지형적인 이유로 인해 이탈리아에서는 경사지에 여러 개의 노단(테라스)을 조화시켜 쌓는 방식이, 프랑스에서는 구릉지에 평면기하학식 정원이 발전하였다.

1205 / 1304

033 Repetitive Learning (1회 2회 3회)

다음 중 이탈리아의 정원 양식에 해당하는 것은?

① 자연풍경식 ② 평면기하학식
③ 노단건축식 ④ 풍경식

해설
- 지형적인 이유로 인해 이탈리아에서는 경사지에 여러 개의 노단(테라스)을 조화시켜 쌓는 방식이 발전하였다.

0301 / 1501

034 Repetitive Learning (1회 2회 3회)

스페인의 파티오(patio)에서 가장 중요한 구성요소는?

① 물 ② 원색의 꽃
③ 색채 타일 ④ 짙은 녹음

해설
- 스페인 파티오에서는 이슬람 문화의 영향을 받아 물을 가장 중요한 구성요소로 취급한다.

028 ② 029 ② 030 ① 031 ④ 032 ② 033 ③ 034 ① | 정답

0905 / 1001

035 Repetitive Learning (1회 2회 3회)

다음 중 토피어리(Topiary)를 가장 잘 설명한 것은?

① 어떤 물체(새, 배, 거북등)의 형태로 다듬어진 나무
② 정지, 전정이 잘 된 나무
③ 정지, 전정으로 모양이 좋아질 나무
④ 노쇠지, 고사지 등을 완전 제거한 나무

해설
• 토피어리는 식물을 다듬어 동물이나 사물의 모양을 만들어 내는 기술을 말한다.

0401 / 0502 / 1102

036 Repetitive Learning (1회 2회 3회)

회교문화의 영향을 입어 독특한 정원 양식을 보이는 곳은?

① 이탈리아 정원 ② 프랑스 정원
③ 영국 정원 ④ 스페인 정원

해설
• 스페인에 현존하는 이슬람 정원 형태인 알람브라성과 이슬람 건축물인 헤네랄리페가 대표적인 조경 예이다.

0402 / 0904

037 Repetitive Learning (1회 2회 3회)

조경양식 중 이슬람 양식의 스페인 정원이 속하는 것은?

① 평면기하학식 ② 노단식
③ 중정식 ④ 전원풍경식

해설
• 스페인 정원의 대표적인 조경양식으로 내부지향적인 공간을 추구하여 발달한 양식은 중정식이다.

0305 / 0402 / 1102

038 Repetitive Learning (1회 2회 3회)

동양정원에서 연못을 파고 그 가운데 섬을 만드는 수법에 가장 큰 영향을 준 것은?

① 자연지형 ② 기상요인
③ 신선사상 ④ 생활양식

해설
• 신선사상의 영향을 받아 연못 안에 선산을 상징하는 섬을 만들고, 불로장생을 위해 고래와 거북의 상을 배치하였다.

1305

039 Repetitive Learning (1회 2회 3회)

19세기 미국에서 식민지 시대 사유지 중심의 정원에서 공공적인 성격을 지닌 조경으로 전환되는 전기를 마련한 것은?

① 센트럴 파크 ② 프랭클린 파크
③ 비큰히드 파크 ④ 프로스펙트 파크

해설
• 뉴욕의 센트럴 파크(Central park)는 식민지 시대 사유지 중심의 정원에서 공적인 성격을 지닌 조경으로 전환되는 전기를 마련하였다.
• ②는 미국 뉴저지주의 인구 조사 지정장소이다.
• ③은 공원의 효시로 일컬어지는 영국의 공원으로 미국의 센트럴 파크의 설립에 영향을 주었다.
• ④는 미국 뉴욕에 위치한 미국에서 두 번째로 큰 공공공원으로 1859년 옴스테드와 캘버트 복스가 디자인하였다.

0501 / 1604

040 Repetitive Learning (1회 2회 3회)

중정(patio)식 정원의 가장 대표적인 특징은?

① 토피어리 ② 색채타일
③ 동물 조각품 ④ 수렵장

해설
• 중정식 정원은 물과 분수를 풍부하게 장식하였으며 다채로운 색채를 도입한 대리석과 벽돌이 기하학적 형태를 이룬다.
• ①은 식물을 동물의 도형 등 여러가지의 모양으로 다듬는 기술 혹은 작품을 말한다.

0205 / 0402

041 Repetitive Learning (1회 2회 3회)

우리나라 최초의 대중적인 도시 공원은?

① 남산공원 ② 사직공원
③ 파고다공원 ④ 장충공원

해설
• 우리나라 최초의 대중적인 도시공원은 파고다공원이다.

0501

042 Repetitive Learning (1회 2회 3회)

백제와 신라의 정원에 영향을 주었던 사상으로 가장 적당한 것은?

① 음양오행사상 ② 풍수지리사상
③ 신선사상 ④ 유교사상

정답 | 035 ① 036 ④ 037 ③ 038 ③ 039 ① 040 ② 041 ③ 042 ③

해설

• 백제와 신라의 정원은 도가의 신선사상에 영향을 받았다.

1602

043 Repetitive Learning (1회 2회 3회)

다음 중 독일의 풍경식 정원과 가장 관계가 깊은 것은?

① 한정된 공간에서 다양한 변화를 추구
② 동양의 사의주의 자연풍경식을 수용
③ 외국에서 도입한 원예식물의 수용
④ 식물생태학, 식물지리학 등의 과학이론의 적용

해설

• ①은 네덜란드 정원의 특징이다.
• ②는 중국식 정원의 특징이다.
• ③은 영국식 정원의 특징이다.

0305 / 0601 / 1001

044 Repetitive Learning (1회 2회 3회)

우리나라 전통조경의 설명으로 옳지 않은 것은?

① 신선사상에 근거를 두고 여기에 음양오행설이 가미되었다.
② 연못의 모양은 조롱박형, 목숨수자형, 마음심자형 등 여러 가지가 있다.
③ 연못은 땅 즉 음을 상징하고 있다.
④ 둥근섬은 하늘 즉 양을 상징하고 있다.

해설

• 우리나라 조경에서 연못의 모양은 방지형 등 단순한 형태를 추구하였다.

0202 / 0701

045 Repetitive Learning (1회 2회 3회)

사대부나 양반계급들이 꾸민 별서 정원은?

① 전주의 한벽루　　② 수원의 방화수류정
③ 담양의 소쇄원　　④ 의주의 통군정

해설

• 별장형 별서는 담양의 소쇄원, 윤선도의 부용동 원림, 다산초당 등이 대표적이다.
• ①은 풍류객들이 이용하는 풍광 좋은 정자이다.
• ②는 조선 정조때 완성한 주변을 감시하고 군사를 지휘하는 지휘소와 정자의 기능을 함께 가지고 있는 누각이다.
• ④는 의주 읍성의 북쪽 장대로서 군사지휘처로 사용된 건물이다.

0301 / 0904

046 Repetitive Learning (1회 2회 3회)

다음 중 신선사상의 영향을 받은 정원은?

① 고산수정원　　② 안압지
③ 경복궁　　④ 경회루

해설

• 신선사상을 배경으로 한 해안풍경을 묘사한 것은 안압지이다.

0505 / 0601 / 1201 / 1305 / 1405

047 Repetitive Learning (1회 2회 3회)

고려시대 궁궐의 정원을 맡아 관리하던 해당 부서는?

① 내원서　　② 정원서
③ 상림원　　④ 동산바치

해설

• ③은 조선시대 전기의 궁궐 내 정원을 관리하고 과일이나 화초를 공급하는 역할을 하던 관서이다.
• ④는 채소, 과일, 화초 등을 심어서 가꾸는 일을 직업으로 하는 사람을 일컫는 말이다.

0401 / 0702

048 Repetitive Learning (1회 2회 3회)

조선시대 후원에 장식용으로 사용되지 않은 것은?

① 괴석　　② 세심석
③ 굴뚝　　④ 석가산

해설

• 우리나라 후원에서는 석지와 괴석, 화계, 굴뚝, 취병 등을 사용하였다.

0205 / 1404

049 Repetitive Learning (1회 2회 3회)

조선시대 궁궐의 침전 후정에서 볼 수 있는 대표적인 것은?

① 자수화단(花壇)
② 비폭(飛瀑)
③ 경사지를 이용해서 만든 계단식의 노단
④ 정자수

해설

• ①은 프랑스 바로크 정원양식의 특징이다.
• ②는 폭포를 말한다.

정답 043 ④ 044 ② 045 ③ 046 ② 047 ① 048 ④ 049 ③

0501 / 1201

050 Repetitive Learning 1회 2회 3회

다음 정원시설 중 우리나라 전통조경시설이 아닌 것은?

① 취병(생울타리)　② 화계
③ 벽천　④ 석지

해설
• ③은 독일의 실용적 풍경식 정원 시설로 벽을 타고 물이 흐르는 조형물로 실용과 미관을 겸한 시설이다.

0501 / 1205 / 1305

051 Repetitive Learning 1회 2회 3회

우리나라에서 한국적인 색채가 농후한 후원양식이 확립되었다고 할 수 있는 때는?

① 통일신라　② 고려전기
③ 고려후기　④ 조선시대

해설
• 음양오행설과 풍수지리설 그리고 유교의 영향으로 조선시대에 후원양식이 발전하였다.

0201 / 1004

052 Repetitive Learning 1회 2회 3회

우리나라에서 최초의 유럽식 정원이 도입된 곳은?

① 덕수궁 석조전 앞 정원
② 파고다 공원
③ 장충단 공원
④ 구 중앙정부청사 주위 정원

해설
• 서양식 전각인 석조전과 그 앞의 서양식 정원은 우리나라에서 최초의 유럽식 정원에 해당한다.

0802 / 1301

053 Repetitive Learning 1회 2회 3회

다음 중 중국 4대 명원(四大名園)에 포함되지 않는 것은?

① 작원　② 사자림
③ 졸정원　④ 창랑정

해설
• 4대 명원이라 불리는 것은 쑤저우의 4대 명원으로 창랑정, 졸정원, 유원, 사자림을 들 수 있다.

0305 / 1304

054 Repetitive Learning 1회 2회 3회

우리나라 조선정원에서 사용되었던 홍예문의 성격을 띤 구조물이라 할 수 있는 것은?

① 정자　② 테라스
③ 트렐리스　④ 아치

해설
• 홍예문은 일본공병대가 1908년에 준공한 아치형 터널이다.

0301 / 1201

055 Repetitive Learning 1회 2회 3회

사대부나 양반 계급에 속했던 사람이 자연 속에 묻혀 야인으로서의 생활을 즐기던 별서 정원이 아닌 것은?

① 소쇄원　② 방화수류정
③ 다산초당　④ 부용동정원

해설
• 별장형 별서는 담양의 소쇄원, 윤선도의 부용동 원림, 다산초당 등이 대표적이다.
• ②는 조선 정조때 완성한 주변을 감시하고 군사를 지휘하는 지휘소와 정자의 기능을 함께 가지고 있는 누각이다.

0902 / 1204 / 1404

056 Repetitive Learning 1회 2회 3회

조선시대 선비들이 즐겨 심고 가꾸었던 사절우(四節友)에 해당하는 식물이 아닌 것은?

① 소나무　② 대나무
③ 매화나무　④ 난초

해설
• 사절우는 소나무, 대나무, 매화나무, 국화를 말한다.

1505

057 Repetitive Learning 1회 2회 3회

중국 조경의 시대별 연결이 옳은 것은?

① 명－이화원(颐和园)　② 진－화림원(華林園)
③ 송－만세산(萬歲山)　④ 명－태액지(太液池)

해설
• ①의 이화원은 청나라 정원이다.
• ②의 화림원은 오나라의 정원이다.
• ④의 태액지는 한나라, 당나라, 청나라때 각각 만들어진 연못의 이름이다.

정답 | 050 ③　051 ④　052 ①　053 ①　054 ④　055 ②　056 ④　057 ③

0205 / 0705

058 Repetitive Learning (1회 2회 3회)

중국정원은 풍경식이면서 어디에 중점을 두고 조성되었는가?

① 대비 ② 조화
③ 관련 ④ 연관

해설

- 중국식 조경수법은 풍경식으로 대비에 중점을 두고 있다.

0405 / 1104

059 Repetitive Learning (1회 2회 3회)

중국정원의 가장 중요한 특색이라 할 수 있는 것은?

① 조화 ② 대비
③ 반복 ④ 대칭

해설

- 중국식 조경수법은 풍경식으로 대비에 중점을 두고 있다.

0505 / 1405

060 Repetitive Learning (1회 2회 3회)

다음 중국식 정원의 설명으로 가장 거리가 먼 것은?

① 차경수법을 도입하였다.
② 사실주의 보다는 상징적 축조가 주를 이루는 사의주의에 입각하였다.
③ 다정(茶庭)이 정원구성 요소에서 중요하게 작용하였다.
④ 대비에 중점을 두고 있으며, 이것이 중국정원의 특색을 이루고 있다.

해설

- ③은 일본 정원의 특징이다.

1104

061 Repetitive Learning (1회 2회 3회)

일본정원의 발달순서가 올바르게 연결된 것은?

① 임천식 → 축산고산수식 → 평정고산수식 → 다정식
② 다정식 → 회유식 → 임천식 → 평정고산수식
③ 회유식 → 임천식 → 평정고산수식 → 축산고산수식
④ 축산고산수식 → 다정식 → 임천식 → 회유식

해설

- 일본 정원 양식은 회유임천식 → 축산고산수식 → 평정고산수식 → 다정식 순으로 발달했다.

0201 / 0302 / 0901

062 Repetitive Learning (1회 2회 3회)

중국정원 중 가장 오래된 수렵원은?

① 상림원(上林苑) ② 북해공원(北海公園)
③ 원유(苑有) ④ 승덕이궁(承德離宮)

해설

- 기록상 남겨진 중국 궁원의 원형에 해당하는 가장 오래된 수렵원은 상림원이다.
- ②는 10세기 무렵에 지어진 베이징 자금성 북서쪽에 위치한 황실의 정원이다.
- ③은 중국 정원의 기원이 되었다고 알려진 주나라의 정원이다.
- ④는 중국 청나라때의 피서산장 즉, 별궁에 해당한다.

1202 / 1604

063 Repetitive Learning (1회 2회 3회)

중국 청나라 시대 대표적인 정원이 아닌 것은?

① 원명원 이궁 ② 이화원 이궁
③ 졸정원 ④ 승덕피서산장

해설

- ③은 당나라때 만들어진 후 명나라때 개인정원으로 개조된 정원이다.

0205 / 0605

064 Repetitive Learning (1회 2회 3회)

일본정원의 효시라고 할 수 있는 수미산과 홍교를 만든 사람은?

① 몽창국사 ② 소굴원주
③ 노자공 ④ 풍신수길

해설

- 6세기 초엽 백제 유민 노자공은 일본 정원문화의 시초에 해당하는 비조(아스카)궁궐의 남정에 수미산을 축조하였다.

0201 / 1304

065 Repetitive Learning (1회 2회 3회)

일본의 다정(茶庭)이 나타내는 아름다움의 미는?

① 조화미 ② 대비미
③ 단순미 ④ 통일미

해설

- 다정식은 징검돌, 물통, 세수통, 석등 등을 이용해 조화미를 표현하였다.

058 ① 059 ② 060 ③ 061 ① 062 ① 063 ③ 064 ③ 065 ① | 정답

0301 / 1401

066 Repetitive Learning 1회 2회 3회

다음 중 일본정원과 관련이 가장 적은 것은?

① 축소지향적 ② 인공적 기교
③ 통경선의 강조 ④ 추상적 구성

해설
- ③은 광대한 영역을 정원으로 사용하는 프랑스식 정원의 특색이다.

0502 / 0702 / 0905

067 Repetitive Learning 1회 2회 3회

다음 정원 요소 중 인도정원에 가장 큰 영향을 미친 것은?

① 노단건축식 ② 토피어리
③ 돌수반 ④ 물

해설
- ①은 경사진 곳에 정원을 설치한 이탈리아 정원의 특징이다.
- ②는 식물을 동물의 도형 등 여러가지의 모양으로 다듬는 기술 혹은 작품을 말한다.
- ③은 고대 로마시절, 중세 수도원 정원 등에서 이용한 정원 요소이다.
- 인도정원은 물을 기본으로 한다.

0605 / 0702

068 Repetitive Learning 1회 2회 3회

조경 분야 중 프로젝트의 수행단계별로 구분하는 순서로 가장 적합한 것은?

① 설계 → 계획 → 시공 → 관리
② 계획 → 설계 → 시공 → 관리
③ 설계 → 관리 → 계획 → 시공
④ 시공 → 설계 → 계획 → 관리

해설
- 프로젝트의 수행단계별 순서는 계획 - 설계 - 시공 - 관리 순으로 진행된다.

0402 / 1102

069 Repetitive Learning 1회 2회 3회

다음 단계 중 시방서 및 공사비 내역서 등을 주로 포함하고 있는 것은?

① 기본구상 ② 기본계획
③ 기본설계 ④ 실시설계

해설
- ①은 수집된 자료를 종합한 후에 이를 바탕으로 개략적인 계획안을 결정하는 단계이다.
- ②는 조사분석을 통해 주변환경에 대한 파악이 끝나면 조경을 구현하기 위한 최적의 대안을 설정하는 단계이다.
- ③은 조경계획 및 설계과정에 있어서 각 공간의 규모, 사용재료, 마감방법을 제시해 주는 단계이다.

0505 / 0802

070 Repetitive Learning 1회 2회 3회

조경분양의 프로젝트를 수행하는 단계별로 구분할 때, 자료의 수집, 분석, 종합의 내용과 가장 밀접하게 관련이 있는 것은?

① 계획 ② 설계
③ 내역서 산출 ④ 시방서 작성

해설
- 조경분양의 프로젝트를 수행하는 단계에서 목표설정, 자료분석 및 종합, 기본계획은 계획에 해당하고, 기본설계와 실시설계는 설계에 해당한다.

0405 / 1401

071 Repetitive Learning 1회 2회 3회

조경 프로젝트의 수행단계 중 주로 공학적인 지식을 바탕으로 다른 분야와는 달리 생물을 다룬다는 특수한 기술이 필요한 단계로 가장 적합한 것은?

① 조경계획 ② 조경설계
③ 조경관리 ④ 조경시공

해설
- 조경분양의 프로젝트를 수행하는 단계에서 공학적 지식과 생물을 다루는 단계는 시공단계이다.

0201 / 0405 / 0805

072 Repetitive Learning 1회 2회 3회

자연환경조사 단계 중 미기후와 관련된 조사항목으로 가장 영향이 적은 것은?

① 태양 복사열을 받는 정도
② 지하수 유입 및 유동의 정도
③ 공기 유동의 정도
④ 안개 및 서리 피해 유무

해설
- 미기후 관련 조사항목은 태양 복사열, 대기 오염정도, 공기 유동 정도, 안개 및 서리 등이 있다.

정답 | 066 ③ 067 ④ 068 ② 069 ④ 070 ① 071 ④ 072 ②

0705 / 1204

073 Repetitive Learning (1회 2회 3회)

일반적인 조경관리에 해당되지 않는 것은?

① 운영관리 ② 유지관리
③ 이용관리 ④ 생산관리

해설
• 관리단계는 운영관리, 유지관리, 이용관리 등으로 구분할 수 있다.

0401 / 0605

074 Repetitive Learning (1회 2회 3회)

조경계획의 과정을 기술한 것 중 가장 잘 표현한 것은?

① 자료분석 및 조합－목표설정－기본계획－실시설계－기본설계
② 목표설정－기본설계－자료분석 및 종합－기본계획－실시설계
③ 기본계획－목표설정－자료분석 및 종합－기본설계－실시설계
④ 목표설정－자료분석 및 종합－기본계획－기본설계－실시설계

해설
• 조경계획은 목표의 설정과 함께 주어진 자연과 사회, 시각 구조 등을 조사하고 분석하는 과정을 거친 후 기본계획을 수립한다.

0301 / 0601

075 Repetitive Learning (1회 2회 3회)

다음 조경계획 과정 가운데 가장 먼저 해야 하는 것은?

① 기본설계 ② 기본계획
③ 실시설계 ④ 자연환경 분석

해설
• 조경의 목표가 설정되면 그다음 자료의 분석 및 종합이 이뤄지는데 이때 자연환경과 사회환경을 조사·분석한다.

0701 / 1004

076 Repetitive Learning (1회 2회 3회)

도시공원 및 녹지 등에 관한 법률 시행규칙에 의해 도시공원의 효용을 다하기 위하여 설치하는 공원시설 중 편익시설로 분류되는 것은?

① 야유회장 ② 자연체험장
③ 정글짐 ④ 전망대

해설
• ①은 휴양시설, ②는 운동시설, ③은 유희시설에 해당한다.

0305 / 0801

077 Repetitive Learning (1회 2회 3회)

다음 중 계획단계에서 자연환경 조사 사항과 가장 관계가 없는 것은?

① 식생 ② 주변 교통량
③ 기상조건 ④ 토양조사

해설
• ②는 인문환경 분석의 대상에 해당한다.

0205 / 0502 / 0802

078 Repetitive Learning (1회 2회 3회)

다음 미기후(micro-climate)에 관한 설명 중 적합하지 않은 것은?

① 지형은 미기후의 주요 결정 요소가 된다.
② 그 지역 주민에 의해 지난 수년 동안의 자료를 얻을 수 있다.
③ 일반적으로 지역적인 기후 자료보다 미기후 자료를 얻기가 쉽다.
④ 미기후는 세부적인 토지이용에 커다란 영향을 미치게 된다.

해설
• 일반적으로 지역적인 기후 자료보다 미기후 자료를 얻기가 어렵다.

1502

079 Repetitive Learning (1회 2회 3회)

다음 중 통경선(Vistas)의 설명으로 가장 적합한 것은?

① 주로 자연식 정원에서 많이 쓰인다.
② 정원에 변화를 많이 주기 위한 수법이다.
③ 정원에서 바라볼 수 있는 정원 밖의 풍경이 중요한 구실을 한다.
④ 시점(視點)으로부터 부지의 끝부분까지 시선을 집중하도록 한 것이다.

해설
• ①에서 비스타는 프랑스의 평면기하학식 정원에서 유행한 기법이다.
• ②, ③에서 비스타는 좌우로 시선이 제한되어 일정한 지점으로 시선이 모이도록 구성하는 경관 요소이다.

073 ④ 074 ④ 075 ④ 076 ④ 077 ② 078 ③ 079 ④ 정답

0705 / 1302

080 Repetitive Learning (1회 2회 3회)

다음 중 정원에서의 눈가림 수법에 대한 설명으로 틀린 것은?

① 좁은 정원에서는 눈가림 수법을 쓰지 않는 것이 정원을 더 넓어 보이게 한다.
② 눈가림은 변화와 거리감을 강조하는 수법이다.
③ 이 수법은 원래 동양적인 것이다.
④ 정원이 한층 더 깊이가 있어 보이게 하는 수법이다.

해설
• 좁은 정원에서 눈가림 수법으로 정원을 더 넓고 깊게 보이게 한다.

0402 / 0701

081 Repetitive Learning (1회 2회 3회)

다음 자연환경 분석 중 자연 형성 과정을 파악하기 위해서 실시하는 분석 내용이 아닌 것은?

① 지형 ② 수문
③ 토지이용 ④ 야생동물

해설
• ③은 인문환경 분석의 대상에 해당한다.

0502 / 0901

082 Repetitive Learning (1회 2회 3회)

오픈 스페이스에 해당되지 않는 것은?

① 건폐지 ② 공원묘지
③ 광장 ④ 학교운동장

해설
• 건폐지란 나대지를 의미하는데 지상에 건축물이 없는 대지로 오픈 스페이스로 분류되지 않는다.

1301

083 Repetitive Learning (1회 2회 3회)

조경의 대상을 기능별로 분류해 볼 때 「자연공원」에 포함되는 것은?

① 묘지공원 ② 휴양지
③ 군립공원 ④ 경관녹지

해설
• ①은 도시공원에 속한다.

0302 / 1104

084 Repetitive Learning (1회 2회 3회)

다음 중 차경(借景)을 가장 잘 설명한 것은?

① 멀리 보이는 자연풍경을 경관 구성 재료의 일부로 이용하는 것
② 산림이나 하천 등의 경치를 잘 나타낸 것
③ 아름다운 경치를 정원 내에 만든 것
④ 연못 수면이나 잔디밭이 한눈에 보이지 않게 하는 것

해설
• 차경은 멀리 바라보이는 자연풍경을 경관 구성재료 일부분으로 이용하는 수법이다.

0805 / 1101

085 Repetitive Learning (1회 2회 3회)

경관 구성은 우세요소와 가변요소로 구분할 수 있는데, 다음 중 우세요소에 해당하지 않는 것은?

① 형태 ② 위치
③ 질감 ④ 시간

해설
• 시간은 경관의 가변요소에 해당한다.

1604

086 Repetitive Learning (1회 2회 3회)

도시기본구상도의 표시기준 중 노란색은 어느 용지를 나타내는 것인가?

① 주거용지 ② 관리용지
③ 보전용지 ④ 상업용지

해설
• 노란색은 주거용지를 의미한다.
• ②는 갈색, ③은 옅은 연두색, ④는 분홍색으로 표시한다.

0305 / 0705

087 Repetitive Learning (1회 2회 3회)

마스터플랜(master plan)의 작성이 위주가 되는 과정은?

① 기본계획 ② 기본설계
③ 실시설계 ④ 상세설계

해설
• 마스터플랜(master plan)의 작성이 위주가 되는 과정은 기본계획이다.

정답 | 080 ① 081 ③ 082 ① 083 ③ 084 ① 085 ④ 086 ① 087 ①

0301 / 1002

088 Repetitive Learning (1회 2회 3회)

S.Gold(1980)의 레크리에이션 계획에 있어 과거의 일반 대중이 여가시간에 언제, 어디에서, 무엇을 하는가를 상세하게 파악하여 그들의 행동패턴에 맞추어 계획하는 방법은?

① 자원접근방법(Resource approach)
② 활동접근방법(Activity approach)
③ 경제접근방법(Economic approach)
④ 행태접근방법(Behavioral approach)

해설

• 대중의 행동패턴에 맞춰 계획하는 방법은 형태접근방법이다.

0301 / 0702 / 1201

089 Repetitive Learning (1회 2회 3회)

다음 중 도시공원 및 녹지 등에 관한 법률 시행규칙에서 공원 규모가 가장 작은 것은?

① 묘지공원 ② 체육공원
③ 광역권근린공원 ④ 어린이공원

해설

• 설치규모나 유치거리가 제한이 없는 것을 제외하면 어린이 공원이 유치거리는 250m 이하, 설치규모는 1,500m^2 이상으로 가장 작다.

0501 / 0904

090 Repetitive Learning (1회 2회 3회)

운동시설 배치계획시 시설의 설치 방향에 대한 고려를 가장 신경 쓰지 않아도 되는 것은?

① 골프장의 각 코스 ② 실외 야구장
③ 축구장 ④ 스쿼시장

해설

• 스쿼시장이나 실내 테니스장의 경우 실내에 위치하는 만큼 설치 방향은 고려요소가 아니다.

0405 / 1001

091 Repetitive Learning (1회 2회 3회)

도시공원 및 녹지 등에 관한 법규상 도시공원 설치 및 규모의 기준에서 어린이공원의 최소규모는 얼마인가?

① 500m^2 ② 1,000m^2
③ 1,500m^2 ④ 2,000m^2

해설

• 설치규모나 유치거리가 제한이 없는 것을 제외하면 어린이 공원이 유치거리는 250m 이하, 설치규모는 1,500m^2 이상으로 가장 작다.

1101

092 Repetitive Learning (1회 2회 3회)

주거지역에 인접한 공장부지 주변에 공장경관을 아름답게 하고, 가스, 분진 등의 대기오염과 소음 등을 차단하기 위해 조성되는 녹지의 형태는?

① 차폐녹지 ② 차단녹지
③ 완충녹지 ④ 자연녹지

해설

• 녹지는 기능에 따라 완충녹지, 경관녹지, 연결녹지로 구분한다.

0702 / 0905

093 Repetitive Learning (1회 2회 3회)

독도는 광활한 바다에 우뚝 솟은 바위섬이다. 독도의 전망대에서 바라보는 경관의 유형으로 가장 적합한 것은?

① 파노라마경관 ② 지형경관
③ 위요경관 ④ 초점경관

해설

• ②는 지형지물이 경관에서 지배적인 상황을 말하며, 인간적 척도와 관계를 갖기 어렵다.
• ③은 수목 또는 경사면 등의 주위 경관 요소들에 의하여 자연스럽게 둘러싸여 있는 경관으로 정적인 느낌을 받는다.
• ④는 관찰자의 시선이 경관 내의 어느 한 점으로 유도되는 경관으로 강물이나 계곡 혹은 길게 뻗은 도로 등을 말한다.

0202 / 0802

094 Repetitive Learning (1회 2회 3회)

어느 레크리에이션 활동에서의 과거 참가사례가 앞으로도 레크리에이션 기회를 결정하도록 계획하는 방법, 즉 공급이 수요를 만들어 내는 방법은?

① 자원접근방법(Resource approach)
② 활동접근방법(Activity approach)
③ 경제접근방법(Economic approach)
④ 행태접근방법(Behavioral approach)

해설

• 과거 참가사례를 참조해 계획하는 방법은 활동접근방법이다.

088 ④ 089 ④ 090 ④ 091 ③ 092 ③ 093 ① 094 ② 정답

0305 / 0605

095 Repetitive Learning 1회 2회 3회

물에 대한 설명이 틀린 것은?

① 호수, 연못, 풀 등은 정적으로 이용된다.
② 분수, 폭포, 벽천, 계단폭포 등은 동적으로 이용된다.
③ 조경에서 물의 이용은 동, 서양 모두 즐겨했다.
④ 벽천은 다른 수경에 비해 대규모 지역에 어울리는 방법이다.

해설
- 벽천은 벽을 타고 물이 흐르는 조형물로 분수의 한 종류이고, 소규모 지역에 어울리는 방법이다.

1305

096 Repetitive Learning 1회 2회 3회

안정감과 포근함 등과 같은 정적인 느낌을 받을 수 있는 경관은?

① 파노라마경관 ② 위요경관
③ 초점경관 ④ 지형경관

해설
- ①은 넓은 초원과 같이 시야가 가리지 않고 멀리 터져 보이는 경관이다.
- ③은 관찰자의 시선이 경관 내의 어느 한 점으로 유도되는 경관으로 강물이나 계곡 혹은 길게 뻗은 도로 등을 말한다.
- ④는 지형지물이 경관에서 지배적인 위치를 지는 경관이다.

0405 / 0904

097 Repetitive Learning 1회 2회 3회

경관의 유형 중 일시적 경관에 해당하지 않는 것은?

① 기상 변화에 따른 변화
② 물 위에 투영된 영상(影像)
③ 동물의 출현
④ 산 중 호수

해설
- ④는 위요경관의 예이다.

0302 / 0801 / 1005

098 Repetitive Learning 1회 2회 3회

다음 중 무리지어 나는 철새, 설경 또는 수면에 투영된 영상 등에서 느껴지는 경관은?

① 초점경관 ② 관개경관
③ 세부경관 ④ 일시경관

해설
- ①은 관찰자의 시선이 경관 내의 어느 한 점으로 유도되는 경관으로 강물이나 계곡 혹은 길게 뻗은 도로 등을 말한다.
- ②는 수림의 가지와 잎들이 천정을 이루고 수간이 교목의 수관 아래 형성되는 경관으로 숲속의 오솔길 등이 대표적이다.
- ③은 사방으로 시야가 제한되고 경관요소들의 세부적인 사항까지 지각되는 경관이다.

0202 / 0501

099 Repetitive Learning 1회 2회 3회

다음은 조경계획 과정을 나열한 것이다. 가장 바른 순서로 된 것은?

① 기초조사－식재계획－동선계획－터가르기
② 기초조사－터가르기－동선계획－식재계획
③ 기초조사－동선계획－식재계획－터가르기
④ 기초조사－동선계획－터가르기－식재계획

해설
- 기초조사－터가르기－동선계획－식재계획 순으로 조경계획을 진행한다.

0402 / 0905

100 Repetitive Learning 1회 2회 3회

조경설계에서 보행인의 흐름을 고려하여 최단거리의 직선 동선(動線)으로 설계하지 않아도 되는 곳은?

① 대학 캠퍼스 내
② 축구경기장 입구
③ 주차장, 버스정류장 부근
④ 공원이나 식물원 내

해설
- 공원이나 식물원 내의 보도는 빨리 이동하는 것을 목적으로 하지 않고 느긋한 마음으로 여유를 즐기는 만큼 최단거리 직선 동선보다는 완만한 곡선이 되게 하는 것이 좋다.

0902 / 1202

101 Repetitive Learning 1회 2회 3회

경관구성의 미적 원리를 통일성과 다양성으로 구분할 때, 다음 중 다양성에 해당하는 것은?

① 조화 ② 균형
③ 강조 ④ 대비

해설
- ①, ②, ③은 통일성을 달성하기 위한 수법이다.

정답 | 095 ④ 096 ② 097 ④ 098 ④ 099 ② 100 ④ 101 ④

0202 / 0502

102 Repetitive Learning (1회 2회 3회)

다음 조경미의 설명으로 틀린 것은?

① 질감이란 물체의 표면을 보거나 만지므로 느껴지는 감각을 말한다.
② 통일미란 개체가 특징있는 것으로 단순한 자태를 균형과 조화 속에 나타내는 미이다.
③ 운율미란 연속적으로 변화되는 색채, 형태, 선, 소리 등에서 찾아볼 수 있는 미이다.
④ 균형미란 가정한 중심선을 기준으로 양쪽의 크기나 무게가 보는 사람에게 안정감을 줄 때를 말한다.

해설

- ②의 설명은 단순미이다. 통일미란 동일한 종류, 색채 또는 선으로 통일시켰을 때 나타나는 아름다움을 말한다.

0201 / 0501

103 Repetitive Learning (1회 2회 3회)

정원수의 60%까지를 소나무로 배치하거나 향나무를 심어 전체를 하나의 힘찬 형태나 색채 또는 선으로 통일시켰을 때 나타나는 아름다움을 무엇이라 하는가?

① 단순미 ② 통일미
③ 점층미 ④ 균형미

해설

- ①은 개체가 특징있는 것으로 단순한 자태를 균형과 조화 속에 나타내는 미이다.
- ③은 회화에 있어서의 농담법과 같은 수법으로 화단의 풀꽃을 엷은 빛깔에서 점점 짙은 빛깔로 맞추어 나갈 때 생기는 아름다움을 말한다.
- ④는 가정한 중심선을 기준으로 양쪽의 크기나 무게가 보는 사람에게 안정감을 줄 때를 말한다.

0202 / 1004

104 Repetitive Learning (1회 2회 3회)

각종 기구(T자, 삼각자, 스케일 등)를 사용하여 설계자의 의사를 선, 기호, 문장 등으로 용지에 표시하여 전달하는 것은?

① 모델링 ② 계획
③ 제도 ④ 제작

해설

- ①은 건물을 계획한대로 쌓아올리는 행위를 말한다.
- ②는 장래 행위에 대한 구상을 하는 일로 조경계획에 있어서는 목표설정, 자료분석 및 종합, 기본계획 단계에 해당한다.

0205 / 1204

105 Repetitive Learning (1회 2회 3회)

다음 중 조화(Harmony)를 설명하고 있는 것은?

① 크기가 색감, 질감이 동일한 상태에서 반복되면서 강조되는 효과.
② 모양이나 색깔 등이 비슷비슷하면서도 실은 똑 같지 않은 것끼리 모여 균형을 유지하는 것.
③ 서로 다른 것끼리 모여 서로를 강조시켜 주는 것
④ 축선을 중심으로 하여 양쪽의 비중을 똑같이 만드는 것

해설

- 조화란 비슷한 혹은 다른 것들이 모여서 균형을 만들고 하나의 주제를 완성하는 것을 말한다.

0505 / 1101

106 Repetitive Learning (1회 2회 3회)

경관구성의 미적 원리는 통일성과 다양성으로 구분할 수 있다. 다음 중 통일성과 관련이 가장 적은 것은?

① 균형과 대칭 ② 강조
③ 조화 ④ 율동

해설

- ④는 다양성을 달성하기 위해 이용된다.

0904 / 1201

107 Repetitive Learning (1회 2회 3회)

다음 중 가장 가볍게 느껴지는 색은?

① 파랑 ② 노랑
③ 초록 ④ 연두

해설

- 색의 중량감을 순서대로 배치하면 검정>파랑>빨강>보라>주황>초록>노랑>흰색 순이다.

0901 / 0905 / 1202

108 Repetitive Learning (1회 2회 3회)

먼셀의 색상환에서 BG는 무슨 색인가?

① 연두색 ② 남색
③ 청록색 ④ 보라색

해설

- BG는 Blue와 Green의 중간에 위치한 청록색을 말한다.

정답: 102 ② 103 ② 104 ③ 105 ② 106 ④ 107 ② 108 ③

1502

109 Repetitive Learning 1회 2회 3회

회색의 시멘트 블록들 가운데에 놓인 붉은 벽돌은 실제의 색보다 더 선명해 보인다. 이러한 현상을 무엇이라고 하는가?

① 색상대비　② 명도대비
③ 채도대비　④ 보색대비

해설
- ①은 도형의 색이 바탕색의 잔상으로 나타나는 심리보색의 방향으로 변화되어 지각되는 대비효과이다.
- ②는 밝기가 다른 두 색이 서로 영향을 받아 밝은 색은 더 밝게, 어두운 색은 더 어둡게 보이는 현상이다.
- ④는 보색인 색을 이웃하여 놓을 경우 색상이 더 뚜렷해지면서 선명하게 보이는 현상을 말한다.

0401 / 0505 / 0702 / 1401

110 Repetitive Learning 1회 2회 3회

시공 후 전체적인 모습을 알아보기 쉽도록 그린 그림과 같은 형태의 도면은?

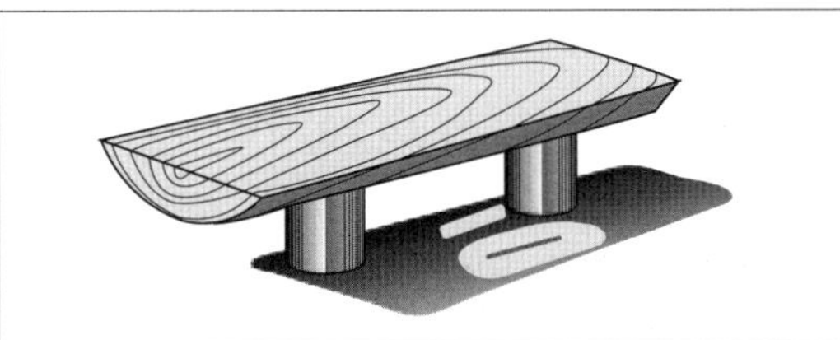

① 평면도　② 입면도
③ 조감도　④ 상세도

해설
- ①은 물체를 위에서 내려다 본 것으로 가정하고 수평면상에 투영하여 작도한 것이다.
- ②는 구조물의 외적 형태를 보여 주기 위한 도면이다.
- ④는 다른 도면들에 비해 확대된 축척을 사용하며 재료, 공법, 치수 등을 자세히 기입하는 도면이다.

0904 / 1301

111 Repetitive Learning 1회 2회 3회

설계도서에 포함되지 않는 것은?

① 물량내역서　② 공사시방서
③ 설계도면　④ 현장사진

해설
- 현장사진은 설계도서의 종류에 해당되지 않는다.

0705 / 1102

112 Repetitive Learning 1회 2회 3회

설계자의 의도를 개략적인 형태로 나타낸 일종의 시각언어로서 도면을 단순화시켜 상징적으로 표현한 그림을 의미하는 것은?

① 상세도　② 다이어그램
③ 조감도　④ 평면도

해설
- ①은 다른 도면들에 비해 확대된 축척을 사용하며 재료, 공법, 치수 등을 자세히 기입하는 도면이다.
- ③은 시공 후 전체적인 모습을 알아보기 쉽도록 그린 그림이다.
- ④는 물체를 위에서 내려다 본 것으로 가정하고 수평면상에 투영하여 작도한 것이다.

0302 / 0505

113 Repetitive Learning 1회 2회 3회

다음 중 조경에서 제도를 하는 순서가 올바른 것은?

> ㉠ 축척을 정의한다.
> ㉡ 도면의 윤곽을 정한다.
> ㉢ 도면의 위치를 정한다.
> ㉣ 제도를 한다.

① ㉠-㉡-㉢-㉣
② ㉡-㉢-㉠-㉣
③ ㉡-㉠-㉢-㉣
④ ㉢-㉡-㉠-㉣

해설
- 축척을 우선 설정 한 후 도면의 윤곽과 위치를 정한 후 제도를 한다.

0302 / 0605

114 Repetitive Learning 1회 2회 3회

다음 중 $40m^2$의 면적에 팬지를 20cm×20cm 간격으로 심고자 한다. 팬지 묘의 필요 본수로 가장 적당한 것은?

① 100　② 250
③ 500　④ 1,000

해설
- 조림면적은 $40m^2$이고, 식재간격은 $0.2\times0.2=0.04(m^2)$이므로 대입하면 필요 묘목 수는 $\frac{40}{0.04}=1{,}000$(주)가 된다.

정답 109 ③ 110 ③ 111 ④ 112 ② 113 ① 114 ④

0305 / 0601

115 Repetitive Learning (1회 2회 3회)

다음 중 단면도, 입면도, 투시도 등의 설계도면에서 물체의 상대적인 크기(기준)를 느끼기 위해서 그리는 대상이 아닌 것은?

① 수목 ② 자동차
③ 사람 ④ 연못

해설

- 연못의 일반적인 크기는 특정하기 어렵기 때문에 연못을 통해서 물체의 상대적인 크기를 유추하기 어렵다.

0904 / 1004

116 Repetitive Learning (1회 2회 3회)

1/100 축척의 설계 도면에서 1cm는 실제 공사현장에서는 얼마는 의미하는가?

① 1cm ② 1mm
③ 1m ④ 10m

해설

- 1/100 축척에서 1cm는 실제 100cm에 해당하므로 1m이다.

0301 / 1201

117 Repetitive Learning (1회 2회 3회)

다음 보도블록 포장공사의 단면 그림 중 블록 아랫부분은 무엇으로 채우는 것이 좋은가?

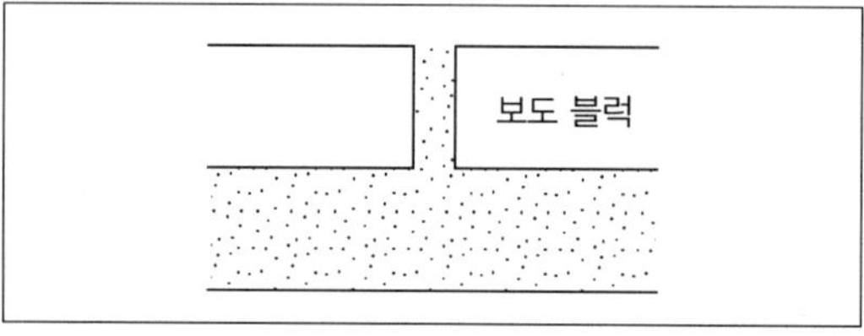

① 모래 ② 자갈
③ 콘크리트 ④ 잡석

해설

- ②는 , ③은 , ④는 으로 표시한다.

0405 / 1302

118 Repetitive Learning (1회 2회 3회)

수목의 가슴 높이 지름을 나타내는 기호는?

① F ② S, D
③ B ④ W

해설

- 흉고지름은 가슴높이(1.2m)의 줄기 지름을 말하며 B로 표시하고, 단위는 [cm]이다.

0301 / 0901

119 Repetitive Learning (1회 2회 3회)

축척 1/50 도면에서 도상(圖上)에 가로 6cm, 세로 8cm 길이로 표시된 연못의 실제 면적은 얼마인가?

① $12m^2$ ② $24m^2$
③ $36m^2$ ④ $48m^2$

해설

- 축척이 1/50에서 도면의 가로세로 길이가 각각 6, 8cm이므로 이는 실제 길이로는 300, 400cm임을 의미한다. 이는 3, 4m이므로 실제 면적은 3×4=12(m^2)이 된다.

1002 / 1501

120 Repetitive Learning (1회 2회 3회)

제도에서 사용되는 물체의 중심선, 절단선, 경계선 등을 표시하는데 가장 적합한 선은?

① 실선 ② 파선
③ 1점 쇄선 ④ 2점 쇄선

해설

- ①은 물체가 보이는 부분을 나타내는 선이다.
- ②는 대상물의 보이지 않는 부분의 모양을 표시하는 데 사용된다.
- ④는 물체가 있을 것으로 가상되는 부분을 표시하는 선이다.

0801 / 1002

121 Repetitive Learning (1회 2회 3회)

설계도면에 표시하기 어려운 사항 및 공사수행에 관련된 제반 규정 및 요구사항 등을 구체적으로 글로 써서, 설계 내용의 전달을 명확히 하고 적정한 공사를 시행하기 위한 것은?

① 적산서 ② 계약서
③ 현장설명서 ④ 시방서

해설

- ①은 조경 공사비를 산출하는 서류이다.
- ②는 쌍방이 계약한다는 증거와 구체적인 계약내용을 남긴 서류이다.
- ③은 입찰 전에 공사가 수행될 현장의 상황, 설계도면이나 시방서에 표시하기 어려운 제반 사항 등 입찰참가자가 입찰 가격의 결정 및 시공에 필요한 정보를 제공하는 서류이다.

115 ④ 116 ③ 117 ① 118 ③ 119 ① 120 ③ 121 ④ | 정답

0501 / 1401

122 Repetitive Learning (1회 2회 3회)

다음 선의 종류와 선긋기의 내용이 잘못 짝지어진 것은?

① 파선 : 단면
② 가는 실선 : 수목 인출선
③ 1점쇄선 : 경계선
④ 2점쇄선 : 중심선

해설

• ④는 물체가 있을 것으로 가상되는 부분을 표시하는 선이다. 중심선은 1점쇄선으로 표시한다.

0801 / 1102

123 Repetitive Learning (1회 2회 3회)

다음 중 설계도면을 작성할 때 치수선, 치수보조선에 이용되는 선의 종류는?

① 1점쇄선
② 2점쇄선
③ 파선
④ 실선

해설

• ①은 중심선, 경계선, 절단선을 표시한다.
• ②는 가상선을 표시한다.
• ③은 숨은선을 표시한다.

0202 / 0605

124 Repetitive Learning (1회 2회 3회)

다음 중 흉고직경을 측정할 때 지상으로부터 얼마 높이의 부분을 측정하는 것이 가장 이상적인가?

① 60cm
② 90cm
③ 120cm
④ 200cm

해설

• 흉고지름은 가슴높이(1.2m)의 줄기 지름을 말하며 B로 표시하고, 단위는 [cm]이다.

1304

125 Repetitive Learning (1회 2회 3회)

도면상에서 식물재료의 표기 방법으로 바르지 않은 것은?

① 덩굴성 식물의 규격은 길이로 표시한다.
② 같은 수종은 인출선을 연결하여 표시하도록 한다.
③ 수종에 따라 규격은 H×W, H×B, H×R 등의 표기 방식이 다르다.
④ 수목에 인출선을 사용하여 수종명, 규격, 관목·교목을 구분하여 표시하고 총수량을 함께 기입한다.

해설

• 인출선에는 수목명, 본수, 규격 등을 기입한다.

0305 / 1304

126 Repetitive Learning (1회 2회 3회)

수목의 식재시 해당 수목의 규격을 수고와 근원직경으로 표시하는 것은?(단, 건설공사 표준품셈을 적용한다)

① 목련
② 은행나무, 느티나무
③ 자작나무
④ 현사시나무

해설

• ②의 은행나무와 ③, ④는 수간부의 지름이 일정하므로 수고와 흉고직경으로 표시한다.

0305 / 0601

127 Repetitive Learning (1회 2회 3회)

다음 그림에서 (A)점과 (B)점의 차는 얼마인가?(단, 등고선 간격은 5m이다)

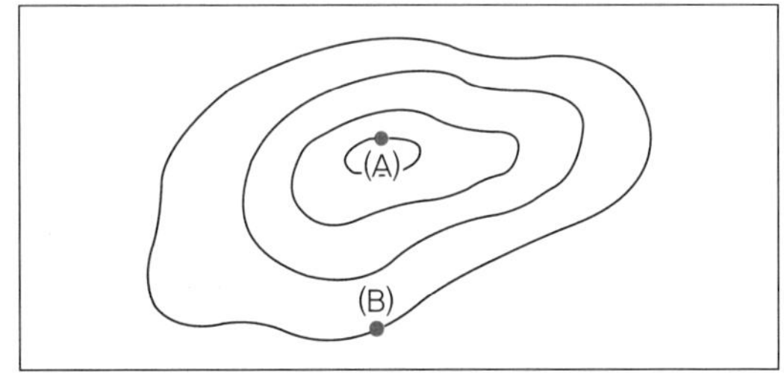

① 10m
② 15m
③ 20m
④ 25m

해설

• A–B간에 등고선 간격이 3개이므로 하나의 간격당 5m이면 15m가 된다.

1401 / 1502

128 Repetitive Learning (1회 2회 3회)

다음 중 지형을 표시하는데 가장 기본이 되는 등고선은?

① 간곡선
② 주곡선
③ 조곡선
④ 계곡선

해설

• ①은 평탄한 지형 내에서 주곡선만으로 굴곡을 표시하기 힘들 때 주곡선 사이에 긋는 선이다.
• ③은 간곡선 사이의 굴곡을 표현하기 위해 긋는 선이다.
• ④는 주곡선 다섯줄 단위를 굵은 실선으로 표시한 선이다.

정답 | 122 ④ 123 ④ 124 ③ 125 ④ 126 ① 127 ② 128 ②

0305 / 0502

129 Repetitive Learning 1회 2회 3회

다음 중 조경 수목의 규격을 표시할 때 수고와 수관폭으로 표시하는 것은?

① 느티나무 ② 주목
③ 은사시나무 ④ 벚나무

해설
- ①은 H×R로 표시한다.
- ③과 ④는 H×B로 표시한다.

0501 / 1002

130 Repetitive Learning 1회 2회 3회

수목의 굴취 시 흉고직경에 의한 식재품을 적용한 것이 가장 적합한 수종은?

① 산수유 ② 은행나무
③ 리기다소나무 ④ 느티나무

해설
- ①은 수관의 폭, ③은 수관의 폭과 근원직경, ④는 근원직경에 의한다.

0202 / 0801 / 1202

131 Repetitive Learning 1회 2회 3회

지형도에서 U자 모양으로 그 바닥이 낮은 높이의 등고선을 향하면 이것은 무엇을 의미하는가?

① 계곡 ② 능선
③ 현애 ④ 동굴

해설
- ①은 지형도에서 ∩자 모양으로 그 바닥이 높은 높이의 등고선을 향한다.
- ③은 낭떠러지를 말한다.

0202 / 0904

132 Repetitive Learning 1회 2회 3회

발주자와 설계용역 계약을 체결하고 충분한 계획과 자료를 수집하여 넓은 지식과 경험을 바탕으로 시방서와 공사내역서를 작성하는 자를 가리키는 용어는?

① 설계자 ② 감리원
③ 수급인 ④ 현장대리인

해설
- 설계자가 시방서와 공사내역서를 작성한다.

0201 / 0902

133 Repetitive Learning 1회 2회 3회

시방서의 설명으로 옳은 것은?

① 설계 도면에 필요한 예산계획서이다.
② 공사계약서이다.
③ 평면도, 입면도, 투시도 등을 볼 수 있도록 그려 놓은 것이다.
④ 공사개요, 시공방법, 특수재료 및 공법에 관한 사항 등을 명기한 것이다.

해설
- 시방서에 작성해야 하는 내용은 재료의 종류 및 품질, 시공방법의 정도, 재료 및 시공에 대한 검사, 공사개요 및 공법 등이다.

0901 / 1602

134 Repetitive Learning 1회 2회 3회

내구성과 내마멸성이 좋으나 일단 파손된 곳은 보수가 어려우므로 시공 때 각별한 주의가 필요하다. 다음과 같은 원로 포장 방법은?

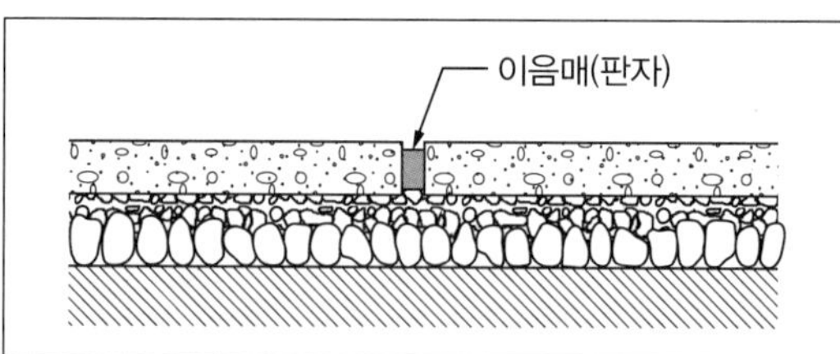

① 마사토 포장 ② 콘크리트 포장
③ 판석 포장 ④ 벽돌 포장

해설
- ①은 공원의 산책로 등에서 자연의 질감을 그대로 유지하면서 표토층을 보존하는 포장방법이다.
- ③은 화강석, 점판암 등을 이용해 판석을 Y형으로 배치하고 모르타르로 고정하는 포장방법이다.
- ④는 마모가 쉽고 탈색 우려가 있으며 압축강도가 약한 포장방법이다.

0505 / 1001 / 1602

135 Repetitive Learning 1회 2회 3회

인간이나 기계가 공사 목적물을 만들기 위하여 단위물량 당 소요로 하는 노력과 품질을 수량으로 표현한 것을 무엇이라 하는가?

① 할증 ② 품셈
③ 견적 ④ 내역

129 ② 130 ② 131 ② 132 ① 133 ④ 134 ② 135 ② 정답

해설

- ①은 비용을 추가한다는 말이다.
- ③은 산출 수량에 단위당 가격 즉, 단가를 곱해서 금액을 산출하는 작업을 말한다.
- ④는 물품이나 금액 따위의 내용을 말한다.

1501

136 Repetitive Learning (1회 2회 3회)

일반적인 공사 수량 산출 방법으로 가장 적합한 것은?

① 중복이 되지 않게 세분화 한다.
② 수직방향에서 수평방향으로 한다.
③ 외부에서 내부로 한다.
④ 작은 곳에서 큰 곳으로 한다.

해설

- 일반적인 공사 수량 산출시 중복이 되지 않게 세분화 한다.

0201 / 0801

137 Repetitive Learning (1회 2회 3회)

1m^3 토량에 대한 운반 품셈을 1일당 0.2인으로 할 때 2인의 인부가 100m^3 흙을 운반하려면 얼마가 필요한가?

① 5일 ② 10일
③ 40일 ④ 50일

해설

- 1m^3이 0.2인이므로 1인은 하루 5m^3을 운반할 수 있다. 2인은 하루 10m^3이므로 100m^3은 10일이 필요하다.

1101 / 1402 / 1505

138 Repetitive Learning (1회 2회 3회)

재료가 외력을 받았을 때 작은 변형만 나타내도 파괴되는 현상을 무엇이라 하는가?

① 취성(脆性) ② 강성(剛性)
③ 인성(靭性) ④ 전성(展性)

해설

- ②는 외력을 받아 변형을 일으킬 때 이에 저항하는 성질을 말한다.
- ③은 재료가 파괴되기까지 높은 응력에 잘 견딜 수 있고, 동시에 큰 변형을 나타내며 파괴되는 성질을 말한다.
- ④는 재료에 압력을 가했을 때 재료가 압축되면서 압력의 수직방향으로 얇게 펴지는 성질을 말한다.

0705 / 1202

139 Repetitive Learning (1회 2회 3회)

공사원가에 의한 공사비 구성 중 안전관리비가 해당되는 것은?

① 간접재료비 ② 간접노무비
③ 경비 ④ 일반관리비

해설

- ①은 재료비, ②는 노무비, ④는 일반관리비이다.

1001 / 1205

140 Repetitive Learning (1회 2회 3회)

다음 중 건축과 관련된 재료의 강도에 영향을 주는 요인으로 가장 거리가 먼 것은?

① 온도와 습도 ② 재료의 색
③ 하중시간 ④ 하중속도

해설

- 재료의 색은 재료의 강도와 관련이 없다.

0501 / 0701

141 Repetitive Learning (1회 2회 3회)

조경재료 중 무생물재료와 비교한 생물재료의 특성이 아닌 것은?

① 연속성 ② 불변성
③ 조화성 ④ 다양성

해설

- ②는 무생물재료의 특성이다.

0201 / 1004

142 Repetitive Learning (1회 2회 3회)

연못의 급배수에 대한 설명으로 부적합한 것은?

① 배수공은 연못 바닥의 가장 깊은 곳에 설치한다.
② 항상 일정한 수위를 유지하기 위한 시설을 토수구라 한다.
③ 순환 펌프 시설이나 정수 시설을 설치시 차폐식재를 하여 가려 준다.
④ 급배수에 필요한 파이프의 굵기는 강우량과 급수량을 고려해야 한다.

해설

- ②는 배수공에 대한 설명이다.

정답 | 136 ① 137 ② 138 ① 139 ③ 140 ② 141 ② 142 ②

0405 / 1204

143 Repetitive Learning (1회 2회 3회)

다음 중 식물재료의 특성으로 부적합한 것은?

① 생물로서, 생명 활동을 하는 자연성을 지니고 있다.
② 불변성과 가공성을 지니고 있다.
③ 생장과 번식을 계속하는 연속성이 있다.
④ 계절적으로 다양하게 변화함으로써 주변과의 조화성을 가진다.

해설
- ②는 무생물재료(인공재료)의 특징이다.

0401 / 0702 / 0805

144 Repetitive Learning (1회 2회 3회)

다음 중 원로를 계단으로 공사하여야 하는 지형상의 기울기는?

① 25%　② 5%
③ 10%　④ 15%

해설
- 기울기가 15% 이상인 경우에는 계단을 만든다.

0605 / 1004

145 Repetitive Learning (1회 2회 3회)

공원설계 시 보행자 2인이 나란히 통행 가능한 최소 원로 폭은?

① 4 ~ 5m　② 3 ~ 4m
③ 1.5 ~ 2m　④ 0.3 ~ 1.0m

해설
- 보행자 1인이 통행가능한 원로 폭은 0.8 ~ 1.0m이고, 보행자 2인은 1.5 ~ 2.0m이다.

0305 / 0901

146 Repetitive Learning (1회 2회 3회)

일반적으로 계단을 설계할 때 계단의 축상(築上)높이가 12cm일 때 답면(踏面)의 너비(cm)로 가장 적합한 것은?

① 20 ~ 25　② 26 ~ 31
③ 31 ~ 36　④ 36 ~ 41

해설
- 2h+b가 60 ~ 65cm가 표준이고, h가 12이므로 24+b가 60 ~ 65cm가 되어야 하므로 b는 36 ~ 41cm가 되어야 한다.

0505 / 0904

147 Repetitive Learning (1회 2회 3회)

진흙 굳히기 공법은 주로 어느 조경공사에서 사용되는가?

① 원로공사　② 암거공사
③ 연못공사　④ 옹벽공사

해설
- 진흙 굳히기 공법은 연못공사에 사용하는 공법이다.

1205 / 1301

148 Repetitive Learning (1회 2회 3회)

조경설계기준상 공동으로 사용되는 계단의 경우 높이가 2m를 넘는 계단에는 2m 이내마다 당해 계단의 유효폭 이상의 폭으로 너비 얼마 이상의 참을 두어야 하는가? (단, 단높이는 18cm 이하, 단너비는 26cm 이상이다)

① 70cm　② 80cm
③ 100cm　④ 120cm

해설
- 높이 2m를 넘는 계단에는 2m 이내마다 당해 계단의 유효폭 이상의 폭으로 너비 120cm 이상인 계단참을 둔다.

0805 / 0905

149 Repetitive Learning (1회 2회 3회)

일반적으로 원로에 설치되는 계단의 답면(踏面)의 나비를 b, 축상(築上)의 높이를 h라고 할 때 2h+b가 갖는 적당한 수치 범위는?

① 30 ~ 40cm　② 60 ~ 65cm
③ 90 ~ 100cm　④ 115 ~ 125cm

해설
- 2h+b가 60 ~ 65cm가 표준이다.

0205 / 0505

150 Repetitive Learning (1회 2회 3회)

조경용 수목의 선정조건이 아닌 것은?

① 가격이 비싼 수목
② 환경에 잘 적응하는 수목
③ 관상적 가치가 높은 수목
④ 이식이 잘되는 수목

해설
- 가격이 싸고 쉽게 구할 수 있어야 한다.

143 ② 144 ④ 145 ③ 146 ④ 147 ③ 148 ④ 149 ② 150 ① | 정답

0402 / 0705

151 Repetitive Learning 1회 2회 3회

계단공사에서 발판 높이를 20cm로 했을 때 발판 폭으로 가장 알맞은 것은?

① 10 ~ 15cm ② 20 ~ 25cm
③ 30 ~ 35cm ④ 40 ~ 45cm

해설

• 2h+b가 60 ~ 65cm가 표준이고, h가 20이므로 40+b가 60 ~ 65cm가 되어야 하므로 b는 20 ~ 25cm가 되어야 한다.

0302 / 0901

152 Repetitive Learning 1회 2회 3회

주택정원의 대문에서 현관에 이르는 공간으로 명쾌하고 가장 밝은 공간이 되도록 조성해야 하는 곳은?

① 앞뜰 ② 안뜰
③ 뒤뜰 ④ 가운데 뜰

해설

• ②는 응접실이나 거실 전면에 위치한 뜰로 정원의 중심이 되는 곳으로 휴식과 단란이 이루어지는 공간이다.
• ③은 집 뒤에 위치한 공간으로 조선시대 중엽 이후 풍수설에 따라 주택조경에서 새로이 중요한 부분으로 강조된 공간이다.
• ④는 중정으로 집안 건물과 건물 사이의 마당 또는 건물 내부에 노출되어 구성된 공간을 말한다.

0401 / 1401

153 Repetitive Learning 1회 2회 3회

다음 중 정원 수목으로 적합하지 않은 것은?

① 잎이 아름다운 것
② 값이 비싸고 희귀한 것
③ 이식과 재배가 쉬운 것
④ 꽃과 열매가 아름다운 것

해설

• 가격이 싸고 쉽게 구할 수 있어야 한다.

1204 / 1402

154 Repetitive Learning 1회 2회 3회

주로 장독대, 쓰레기통, 빨래건조대 등을 설치하는 주택정원의 적합 공간은?

① 안뜰 ② 앞뜰
③ 작업뜰 ④ 뒤뜰

해설

• ①은 응접실이나 거실 전면에 위치한 뜰이자 정원의 중심이 되는 곳으로 휴식과 단란이 이루어지는 공간이다.
• ②는 대문에서 현관에 이르는 공간으로 주택정원에서 공공성이 가장 강한 공간이다.
• ④는 집 뒤에 위치한 공간으로 조선시대 중엽 이후 풍수설에 따라 주택조경에서 새로이 중요한 부분으로 강조된 공간이다.

0401 / 0701

155 Repetitive Learning 1회 2회 3회

주택정원을 설계할 때 일반적으로 고려할 사항이 아닌 것은?

① 무엇보다도 안전 위주로 설계해야 한다.
② 시공과 관리하기가 쉽도록 설계해야 한다.
③ 특수하고 귀중한 재료만을 선정하여 설계해야 한다.
④ 재료는 구하기 쉬운 것을 넣어 설계한다.

해설

• 특수하고 귀중한 재료보다는 구하기 쉬운 재료를 선택하는 것이 좋다.

0201 / 1005

156 Repetitive Learning 1회 2회 3회

조경의 목적을 달성하기 위해 식재되는 조경 수목은 식재지의 위치나 환경 조건 등에 따라 적절히 선택되어지는데 다음 중 조경 수목이 갖추어야 할 조건이 아닌 것은?

① 쉽게 옮겨 심을 수 있을 것
② 착근이 잘되고 생장이 잘되는 것
③ 그 땅의 토질에 잘 적응 할 수 있는 것
④ 희귀하여 가치가 있는 것

해설

• 번식이 쉽고, 소량으로도 구입이 가능해야 한다.

0302 / 0802

157 Repetitive Learning 1회 2회 3회

조경 수목의 연간 관리작업 계획표를 작성하려고 한다. 작업 내용의 분류상 성격이 다른 하나는?

① 병 · 해충 방재 ② 시비
③ 뗏밥 주기 ④ 수관 손질

해설

• ③은 부정기 관리작업에 해당한다.

정답 | 151 ② 152 ① 153 ② 154 ③ 155 ③ 156 ④ 157 ③

0305 / 0705 / 1504

158 Repetitive Learning (1회 2회 3회)

다음 설명의 ( ) 안에 가장 적합한 것은?

> 조경공사표준시방서의 기준상 수목은 수관부 가지의 약 ( ) 이상이 고사하는 경우에 고사목으로 판정하고 지피 · 초화류는 해당 공사의 목적에 부합되는가를 기준으로 감독자의 육안검사 결과에 따라 고사여부를 판정한다.

① 1/2 ② 1/3
③ 2/3 ④ 3/4

해설
- 조경공사표준시방서의 기준상 수목은 수관부 가지의 약 2/3 이상이 고사하는 경우에 고사목으로 판정한다.

0301 / 1204

159 Repetitive Learning (1회 2회 3회)

곁눈 밑에 상처를 내어 놓으면 잎에서 만들어진 동화물질이 축적되어 잎눈이 꽃눈으로 변하는 일이 많다. 어떤 이유 때문인가?

① C/N율이 낮아지므로
② C/N율이 높아지므로
③ T/R율이 낮아지므로
④ T/R율이 높아지므로

해설
- T/R율은 지상부/뿌리의 무게비율로 묘포의 흙성분, 비료 주기 등의 영향을 받는다.
- 곁눈 밑에 상처를 내면 동화작용으로 합성된 탄수화물이 축적되어 C/N율이 높아지고 이로 인해 꽃눈 형성 및 결실이 좋아진다.

0301 / 0902 / 1205

160 Repetitive Learning (1회 2회 3회)

1년 내내 푸른 잎을 달고 있으며, 잎이 바늘처럼 뾰족한 나무를 가리키는 명칭은?

① 상록활엽수 ② 상록침엽수
③ 낙엽활엽수 ④ 낙엽침엽수

해설
- ①은 1년 내내 푸른 잎을 달고 있으며, 잎이 넓은 나무를 말한다.
- ③은 낙엽이 지는 잎이 넓은 나무를 말한다.
- ④는 낙엽이 지는 잎이 바늘처럼 뾰족한 나무를 말한다.

0805 / 0905

161 Repetitive Learning (1회 2회 3회)

뚜렷하고 곧은 원줄기가 있고, 줄기와 가지의 구별이 명확하며 줄기의 길이가 현저히 큰 나무를 가리키는 것은?

① 덩굴식물 ② 교목
③ 관목 ④ 지피식물

해설
- ①은 땅바닥으로 뻗거나 다른 것에 감겨 오르는 줄기를 지닌 식물을 말한다.
- ③은 줄기가 밑동이나 땅 속에서부터 갈라져 나와 낮게 자라는 떨기 나무를 말한다.
- ④는 지표면에 생육하면서 지면을 피복하는 식물을 말한다.

0202 / 0601

162 Repetitive Learning (1회 2회 3회)

다음 수종 중 관목에 해당하는 것은?

① 백목련 ② 위성류
③ 층층나무 ④ 매자나무

해설
- ①, ②, ③은 모두 교목에 해당한다.

0205 / 0405

163 Repetitive Learning (1회 2회 3회)

다음 중 상록침엽관목에 속하는 나무는?

① 영산홍 ② 섬잣나무
③ 회양목 ④ 눈향나무

해설
- ①은 낙엽활엽관목이다.
- ②는 상록교목에 해당한다.
- ③은 상록활엽관목에 해당한다.

1005 / 1504

164 Repetitive Learning (1회 2회 3회)

다음 중 지피식물의 특성에 해당되지 않는 것은?

① 지표면을 치밀하게 피복해야 함
② 키가 높고, 일년생이며 거칠어야 함
③ 환경조건에 대한 적응성이 넓어야 함
④ 번식력이 왕성하고 생장이 비교적 빨라야 함

해설
- 지피식물은 키가 낮고 다년생이며 부드러워야 한다.

158 ③ 159 ② 160 ② 161 ② 162 ④ 163 ④ 164 ② | 정답

0201 / 0402 / 1504

165 Repetitive Learning (1회 2회 3회)

다음 중 지피(地被)용으로 사용하기 가장 적합한 식물은?

① 맥문동 ② 등나무
③ 으름덩굴 ④ 멀꿀

해설
- ②는 콩과에 속하는 낙엽만경식물이나 길이가 10m에 이른다.
- ③은 으름덩굴과의 낙엽활엽덩굴나무로 길이가 10 ~ 20m에 이른다.
- ④는 으름덩굴과의 상록활엽만경식물로 길이가 15m에 이른다.

0301 / 0905

166 Repetitive Learning (1회 2회 3회)

여름에는 연보라 꽃과 초록의 잎을, 가을에는 검은 열매를 감상하기 위한 백합과 지피식물은?

① 맥문동 ② 만병초
③ 영산홍 ④ 칡

해설
- ②는 진달래과의 상록활엽관목으로 6 ~ 7월에 흰색 또는 연한 붉은색 꽃이 핀다.
- ③은 진달래과의 상록활엽관목으로 4 ~ 6월에 붉은색, 흰색 또는 분홍색 꽃이 핀다.
- ④는 콩과의 낙엽덩굴성목본으로 6 ~ 8월에 붉은 빛이 도는 자주색 꽃이 핀다.

0302 / 1002

167 Repetitive Learning (1회 2회 3회)

다음 중 상록침엽수에 해당하는 수종은?

① 은행나무 ② 전나무
③ 메타세쿼이아 ④ 일본잎갈나무

해설
- ①, ③, ④는 모두 낙엽침엽교목이다.

0202 / 0502

168 Repetitive Learning (1회 2회 3회)

다음 중 천근성(淺根性)수종으로 짝지어진 것은?

① 독일가문비나무, 자작나무
② 전나무, 백합나무
③ 느티나무, 은행나무
④ 백목련, 가시나무

해설
- ②, ③, ④는 모두 심근성 수종에 해당한다.

0301 / 1202

169 Repetitive Learning (1회 2회 3회)

활엽수이지만 잎의 형태가 침엽수와 같아서 조경적으로 침엽수로 이용하는 것은?

① 은행나무 ② 산딸나무
③ 위성류 ④ 이나무

해설
- ①은 낙엽침엽수이다.
- ②와 ④는 낙엽활엽수이다.

0201 / 1204

170 Repetitive Learning (1회 2회 3회)

심근성 수종에 해당하지 않은 것은?

① 섬잣나무 ② 태산목
③ 은행나무 ④ 현사시나무

해설
- 사시나무, 현사시나무는 천근성 수종에 해당한다.

0202 / 0505

171 Repetitive Learning (1회 2회 3회)

다음 중 맹아력이 가장 약한 수종은?

① 리기다소나무 ② 쥐똥나무
③ 벚나무 ④ 히말라야시다

해설
- 벚나무, 능수벚나무 등은 맹아력이 약한 나무에 해당한다.

0301 / 0901

172 Repetitive Learning (1회 2회 3회)

음지에서 견디는 힘이 강한 수목으로만 짝 지어진 것은?

① 소나무, 향나무 ② 회양목, 눈주목
③ 태산목, 가중나무 ④ 자작나무, 느티나무

해설
- 음지에서 견디는 힘이 강하다는 것은 음수 혹은 강음수를 의미한다. ①은 양수, ③의 태산목은 중성수, 가중나무는 양수, ④의 자작나무는 강양수, 느티나무는 양수이다.

정답 | 165 ① 166 ① 167 ② 168 ① 169 ③ 170 ④ 171 ③ 172 ②

0202 / 1002

173 Repetitive Learning 1회 2회 3회

다음 중 인공적인 수형을 만드는데 적합한 수종이 아닌 것은?

① 꽝꽝나무 ② 아왜나무
③ 주목 ④ 벚나무

해설
- ④는 맹아성이 약한 나무로 인공적인 수형을 만들기 적합하지 않다.

0301 / 0605

174 Repetitive Learning 1회 2회 3회

인공적인 수형을 만드는데 적합한 수목의 특징으로 틀린 것은?

① 자주 다듬어도 자라는 힘이 쇠약해지지 않는 나무
② 병이나 벌레 등에 견디는 힘이 강한 나무
③ 되도록 잎이 작고 잎의 양이 많은 나무
④ 다듬어 줄 때마다 잔가지와 잎보다는 굵은 가지가 잘 자라는 나무

해설
- 다듬어 줄 때마다 잔가지와 잎이 굵은 가지보다 잘 자라는 나무여야 한다.

0301 / 0505 / 0702

175 Repetitive Learning 1회 2회 3회

다음 중 분류상 덩굴성 식물은?

① 서향 ② 송악
③ 병아리꽃나무 ④ 피라칸사스

해설
- 송악은 두릅나무과로 다른 나무를 타고 오르거나 땅을 기는 덩굴나무이다.

1305

176 Repetitive Learning 1회 2회 3회

다음 중 조경 수목의 생장 속도가 빠른 수종은?

① 둥근향나무 ② 감나무
③ 모과나무 ④ 삼나무

해설
- ④는 내수성이 좋고, 따뜻한 곳에서 자라는 나무여서 생장이 빠르다.

0201 / 0802

177 Repetitive Learning 1회 2회 3회

덩굴성 식물만 짝지어진 것은?

① 으름, 수국 ② 등나무, 금목서
③ 송악, 담쟁이덩굴 ④ 치자나무, 멀꿀

해설
- ①에서 수국은 덩굴식물이 아니다.
- ②에서 금목서는 덩굴식물이 아니다.
- ④에서 치자나무는 덩굴식물이 아니다.

0305 / 0505

178 Repetitive Learning 1회 2회 3회

다음 중 양수만으로 짝지어진 것은?

① 향나무, 가중나무
② 가시나무, 아왜나무
③ 회양목, 주목
④ 사철나무, 독일가문비나무

해설
- ②에서 가시나무는 음수, 아왜나무는 중성수에 해당한다.
- ③은 강음수에 해당한다.
- ④에서 사철나무는 강음수, 독일가문비나무는 음수에 해당한다.

0205 / 0701

179 Repetitive Learning 1회 2회 3회

다음 중 대기오염에 강한 수목은?

① 은행나무 ② 단풍나무
③ 백합나무 ④ 개오동나무

해설
- ②, ③, ④는 대기오염에 약한 수종이다.

0301 / 0502

180 Repetitive Learning 1회 2회 3회

다음 중 차량 소통이 많은 곳에 녹지를 조성하려고 할 때 가장 적당한 수종은?

① 조팝나무 ② 향나무
③ 왕벚나무 ④ 소나무

해설
- ①, ③, ④는 자동차 배기가스 및 아황산가스에 약한 수종이다.

정답: 173 ④ 174 ④ 175 ② 176 ④ 177 ③ 178 ① 179 ① 180 ②

1101

181 → Repetitive Learning (1회 2회 3회)

염분 피해가 많은 임해공업지대에 가장 생육이 양호한 수종은?

① 노간주나무 ② 단풍나무
③ 목련 ④ 개나리

해설
- ②는 내염성이 보통수준인 수종에 해당한다.
- ③과 ④는 내염성이 강한 수종에 해당한다.
- 노간주나무는 해송, 사철나무 등과 함께 내염성이 특히 강한 수종에 해당한다.

0202 / 0605

182 → Repetitive Learning (1회 2회 3회)

도시 내 도로주변의 녹지에 수목을 식재하고자 할 때 적당하지 않은 수종은?

① 쥐똥나무 ② 벽오동나무
③ 향나무 ④ 전나무

해설
- 전나무는 자동차 배기가스 및 아황산가스에 약한 수종이다.

0205 / 0405

183 → Repetitive Learning (1회 2회 3회)

아황산가스(SO_2)에 잘 견디는 낙엽교목은?

① 플라타너스 ② 독일가문비
③ 소나무 ④ 히말라야시다

해설
- ②, ③, ④는 모두 아황산가스에 약한 수종이다.

0705 / 1305

184 → Repetitive Learning (1회 2회 3회)

일반직으로 봄 화단용 꽃으로만 짝지어진 것은?

① 맨드라미, 국화 ② 데이지, 금잔화
③ 샐비어, 색비름 ④ 칸나, 마리골드

해설
- ①에서 맨드라미는 5~10월에, 국화는 10~12월에 꽃이 핀다.
- ③에서 샐비어는 6~10월에, 색비름은 4~6월에 꽃이 핀다.
- ④에서 칸나는 초여름부터 서리내리까지, 마리골드는 5~11월에 꽃이 핀다.

0702 / 0901 / 0902 / 0905

185 → Repetitive Learning (1회 2회 3회)

다음 중 건조지에 가장 잘 견디는 나무는?

① 낙우송 ② 능수버들
③ 오리나무 ④ 가중나무

해설
- ①, ②, ③은 습한 땅에서 잘 견디는 수종이다.

0501 / 0605

186 → Repetitive Learning (1회 2회 3회)

연못가나 습지 등에 가장 잘 견디는 수목은?

① 낙우송 ② 향나무
③ 해송 ④ 가중나무

해설
- ②와 ④는 건조한 땅에 잘 견디는 수종이다.
- ③은 척박한 땅이나 산성토양에서도 잘 자라는 수종이다.

0305 / 0705 / 1201

187 → Repetitive Learning (1회 2회 3회)

다음 수목 중 봄철에 꽃을 가장 빨리 보려면 어떤 수종을 식재해야 하는가?

① 말발도리 ② 자귀나무
③ 매실나무 ④ 금목서

해설
- ①은 4~5월에 꽃이 피는 낙엽관목이다.
- ②는 6~7월에 꽃이 피는 콩과에 속하는 낙엽활엽소교목이다.
- ④는 9~10월에 꽃이 피는 상록활엽관목이다.

1101 / 1204 / 1604

188 → Repetitive Learning (1회 2회 3회)

흰말채나무의 특징 설명으로 틀린 것은?

① 노란색의 열매가 특징적이다.
② 층층나무과로 낙엽활엽관목이다.
③ 수피가 여름에는 녹색이나 가을, 겨울철의 붉은 줄기가 아름답다.
④ 잎은 대생하며 타원형 또는 난상타원형이고, 표면에 작은 털이 있으며 뒷면은 흰색의 특징을 갖는다.

해설
- 흰말채나무의 열매는 9~10월 경에 까맣게 익는다.

정답 | 181 ① 182 ④ 183 ① 184 ② 185 ④ 186 ① 187 ③ 188 ①

0302 / 0605

189 Repetitive Learning 1회 2회 3회

건조한 땅이나 습지에 모두 잘 견디는 수종은?

① 향나무　② 계수나무
③ 소나무　④ 꽝꽝나무

해설
- ①과 ③은 건조한 땅에 잘 견디는 수종이다.
- ②는 추위를 잘 견디는 수종이다.

0505 / 0905

190 Repetitive Learning 1회 2회 3회

토양의 비옥도에 따라 수종이 영향을 받는데, 척박지에 잘 견디는 수종으로 가장 적합한 것은?

① 삼나무　② 자귀나무
③ 배롱나무　④ 이팝나무

해설
- 자귀나무는 지력이 낮은 척박지에서 지력을 높이기 위한 수단으로 식재 가능한 콩목 콩과(科)의 수종이다.

1402

191 Repetitive Learning 1회 2회 3회

다음 중 산성토양에서 잘 견디는 수종은?

① 해송　② 단풍나무
③ 물푸레나무　④ 조팝나무

해설
- ②는 알칼리성에서 잘 자란다.
- ③은 pH에 상관없이 다양한 토양에서 잘 자란다.
- ④는 약산성에서 중성인 토양에서 잘 자란다.

0802 / 0904

192 Repetitive Learning 1회 2회 3회

겨울철에 붉은색 줄기를 감상하기 위한 수종으로 가장 적합한 것은?

① 나무수국　② 불두화
③ 신나무　④ 흰말채나무

해설
- ①은 7～8월 타원형 모양의 흰색 꽃이 아름답게 달린다.
- ②는 5～6월 공 모양의 흰색 꽃이 탐스럽게 달린다.
- ③은 꽃은 황백색으로 달리고, 단풍이 아름다워 조경수로 심는다.

0402 / 1305

193 Repetitive Learning 1회 2회 3회

다음 중 황색의 꽃을 갖는 수목은?

① 모감주나무　② 조팝나무
③ 박태기나무　④ 산철쭉

해설
- ②는 흰색 꽃이 핀다.
- ③과 ④는 분홍색 꽃이 핀다.

0201 / 0701

194 Repetitive Learning 1회 2회 3회

다음 중 봄에 개화하는 정원수가 아닌 것은?

① 백목련　② 매화나무
③ 무궁화　④ 수수꽃다리

해설
- ③은 7～8월에 개화하는 정원수이다.

0302 / 0405 / 0505 / 1301 / 1401

195 Repetitive Learning 1회 2회 3회

겨울 화단에 식재하여 활용하기 가장 적합한 식물은?

① 팬지　② 마리골드
③ 달리아　④ 꽃양배추

해설
- ①은 가을에 씨를 뿌리면 이른 봄에 꽃이 피는 1년 초화류이다.
- ②는 초여름부터 서리 내리기 전까지 꽃을 피우는 국화과 식물이다.
- ③은 7월에 꽃이 피고, 10월에 꽃이 지는 대표적인 가을꽃이다.

0305 / 1502

196 Repetitive Learning 1회 2회 3회

낙엽활엽소교목으로 양수이며 잎이 나오기 전 3월경 노란색으로 개화하고, 빨간 열매를 맺어 아름다운 수종은?

① 개나리　② 생강나무
③ 산수유　④ 풍년화

해설
- ①은 노란색으로 개화하고, 가을에 녹색 열매를 맺는다.
- ②는 노란색으로 개화하고, 가을에 검은 열매를 맺는다.
- ④는 노란색으로 개화하고, 가을에 노란 열매를 맺는다.

189 ④ 190 ② 191 ① 192 ④ 193 ① 194 ③ 195 ④ 196 ③ 정답

0401 / 0405 / 0805

197 Repetitive Learning (1회 2회 3회)

다음 중 개화기가 가장 빠른 것끼리 짝지어진 것은?

① 목련, 아카시아　② 목련, 수수꽃다리
③ 풍년화, 생강나무　④ 배롱나무, 쥐똥나무

해설
- ①의 아카시아는 5～6월에 꽃이 핀다.
- ②의 수수꽃다리는 4～5월에 꽃이 핀다.
- ④의 배롱나무는 7～9월, 쥐똥나무는 6월에 꽃이 핀다.

0302 / 0902

198 Repetitive Learning (1회 2회 3회)

전통정원에서 흔히 볼 수 있고 줄기가 아름다우며 여름에 꽃이 개화하여 100여일 간다고 해서 백일홍이라 불리는 수종은?

① 백합나무　② 불두화
③ 배롱나무　④ 이팝나무

해설
- 줄기가 아름다우며 여름에 개화하여 꽃이 100여일 간다고 하여 백일홍이라고도 하는 것은 배롱나무이다.

0905 / 1205

199 Repetitive Learning (1회 2회 3회)

덩굴로 자라면서 여름(7～8월경)에 아름다운 주황색 꽃이 피는 수종은?

① 남천　② 능소화
③ 등나무　④ 홍가시나무

해설
- ①은 6～7월에 하얀속 꽃이 피는 나무이다.
- ③은 4～5월에 보라색 꽃이 피는 나무이다.
- ④는 5～6월에 흰색 꽃이 피는 나무이다.

0302 / 1102

200 Repetitive Learning (1회 2회 3회)

다음 중 수종의 특징상 관상 부위가 주로 줄기인 것은?

① 자작나무　② 자귀나무
③ 수양버들　④ 위성류

해설
- ①은 자작나무과의 낙엽활엽교목으로 줄기색이 흰색이어서 관상 대상이 된다.

0505 / 1204

201 Repetitive Learning (1회 2회 3회)

다음 중 줄기의 색채가 백색 계열에 속하는 수종은?

① 모과나무　② 자작나무
③ 노각나무　④ 해송

해설
- ①은 장미과의 낙엽활엽교목으로 줄기색이 붉은 갈색과 녹색의 얼룩무늬가 있어 관상요소가 된다.

0702 / 1205

202 Repetitive Learning (1회 2회 3회)

수목을 관상적인 측면에서 본 분류 중 열매를 감상하기 위한 수종에 해당되는 것은?

① 은행나무　② 모과나무
③ 반송　④ 낙우송

해설
- 열매를 관상대상으로 심는 수종은 호자나무, 멀꿀, 아라비카(커피 품종), 치자나무, 팥배나무, 석류나무, 모과나무, 피라칸사스 등이 있다.

0901 / 1204

203 Repetitive Learning (1회 2회 3회)

가을에 그윽한 향기를 가진 등황색 꽃이 피는 수종은?

① 금목서　② 남천
③ 팔손이나무　④ 생강나무

해설
- ②는 흰 꽃잎이 6～7월에 피는 상록활엽관목이다.
- ③은 고약한 냄새를 풍기는 꽃이 10～11월에 피는 상록활엽관목이다.
- ④는 잎이 나기 전인 3월에 짙은 향을 내는 꽃이 피는 낙엽활엽관목이다.

0401 / 0601

204 Repetitive Learning (1회 2회 3회)

조경 수목의 선정 시 꽃의 향기가 주가 되는 나무가 아닌 것은?

① 함박꽃나무　② 서향
③ 태산목　④ 목서류

해설
- ③은 향기도 좋지만 커다란 푸른 잎이 사계절 내내 달려 있어 좋은 경관을 만들어주어 관상용으로 식재한다.

정답 | 197 ③ 198 ③ 199 ② 200 ① 201 ② 202 ② 203 ① 204 ③

0502 / 0904

205 → Repetitive Learning (1회 2회 3회)

정원 내 식재하였을 때 10월경에 향기가 가장 많이 느껴지는 수종은?

① 담쟁이덩굴　　② 피라칸사스
③ 식나무　　④ 금목서

해설

- 가을에 그윽한 향기를 가진 등황색 꽃이 피는 수종으로 향이 좋아 향수로 많이 사용되는 목서류에는 금목서와 은목서가 있다.

0402 / 1001

206 → Repetitive Learning (1회 2회 3회)

질감(texture)이 가장 부드럽게 느껴지는 수목은?

① 태산목　　② 칠엽수
③ 회양목　　④ 팔손이나무

해설

- ①, ②, ④는 모두 질감이 거친 느낌을 갖는다.

1601

207 → Repetitive Learning 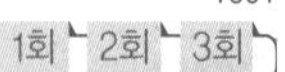

방풍림(wind shelter) 조성에 알맞은 수종은?

① 팽나무, 녹나무, 느티나무
② 곰솔, 대나무류, 자작나무
③ 신갈나무, 졸참나무, 향나무
④ 박달나무, 가문비나무, 아까시나무

해설

- 방풍용 수목으로는 해송, 삼나무, 편백, 가시나무, 느티나무, 녹나무, 구실잣밤나무, 후박나무, 아왜나무, 팽나무 등이 많이 쓰인다.

0401 / 0701

208 → Repetitive Learning 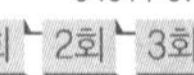

자연석 공사 시 돌과 돌 사이에 붙여 심는 것으로 적합하지 않는 것은?

① 회양목　　② 철쭉
③ 맥문동　　④ 향나무

해설

- ④는 측백나무과에 속하는 상록침엽교목으로 크게 자라므로 석간수로 적합하지 않다.

1505

209 → Repetitive Learning (1회 2회 3회)

방사(防砂) · 방진(防塵)용 수목의 대표적인 특징 설명으로 가장 적합한 것은?

① 잎이 두껍고 함수량이 많으며 넓은 잎을 가진 치밀한 상록수여야 한다.
② 지엽이 밀생한 상록수이며 맹아력이 강하고 관리가 용이한 수목이어야 한다.
③ 사람의 머리가 닿지 않을 정도의 지하고를 유지하고 겨울에는 낙엽되는 수목이어야 한다.
④ 빠른 생장력과 뿌리뻗음이 깊고, 지상부가 무성하면서 지엽이 바람에 상하지 않는 수목이어야 한다.

해설

- ①은 방화용 수목의 대표 특징이다.
- ②는 차폐용 수목이 대표 특징이다.
- ③은 녹음수용 수목의 대표 특징이다.

0402 / 0805

210 → Repetitive Learning (1회 2회 3회)

일반적으로 수목의 단풍은 적색과 황색계열로 구분하는데, 황색 단풍이 아름다운 수종으로만 짝 지어진 것은?

① 은행나무, 붉나무
② 백합나무, 고로쇠나무
③ 담쟁이덩굴, 감나무
④ 검양옻나무, 매자나무

해설

- ①에서 붉나무는 단풍이 홍색이다.
- ③과 ④는 모두 단풍이 홍색이다.

1301

211 → Repetitive Learning 

우리나라의 산림대별 특징 수종 중 식물의 분류학상 한대림(cold temperate forest)에 해당되는 것은?

① 아왜나무, 소나무　　② 구실잣밤나무
③ 붉가시나무　　④ 잎갈나무

해설

- ①의 아왜나무는 인동과에 속하는 상록소교목으로 난대 수종이다.
- ②는 참나무과에 속하는 상록활엽교목으로 난대 수종이다.
- ③은 추위에 약해 남부지방, 제주도에서 자라는 참나무과 상록교목이다.

205 ④　206 ③　207 ①　208 ④　209 ④　210 ②　211 ④ | 정답

0505 / 0701

212 Repetitive Learning (1회 2회 3회)

다음 중 1속에서 잎이 5개 나오는 수종은?

① 백송 ② 소나무
③ 리기다소나무 ④ 잣나무

해설
- 잎이 5개씩 모여나는 소나무 종류를 모두 잣나무류라고 한다.

0201 / 0405

213 Repetitive Learning (1회 2회 3회)

차폐를 할 필요가 있을 때는?

① 아름다운 곳을 돋보이게 하기 위해
② 경관상의 가치가 없거나 너무 노출된 것을 막기 위해
③ 차경(借景)을 하기 위해
④ 통경선을 조성하기 위해

해설
- 차폐는 외관상 보기 흉한 곳을 가리거나 사생활 보호를 위해 시행한다.

0705 / 1002

214 Repetitive Learning (1회 2회 3회)

가을에 단풍이 노란색으로 물드는 수종은?

① 붉나무 ② 붉은고로쇠나무
③ 담쟁이덩굴 ④ 화살나무

해설
- ①, ③, ④는 단풍이 홍색인 나무이다.

0401 / 0601 / 0802

215 Repetitive Learning (1회 2회 3회)

다음 중 붉은색의 단풍이 드는 수목들로만 구성된 것은?

① 낙우송, 느티나무, 백합나무
② 칠엽수, 참느릅나무, 졸참나무
③ 감나무, 화살나무, 붉나무
④ 잎갈나무, 메타세쿼이아, 은행나무

해설
- ①에서 느티나무와 백합나무의 단풍은 황색이다.
- ②에서 칠엽수와 졸참나무의 단풍은 황색이다.
- ④는 모두 단풍색이 황색인 나무이다.

0205 / 1104

216 Repetitive Learning (1회 2회 3회)

기름을 뺀 대나무로 등나무를 올리기 위한 시렁을 만들면 윤기가 나고 색이 변하지 않는다. 대나무 기름 빼는 방법으로 옳은 것은?

① 불에 쬐어 수세미로 닦아 준다.
② 알코올 등으로 닦아 준다.
③ 물에 오래 담가 놓았다가 수세미로 닦아 준다.
④ 석유, 휘발유 등에 담근 후 닦아 준다.

해설
- 대나무에 기름을 빼려면 불에 쬐어 수세미로 닦아 준다.

0302 / 1102

217 Repetitive Learning (1회 2회 3회)

비탈면 경사의 표시에서 1 : 2.5에서 2.5는 무엇을 뜻하는가?

① 수직고 ② 수평거리
③ 경사면의 길이 ④ 안식각

해설
- 비탈면 경사의 표시에서 1 : 2.5에서 1은 높이, 2.5는 밑너비로 수평거리에 해당한다.

0205 / 0402

218 Repetitive Learning (1회 2회 3회)

다음과 같은 비탈 경사가 1 : 0.3의 절토(切土)면에 맞추어서 거푸집을 만들고자 할 때에 말뚝의 높이를 1.5m로 한다면 지표 AB간의 거리는 어느 정도로 하면 좋은가?

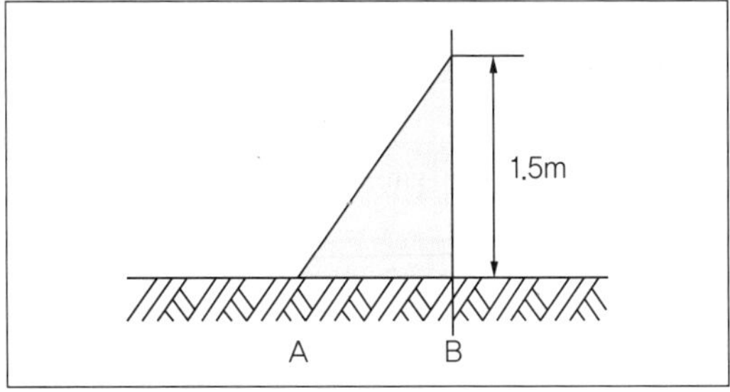

① 0.37m ② 0.45m
③ 0.5m ④ 0.6m

해설
- 비탈 경사가 1 : 0.3이라는 의미는 높이가 1일 때 밑너비가 0.3이라는 의미이므로 높이가 1.5일 때는 1 : 0.3=1.5 : x에서 x=1.5×0.3=0.45(m)가 된다.

정답 | 212 ④ 213 ② 214 ② 215 ③ 216 ① 217 ② 218 ②

0301 / 0605

219 ——• Repetitive Learning (1회 2회 3회)

다음 화훼류 중 알뿌리가 아닌 것은?

① 튤립　　② 수선화
③ 칸나　　④ 스위트 앨리섬

해설

- ④는 지중해 지역이 원산지인 한해살이풀로 알뿌리 화초가 아니다.

0201 / 1304

220 ——• Repetitive Learning (1회 2회 3회)

여름부터 가을까지 꽃을 감상할 수 있는 알뿌리 화초는?

① 금잔화　　② 수선화
③ 색비름　　④ 칸나

해설

- ①은 국화과의 한해살이풀로 여름에 꽃이 피나 알뿌리 화초가 아니다.
- ②는 12월에서 3월 사이에 꽃이 피는 알뿌리 화초이다.
- ③은 비름과의 한해살이풀로 여름에 꽃이 피나 알뿌리 화초가 아니다.

0201 / 1201

221 ——• Repetitive Learning 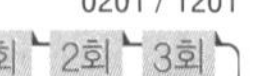

비탈면의 기울기는 관목 식재시 어느 정도 경사보다 완만하게 식재하여야 하는가?

① 1 : 0.3보다 완만하게
② 1 : 1보다 완만하게
③ 1 : 2보다 완만하게
④ 1 : 3보다 완만하게

해설

- 관목 식재시 1 : 2보다 완만하게 하여야 한다.

0402 / 0805

222 ——• Repetitive Learning 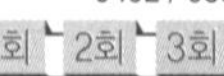

흙쌓기 시에는 일정 높이마다 다짐을 실시하며 성토해 나가야 하는데, 그렇지 않을 경우에는 나중에 압축과 침하에 의해 계획 높이보다 줄어들게 된다. 그러한 것을 방지하고자 하는 행위를 무엇이라 하는가?

① 정지(Grading)　　② 취토(Borrow-pit)
③ 흙쌓기(Filling)　　④ 더돋우기(extra-banking)

해설

- ①은 부지와 도로의 높이가 맞지 않을 경우 이를 맞추는 작업을 말한다.
- ②는 흙을 반죽하기 위해 흙을 모으는 작업을 말한다.
- ③은 일정한 장소에 흙을 쌓아 일정한 높이를 만드는 일을 말한다.

0202 / 0402 / 1205

223 ——• Repetitive Learning (1회 2회 3회)

화단에 초화류를 식재하는 방법으로 옳지 않은 것은?

① 식재할 곳에 1m당 퇴비 1～2kg, 복합비료 80～120g을 밑거름으로 뿌리고 20～30cm 깊이로 갈아 준다.
② 큰 면적의 화단은 바깥쪽부터 시작하여 중앙부위로 심어 나가는 것이 좋다.
③ 식재하는 줄이 바뀔 때마다 서로 어긋나게 심는 것이 보기에 좋고 생장에 유리하다.
④ 심기 한나절 전에 관수해 주면 캐낼 때 뿌리에 흙이 많이 붙어 활착에 좋다.

해설

- ②에서 큰 면적의 화단은 중앙부위에서 바깥쪽으로 심어 나가는 것이 좋다.

0505 / 0802 / 0805

224 ——• Repetitive Learning (1회 2회 3회)

비탈면에 교목을 식재할 때 비탈면의 기울기는 얼마 이상이어야 하는가?

① 1 : 0.5　　② 1 : 1
③ 1 : 2　　④ 1 : 3

해설

- 교목 식재시 1 : 3보다 완만하게 하여야 한다.

0501 / 1305

225 ——• Repetitive Learning 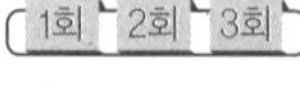

다음 중 훼손지 비탈면의 초류종자 살포(종자뿜어붙이기)와 가장 관계없는 것은?

① 종자　　② 생육기반재
③ 지효성비료　　④ 농약

해설

- 종자, 비료, 파이버(fiber), 침식방지제 등을 물과 교반하고 펌프로 살포하여 녹화한다.

219 ④　220 ④　221 ③　222 ④　223 ②　224 ④　225 ④ | 정답

0405 / 0702

226 Repetitive Learning 1회 2회 3회

화단용 초화류의 조건에 해당되지 않는 것은?

① 가급적 키가 커야 한다.
② 가지가 많이 갈라져 꽃이 많이 달려야 한다.
③ 개화기간이 길어야 한다.
④ 환경에 대한 적응성이 강해야 한다.

해설

• ①에서 화단용 초화류는 모양이 아름답고 가급적 키가 작아야 한다.

0402 / 0802

227 Repetitive Learning 1회 2회 3회

다음 뿌리분의 형태 중 보통분인 것은?(단, d : 뿌리의 근원지름이다)

①
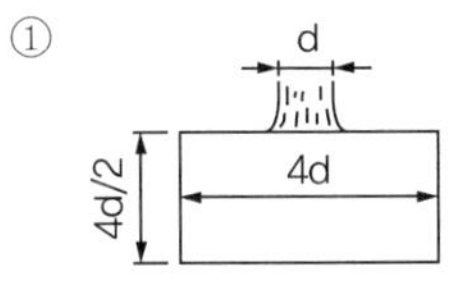

②
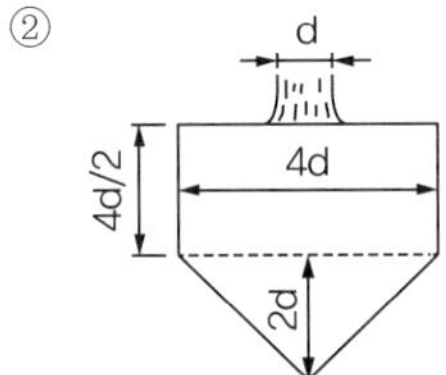

③
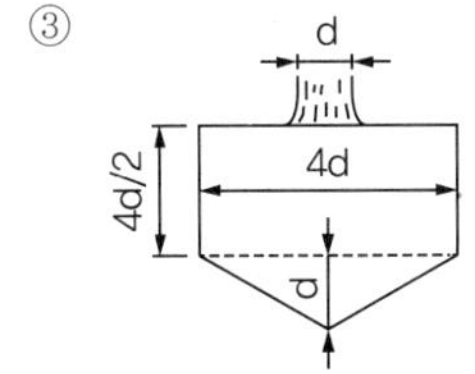

④
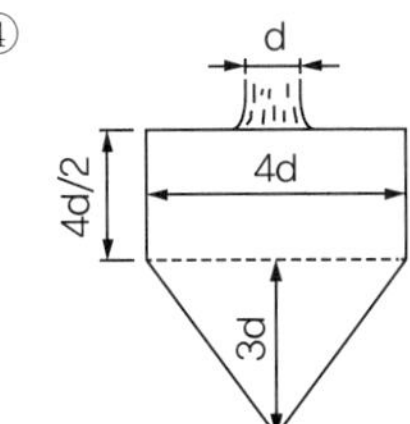

해설

• 뿌리분 직경의 1/2(4d의 1/2)까지는 직각으로 파내려가고, 그 아래쪽은 깊이 1/4(d)로 비스듬히 판다.

0502 / 1604

228 Repetitive Learning 1회 2회 3회

토공사(정지) 작업 시 일정한 장소에 흙을 쌓아 일정한 높이를 만드는 일을 무엇이라 하는가?

① 객토 ② 절토
③ 성토 ④ 경토

해설

• ①은 토질 개량을 위해 다른 곳의 흙을 가져다 까는 작업을 말한다.
• ②는 땅을 평평하게 하기 위해 파내는 작업을 말한다.
• ④는 농사짓기에 알맞은 땅을 일컫는다.

0702 / 1305

229 Repetitive Learning 1회 2회 3회

마운딩(maunding)의 기능으로 옳지 않은 것은?

① 유효 토심 확보 ② 배수 방향 조절
③ 공간 연결의 역할 ④ 자연스러운 경관 연출

해설

• 마운딩은 시각의 조절과 균형유지 역할은 하지만 공간 연결의 역할과는 거리가 멀다.

1505

230 Repetitive Learning 1회 2회 3회

경사도(勾配, slope)가 15%인 도로면상의 경사거리 135m에 대한 수평거리는?

① 130.0m ② 132.0m
③ 133.5m ④ 136.5m

해설

• 경사도가 15%라는 것은 수평거리로 100미터 이동했을 때 수직거리로 15m 이동함을 의미한다. 즉, $\tan^{-1}(100/15) = 8.53°$가 된다.
• 경사거리가 135m일 때의 수평거리는 $135 \times \cos(8.53) = 133.5066$m가 된다.

0305 / 0805

231 Repetitive Learning 1회 2회 3회

다음 중 정원관리를 하는데 시간적, 계절적 제약을 가장 적게 받고 관리할 수 있는 것은?

① 정원석 관리 ② 진디 관리
③ 정원수 관리 ④ 초화 관리

해설

• 정원석 관리는 정원관리를 하는데 시간적, 계절적 제약을 가장 적게 받고 관리할 수 있는 작업이다.

0301 / 0705 / 0904 / 1204

232 Repetitive Learning 1회 2회 3회

상록수를 옮겨심기 위하여 나무를 캐 올릴 때 뿌리분의 지름으로 가장 적합한 것은?

① 근원직경의 1/2배 ② 근원직경의 1배
③ 근원직경의 3배 ④ 근원직경의 4배

해설

• 일반적으로 뿌리분의 크기는 근원직경의 4배로 한다.

정답 | 226 ① 227 ③ 228 ③ 229 ③ 230 ③ 231 ① 232 ④

0205 / 0505 / 0702 / 0902 / 1002

233 Repetitive Learning 1회 2회 3회

흙쌓기 작업 시 시간이 경과하면서 가라앉을 것을 예측하여 더돋우기를 하는데 이때 일반적으로 계획된 높이보다 어느 정도 더 높이 쌓아 올리는가?

① 1 ~ 5% ② 10 ~ 15%
③ 20 ~ 25% ④ 30 ~ 35%

해설

- 더돋우기란 일반적으로 계획된 높이보다 10 ~ 15% 더 높이 쌓아 올린다.

0302 / 0902

234 Repetitive Learning 

수목의 이식시 조개분으로 분뜨기 했을 때 분의 깊이는 근원직경의 몇 배 정도로 하는 것이 적당한가?

① 2배 ② 3배
③ 4배 ④ 6배

해설

- 조개분은 뿌리분 직경의 1/2까지는 직각으로 파내려가고, 그 아래쪽은 깊이 1/2로 비스듬히 파므로 뿌리분은 근원직경의 4배이며 뿌리분의 깊이도 4배가 된다.

0405 / 1305

235 Repetitive Learning 1회 2회 3회

일반적으로 근원직경이 10cm인 수목의 뿌리분을 뜨고자 할 때 뿌리분의 직경으로 적당한 크기는?

① 20cm ② 40cm
③ 80cm ④ 120cm

해설

- 일반적으로 뿌리분의 크기는 근원직경의 4배로 하므로 근원직경이 10cm이므로 뿌리분은 40cm가 적당하다.

0201 / 0605 / 0905 / 1404

236 Repetitive Learning 1회 2회 3회

뿌리분의 크기를 구하는 식으로 가장 적합한 것은?(단, N : 근원직경, d : 상록수와 낙엽수의 상수)

① $24+(N-3)\times d$ ② $24+(N+3)\div d$
③ $24-(N-3)+d$ ④ $24-(N-3)-d$

해설

- 구체적인 뿌리분의 크기는 $24+(N-3)\times d$로 구한다. 이때 N은 근원직경, d는 상록수(4)와 낙엽수(5)의 상수이다.

0401 / 0805

237 Repetitive Learning 1회 2회 3회

느티나무의 수고가 4m, 흉고지름이 6cm, 근원지름이 10cm인 뿌리분의 지름 크기(cm)는?(단, 상수는 상록수가 4, 낙엽수가 5이다)

① 29 ② 39
③ 59 ④ 99

해설

- 구체적인 뿌리분의 크기는 $24+(N-3)\times d$로 구한다. 근원직경이 10cm, 느티나무가 낙엽송이므로 상수는 5, 대입하면 $24+(10-3)\times 5=24+35=59$(cm)이다.

0302 / 0401 / 0605 / 1001

238 Repetitive Learning 1회 2회 3회

그림과 같은 뿌리분 새끼감기의 방법은?

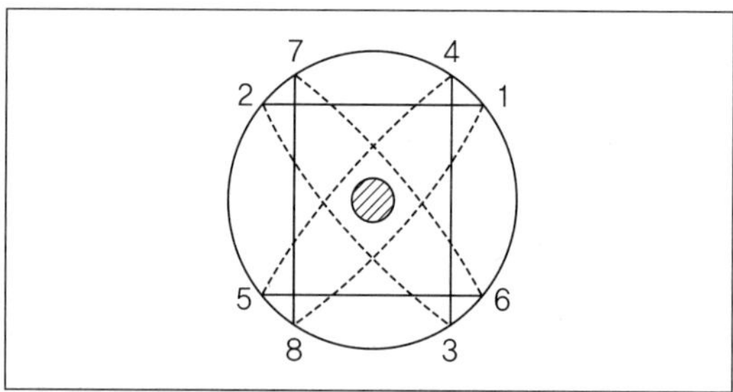

① 4줄 한번 걸기 ② 4줄 두번 걸기
③ 4줄 세번 걸기 ④ 3줄 두번 걸기

해설

- 정면에서 사각형의 모습으로 보이므로 4줄 한번 걸기이다.

0405 / 1001

239 Repetitive Learning 1회 2회 3회

이식한 나무가 활착이 잘되도록 조치하는 방법 중 옳지 않은 것은?

① 현장 조사를 충분히 하여 이식 계획을 철저히 세운다.
② 나무의 식재 방향과 깊이는 최대한 이식 전과 같은 상태로 한다.
③ 유기질, 무기질 거름을 충분히 넣고 식재한다.
④ 주 풍향, 지형 등을 고려하여 안정되게 지주목을 설치한다.

해설

- 식재하기 전 가을에 거름을 충분히 주고 갈아엎은 후 봄에 식재해야 한다.

233 ② 234 ③ 235 ② 236 ① 237 ③ 238 ① 239 ③ | 정답

0502 / 1004

240 Repetitive Learning (1회 2회 3회)

새끼줄로 뿌리분을 감는 방법 중 석줄 두번 걸기를 표현한 것은?

①

② 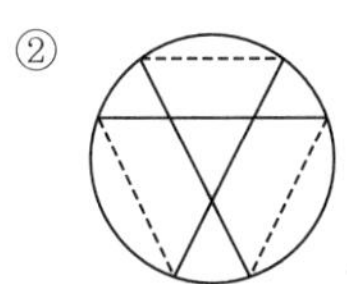

③ 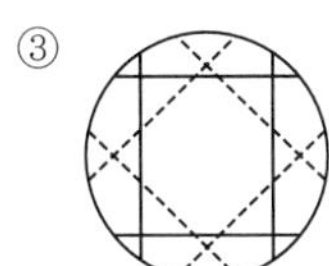

④ 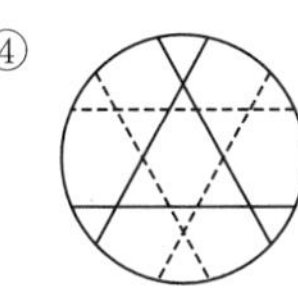

해설

- ①은 4줄 한번 걸기이다.
- ③은 4줄 두번 걸기이다.

0205 / 0805

241 Repetitive Learning (1회 2회 3회)

큰 나무이거나 장거리로 운반할 나무를 수송 시 고려할 사항으로 가장 거리가 먼 것은?

① 운반할 나무는 줄기에 새끼줄이나 거적으로 감싸주어 운반 도중 물리적인 상처로부터 보호한다.
② 밖으로 넓게 퍼진 가지는 가지런히 여미어 새끼줄로 묶어 줌으로써 운반 도중의 손상을 막는다.
③ 장거리 운반이나 큰 나무인 경우에는 뿌리분을 거적으로 다시 감싸 주고 새끼줄 또는 고무줄로 묶어준다.
④ 나무를 싣는 방향은 반드시 뿌리분이 트럭의 뒤쪽으로 오게 하여 실어야 내릴 때 편리하게 한다.

해설

- 나무를 싣는 방향은 반드시 뿌리분이 트럭의 앞쪽으로 오게 하여 실어야 한다.

0305 / 0705 / 1005

242 Repetitive Learning (1회 2회 3회)

침엽수류와 상록활엽수류의 가장 일반적인 이식 적기는?

① 이른 봄　② 초여름
③ 늦은 여름　④ 겨울철 엄동기

해설

- 일반적으로 수목의 이식적기는 뿌리 활동이 시작되기 직전이다.

1502

243 Repetitive Learning (1회 2회 3회)

다음 보기의 식물들이 모두 사용되는 정원 식재 작업에서 가장 먼저 식재를 진행해야 할 수종은?

소나무, 수수꽃다리, 영산홍, 잔디

① 잔디　② 영산홍
③ 수수꽃다리　④ 소나무

해설

- 보기 중 가장 큰 나무는 소나무이다.

0501 / 0905

244 Repetitive Learning (1회 2회 3회)

수목을 굴취한 이후 옮겨심기 순서에 가장 적합한 것은?(단, 진행 과정 중 일부 작업은 생략될 수 있음)

① 구덩이 파기 → 수목 넣기 → 2/3 정도 흙 채우기 → 물 부어 막대기 다지기 → 나머지 흙 채우기
② 구덩이 파기 → 2/3 정도 흙 채우기 → 수목 넣기 → 물 부어 막대기 다지기 → 나머지 흙 채우기
③ 구덩이 파기 → 물 붓기 → 수목 넣기 → 나머지 흙 채우기
④ 구덩이 파기 → 수목 넣기 → 물 붓기 → 2/3 정도 흙 채우기 → 다지기 → 나머지 흙 채우기

해설

- 수목의 식재 순서는 구덩이 파기 → 수목 넣기 → 2/3 정도 흙 채우기 → 물 부어 막대기 다지기 → 나머지 흙 채우기 → 지주 세우기 순으로 진행한다.

0301 / 0705 / 1304

245 Repetitive Learning (1회 2회 3회)

다음 중 큰 나무의 뿌리돌림에 대한 설명으로 가장 거리가 먼 것은?

① 굵은 뿌리를 3～4개 정도 남겨둔다.
② 굵은 뿌리 절단 시는 톱으로 깨끗이 절단한다.
③ 뿌리돌림을 한 후에 새끼로 뿌리분을 감아두면 뿌리의 부패를 촉진하여 좋지 않다.
④ 뿌리돌림을 하기 전, 수목이 흔들리지 않도록 지주목을 설치하여 작업하는 방법도 좋다.

해설

- 뿌리돌림을 한 후에 세근을 다치지 않게 그 외측을 파고, 녹화마대 등으로 근분을 덮은 후 새끼로 뿌리감기를 해서 이식한다.

정답 | 240 ④　241 ④　242 ①　243 ④　244 ①　245 ③

0402 / 0605

246 Repetitive Learning (1회 2회 3회)

다음 중 모란의 이식적기는?

① 2월 상순 ~ 3월 상순
② 3월 상순 ~ 4월 중순
③ 6월 상순 ~ 7월 중순
④ 9월 중순 ~ 10월 중순

해설

• 모란의 이식적기는 9월 중순 ~ 10월 중순이다.

0502 / 1401

247 Repetitive Learning (1회 2회 3회)

이식한 수목의 줄기와 가지에 새끼로 수피감기하는 이유로 가장 거리가 먼 것은?

① 경관을 향상시킨다.
② 수피로부터 수분 증산을 억제한다.
③ 병해충의 침입을 막아준다.
④ 강한 태양광선으로부터 피해를 막아준다.

해설

• 새끼로 수피를 감는 것은 경관 향상에 도움이 되지 않는다.

0301 / 0601

248 Repetitive Learning (1회 2회 3회)

다음 중 수목을 식재할 경우 수간감기를 하는 이유로 틀린 것은?

① 수간으로부터 수분 증산 억제
② 잡초 발생 방지
③ 병해충 방지
④ 상해방지

해설

• 잡초발생과 수간감기는 거리가 멀다.

1001 / 1201

249 Repetitive Learning (1회 2회 3회)

나무를 옮겨 심었을 때 잘린 뿌리로부터 새 뿌리가 나오게 하여 활착이 잘되게 하는 데 가장 중요한 것은?

① 호르몬과 온도
② C/N율과 토양의 온도
③ 온도와 지주목의 종류
④ 잎으로부터의 증산과 뿌리의 흡수

해설

• 수목의 이식 시 가장 중요하게 관리해야 할 것은 지상부의 잎과 지하부의 뿌리이다.

0402 / 0701

250 Repetitive Learning (1회 2회 3회)

다음 중 현대 조경에서 대형 수목의 이식이 가능하도록 하는 데 가장 크게 영향을 미친 요인은?

① 민주적인 사고방식 ② 건축 재료의 발달
③ 급 · 배시설의 발달 ④ 건설기계의 발달

해설

• 건설기계의 발달로 현대 조경에서 대형 수목의 이식이 가능해졌다.

0401 / 0601

251 Repetitive Learning (1회 2회 3회)

다음 중 이식하기 가장 어려운 수종은?

① 가이즈까 향나무 ② 쥐똥나무
③ 목련 ④ 명자나무

해설

• ①, ②, ④는 이식이 쉬운 수종이다.

0301 / 0801

252 Repetitive Learning (1회 2회 3회)

다음 중 수목의 식재 후 관리사항으로 필요 없는 것은?

① 전정 ② 뿌리돌림
③ 가지치기 ④ 지주세우기

해설

• ②는 수목이 활착률을 높여 이식하기 위한 방법이다.

0502 / 0701 / 1002

253 Repetitive Learning (1회 2회 3회)

일반적으로 수목을 뿌리돌림 할 때, 분의 크기는 근원 지름의 몇 배 정도가 적당한가?

① 2배 ② 4배
③ 8배 ④ 12배

해설

• 뿌리돌림 할 때 분의 크기는 근원 지름의 4 ~ 5배, 길이는 수간 근원직경의 1.5 ~ 2.5배 정도가 적당하다.

246 ④ 247 ① 248 ② 249 ④ 250 ④ 251 ③ 252 ② 253 ② | 정답

0201 / 0402 / 0801

254 Repetitive Learning 1회 2회 3회

이식할 수목의 가식장소와 그 방법에 대한 설명으로 틀린 것은?

① 공사의 지장이 없는 곳에 감독관의 지시에 따라 가식 장소를 정한다.
② 그늘지고 점토질 성분이 풍부한 토양을 선택한다.
③ 나무가 쓰러지지 않도록 세우고 뿌리분에 흙을 덮는다.
④ 필요한 경우 관수시설 및 수목 보양시설을 갖춘다.

해설
- 그늘지고 사질양토로 약간 습한 곳이 좋다.

0401 / 1304

255 Repetitive Learning 1회 2회 3회

다음 중 정형식 배식유형은?

① 부등변삼각형식재 ② 임의식재
③ 군식 ④ 교호식재

해설
- ③은 여러 그루를 심어 무리를 만드는 것을 말한다.
- 정형식 배식은 단식, 대식, 열식, 교호식재, 집단식재로 구분할 수 있다.

0405 / 1401

256 Repetitive Learning 1회 2회 3회

고속도로의 시선유도 식재는 주로 어떤 목적을 갖고 있는가?

① 위치를 알려준다.
② 침식을 방지한다.
③ 속력을 줄이게 한다.
④ 전방의 도로 형태를 알려준다.

해설
- ①은 지표식재의 역할이다.

1002

257 Repetitive Learning 1회 2회 3회

다음 중 한지형 잔디에 속하지 않는 것은?

① 버뮤다그래스 ② 켄터키블루그래스
③ 퍼레니얼라이그래스 ④ 톨 훼스큐

해설
- ①은 대표적인 난지형 잔디이다.

0205 / 0505

258 Repetitive Learning 1회 2회 3회

도로 식재 중 사고방지 기능 식재에 속하지 않는 것은?

① 명암순응식재 ② 시선유도식재
③ 녹음식재 ④ 침입방지식재

해설
- 사고방지 식재의 종류에는 차광, 명암순응, 진입방지, 완충식재가 있다.

0301 / 0701

259 Repetitive Learning 1회 2회 3회

서양 잔디에 대한 설명으로 틀린 것은?

① 그늘에서도 견디는 성질이 있다.
② 주로 뗏장 붙이기에 의해 시공한다.
③ 벤트그래스는 일반적으로 겨울철에 푸르다.
④ 자주 깎아 주어야 한다.

해설
- ②는 한국형 잔디의 특징이다.

0302 / 0502

260 Repetitive Learning 1회 2회 3회

한국형 잔디의 특징을 잘못 설명한 것은?

① 포복성이어서 밟힘에 강하다.
② 그늘에서도 잘 자란다.
③ 손상을 받으면 회복속도가 느리다.
④ 병해충과 공해에 비교적 강하다.

해설
- 한국형 잔디는 음지에 약하다.

0305 / 0901

261 Repetitive Learning 1회 2회 3회

잔디밭 1평(3.3m^2)에 규격 30cm×30cm의 잔디를 전면 붙이기로 심고자 한다. 약 몇 장의 잔디가 필요한가?

① 약 11장 ② 약 24장
③ 약 30장 ④ 약 37장

해설
- 뗏장 1장의 면적은 0.3m×0.3m이므로 =0.09m^2이므로 대입하면 뗏장의 양 $=\frac{3.3}{0.09}=36.66\cdots$이므로 약 37장이 필요하다.

정답 | 254 ② 255 ④ 256 ④ 257 ① 258 ③ 259 ② 260 ② 261 ④

0302 / 0904

262 ——• Repetitive Learning (1회 2회 3회)

잔디에 관한 설명으로 틀린 것은?

① 잔디는 생육온도에 따라 난지형 잔디와 한지형 잔디로 구분된다.
② 잔디의 번식방법에는 종자파종과 영양번식 등이 있다.
③ 한국잔디는 일반적으로 종자번식이 잘되기 때문에 건설 현장에서 종자파종으로 잔디밭을 조성한다.
④ 종자파종은 뗏장심기에 비하여 균일하고 치밀한 잔디면을 만들 수 있다.

해설

- ③은 한국잔디가 아니라 서양잔디에 대한 설명이다.

0201 / 0502

263 ——• Repetitive Learning (1회 2회 3회)

다음 중 우리나라에서 가장 많이 이용되는 잔디는?

① 들잔디 ② 고려잔디
③ 비로드잔디 ④ 갯잔디

해설

- 우리나라에서 가장 많이 이용되는 잔디는 들잔디이다.

0401 / 0502 / 0705 / 1304

264 ——• Repetitive Learning (1회 2회 3회)

난지형 잔디에 뗏밥을 주는 가장 적절한 시기는?

① 3～4월 ② 6～8월
③ 9～10월 ④ 11～1월

해설

- 난지형 잔디의 뗏밥은 주로 생육이 왕성한 6～8월에 준다.

0301 / 1402

265 ——• Repetitive Learning (1회 2회 3회)

잔디의 뗏밥 넣기에 관한 설명으로 적절하지 않은 것은?

① 뗏밥은 가는 모래 2, 밭흙 1, 유기물 약간을 섞어 사용한다.
② 뗏밥으로 이용하는 흙은 일반적으로 열처리하거나 증기소독을 하기도 한다.
③ 뗏밥은 한지형 잔디의 경우 봄, 가을에 주고 난지형 잔디의 경우 생육이 왕성한 6～8월에 주는 것이 좋다.
④ 뗏밥의 두께는 30mm 정도로 주고, 다시 줄 때에는 일주일이 지난 후에 잎이 덮일 때까지 주어야 좋다.

해설

- 뗏밥의 두께는 일반적으로 5～10mm 정도로 주고, 일시에 다량 사용하는 것은 피해야 하며, 잎끝이 묻히면 피해를 입으므로 15일 이상의 간격으로 여러 차례 실시하는 것이 좋다.

0402 / 0702

266 ——• Repetitive Learning (1회 2회 3회)

잔디의 뗏밥주기에 대한 설명으로 틀린 것은?

① 토양은 기존의 잔디밭의 토양과 같은 것을 5mm 체로 쳐서 사용한다.
② 난지형 잔디의 경우 생육이 왕성한 6～8월에 준다.
③ 잔디포장 전면에 골고루 뿌리고, 레이크로 긁어준다.
④ 일시에 많이 주는 것이 효과적이다.

해설

- 뗏밥의 두께는 일반적으로 5～10mm 정도로 주고, 일시에 다량 사용하는 것은 피해야 하며, 잎끝이 묻히면 피해를 입으므로 15일 이상의 간격으로 여러 차례 실시하는 것이 좋다.

0502 / 0701 / 0801 / 0802

267 ——• Repetitive Learning (1회 2회 3회)

정원에 잔디를 식재하고자 할 때 요구되는 생육 최소 토심(生育最小土深)의 기준으로 가장 적절한 것은?

① 10cm ② 20cm
③ 30cm ④ 40cm

해설

- 잔디의 생존 최소 심도는 15cm이고, 생육 최소 심도는 30cm이다.

0402 / 0801 / 1501

268 ——• Repetitive Learning (1회 2회 3회)

다음 중 한국잔디류에 가장 많이 발생하는 병은?

① 녹병 ② 탄저병
③ 설부병 ④ 브라운 패치

해설

- ②는 토양에서 자연적으로 발생하는 탄저균이라는 그람양성균, 간균에 의해 전염되는 병으로 식물, 가축, 야생동물에 영향을 주는 심각한 병이다.
- ③은 눈이 녹는 시기에 주로 발생하는데 밝은 황색 혹은 회갈색 병반이 생긴다.
- ④는 잔디의 잎에 갈색 냉반이 동그랗게 생기고, 특히 6～9월경에 벤트그래스에 주로 나타나는 병이다.

262 ③ 263 ① 264 ② 265 ④ 266 ④ 267 ③ 268 ① | 정답

0904 / 1505

269 Repetitive Learning (1회 2회 3회)

잔디깎기의 목적으로 옳지 않은 것은?

① 잡초 방제 ② 이용 편리 도모
③ 병충해 방지 ④ 잔디의 분얼 억제

해설

• 잔디깎기는 잔디의 분얼을 촉진시킨다.

0801 / 1205

270 Repetitive Learning (1회 2회 3회)

다음의 잔디종자 파종작업들을 순서대로 바르게 나열한 것은?

㉠ 기비살포	㉡ 정지작업
㉢ 파종	㉣ 멀칭
㉤ 전압	㉥ 복토
㉦ 경운	

① ㉦→㉠→㉡→㉢→㉥→㉤→㉣
② ㉠→㉢→㉡→㉥→㉣→㉤→㉦
③ ㉡→㉢→㉤→㉥→㉠→㉣→㉦
④ ㉢→㉠→㉡→㉥→㉤→㉦→㉣

해설

• 파종 순서는 경운→기비살포→정지작업→파종→복토→전압→멀칭 순으로 진행한다.

0705 / 1102

271 Repetitive Learning (1회 2회 3회)

살수기 설계 시 배치간격은 바람이 없을 때를 기준으로 살수 작동 최대간격을 살수직경의 몇 %로 제한하는가?

① 45 ~ 55% ② 60 ~ 65%
③ 70 ~ 75% ④ 80 ~ 85%

해설

• 바람이 없을 때를 기준으로 살수 작동 최대간격을 살수 직경의 60 ~ 65%로 제한한다.

0202 / 0301 / 0302 / 0901 / 1101 / 1104 / 1601

272 Repetitive Learning (1회 2회 3회)

건설공사 표준품셈에서 사용되는 기본(표준형) 벽돌의 표준 치수(mm)로 옳은 것은?

① 180×80×57 ② 190×90×57
③ 210×90×60 ④ 210×100×60

해설

• 건설공사에 사용하는 벽돌의 표준규격은 190×90×57mm 이다.

0502 / 0902

273 Repetitive Learning (1회 2회 3회)

잔디밭에 물을 공급하는 관수에 대한 설명으로 틀린 것은?

① 식물에 물을 공급하는 방법은 지표관개법과 살수관개법으로 나눌 수 있다.
② 살수관개법은 설치비가 많이 들지만, 관수 효과가 높다.
③ 수압에 의해 작동하는 회전식은 360°까지 임의 조절이 가능하다.
④ 회전장치가 수압에 의해 지면보다 10cm 상승 또는 하강하는 팝업(pop-up)살수기는 평소 시각적으로 불량하다.

해설

• 회전장치가 수압에 의해 지면보다 10cm 상승 또는 하강하는 팝업(pop-up) 살수기는 평상시 지면과 평행하게 설치되어 있다.

0202 / 0502

274 Repetitive Learning (1회 2회 3회)

$45m^2$에 전면 붙이기에 의해 잔디 조경을 하려고 한다. 필요한 평떼량은 얼마인가?(단 잔디 1매의 규격은 30cm×30cm×3cm이다)

① 약 200매 ② 약 300매
③ 약 500매 ④ 약 700매

해설

• 뗏장 1장의 면적은 0.3m×0.3m=0.09m^2이므로 대입하면 뗏장의 양=$\frac{45}{0.09}$=500장이 필요하다.

0301 / 0405 / 1004 / 1402

275 Repetitive Learning (1회 2회 3회)

표준품셈에서 조경용 초화류 및 잔디의 할증률은 몇 % 인가?

① 1% ② 3%
③ 5% ④ 10%

해설

• 조경용 수목, 잔디 등의 할증률은 표준품셈에서 10%로 한다.

정답 | 269 ④ 270 ① 271 ② 272 ② 273 ④ 274 ③ 275 ④

0402 / 0902

276 ─── Repetitive Learning (1회 2회 3회)

잔디의 거름주기 방법으로 적절하지 않은 것은?

① 질소질 거름은 1회 주는 양이 $1m^2$ 당 10g 이상 주어야 한다.
② 난지형 잔디는 하절기에, 한지형 잔디는 봄과 가을에 집중해서 거름을 준다.
③ 한지형 잔디의 경우 고온에서의 시비는 피해를 촉발시킬 수 있으므로 가능하면 시비를 하지 않는 것이 원칙이다.
④ 가능하면 제초작업 후 비 오기 직전에 실시하며 불가능시에는 시비 후 관수 한다.

해설

• 질소질 비료는 $1m^2$ 당 5 ~ 10g을 연 2회 봄, 가을에 주는 것이 좋다.

0205 / 0901

277 ─── Repetitive Learning (1회 2회 3회)

우리나라 들잔디에 가장 많이 발생하는 병으로 엽맥에 불규칙한 적갈색의 반점이 보이기 시작할 때, 즉 5 ~ 6월, 9월 중순 ~ 10월 하순에 발견할 수 있는 것은?

① 붉은 녹병 ② 푸사륨 패치
③ 브라운 패치 ④ 스노우 몰드

해설

• ②는 동양잔디류에서 주로 가을에 질소의 과용으로 발생하는 병으로 황화병과 유사하게 잔디가 완전히 고사한다.
• ③은 잔디의 잎에 갈색 냉반이 동그랗게 생기고, 특히 6 ~ 9월경에 벤트그래스에 주로 나타나는 병이다.
• ④는 눈이 녹는 시기에 주로 발생하는데 밝은 황색 혹은 회갈색 병반이 생긴다.

0201 / 0202 / 0502 / 0702 / 1002 / 1502

278 ─── Repetitive Learning (1회 2회 3회)

골프코스에서 홀(Hole)의 출발지점을 무엇이라 하는가?

① 그린 ② 티
③ 러프 ④ 페어웨이

해설

• ①은 잔디를 매우 짧게 깎아 다듬어 놓은 곳으로 홀이 위치한 곳이다.
• ③은 페어웨이의 외곽부분에 잔디를 덜 다듬어 잡초와 수림이 형성된 곳이다.
• ④는 골프장에서 티와 그린 사이의 공간으로 잔디를 짧게 깎는 지역이다.

0205 / 0601

279 ─── Repetitive Learning (1회 2회 3회)

다음 중 잔디밭의 넓이가 $165m^2$(약 50평) 이상으로 잔디의 품질이 아주 좋지 않아도 되는 골프장의 러프지역, 공원의 수목지역 등에 많이 사용하는 잔디 깎는 기계는?

① 핸드모우어 ② 그린모우어
③ 로타리모우어 ④ 갱모우어

해설

• ①은 잔디를 수동으로 깎는 예초기로 주로 가정용 잔디를 깎는 기계이다.
• ②는 사람의 시각과 감각에 의해 잔디를 깎는 기계로 그린의 잔디를 깎는 기계이다.
• ④는 틸트기능이 있어 벽면이나 사면에 있는 잔디를 일정하게 관리하는 기계로 그린 주변이나 티잉그라운드 주변의 잔디나 경사면의 잔디를 관리한다.

1505

280 ─── Repetitive Learning (1회 2회 3회)

그림은 벽돌을 토막내거나 잘라서 시공에 사용할 때 벽돌의 형상이다. 다음 중 반토막 벽돌에 해당하는 것은?

①

②

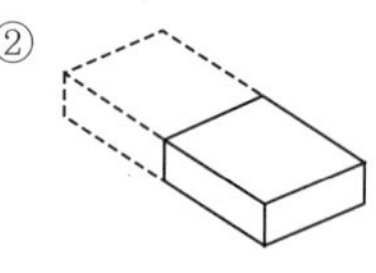

③

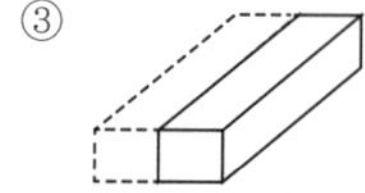

④

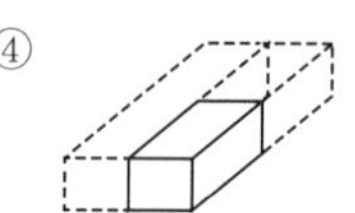

해설

• ①은 온장벽돌, ③은 반절, ④는 반반절 벽돌이다.

0401 / 0701

281 ─── Repetitive Learning (1회 2회 3회)

적벽돌 포장에 관한 설명으로 틀린 것은?

① 질감이 좋고 특유한 자연미가 있어 친근감을 준다.
② 마멸되기 쉽고 강도가 약하다.
③ 다양한 포장패턴을 연출할 수 있다.
④ 평깔기는 모로 세워깔기에 비해 더 많은 벽돌 수량이 필요하다.

해설

• 모로 세워깔기는 평깔기에 비해 더 많은 벽돌 수량이 필요하다.

276 ① 277 ① 278 ② 279 ③ 280 ② 281 ④ 정답

0401 / 0705 / 1301

282 Repetitive Learning (1회 2회 3회)

표준형 벽돌을 사용하여 1.5B로 시공한 담장의 총 두께는?(단, 줄눈의 두께는 10mm이다)

① 210mm　　② 270mm
③ 290mm　　④ 330mm

해설

- 벽면의 두께에 따라 0.5B(90mm), 1.0B(190mm), 1.5B(290mm), 2.0B(390mm)로 구분한다.

1101

283 Repetitive Learning (1회 2회 3회)

벽돌쌓기 시공에서 벽돌 벽을 하루에 쌓을 수 있는 최대 높이는 몇 m 이하인가?

① 1.0m　　② 1.2m
③ 1.5m　　④ 2.0m

해설

- 하루의 벽돌쌓기 높이는 1.2m를 표준으로 하고, 최대 1.5m 이하로 한다.

0402 / 0904

284 Repetitive Learning (1회 2회 3회)

길이쌓기 켜와 마구리쌓기 켜가 번갈아 반복되게 쌓는 방법으로 모서리나 벽이 끝나는 곳에는 반적이나 2·5 토막이 쓰이는 벽돌쌓기 방법은?

① 영국식 쌓기　　② 프랑스식 쌓기
③ 영롱쌓기　　④ 미국식 쌓기

해설

- ②는 한 켜에서 벽돌마무리와 길이가 교대로 나타나도록 하는 조적방식으로 통줄눈이 많이 생긴다.
- ③은 벽돌벽 등에 장식적으로 구멍을 내어 쌓는 장식 쌓기 방법이다.
- ④는 치장벽돌을 사용하여 벽체의 앞면 5～6켜까지는 길이쌓기로 하고 그 위 한 켜는 마구리쌓기로 하여 본 벽돌벽에 물려 쌓는 벽돌쌓기 방식이다.

0702 / 1204

285 Repetitive Learning (1회 2회 3회)

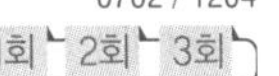

벽돌쌓기 방법 중 가장 견고하고 튼튼한 것은?

① 영국식 쌓기　　② 미국식 쌓기
③ 네덜란드식 쌓기　　④ 프랑스식 쌓기

해설

- ②는 치장벽돌을 사용하여 벽체의 앞면 5～6켜까지는 길이쌓기로 하고 그 위 한 켜는 마구리쌓기로 하여 본 벽돌벽에 물려 쌓는 벽돌쌓기 방식이다.
- ③은 한 켜는 마구리쌓기, 다음 켜는 길이쌓기로 하고 길이 켜의 모서리와 벽 끝에 칠오토막을 사용하는 벽돌쌓기 방법으로 일하기 쉽다.
- ④는 한 켜에서 벽돌마무리와 길이가 교대로 나타나도록 하는 조적방식으로 통줄눈이 많이 생긴다.

0305 / 0705

286 Repetitive Learning (1회 2회 3회)

다음 그림은 어떤 쌓기 방법을 이용한 모습인가?

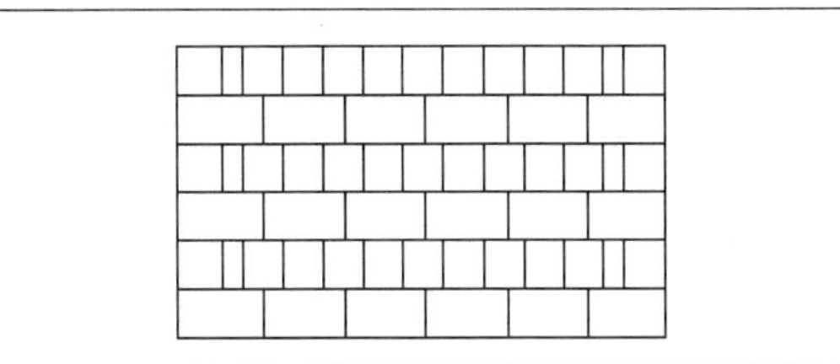

① 영국식 쌓기　　② 프랑스식 쌓기
③ 네덜란드식 쌓기　　④ 미국식 쌓기

해설

- ②는 한 켜에서 벽돌마무리와 길이가 교대로 나타나도록 하는 조적방식으로 통줄눈이 많이 생긴다.
- ③은 한 켜는 마구리 쌓기, 다음 켜는 길이쌓기로 하고 길이켜의 모서리와 벽 끝에 칠오토막을 사용하는 벽돌쌓기 방법으로 일하기 쉽다.
- ④는 치장벽돌을 사용하여 벽체의 앞면 5～6켜까지는 길이쌓기로 하고 그 위 한 켜는 마구리쌓기로 하여 본 벽돌벽에 물려 쌓는 벽돌쌓기 방식이다.

0401 / 0505

287 Repetitive Learning (1회 2회 3회)

점토 제품 중 돌을 빻이 빚은 것을 1,300℃ 정도의 온도로 구웠기 때문에 거의 물을 빨아들이지 않으며, 마찰이나 충격에 견디는 힘이 강한 것은?

① 벽돌 제품　　② 토관 제품
③ 타일 제품　　④ 도자기 제품

해설

- ①은 점토와 셰일(퇴적암)을 주원료로 해서 높은 온도에서 구워낸 건축재료이다.
- ②는 시멘트나 흙을 구워서 만든 둥근 관이다.
- ③은 점토를 구워서 만든 겉이 반들반들한 얇은 조각이다.

정답 | 282 ③　283 ③　284 ①　285 ①　286 ①　287 ④

1404

288 Repetitive Learning (1회 2회 3회)

소형고압블록 포장의 시공방법에 대한 설명으로 옳은 것은?

① 차도용은 보도용에 비해 얇은 두께 6cm의 블록을 사용한다.
② 지반이 약하거나 이용도가 높은 곳은 지반 위에 잡석으로만 보강한다.
③ 블록 깔기가 끝나면 반드시 진동기를 사용해 바닥을 고르게 마감한다.
④ 블록의 최종 높이는 경계석보다 조금 높아야 한다.

해설
- ①에서 차도용은 보도용에 비해 두꺼워야 한다.
- ②에서 지반이 약하거나 이용도가 높은 곳은 잡석뿐 아니라 sod공법 등으로 보강해야 한다.
- ④ 블록의 최종 높이는 경계석과 같아야 한다.

1005

289 Repetitive Learning (1회 2회 3회)

다음 흙의 성질 중 점토와 사질토를 비교한 설명으로 틀린 것은?

① 투수계수는 사질토가 점토보다 크다.
② 압밀속도는 사질토가 점토보다 빠르다.
③ 내부마찰각은 점토가 사질토보다 크다.
④ 동결피해는 점토가 사질토보다 크다.

해설
- 내부마찰각은 단단한 정도에 해당하는 전단강도라고 생각하면 되는데, 사질토인 모래가 점토에 비해 단단하므로 더 크다.

0302 / 1102

290 Repetitive Learning (1회 2회 3회)

철재(鐵材)로 만든 놀이시설에 녹이 슬어 다시 페인트칠을 하려 할 때, 그 작업 순서로 옳은 것은?

① 녹닦기(샌드페이퍼 등) → 연단(광명단) 칠하기 → 에나멜 페인트 칠하기
② 에나멜 페인트 칠하기 → 녹닦기(샌드페이퍼 등) → 연단(광명단) 칠하기
③ 에나멜 페인트 칠하기 → 녹닦기(샌드페이퍼 등) → 바니시 칠하기
④ 에나멜 페인트 칠하기 → 바니시 칠하기 → 녹닦기(샌드페이퍼 등)

해설
- 철재에 녹이 슨 부분은 녹을 제거한 후 2회에 걸쳐 광명단 도료를 칠한다. 그 이후에 페인트칠을 하여야 한다.

0301 / 0502 / 0805

291 Repetitive Learning (1회 2회 3회)

조경공사에 사용되는 섬유재에 관한 설명으로 틀린 것은?

① 새끼줄은 5타래를 1속이라 한다.
② 볏짚은 줄기를 감싸 해충의 잠복소를 만드는 데 쓰인다.
③ 밧줄은 마섬유로 만든 섬유로프가 많이 쓰인다.
④ 새끼줄은 이식할 때 뿌리분이 깨지지 않도록 감는 데 사용한다.

해설
- 새끼줄은 10타래를 1속이라 한다.

0201 / 1602

292 Repetitive Learning (1회 2회 3회)

새끼(볏짚제품)의 용도에 대한 설명으로 적절하지 않은 것은?

① 더위에 약한 수목을 보호하기 위해서 줄기에 감는다.
② 옮겨 심는 수목의 뿌리분이 상하지 않도록 감아준다.
③ 강한 햇볕에 줄기가 타는 것을 방지하기 위하여 감아준다.
④ 천공성 해충의 침입을 방지하기 위하여 감아준다.

해설
- 새끼줄은 추위에 약한 수목을 보호하기 위해 줄기에 감는다.

0202 / 1302

293 Repetitive Learning (1회 2회 3회)

흙에 시멘트와 다목적 토양개량제를 섞어 기층과 표층을 겸하는 간이포장 재료는?

① 우레탄 ② 콘크리트
③ 카프 ④ 컬러 세라믹

해설
- ①은 탄성이 있는 우레탄을 이용한 포장재로 광장 등 넓은 지역에 포장한다.
- ②는 시멘트 콘크리트로 노면을 덮는 도로포장을 말한다. 가격은 비싸지만 관리가 쉽다.
- ④는 세라믹 볼을 에폭시 수지와 혼합하여 미장마감하는 방법이다.

288 ③ 289 ③ 290 ① 291 ① 292 ① 293 ③ 정답

1502

294 ——• Repetitive Learning 1회 2회 3회

통기성, 흡수성, 보온성, 부식성이 우수하여 줄기감기용, 수목 굴취 시 뿌리감기용, 겨울철 수목보호용으로 사용되는 마(麻) 소재의 친환경적 조경자재는?

① 녹화마대 ② 볏짚
③ 새끼줄 ④ 우드 칩

해설

- ②는 약한 나무를 보호하기 위하여 줄기를 싸주거나(잠복소) 지표면을 덮어주는 데(방한) 사용된다.
- ③은 이식할 때 뿌리분이 깨지지 않도록 감는 데 사용한다. 강한 햇볕에 줄기가 타는 것을 방지하고, 천공성 해충의 침입을 방지하기 위하여 감아준다.
- ④는 죽은 나무나 폐기된 나무를 수거해 연소하기 쉬운 칩 형태로 분쇄하여 에너지원으로 사용할 수 있게 만든 제품으로 멀칭재료로 사용한다.

0705 / 1104

295 ——• Repetitive Learning 1회 2회 3회

수목식재 후 지주목 설치 시에 필요한 완충재료로서 작업능률이 뛰어나고 통기성과 내구성이 뛰어난 환경친화적인 재료이며, 상열을 막기 위해 사용하는 것은?

① 새끼줄 ② 고무판
③ 보온덮개 ④ 녹화테이프

해설

- ①은 이식할 때 뿌리분이 깨지지 않도록 감는 데 사용한다. 강한 햇볕에 줄기가 타는 것을 방지하고, 천공성 해충의 침입을 방지하기 위하여 감아준다.

0205 / 0502 / 1302

296 ——• Repetitive Learning 1회 2회 3회

다음 석재 중 조직이 균질하고 내구성 및 강도가 큰 편이며, 외관이 아름다운 장점이 있는 반면 내화성이 작아 고열을 받는 곳에는 적합하지 않은 것은?

① 응회암 ② 화강암
③ 편마암 ④ 안산암

해설

- ①은 화산재와 화산진이 쌓여서 만들어진 수성암으로 강도가 작아 건축용 구조재로 적합하지 않다.
- ③은 암석이 고온고압에 의해 변성되어 생긴 변성암으로 정원석으로 많이 사용된다.
- ④는 내화력이 우수하고 광택이 없는 화성암으로 구조용으로 많이 사용된다.

0905

297 ——• Repetitive Learning 1회 2회 3회

다음 미장재료 중 가장 자연적인 분위기를 살릴 수 있고, 우리나라 고유의 전통성을 강조시키기에 가장 좋은 것은?

① 시멘트 모르타르 ② 테라조
③ 벽토 ④ 페인트

해설

- ①은 시멘트와 모래를 섞어 물로 반죽한 것으로 벽돌, 블록, 석재 등을 쌓거나 벽, 바닥, 천장의 바탕의 마감재료로 사용한다.
- ②는 대리석, 화강암 등의 부순 골재에 안료, 시멘트 등의 고착제를 섞어 경화시킨 후 포면에 광을 낸 재료로 바닥이나 벽의 마감재로 사용된다.
- ④는 도장재료이다.

1101

298 ——• Repetitive Learning 1회 2회 3회

아스팔트의 양부를 판단하는 성질로 아스팔트의 경도를 나타내는 것은?

① 연화점 ② 침입도
③ 시공연도 ④ 마모도

해설

- 아스팔트의 양부를 판별하는 주요 성질에는 침입도, 연화도, 신도, 감온성 등이 있으며 그중 가장 중요한 것은 침입도이다.
- ①은 아스팔트를 가열했을 때 연해져 유동성이 생기는 온도를 말한다.

0904

299 ——• Repetitive Learning 1회 2회 3회

석재를 조성하고 있는 광물의 조직에 따라 생기는 눈의 모양을 가리키며, 돌결이라는 의미로 사용되기도 하고, 조암광물 중에서 가장 많이 함유된 광물의 결정벽면과 일치함으로 화강암에서는 장석의 분리면에 해당하는 것은?

① 층리 ② 편리
③ 석목 ④ 석리

해설

- ①은 퇴적암이나 변성암에서 나타나는 평행의 절리를 말한다.
- ②는 변성암에서 생기는 절리로 불규칙한 방향의 얇은 판자 모양으로 갈라지는 현상을 말한다.
- ③은 암석의 쪼개지기 쉬운 면을 말한다.

정답 | 294 ① 295 ④ 296 ② 297 ③ 298 ② 299 ④

0405 / 0801 / 1205

300 Repetitive Learning 1회 2회 3회

다음 중 보도 포장재료로서 적절하지 않은 것은?

① 내구성이 있을 것
② 자연 배수가 용이할 것
③ 보행 시 마찰력이 전혀 없을 것
④ 외관 및 질감이 좋을 것

해설
- 마찰력이 전혀 없다는 것은 미끄럽다는 의미이다. 보도의 포장재료는 미끄러워서는 안 된다.

0402 / 0701

301 Repetitive Learning 1회 2회 3회

주 보행도로로 이용되는 보행공간의 포장재료로 적절하지 않은 것은?

① 변화가 적은 재료 ② 질감이 좋은 재료
③ 질감이 거친 재료 ④ 밝은 색의 재료

해설
- 질감이 좋은 재료로 해야 한다.

0502 / 0802

302 Repetitive Learning 1회 2회 3회

다음 포장재료 중 광장 등 넓은 지역을 포장할 때 쓰이며, 바닥에 색채 및 자연스러운 문양을 다양하게 할 수 있는 소재는?

① 벽돌 ② 우레탄
③ 자기타일 ④ 고압블럭

해설
- 우레탄 포장재는 탄성이 있는 우레탄을 이용한 포장재로 인라인스케이트장, 경기장 트랙, 농구장, 테니스장, 배드민턴장, 종합체육시설 등에서 많이 사용되고 있다.

0802 / 0904 / 1601

303 Repetitive Learning 1회 2회 3회

석재의 성인(成因)에 의한 분류 중 변성암에 해당되는 것은?

① 대리석 ② 섬록암
③ 현무암 ④ 화강암

해설
- ②, ③, ④는 화성암이다.

0505 / 1101

304 Repetitive Learning 1회 2회 3회

암석재료의 특징에 관한 설명 중 틀린 것은?

① 외관이 매우 아름답다.
② 내구성과 강도가 크다.
③ 변형되지 않으며, 가공성이 있다.
④ 가격이 싸다.

해설
- 암석재료는 가격이 비싸다.

0401 / 0901

305 Repetitive Learning 1회 2회 3회

자연상태의 흙은 파내면 공극으로 인하여 그 부피가 늘어나게 되는데 다음 중 부피가 가장 크게 늘어나는 것은?

① 모래 ② 진흙
③ 보통흙 ④ 암석

해설
- 흙의 단위 크기가 클수록 공극의 크기도 커지므로 부피는 늘어난다. 선택지 중에서 가장 크기가 큰 것은 암석이다.

0305 / 0702

306 Repetitive Learning 1회 2회 3회

석재의 비중에 대한 설명으로 틀린 것은?

① 비중이 클수록 조직이 치밀하다.
② 비중이 클수록 흡수율이 크다.
③ 비중이 클수록 압축 강도가 크다.
④ 석재의 비중은 일반적으로 2.0~2.7이다.

해설
- 비중이 클수록 흡수율이 낮다.

0302 / 0701

307 Repetitive Learning 1회 2회 3회

석재의 가공 방법을 순서대로 나열한 것은?

① 혹두기-정다듬-잔다듬-도드락다듬-물갈기
② 혹두기-정다듬-도드락다듬-잔다듬-물갈기
③ 혹두기-잔다듬-정다듬-도드락다듬-물갈기
④ 혹두기-잔다듬-도드락다듬-정다듬-물갈기

해설
- 석재는 혹두기-정다듬-도드락다듬-잔다듬-물갈기 순으로 가공한다.

300 ③ 301 ③ 302 ② 303 ① 304 ④ 305 ④ 306 ② 307 ② 정답

0705 / 1401

308 Repetitive Learning 1회 2회 3회

석재의 가공 방법 중 혹두기 작업의 바로 다음 후속작업으로 작업면을 비교적 고르고 곱게 처리할 수 있는 작업은?

① 물갈기 ② 잔다듬
③ 정다듬 ④ 도드락다듬

해설
- ①은 잔다듬면을 연마기나 숫돌을 이용해 갈아내는 방법이다.
- ④는 정다듬한 면을 도드락망치를 이용해 1~3회 곱게 다듬는 마감법이다.

0501 / 0805

309 Repetitive Learning 1회 2회 3회

다음 중 화성암이 아닌 것은?

① 대리석 ② 화강암
③ 안산암 ④ 섬록암

해설
- ①은 변성암이다.

0202 / 0702 / 1402 / 1502

310 Repetitive Learning 1회 2회 3회

석재는 화성암, 퇴적암, 변성암으로 분류할 수 있다. 다음 중 퇴적암에 해당되지 않는 것은?

① 사암 ② 혈암
③ 석회암 ④ 안산암

해설
- ④는 화성암이다.

0402 / 1405

311 Repetitive Learning 1회 2회 3회

다음 중 주로 조경공간의 포장용으로 쓰이는 가공석은?

① 견치돌(간지석) ② 각석
③ 판석 ④ 강석(하천석)

해설
- ①은 돌을 뜰 때 앞면, 뒷면, 길이 접촉부 등의 치수를 지정해서 깨낸 돌을 말한다.
- ②는 각이 진 돌로 폭이 두께의 3배 미만의 돌을 말한다.
- ④는 하천에서 채집된 돌로 모서리가 마모되어 둥글게 되어 있는 돌이다.

1202 / 1504

312 Repetitive Learning 1회 2회 3회

다음 중 화성암에 해당하는 것은?

① 화강암 ② 응회암
③ 편마암 ④ 대리석

해설
- ②는 수성암(퇴적암)이다.
- ③과 ④는 변성암이다.

0201 / 0705

313 Repetitive Learning 1회 2회 3회

석재 중 석회암이 변질한 것으로 무늬가 화려하고 아름다우며 석질이 치밀하고, 비교적 가공하기 쉬우나 산과 열에 약한 것은?

① 화강암 ② 안산암
③ 대리석 ④ 점판암

해설
- ①은 석영, 장석, 운모로 구성된 화성암으로 마모, 풍화 등에 대한 내구성이 크다.
- ②는 내화력이 우수하고 광택이 없는 화성암으로 구조용으로 많이 사용된다.
- ④는 점토가 큰 압력을 받아 응결된 수성암으로 내수성이 우수해 지붕 및 벽의 재료로 사용된다.

0202 / 1005

314 Repetitive Learning 1회 2회 3회

다음 그림과 같은 돌쌓기에 사용되는 돌은?

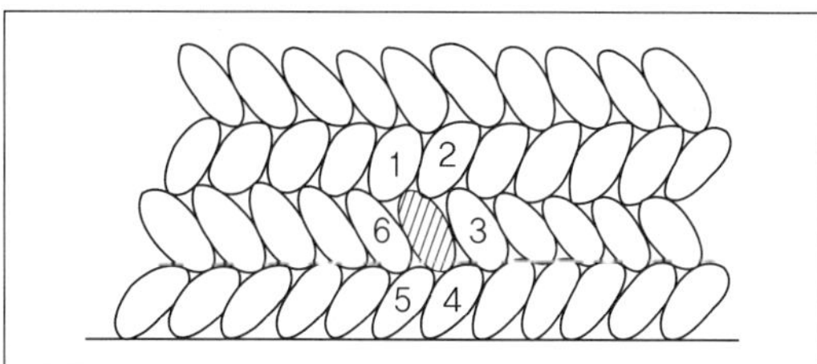

① 견치석 ② 마름돌
③ 잡석 ④ 호박돌

해설
- ①은 돌을 뜰 때 앞면, 뒷면, 길이 접촉부 등의 치수를 지정해서 깨낸 돌을 말한다.
- ②는 석재 중에서 가장 고급품으로 주로 미관을 요구하는 돌쌓기 등에 사용된다.
- ③은 형상이 고르지 못한 깬돌로 주로 기초용으로 사용한다.

0705 / 1002

315 Repetitive Learning (1회 2회 3회)

화성암의 일종으로 돌 색깔은 흰색 또는 담회색으로 단단하고 내구성이 있어, 주로 경관석, 바닥 포장용, 석탑, 석등, 묘석 등에 사용되는 것은?

① 석회암　② 점판암
③ 응회암　④ 화강암

해설
- ①은 탄산칼슘으로 이루어진 퇴적암으로 내구연한이 짧아 구조재로 적절하지 않다.
- ②는 점토가 큰 압력을 받아 응결된 수성암으로 내수성이 우수해 지붕 및 벽의 재료로 사용된다.
- ③은 화산재와 화산진이 쌓여서 만들어진 수성암으로 강도가 작아 건축용 구조재로 적합하지 않다.

0402 / 0802

316 Repetitive Learning (1회 2회 3회)

조경용으로 사용되는 다음 석재 중 압축강도가 가장 큰 것은?

① 화강암　② 응회암
③ 안산암　④ 사문암

해설
- ②는 화산재와 화산진이 쌓여서 만들어진 수성암으로 강도가 작아 건축용 구조재로 적합하지 않다.
- ③은 내화력이 우수하고 광택이 없는 화성암으로 구조용으로 많이 사용된다.
- ④는 변성암의 한 종류로 풍화성이 있어 구조재로 적합하지 않으며 아름다운 무늬가 있어 주로 내장 마감용 석재로 사용된다.

0201 / 0401

317 Repetitive Learning (1회 2회 3회)

다음 그림과 같은 돌을 무엇이라 부르는가?

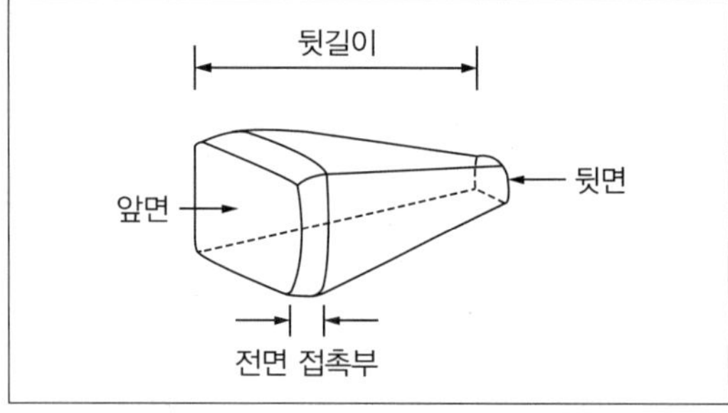

① 견치돌　② 경관석
③ 호박돌　④ 사괴석

해설
- ②는 자연석 가운데 형태가 아름다운 관상용 돌을 말한다.
- ③은 호박형의 천연석으로 가공하지 않은 지름 18cm의 돌이다.
- ④는 한 면이 10 ~ 18cm 정도인 방형 육면체 화강암으로 조선시대 궁궐이나 사대부의 담장, 연못의 호안공으로 사용되었다.

0905 / 1304

318 Repetitive Learning (1회 2회 3회)

형상은 재두각추체에 가깝고 전면은 거의 평면을 이루며 대략 정사각형으로서 뒷길이, 접촉면의 폭, 뒷면 등이 규격화된 돌로, 접촉면의 폭은 전면 한 변의 길이의 1/10 이상이어야 하고, 접촉면의 길이는 한 변의 평균 길이의 1/2 이상인 석재는?

① 사고석　② 각석
③ 판석　④ 견치석

해설
- ①은 한 면이 10 ~ 18cm 정도인 방형 육면체 화강암으로 조선시대 궁궐이나 사대부의 담장, 연못의 호안공으로 사용되었다.
- ②는 각이 진 돌로 폭이 두께의 3배 미만인 돌을 말한다.
- ③은 두께가 15cm 미만이며, 폭이 두께의 3배 이상인 판 모양의 석재이다.

0202 / 0402

319 Repetitive Learning (1회 2회 3회)

콘크리트의 양생을 돕기 위하여 추운 지방이나 겨울에 시멘트에 섞는 재료는 어느 것인가?

① 염화칼슘　② 생석회
③ 요소　④ 암모니아

해설
- 염화칼슘은 우수한 촉진제로서 저온에서도 상당한 강도 증진을 볼 수 있어 한중콘크리트 사용에 유효하다.

0301 / 0405

320 Repetitive Learning (1회 2회 3회)

다음 중 콘크리트 제품은 어느 것인가?

① 보도블록　② 타일
③ 적벽돌　④ 오지토관

해설
- 보도블록은 콘크리트 제품이다.

315 ④　316 ①　317 ①　318 ④　319 ①　320 ① | 정답

0401 / 0405 / 1004

321 Repetitive Learning 1회 2회 3회

다음 중 석가산을 만들고자 할 때 적합한 돌은?

① 잡석　② 괴석
③ 호박돌　④ 자갈

해설

- ①은 형상이 고르지 못한 깬돌로 주로 기초용으로 사용한다.
- ③은 호박형의 천연석으로 가공하지 않은 지름 18cm의 돌이다.
- ④는 지름이 2～3cm 되는 것으로 콘크리트의 골재, 작은 면적의 포장용, 미장용 등으로 사용되는 돌을 말한다.
- 석가산은 종래에는 산석(자연석)으로 쌓았으나 최근에는 미적인 면을 발전시켜 주로 여러 모양의 괴석으로 쌓는다.

0201 / 0405 / 0701 / 0705 / 0901

322 Repetitive Learning 1회 2회 3회

자연석은 돌 모양에 따라 8가지의 형태로 분류하는데 그중 입석을 나타낸 것은?

①
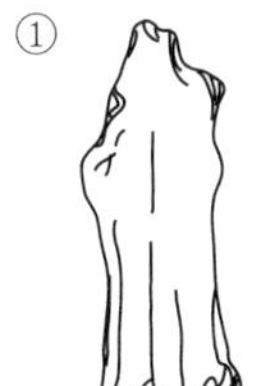
②

③

④

해설

- ②는 횡석, ③은 와석, ④는 괴석이다.

0405 / 0904

323 Repetitive Learning 1회 2회 3회

콘크리트 타설 시 시공성을 측정하는 가장 일반적인 것은?

① 슬럼프 시험　② 압축강도 시험
③ 휨강도 시험　④ 인장강도 시험

해설

- 콘크리트의 시공연도(Workability&Consistency), 시공성과 반죽질기를 측정하기 위해 실시하는 대표적인 시험은 슬럼프 시험이다.

0301 / 0501 / 0702

324 Repetitive Learning 1회 2회 3회

자연석을 모양으로 지칭할 때 사석에 해당되는 것은?

①
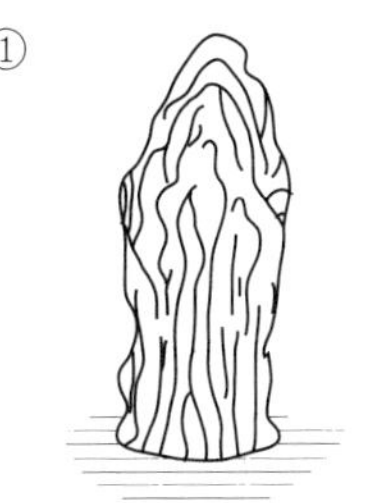
②
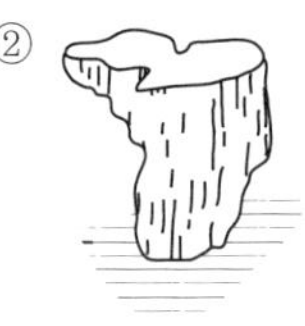
③
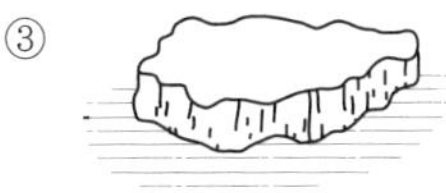
④

해설

- ①은 입석, ③은 평석, ④는 와석이다.

0402 / 0605

325 Repetitive Learning 1회 2회 3회

지름이 2～3cm 되는 것으로 콘크리트의 골재, 작은 면적의 포장용, 미장용 등으로 사용되는 것은?

① 왕모래　② 자갈
③ 호박돌　④ 산석

해설

- ①은 굵은 모래로 지름이 0.25～2mm 정도의 모래를 말한다.
- ③은 호박형의 천연석으로 가공하지 않은 지름 18cm의 돌이다.
- ④는 산이나 들에서 채집된 돌로 자연풍화로 인해 표면이 마모되어 있으나 잘 보존되어 있는 돌을 말한다.

1101 / 1201

326 Repetitive Learning 1회 2회 3회

다음 중 거푸집에 미치는 콘크리트의 측압에 대한 설명으로 틀린 것은?

① 경화속도가 빠를수록 측압이 크다.
② 시공연도가 좋을수록 측압은 크다.
③ 붓기속도가 빠를수록 측압이 크다.
④ 수평부재가 수직부재보다 측압이 작다.

해설

- 경화속도가 늦을수록 측압이 크다.

정답 | 321 ② 322 ① 323 ① 324 ② 325 ② 326 ①

0302 / 1404

327 → Repetitive Learning 

크기가 지름 20～30cm 정도의 것이 크고 작은 알로 고루 섞여 있고 형상이 고르지 못해 깬돌이라 설명하기도 하며, 큰 돌을 깨서 만드는 경우도 있어 주로 기초용으로 사용하는 석재는?

① 산석　　② 야면석
③ 잡석　　④ 판석

해설

- ①은 산이나 들에서 채집된 돌로 자연풍화로 인해 표면이 마모되어 있으나 잘 보존되어 있는 돌을 말한다.
- ②는 천연석으로 표면을 가공하지 않은 것으로 운반이 가능하고 공사용으로 사용이 가능한 큰 석괴를 말한다.
- ④는 두께가 15cm 미만이며, 폭이 두께의 3배 이상인 판 모양의 석재이다.

0401 / 0702 / 1201

328 → Repetitive Learning (1회 2회 3회)

용광로에서 선철을 제조할 때 나온 광석 찌꺼기를 석고와 함께 시멘트에 섞은 것으로서 수화열이 낮고 내구성이 높으며, 화학적 저항성이 크나 투수가 적다는 특징을 갖는 것은?

① 실리카 시멘트　　② 고로 시멘트
③ 알루미나 시멘트　　④ 조강포틀랜드 시멘트

해설

- ①은 포틀랜드 시멘트 클링커에 화산회, 규산백토, 실리카질 암석의 하소물 등을 첨가한 혼합시멘트로 미장 모르타르용으로 적합한 시멘트이다.
- ③은 조기강도가 아주 크므로(24시간만에 보통 포틀랜드 시멘트의 28일 강도) 긴급공사 등에 많이 사용된다.
- ④는 겨울철 또는 수중 공사 등 빠른 시일 내에 마무리해야 할 공사에 사용된다.

1004 / 1205

329 → Repetitive Learning 

거푸집에 쉽게 다져 넣을 수 있고 거푸집을 제거하면 천천히 형상이 변화하지만 재료가 분리되거나 허물어지지 않는 굳지 않은 콘크리트의 성질은?

① Workability　　② Plasticity
③ Consistency　　④ Finishability

해설

- 문제는 성형성을 묻고 있다.

0301 / 0801

330 → Repetitive Learning (1회 2회 3회)

시멘트 중 간단한 구조물에 가장 많이 사용되는 것은?

① 보통 포틀랜드 시멘트
② 중용열 포틀랜드 시멘트
③ 조강 포틀랜드 시멘트
④ 고로 시멘트

해설

- ②는 시멘트 화학조성에서 수화열을 낮게 하여 단기보다 장기강도를 증진시킨 시멘트로 댐, 터널, 거대구조물의 기초공사에 주로 사용된다.
- ③은 겨울철 또는 수중 공사 등 빠른 시일 내에 마무리해야 할 공사에 사용된다.
- ④는 용광로에서 선철을 제조할 때 나온 광석 찌꺼기를 석고와 함께 시멘트에 섞은 것으로서 수화열이 낮고 내구성이 높으며, 화학적 저항성이 크나 투수가 적다는 특징을 갖는 시멘트이다.

0205 / 0705 / 0904

331 → Repetitive Learning (1회 2회 3회)

콘크리트 공사 시의 슬럼프 시험은 무엇을 측정하기 위한 것인가?

① 반죽질기　　② 피니셔빌리티
③ 성형성　　④ 블리딩

해설

- 슬럼프 시험은 콘크리트의 시공연도(Workability& Consistency), 시공성과 반죽질기를 측정하기 위해 실시하는 시험이다.

0601 / 0802

332 → Repetitive Learning 

다음 중 목재의 건조에 관한 설명으로 틀린 것은?

① 건조기간은 자연건조 시 인공건조에 비해 길고, 수종에 따라 차이가 있다.
② 인공건조 방법에는 열기법, 자비법, 증기법, 전기법, 진공법, 건조제법 등이 있다.
③ 동일한 자연건조 시 두께 3cm의 침엽수는 약 2～6개월 정도 걸리고, 활엽수는 그보다 짧게 걸린다.
④ 구조용재는 기건상태, 즉 함수율 15% 이하로 하는 것이 좋다.

해설

- 동일한 자연건조 시 두께 3cm의 침엽수는 약 2～6개월 정도 걸리고, 활엽수는 그보다 오래 걸린다.

327 ③ 328 ② 329 ② 330 ① 331 ① 332 ③ | 정답

0502 / 0702 / 1001

333 Repetitive Learning 1회 2회 3회

운반 거리가 먼 레미콘이나 무더운 여름철 콘크리트의 시공에 사용하는 혼화제는?

① 지연제　② 감수제
③ 방수제　④ 경화촉진제

해설
- 조기 경화현상을 보이는 서중 콘크리트나 수송거리가 먼 레디믹스트 콘크리트에 사용하여 응결을 지연시키는 것은 지연제이다.

0301 / 1104

334 Repetitive Learning 1회 2회 3회

일반적으로 추운 지방이나 겨울철에 콘크리트가 빨리 굳어지도록 섞어 주는 것은?

① 석회　② 염화칼슘
③ 붕사　④ 마그네슘

해설
- 추운 지방이나 겨울철에 콘크리트가 빨리 굳어지도록 섞어 주는 혼화제는 급결제이고, 급결제의 종류에는 염화칼슘, 물유리, 탄산나트륨, 규소불산염류 등이 있다.

0401 / 0702

335 Repetitive Learning 1회 2회 3회

콘크리트 공사 중 콘크리트 표면에 곰보가 생기거나 콘크리트 내부에 공극이 발생되지 않도록 하는 작업은?

① 콘크리트 다지기　② 콘크리트 비비기
③ 콘크리트 붓기　④ 콘크리트 양생

해설
- ②는 물, 시멘트, 골재, 물을 순서대로 투입해서 재료의 분리 없이 혼합하는 과정을 말한다.
- ③은 비벼진 콘크리트를 원하는 곳에 붓는 작업을 말한다.
- ④는 콘크리를 붓고 나서 경화하기까지 적당한 온도와 습도를 주어 경화할 수 있도록 하는 과정을 말한다.

0402 / 0505 / 0902 / 1205

336 Repetitive Learning 1회 2회 3회

일반적인 목재의 특성 중 장점에 해당되는 것은?

① 충격, 진동에 대한 저항성이 작다.
② 열전도율이 낮다.
③ 충격의 흡수성이 크고, 건조에 의한 변형이 크다.
④ 가연성이며 인화점이 낮다.

해설
- ①에서 목재는 충격, 진동에 대한 흡수성이 크다.
- ③과 ④는 장점과 단점을 모두 포함한다.

0401 / 1001

337 Repetitive Learning 1회 2회 3회

콘크리트의 혼화재료 중 혼화재에 해당하는 것은?

① AE제(공기연행제)　② 분산제(감수제)
③ 응결촉진제　④ 고로슬래그

해설
- ①, ②, ③은 모두 혼화제에 해당한다.
- ④는 수화열과 알칼리 골재반응을 억제하는 혼화재이다.

0201 / 1104

338 Repetitive Learning 1회 2회 3회

콘크리트 부어 넣기의 방법으로 옳은 것은?

① 비빔장소에서 먼 곳으로부터 가까운 곳으로 옮겨가며 붓는다.
② 계획된 작업구역 내에서 연속적인 붓기를 하면 안 된다.
③ 한 구역 내에서는 콘크리트 표면이 경사지게 붓는다.
④ 재료가 분리된 경우에는 물을 부어 다시 비벼쓴다.

해설
- ②에서 한 구획 내의 콘크리트는 타설이 완료될 때까지 연속해서 타설하여야 하며, 콘크리트는 그 표면이 한 구획 내에서는 거의 수평이 되도록 타설하는 것을 원칙으로 한다.
- ③에서 콘크리트를 수직으로 낙하시킨다.
- ④에서 재료가 분리된 경우에는 재료분리를 방지할 방법을 강구하여야 하며 물어 부어 다시 비벼쓰는 것은 절대 금해야 한다.

1404

339 Repetitive Learning 1회 2회 3회

골재의 표면수는 없고, 골재 내부에 빈틈이 없도록 물로 차 있는 상태는?

① 절대건조상태　② 기건상태
③ 습윤상태　④ 표면건조 포화상태

해설
- ①은 건조로에서 건조시킨 상태로 함수율이 0인 상태이다.
- ②는 실내에 방치한 경우 골재입자의 표면과 내부의 일부가 건조한 상태이다(공기 중 건조상태).
- ③은 골재입자의 내부에 물이 채워져 있고, 표면에도 물이 부착되어 있는 상태이다.

정답 | 333 ① 334 ② 335 ① 336 ② 337 ④ 338 ① 339 ④

0401 / 0705

340 Repetitive Learning 1회 2회 3회

한중(寒中) 콘크리트는 기온이 얼마일 때 사용하는가?

① −1℃ 이하 ② 4℃ 이하
③ 25℃ 이하 ④ 30℃ 이하

해설

• 한중콘크리트는 일 평균기온이 4℃ 이하인 곳에서 동결을 방지하기 위해 시공하는 콘크리트를 말한다.

0205 / 1001

341 Repetitive Learning 1회 2회 3회

일반적인 목재의 특징에 대한 설명으로 적절하지 않은 것은?

① 열전도율이 빠르다. ② 촉감이 좋다.
③ 친근감을 준다. ④ 내화성이 약하다.

해설

• ①에서 목재는 열전도율이 낮다.

0305 / 0502

342 Repetitive Learning 1회 2회 3회

다음 중 폭포나 벽천 등의 마감재로 적절하지 않은 것은?

① 자연석
② 화강암
③ 유리 섬유강화 플라스틱
④ 목재

해설

• 목재는 습기에 취약하므로 폭포나 벽천의 마감재로는 적절하지 않다.

0302 / 1305

343 Repetitive Learning 1회 2회 3회

목재의 구조에는 춘재와 추재가 있는데 추재(秋材)를 바르게 설명한 것은?

① 세포는 막이 얇고 크다.
② 빛깔이 엷고 재질이 연하다.
③ 빛깔이 짙고 재질이 치밀하다.
④ 춘재보다 자람의 폭이 넓다.

해설

• 추재의 세포막은 춘재의 세포막보다 빛깔이 짙고, 두껍고, 조직이 치밀하다.

0605 / 1205

344 Repetitive Learning 1회 2회 3회

목재의 건조 방법은 자연건조법과 인공건조법으로 구분될 수 있다. 다음 중 인공건조법이 아닌 것은?

① 증기법 ② 침수법
③ 훈연건조법 ④ 고주파건조법

해설

• 인공건조법에는 증기법, 열기법, 훈연법, 진공법, 고주파건조법 등이 있다.

0501 / 0905 / 1202

345 Repetitive Learning 1회 2회 3회

기건상태에서 목재 표준 함수율은 어느 정도인가?

① 5% ② 15%
③ 25% ④ 35%

해설

• 기건비중은 일반적으로 건설재료로 사용하는 목재의 비중으로 함수율이 약 15% 정도일 때를 의미한다.

1005 / 1404

346 Repetitive Learning 1회 2회 3회

질량 113kg의 목재를 절대건조시켜서 100kg이 되었다면 절건량기준 함수율은?

① 0.13% ② 0.30%
③ 3.0% ④ 13.00%

해설

• 건량기준 함수율이므로 $\frac{113-100}{100} \times 100 = 13\%$이다.

0505 / 0902

347 Repetitive Learning 1회 2회 3회

목재의 두께가 7.5cm 미만에 폭이 두께의 4배 이상인 제재목은?

① 판재 ② 각재
③ 원목 ④ 합판

해설

• ②는 목재의 두께가 7.5cm 이상이거나 목재의 두께가 7.5cm 미만이면서 너비가 두께의 4배 미만인 것을 말한다.
• ③은 나무를 벌채한 후 제재하지 아니한 통나무를 말한다.
• ④는 목재를 얇고 넓게 자른 단판을 여러 장(홀수) 직교로 겹쳐 1장의 판재로 만든 것이다.

340 ② 341 ① 342 ④ 343 ③ 344 ② 345 ② 346 ④ 347 ① | 정답

0402 / 0701

348 Repetitive Learning (1회 2회 3회)

다음 목재 중 무른나무(Soft Wood)에 속하는 것은?

① 참나무　② 향나무
③ 미루나무　④ 박달나무

해설

• 발사나무, 오동나무, 포플러, 미루나무 등은 활엽수 중에서 무른나무에 속하는 나무이다.

0201 / 0405 / 0905

349 Repetitive Learning (1회 2회 3회)

일반적인 합판의 특징이 아닌 것은?

① 함수율 변화에 의한 수축 · 팽창의 변형이 적다.
② 균일한 크기로 제작 가능하다.
③ 균일한 강도를 얻을 수 있다.
④ 내화성을 크게 높일 수 있다.

해설

• 합판은 접착제를 사용하여 포름알데히드가 배출되고, 나무를 얇게 가공하여 불에 약하다는 단점을 갖는다.

0202 / 0905 / 1302

350 Repetitive Learning (1회 2회 3회)

수확한 목재를 주로 가해하는 대표적 해충은?

① 흰개미　② 매미
③ 풍뎅이　④ 흰불나방

해설

• ②는 유충시절에는 나무뿌리의 수액을 먹고 자라다가 성충이 되면 나무줄기의 수액을 빨아먹는 곤충이다.
• ③은 나뭇잎이나 살아있는 나무의 수액을 빨아먹는 곤충이다.
• ④는 가로수나 활엽수 등의 잎을 갉아먹어 피해를 끼치는 곤충이다.

0901

351 Repetitive Learning (1회 2회 3회)

방부제의 종류 중 방부력이 우수한 흑갈색 용액으로 외부의 기둥, 토대 등에 사용되지만 가격이 비싼 것이 단점인 방부제는?

① 크레오소트유
② 카세인
③ 콜타르
④ PCP(Penta Chloro Phenol)

해설

• ②는 우유를 주원료로 하여 만든 건축용 접착제이다.
• ③은 석탄이나 코크스 등을 가열한 후 수분을 제거하여 정제한 물질로 방부제로도 이용되나, 크레오소트유에 비하여 효과가 떨어진다.
• ④는 목재의 유용성 방부제로서 자극적인 냄새 등으로 인체에 피해를 주기도 하여 사용이 규제되고 있다.

1005

352 Repetitive Learning (1회 2회 3회)

크레오소트유를 사용하여 내용연수가 장기간 요구되는 철도 침목에 많이 이용되는 방부법은?

① 가압주입법　② 표면탄화법
③ 약제도포법　④ 상압주입법

해설

• ②는 목재의 표면을 태워서 방부처리하는 방법이다.
• ③은 충분히 건조된 목재에 약재를 도포하여 방부처리하는 방법이다.
• ④는 목재를 방부제 속에 일정기간 담가두는 방법이다.

0305 / 0502 / 0702

353 Repetitive Learning (1회 2회 3회)

목재의 방부재로 사용하는 C.C.A의 성분이 바르게 짝지어진 것은?

① 크롬－구리－비소　② 크롬－구리－아연
③ 철－구리－아연　④ 탄소－구리－비소

해설

• CCA계 방부제는 크롬, 구리, 비소로 구성된 수용성 맹독성 방부제이다.

0302 / 1304

354 Repetitive Learning (1회 2회 3회)

플라스틱 제품의 특성이 아닌 것은?

① 비교적 산과 알칼리에 견디는 힘이 콘크리트나 철 등에 비해 우수하다.
② 접착이 자유롭고 가공성이 크다.
③ 열팽창계수가 적어 저온에서도 파손이 안 된다.
④ 내열성이 약하여 열가소성 수지는 60℃ 이상에서 연화된다.

해설

• 플라스틱은 열팽창계수가 크고, 표면의 경도가 낮으며, 표면에 상처가 생기기 쉽다.

정답 | 348 ③ 349 ④ 350 ① 351 ① 352 ① 353 ① 354 ③

0402 / 0605

355

Repetitive Learning 1회 2회 3회

플라스틱 제품의 특성으로 옳은 것은?

① 콘크리트, 알루미늄보다 가볍고, 어느 정도의 강도와 탄력성이 있다.
② 내열성이 크고 내후성, 내광성이 좋다.
③ 불에 타지 않으며 부식이 된다.
④ 내산성, 내충격성 등의 특성이 있다.

해설

- 플라스틱 제품은 내화성 및 내마모성, 내후성 및 내광성이 부족하다.
- 플라스틱 제품은 내산성은 크나 내충격성은 약하다.

1204 / 1302

356

Repetitive Learning 1회 2회 3회

투명도가 높으므로 유기유리라는 명칭이 있으며, 착색이 자유롭고 내충격 강도가 크고, 평판, 골판 등의 각종 형태의 성형품으로 만들어 채광판, 도어판, 칸막이벽 등에 쓰이는 합성수지는?

① 요소수지　　② 아크릴수지
③ 에폭시수지　　④ 폴리스티렌수지

해설

- ①은 요소와 포름알데히드로 제조된 내수성이 좋지 않은 열경화성 수지로 접착제, 전기절연재, 도료 등에서 사용한다.
- ③은 열경화성 합성수지로 내수성, 내약품성, 전기절연성, 접착성이 뛰어나 접착제나 도료로 널리 이용된다.
- ④는 발포제로서 보드상으로 성형하여 단열재로 널리 사용되며 건축물의 천장재, 블라인드 등에 널리 쓰이는 열가소성 수지이다.

0301 / 0405 / 0801

357

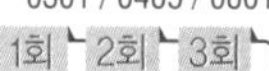

다음과 같은 특징을 가진 것은?

- 성형, 가공이 용이하다.
- 가벼운 데 비하여 강하다.
- 내화성이 없다.
- 온도의 변화에 약하다.

① 목질 제품　　② 플라스틱 제품
③ 금속 제품　　④ 유리질 제품

해설

- 가볍지만 강하며, 성형, 가공이 용이한 재료는 플라스틱이다.

0305 / 0405

358

Repetitive Learning 1회 2회 3회

일반적인 플라스틱 제품에 대한 설명으로 틀린 것은?

① 가볍고 견고하다.
② 내화성이 크다.
③ 투광성, 접착성, 절연성이 있다.
④ 산과 알칼리에 견디는 힘이 크다.

해설

- 플라스틱 제품은 내화성 및 내마모성, 내후성 및 내광성이 부족하다.

0401 / 1504

359

Repetitive Learning 1회 2회 3회

다음 중 열가소성 수지에 해당되는 것은?

① 페놀수지　　② 멜라민수지
③ 폴리에틸렌수지　　④ 요소수지

해설

- ①, ②, ④는 열경화성 수지이다.

0901 / 1004 / 1304

360

Repetitive Learning 1회 2회 3회

다음에서 설명하는 합성수지는?

- 특히 내수성, 내열성이 우수하다.
- 내연성, 전기적 절연성이 있고 유리섬유판, 텍스, 피혁류 등 모든 접착이 가능하다.
- 방수제로도 사용하고 500℃ 이상 견디는 유일한 수지이다.
- 방수제, 도료, 접착제로 쓰인다.

① 페놀수지　　② 에폭시수지
③ 실리콘수지　　④ 폴리에스테르수지

해설

- ①은 내열성, 난연성, 전기절연성을 갖는 열경화성 수지로 항공우주분야뿐 아니라 다양한 하이테크 산업에서 활용되고 있다.
- ②는 열경화성 합성수지로 내수성, 내약품성, 전기절연성, 접착성이 뛰어나 접착제나 도료로 널리 이용된다.
- ④는 천연수지를 변성하여 얻은 것으로 건축용으로는 글라스섬유로 강화된 평판 또는 판상제품으로 주로 사용되고 있는 열경화성 수지로 기계적 성질, 내약품성, 내후성, 밀착성, 가용성이 우수하다.

355 ①　356 ②　357 ②　358 ②　359 ③　360 ③ | 정답

0801 / 1204

361 Repetitive Learning 1회 2회 3회

인공폭포나 인공동굴의 재료로 가장 일반적으로 많이 쓰이는 경량소재는?

① 복합 플라스틱 구조재(FRP)
② 레드 우드(Red Wood)
③ 스테인리스 강철(Stainless Steel)
④ 폴리에틸렌(Polyethylene)

해설

- ②는 미국 캘리포니아에서 자라는 지구상의 가장 높은 나무를 말한다.
- ③은 크롬이 10～11% 함유된 강철합금으로 녹이나 부식이 강철보다 적은 재료이다.
- ④는 상온에서 유백색의 탄성이 있는 수지로서 얇은 시트로 이용된다.

0201 / 0601 / 0805

362 Repetitive Learning 1회 2회 3회

바탕재료의 부식을 방지하고 아름다움을 증대시키기 위한 목적으로 사용하는 도막형성 도료는?

① 바니시
② 피치
③ 벽토
④ 회반죽

해설

- ②는 석유, 석탄공업에서 경유, 중유 및 중유분을 뽑은 나머지로 대부분은 광택이 없는 고체로 연성이 전혀 없다.
- ③은 다른 표면에 붙여서 매끄럽고 좋은 마무리를 얻는 페이스트이다.
- ④는 소석회에 모래, 해추풀, 여물 등을 혼합하여 바르는 미장재료이다.

1205 / 1405

363 Repetitive Learning 1회 2회 3회

안전관리 사고의 유형은 설치, 관리, 이용자 · 보호자 · 주최자 등의 부주의, 자연재해 등에 의한 사고로 분류된다. 다음 중 관리하자에 의한 사고의 종류에 해당하지 않는 것은?

① 위험물 방치에 의한 것
② 시설의 노후 및 파손에 의한 것
③ 시설의 구조 자체의 결함에 의한 것
④ 위험장소에 대한 안전대책 미비에 의한 것

해설

- ③은 작업환경 자체의 원인(물적결함)에서 비롯된 사고이다.

0805 / 1202

364 Repetitive Learning 1회 2회 3회

크롬산 아연을 안료로 하고, 알키드 수지를 전색료로 한 것으로서 알루미늄 녹막이 초벌칠에 적당한 도료는?

① 광명단
② 파커라이징
③ 그라파이트
④ 징크로메이트

해설

- ①은 일산화연을 가열하여 만든 붉은 안료로 침투력이 우수하고 우수한 방청효과로 교량, 철탑 등의 시설물 방청용으로 사용한다.
- ②는 강철 및 기타 금속의 내식성을 개선하기 위해 사용하는 금속표면 처리공정으로 인산염의 피막을 형성시킨다.
- ③은 흑연을 주원료로 한 도료로 전자파 차폐 또는 발열 Sheet를 만들거나 방청용으로 사용한다.

0205 / 0502

365 Repetitive Learning 1회 2회 3회

다음 금속재료의 특성 중 장점이 아닌 것은?

① 다양한 형상의 제품을 만들 수 있고 대규모의 공업생산품을 공급할 수 있다.
② 각기 고유의 광택을 가지고 있다.
③ 재질이 균일하고, 불에 타지 않는 불연재이다.
④ 내산성과 내알카리성이 크다.

해설

- 금속재료는 내산성이 약해, 산에 부식되기 쉽다.

0302 / 0802

366 Repetitive Learning 1회 2회 3회

다음 중 조경공사의 일반적인 순서를 바르게 나열한 것은?

① 부지지반조성 → 조경시설물설치 → 지하매설물설치 → 수목식재
② 부지지반조성 → 지하매설물설치 → 수목식재 → 조경시설물설치
③ 부지지반조성 → 수목식재 → 지하매설물설치 → 조경시설물설치
④ 부지지반조성 → 지하매설물설치 → 조경시설물설치 → 수목식재

해설

- 조경시공 공사는 터닦기 → 급배수, 호안공사 → 콘크리트공사 → 정원시설물설치 → 식재공사 순으로 진행한다.

정답 | 361 ① 362 ① 363 ③ 364 ④ 365 ④ 366 ④

0501 / 0702 / 1501

367 Repetitive Learning 1회 2회 3회

시공관리의 3대 목적이 아닌 것은?

① 원가관리 ② 노무관리
③ 공정관리 ④ 품질관리

해설

- 시공관리의 3대 목적에는 공정관리, 원가관리, 품질관리가 있으며 추가적으로 안전관리를 포함하여 4대 목적으로 분류한다.

0205 / 1004

368 Repetitive Learning 1회 2회 3회

시공관리의 주요 목표라고 볼 수 없는 것은?

① 우수한 품질 ② 공사기간의 단축
③ 우수한 시각미 ④ 경제적 시공

해설

- 시공관리의 3대 목적에는 공정관리, 원가관리, 품질관리가 있으며 추가적으로 안전관리를 포함하여 4대 목적으로 분류한다.

0805 / 1205

369 Repetitive Learning 1회 2회 3회

공사 일정 관리를 위한 횡선식 공정표와 비교한 네트워크(Network) 공정표에 대한 설명으로 옳지 않은 것은?

① 공사 통제 기능이 좋다.
② 문제점의 사전 예측이 용이하다.
③ 일정의 변화에 탄력적으로 대처할 수 있다.
④ 간단한 공사 및 시급한 공사, 개략적인 공정에 사용된다.

해설

- ④는 횡선식 공정표의 특징에 해당한다.

0402 / 0705 / 0801 / 1602

370 Repetitive Learning 1회 2회 3회

다음 중 조경시공 공사에서 마지막으로 행하는 작업은?

① 식재공사 ② 급배수 및 호안공
③ 터닦기 ④ 콘크리트 공사

해설

- 조경시공 공사는 터닦기→급배수, 호안공사→콘크리트 공사→정원시설물설치→식재공사 순으로 진행한다.

0605 / 0905

371 Repetitive Learning 1회 2회 3회

다음 중 유자격자는 모두 입찰에 참여할 수 있으며, 균등한 기회를 제공하고, 공사비 등을 절감할 수 있으나 부적격자에게 낙찰된 우려가 있는 입찰방식은?

① 특명입찰 ② 일반경쟁입찰
③ 지명경쟁입찰 ④ 수의계약

해설

- ①은 특정한 시공업자를 선정하여 도급계약을 체결하는 방식이다.
- ③은 시공능력 등이 검증된 소수의 대상자에게 입찰자격을 부여하는 방식으로 담합가능성은 존재하나 시공의 신뢰성을 확보할 수 있다.
- ④는 경매, 입찰 등의 방법 없이 임의로 적당한 상대자를 선정하여 체결하는 계약방식이다.

0302 / 1201

372 Repetitive Learning 1회 2회 3회

다음 중 공사 현장의 공사 및 기술관리, 기타 공사업무 시행에 관한 모든 사항을 처리하여야 하는 사람은?

① 공사 발주자 ② 공사 현장대리인
③ 공사 현장감독관 ④ 공사 현장감리원

해설

- ①은 건축주를 말한다.
- ③은 발주자가 임명한 기술직원 혹은 그 대리인으로 공사 전반에 관한 감독업무를 수행하고 건설사업관리업무를 총괄하는 사람을 말한다.
- ④는 현장에 상주하면서 당해 공사 전반에 관한 감리업무를 총괄하는 자를 말한다.

0205 / 0805

373 Repetitive Learning 1회 2회 3회

대형 수목을 굴취 또는 운반할 때 사용되는 장비가 아닌 것은?

① 체인블록(Chain Block)
② 크레인(Crane)
③ 백호(Back Hoe)
④ 드래그라인(Drag Line)

해설

- ④는 상당히 넓고 얕은 범위의 점토질지반 굴착에 적합하며, 수중의 모래 채취에 많이 이용되는 굴착기계이다.
- ①과 ②는 운반용 기계, ③은 수목 굴취용 기계에 해당한다.

367 ② 368 ③ 369 ④ 370 ① 371 ② 372 ② 373 ④ | 정답

0301 / 0502

374 Repetitive Learning 1회 2회 3회

다음 중 조경시공의 특성이 아닌 것은?

① 생명력이 있는 식물재료를 많이 사용한다.
② 시설물은 미적이고 기능적이며 안전성과 편의성 등이 요구된다.
③ 조경 수목은 정형화된 규격표시가 있기 때문에 규격이 다른 나무들은 현장 검수에서 문제의 소지가 있다.
④ 조경 수목의 단가 적용은 정형화된 규격에 의해서 시행되고 있으며, 수목의 조건에 따라 단가 및 품셈을 증감하여 사용하고 있다.

해설
- ④에서 조경 수목은 생물인 관계로 일정한 규격으로 표준화가 어렵다.

0605 / 1101

375 Repetitive Learning 1회 2회 3회

다음 중 기준점 및 규준틀에 관한 설명으로 틀린 것은?

① 규준틀은 공사가 완료된 후에 설치한다.
② 규준틀은 토공의 높이, 나비 등의 기준을 표시한 것이다.
③ 기준점은 이동의 염려가 없는 곳에 설치한다.
④ 기준점은 최소 2개소 이상 여러 곳에 설치한다.

해설
- 기준점과 규준틀은 모두 공사 시작 전에 설치한다.

1301 / 1402

376 Repetitive Learning 1회 2회 3회

평판을 정치(세우기)하는 데 오차에 가장 큰 영향을 주는 항목은?

① 수평맞추기(정준) ② 중심맞추기(구심)
③ 방향맞추기(표정) ④ 모두 같다.

해설
- 평판을 정치 즉, 일정한 방향으로 맞추는 것은 표정에 해당한다.

1001 / 1504

377 Repetitive Learning 1회 2회 3회

평판측량의 3요소가 아닌 것은?

① 수평맞추기(정준) ② 중심맞추기(구심)
③ 방향맞추기(표정) ④ 수직맞추기(수준)

해설
- 평판측량 3요소에는 정준, 구심, 표정이 있다.

0705 / 1202

378 Repetitive Learning 1회 2회 3회

토공작업 시 지반면보다 낮은 면의 굴착에 사용하는 기계로 깊이 6m 정도의 굴착에 적당하며, 백호(Back Hoe)라고도 불리는 기계는?

① 클램셸 ② 드래그라인
③ 파워셔블 ④ 드래그셔블

해설
- ①은 좁은 곳의 수직터파기에 쓰인다.
- ②는 상당히 넓고 얕은 범위의 점토질지반 굴착에 적합하며, 수중의 모래 채취에 많이 이용되는 굴착기계이다.
- ③은 기계가 위치한 지면보다 높은 곳의 땅을 파는 데 적합한 장비이다.

0501 / 0904

379 Repetitive Learning 1회 2회 3회

조경공사에 사용되는 장비 중 운반용 기계에 해당되지 않는 것은?

① 덤프트럭(Dump Truck)
② 크레인(Crane)
③ 백호(Back Hoe)
④ 지게차(Forklift)

해설
- ③은 기계가 위치한 지면보다 낮은 장소를 굴착하는 데 적합한 장비이다.

0402 / 0702

380 Repetitive Learning 1회 2회 3회

다음 중 정원석 쌓기 및 수목을 들어 올리는 데 가장 적합한 기구나 기계는?

① 불도저 ② 탠덤롤러
③ 체인블록 ④ 덤프트럭

해설
- ①은 무한궤도가 달려 있는 트랙터 앞머리에 블레이드(Blade)를 부착하여 흙의 굴착 압토 및 운반 등의 작업하는 토목기계이다.
- ②는 전륜, 후륜 각 1개의 철륜을 가진 롤러로 점성토나 자갈, 쇄석의 다짐, 아스팔트 포장의 마무리에 적합한 롤러이다.
- ④는 공사용 토사나 골재를 운반하는 장비이다.

정답 | 374 ④ 375 ① 376 ③ 377 ④ 378 ④ 379 ③ 380 ③

0302 / 1102

381 Repetitive Learning (1회 2회 3회)

큰 돌을 운반하거나 앉힐 때 주로 쓰이는 기구는?

① 예불기　② 스크레이퍼
③ 체인블록　④ 롤러

해설
- ①은 원동기를 동력으로 둥근 톱, 특수 날 등을 이용해 잡초, 관목을 자르는 기계이다.
- ②는 굴착, 싣기, 운반, 흙깔기 등의 작업을 하나의 기계로서 연속적으로 행할 수 있는 차량계 건설 기계이다.
- ④는 땅 다짐용 기계이다.

0605 / 1102

382 Repetitive Learning (1회 2회 3회)

다음 중 건설 기계의 용도 분류상 굴착용으로 사용하기에 적합하지 않은 것은?

① 클램셸　② 파워셔블
③ 드래그라인　④ 스크레이퍼

해설
- ④는 굴착, 싣기, 운반, 흙깔기 등의 작업을 하나의 기계로서 연속적으로 행할 수 있는 차량계 건설 기계이다.

0401 / 1301

383 Repetitive Learning (1회 2회 3회)

다져진 잔디밭에 공기 유통이 잘되도록 구멍을 뚫는 기계는?

① 소드 바운드(Sod Bound)
② 론 모어(Lawn Mower)
③ 론 스파이크(Lawn Spike)
④ 레이크(Rake)

해설
- ①은 썩지 않은 뿌리가 겹쳐 스펀지와 같은 층을 이루고 있는 것을 말한다.
- ②는 잔디를 깎는 기계이다.
- ④는 잔디, 숲 등에서 덤불 등을 긁어모으는 갈퀴모양의 기구이다.

0201 / 1205

384 Repetitive Learning (1회 2회 3회)

건물과 정원을 연결시키는 역할을 하는 시설은?

① 아치　② 트렐리스
③ 파고라　④ 테라스

해설
- ①은 구멍이 있는 부분에 하중을 지지하기 위해 곡선형으로 쌓아 올린 구조를 말한다.
- ②는 덩굴식물을 지탱하거나 수직으로 비치는 햇빛을 가리기 위해 좁고 얄팍한 목재, 금속으로 만든 격자모양의 구조물을 말한다.
- ③은 뜰이나 편평한 지붕 위에 나무를 가로세로로 얹어 만든 서양식 정자를 말한다.

0705 / 1602

385 Repetitive Learning (1회 2회 3회)

조경공사의 돌쌓기용 암석을 운반하기에 가장 적합한 재료는?

① 철근　② 쇠파이프
③ 철망　④ 와이어로프

해설
- ①은 콘크리트 속에 묻어서 콘크리트를 보강하기 위해 만든 기다란 막대모양의 철재 부품이다.
- ②는 쇠로 만든 파이프이다.
- ③은 철선을 가로세로 직각으로 배열하여 교차점을 전기저항용접으로 접합한 격자형의 시트이다.

0401 / 0701 / 1401

386 Repetitive Learning (1회 2회 3회)

다음 중 옥상정원 설계 시 일반조경 설계보다 중요하게 고려해야 할 항목으로 가장 관련 없는 것은?

① 토양층의 깊이　② 방수 문제
③ 지주목의 종류　④ 하중 문제

해설
- 옥상정원 설계 시 가장 중요하게 고려해야 할 사항은 하중 문제이다. 토양층의 깊이 역시 하중과 식생과 관련되어 있다. 그 후에는 방수와 배수 문제를 고려해야 한다.

0401 / 0902

387 Repetitive Learning (1회 2회 3회)

디딤돌로 이용할 돌의 두께로 가장 적절한 것은?

① 1 ~ 5cm　② 10 ~ 20cm
③ 25 ~ 35cm　④ 35 ~ 45cm

해설
- 디딤돌로 이용할 돌의 두께는 10 ~ 20cm가 적절하다.

381 ③　382 ④　383 ③　384 ④　385 ④　386 ③　387 ② | 정답

0402 / 0901

388 Repetitive Learning (1회 2회 3회)

옥상정원 인공지반 상단의 식재 토양층 조성 시 경량재로 사용하기에 적절하지 않은 것은?

① 버미큘라이트(Vermiculite)
② 펄라이트(Perlite)
③ 피트(Peat)
④ 석회

해설

- 건물구조에 영향을 미치는 하중(荷重) 문제를 해결하기 위해 경량재료(버미큘라이트, 펄라이트, 피트, 화산재 등)를 사용한다.

0302 / 0601 / 0904

389 Repetitive Learning (1회 2회 3회)

옥상정원의 환경조건에 대한 설명으로 적절하지 않은 것은?

① 토양 수분의 용량이 적다.
② 토양 온도의 변동 폭이 크다.
③ 양분의 유실속도가 늦다.
④ 바람의 피해를 받기 쉽다.

해설

- 옥상 토양의 건조를 막기 위해 계속되는 인공관수와 장마철의 많은 강우는 토양층의 양분을 유실시키는 속도가 빠르다.

0501 / 1402

390 Repetitive Learning (1회 2회 3회)

시설물 관리를 위한 페인트 칠하기의 방법으로 가장 거리가 먼 것은?

① 목재의 바탕칠을 할 때에는 별도의 작업 없이 불순물을 제거한 후 바로 수성페인트를 칠한다.
② 철재의 바탕칠을 할 때에는 별도의 작업 없이 불순물을 제거한 후 바로 수성페인트를 칠한다.
③ 목재의 갈라진 구멍, 홈, 틈은 퍼티로 땜질하여 24시간 후 초벌칠을 한다.
④ 콘크리트, 모르타르면의 틈은 석고로 땜질하고 유성 또는 수성페인트를 칠한다.

해설

- ②에서 철재의 바탕칠을 할 때에는 불순물을 제거한 다음 녹제거와 부식방지를 위해 방청도료를 처리한 후 유성페인트를 칠한다.

0405 / 0902

391 Repetitive Learning (1회 2회 3회)

다음 설명에 해당하는 시설물은?

- 간단한 눈가림 구실을 한다.
- 양식으로 꾸며진 중문으로 볼 수 있다.
- 보통 가는 철제파이프 또는 각목으로 만든다.
- 장미 등 덩굴식물을 올려 장식한다.

① 파고라　　② 아치
③ 트렐리스　　④ 펜스

해설

- ①은 뜰이나 편평한 지붕 위에 나무를 가로세로로 얹어 만든 서양식 정자를 말한다.
- ②는 구멍이 있는 부분에 하중을 지지하기 위해 곡선형으로 쌓아 올린 구조를 말한다.

0205 / 1201

392 Repetitive Learning (1회 2회 3회)

파고라(Pergola) 설치 장소로 적절하지 않은 것은?

① 건물에 붙여 만들어진 테라스 위
② 주택정원의 가운데
③ 통경선의 끝부분
④ 주택정원의 구석진 곳

해설

- 주택정원의 가운데는 정원의 시야를 가로막는 등 파고라 설치에 적절한 장소로 보기 힘들다.

0205 / 1102

393 Repetitive Learning (1회 2회 3회)

성인이 이용할 정원의 디딤돌 놓기 방법으로 틀린 것은?

① 납작하면서도 가운데가 약간 두둑하여 빗물이 고이지 않는 것이 좋다.
② 디딤돌의 간격은 보행폭을 기준하여 35 ~ 50cm 정도가 좋다.
③ 디딤돌은 가급적 사각형에 가까운 것이 자연미가 있어 좋다.
④ 디딤돌 및 징검돌의 장축은 진행방향에 직각이 되도록 배치한다.

해설

- 디딤돌의 모양은 원형이나 사각형, 자연스러운 부정형 등이 주로 사용되며, 넘어지지 않도록 편평해야 한다.

정답 | 388 ④ 389 ③ 390 ② 391 ③ 392 ② 393 ③

0301 / 1201

394 Repetitive Learning (1회 2회 3회)

거실이나 응접실 또는 식당 앞에 건물과 잇대어서 만드는 시설물은?

① 정자 ② 테라스
③ 모래터 ④ 트렐리스

해설
- ①은 경치가 좋은 곳에서 쉴 수 있도록 벽이나 문 없이 개방되게 지은 건축물을 말한다.
- ③은 어린이들을 위한 운동시설로서 모래를 펴 놓거나 쌓아 놓은 놀이터를 말한다.
- ④는 덩굴식물을 지탱하거나 수직으로 비치는 햇빛을 가리기 위해 좁고 얄팍한 목재, 금속으로 만든 격자모양의 구조물을 말한다.

0305 / 0605

395 Repetitive Learning (1회 2회 3회)

다음 중 시설물의 관리를 위한 방법으로 적절하지 않은 것은?

① 콘크리트 포장의 갈라진 부분은 파손된 재료 및 이물질을 완전히 제거한 후 조치한다.
② 배수시설은 정기적인 점검을 실시하고, 배수구의 잡물을 제거한다.
③ 벽돌 및 자연석 등의 원로포장 파손 시는 모래를 당초 기본 높이만큼만 깔고 보수한다.
④ 유희시설물의 점검은 용접부분 및 움직임이 많은 부분을 철저히 조사한다.

해설
- ③에서 모래의 높이는 기존 높이보다 약간 높게 하는데, 이는 사람들이 밟으면서 자연적으로 높이가 같아지는 효과가 나기 때문이다.

0502 / 0904

396 Repetitive Learning (1회 2회 3회)

어린이를 위한 운동시설로서 모래터의 깊이는 어느 정도가 가장 알맞는가?(단, 놀이의 형태에 규제를 받지 않고 자유로이 놀 수 있는 공간이다)

① 5 ~ 10cm ② 10 ~ 20cm
③ 20 ~ 30cm ④ 30cm 이상

해설
- 어린이들을 위한 운동시설로서 모래터에 사용되는 모래의 깊이는 30cm 이상으로 한다.

0202 / 1004

397 Repetitive Learning (1회 2회 3회)

덩굴식물이 시설물을 타고 올라가 정원적인 미를 살릴 수 있는 시설물이 아닌 것은?

① 파고라 ② 테라스
③ 아치 ④ 트렐리스

해설
- ①은 뜰이나 편평한 지붕 위에 나무를 가로세로로 얹어 만든 서양식 정자를 말한다.
- ③은 구멍이 있는 부분에 하중을 지지하기 위해 곡선형으로 쌓아 올린 구조를 말한다.
- ④는 덩굴식물을 지탱하거나 수직으로 비치는 햇빛을 가리기 위해 좁고 얄팍한 목재, 금속으로 만든 격자모양의 구조물을 말한다.

0205 / 0601 / 0905 / 1101

398 Repetitive Learning (1회 2회 3회)

벤치, 인공폭포, 인공암, 수목 보호판 등으로 이용하기 가장 적절한 것은?

① 경질염화비닐판 ② 유리섬유강화플라스틱
③ 폴리스티렌수지 ④ 염화비닐수지

해설
- 벤치, 인공폭포, 인공암, 수목 보호판 등 습기에 노출되기 쉬운 시설물의 재료로는 유리섬유강화플라스틱이 가장 적절하다.

0705 / 1201

399 Repetitive Learning (1회 2회 3회)

원로의 디딤돌 놓기에 관한 설명으로 틀린 것은?

① 디딤돌은 주로 화강암을 넓적하고 둥글게 기계로 깎아 다듬어 놓은 돌만을 이용한다.
② 디딤돌은 보행을 위하여 공원이나 정원에서 잔디밭, 자갈 위에 설치하는 것이다.
③ 징검돌은 상 · 하면이 평평하고 지름 또한 한 면의 길이가 30 ~ 60cm, 높이가 30cm 이상인 크기의 강석을 주로 사용한다.
④ 디딤돌의 배치간격 및 형식 등은 설계도면에 따르되 윗면은 수평으로 놓고 지면과의 높이는 5cm 내외로 한다.

해설
- 디딤돌의 모양은 원형이나 사각형, 자연스러운 부정형 등이 주로 사용되며, 넘어지지 않도록 편평해야 한다.

394 ② 395 ③ 396 ④ 397 ② 398 ② 399 ① 정답

0501 / 1304

400 Repetitive Learning (1회 2회 3회)

모래밭(모래터) 조성에 관한 설명으로 적절하지 않은 것은?

① 적어도 하루에 4 ~ 5시간의 햇볕이 쬐고 통풍이 잘되는 곳에 설치한다.
② 모래밭은 가급적 휴게시설에서 멀리 배치한다.
③ 모래밭의 깊이는 놀이의 안전을 고려하여 30cm 이상으로 한다.
④ 가장자리는 방부처리한 목재 또는 각종 소재를 사용하여 지표보다 높게 모래막이 시설을 해준다.

해설
- 모래밭은 가급적 휴게시설에서 가깝게 배치한다.

0301 / 0805 / 1102

401 Repetitive Learning (1회 2회 3회)

다음 중 콘크리트 소재의 미끄럼대를 시공할 경우 일반적으로 지표면과 미끄럼판의 활강 부분이 수평면과 이루는 각도로 가장 적절한 것은?

① 70° ② 55°
③ 35° ④ 15°

해설
- 미끄럼대의 미끄럼판의 각도는 일반적으로 30 ~ 40° 정도의 범위로 한다.

0402 / 0905

402 Repetitive Learning (1회 2회 3회)

다음 중 어린이 놀이터 시설 설치 시 가장 먼저 고려되어야 할 것은?

① 안전성 ② 쾌적함
③ 미적인 사항 ④ 시설물 간의 조화

해설
- 어린이 놀이 시설물 설치 시 가장 우선적으로 고려되어야 할 요소는 안전성이다.

0501 / 0802

403 Repetitive Learning (1회 2회 3회)

우리나라의 겨울철 좋은 생활 환경과 수목의 생육을 위해 최소 얼마 정도의 광선이 필요한가?

① 2시간 정도 ② 4시간 정도
③ 6시간 정도 ④ 10시간 정도

해설
- 우리나라의 겨울철에 수목의 생육을 위해 필요한 광선은 6시간 정도이다.

0201 / 0702

404 Repetitive Learning (1회 2회 3회)

디딤돌 놓기 방법에 대한 설명으로 틀린 것은?

① 돌의 머리는 경관의 중심을 향해서 놓는다.
② 돌 표면이 지표면보다 3 ~ 5cm 정도 높게 앉힌다.
③ 디딤돌이 시작되는 곳 또는 급하게 구부러지는 곳 등에 큰 디딤돌을 놓는다.
④ 돌의 크기와 모양이 고른 것을 선택하여 사용한다.

해설
- 크기와 모양이 다양한 돌을 지그재그로 놓도록 한다.

0305 / 1304

405 Repetitive Learning (1회 2회 3회)

경관석 놓기에 대한 설명으로 옳은 것은?

① 경관석은 항상 단독으로만 배치한다.
② 일반적으로 3, 5, 7 등 홀수로 배치한다.
③ 같은 크기의 경관석으로 조합하면 통일감이 있어 자연스럽다.
④ 경관석의 배치는 돌 사이의 거리나 크기 등을 조정 배치하여 힘이 분산되도록 한다.

해설
- 3, 5, 7 등의 홀수로 만들며, 돌 사이의 거리나 크기 등을 조정배치한다.
- 전체적으로 볼 때 힘의 방향이 분산되지 않아야 한다.

0505 / 0802

406 Repetitive Learning (1회 2회 3회)

다음 중 경관석 놓기에 대한 설명으로 틀린 것은?

① 경관석 놓기는 시각적으로 중요한 곳이나 추상적인 경관을 연출하기 위하여 이용된다.
② 경관석 놓기는 2, 4, 6, 8과 같이 짝수로 무리지어 놓는 것이 자연스럽다.
③ 가장 중심이 되는 자리에 가장 크고 기품이 있는 경관석을 중심으로 배치한다.
④ 전체적으로 볼 때 힘의 방향이 분산되지 않아야 한다.

해설
- 경관석은 일반적으로 3, 5, 7 등 홀수로 배치한다.

정답 | 400 ② 401 ③ 402 ① 403 ③ 404 ④ 405 ② 406 ②

0301 / 0702

407 Repetitive Learning (1회 2회 3회)

열효율이 높고 물체의 투시성이 좋은 광질(光質)의 특성 때문에 안개지역 조명, 도로 조명, 터널 조명 등으로 사용하기 가장 적절한 등은?

① 할로겐등 ② 형광등
③ 수은등 ④ 나트륨등

해설

• ①은 유리 벌브 내에 할로겐 가스를 봉입한 램프로 공학이나 의학 및 각종 산업계에서 많이 사용하는 등이다.
• ②는 수은 증기의 방전으로 발생하는 자외선을 형광물질에 의해 가시광선으로 바꾸어 빛을 내는 조명장치로 수명이 짧고 효율이 낮다.
• ③은 수은가스의 방전을 이용한 등으로 가격이 저렴한 장점을 가져 가로등, 공장 등에서 많이 사용하는 등이다.

0305 / 0505

408 Repetitive Learning (1회 2회 3회)

다음 중 전등의 평균수명이 가장 긴 것은?

① 백열전구 ② 할로겐등
③ 수은등 ④ 형광등

해설

• 수은등은 전등의 평균수명이 10,000시간 이상으로 긴 등이다.

0301 / 0601 / 1001

409 Repetitive Learning (1회 2회 3회)

설계도면에서 특별히 정한 바가 없는 경우에는 옹벽 찰쌓기를 할 때 배수구는 PVC관(경질염화비닐관)을 $3m^2$ 당 몇 개를 설치하는 것이 적당한가?

① 1개 ② 2개
③ 3개 ④ 4개

해설

• 뒷면에 물이 고이지 않도록 $3m^2$마다 배수구 1개씩 설치하는 것이 좋다.

0302 / 0502 / 0801 / 1004

410 Repetitive Learning (1회 2회 3회)

일반적으로 표면 배수 시 빗물받이는 몇 m마다 1개씩 설치하는 것이 효과적인가?

① 1 ~ 10m ② 20 ~ 30m
③ 40 ~ 50m ④ 60 ~ 70m

해설

• 빗물받이는 20 ~ 30m 정도에 하나씩 설치한다.

0302 / 0801

411 Repetitive Learning (1회 2회 3회)

자연석 무너짐 쌓기 방법에 대한 설명으로 가장 거리가 먼 것은?

① 기초가 될 밑돌은 약간 큰 돌을 사용해서 땅속에 20 ~ 30cm 정도 깊이로 묻는다.
② 제일 윗부분에 놓는 돌은 돌의 윗부분이 모두 고저차가 크게 나도록 놓는다.
③ 돌과 돌이 맞물리는 곳에는 작은 돌을 끼워 넣지 않는다.
④ 돌을 쌓고 난 후 돌과 돌 사이의 틈에는 키가 작은 관목을 식재한다.

해설

• 제일 윗부분에 놓이는 돌은 돌의 윗부분이 수평이 되도록 놓는다.

0405 / 0701

412 Repetitive Learning (1회 2회 3회)

크고 작은 돌을 자연 그대로의 상태가 되도록 쌓아 올리는 방법을 무엇이라 하는가?

① 견치석 쌓기 ② 호박돌 쌓기
③ 자연석 무너짐 쌓기 ④ 평석 쌓기

해설

• ①은 지반이 약한 곳에 콘크리트 기초 위에 견치석을 이용해 석축을 쌓아 올리는 돌쌓기이다.
• ②는 호박돌을 이용해 자연스럽고 정서적이며 시골 풍경적인 안온함과 친밀감을 느끼게 해주는 돌쌓기이다.
• ④는 평석을 이용해 돌담장 등을 쌓는 방법이다.

0501 / 1305

413 Repetitive Learning (1회 2회 3회)

다음 중 호박돌 쌓기에 이용되는 쌓기법으로 가장 적절한 것은?

① +자 줄눈 쌓기 ② 줄눈 어긋나게 쌓기
③ 이음매 경사지게 쌓기 ④ 평석 쌓기

해설

• 호박돌 쌓기는 돌을 어긋나게 놓아 +자 줄눈이 생기지 않도록 해야 한다.

407 ④ 408 ③ 409 ① 410 ② 411 ② 412 ③ 413 ② | 정답

0905 / 1001

414 Repetitive Learning (1회 2회 3회)

조경 구조물에 줄기초라고 부르며, 담장의 기초와 같이 길게 띠 모양으로 받치는 기초를 가리키는 것은?

① 독립기초 ② 복합기초
③ 연속기초 ④ 온통기초

해설
- ①은 하중을 독립적으로 지반에 전달하는 기초를 말한다.
- ②는 2개 이상의 기둥을 합쳐서 1개의 기초로 받치는 것을 말한다.
- ④는 상부구조에서 전달되는 응력을 단일기초판으로 모아 지반에 전달하는 방식이다.

0201 / 0802

415 Repetitive Learning (1회 2회 3회)

일반적으로 상단이 좁고 하단이 넓은 형태의 옹벽으로 자중(自重)으로 토압이 저항하며, 높이 4m 내외의 낮은 옹벽에 많이 쓰이는 것은?

① 중력식 옹벽 ② 캔틸레버 옹벽
③ 부벽식 옹벽 ④ 조립식 옹벽

해설
- ②는 현관의 차양처럼 한쪽 끝이 고정되고 다른 끝은 받쳐지지 않은 상태로 된 캔틸레버(Cantilever)를 이용하여 재료를 절약하여 가장 경제성이 높은 옹벽으로 L형과 역T형으로 구분한다.
- ③은 외벽면에서 바깥쪽으로 튀어나와 벽체가 쓰러지지 않게 지탱하는 부벽을 설치해 연약지반이나 5m 이상의 높은 경사면에 설치하는 옹벽이다.

0202 / 1202

416 Repetitive Learning (1회 2회 3회)

배수공사 중 지하층 배수와 관련된 설명으로 옳지 않은 것은?

① 지하층 배수는 속도랑을 설치해 줌으로써 가능하다.
② 암거배수의 배치형태는 어골형, 평행형, 빗살형, 부채살형, 자유형 등이 있다.
③ 속도랑의 깊이는 심근성보다 천근성 수종을 식재할 때 더 깊게 한다.
④ 큰 공원에서는 자연 지형에 따라 배치하는 자연형 배수방법이 많이 이용된다.

해설
- 속도랑의 깊이는 천근성보다 심근성 수종을 식재할 때 더 깊게 한다.

0202 / 1002

417 Repetitive Learning (1회 2회 3회)

암거배수에 대한 설명으로 가장 적절한 것은?

① 강우 시 표면에 떨어지는 물을 처리하기 위한 배수시설
② 땅속으로 돌이나 관을 묻어 배수시키는 시설
③ 지하수를 이용하기 위한 시설
④ 돌이나 관을 땅에 수직으로 뚫어 기둥을 설치하는 시설

해설
- ①은 표면배수에 대한 설명이다.

0205 / 1005 / 1204 / 1302

418 Repetitive Learning (1회 2회 3회)

암거는 지하수위가 높은 곳이나 배수 불량 지반에 설치한다. 암거의 종류 중 중앙에 큰 암거를 설치하고 좌우에 작은 암거를 연결시키는 형태로 넓이에 관계없이 경기장이나 어린이 놀이터와 같은 소규모의 평탄한 지역에 설치할 수 있는 것은?

① 어골형 ② 빗살형
③ 부채살형 ④ 자연형

해설
- ②는 정구장과 같이 좁고 긴 형태의 전 지역을 균일하게 배수하려는 암거 방법이다.
- ③은 주관 · 지관의 구분 없이 같은 크기의 관이 부채살 모양으로 1개 지점에 집중되게 하는 설치방법이다.
- ④는 등고선을 고려하여 주관을 설치하고, 주관을 중심으로 양측에 지관을 지형에 따라 필요한 곳에 설치하는 방법이다.

0301 / 0904

419 Repetitive Learning (1회 2회 3회)

수목에 약액을 수간주입하는 방법에 대한 설명으로 틀린 것은?

① 약액의 수간주입은 수액 이동이 활발한 5월 초 ~ 9월 말에 실시한다.
② 흐린 날에 실시해야 약액의 주입이 빠르다.
③ 영양액이 들어있는 수간주입기를 사람 키 높이 되는 곳에 끈으로 매단다.
④ 약통 속에 약액이 다 없어지면, 수간주입기를 걷어내고 도포제를 바른 다음, 코르크 마개로 주입구멍을 막아준다.

해설
- 나무에 잎이 있는 5 ~ 9월의 맑게 갠 날 실시한다.

정답 | 414 ③ 415 ① 416 ③ 417 ② 418 ① 419 ②

0505 / 1004

420 Repetitive Learning (1회 2회 3회)

다음 중 정구장과 같이 좁고 긴 형태의 전 지역을 균일하게 배수하려는 암거 방법은?

①
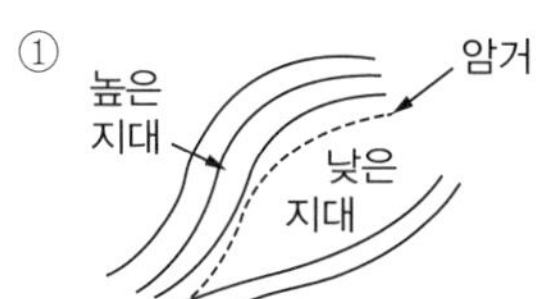

②
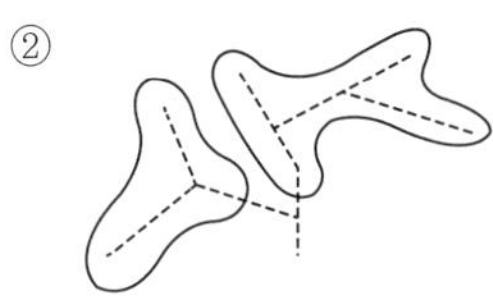

③
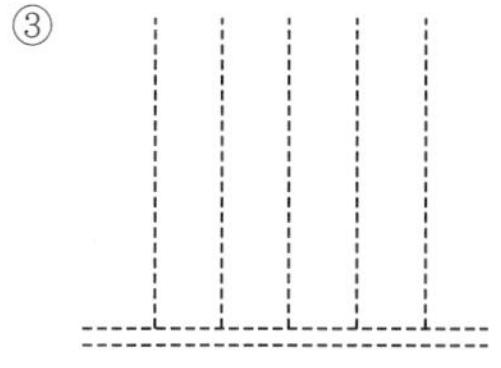

④
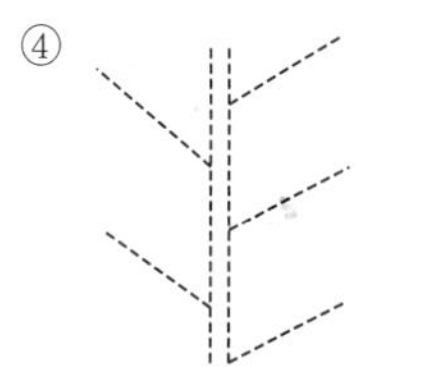

해설
- ①과 ②는 자연형, ④는 어골형이다.

0702 / 1102

421 Repetitive Learning (1회 2회 3회)

진딧물, 깍지벌레와 가장 관련이 깊은 병은?

① 흰가루병 ② 빗자루병
③ 줄기마름병 ④ 그을음병

해설
- 진딧물, 깍지벌레와 같은 흡즙성 해충의 분비물로 인해 발생하는 병은 그을음병이다.

0505 / 1005

422 Repetitive Learning (1회 2회 3회)

다음 중 루비깍지벌레의 구제에 가장 효과적인 농약은?

① 메피 · 클로라이드 액제(나왕)
② 트리아디메폰 수화제(바리톤)
③ 트리클로르폰 수화제(디프록스)
④ 메티다티온 유제(수프라사이드)

해설
- ①은 포도 등의 착립증진제이다.
- ②는 흰가루병, 적성병 방제 약제이다.
- ③은 흰불나방 등 나방 구제 농약이다.

0302 / 1004

423 Repetitive Learning (1회 2회 3회)

병 · 해충의 화학적 방제 내용으로 틀린 것은?

① 병 · 해충을 일찍 발견해야 방제효과가 크다.
② 될 수 있으면 발생 후에 약을 뿌려준다.
③ 병 · 해충이 발생하는 과정이나 습성을 미리 알아두어야 한다.
④ 약해에 주의해야 한다.

해설
- 될 수 있으면 발생 전에 약을 뿌려 예방하는 것이 좋다.

0205 / 0601

424 Repetitive Learning (1회 2회 3회)

다음 중 잎이나 가지에 붙어 즙액을 빨아먹어 잎이 황색으로 변하게 되고 2차적으로 그을음병을 유발시키며, 감나무, 동백나무, 호랑가시나무, 사철나무, 치자나무 등에 공통적으로 발생하기 쉬운 충해는?

① 흰불나방 ② 측백나무 하늘소
③ 깍지벌레 ④ 진딧물

해설
- ①은 애벌레 때 잎맥만 남기고 잎을 모두 갉아먹는 피해를 준다.
- ②는 수피 바로 밑의 형성층 부위를 갉아먹어 피해를 입힌다.
- ④는 무궁화, 단풍나무, 사과나무, 벚나무 등 식물의 어린잎이나 새 가지, 꽃봉오리에 붙어 수액을 빨아먹어 생육을 억제한다.

0302 / 1004

425 Repetitive Learning (1회 2회 3회)

다음 중 제초제가 아닌 것은?

① 페니트로티온 수화제(스미치온)
② 시마진 수화제(씨마진)
③ 알라클로르 유제(라쏘)
④ 패러쾃디클로라이드 액제(그라목손)

해설
- ①은 광범위 살충제이다.

420 ③ 421 ④ 422 ④ 423 ② 424 ③ 425 ① 정답

0401 / 1001

426 Repetitive Learning 1회 2회 3회

솔잎혹파리에는 먹좀벌을 방사시키면 방제효과가 있다. 이러한 방제법에 해당하는 것은?

① 기계적 방제법 ② 생물적 방제법
③ 물리적 방제법 ④ 화학적 방제법

해설

• 천적을 활용하는 방제법은 생물학적 방제법이다.

0202 / 0701

427 Repetitive Learning 1회 2회 3회

다음 중 소나무류를 가해하는 해충이 아닌 것은?

① 솔나방 ② 미국흰불나방
③ 소나무좀 ④ 솔잎혹파리

해설

• 미국흰불나방은 양버즘나무(플라타너스), 이팝나무, 벚나무 등에 피해를 많이 입힌다.

0305 / 0605

428 Repetitive Learning 1회 2회 3회

플라타너스에 발생한 흰불나방을 구제하고자 할 때 가장 효과가 좋은 약제는?

① 디플루벤주론 수화제(디밀란)
② 디코폴 유제(켈센)
③ 포스팜 액제(다무르)
④ 지오판 도포제(톱신페스트)

해설

• 흰불나방 방제에는 디플루벤주론 수화제(디밀란), 트리클로르폰 수화제(디프록스), 카바릴 수화제(세빈) 등을 이용해 구제한다.

0705 / 1001

429 Repetitive Learning 1회 2회 3회

응애(Mite)의 피해 및 구제법으로 틀린 것은?

① 살비제를 살포하여 구제한다.
② 같은 농약의 연용을 피하는 것이 좋다.
③ 발생지역에 4월 중순부터 1주일 간격으로 2～3회 정도 살포한다.
④ 침엽수에는 피해를 주지 않으므로 약제를 살포하지 않는다.

해설

• 응애는 과수와 채소 등의 원예작물뿐 아니라 침엽수에도 큰 피해를 입힌다.

0201 / 0502

430 Repetitive Learning 1회 2회 3회

소나무에 많이 발생하는 솔나방 구제에 가장 효과적인 농약은?

① 만코지제(다이센) ② 캡탄 수화제(오소싸이드)
③ 포리옥신 수화제 ④ 디프제(디프록스)

해설

• 솔나방은 디프제(디프록스)를 이용해 방제한다.

0405 / 0702

431 Repetitive Learning 1회 2회 3회

수목 생육기 중 깍지벌레의 구제 농약으로 가장 적절한 것은?

① 메치온 유제(수프라사이드)
② 지오람 수화제(호마이)
③ 메타 유제(메타시스톡스)
④ 디프 수화제(디프록스)

해설

• ②는 종자소독약제이다.
• ③은 진딧물 구제 농약이다.
• ④는 흰불나방 등 나방 구제 농약이다.

1102 / 1602

432 Repetitive Learning 1회 2회 3회

25% A 유제 100mL를 0.05%의 살포액으로 만드는 데 소요되는 물의 양(l)은?(단, 비중은 1.0이다)

① 5L ② 25L
③ 50L ④ 100L

해설

• 25% A 유제 100mL라는 것은 A의 약량이 0.25×100mL = 25mL라는 말이다.
• 0.05%는 0.0005를 의미하므로 이는 희석배수가 $\frac{1}{0.0005}$ = 2,000배임을 의미한다.
• 물의 양은 농약용액의 양으로 보면 되므로 2,000×25mL =50,000mL=50L가 된다.

정답 | 426 ② 427 ② 428 ① 429 ④ 430 ④ 431 ① 432 ③

0305 / 1004 / 1404

433 Repetitive Learning 1회 2회 3회

농약의 사용목적에 따른 분류 중 응애류에만 효과가 있는 것은?

① 살충제 ② 살균제
③ 살비제 ④ 살초제

해설

- 응애류를 방제하기 위하여 사용하는 약제를 살비제라 한다.

0805 / 1001 / 1505

434 Repetitive Learning 1회 2회 3회

파이토플라스마(Phytoplasma)에 의한 수목병이 아닌 것은?

① 벚나무 빗자루병 ② 붉나무 빗자루병
③ 오동나무 빗자루병 ④ 대추나무 빗자루병

해설

- ①의 병원균은 곰팡이 병원균이다.

0705 / 0904 / 1205

435 Repetitive Learning 1회 2회 3회

일반적으로 빗자루병이 가장 발생하기 쉬운 수종은?

① 향나무 ② 대추나무
③ 동백나무 ④ 장미

해설

- 빗자루병에 잘 걸리는 수종에는 붉나무, 오동나무, 대추나무, 벚나무 등이 있다.

0402 / 1002

436 Repetitive Learning 1회 2회 3회

자연상태의 토량 1,000m^3를 굴착하면 그 흐트러진 상태의 토양은 얼마가 되는가?(단, 토량변화율을 L=1.25, C=0.9라고 가정한다)

① 900m^3 ② 1,000m^3
③ 1,125m^3 ④ 1,250m^3

해설

- 절토는 자연상태의 흙을 굴착하는 것이므로 L과 관련된다.
- 자연상태의 토량×L=흐트러진 토양의 부피가 되므로 L이 1.25이므로 자연상태의 토량은 1,000m^3를 굴착하면 1,000×1.25=1,250m^3의 흐트러진 토양이 만들어진다.

0701 / 1604

437 Repetitive Learning 1회 2회 3회

수목식재에 가장 적합한 토양의 구성비는?(단, 구성은 토양 : 수분 : 공기의 순서임)

① 50% : 25% : 25% ② 50% : 10% : 40%
③ 40% : 40% : 20% ④ 30% : 40% : 30%

해설

- 수목식재에 가장 적합한 토양의 구성비는 고상 : 액상 : 기상이 50 : 25 : 25인 비율이다.

0501 / 1305

438 Repetitive Learning 1회 2회 3회

흙은 같은 양이라 하더라도 자연상태(N)와 흐트러진 상태(S), 인공적으로 다져진 상태(H)에 따라 각각 그 부피가 달라진다. 자연상태의 흙의 부피(N)를 1.0으로 할 경우 부피가 큰 순서로 적절한 것은?

① H>N>S ② N>H>S
③ S>N>H ④ S>H>N

해설

- 흐트러진 상태의 흙이 가장 큰 부피를 갖고, 다져진 상태의 흙이 가장 작은 부피를 갖는다.

0505 / 0905

439 Repetitive Learning 1회 2회 3회

영구위조(永久萎凋) 시의 토양의 수분 함량은 사토(砂土)의 경우 몇 %인가?

① 2 ~ 4% ② 10 ~ 15%
③ 20 ~ 25% ④ 30 ~ 40%

해설

- 사토의 영구위조는 2 ~ 4%로 매우 낮다.

1401 / 1405

440 Repetitive Learning 1회 2회 3회

토양수분 중 식물이 생육에 주로 이용하는 유효수분은?

① 결합수 ② 흡습수
③ 모세관수 ④ 중력수

해설

- 식물이 생육에 이용하는 유효수분은 모관수 혹은 모세관수이다.

433 ③ 434 ① 435 ② 436 ④ 437 ① 438 ③ 439 ① 440 ③ | 정답

0302 / 0601 / 1004

441 ——• Repetitive Learning (1회 2회 3회)

토공사에서 흐트러진 상태의 토양변환율이 1.1일 때 터파기량이 10m^3, 되메우기량이 7m^3라면 잔토처리량은?

① 3m^3 ② 3.3m^3
③ 7m^3 ④ 17m^3

해설

- 잔토처리량=(터파기 체적−되메우기 체적)×토량환산계수로 구한다.
- 10−7=3m^3이지만 흐트러진 상태이므로 3.3m^3만큼의 잔토처리량이 발생한다.

0201 / 0904

442 ——• Repetitive Learning (1회 2회 3회)

토양 단면에 있어 낙엽과 그 분해 물질 등 대부분 유기물로 되어 있는 토양 고유의 층으로 L층, F층, H층으로 구성되어 있는 것은?

① 용탈층(A층) ② 유기물층(A0층)
③ 집적층(B층) ④ 모재층(C층)

해설

- ①은 표층, 용탈층으로 광물토양의 최상층이다.
- ③은 집적층으로 외계의 영향을 간접적으로 받는 층이다.
- ④는 모재층으로 외계로부터 토양생성작용이 없고, 단지 광물질이 풍화된 층이다.

0301 / 0502

443 ——• Repetitive Learning (1회 2회 3회)

속효성 비료로 계속 주면 흙이 산성으로 변하는 비료는?

① 황산암모늄 ② 요소
③ 황산칼륨 ④ 중과석

해설

- 황산암모늄은 속효성 비료로 계속 주면 흙이 산성으로 변한다.

1302 / 1504

444 ——• Repetitive Learning (1회 2회 3회)

다음 복합비료 중 주성분 함량이 가장 많은 비료는?

① 21−21−17 ② 11−21−11
③ 18−18−18 ④ 0−40−10

해설

- 질소, 인산, 칼륨에 해당하는 주성분의 값은 59, 43, 54, 50으로 ①이 가장 크다.

0701 / 1202 / 1302

445 ——• Repetitive Learning (1회 2회 3회)

생울타리처럼 수목이 대량으로 군식되었을 때 거름 주는 방법으로 가장 적절한 것은?

① 전면거름주기 ② 천공거름주기
③ 선상거름주기 ④ 방사상거름주기

해설

- ①은 수목을 식재하기 전에 전체 면적에 밑거름용으로 비료를 살포해 땅을 갈아엎거나 수목이 밀식된 곳에 비료를 살포하는 방법이다.
- ②는 거름을 주고자 하는 위치에 구멍을 군데군데 뚫고 거름을 주는 방법이다. 주로 액비를 비탈면에 거름을 줄 때 사용한다.
- ④는 수목의 밑동으로부터 마치 밖으로 빛이 퍼져나가는 형태로 거름을 주는 방법이다.

0402 / 0805

446 ——• Repetitive Learning (1회 2회 3회)

거름을 주는 목적이 아닌 것은?

① 조경 수목을 아름답게 유지하도록 한다.
② 병해충에 대한 저항력을 증진시킨다.
③ 토양 미생물의 번식을 억제시킨다.
④ 열매 성숙을 돕고, 꽃을 아름답게 한다.

해설

- 거름은 토양 미생물의 번식을 도와줘야 한다.

0202 / 1002

447 ——• Repetitive Learning (1회 2회 3회)

일반적으로 수목에 거름을 주는 요령으로 적절한 것은?

① 밑거름은 늦가을부터 이른 봄 사이에 준다.
② 효력이 빠른 거름은 3월경 싹이 틀 때, 꽃이 졌을 때, 그리고 열매 따기 전 여름에 준다.
③ 산울타리는 수관선 바깥쪽으로 방사상으로 땅을 파고 거름을 준다.
④ 유기질 비료는 속효성이므로 덧거름을 준다.

해설

- ④에서 유기질 비료는 대부분 지효성이므로 밑거름으로 줘야 한다.

정답 | 441 ② 442 ② 443 ① 444 ① 445 ③ 446 ③ 447 ①

0405 / 1402

448 Repetitive Learning 1회 2회 3회

다음 중 조경 수목의 꽃눈분화, 결실 등과 가장 관련이 깊은 것은?

① 질소와 탄소 비율 ② 탄소와 칼륨 비율
③ 질소와 인산 비율 ④ 인산과 칼륨 비율

해설

- 질소와 탄소 비율이 조경 수목의 꽃눈분화, 결실 등과 가장 관련이 깊다.

0401 / 1101

449 Repetitive Learning 1회 2회 3회

정원수 전정의 목적으로 적절하지 않은 것은?

① 지나치게 자라는 현상을 억제하여 나무의 자라는 힘을 고르게 한다.
② 움이 트는 것을 억제하여 나무를 속성으로 생김새를 만든다.
③ 강한 바람에 의해 나무가 쓰러지거나 가지가 손상되는 것을 막는다.
④ 채광, 통풍을 도움으로써 병해충의 피해를 미연에 방지한다.

해설

- 전정은 불필요한 가지를 제거하고 자연스러운 아름다움을 유지하게 하기 위한 것으로 속성 등의 무리한 목적을 위한 것은 아니다.

0301 / 0705

450 Repetitive Learning 1회 2회 3회

다음 수목의 전정에 관한 설명 중 틀린 것은?

① 가로수의 밑가지는 2m 이상 되는 곳에서 나오도록 한다.
② 이식 후 활착을 위한 전정은 본래의 수형이 파괴되지 않도록 한다.
③ 춘계전정(4 ~ 5월) 시 진달래, 목련 등의 화목류는 개화가 끝난 후에 하는 것이 좋다.
④ 하계전정(6 ~ 8월)은 수목의 생장이 왕성한 때이므로 강전정을 해도 나무가 상하지 않아서 좋다.

해설

- 하계에는 수목의 생장이 왕성한 때이므로 강전정을 하면 수형이 흐트러지고, 도장지가 나오고, 수관 내의 통풍이나 일조상태가 불량해져서 병충으로 인한 피해가 발생하기 쉬우므로 약전정을 2 ~ 3회 나누어서 실시한다.

0505 / 0801

451 Repetitive Learning 1회 2회 3회

수목의 밑동으로부터 밖으로 방사상 모양으로 땅을 파고 거름을 주는 방법은?

①
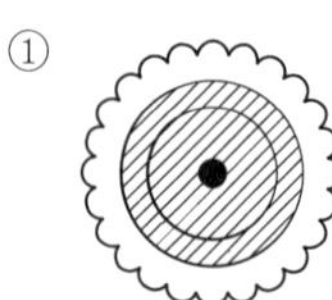
②

③
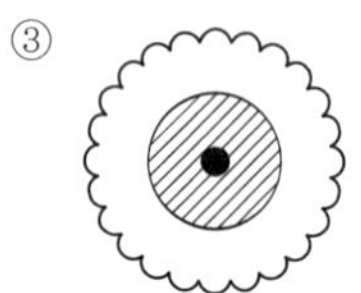
④
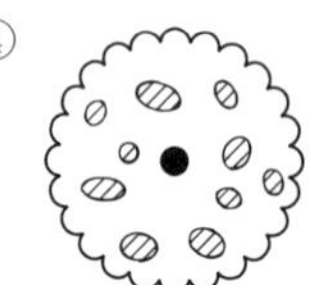

해설

- ①은 윤상시비법이다.
- ③은 전면시비법이다.
- ④는 천공시비법이다.

1005 / 1502

452 Repetitive Learning 1회 2회 3회

목적에 알맞은 수형으로 만들기 위해 나무의 일부분을 잘라주는 관리방법을 무엇이라 하는가?

① 관수 ② 멀칭
③ 시비 ④ 전정

해설

- ①은 논밭에 물을 대는 일을 말한다.
- ②는 나뭇잎, 잔가지, 지푸라기, 비닐 등으로 농사지을 흙을 덮는 것을 말한다.
- ③은 비료를 주는 것을 말한다.

0501 / 1001

453 Repetitive Learning 1회 2회 3회

향나무, 주목 등을 일정한 모양으로 유지하기 위하여 전정을 하여 형태를 다듬었다. 이러한 작업은 어떤 목적을 위한 가지 다듬기인가?

① 생장조장을 돕는 가지 다듬기
② 생장을 억제하는 가지 다듬기
③ 세력을 갱신하는 가지 다듬기
④ 생리조정을 위한 가지 다듬기

해설

- 형태를 고정하기 위한 전정은 생장을 억제하는 전정에 해당한다.

448 ① 449 ② 450 ④ 451 ② 452 ④ 453 ② | 정답

0201 / 1004

454 Repetitive Learning (1회 2회 3회)

좁은 정원에 식재된 나무가 필요 이상으로 커지지 않게 하기 위하여 녹음수를 전정하는 것은?

① 생장을 돕기 위한 전정
② 생장을 억제하는 전정
③ 생리 조정을 위한 전정
④ 갱신을 위한 전정

해설
- 나무가 필요 이상으로 커지지 않게 하는 전정은 성장을 억제하는 전정에 해당한다.

0201 / 0502 / 1405

455 Repetitive Learning (1회 2회 3회)

개화 결실을 목적으로 실시하는 정지, 전정 방법 중 옳지 않은 것은?

① 약지(弱枝)는 길게, 강지(强枝)는 짧게 전정하여야 한다.
② 묵은 가지나 병충해 가지는 수액유동 전에 전정한다.
③ 작은 가지나 내측(內側)으로 뻗은 가지는 제거한다.
④ 개화 결실을 촉진하기 위하여 가지를 유인하거나 단근 작업을 실시한다.

해설
- 약한 가지는 짧게, 강한 가지는 길게, 많이 전정하는 것을 원칙으로 한다.

0205 / 0702

456 Repetitive Learning (1회 2회 3회)

전정(剪定)을 통해 얻어지는 결과라 볼 수 없는 것은?

① 수세의 조절　② 개화 결실의 조정
③ 일광, 통풍의 양호　④ 지상부의 쇠약

해설
- 전정을 한다고 지상부가 쇠약해지는 것은 아니다.

0405 / 1301

457 Repetitive Learning (1회 2회 3회)

다음 중 생리조정을 위한 가지 다듬기는?

① 병 · 해충 피해를 입은 가지를 잘라내었다.
② 향나무를 일정한 모양으로 깎아 다듬었다.
③ 늙은 가지를 젊은 가지로 갱신하였다.
④ 이식한 정원수의 가지를 알맞게 잘라내었다.

해설
- 정원수를 이식할 때 가지와 잎을 적당히 잘라 주는 것은 수목의 생리를 조정하기 위함이다.

0401 / 0605 / 1402

458 Repetitive Learning (1회 2회 3회)

다음 중 한 가지에 많은 봉우리가 생긴 경우 솎아 내거나 열매를 따버리는 등의 작업을 하는 목적으로 가장 적절한 것은?

① 생장조장을 돕는 가지 다듬기
② 세력을 갱신하는 가지 다듬기
③ 착화 및 착과 촉진을 위한 가지 다듬기
④ 생장을 억제하는 가지 다듬기

해설
- 하나의 가지에 많은 봉우리가 생긴 경우 이를 적절히 솎아 주는 것은 개화 결실을 목적으로 하는 전정에 해당한다.

0402 / 0802

459 Repetitive Learning (1회 2회 3회)

정원수를 이식할 때 가지와 잎을 적당히 잘라 주는 이유로 적절한 것은?

① 생장조장을 돕는 가지 다듬기
② 생장을 억제하는 가지 다듬기
③ 세력을 갱신하는 가지 다듬기
④ 생리조정을 위한 가지 다듬기

해설
- 정원수를 이식할 때 가지와 잎을 적당히 잘라 주는 것은 수목의 생리를 조정하기 위함이다.

0501 / 0801

460 Repetitive Learning (1회 2회 3회)

일반적인 전정시기와 횟수에 관한 설명으로 틀린 것은?

① 침엽수는 10 ~ 11월경이나 2 ~ 3월에 한 번 실시한다.
② 상록활엽수는 5 ~ 6월과 9 ~ 10월경 두 번 실시한다.
③ 낙엽수는 일반적으로 11 ~ 3월 및 7 ~ 8월경에 각각 한 번씩 두 번 전정한다.
④ 관목류는 일반적으로 계절이 변할 때마다 전정하는 것이 좋다.

해설
- 관목류의 전정은 6월경에 한 번 실시하는 것이 좋다.

정답 | 454 ② 455 ① 456 ④ 457 ④ 458 ③ 459 ④ 460 ④

0201 / 1201

461 Repetitive Learning (1회 2회 3회)

조경수 전정의 방법이 옳지 않은 것은?

① 전체적인 수형의 구성을 미리 정한다.
② 충분한 햇빛을 받을 수 있도록 가지를 배치한다.
③ 병해충 피해를 받은 가지는 제거한다.
④ 아래에서 위로 올라가면서 전정한다.

해설

- 위에서 아래로 내려가면서 전정한다.

0201 / 1202

462 Repetitive Learning 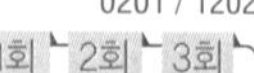

겨울 전정에 대한 설명으로 틀린 것은?

① 12 ~ 3월에 실시한다.
② 상록수는 동계에 강전정하는 것이 가장 좋다.
③ 제거 대상 가지를 발견하기 쉽고 작업도 용이하다.
④ 휴면 중이기 때문에 굵은 가지를 잘라 내어도 전정의 영향을 거의 받지 않는다.

해설

- 상록수는 겨울 전정 시 강전정을 할 경우 동해 피해를 입기 쉽다.

0305 / 0701 / 1305

463 Repetitive Learning (1회 2회 3회)

다음 중 일반적으로 전정 시 제거해야 하는 가지가 아닌 것은?

① 도장한 가지 ② 바퀴살 가지
③ 얽힌 가지 ④ 주지(主枝)

해설

- 주지는 세력을 강하게 유지시킨다.

0801 / 1201

464 Repetitive Learning (1회 2회 3회)

다음 중 전정을 할 때 큰 줄기나 가지자르기를 삼가야 하는 수종은?

① 벚나무 ② 수양버들
③ 오동나무 ④ 현사시나무

해설

- 벚나무 외에도 철쭉류, 진달래, 개나리, 라일락, 목련류 등은 굵은 가지를 전정했을 때 도포제를 발라준다.

0505 / 0605 / 1102

465 Repetitive Learning (1회 2회 3회)

다음 그림 중 수목의 가지에서 마디 위 다듬기의 요령으로 가장 좋은 것은?

①
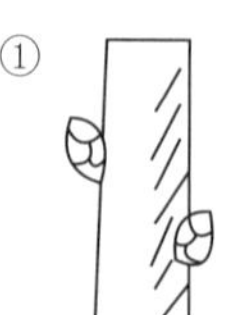

②
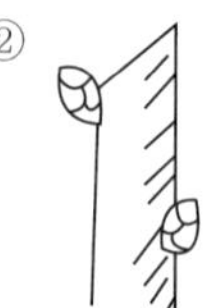

③

④
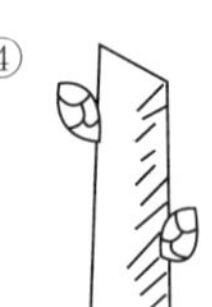

해설

- 가지를 자를 때는 바깥 눈 바로 위에서 자르는 것이 좋다.

0302 / 1305

466 Repetitive Learning (1회 2회 3회)

수목의 전정작업 요령에 관한 설명으로 옳지 않은 것은?

① 상부는 가볍게, 하부는 강하게 한다.
② 우선 나무의 정상부로부터 주지의 전정을 실시한다.
③ 전정작업을 하기 전 나무의 수형을 살펴 이루어질 가지의 배치를 염두에 둔다.
④ 주지의 전정은 주간에 대해서 사방으로 고르게 굵은 가지를 배치하는 동시에 상하(上下)로도 적당한 간격으로 자리잡도록 한다.

해설

- 수형을 고려할 때 상부는 깊게, 하부는 얕게 전정하는 것이 좋다.

0502 / 1004

467 Repetitive Learning (1회 2회 3회)

추위에 의하여 나무의 줄기 또는 수피가 수선 방향으로 갈라지는 현상을 무엇이라 하는가?

① 고사 ② 피소
③ 상렬 ④ 괴사

해설

- ①은 말라죽는 현상을 말한다.
- ②는 여름철 햇빛 스트레스로 인해 수목이 피해를 입는 것을 말한다.
- ④는 기관, 조직, 세포 등의 생체 일부가 죽는 현상을 말한다.

461 ④ 462 ② 463 ④ 464 ① 465 ④ 466 ① 467 ③ 정답

0405 / 0702

468 Repetitive Learning 1회 2회 3회

다음 다듬어야 할 가지들 중 얽힌 가지는?

① 1 ② 2
③ 3 ④ 4

해설

• ①은 줄기에 돋은 가지, ②는 얽힌 가지, ③과 ④는 웃자란 가지이다.

0601 / 1202

469 Repetitive Learning 1회 2회 3회

다음 중 수목의 굵은 가지치기 방법으로 옳지 않은 것은?

① 잘라낼 부위는 먼저 가지의 밑동으로부터 10 ~ 15cm 부위를 위에서부터 아래까지 내리자른다.
② 잘라낼 부위는 아래쪽에 가지 굵기의 1/3 정도 깊이까지 톱자국을 먼저 만들어 놓는다.
③ 톱을 돌려 아래쪽에 만들어 놓은 상처보다 약간 높은 곳을 위에서부터 내리자른다.
④ 톱으로 자른 자리의 거친 면은 손칼로 깨끗이 다듬는다.

해설

• 굵은 가지는 가지터기를 남기지 않고 바짝 자르는 것이 좋으며 이때 가지 밑살은 약간 남겨둔다.

0801 / 1204

470 Repetitive Learning 1회 2회 3회

상해(霜害)의 피해와 관련된 설명으로 틀린 것은?

① 분지를 이루고 있는 우묵한 지형에 상해가 심하다.
② 성목보다 유령목에 피해를 받기 쉽다.
③ 일차(日差)가 심한 남쪽 경사면보다 북쪽 경사면이 피해가 심하다.
④ 건조한 토양보다 과습한 토양에서 피해가 많다.

해설

• 북쪽보다는 일차(日差)가 심한 남쪽 경사면, 큰 나무보다 어린나무, 건조토양보다 습한 토양에서의 피해가 심하다.

0305 / 1401

471 Repetitive Learning 1회 2회 3회

전정도구 중 주로 연하고 부드러운 가지나 수관 내부의 가늘고 약한 가지를 자를 때와 꽃꽂이를 할 때 흔히 사용하는 것은?

① 대형전정가위
② 적심가위 또는 순치기가위
③ 적화, 적과가위
④ 조형전정가위

해설

• ①과 ④는 수관 전체를 어떤 모양이나 형태로 연출해 낼 때 사용한다.
• ③은 꽃눈이나 열매를 솎을 때, 과일 수확 시에 사용한다.

0201 / 0601

472 Repetitive Learning 1회 2회 3회

추위로 줄기 밑 수피가 얼어터져 세로 방향의 금이 생겨 말라죽는 경우가 생기는 수종은?

① 단풍나무 ② 은행나무
③ 버즘나무 ④ 소나무

해설

• 상렬의 피해란 추위로 줄기 밑 수피가 얼어터져 세로 방향의 금이 생겨 말라죽는 경우로 수피가 얇은 수종(산딸기나무, 단풍나무 등)에서 많이 발생한다.

0202 / 0905

473 Repetitive Learning 1회 2회 3회

정원수 이용 분류상 다음의 설명에 해당되는 것은?

• 가지 다듬기에 잘 견딜 것
• 아랫가지가 말라 죽지 않을 것
• 잎이 아름답고 가지가 치밀할 것

① 가로수 ② 녹음수
③ 방풍수 ④ 생울타리

해설

• 잎이 아름답고, 가지가 치밀해야 외부로부터 눈가림을 할 수 있어서 생울타리에 적합하다.

정답 | 468 ② 469 ① 470 ③ 471 ② 472 ① 473 ④

0202 / 0705 / 0901 / 1104

474 Repetitive Learning (1회 2회 3회)

수목 줄기의 썩은 부분을 도려내고 구멍에 충진 수술을 하고자 할 때 가장 효과적인 시기는?

① 1 ~ 3월　② 5 ~ 8월
③ 10 ~ 12월　④ 시기는 상관없다.

해설
• 수술적기는 형성층이 쉽게 분리되지 않고 노출된 형성층이 유합조직을 왕성하게 만드는 여름철이다.

0501 / 0902

475 Repetitive Learning 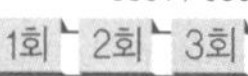

수피가 얇은 나무에서 햇빛에 의해 수피가 타는 것을 방지하기 위하여 실시해야 하는 작업은?

① 수관주사주입　② 낙엽깔기
③ 줄기싸기　④ 받침대 세우기

해설
• 수피가 얇은 나무에서 햇빛에 의해 수피가 타는 것을 방지하기 위하여 실시하는 작업은 줄기싸기 혹은 수간감기라고 한다.

0305 / 0802

476 Repetitive Learning 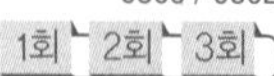

산울타리용 수종의 조건이라고 할 수 없는 것은?

① 성질이 강하고 아름다울 것
② 적당한 높이의 아랫가지가 쉽게 마를 것
③ 가급적 상록수로서 잎과 가지가 치밀할 것
④ 맹아력이 커서 다듬기 작업에 잘 견딜 것

해설
• 산울타리용 수종은 아랫가지가 말라죽지 않아야 한다.

0302 / 0405 / 1504

477 Repetitive Learning 

다음 중 산울타리 수종으로 적합하지 않은 것은?

① 편백　② 무궁화
③ 단풍나무　④ 쥐똥나무

해설
• 생울타리용으로 적합한 수종은 측백나무, 편백나무, 가이즈카향나무(상록침엽교목), 꽝꽝나무, 호랑가시나무, 사철나무(상록활엽관목), 쥐똥나무, 개나리, 명자나무, 무궁화, 탱자나무(낙엽활엽관목) 등이다.

0402 / 0805

478 Repetitive Learning (1회 2회 3회)

산울타리용으로 사용하기에 적절하지 않은 수종은?

① 꽝꽝나무　② 탱자나무
③ 후박나무　④ 측백나무

해설
• 생울타리용으로 적합한 수종은 측백나무, 편백나무, 가이즈카향나무(상록침엽교목), 꽝꽝나무, 호랑가시나무, 사철나무(상록활엽관목), 쥐똥나무, 개나리, 명자나무, 무궁화, 탱자나무(낙엽활엽관목) 등이다.

0601 / 0702 / 1202

479 Repetitive Learning (1회 2회 3회)

산울타리에 적합하지 않은 식물 재료는?

① 무궁화　② 측백나무
③ 느릅나무　④ 꽝꽝나무

해설
• 생울타리용으로 적합한 수종은 측백나무, 편백나무, 가이즈카향나무(상록침엽교목), 꽝꽝나무, 호랑가시나무, 사철나무(상록활엽관목), 쥐똥나무, 개나리, 명자나무, 무궁화, 탱자나무(낙엽활엽관목) 등이다.

0402 / 0705

480 Repetitive Learning (1회 2회 3회)

산울타리를 조성할 때 맹아력이 가장 강한 수종은?

① 녹나무　② 이팝나무
③ 소나무　④ 개나리

해설
• 개나리는 산울타리용 수종 중 맹아력이 가장 강하다.

0505 / 1104

481 Repetitive Learning (1회 2회 3회)

울타리는 종류나 쓰이는 목적에 따라 높이가 다른데 일반적으로 사람의 침입을 방지하기 위한 울타리의 경우 높이는 어느 정도가 가장 적당한가?

① 20 ~ 30cm　② 50 ~ 60cm
③ 80 ~ 100cm　④ 180 ~ 200cm

해설
• 적극적 침입방지 기능일 경우 최소 1.5m 이상, 사람의 침입을 방지하기 위해서는 180 ~ 200cm가 적당하다.

474 ②　475 ③　476 ②　477 ③　478 ③　479 ③　480 ④　481 ④ | 정답

0705 / 1402

482 Repetitive Learning 1회 2회 3회

가로수가 갖추어야 할 조건이 아닌 것은?

① 공해에 강한 수목
② 답압에 강한 수목
③ 지하고가 낮은 수목
④ 이식에 잘 적응하는 수목

해설

- 지하고가 사람이나 차량이 다니기에 불편함이 없도록 높은 수목이어야 한다.

0401 / 1205

483 Repetitive Learning 1회 2회 3회

가로수로서 갖추어야 할 조건을 기술한 것 중 옳지 않은 것은?

① 사철 푸른 상록수
② 각종 공해에 잘 견디는 수종
③ 강한 바람에도 잘 견딜 수 있는 수종
④ 여름철 그늘을 만들고 병해충에 잘 견디는 수종

해설

- 가로수가 사철 푸른 상록수이어야 하는 것은 아니다.

0705 / 1604

484 Repetitive Learning 1회 2회 3회

줄기가 아래로 늘어지는 생김새의 수간을 가진 나무의 모양을 무엇이라 하는가?

① 쌍간　② 다간
③ 직간　④ 현애

해설

- ①은 주간의 본수가 2개로 나란한 형태의 직간형이다.
- ②는 주간의 본수가 5개 이상인 형태의 직간형이다.
- ③은 수목의 주긴이 지표면에서 나무의 끝부분까지 똑바로 자란 형태로 단간, 쌍간, 다간이 있다.

0202 / 1302

485 Repetitive Learning 1회 2회 3회

눈이 트기 전 가지의 여러 곳에 자리 잡은 눈 가운데 필요로 하지 않은 눈을 따버리는 작업을 무엇이라 하는가?

① 순지르기　② 열매따기
③ 눈따기　④ 가지치기

해설

- ①의 순지르기는 소나무 등에서 발육과 생장을 억제해서 수형을 형성시키기 위한 전정(가지 다듬기)이다.
- ③은 신초가 발육하기 전에 일부의 잎눈을 제거함으로써 전체적으로 작물의 생장을 촉진하는 방법이다.

0705 / 1201

486 Repetitive Learning 1회 2회 3회

다음 중 수목을 기하학적인 모양으로 수관을 다듬어 만든 수형을 가리키는 용어는?

① 정형수　② 형상수
③ 경관수　④ 녹음수

해설

- ①은 인위적으로 사용목적에 어울리는 수형으로 만들어 낸 것을 말한다.
- ③은 일정한 외관을 위한 나무이다.
- ④는 잎으로 넓은 그늘을 만드는 나무이다.

0305 / 1501

487 Repetitive Learning 1회 2회 3회

토피어리(Topiary)란?

① 분수의 일종　② 형상수(形狀樹)
③ 조각된 정원석　④ 휴게용 그늘막

해설

- 토피어리란 수목을 기하학적인 모양으로 수관을 다듬어 만든 수형, 형상수를 말한다.

0401 / 0705 / 1401

488 Repetitive Learning 1회 2회 3회

다음 중 소나무의 순지르기 방법으로 가장 거리가 먼 것은?

① 수세가 좋거나 어린나무는 다소 빨리 실시하고, 노목이나 약해 보이는 나무는 5～7일 늦게 한다.
② 손으로 순을 따 주는 것이 좋다.
③ 5～6월경에 새순이 5～10cm 자랐을 때 실시한다.
④ 자라는 힘이 지나치다고 생각될 때에는 1/3～1/2 정도 남겨두고 끝부분을 따버린다.

해설

- 노목이나 약해 보이는 나무는 다소 빨리 실시하고, 수세가 좋거나 어린나무는 5～7일 늦게 한다.

정답 | 482 ③ 483 ① 484 ④ 485 ③ 486 ② 487 ② 488 ①

0805 / 1302

489 Repetitive Learning 1회 2회 3회

다음과 같은 특성을 지닌 정원수는?

- 형상수로 많이 이용되고, 가을에 열매가 붉게 된다.
- 내음성이 강하며, 비옥지에서 잘 자란다.

① 주목　② 쥐똥나무
③ 화살나무　④ 산수유

해설
- ③은 노박덩굴과의 낙엽활엽관목으로 음수이고 붉은색 단풍이 아름답다.
- ②, ④는 양수로 내음성이 약하다.

0202 / 0301 / 1202 / 1205 / 1602

490 Repetitive Learning 1회 2회 3회

형상수(Topiary)를 만들기에 가장 적합한 수종은?

① 주목　② 단풍나무
③ 개벚나무　④ 전나무

해설
- 형상수 만들기에 좋은 나무는 맹아력이 우수한 향나무, 주목이 대표적이다.

0305 / 0901

491 Repetitive Learning 1회 2회 3회

소나무 이식 후 줄기에 새끼를 감고 진흙을 바르는 가장 주된 목적은?

① 건조로 말라죽는 것을 막기 위하여
② 줄기가 햇빛에 타는 것을 막기 위하여
③ 추위에 얼어 죽는 것을 막기 위하여
④ 소나무좀의 피해를 예방하기 위하여

해설
- 궁극적으로는 소나무좀의 침입을 막기 위해서이다.

0205 / 0805 / 1304

492 Repetitive Learning 1회 2회 3회

소나무의 순지르기, 활엽수의 잎 따기 등에 해당하는 전정법은?

① 생장을 돕기 위한 전정
② 생장을 억제하기 위한 전정
③ 생리를 조절하는 전정
④ 세력을 갱신하는 전정

해설
- 소나무의 순지르기, 활엽수의 잎 따기 등은 발육과 생장을 억제해서 수형을 형성시키기 위해 실시한다.

0402 / 0405 / 1301 / 1305

493 Repetitive Learning 1회 2회 3회

소나무류는 생장조절 및 수형을 바로잡기 위하여 순따기를 실시하는데 대략 어느 시기에 실시하는가?

① 3 ~ 4월　② 5 ~ 6월
③ 9 ~ 10월　④ 11 ~ 12월

해설
- 생장조절 및 수형을 바로잡기 위하여 순따기는 해마다 5 ~ 6월경 새순이 6 ~ 9cm 자라난 무렵에 실시한다.

0201 / 0502 / 1401

494 Repetitive Learning 1회 2회 3회

소나무류의 잎솎기는 어느 때 하는 것이 가장 좋은가?

① 12월경　② 2월경
③ 5월경　④ 8월경

해설
- 순따기가 끝나면 8월경에 잎솎기를 한다. 순따기만으로 순의 강약을 조절하기 충분하지 않아 잎을 조절하여 나무 전체의 균형을 유지한다.

0305 / 0904 / 1002

495 Repetitive Learning 1회 2회 3회

일반적으로 대형나무 및 경관적으로 중요한 곳에 설치하며, 나무줄기의 적당한 높이에서 고정한 와이어로프를 세 방향으로 벌려서 지하에 고정하는 지주설치 방법은?

① 삼발이형　② 당김줄형
③ 매몰형　④ 연결형

해설
- ①은 가장 안정되고 간단한 방법이지만 자리를 많이 차지해 통행인이 많은 곳에는 설치하기 힘들다.
- ③은 경관상 중요한 위치에 있는 지주목이 통행에 지장을 초래한다고 판단될 경우 설치한다.
- ④는 수고 1.2 ~ 4.5m의 동일한 규격의 수목을 연속적으로 모아 심었거나 줄지어 심었을 때 적합한 지주이다.

489 ① 490 ① 491 ④ 492 ② 493 ② 494 ④ 495 ② | 정답

0302 / 0901

496 Repetitive Learning 1회 2회 3회

소나무의 순따기(摘芯)에 관한 설명 중 틀린 것은?

① 해마다 4 ~ 6월경 새순이 6 ~ 9cm 자라난 무렵에 실시한다.
② 손끝으로 따주어야 하고, 가을까지 끝내면 된다.
③ 노목이나 약해 보이는 나무는 다소 빨리 실시한다.
④ 상장생장(上長生長)을 정지시키고, 곁눈의 발육을 촉진시킴으로써 새로 자라나는 가지의 배치를 고르게 한다.

해설
- 1주일 간격으로 3회에 걸쳐 가위나 손끝으로 아래서부터 잘라낸다.

0401 / 1002

497 Repetitive Learning 1회 2회 3회

지주목 설치 요령 중 적절하지 않은 것은?

① 지주목을 묶어야 할 나무줄기 부위는 타이어 튜브나 마대 혹은 새끼 등의 완충재를 감는다.
② 지주목의 아래는 뾰족하게 깎아서 땅속으로 30 ~ 50cm 정도의 깊이로 박는다.
③ 지상부의 지주는 페인트칠을 하는 것이 좋다.
④ 통행인이 많은 곳은 삼발이형, 적은 곳은 사각지주와 삼각지주가 많이 설치된다.

해설
- 삼발이 지주가 가장 안정되고 간단한 방법이지만 자리를 많이 차지해 통행인이 많은 곳에는 설치하기 힘들다. 통행인이 많은 곳은 삼각지주 또는 사각지주를 많이 설치한다.

0505 / 1502

498 Repetitive Learning 1회 2회 3회

동일한 규격의 수목을 연속적으로 모아 심었거나 줄지어 심었을 때 적합한 지주 설치법은?

① 단각지주 ② 이각지주
③ 삼각지주 ④ 연결형지주

해설
- ①은 묘목이나 수고 1.2m 이하의 수목에 설치한다.
- ②는 수고 1.2 ~ 2.5m의 소형목, 중형목에 주로 설치한다.
- ③은 수고 1.2 ~ 4.5m의 수목에 통행량이 많고 공간이 협소할 때 설치한다.

0302 / 1304

499 Repetitive Learning 1회 2회 3회

배롱나무, 장미 등과 같은 내한성이 약한 나무의 지상부를 보호하기 위하여 사용되는 가장 적절한 월동 조치법은?

① 흙묻기 ② 새끼감기
③ 연기씌우기 ④ 짚싸기

해설
- ②는 수목의 굴취(다른 장소로 옮겨심기 위해 캐내는 작업) 시 뿌리를 보호하기 위해 실시한다.

0305 / 1001

500 Repetitive Learning 1회 2회 3회

모과나무, 벽오동, 배롱나무 등의 수목에 사용하는 월동 방법으로 가장 적절한 것은?

① 흙묻기 ② 짚싸기
③ 연기씌우기 ④ 시비 조절하기

해설
- 주로 모과나무, 벽오동, 배롱나무, 장미 등 추위에 약한 나무의 지상부를 보호하기 위한 월동방법은 짚싸기이다.

정답 | 496 ② 497 ④ 498 ④ 499 ④ 500 ②

파트 3

2013 ~ 2016 기출문제

- 2013년 제1회 조경기능사 필기 기출문제(2013.01.27)
- 2013년 제2회 조경기능사 필기 기출문제(2013.04.14)
- 2013년 제4회 조경기능사 필기 기출문제(2013.07.21)
- 2013년 제5회 조경기능사 필기 기출문제(2013.10.12)
- 2014년 제1회 조경기능사 필기 기출문제(2014.01.26)
- 2014년 제2회 조경기능사 필기 기출문제(2014.04.06)
- 2014년 제4회 조경기능사 필기 기출문제(2014.07.20)
- 2014년 제5회 조경기능사 필기 기출문제(2014.10.11)
- 2015년 제1회 조경기능사 필기 기출문제(2015.01.25)
- 2015년 제2회 조경기능사 필기 기출문제(2015.04.04)
- 2015년 제4회 조경기능사 필기 기출문제(2015.07.19)
- 2015년 제5회 조경기능사 필기 기출문제(2015.10.10)
- 2016년 제1회 조경기능사 필기 기출문제(2016.01.24)
- 2016년 제2회 조경기능사 필기 기출문제(2016.04.02)
- 2016년 제4회 조경기능사 필기 기출문제(2016.07.10)

2013년 제1회

2013년 1월 27일 필기

13년 1회차 필기시험
합격률 37.4%

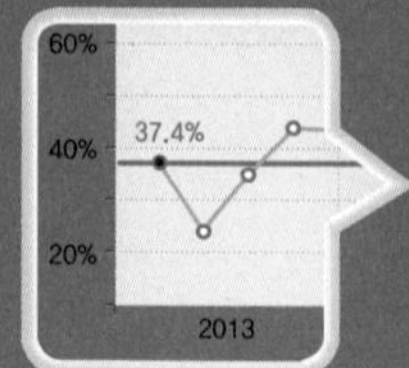

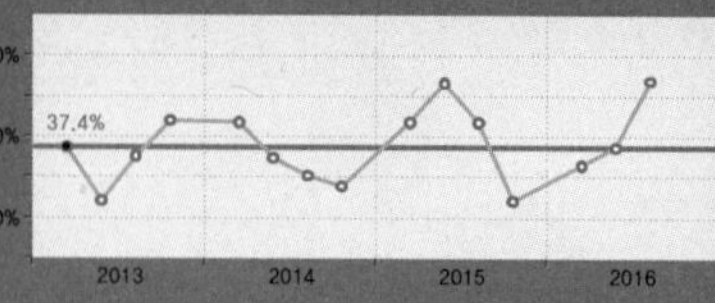

01
Repetitive Learning 1회 2회 3회

다음 중 조선시대 중엽 이후에 정원양식에 가장 큰 영향을 미친 사상은?

① 음양오행설 ② 신선설
③ 자연복귀설 ④ 임천회유설

해설

- 음양오행설과 풍수지리설 그리고 유교의 영향으로 조선시대에 후원양식이 발전하였다.

02
Repetitive Learning 1회 2회 3회

다음 중 일본에서 가장 먼저 발달한 정원 양식은?

① 고산수식 ② 회유임천식
③ 다정식 ④ 축경식

해설

- 일본 정원 양식은 회유임천식→축산고산수식→평정고산수식→다정식 순으로 발달했다.

03
Repetitive Learning 1회 2회 3회

통일신라 문무왕 14년에 중국의 무산 12봉을 본 따 산을 만들고 화초를 심었던 정원은?

① 비원 ② 안압지
③ 소쇄원 ④ 향원지

해설

- 통일신라 문무왕 14년에 만들어진 우리나라 조경 가운데 가장 오래된 조경은 안압지이다.
- ①은 조선시대 창덕궁 후원을 말한다.
- ②는 전남 담양에 위치한 조선시대 별서정원이다.
- ④는 조선 고종이 건청궁을 지을 때 판 연못이다.

04
Repetitive Learning 1회 2회 3회

공공의 조경이 크게 부각되기 시작한 때는?

① 고대 ② 중세
③ 근세 ④ 군주시대

해설

- 조경은 기원전부터 시작되었지만 공공의 조경은 19세기 초에 부각되기 시작하였다.

05
Repetitive Learning 1회 2회 3회

골프장에서 우리나라 들잔디를 사용하기가 가장 어려운 지역은?

① 페어웨이 ② 러프
③ 티 ④ 그린

해설

- 들잔디는 잎이 상대적으로 억세 공이 구르지 않아 그린용으로 사용하기 적합하지 않다.

06
Repetitive Learning 1회 2회 3회

우리나라의 산림대별 특징 수종 중 식물의 분류학상 한대림(Cold Temperate Forest)에 해당되는 것은?

① 아왜나무, 소나무 ② 구실잣밤나무
③ 붉가시나무 ④ 잎갈나무

해설

- ①의 아왜나무는 인동과에 속하는 상록소교목으로 난대 수종이다.
- ②는 참나무과에 속하는 상록활엽교목으로 난대 수종이다.
- ③은 추위에 약해 남부지방, 제주도에서 자라는 참나무과 상록교목이다.

01 ① 02 ② 03 ② 04 ③ 05 ④ 06 ④ 정답

07 Repetitive Learning (1회 2회 3회)

다음 중 몰(mall)에 대한 설명으로 옳지 않은 것은?

① 도시환경을 개선하는 한 방법이다.
② 차량은 전혀 들어갈 수 없게 만들어진다.
③ 보행자 위주의 도로이다.
④ 원래의 뜻은 나무그늘이 있는 산책길이란 뜻이다.

해설
- 관련 규제에 의해 차량이 들어갈 수 없는 몰도 있고, 차량이 들어갈 수 있는 몰도 있다.

08 Repetitive Learning (1회 2회 3회)

프랑스의 르노트르(Le Notre)가 유학하여 조경을 공부한 나라는?

① 이탈리아 ② 영국
③ 미국 ④ 스페인

해설
- 르노트르는 이탈리아에 유학하여 조경을 공부하였다.

09 Repetitive Learning (1회 2회 3회)

조경의 대상을 기능별로 분류해 볼 때 「자연공원」에 포함되는 것은?

① 묘지공원 ② 휴양지
③ 군립공원 ④ 경관녹지

해설
- ①은 도시공원에 속한다.

10 Repetitive Learning (1회 2회 3회)

목재의 심재와 변재에 관한 설명으로 옳지 않은 것은?

① 심재는 수액의 통로이며 양분의 저장소이다.
② 심재의 색깔은 짙으며 변재의 색깔은 비교적 엷다.
③ 심재는 변재보다 단단하여 강도가 크고 신축 등 변형이 적다.
④ 변재는 심재 외측과 수피 내측 사이에 있는 생활세포의 집합이다.

해설
- ①은 변재에 대한 설명이다.

0802

11 Repetitive Learning (1회 2회 3회)

다음 중 중국 4대 명원(四大名園)에 포함되지 않는 것은?

① 작원 ② 사자림
③ 졸정원 ④ 창랑정

해설
- 4대 명원이라 불리는 것은 쑤저우의 4대 명원으로 창랑정, 졸정원, 유원, 사자림을 들 수 있다.

12 Repetitive Learning (1회 2회 3회)

다음 중 경복궁 교태전 후원과 관계없는 것은?

① 화계가 있다.
② 상량전이 있다.
③ 아미산이라 칭한다.
④ 굴뚝은 육각형이 4개가 있다.

해설
- ②는 창덕궁에 있다.

13 Repetitive Learning (1회 2회 3회)

다음 조경용 소재 및 시설물 중에서 평면적 재료에 가장 적합한 것은?

① 잔디 ② 조경 수목
③ 퍼걸러 ④ 분수

해설
- ②, ③, ④는 모두 입체적 재료에 해당한다.

14 Repetitive Learning (1회 2회 3회)

콘크리트용 혼화재로 실리카 흄(Silica Fume)을 사용한 경우 효과에 대한 설명으로 잘못된 것은?

① 내화학약품성이 향상된다.
② 단위수량과 건조수축이 감소된다.
③ 알칼리골재반응의 억제효과가 있다.
④ 콘크리트의 재료분리 저항성, 수밀성이 향상된다.

해설
- ②는 혼화재료 중 플라이애시에 대한 설명이다.

정답 | 07 ② 08 ① 09 ③ 10 ① 11 ① 12 ② 13 ① 14 ②

15 Repetitive Learning (1회 2회 3회)

도시공원 및 녹지 등에 관한 법률에 의한 어린이공원의 기준에 관한 설명으로 옳은 것은?

① 유치거리는 500m 이하로 제한한다.
② 1개소 면적은 1,200m^2 이상으로 한다.
③ 공원시설 부지면적은 전체 면적의 60% 이하로 한다.
④ 공원구역 경계로부터 500m 이내에 거주하는 주민 250명 이상의 요청시 어린이공원조성계획의 정비를 요청할 수 있다.

해설

- 설치기준에는 제한이 없으며, 유치거리는 250m 이하, 규모는 1,500m^2 이상으로 한다.
- 공원구역 경계로부터 250m 이내에 거주하는 주민 500명 이상은 어린이공원조성계획의 정비를 요청할 수 있다.

16 Repetitive Learning (1회 2회 3회)

디자인 요소를 같은 양, 같은 간격으로 일정하게 되풀이하여 움직임과 율동감을 느끼게 하는 것으로 리듬의 유형 중 가장 기본적인 것은?

① 반복 ② 점층
③ 방사 ④ 강조

해설

- ②는 회화에 있어서의 농담법과 같은 수법으로 화단의 풀꽃을 엷은 빛깔에서 점점 짙은 빛깔로 맞추어 나갈 때 생기는 아름다움을 말한다.
- ④는 동질의 요소 사이에 상반되는 것을 삽입하여 통일감을 주는 아름다움을 말한다.

17 Repetitive Learning (1회 2회 3회)

계단의 설계 시 고려해야 할 기준으로 옳지 않은 것은?

① 계단의 경사는 최대 30～35°가 넘지 않도록 해야 한다.
② 단 높이를 H, 단 너비를 B로 할 때 2H+B=60～65cm가 적당하다.
③ 진행 방향에 따라 중간에 1인용일 때 단 너비 90～110cm 정도의 계단참을 설치한다.
④ 계단의 높이가 5m 이상이 될 때에만 중간에 계단참을 설치한다.

해설

- 높이 2m를 넘는 계단에는 2m 이내마다 당해 계단의 유효폭 이상의 폭으로 너비 120cm 이상인 참을 둔다.

18 Repetitive Learning (1회 2회 3회)

다음 중 조경에 관한 설명으로 옳지 않은 것은?

① 주택의 정원을 꾸미는 것만 말한다.
② 경관을 보존, 정비하는 종합과학이다.
③ 우리의 생활환경을 정비하고 미화하는 일이다.
④ 국토 전체 경관의 보존, 정비를 과학적이고 조형적으로 다루는 기술이다.

해설

- 좁은 의미에서의 조경은 주택뿐 아니라 다양한 형태와 크기의 정원을 만드는 것이고, 넓은 의미에서는 정원 뿐 아니라 광범위한(전 국토) 경관의 보존 및 정비를 과학적이고 조형적으로 다루는 기술을 말한다.

19 Repetitive Learning (1회 2회 3회)

다음 중 열경화성 수지의 종류와 특징에 대한 설명이 옳지 않은 것은?

① 페놀수지 : 강도 · 전기전열성 · 내산성 · 내수성 모두 양호하나 내알칼리성이 약하다.
② 멜라민수지 : 요소수지와 같으나 경도가 크고 내수성은 약하다.
③ 우레탄수지 : 투광성이 크고 내후성이 양호하며 착색이 자유롭다.
④ 실리콘수지 : 열절연성이 크고 내약품성 · 내후성이 좋으며 전기적 성능이 우수하다.

해설

- ③은 열가소성 수지인 아크릴수지에 대한 설명이다.

20 Repetitive Learning (1회 2회 3회)

점토, 석영, 장석, 도석 등을 원료로 하여 적당한 비율로 배합한 다음 높은 온도로 가열하여 유리화될 때까지 충분히 구워 굳힌 제품으로서, 대개 흰색 유리질로 반투명하여 흡수성이 없고 기계적 강도가 크며, 때리면 맑은 소리를 내는 것은?

① 토기 ② 자기
③ 도기 ④ 석기

해설

- ①은 흡수율이 20% 이상으로 점토 제품 중 높은 편이다.
- ③은 흡수율이 10% 정도이다.
- ④는 흡수율이 5% 내외로 낮은 편이다.

15 ③ 16 ① 17 ④ 18 ① 19 ③ 20 ② | 정답

21 Repetitive Learning (1회 2회 3회)

목재가 통상 대기의 온도, 습도와 평형된 수분을 함유한 상태의 함수율은?

① 약 7% ② 약 15%
③ 약 20% ④ 약 30%

해설

- 통상 대기의 온도, 습도와 평형된 수분을 함유한 상태는 기건비중의 상태로 이때의 목재의 함수율은 약 15% 정도이다.

22 Repetitive Learning (1회 2회 3회)

구조재료의 용도상 필요한 물리 · 화학적 성질을 강화시키고, 미관을 증진시킬 목적으로 재료의 표면에 피막을 형성시키는 액체 재료를 무엇이라고 하는가?

① 도료 ② 착색
③ 강도 ④ 방수

해설

- ②는 물을 들이거나 색을 칠하여 빛깔이 나게 하는 것으로 도료의 기능을 의미한다.

0302 / 0405 / 0505 / 1401

23 Repetitive Learning (1회 2회 3회)

겨울 화단에 식재하여 활용하기 가장 적합한 식물은?

① 팬지 ② 마리골드
③ 달리아 ④ 꽃양배추

해설

- ①은 가을에 씨를 뿌리면 이른 봄에 꽃이 피는 1년 초화류이다.
- ②는 초여름부터 서리 내리기 전까지 꽃을 피우는 국화과 식물이다.
- ③은 7월에 꽃이 피고, 10월에 꽃이 지는 대표적인 가을꽃이다.

24 Repetitive Learning (1회 2회 3회)

다음 목재 접착제 중 내수성이 큰 순서대로 바르게 나열된 것은?

① 요소수지 > 아교 > 페놀수지
② 아교 > 페놀수지 > 요소수지
③ 페놀수지 > 요소수지 > 아교
④ 아교 > 요소수지 > 페놀수지

해설

- 합성수지 접착제의 내수성 크기는 실리콘>에폭시>페놀>멜라민>요소>아교의 순이다.

25 Repetitive Learning (1회 2회 3회)

수목의 규격을 'H x W'로 표시하는 수종으로만 짝지어진 것은?

① 소나무, 느티나무 ② 회양목, 장미
③ 주목, 철쭉 ④ 백합나무, 향나무

해설

- ①의 소나무는 H×W×R, 느티나무는 H×R로 표시한다.
- ②의 장미는 관목으로 H×W×가지수로 표시한다.
- ④의 백합은 관목으로 H×R로 표시한다.

26 Repetitive Learning (1회 2회 3회)

다음 중 석탄을 235 ~ 315℃에서 고온건조하여 얻은 타르 제품으로서 독성이 적고 자극적인 냄새가 있는 유성 목재 방부제는?

① 콜타르 ② 크레오소트유
③ 플루오린화나트륨 ④ 펜타클로로페놀

해설

- ①은 석탄이나 코크스 등을 가열한 후 수분을 제거하여 정제한 물질로 방부제로도 이용되나, 크레오소트유에 비하여 효과가 떨어진다.
- ③은 수산화나트륨 또는 탄산나트륨을 불산으로 중화하여 만드는 무색의 결정으로 충치 치료에 사용된다.
- ④는 목재의 유용성 방부제로서 자극적인 냄새 등으로 인체에 피해를 주기도 하여 사용이 규제되고 있다.

27 Repetitive Learning (1회 2회 3회)

다음 중 목재 내 할렬(Check)은 어느 때 발생하는가?

① 목재의 부분별 수축이 다를 때
② 건조 초기에 상태습도가 높을 때
③ 함수율이 높은 목재를 서서히 건조할 때
④ 건조응력이 목재의 횡인장강도 보다 클 때

해설

- 목재의 할렬(갈라짐)은 건조응력이 목재의 횡인장강도보다 클 때 발생한다.

정답 | 21 ② 22 ① 23 ④ 24 ③ 25 ③ 26 ② 27 ④

28

Repetitive Learning (1회 2회 3회)

정적인 상태의 수경경관을 도입하고자 할 때 바른 것은?

① 하천　② 계단 폭포
③ 호수　④ 분수

해설

- ①, ②, ④는 모두 동적인 수경경관에 해당한다.

29

Repetitive Learning (1회 2회 3회)

다음 석재 중 일반적으로 내구연한이 가장 짧은 것은?

① 석회암　② 화강석
③ 대리석　④ 석영암

해설

- ②는 조직이 균질하고 내구성 및 강도가 큰 편이며, 외관이 아름다운 장점이 있는 반면 내화성이 작아 고열을 받는 곳에는 적합하지 않다.
- ③은 강도가 높고, 석질이 치밀하고 연마하면 아름다운 광택을 내므로 실내장식재, 조각재로 많이 사용되는 석재이다.
- ④는 석영으로 이루어진 화산암으로 광택을 낼 수 있어 장식용 석재로 사용되고 있다.

30

Repetitive Learning (1회 2회 3회)

여름철에 강한 햇빛을 차단하기 위해 식재되는 수목을 가리키는 것은?

① 녹음수　② 방풍수
③ 차폐수　④ 방음수

해설

- ②는 바람을 막아주는 역할을 하는 나무를 말한다.
- ③은 외부의 시선을 막아주는 역할을 하는 나무를 말한다.
- ④는 소음을 막아주는 역할을 하는 나무를 말한다.

31

Repetitive Learning (1회 2회 3회)

건물 주위에 식재 시 양수와 음수의 조합으로 되어 있는 수종들은?

① 눈주목, 팔손이나무
② 사철나무, 전나무
③ 자작나무, 개비자나무
④ 일본잎갈나무, 향나무

해설

- ③에서 자작나무는 강양수, 개비자나무는 강음수에 해당하여 양수와 음수의 조합이다.
- ①은 둘 다 강음수에 해당한다.
- ②에서 사철나무는 강음수, 전나무는 음수에 해당한다.
- ④는 둘 다 양수에 해당한다.

32

Repetitive Learning (1회 2회 3회)

다음 중 조경수의 이식에 대한 적응이 가장 쉬운 수종은?

① 벽오동　② 전나무
③ 섬잣나무　④ 가시나무

해설

- ②, ③, ④는 모두 이식이 어려운 수종이다.

33

Repetitive Learning (1회 2회 3회)

다음 중 낙우송의 설명으로 옳지 않은 것은?

① 잎은 5～10cm 길이로 마주나는 대생이다.
② 소엽은 편평한 새의 깃 모양으로서 가을에 단풍이 든다.
③ 열매는 둥근 달걀 모양으로 길이 2～3cm 지름 1.8～3.0cm의 암갈색이다.
④ 종자는 삼각형의 각모에 광택이 있으며 날개가 있다.

해설

- 잎은 깃모양으로 갈라진 선상피침형으로 잎과 잔가지가 모두 어긋나게 난다.

34

Repetitive Learning (1회 2회 3회)

다음 설명하는 잡초로 옳은 것은?

- 일년생 광엽잡초
- 논잡초로 많이 발생할 경우는 기계수확이 곤란
- 줄기 기부가 비스듬히 땅을 기며 뿌리가 내리는 잡초

① 메꽃　② 한련초
③ 가막사리　④ 사마귀풀

해설

- ①은 메꽃과의 여러해살이풀이다.
- ②는 국화과의 여러해살이풀이다.
- ③은 국화과의 한해살이풀로 줄기가 곧게 선다.

28 ③　29 ①　30 ①　31 ③　32 ①　33 ①　34 ④ | 정답

35 Repetitive Learning (1회 2회 3회)

두께 15cm 미만이며, 폭이 두께의 3배 이상인 판 모양의 석재를 무엇이라고 하는가?

① 각석 ② 판석
③ 마름돌 ④ 견치돌

해설
- ①은 각이 진 돌로 폭이 두께의 3배 미만의 돌을 말한다.
- ③은 석재 중에서 가장 고급품으로 주로 미관을 요구하는 돌쌓기 등에 사용된다.
- ④는 돌을 뜰 때 앞면, 뒷면, 길이, 접촉부 등의 치수를 지정해서 깨낸 돌을 말한다.

36 Repetitive Learning (1회 2회 3회)

강(鋼)과 비교한 알루미늄의 특징에 대한 내용 중 옳지 않은 것은?

① 강도가 작다. ② 비중이 작다.
③ 열팽창률이 작다. ④ 전기 전도율이 높다.

해설
- 알루미늄은 강에 비해 열팽창률이 크다.

37 Repetitive Learning (1회 2회 3회)

다음 제초제 중 잡초와 작물 모두를 살멸시키는 비선택성 제초제는?

① 디캄바액제 ② 글리포세이트액제
③ 펜티온유제 ④ 에테폰액제

해설
- ①은 호르몬형 침투이행성의 선택성 제초제로 콩과식물은 고사된다.
- ③은 종자소독제이다.
- ④는 생장조절제이다.

38 Repetitive Learning (1회 2회 3회)

경석(景石)의 배석(配石)에 대한 설명으로 옳은 것은?

① 원칙적으로 정원 내에 눈에 뜨이지 않는 곳에 두는 것이 좋다.
② 차경(借景)의 정원에 쓰면 유효하다.
③ 자연석보다 다소 가공하여 형태를 만들어 쓰도록 한다.
④ 입석(立石)인 때에는 역삼각형으로 놓는 것이 좋다.

해설
- ① : 경석은 시선이 집중하기 쉬운 곳, 시선을 유도해야 할 곳에 앉힌다.
- ③ : 가공석보다는 자연석을 사용한다.

0402 / 0405 / 1305

39 Repetitive Learning (1회 2회 3회)

소나무류는 생장조절 및 수형을 바로잡기 위하여 순따기를 실시하는데 대략 어느 시기에 실시하는가?

① 3 ~ 4월 ② 5 ~ 6월
③ 9 ~ 10월 ④ 11 ~ 12월

해설
- 생장조절 및 수형을 바로잡기 위하여 순따기는 해마다 5 ~ 6월경 새순이 6 ~ 9cm 자라난 무렵에 실시한다.

0405

40 Repetitive Learning (1회 2회 3회)

다음 가지다듬기 중 생리조정을 위한 가지다듬기는?

① 병 · 해충 피해를 입은 가지를 잘라 내었다.
② 향나무를 일정한 모양으로 깎아 다듬었다.
③ 늙은 가지를 젊은 가지로 갱신하였다
④ 이식한 정원수의 가지를 알맞게 잘라 냈다.

해설
- 정원수를 이식할 때 가지와 잎을 적당히 잘라 주는 것은 수목의 생리를 조정하기 위함이다.

41 Repetitive Learning (1회 2회 3회)

잔디밭을 조성하려 할 때 뗏장 붙이는 방법으로 틀린 것은?

① 뗏장붙이기 전에 미리 땅을 갈고 정지(整地)하여 밑거름을 넣는 것이 좋다.
② 뗏장 붙이는 방법에는 전면붙이기, 어긋나게붙이기, 줄붙이기 등이 있다.
③ 줄붙이기나 어긋나게붙이기는 뗏장을 절약하는 방법이지만, 아름다운 잔디밭이 완성되기까지에는 긴 시간이 소요된다.
④ 경사면에는 평떼 전면붙이기를 시행한다.

해설
- 경사면의 시공은 줄붙이기로 시행한다.

정답 | 35 ② 36 ③ 37 ② 38 ② 39 ② 40 ④ 41 ④

1402

42 Repetitive Learning 1회 2회 3회

평판을 정치(세우기)하는데 오차에 가장 큰 영향을 주는 항목은?

① 수평맞추기(정준) ② 중심맞추기(구심)
③ 방향맞추기(표정) ④ 모두 같다

해설
• 평판을 정치 즉, 일정한 방향으로 맞추는 것은 표정에 해당한다.

1205

43 Repetitive Learning 1회 2회 3회

조경설계기준상 공동으로 사용되는 계단의 경우 높이가 2m를 넘는 계단에는 2m 이내마다 당해 계단의 유효폭 이상의 폭으로 너비 얼마 이상의 참을 두어야 하는가? (단, 단높이는 18cm 이하, 단너비는 26cm 이상이다)

① 70cm ② 80cm
③ 100cm ④ 120cm

해설
• 높이 2m를 넘는 계단에는 2m 이내마다 당해 계단의 유효폭 이상의 폭으로 너비 120cm 이상인 계단참을 둔다.

44 Repetitive Learning 1회 2회 3회

시멘트의 각종 시험과 연결이 옳은 것은?

① 비중시험 – 길모아 장치
② 분말도시험 – 루사델리 비중병
③ 응결시험 – 블레인법
④ 안정성시험 – 오토클레이브

해설
• ①의 비중시험은 르샤틀리에 비중병과 항온수조를 이용한다.
• ②의 분말도시험은 브레인 공기투과장치를 이용한다.
• ③의 응결시험은 비카트침을 이용한다.

45 Repetitive Learning 1회 2회 3회

조형(造形)을 목적으로 한 전정을 가장 잘 설명한 것은?

① 고사지 또는 병지를 제거한다.
② 밀생한 가지를 솎아준다.
③ 도장지를 제거하고 곁가지를 조정한다.
④ 나무 원형의 특징을 살려 다듬는다.

해설
• 조형을 위한 전정은 나무의 특징을 살려 아름답게 하는데 목적이 있다.

46 Repetitive Learning 1회 2회 3회

다음 중 식엽성(食葉性) 해충이 아닌 것은?

① 솔나방 ② 텐트나방
③ 복숭아명나방 ④ 미국흰불나방

해설
• ③은 유충이 사과, 복숭아, 살구, 밤 등의 과실을 가해한다.

0401

47 Repetitive Learning 1회 2회 3회

다져진 잔디밭에 공기 유통이 잘되도록 구멍을 뚫는 기계는?

① 소드 바운드(Sod Bound)
② 론 모우어(Lawn Mower)
③ 론 스파이크(Lawn Spike)
④ 레이크(Rake)

해설
• ①은 썩지 않은 뿌리가 겹쳐 스펀지와 같은 층을 이루고 있는 것을 말한다.
• ②는 잔디를 깎는 기계이다.
• ④는 잔디, 숲 등에서 덤불 등을 긁어모으는 갈퀴모양의 기구이다.

48 Repetitive Learning 1회 2회 3회

지하층의 배수를 위한 시스템 중 넓고 평탄한 지역에 주로 사용되는 것은?

① 어골형, 평행형 ② 즐치형, 선형
③ 자연형 ④ 차단법

해설
• ②는 정구장과 같이 좁고 긴 형태의 전 지역을 균일하게 배수하려는 암거 방법이다.
• ③은 등고선을 고려하여 주관을 설치하고, 주관을 중심으로 양측에 지관을 지형에 따라 필요한 곳에 설치하는 방법이다.
• ④는 도로법면에 많이 사용하는 방법으로 경사면 자체의 유수를 방지하는 방법이다.

42 ③ 43 ④ 44 ④ 45 ④ 46 ③ 47 ③ 48 ① 정답

49 Repetitive Learning (1회 2회 3회)

다음 시멘트의 종류 중 혼합시멘트가 아닌 것은?

① 알루미나 시멘트
② 플라이애시 시멘트
③ 고로슬래그 시멘트
④ 포틀랜드포졸란 시멘트

해설
- 혼합시멘트에는 고로슬래그 시멘트, 플라이애시 시멘트, 실리카 시멘트, 포틀랜드포졸란 시멘트 등이 있다.

50 Repetitive Learning (1회 2회 3회)

다음 중 흙쌓기에서 비탈면의 안정효과를 가장 크게 얻을 수 있는 경사는?

① 1 : 0.3
② 1 : 0.5
③ 1 : 0.8
④ 1 : 1.5

해설
- 흙쌓기에서 비탈면의 경사는 밑너비가 긴 1 : 1.5일 때 가장 안정적이다.

51 Repetitive Learning (1회 2회 3회)

다음 중 들잔디의 관리 설명으로 옳지 않은 것은?

① 들잔디의 깎기 높이는 2 ~ 3cm로 한다.
② 뗏밥은 초겨울 또는 해동이 되는 이른 봄에 준다.
③ 해충은 황금충류가 가장 큰 피해를 준다.
④ 병은 녹병의 발생이 많다.

해설
- 뗏밥은 주로 6 ~ 7월 경에 주는 것이 적당하다.

52 Repetitive Learning (1회 2회 3회)

생울타리를 전지 · 전정하려고 한다. 태양의 광선을 골고루 받게 하여 생울타리의 밑가지 생육을 건전하게 하려면 생울타리의 단면 모양은 어떻게 하는 것이 가장 적합한가?

① 삼각형
② 사각형
③ 팔각형
④ 원형

해설
- 생울타리 밑가지의 생육을 건전하게 하기 위해 단면의 모양은 삼각형 형태가 좋다.

0904

53 Repetitive Learning (1회 2회 3회)

설계도서에 포함되지 않는 것은?

① 물량내역서
② 공사시방서
③ 설계도면
④ 현장사진

해설
- 현장사진은 설계도서의 종류에 해당되지 않는다.

54 Repetitive Learning (1회 2회 3회)

다음 중 파이토플라스마에 의한 수목병은?

① 뽕나무 오갈병
② 잣나무 털녹병
③ 밤나무 뿌리혹병
④ 낙엽송 끝마름병

해설
- ②는 송이풀, 까치밥나무를 중간기주로 한 수목병이다.
- ③은 세균에 의한 수목병이다.
- ④는 진균(자낭균) Guignardia laricina에 의한 수목병이다.

55 Repetitive Learning (1회 2회 3회)

골재의 모양을 판정하는 척도인 실적률(%)을 구하는 식으로 옳은 것은?

① 공극률−100
② 100−공극률
③ 100−조립률
④ 조립률−100

해설
- 실적률은 $\frac{\text{단위용적중량}}{\text{절대건조상태의 골재의 비중}} \times 100(\%)$ 혹은 100−공극률로 구한다.

0401 / 0705

56 Repetitive Learning (1회 2회 3회)

표준형 벽돌을 사용하여 1.5B로 시공한 담장의 총두께는?(단, 줄눈의 두께는 10mm 이다)

① 210mm
② 270mm
③ 290mm
④ 330mm

해설
- 벽면의 두께에 따라 0.5B(90mm), 1.0B(190mm), 1.5B(290mm), 2.0B(390mm)로 구분한다.

정답 | 49 ① 50 ④ 51 ② 52 ① 53 ④ 54 ① 55 ② 56 ③

57

Repetitive Learning 1회 2회 3회

건물이나 담장 앞 또는 원로에 따라 길게 만들어지는 화단은?

① 모둠화단　② 경재화단
③ 카펫화단　④ 침상화단

해설

- ①은 기식화단을 말하는데 화단의 어느 방향에서나 관상 가능하도록 중앙 부위는 높게, 가장자리는 낮게 조성한 화단을 말한다.
- ③은 양탄자화단이라고도 하며, 키가 작은 초화류를 양탄자 무늬처럼 기하학적으로 배치한 화단으로 평면화단에 해당한다.
- ④는 관상하기에 편리하도록 땅을 1～2m 깊이로 파내려가 평평한 바닥을 조성하고, 그 바닥에 화단을 조성한 화단을 말한다.

58

Repetitive Learning 1회 2회 3회

수간에 약액 주입시 구멍 뚫는 각도로 가장 적절한 것은?

① 수평　② 0～10°
③ 20～30°　④ 50～60°

해설

- 미량양분의 원액 또는 희석액을 주입하기 위해 수간에 드릴을 사용해 20～30°의 각도로 지름 10mm의 구멍을 뚫는다.

59

Repetitive Learning 1회 2회 3회

토양의 입경조성에 의한 토양의 분류를 무엇이라고 하는가?

① 토성　② 토양통
③ 토양반응　④ 토양분류

해설

- 토양을 구성하는 개체 입자의 크기에 의한 토양의 분류, 즉, 입경조성에 의한 토양의 분류를 토성이라고 한다.

60

Repetitive Learning 1회 2회 3회

비료의 3요소가 아닌 것은?

① 질소(N)　② 인산(P)
③ 칼슘(Ca)　④ 칼륨(K)

해설

- ③은 다량원소이면서 소량 필수원소로 분류된다.

57 ② 58 ③ 59 ① 60 ③ | 정답

2013년 제2회

2013년 4월 14일 필기

13년 2회차 필기시험

합격률 23.4%

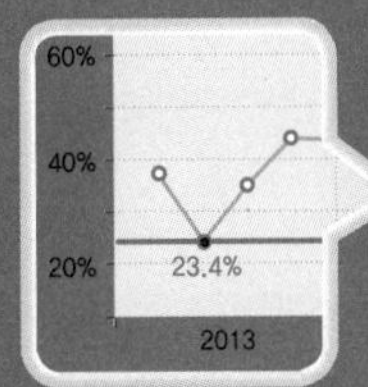

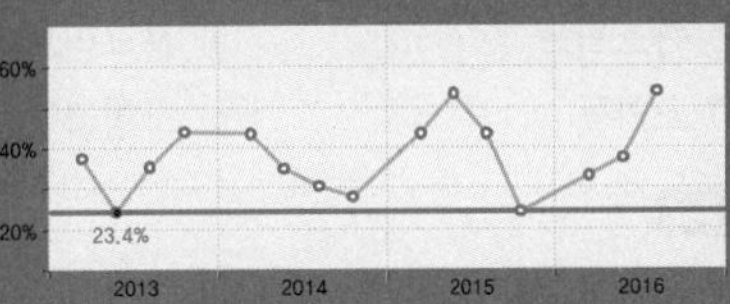

01 Repetitive Learning (1회 2회 3회)

그리스 시대 공공건물과 주랑으로 둘러싸인 다목적 열린 공간으로 무덤의 전실을 가리키기도 했던 곳은?

① 포럼　② 빌라
③ 테라스　④ 커넬

해설
- ②는 성 밖의 주택을 의미하며 구릉지 경치좋은 곳에 화려한 정원을 갖춘 대저택을 말한다.

0705

02 Repetitive Learning (1회 2회 3회)

다음 중 정원에서의 눈가림 수법에 대한 설명으로 틀린 것은?

① 좁은 정원에서는 눈가림 수법을 쓰지 않는 것이 정원을 더 넓어 보이게 한다.
② 눈가림은 변화와 거리감을 강조하는 수법이다.
③ 이 수법은 원래 동양적인 것이다.
④ 정원이 한층 더 깊이가 있어 보이게 하는 수법이다.

해설
- 좁은 정원에서 눈가림 수법은 정원을 더 넓고 깊게 보이게 한다.

03 Repetitive Learning (1회 2회 3회)

다음 중 본격적인 프랑스식 정원으로서 루이 14세 당시의 니콜라스 푸케와 관련 있는 정원은?

① 보르비콩트(Vaux-le-Vicomte)
② 베르사유(Versailles)궁원
③ 퐁텐블로(Fontainebleau)
④ 생클루(Saint-Cloud)

해설
- 루이 14세 당시의 니콜라스 푸케가 앙드레 르노트르(Andre Le notre) 등 당시 최고의 건축가 및 조경가들을 동원하여 만든 정원이 보르비콩트(Vaux-le-Vicomte) 정원이다.
- ②는 앙드레 르노트르(Andre Le notre)가 설계한 세계 최대 규모의 정형식 궁원(평면기하학식)이다.
- ③은 베르사유 궁에 이은 프랑스의 2번째로 큰 왕궁이다.
- ④는 16세기 프랑스 황가와 왕가가 거주하던 왕궁으로 안에 르노트르가 디자인한 프랑스 정원, 영국 정원, 마리앙트아네트의 장미공원이 있다.

04 Repetitive Learning (1회 2회 3회)

오방색 중 오행으로는 목(木)에 해당하며 동방(東)의 색으로 양기가 가장 강한 곳이다. 계절로는 만물이 생성하는 봄의 색이고 오륜은 인(仁)을 암시하는 색은?

① 적(赤)　② 청(靑)
③ 황(黃)　④ 백(白)

해설
- ①은 불(火)에 해당하며 남쪽을 의미한다.
- ③은 흙(土)에 해당하며 중앙을 의미한다.
- ④는 쇠(金)에 해당하며 서쪽을 의미한다.

05 Repetitive Learning (1회 2회 3회)

도시공원 및 녹지 등에 관한 법률 시행규칙상 도시의 소공원 공원시설 부지면적 기준은?

① 100분의 20 이하　② 100분의 30 이하
③ 100분의 40 이하　④ 100분의 60 이하

해설
- 소공원의 건폐율은 당해 공원면적의 5% 이내로 하고, 공원시설 부지면적은 당해 공원면적의 20% 이하로 한다.

정답 | 01 ① 02 ① 03 ① 04 ② 05 ①

06 ——• Repetitive Learning (1회 2회 3회)

빠른 보행을 필요로 하는 곳에 포장재료로 사용되기 가장 부적합한 것은?

① 아스팔트 ② 콘크리트
③ 조약돌 ④ 소형고압블록

해설

- ①은 원유를 정제한 뒤 남는 검은색의 액체 또는 반고체 상태의 석유화합물을 말한다. 고속도로 포장재료로 많이 사용한다.
- ②는 시멘트, 물, 모래, 자갈 등을 섞어서 만든 혼합물로 비용이 비싸지만 관리가 편하여 도로 포장재료로 많이 사용한다.
- ④는 일정한 크기의 골재와 시멘트를 배합하여 높은 압력과 열로 처리한 보도블록으로 보도의 포장재료로 많이 사용한다.

07 ——• Repetitive Learning (1회 2회 3회)

작은 색견본을 보고 색을 선택한 다음 아파트 외벽에 칠했더니 명도와 채도가 높아져 보였다. 이러한 현상을 무엇이라고 하는가?

① 색상대비 ② 한난대비
③ 면적대비 ④ 보색대비

해설

- 큰 면적의 색을 고를 때의 견본색은 면적대비 현상을 고려해 원하는 색보다 어둡고 탁한색을 골라야 한다.

08 ——• Repetitive Learning (1회 2회 3회)

'사자(死者)의 정원'이라는 이름의 묘지정원을 조성한 고대 정원은?

① 그리스 정원 ② 바빌로니아 정원
③ 페르시아 정원 ④ 이집트 정원

해설

- 사자의 정원은 고대 이집트의 정원이다.

09 ——• Repetitive Learning (1회 2회 3회)

다음 중 온도감이 따뜻하게 느껴지는 색은?

① 보라색 ② 초록색
③ 주황색 ④ 남색

해설

- 빨강, 주황, 노랑, 연두, 초록, 파랑 등의 순서로 따뜻한 느낌에서 차가운 느낌을 준다.

10 ——• Repetitive Learning (1회 2회 3회)

조경식재 설계도를 작성할 때 수목명, 규격, 본수 등을 기입하기 위한 인출선 사용의 유의사항으로 올바르지 않는 것은?

① 가는 선으로 명료하게 긋는다.
② 인출선의 수평부분은 기입 사항의 길이와 맞춘다.
③ 인출선간의 교차나 치수선의 교차를 피한다.
④ 인출선의 방향과 기울기는 자유롭게 표기하는 것이 좋다.

해설

- 인출선의 긋는 방향과 기울기는 하나의 도면 내에서는 가능한 통일하는 것이 좋다.

11 ——• Repetitive Learning (1회 2회 3회)

다음 중 '피서산장, 이화원, 원명원'은 중국의 어느 시대 정원인가?

① 진 ② 명
③ 청 ④ 당

해설

- 피서산장, 이화원, 원명원 등은 대표적인 청나라 시대의 정원이다.

12 ——• Repetitive Learning (1회 2회 3회)

다음 보기에서 ( ) 안에 들어갈 적당한 공간 표현은?

> 서오능 시민 휴식공원 기본계획에는 왕릉의 보존과 단체 이용객에 대한 개방이라는 상충되는 문제를 해결하기 위하여 (   )을(를) 설정함으로써 왕릉과 공간을 분리시켰다.

① 진입광장 ② 동적공간
③ 완충녹지 ④ 휴게공간

해설

- 왕릉의 보존과 이용객에 대한 개방이라는 문제를 해결하기 위해 설치하는 녹지이므로 완충녹지가 적당하다.

06 ③ 07 ③ 08 ④ 09 ③ 10 ④ 11 ③ 12 ③ | 정답

13 ——• Repetitive Learning (1회 2회 3회)

미적인 형 그 자체로는 균형을 이루지 못하지만 시각적인 힘의 통합에 의해 균형을 이룬 것처럼 느끼게 하여 동적인 감각과 변화있는 개성적 감정을 불러 일으키며, 세련미와 성숙미 그리고 운동감과 유연성을 주는 미적 원리는?

① 비례　　② 비대칭
③ 집중　　④ 대비

해설
- ①은 조경재료를 배열하였을 때 형태 및 색채에 있어서 양적 혹은 길이와 폭의 대소에 따라 일정한 크기의 비율로 증가 또는 감소된 상태를 배치할 때의 미적원리이다.
- ④는 물체를 다른 물체 혹은 배경과 구별할 수 있게 만들어 주는 시각적인 특성의 차이를 말한다.

14 ——• Repetitive Learning (1회 2회 3회)

다음 중 물체가 있는 것으로 가상되는 부분을 표시하는 선의 종류는?

① 실선　　② 파선
③ 1점쇄선　　④ 2점쇄선

해설
- ①은 외형선, 단면선, 인출선, 지시선, 치수보조선 등에 사용된다.
- ②는 숨은선을 표시한다.
- ③은 중심선, 경계선, 절단선을 표시한다.

1204

15 ——• Repetitive Learning (1회 2회 3회)

투명도가 높으므로 유기유리라는 명칭이 있으며, 착색이 자유롭고 내충격 강도가 크고, 평판, 골판 등의 각종 형태의 성형품으로 만들어 채광판, 도어판, 칸막이벽 등에 쓰이는 합성수지는?

① 요소수지　　② 아크릴수지
③ 에폭시수지　　④ 폴리스티렌수지

해설
- ①은 요소와 포름알데히드로 제조된 내수성이 좋지 않은 열경화성 수지로 접착제, 전기절연재, 도료 등에서 사용한다.
- ③은 열경화성 합성수지로 내수성, 내약품성, 전기절연성, 접착성이 뛰어나 접착제나 도료로 널리 이용된다.
- ④는 발포제로서 보드상으로 성형하여 단열재로 널리 사용되며 건축물의 천장재, 블라인드 등에 널리 쓰이는 열가소성 수지이다.

16 ——• Repetitive Learning (1회 2회 3회)

다음 중 창덕궁 후원 내 옥류천 일원에 위치하고 있는 궁궐 내 유일의 초정은?

① 애련정　　② 부용정
③ 관람정　　④ 청의정

해설
- 청의정은 옥류천 일원에 위치하고 있는 궁궐 내 유일한 초정이다.

17 ——• Repetitive Learning (1회 2회 3회)

비금속재료의 특성에 관한 설명 중 옳지 않은 것은?

① 납은 비중이 크고 연질이며 전성, 연성이 풍부하다.
② 알루미늄은 비중이 비교적 작고 연질이며 강도도 낮다.
③ 아연은 산 및 알칼리에 강하나 공기 중 및 수중에서는 내식성이 작다.
④ 동은 상온의 건조공기 중에서 변화하지 않으나 습기가 있으면 광택을 소실하고 녹청색으로 된다.

해설
- 아연은 산 및 알칼리에 약하나 일반대기나 수중에서는 내식성이 크다.

18 ——• Repetitive Learning (1회 2회 3회)

목구조의 보강철물로서 사용되지 않는 것은?

① 나사못　　② 듀벨
③ 고장력볼트　　④ 꺽쇠

해설
- 목구조의 보강철물에는 나사못, 듀벨, 꺽쇠, 띠쇠, 감잡이쇠, 주걱볼트, 갈구리볼트, 양나사볼트, 엇꺽쇠 등이 있다.
- ③은 강구조물의 접합에 이용된다.

19 ——• Repetitive Learning (1회 2회 3회)

다음 재료 중 기건상태에서 열전도율이 가장 작은 것은?

① 유리　　② 석고보드
③ 콘크리트　　④ 알루미늄

해설
- 열전도율이 낮은 것부터 나열하면 석고보드<유리<콘크리트<알루미늄 순이다.

정답 | 13 ② 14 ④ 15 ② 16 ④ 17 ③ 18 ③ 19 ②

0205 / 0502

20

Repetitive Learning 1회 2회 3회

다음 석재 중 조직이 균질하고 내구성 및 강도가 큰 편이며, 외관이 아름다운 장점이 있는 반면 내화성이 작아 고열을 받는 곳에는 적합하지 않은 것은?

① 응회암　② 화강암
③ 편마암　④ 안산암

해설

- ①은 화산재와 화산진이 쌓여서 만들어진 수성암으로 강도가 작아 건축용 구조재로 적합하지 않다.
- ③은 암석이 고온고압에 의해 변성되어 생긴 변성암으로 정원석으로 많이 사용된다.
- ④는 내화력이 우수하고 광택이 없는 화성암으로 구조용으로 많이 사용된다.

21

Repetitive Learning 1회 2회 3회

합성수지 중에서 파이프, 튜브, 물받이통 등의 제품에 가장 많이 사용되는 열가소성수지는?

① 페놀수지　② 멜라민수지
③ 염화비닐수지　④ 폴리에스테르수지

해설

- ①은 내열성, 난연성, 전기절연성을 갖는 열경화성 수지로 항공우주분야뿐 아니라 다양한 하이테크 산업에서 활용되고 있다.
- ②는 멜라민과 포름알데히드로 제조된 순백색 또는 투명백색의 열경화성 수지로, 표면경도가 크고 착색이 자유로우며 내열성이 우수한 수지이다.
- ④는 천연수지를 변성하여 얻은 것으로 건축용으로는 글라스섬유로 강화된 평판 또는 판상제품으로 주로 사용되고 있는 열경화성 수지로 기계적 성질, 내약품성, 내후성, 밀착성, 가요성이 우수하다.

22

Repetitive Learning 1회 2회 3회

다음 중 난대림의 대표 수종인 것은?

① 녹나무　② 주목
③ 전나무　④ 분비나무

해설

- ②는 전국의 해발고도 700m 이상의 높은 산에서 자란다.
- ③은 추위에 강하여 전국 어디서나 자라는 상록침엽교목이다.
- ④는 추위에 강하여 시베리아에서도 자라는 상록침엽교목이다.

23

Repetitive Learning 1회 2회 3회

정원의 한 구석에 녹음용수로 쓰기 위해서 단독으로 식재하려 할 때 적합한 수종은?

① 홍단풍　② 박태기나무
③ 꽝꽝나무　④ 칠엽수

해설

- ②는 5월에 분홍색의 화려하고 많은 꽃이 피는 낙엽활엽관목이다.

24

Repetitive Learning 1회 2회 3회

강을 적당한 온도(800～1,000℃)로 가열하여 소정의 시간까지 유지한 후에 노(爐) 내부에서 천천히 냉각시키는 열처리법은?

① 풀림(annealing)　② 불림(normalizing)
③ 뜨임질(tempering)　④ 담금질(quenching)

해설

- ②는 풀림과 달리 대기 중에서 냉각시키는 열처리법이다.
- ③은 담금질한 강을 적당한 온도까지 가열한 후 다시 냉각시키는 열처리법이다.
- ④는 강을 적당한 온도로 가열한 후 급냉시키는 열처리법이다.

25

Repetitive Learning 1회 2회 3회

물의 이용 방법 중 동적인 것은?

① 연못　② 캐스케이드
③ 호수　④ 풀

해설

- ①, ③, ④는 모두 물의 정적인 특성을 이용하는 수경경관에 해당한다.

26

Repetitive Learning 1회 2회 3회

여름에 꽃피는 알뿌리 화초인 것은?

① 히아신스　② 글라디올러스
③ 수선화　④ 튤립

해설

- ①은 3～4월에 꽃이 피는 알뿌리 화초이다.
- ③은 12월에서 3월 사이에 꽃이 피는 알뿌리 화초이다.
- ④는 4～5월에 꽃이 피는 알뿌리 화초이다.

20 ② 21 ③ 22 ① 23 ④ 24 ① 25 ② 26 ② 정답

0202

27 Repetitive Learning 1회 2회 3회

흙에 시멘트와 다목적 토양개량제를 섞어 기층과 표층을 겸하는 간이포장 재료는?

① 우레탄 ② 콘크리트
③ 카프 ④ 컬러 세라믹

해설
- ①은 탄성이 있는 우레탄을 이용한 포장재로 광장 등 넓은 지역에 포장한다.
- ②는 시멘트 콘크리트로 노면을 덮는 도로포장을 말한다. 가격은 비싸지만 관리가 쉽다.
- ④는 세라믹 볼을 에폭시수지와 혼합하여 미장마감하는 방법이다.

28 Repetitive Learning 1회 2회 3회

재료의 역학적 성질 중 '탄성'에 관한 설명으로 옳은 것은?

① 재료가 작은 변형에도 쉽게 파괴되는 성질
② 물체에 외력을 가한 후 외력을 제거시켰을 때 영구변형이 남는 성질
③ 물체에 외력을 가한 후 외력을 제거하면 원래의 모양과 크기로 돌아가는 성질
④ 재료가 하중을 받아 파괴될 때까지 높은 응력에 견디며 큰 변형을 나타내는 성질

해설
- ①은 취성을 설명한 것이다.
- ②는 소성을 설명한 것이다.
- ④는 인성을 설명한 것이다.

0805

29 Repetitive Learning 1회 2회 3회

다음 중 보기와 같은 특성을 지닌 정원수는?

- 형상수로 많이 이용되고, 가을에 열매가 붉게 된다.
- 내음성이 강하며, 비옥지에서 잘 자란다.

① 주목 ② 쥐똥나무
③ 화살나무 ④ 산수유

해설
- ③은 노박덩굴과의 낙엽활엽관목으로 음수이고 붉은색 단풍이 아름답다.
- ②, ④는 양수로 내음성이 약하다.

0202 / 0905

30 Repetitive Learning 1회 2회 3회

수확한 목재를 주로 가해하는 대표적 해충은?

① 흰개미 ② 매미
③ 풍뎅이 ④ 흰불나방

해설
- ②는 유충시절에는 나무뿌리의 수액을 먹고 자라다가 성충이 되면 나무줄기의 수액을 빨아먹는 곤충이다.
- ③은 나뭇잎이나 살아있는 나무의 수액을 빨아먹는 곤충이다.
- ④는 가로수나 활엽수 등의 잎을 갉아먹어 피해를 끼치는 곤충이다.

31 Repetitive Learning 1회 2회 3회

양질의 포졸란(Pozzolan)을 사용한 콘크리트의 성질로 옳지 않은 것은?

① 수밀성이 크고 발열량이 적다.
② 화학적 저항성이 크다.
③ 워커빌리티 및 피니셔빌리티가 좋다.
④ 강도의 증진이 빠르고 단기강도가 크다.

해설
- 포졸란을 사용하면 포졸란 반응으로 인해 단기강도는 낮으나 장기강도가 증가한다.

32 Repetitive Learning 1회 2회 3회

토양 수분과 조경 수목과의 관계 중 습지를 좋아하는 수종은?

① 주엽나무 ② 소나무
③ 신갈나무 ④ 노간주나무

해설
- ②, ③, ④는 내건성 수종이다.

33 Repetitive Learning 1회 2회 3회

나무 줄기의 색채가 흰색계열이 아닌 수종은?

① 분비나무 ② 서어나무
③ 자작나무 ④ 모과나무

해설
- ④는 장미과의 낙엽활엽교목으로 줄기색이 붉은갈색과 녹색의 얼룩무늬가 있어 관상요소가 된다.

정답 | 27 ③ 28 ③ 29 ① 30 ① 31 ④ 32 ① 33 ④

34 Repetitive Learning (1회 2회 3회)

다음 목재 방부법에 사용되는 방부제는?

> • 방부력이 우수하고 내습성도 있으며 값이 싸다.
> • 냄새가 좋지 않아서 실내에 사용할 수 없다.
> • 미관을 고려하지 않은 외부에 사용된다.

① 광명단 ② 물유리
③ 크레오소트 ④ 황암모니아

해설
• ①은 철제의 방청제로 사용되며, 목재의 방부제로 사용해서는 안 된다.
• ②는 액체로 된 유리 혹은 물에 녹은 유리로 방수성과 불연성을 이용해 건축재료로 사용된다.

35 Repetitive Learning (1회 2회 3회)

암석 재료의 가공 방법 중 쇠망치로 석재 표면의 큰 돌출 부분만 대강 떼어내는 정도의 거친 면을 마무리하는 작업을 무엇이라 하는가?

① 잔다듬 ② 물갈기
③ 혹두기 ④ 도드락다듬

해설
• ①은 도드락다듬면을 일정 방향이나 평행선으로 나란히 찍어 다듬어 평탄하게 마무리 하는 마감법이다.
• ②는 잔다듬면을 연마기나 숫돌을 이용해 갈아내기이다.

1504

36 Repetitive Learning (1회 2회 3회)

다음 복합비료 중 주성분 함량이 가장 많은 비료는?

① 21－21－17 ② 11－21－11
③ 18－18－18 ④ 0－40－10

해설
• 질소, 인산, 칼륨에 해당하는 주성분 함량의 총합은 59, 43, 54, 50으로 ①이 가장 크다.

37 Repetitive Learning (1회 2회 3회)

콘크리트를 친 후 응결과 경화가 완전히 이루어지도록 보호하는 것을 가리키는 용어는?

① 타설 ② 파종
③ 다지기 ④ 양생

해설
• ①은 콘크리트를 치는 작업을 말한다.
• ③은 콘크리트 타설 시 틈이 작고 조밀하게 되도록 찌르거나 두드리는 작업을 말한다.

38 Repetitive Learning (1회 2회 3회)

표준품셈에서 포함된 것으로 규정된 소운반 거리는 몇 m 이내를 말하는가?

① 10m ② 20m
③ 30m ④ 40m

해설
• 표준품셈에서 규정한 소운반 거리는 20m 이내의 거리를 말한다.

0205 / 1005 / 1204

39 Repetitive Learning (1회 2회 3회)

암거는 지하수위가 높은 곳, 배수 불량 지반에 설치한다. 암거의 종류 중 중앙에 큰 암거를 설치하고 좌우에 작은 암거를 연결시키는 형태로 넓이에 관계없이 경기장이나 어린이놀이터와 같은 소규모의 평탄한 지역에 설치할 수 있는 것은?

① 어골형 ② 빗살형
③ 부채살형 ④ 자연형

해설
• ②는 정구장과 같이 좁고 긴 형태의 전 지역을 균일하게 배수하려는 암거 방법이다.
• ③은 주관 · 지관의 구분없이 같은 크기의 관이 부채살 모양으로 1개 지점에 집중되게 하는 설치방법이다.
• ④는 등고선을 고려하여 주관을 설치하고, 주관을 중심으로 양측에 지관을 지형에 따라 필요한 곳에 설치하는 방법이다.

40 Repetitive Learning (1회 2회 3회)

수목에 영양공급 시 그 효과가 가장 빨리 나타나는 것은?

① 토양천공시비 ② 수간주사
③ 엽면시비 ④ 유기물시비

해설
• 기공에 직접 양분을 시비하는 엽면시비가 가장 효과가 빠르다.

34 ③ 35 ③ 36 ① 37 ④ 38 ② 39 ① 40 ③ | 정답

41 Repetitive Learning 1회 2회 3회

다음 그림과 같은 땅깎기 공사 단면의 절토 면적은?

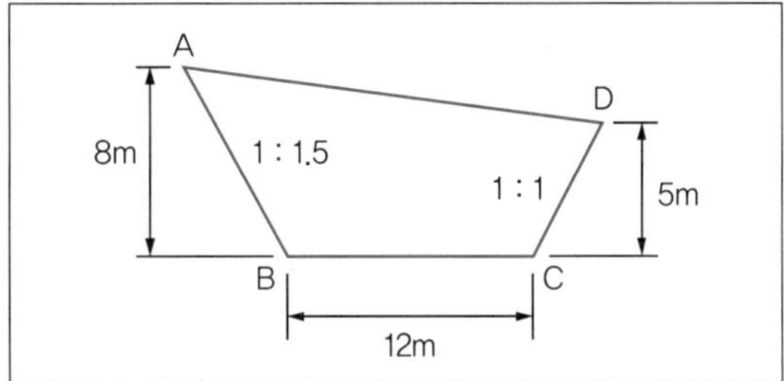

① 64 ② 80
③ 102 ④ 128

해설

- B에서 수직으로 올라가서 A와 수평선으로 만나는 부분에서 A까지의 거리는 8×1.5=12(m)이다.
- C에서 수직으로 올라가서 D와 수평선으로 만나는 부분에서 D까지의 거리는 5×1=5(m)이다.
- 여기서 A에서 아래로 내린 수직선과 선분 BC와 만나는 점과 D에서 아래로 내린 수직선과 선분 BC와 만나는 점을 연결하는 사다리꼴의 면적은 $\frac{8+5}{2}\times(12+12+5)=188.5$ (m^2)이 된다.
- 해당 사다리꼴에서 주어진 땅과 비교할 때 양쪽에 생기는 삼각형의 면적을 빼면 되므로 왼쪽 삼각형의 면적은 $\frac{1}{2}\times 8\times 12=48(m^2)$이고, 오른쪽 삼각형의 면적은 $\frac{1}{2}\times 5\times 5=12.5(m^2)$이다.
- 절토 면적은 188.5−(48+12.5)=128(m^2)이 된다.

42 Repetitive Learning 1회 2회 3회

다음 토양층위 중 집적층에 해당되는 것은?

① A층 ② B층
③ C층 ④ D층

해설

- A층은 표층, C층은 모재층, D층은 기암층이다.

43 Repetitive Learning 1회 2회 3회

솔잎혹파리에 대한 설명 중 틀린 것은?

① 1년에 1회 발생한다.
② 유충으로 땅속에서 월동한다.
③ 우리나라에서는 1929년에 처음 발견되었다.
④ 유충은 솔잎을 일부에서부터 갉아 먹는다.

해설

- 솔잎 일부가 아닌 기부에 벌레혹을 형성시켜 내부에서 즙액을 흡즙하여 피해를 준다.

0202

44 Repetitive Learning 1회 2회 3회

눈이 트기 전 가지의 여러 곳에 자리 잡은 눈 가운데 필요로 하지 않는 눈을 따버리는 작업을 무엇이라 하는가?

① 순지르기 ② 열매따기
③ 눈따기 ④ 가지치기

해설

- ③은 신초가 발육하기 전에 일부의 잎눈을 제거함으로써 전체적으로 작물의 생장을 촉진하는 방법이다.
- ①의 순지르기는 소나무 등에서 발육과 생장을 억제해서 수형을 형성시키기 위한 전정(가지다듬기)이다.

45 Repetitive Learning 1회 2회 3회

벽면에 벽돌 길이만 나타나게 쌓는 방법은?

① 길이쌓기 ② 마구리쌓기
③ 옆세워쌓기 ④ 네덜란드식 쌓기

해설

- ②는 벽의 길이방향에 직각으로 벽돌의 길이를 놓아 각 켜 모두 마구리면이 보이도록 쌓는 방식이다.
- ③은 경사, 문턱 등에 사용하며, 중간에 공간을 두고 앞뒤에 면이 보이게 옆세워 놓고 다음은 마구리 1장을 옆세워 가장자리로 걸쳐 대어 쌓는 방식이다.
- ④는 한 켜는 마구리쌓기, 다음 켜는 길이쌓기로 하고 길이 켜의 모서리와 벽 끝에 칠오토막을 사용하는 벽돌쌓기 방법으로 일하기 쉽다.

46 Repetitive Learning 1회 2회 3회

토양의 물리성과 화학성을 개선하기 위한 유기질 토양 개량재는 어떤 것인가?

① 펄라이트 ② 버미큘라이트
③ 피트모스 ④ 제올라이트

해설

- ①은 화산활동으로 발생한 용암이 급랭하면서 생성된 유리질 암석이다.
- ②는 질석 및 흑운모를 고온에서 구운 토양 개량제이다.
- ④는 화산폭발로 흘러나온 용암과 해수가 만나 화학반응으로 생성된 광물로 토양보습제로 이용된다.

정답 | 41 ④ 42 ② 43 ④ 44 ③ 45 ① 46 ③

47 Repetitive Learning 1회 2회 3회

심근성 수목을 굴취할 때 뿌리분의 형태는?

① 접시분 ② 사각평분
③ 보통분 ④ 조개분

해설
• 천근성 수종은 접시분, 심근성 수종은 조개분으로 굴취한다.

48 Repetitive Learning 1회 2회 3회

이른 봄 늦게 오는 서리로 인한 수목의 피해를 나타내는 것은?

① 조상(早霜) ② 만상(晩霜)
③ 동상(凍上) ④ 한상(寒傷)

해설
• ①은 가을철 첫 서리로 인해 입는 피해를 말한다.
• ③은 동결한 토양이 솟구쳐 오르는 것을 말한다.

0405

49 Repetitive Learning 1회 2회 3회

수목의 가슴높이 지름을 나타내는 기호는?

① F ② S, D
③ B ④ W

해설
• 흉고지름은 가슴높이(1.2m)의 줄기 지름을 말하며 B로 표시하고, 단위는 cm이다.

50 Repetitive Learning 1회 2회 3회

다음 수목의 외과수술용 재료 중 공동 충진물의 재료로 가장 부적합한 것은?

① 콜타르
② 에폭시수지
③ 불포화 폴리에스테르 수지
④ 우레탄 고무

해설
• 수목 외과수술 시 공동의 충진물로는 콘크리트, 아스팔트, 목재, 벽돌, 고무, 밀랍 등을 사용했으나 최근에는 합성수지(에폭시, 불포화 폴리에스테르, 우레탄 고무) 등을 주로 사용한다.

51 Repetitive Learning 1회 2회 3회

정원석을 쌓을 면적이 $60m^2$, 정원석의 평균 뒷길이 50cm, 공극률이 40%라고 할 때 실제적인 자연석의 체적은 얼마인가?

① $12m^3$ ② $1m^3$
③ $18m^3$ ④ $20m^3$

해설
• 자연석 뒷길이는 50cm이므로 0.5m이다.
• 공극률이 40%이므로 0.4이고, 비공극부분은 0.6이 된다.
• 총물량(부피)=60×0.5×0.6=18(m^3)이 된다.

52 Repetitive Learning 1회 2회 3회

토양의 3상이 아닌 것은?

① 고상 ② 기상
③ 액상 ④ 임상

해설
• 토양의 3상은 고상, 액상, 기상으로 구성된다.

53 Repetitive Learning 1회 2회 3회

다음 중 주요 기능의 관점에서 옥외 레크리에이션의 관리 체계와 가장 거리가 먼 것은?

① 이용자관리 ② 자원관리
③ 공정관리 ④ 서비스관리

해설
• 옥외 레크리에이션 관리체계는 이용자, 자연자원, 서비스를 관리대상으로 한다.

54 Repetitive Learning 1회 2회 3회

벽돌 수량 산출방법 중 면적 산출 시 표준형 벽돌로 시공하여 $1m^2$를 0.5B의 두께로 쌓으면 소요되는 벽돌량은?

① 65매 ② 130매
③ 75매 ④ 149매

해설
• 0.5B 쌓기는 벽돌을 가로방향으로 쌓는 것으로 줄눈 10mm를 포함하였을 때 벽돌 한 장의 면적은 (190+10)×(57+10) =200×67(mm^2)로 0.0134m^2이므로 1m^2에 약 75장의 벽돌이 필요하다.

47 ④ 48 ② 49 ③ 50 ① 51 ③ 52 ④ 53 ③ 54 ③ 정답

55 Repetitive Learning (1회 2회 3회)

콘크리트 슬럼프값 측정 순서로 옳은 것은?

① 시료 채취 → 다지기 → 콘에 채우기 → 상단 고르기 → 콘 벗기기 → 슬럼프값 측정
② 시료 채취 → 콘에 채우기 → 콘 벗기기 → 상단 고르기 → 다지기 → 슬럼프값 측정
③ 시료 채취 → 콘에 채우기 → 다지기 → 상단 고르기 → 콘 벗기기 → 슬럼프값 측정
④ 다지기 → 시료 채취 → 콘에 채우기 → 상단 고르기 → 콘 벗기기 → 슬럼프값 측정

해설

- 시료 채취 후 채취한 시료를 콘에 채우고 다진 후 콘을 벗긴다.

56 Repetitive Learning (1회 2회 3회)

잔디밭에서 많이 발생하는 잡초인 클로버(토끼풀)를 제초하는데 가장 효율적인 것은?

① 베노밀 수화제　　② 캡탄 수화제
③ 디코폴 수화제　　④ 디캄바 액제

해설

- ①은 작물의 잿빛곰팡이병, 푸름곰팡이병 등에 효과적인 수화제이다.
- ②는 작물의 탄저병, 역병 등에 효과적인 수화제이다.
- ③은 향나무잎응애 등에 효과적인 수화제이다.

57 Repetitive Learning (1회 2회 3회)

다음 중 계곡선에 대한 설명 중 맞는 것은?

① 주곡선 간격의 1/2 거리의 가는 파선으로 그어진 것이다.
② 주곡선의 다섯 줄마다 굵은 선으로 그어진 것이다.
③ 간곡선 간격의 1/2 거리의 가는 점선으로 그어진 것이다.
④ 1/5000의 지형도 축척에서 등고선은 10m 간격으로 나타난다.

해설

- 계곡선은 여러 개의 주곡선이 중첩되면 고도를 계산하기 어려우므로 주곡선 5줄마다를 굵은 실선으로 표시하는데 이를 계곡선이라고 한다.

58 Repetitive Learning (1회 2회 3회)

농약 살포작업을 위해 물 100L를 가지고 1,000배액을 만들 경우 얼마의 약량이 필요한가?

① 50mℓ　　② 100mℓ
③ 150mℓ　　④ 200mℓ

해설

- 희석배수가 1,000배, 물 즉, 농약용액의 양이 100L 즉, 100,000mL이므로 농약의 양은 $\frac{100,000}{1,000}$ = 100mL가 된다.

0701 / 1202

59 Repetitive Learning (1회 2회 3회)

생울타리처럼 수목이 대량으로 군식되었을 때 거름 주는 방법으로 가장 적당한 것은?

① 전면거름주기　　② 천공거름주기
③ 선상거름주기　　④ 방사상거름주기

해설

- ①은 수목을 식재하기 전에 전체 면적에 밑거름용으로 비료를 살포해 땅을 갈아엎거나 수목이 밀식된 곳에 비료를 살포하는 방법이다.
- ②는 거름을 주고자 하는 위치에 구멍을 군데군데 뚫고 거름을 주는 방법이다. 주로 액비를 비탈면에 거름할 때 사용한다.
- ④는 수목의 밑동으로부터 마치 밖으로 빛이 퍼져나가는 형태로 거름을 주는 방법이다.

60 Repetitive Learning (1회 2회 3회)

임해매립지 식재지반에서의 조경 시공 시 고려하여야 할 사항으로 가장 거리가 먼 것은?

① 지하수위조정
② 염분제거
③ 발생가스 및 악취제거
④ 배수관부설

해설

- 임해매립지는 가스나 악취가 나는 일반 쓰레기 매립장과 달리 토양 내 염분에 대한 주의를 필요로 한다. 그 외에도 유기물의 부족, 입경이 작고 조밀하고 수분보유함량이 작은 토질 등에 대한 고려가 필요하다.

정답 | 55 ③ 56 ④ 57 ② 58 ② 59 ③ 60 ③

2013년 제4회

2013년 7월 21일 필기

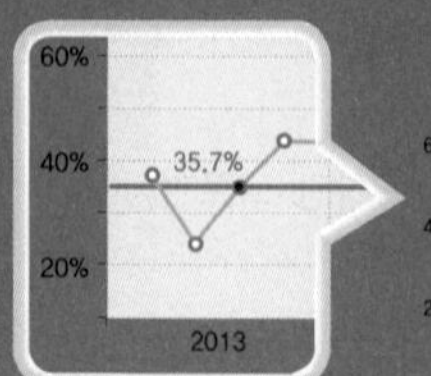

13년 4회차 필기시험
합격률 35.7%

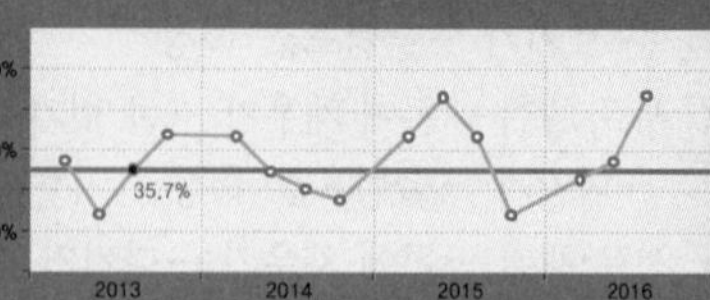

01 Repetitive Learning (1회 2회 3회)

줄기나 가지가 꺾이거나 다치면 그 부근에 있던 숨은눈이 자라 싹이 나오는 것을 무엇이라 하는가?

① 휴면성 ② 생장성
③ 성장력 ④ 맹아력

해설

- ①은 식물의 종자가 성숙한 후 일정한 시간이 지나야 싹이 트는 성질을 말한다.
- ②는 식물이 자라는 성질이나 특성을 말한다.
- ③은 식물이 자랄 수 있도록 하는 힘을 말한다.

02 Repetitive Learning (1회 2회 3회)

다음 중 왕과 왕비만이 즐길 수 있는 사적인 정원이 아닌 곳은?

① 경복궁의 아미산
② 창덕궁 낙선재의 후원
③ 덕수궁 석조전 전정
④ 덕수궁 준명당의 후원

해설

- ③은 고종이 고관대신과 외국사절들을 만나는 용도로 사용하였다.

03 Repetitive Learning (1회 2회 3회)

수고 3m인 감나무 3주의 식재공사에서 조경공 0.25인, 보통인부 0.20인의 식재노무비 일위 대가는 얼마인가? (단, 조경공 : 40,000원/일, 보통인부 : 30,000원/일)

① 6,000원 ② 10,000원
③ 16,000원 ④ 48,000원

해설

- 일위대가란 공사에 사용되는 재료비, 인력비를 단가 1개 기준으로 잡는 것을 말한다.
- 조경공 0.25인은 0.25×40,000(원)=10,000(원)이고, 보통인부 0.20인은 0.20×30,000=6,000(원)이므로 16,000원이 된다.

04 Repetitive Learning (1회 2회 3회)

주위가 건물로 둘러싸여 있어 식물의 생육을 위한 채광, 통풍, 배수 등에 주의해야 할 곳은?

① 주정(主庭) ② 후정(後庭)
③ 중정(中庭) ④ 원로(園路)

해설

- ①은 응접실이나 거실 전면에 위치한 안뜰로 정원의 중심이 되는 곳으로 휴식과 단란이 이루어지는 공간이다.
- ②는 조선시대 중엽 이후 풍수설에 따라 주택조경에서 새로이 중요한 부분으로 강조된 공간이다.
- ④는 정원에 설치된 길을 말한다.

05 Repetitive Learning (1회 2회 3회)

조경양식을 형태(정형식, 자연식, 절충식)중심으로 분류할 때, 자연식 조경양식에 해당하는 것은?

① 서아시아와 프랑스에서 발달된 양식이다.
② 강한 축을 중심으로 좌우 대칭형으로 구성된다.
③ 한 공간 내에서 실용성과 자연성을 동시에 강조하였다.
④ 주변을 돌 수 있는 산책로를 만들어서 다양한 경관을 즐길 수 있다.

해설

- ①과 ②는 정형식 정원 양식에 대한 설명이다.
- ③은 절충식 정원 양식에 대한 설명이다.

01 ④ 02 ③ 03 ③ 04 ③ 05 ④ | 정답

0201

06 Repetitive Learning 1회 2회 3회

일본의 다정(茶庭)이 나타내는 아름다움의 미는?

① 조화미 ② 대비미
③ 단순미 ④ 통일미

해설
• 다정식은 징검돌, 물통, 세수통, 석등 등을 이용해 조화미를 표현하였다.

07 Repetitive Learning 1회 2회 3회

훌륭한 조경가가 되기 위한 자질에 대한 설명 중 틀린 것은?

① 건축이나 토목 등에 관련된 공학적인 지식도 요구된다.
② 합리적 사고 보다는 감성적 판단이 더욱 필요하다.
③ 토양, 지질, 지형, 수문(水文) 등 자연과학적 지식이 요구된다.
④ 인류학, 지리학, 사회학, 환경심리학 등에 관한 인문과학적 지식도 요구된다.

해설
• 합리적 사고를 갖추고 새로운 과학기술을 도입하여 생활환경을 개선시켜 나간다.

08 Repetitive Learning 1회 2회 3회

다음 설명하는 그림은?

• 눈높이나 눈보다 조금 높은 위치에서 보여지는 공간을 실제 보이는 대로 자연스럽게 표현한 그림
• 나타내고자 하는 의도의 윤곽을 잡아 개략적으로 표현하고자 할 때, 즉, 아이디어를 수집, 기록, 정착화하는 과정에 필요
• 디자이너에게 순간적으로 떠오르는 불확실한 아이디어의 이미지를 고정, 정착화시켜 나가는 초기 단계

① 투시도 ② 스케치
③ 입면도 ④ 조감도

해설
• ①은 3차원의 느낌이 가장 실제의 모습과 가깝게 나타나는 도면이다.
• ③은 구조물의 외적 형태를 보여 주기 위한 도면이다.
• ④는 시공 후 전체적인 모습을 알아보기 쉽도록 그린 그림이다.

09 Repetitive Learning 1회 2회 3회

조경양식 중 노단식 정원 양식을 발전시키게 한 자연적인 요인은?

① 기후 ② 지형
③ 식물 ④ 토질

해설
• 노단식은 경사지에 계단식으로 조성한 정원 방식으로 화려하고 방대한 특징을 갖는 방식으로 경사지라는 지형을 극복해야만 했다.

10 Repetitive Learning 1회 2회 3회

다음 중 어린이공원의 설계시 공간구성 설명으로 옳은 것은?

① 동적인 놀이공간에는 아늑하고 햇빛이 잘 드는 곳에 잔디밭, 모래밭을 배치하여 준다.
② 정적인 놀이공간에는 각종 놀이시설과 운동시설을 배치하여 준다.
③ 감독 및 휴게를 위한 공간은 놀이공간이 잘 보이는 곳이며 아늑한 곳으로 배치한다.
④ 공원 외곽은 보행자나 근처 주민이 들여다볼 수 없도록 밀식한다.

해설
• ①에서 동적인 놀이공간은 어느 정도 그늘이 지는 공간으로 배치해서 여름철 이용도 고려해야 한다.
• ②에서 정적인 놀이시설과 동적인 놀이시설은 분리시켜 배치하여야 한다.
• ④에서 어린이공원은 안전성이 가장 중요하므로 주변으로부터 쉽게 관찰이 되도록 설치하여야 한다.

11 Repetitive Learning 1회 2회 3회

도면상에서 식물재료의 표기 방법으로 바르지 않은 것은?

① 덩굴성 식물의 규격은 길이로 표시한다.
② 같은 수종은 인출선을 연결하여 표시하도록 한다.
③ 수종에 따라 규격은 H×W, H×B, H×R 등의 표기방식이 다르다.
④ 수목에 인출선을 사용하여 수종명, 규격, 관목·교목을 구분하여 표시하고 총수량을 함께 기입한다.

해설
• 인출선에는 수목명, 본수, 규격 등을 기입한다.

정답 | 06 ① 07 ② 08 ② 09 ② 10 ③ 11 ④

12 Repetitive Learning 1회 2회 3회

휴게공간의 입지 조건으로 적합하지 않은 것은?

① 경관이 양호한 곳
② 시야에 잘 띄지 않는 곳
③ 보행동선이 합쳐지는 곳
④ 기존 녹음수가 조성된 곳

해설
• 휴게공간은 시야가 확보되는 곳에 설치한다.

13 Repetitive Learning 1회 2회 3회

조선시대 전기 조경관련 대표 저술서이며, 정원식물의 특성과 번식법, 괴석의 배치법, 꽃을 화분에 심는 법, 최화법(催花法), 꽃이 꺼리는 것, 꽃을 취하는 법과 기르는 법, 화분 놓는 법과 관리법 등의 내용이 수록되어 있는 것은?

① 양화소록 ② 작정기
③ 동사강목 ④ 택리지

해설
• ②는 11세기말 일본에서 쓰여진 화원에 관한 논고이다.
• ③은 조선 후기 18세기에 안정복이 저술한 역사서이다.
• ④는 조선 후기 1751년 이중환이 저술한 인문지리서이다.

14 Repetitive Learning 1회 2회 3회

도시공원 및 녹지 등에 관한 법률에서 정하고 있는 녹지가 아닌 것은?

① 완충녹지 ② 경관녹지
③ 연결녹지 ④ 시설녹지

해설
• 녹지는 기능에 따라 완충녹지, 경관녹지, 연결녹지로 구분한다.

15 Repetitive Learning 1회 2회 3회

콘크리트의 균열발생 방지법으로 옳지 않은 것은?

① 물시멘트비를 작게 한다.
② 단위 시멘트량을 증가시킨다.
③ 콘크리트의 온도상승을 작게 한다.
④ 발열량이 작은 시멘트와 혼화제를 사용한다.

해설
• 콘크리트 균열을 방지하기 위해서는 단위 수량과 시멘트량을 감소시킨다.

1205

16 Repetitive Learning 1회 2회 3회

다음 중 이탈리아의 정원 양식에 해당하는 것은?

① 자연풍경식 ② 평면기하학식
③ 노단건축식 ④ 풍경식

해설
• 지형적인 이유로 인해 이탈리아에서는 경사지에 여러 개의 노단(테라스)을 조화시켜 쌓는 방식이 발전하였다.

0905

17 Repetitive Learning 1회 2회 3회

형상은 재두각추체에 가깝고 전면은 거의 평면을 이루며 대략 정사각형으로서 뒷길이, 접촉면의 폭, 뒷면 등이 규격화 된 돌로, 접촉면의 폭은 전면 한 변의 길이의 1/10 이상이라야 하고, 접촉면의 길이는 한 변의 평균 길이의 1/2 이상인 석재는?

① 사고석 ② 각석
③ 판석 ④ 견치석

해설
• ①은 한 면이 10 ~ 18cm 정도의 방형 육면체 화강암으로 조선시대 궁궐이나 사대부의 담장, 연못의 호안공으로 사용되었다.
• ②는 각이 진 돌로 폭이 두께의 3배 미만의 돌을 말한다.
• ③은 두께 15cm 미만이며, 폭이 두께의 3배 이상이 판 모양의 석재이다.

18 Repetitive Learning 1회 2회 3회

다음 중 인공토양을 만들기 위한 경량재가 아닌 것은?

① 부엽토
② 화산재
③ 펄라이트(Perlite)
④ 버미큘라이트(Vermiculite)

해설
• ①은 토양유기물이 변하여 형성된 화학적으로 안정된 고분자량의 물질로 작물생산에 필요한 다량원소와 미량원소를 많이 보유한 흙이다.

12 ② 13 ① 14 ④ 15 ② 16 ③ 17 ④ 18 ① 정답

19 Repetitive Learning (1회 2회 3회)

다음 중 야외용 조경 시설물 재료로서 가장 내구성이 낮은 재료는?

① 미송 ② 나왕재
③ 플라스틱재 ④ 콘크리트재

해설
- 나왕은 병충해에 취약하고 쉽게 썩을 수 있어 정원 구조물로 사용하기에는 내구성이 취약하다.

20 Repetitive Learning (1회 2회 3회)

여름에 꽃을 피우는 수종이 아닌 것은?

① 배롱나무 ② 석류나무
③ 조팝나무 ④ 능소화

해설
- ③은 5월초에 가지에 4～6개의 하얀색 꽃이 달리는 수종이다.

21 Repetitive Learning (1회 2회 3회)

정원에 사용되는 자연석의 특징과 선택에 관한 내용 중 옳지 않은 것은?

① 정원석으로 사용되는 자연석은 산이나 개천에 흩어져 있는 돌을 그대로 운반하여 이용한 것이다.
② 경도가 높은 돌은 기품과 운치가 있는 것이 많고 무게가 있어 보여 가치가 높다.
③ 부지 내 타물체와의 대비, 비례, 균형을 고려하여 크기가 적당한 것을 사용한다.
④ 돌에는 색채가 있어서 생명력을 느낄 수 있고 검은색과 흰색은 예로부터 귀하게 여겨지고 있다.

해설
- 자연석은 자연에서 방치되어 있던 돌로 자연 그대로의 아름다움을 가진 원시적인 자연미를 가지고 있는 돌이다. 돌의 색은 그다지 중요하지 않다.

22 Repetitive Learning (1회 2회 3회)

일정한 응력을 가할 때, 변형이 시간과 더불어 증대하는 현상을 의미하는 것은?

① 탄성 ② 취성
③ 크리프 ④ 릴랙세이션

해설
- ①은 재료에 가해지던 외부 하중을 제거했을 때 원래의 위치로 복귀할 수 있는 성질을 말한다.
- ②는 재료가 외력을 받았을 때 작은 변형만 나타내도 파괴되는 성질을 말한다.
- ④는 PS강재를 긴장한 채 일정한 길이로 유지하면 시간이 경과되면서 인장응력이 감소되는 성질을 말한다.

23 Repetitive Learning (1회 2회 3회)

다음 수종 중 상록활엽수가 아닌 것은?

① 동백나무 ② 후박나무
③ 굴거리나무 ④ 메타세쿼이아

해설
- ④는 낙엽침엽교목이다.

24 Repetitive Learning (1회 2회 3회)

학교 조경에 도입되는 수목을 선정할 때 조경 수목의 생태적 특성 설명으로 옳은 것은?

① 학교 이미지 개선에 도움이 되며, 계절의 변화를 느낄 수 있도록 수목을 선정
② 학교가 위치한 지역의 기후, 토양 등의 환경에 조건이 맞도록 수목을 선정
③ 교과서에서 나오는 수목이 선정되도록 하며 학생들과 교직원들이 선호하는 수목을 선정
④ 구입하기 쉽고 병충해가 적고 관리하기가 쉬운 수목을 선정

해설
- ①은 경관적 특성, ③은 교육적 특성, ④는 경제적 특성에 대한 설명이다.

25 Repetitive Learning (1회 2회 3회)

다음 중 트래버틴(Travertine)은 어떤 암석의 일종인가?

① 화강암 ② 안산암
③ 변성암 ④ 응회암

해설
- 트래버틴은 편마암, 대리석, 사문암과 함께 화성암, 수성암 등이 온도와 압력 등에 의해 변성작용을 받아 형성된 변성암이다.

정답 | 19 ② 20 ③ 21 ④ 22 ③ 23 ④ 24 ② 25 ③

26 Repetitive Learning (1회 2회 3회)

다음 중 유리의 제성질에 대한 일반적인 설명으로 옳지 않은 것은?

① 열전도율 및 열팽창률이 작다.
② 굴절률은 2.1 ~ 2.9 정도이고, 납을 함유하면 낮아진다.
③ 약한 산에는 침식되지 않지만 염산 · 황산 · 질산 등에는 서서히 침식된다.
④ 광선에 대한 성질은 유리의 성분, 두께, 표면의 평활도 등에 따라 다르다.

해설

• 유리의 굴절률은 1.45 ~ 2.0 정도이고, 납을 함유하면 높아진다.

0302

27 Repetitive Learning (1회 2회 3회)

플라스틱 제품의 특성이 아닌 것은?

① 비교적 산과 알칼리에 견디는 힘이 콘크리트나 철 등에 비해 우수하다.
② 접착이 자유롭고 가공성이 크다.
③ 열팽창계수가 적어 저온에서도 파손이 안 된다.
④ 내열성이 약하여 열가소성수지는 60℃ 이상에서 연화된다.

해설

• 플라스틱은 열팽창계수가 크고, 표면의 경도가 낮으며, 표면에 상처가 생기기 쉽다.

28 Repetitive Learning (1회 2회 3회)

다음의 설명에 해당하는 수종은?

• 어린가지의 색은 녹색 또는 적갈색으로 엽흔이 발달하고 있다.
• 수피에서는 냄새가 나며 약간 골이 파여 있다.
• 단풍나무 중 복엽이면서 가장 노란색 단풍이 든다.
• 내조성, 속성수로서 조기녹화에 적당하며 녹음수로 이용가치가 높으며 폭이 없는 가로에 가로수로 심는다.

① 복장나무 ② 네군도단풍
③ 단풍나무 ④ 고로쇠나무

해설

• ①과 ③의 단풍색은 붉은색이다.
• ④의 단풍색은 노란색이나 가로수로 이용이 힘들고 주로 산지의 숲속에 많이 분포한다.

29 Repetitive Learning (1회 2회 3회)

92 ~ 96%의 철을 함유하고 나머지는 크롬 · 규소 · 망간 · 유황 · 인 등으로 구성되어 있으며 창호철물, 자물쇠, 맨홀 뚜껑 등의 재료로 사용되는 것은?

① 선철 ② 강철
③ 주철 ④ 순철

해설

• ①은 용광로에서 철광석을 녹여 만든 탄소가 다량 함유된 철로 주철과 달리 불순물을 제거하고 탄소의 양을 변화시키거나 다른 원소를 합금해 순철, 주철, 강 등을 만드는데 사용한다.
• ②는 철의 순도에서 탄소함유량이 0.1 ~ 1.7%이다.
• ④는 탄소가 없고 철의 순도가 99.99%이다.

30 Repetitive Learning (1회 2회 3회)

콘크리트의 단위중량 계산, 배합설계 및 시멘트의 품질 판정에 주로 이용되는 시멘트의 성질은?

① 분말도 ② 응결시간
③ 비중 ④ 압축강도

해설

• ①은 시멘트 입자가 얼마나 미세한지를 나타내는 특성값으로 시멘트의 수화작용과 강도를 측정하는데 이용된다.
• ②는 시멘트를 실용적으로 사용하는데 있어서 사용에 지장을 가져오지 않는 기간을 결정하는데 이용된다.
• ④는 콘크리트의 강도를 결정하는 데 가장 중요한 요소이다.

31 Repetitive Learning (1회 2회 3회)

콘크리트 공사 중 거푸집 상호간의 간격을 일정하게 유지시키기 위한 것은?

① 캠버(Camber) ② 긴장기(Form Tie)
③ 스페이서(Spacer) ④ 세퍼레이터(Seperator)

해설

• ①은 높이조절용 쐐기로 보나 슬래브의 수평부재가 처지는 것을 방지하기 위한 자재이다.
• ②는 거푸집 패널을 일정한 간격으로 양면을 유지시키고 콘크리트 측압을 지지하는 긴결재로 벽거푸집의 양면을 조여준다.
• ③은 철근과 거푸집판과의 일정한 간격을 유지해주는 간격재를 말한다.

26 ② 27 ③ 28 ② 29 ③ 30 ③ 31 ④ 정답

0201

32 Repetitive Learning (1회 2회 3회)

여름부터 가을까지 꽃을 감상할 수 있는 알뿌리 화초는?

① 금잔화 ② 수선화
③ 색비름 ④ 칸나

해설
- ①은 국화과의 한해살이풀로 여름에 꽃이 피나 알뿌리 화초가 아니다.
- ②는 12월에서 3월 사이에 꽃이 피는 알뿌리 화초이다.
- ③은 비름과의 한해살이풀로 여름에 꽃이 피나 알뿌리 화초가 아니다.

0901 / 1004

33 Repetitive Learning (1회 2회 3회)

다음 보기에서 설명하는 합성수지는?

- 특히 내수성, 내열성이 우수하다.
- 내연성, 전기적 절연성이 있고 유리섬유판, 텍스, 피혁류 등 모든 접착이 가능하다.
- 방수제로도 사용하고 500℃ 이상 견디는 유일한 수지이다.
- 용도는 방수제, 도료, 접착제로 쓰인다.

① 페놀수지 ② 에폭시수지
③ 실리콘수지 ④ 폴리에스테르수지

해설
- ①은 내열성, 난연성, 전기절연성을 갖는 열경화성 수지로 항공우주분야뿐 아니라 다양한 하이테크 산업에서 활용되고 있다.
- ②는 열경화성 합성수지로 내수성, 내약품성, 전기절연성, 접착성이 뛰어나 접착제나 도료로 널리 이용된다.
- ④는 천연수지를 변성하여 얻을 수 있으며, 건축용이자 글라스섬유로 강화된 평판 또는 판상제품으로 주로 사용되고 있는 열경화성 수지로 기계적 성질, 내약품성, 내후성, 밀착성, 가요성이 우수하다.

0305

34 Repetitive Learning (1회 2회 3회)

우리나라 조선정원에서 사용되었던 홍예문의 성격이라 할 수 있는 것은?

① 정자 ② 테라스
③ 트렐리스 ④ 아치

해설
- 홍예문은 일본공병대가 1908년에 준공한 아치형 터널이다.

35 Repetitive Learning (1회 2회 3회)

다음 중 산울타리 수종이 갖추어야 할 조건으로 틀린 것은?

① 전정에 강할 것
② 아랫가지가 오래갈 것
③ 지엽이 치밀할 것
④ 주로 교목활엽수일 것

해설
- 산울타리에 적합한 수종은 가급적 상록수여야 한다.

36 Repetitive Learning (1회 2회 3회)

목재의 방부법 중 그 방법이 나머지 셋과 다른 하나는?

① 도포법 ② 침지법
③ 분무법 ④ 방청법

해설
- 목재의 방부 및 방충처리법에는 침지법, 약제도포법, 상압 및 가압주입법, 표면탄화법 등이 있다.
- ④는 철제의 녹을 방지하는 방법이다.

0305

37 Repetitive Learning (1회 2회 3회)

수목의 식재시 해당 수목의 규격을 수고와 근원직경으로 표시하는 것은?(단, 건설공사 표준품셈을 적용한다)

① 목련 ② 은행나무, ㄴ티나무
③ 자작나무 ④ 현사시나무

해설
- ②의 은행나무와 ③, ④는 수간부의 지름이 일정하므로 수고와 흉고직경으로 표시한다.

38 Repetitive Learning (1회 2회 3회)

조경수를 이용한 가로막이 시설의 기능이 아닌 것은?

① 보행자의 움직임 규제
② 시선차단
③ 광선방지
④ 악취방지

해설
- 조경수를 이용한 가로막이가 악취까지 방지하지는 못한다.

정답 | 32 ④ 33 ③ 34 ④ 35 ④ 36 ④ 37 ① 38 ④

39 Repetitive Learning (1회 2회 3회)

다음 중 미국흰불나방 구제에 가장 효과가 좋은 것은?

① 디캄바 액제(반벨)
② 디니코나졸 수화제(빈나리)
③ 시마진 수화제(씨마진)
④ 카바릴 수화제(세빈)

해설
- 흰불나방 방제에는 (디플루벤)주론 수화제(디밀란), 트리클로르폰 수화제(디프록스), 카바릴 수화제(세빈) 등을 이용해 구제한다.

0401 / 0502 / 0705

40 Repetitive Learning (1회 2회 3회)

난지형 잔디에 뗏밥을 주는 가장 적합한 시기는?

① 3 ~ 4월 ② 6 ~ 8월
③ 9 ~ 10월 ④ 11 ~ 1월

해설
- 난지형 잔디의 뗏밥은 주로 생육이 왕성한 6 ~ 8월에 준다.

0501

41 Repetitive Learning (1회 2회 3회)

모래밭(모래터) 조성에 관한 설명으로 가장 부적합한 것은?

① 적어도 하루에 4 ~ 5시간의 햇볕이 쬐고 통풍이 잘되는 곳에 설치한다.
② 모래밭은 가급적 휴게시설에서 멀리 배치한다.
③ 모래밭의 깊이는 놀이의 안전을 고려하여 30cm 이상으로 한다.
④ 가장자리는 방부처리한 목재 또는 각종 소재를 사용하여 지표보다 높게 모래막이 시설을 해준다.

해설
- 모래밭은 가급적 휴게시설에서 가깝게 배치한다.

42 Repetitive Learning (1회 2회 3회)

벽돌쌓기법에서 한 켜는 마구리쌓기, 다음 켜는 길이쌓기로 하고 모서리 벽 끝에 이오토막을 사용하는 벽돌쌓기 방법인 것은?

① 미국식 쌓기 ② 영국식 쌓기
③ 프랑스식 쌓기 ④ 마구리쌓기

해설
- ①은 치장벽돌을 사용하여 벽체의 앞면 5 ~ 6켜 까지는 길이쌓기로 하고 그 위 한 켜는 마구리쌓기로 하여 본 벽돌벽에 물려 쌓는 벽돌쌓기 방식이다.
- ③은 한 켜에서 벽돌마구리와 길이가 교대로 나타나도록 하는 조적방식으로 통줄눈이 많이 생긴다.
- ④는 벽의 길이방향에 직각으로 벽돌의 길이를 놓아 각 켜 모두 마구리면이 보이도록 쌓는 방식이다.

0305

43 Repetitive Learning (1회 2회 3회)

경관석 놓기의 설명으로 옳은 것은?

① 경관석은 항상 단독으로만 배치한다.
② 일반적으로 3, 5, 7 등 홀수로 배치한다.
③ 같은 크기의 경관석으로 조합하면 통일감이 있어 자연스럽다.
④ 경관석의 배치는 돌 사이의 거리나 크기 등을 조정 배치하여 힘이 분산되도록 한다.

해설
- 3, 5, 7 등의 홀수로 만들며, 돌 사이의 거리나 크기 등을 조정배치 한다.
- 전체적으로 볼 때 힘의 방향이 분산되지 않아야 한다.

0401

44 Repetitive Learning (1회 2회 3회)

다음 중 정형식 배식유형은?

① 부등변삼각형식재 ② 임의식재
③ 군식 ④ 교호식재

해설
- ③은 여러 그루를 심어 무리를 만드는 것을 말한다.
- 정형식 배식은 단식, 대식, 열식, 교호식재, 집단식재로 구분할 수 있다.

45 Repetitive Learning (1회 2회 3회)

공원 내에 설치된 목재벤치 좌판(坐板)의 도장보수는 보통 얼마 주기로 실시하는 것이 좋은가?

① 계절이 바뀔 때 ② 6개월
③ 매년 ④ 2 ~ 3년

해설
- 목재벤치 좌판(坐板)의 도장보수는 보통 2 ~ 3년 주기로 실시하는 것이 좋다.

39 ④ 40 ② 41 ② 42 ② 43 ② 44 ④ 45 ④ 정답

46 Repetitive Learning (1회 2회 3회)

사철나무 탄저병에 관한 설명으로 틀린 것은?

① 관리가 부실한 나무에서 많이 발생하므로 거름주기와 가지치기 등의 관리를 철저히 하면 문제가 없다.
② 흔히 그을음병과 같이 발생하는 경향이 있으며 병징도 혼동될 때가 있다.
③ 상습발생지에서는 병든 잎을 모아 태우거나 땅 속에 묻고, 6월경부터 살균제를 3～4회 살포한다.
④ 잎에 크고 작은 점무늬가 생기고 차츰 움푹 들어가면 진전되므로 지저분한 느낌을 준다.

해설
- 병환부와 건전부의 경계지역이 갈색으로 선명하게 구분되므로 증상파악이 용이하다.

47 Repetitive Learning (1회 2회 3회)

다음 중 접붙이기 번식을 하는 목적으로 가장 거리가 먼 것은?

① 종자가 없고 꺾꽂이로도 뿌리 내리지 못하는 수목의 증식에 이용된다.
② 씨뿌림으로는 품종이 지니고 있는 고유의 특징을 계승시킬 수 없는 수목의 증식에 이용된다.
③ 가지가 쇠약해지거나 말라 죽은 경우 이것을 보태주거나 또는 힘을 회복시키기 위해서 이용된다.
④ 바탕나무의 특성보다 우수한 품종을 개발하기 위해 이용된다.

해설
- 접붙이기는 모수의 형질을 그대로 유지하는 방법이지 새롭고 우수한 품종을 개발하기 위한 방법은 아니다.

48 Repetitive Learning (1회 2회 3회)

다음 중 밭에 많이 발생하여 우생하는 잡초는?

① 바랭이　　② 올미
③ 가래　　④ 너도방동사니

해설
- ②는 택사과의 여러해살이풀로 무논이나 연못 가장자리에서 자란다.
- ③은 가래과의 여러해살이풀로 연못이나 논에서 자란다.
- ④는 사초과의 여러해살이풀로 저수지나 연못 등 젖은 땅에서 자란다.

49 Repetitive Learning (1회 2회 3회)

수중에 있는 골재를 채취했을 때 무게가 1,000g, 표면건조 내부포화상태의 무게가 900g, 대기건조 상태의 무게가 860g, 완전건조 상태의 무게가 850g일 때 함수율 값은?

① 4.65%　　② 5.88%
③ 11.11%　　④ 17.65%

해설
- 습윤 골재량은 1,000g, 건조 골재량은 850g이므로 대입하면 $\frac{1,000-850}{850}\times100=\frac{150}{850}\times100=17.6470\cdots$%이다.

0301 / 0705

50 Repetitive Learning (1회 2회 3회)

다음 중 큰 나무의 뿌리돌림에 대한 설명으로 가장 거리가 먼 것은?

① 굵은 뿌리를 3～4개 정도 남겨둔다.
② 굵은 뿌리 절단시는 톱으로 깨끗이 절단한다.
③ 뿌리돌림을 한 후에 새끼로 뿌리분을 감아두면 뿌리의 부패를 촉진하여 좋지 않다.
④ 뿌리돌림을 하기 전 수목이 흔들리지 않도록 지주목을 설치하여 작업하는 방법도 좋다.

해설
- 뿌리돌림을 한 후에 세근을 다치지 않게 그 외측을 파고, 녹화마대 등으로 근분을 덮은 후 새끼로 뿌리감기를 해서 이식한다.

51 Repetitive Learning (1회 2회 3회)

양분결핍 현상이 생육초기에 일어나기 쉬우며, 새잎에 황화 현상이 나타나고 엽맥 사이가 비단무늬 모양으로 되는 결핍 원소는?

① Fe　　② Mn
③ Zn　　④ Cu

해설
- ②의 결핍은 잎이 창백하게 변하다가 회색을 띤다. 잎끝에서 갈색반점이 발견되고 다른 부위로까지 확대된다. 이후 잎이 시들고 생장이 약해져서 꽃이 피지 않는다.
- ③의 결핍은 생장이 억제되어 병해가 발생한다.
- ④는 미량원소로 결핍 시 생장발육에 불리할 수 있다.

정답 | 46 ② 47 ④ 48 ① 49 ④ 50 ③ 51 ①

52 Repetitive Learning 1회 2회 3회

설계도면에서 선의 용도에 따라 구분할 때 '실선'의 용도에 해당되지 않는 것은?

① 대상물의 보이는 부분을 표시한다.
② 치수를 기입하기 위해 사용한다.
③ 지시 또는 기호 등을 나타내기 위해 사용한다.
④ 물체가 있을 것으로 가상되는 부분을 표시한다.

해설
- ④는 2점쇄선으로 표시한다.

53 Repetitive Learning 1회 2회 3회

다음 중 수목의 전정 시 제거해야 하는 가지가 아닌 것은?

① 밑에서 움돋는 가지
② 아래를 향해 자란 하향지
③ 위를 향해 자라는 주지
④ 교차한 교차지

해설
- ③은 주지이므로 제거하지 않는다.

54 Repetitive Learning 1회 2회 3회

다음 중 건설장비 분류상 '배토정지용 기계'에 해당되는 것은?

① 램머 ② 모터그레이더
③ 드래그라인 ④ 파워셔블

해설
- ①은 지반을 다질 때 사용하는 다짐기계이다.
- ③은 지면에 기계를 두고 깊이 8m 정도의 연약한 지반의 넓고 깊은 기초 흙 파기를 할 때 주로 사용하는 기계이다.
- ④는 기계가 위치한 지면보다 높은 곳의 땅을 파는데 적합한 장비이다.

55 Repetitive Learning 1회 2회 3회

다음 중 교목류의 높은 가지를 전정하거나 열매를 채취할 때 주로 사용할 수 있는 가위는?

① 대형전정가위 ② 조형전정가위
③ 순치기가위 ④ 갈고리전정가위

해설
- ①과 ②는 수관 전체를 어떤 모양이나 형태를 연출해 낼 때 사용한다.
- ③은 주로 연하고 부드러운 가지나 수관 내부의 가늘고 약한 가지를 자를 때와 꽃꽂이를 할 때 흔히 사용한다.

0205 / 0805

56 Repetitive Learning 1회 2회 3회

소나무의 순지르기, 활엽수의 잎따기 등에 해당하는 전정법은?

① 생장을 돕기 위한 전정
② 생장을 억제하기 위한 전정
③ 생리를 조절하는 전정
④ 세력을 갱신하는 전정

해설
- 소나무의 순지르기, 활엽수의 잎따기 등은 발육과 생장을 억제해서 수형을 형성시키기 위해 실시한다.

57 Repetitive Learning 1회 2회 3회

염해지 토양의 가장 뚜렷한 특징을 설명한 것은?

① 유기물의 함량이 높다.
② 활성철의 함량이 높다.
③ 치환성석회의 함량이 높다.
④ 마그네슘, 나트륨 함량이 높다.

해설
- 염해지 토양은 바다를 간척하여 만든 토양으로 마그네슘, 나트륨 함량이 높다.

0305

58 Repetitive Learning 1회 2회 3회

다음 중 침상화단(Sunken garden)에 관한 설명으로 가장 적합한 것은?

① 관상하기 편리하도록 지면을 1~2m 정도 파내려가 꾸민 화단
② 중앙부를 낮게 하기 위하여 키 작은 꽃을 중앙에 심어 꾸민 화단
③ 양탄자를 내려다보듯이 꾸민 화단
④ 경계부분을 따라서 1열로 꾸민 화단

해설
- ③은 양탄자화단 혹은 호문화단이라고도 한다.

52 ④ 53 ③ 54 ② 55 ④ 56 ② 57 ④ 58 ① | 정답

0302

59 Repetitive Learning 1회 2회 3회

배롱나무, 장미 등과 같은 내한성이 약한 나무의 지상부를 보호하기 위하여 사용되는 가장 적합한 월동 조치법은?

① 흙묻기 ② 새끼감기
③ 연기씌우기 ④ 짚싸기

해설

- ②는 수목의 굴취(다른 장소로 옮겨심기 위해 캐내는 작업) 시 뿌리를 보호하기 위해 실시한다.

60 Repetitive Learning 1회 2회 3회

평판측량에서 도면상에 없는 미지점에 평판을 세워 그 점(미지점)의 위치를 결정하는 측량방법은?

① 원형교선법 ② 후방교선법
③ 측방교선법 ④ 복전진법

해설

- ③은 한 개의 기지점에 평판을 설치하고 다른 한 개의 기지점을 시준하여 방향선을 그리고 평판을 다시 미지점에 설치하고 처음 시준한 기지점을 향하여 방향선을 그리는 방법이다.
- 교회(선)법에는 전방교회(선)법, 측방교회(선)법, 후방교회(선)법이 있다.

정답 | 59 ④ 60 ②

13년 5회차 필기시험
합격률 43.9%

2013년 제5회

2013년 10월 12일 필기

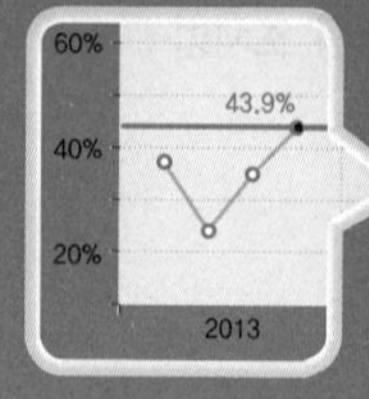

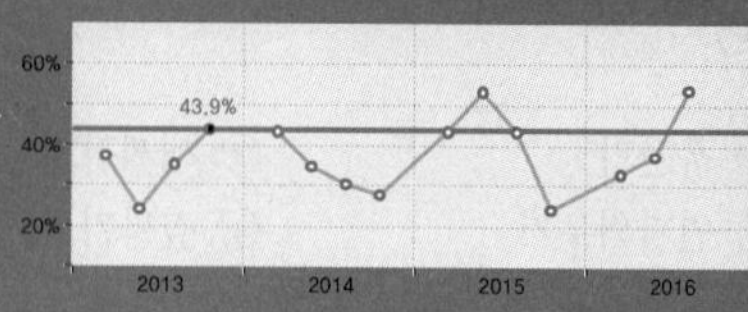

01 Repetitive Learning 1회 2회 3회

물체의 절단한 위치 및 경계를 표시하는 선은?

① 실선 ② 파선
③ 1점쇄선 ④ 2점쇄선

해설

- ①은 물체가 보이는 부분을 나타내는 선이다.
- ②는 대상물의 보이지 않는 부분의 모양을 표시하는 데 사용된다.
- ④는 물체가 있을 것으로 가상되는 부분을 표시하는 선이다.

0904

02 Repetitive Learning 1회 2회 3회

버킹엄셔의 「스토우 가든」을 설계하고, 담장 대신 정원 부지의 경계선에 도랑을 파서 외부로부터의 침입을 막은 Ha-ha 수법을 실현하게 한 사람은?

① 켄트 ② 브릿지맨
③ 와이즈맨 ④ 챔버

해설

- ①은 영국 전원 풍경을 회화적으로 묘사한 근대적 조경의 아버지로 "자연은 직선을 싫어한다"라고 주장한 영국의 낭만주의 조경가이다.
- ④는 동양정원론을 출판하여 중국정원을 소개한 사람이다.

03 Repetitive Learning 1회 2회 3회

19세기 미국에서 식민지 시대의 사유지 중심의 정원에서 공공적인 성격을 지닌 조경으로 전환되는 전기를 마련한 것은?

① 센트럴 파크 ② 프랭클린 파크
③ 버컨헤드 파크 ④ 프로스펙트 파크

해설

- 뉴욕의 센트럴 파크(Central park)는 식민지 시대의 사유지 중심의 정원에서 공적인 성격을 지닌 조경으로 전환되는 전기를 마련하였다.
- ②는 미국 뉴저지주의 인구 조사 지정장소이다.
- ③은 공원의 효시로 일컬어지는 영국의 공원으로 미국의 센트럴 파크의 설립에 영향을 주었다.
- ④는 미국 뉴욕에 위치한 미국에서 두 번째로 큰 공공공원으로 1859년 옴스테드와 캘버트 복스가 디자인하였다.

04 Repetitive Learning 1회 2회 3회

다음 설명 중 중국 정원의 특징이 아닌 것은?

① 차경수법을 도입하였다.
② 태호석을 이용한 석가산 수법이 유행하였다.
③ 사의주의보다는 상징적 축조가 주를 이루는 사실주의에 입각하여 조경이 구성되었다.
④ 자연경관이 수려한 곳에 인위적으로 암석과 수목을 배치하였다.

해설

- 중국식 조경은 사실주의 보다는 상징적 축조가 주를 이루는 사의주의에 입각하였다.

0501 / 1205

05 Repetitive Learning 1회 2회 3회

우리나라에서 한국적인 색채가 농후한 후원양식이 확립되었다고 할 수 있는 때는?

① 통일신라 ② 고려전기
③ 고려후기 ④ 조선시대

해설

- 음양오행설과 풍수지리설 그리고 유교의 영향으로 조선시대에 후원양식이 발전하였다.

01 ③ 02 ② 03 ① 04 ③ 05 ④ | 정답

06 Repetitive Learning 1회 2회 3회

다음 정원의 개념을 잘 나타내고 있는 중정은?

> • 무어 양식의 극치라고 일컬어지는 알람브라(Alhambra) 궁의 여러 개 정(Patio) 중 하나임. 4개의 수로에 의해 4분되는 파라다이스 정원
> • 가장 화려한 정원으로서 물의 존귀성이 드러남

① 사자의 중정 ② 창격자 중정
③ 연못의 중정 ④ Lindaraja Patio

해설
- ②는 알람브라 궁의 여러 개의 정원 중 레하의 중정, 사이프러스 중정이라 불리는 가장 소규모의 정원이다.
- ③은 도금양의 중정, 천인화의 중정으로 불리는 알베르카 중정을 말하는데 궁전 입구에 위치한 주정으로 공적인 기능을 수행한 정원이다.
- ④는 다라하의 중정이라 불리는 여성적 분위기의 정원이다.

0505 / 0601 / 1201 / 1405

07 Repetitive Learning 1회 2회 3회

고려시대 궁궐의 정원을 맡아 관리하던 해당 부서는?

① 내원서 ② 정원서
③ 상림원 ④ 동산바치

해설
- ③은 조선시대 전기의 궁궐 내 정원을 관리하고 과일이나 화초를 공급하는 역할을 하던 관서이다.
- ④는 채소, 과일, 화초 등을 심어서 가꾸는 일을 직업으로 하는 사람을 일컫는 말이다.

08 Repetitive Learning 1회 2회 3회

황금비는 단변이 1일 때 장변은 얼마인가?

① 1.681 ② 1.618
③ 1.166 ④ 1.861

해설
- 황금비는 단변이 1일 때 장변은 1.618이다.

09 Repetitive Learning 1회 2회 3회

미기후에 관련된 조사항목으로 적당하지 않은 것은?

① 대기오염정도 ② 태양 복사열
③ 안개 및 서리 ④ 지역온도 및 전국온도

해설
- 미기후 관련 조사항목은 태양 복사열, 대기오염정도, 공기 유동 정도, 안개 및 서리 등이 있다.

10 Repetitive Learning 1회 2회 3회

이탈리아 정원 양식의 특성과 가장 관계가 먼 것은?

① 테라스 정원
② 노단식 정원
③ 평면기하학식 정원
④ 축선상에 여러 개의 분수 설치

해설
- ③은 구릉지에 어울리는 정원 양식으로 프랑스에서 발전하였다. 이탈리아는 경사가 급한 곳이 많아 어울리지 않는다.

11 Repetitive Learning 1회 2회 3회

다음 중 넓은 잔디밭을 이용한 전원적이며 목가적인 정원 양식은 무엇인가?

① 전원풍경식 ② 회유임천식
③ 고산수식 ④ 다정식

해설
- 전원풍경식은 넓은 잔디밭, 통나무 계단 등을 이용한 전원적이며 목가적인 정원 양식이다.

12 Repetitive Learning 1회 2회 3회

시멘트의 응결에 대한 설명으로 옳지 않은 것은?

① 시멘트와 물이 화학반응을 일으키는 작용이다.
② 수화에 의하여 유동성과 점성을 상실하고 고화하는 현상이다.
③ 시멘트 겔이 서로 응집하여 시멘트입자가 치밀하게 채워지는 단계로서 경화하여 강도를 발휘하기 직전의 상태이다.
④ 저장 중 공기에 노출되어 공기 중의 습기 및 탄산가스를 흡수하여 가벼운 수화반응을 일으켜 탄산화하여 고화되는 현상이다.

해설
- ④의 설명은 콘크리트의 중성화(탄산화) 현상이다.

정답 | 06 ① 07 ① 08 ② 09 ④ 10 ③ 11 ① 12 ④

13 Repetitive Learning (1회 2회 3회)

다음 중 점층(漸層)에 관한 설명으로 가장 적합한 것은?

① 조경재료의 형태나 색깔, 음향 등의 점진적 증가
② 대소, 장단, 명암, 강약
③ 일정한 간격을 두고 흘러오는 소리, 다변화 되는 색채
④ 중심축을 두고 좌우 대칭

해설

- 점진적인 증가 및 감소는 점층미이다.

14 Repetitive Learning (1회 2회 3회)

안정감과 포근함 등과 같은 정적인 느낌을 받을 수 있는 경관은?

① 파노라마 경관 ② 위요 경관
③ 초점 경관 ④ 지형 경관

해설

- ①은 넓은 초원과 같이 시야가 가리지 않고 멀리 터져 보이는 경관이다.
- ③은 관찰자의 시선이 경관 내의 어느 한 점으로 유도되는 경관으로 강물이나 계곡 혹은 길게 뻗은 도로 등을 말한다.
- ④는 지형지물이 경관에서 지배적인 위치를 지는 경관이다.

15 Repetitive Learning (1회 2회 3회)

골프장에 사용되는 잔디 중 난지형 잔디는?

① 들잔디 ② 벤트그래스
③ 켄터키블루그래스 ④ 라이그래스

해설

- ②, ③, ④는 모두 한지형 잔디이다.

16 Repetitive Learning (1회 2회 3회)

다음 중 공기 중에 환원력이 커서 산화가 쉽고, 이온화 경향이 가장 큰 금속은?

① Pb ② Fe
③ Al ④ Cu

해설

- 알루미늄은 철보다 산화가 쉽게 일어나고, 납이나 구리보다 이온화경향이 더 크다.

17 Repetitive Learning (1회 2회 3회)

주축선을 따라 설치된 원로의 양쪽에 짙은 수림을 조성하여 시선을 주축선으로 집중시키는 수법을 무엇이라 하는가?

① 테라스(Terrace) ② 파티오(Patio)
③ 비스타(Vista) ④ 퍼걸러(Pergola)

해설

- ①은 방에서 직접 밖으로 나갈 수 있도록 방의 앞에 설치한 인테리어 공간이다.
- ②는 크고 작은 벽에 의해 둘러싸인 작은 정원(안뜰, 테라스)을 말하는데 스페인식 정원의 특색이다.
- ④는 정원에 덩굴식물을 올리기 위해 설치한 시설이다.

18 Repetitive Learning (1회 2회 3회)

감탕나무과(Aquilofiacoae)에 해당하지 않는 것은?

① 호랑가시나무 ② 먼나무
③ 꽝꽝나무 ④ 소태나무

해설

- ④는 소태나무과에 속하는 낙엽활엽교목이다.

0501

19 Repetitive Learning (1회 2회 3회)

다음 중 훼손지 비탈면의 초류종자 살포(종자 뿜어붙이기)와 가장 관계없는 것은?

① 종자 ② 생육기반재
③ 지효성비료 ④ 농약

해설

- 종자, 비료, 파이버(fiber), 침식방지제 등을 물과 교반하고 펌프로 살포하여 녹화한다.

20 Repetitive Learning (1회 2회 3회)

우리나라에서 식물의 천연분포를 결정짓는 가장 주된 요인은?

① 광선 ② 온도
③ 바람 ④ 토양

해설

- 식물의 천연분포를 결정짓는 가장 큰 요인은 기후요인이고, 그중에서도 기온과 강수량이다.

정답: 13 ① 14 ② 15 ① 16 ③ 17 ③ 18 ④ 19 ④ 20 ②

21 Repetitive Learning (1회 2회 3회)

인조목의 특징이 아닌 것은?

① 마모가 심하여 파손되는 경우가 많다.
② 제작 시 숙련공이 다루지 않으면 조잡한 제품을 생산하게 된다.
③ 안료를 잘못 배합하면 표면에서 분말이 나오게 되어 시각적으로 좋지 않고 이용에도 문제가 생긴다.
④ 목재의 질감은 표출되지만 목재에서 느끼는 촉감을 맛볼 수 없다.

해설

- 인조목은 반영구적으로 사용이 가능하다.

22 Repetitive Learning (1회 2회 3회)

수목의 여러가지 이용 중 단풍의 아름다움을 관상하려 할 때 적합하지 않은 수종은?

① 신나무 ② 칠엽수
③ 화살나무 ④ 팥배나무

해설

- ④는 열매는 팥을 닮았고, 하얀색 꽃이 아름답게 피어 팥배나무라 하였다.

23 Repetitive Learning (1회 2회 3회)

화강암(Granite)에 대한 설명 중 옳지 않은 것은?

① 내마모성이 우수하다.
② 구조재로 사용이 가능하다.
③ 내화도가 높아 가열 시 균열이 적다.
④ 절리의 거리가 비교적 커서 큰 판재를 생산할 수 있다.

해설

- 화강암은 내화성이 약해 화재 시 파괴된다.

24 Repetitive Learning (1회 2회 3회)

다음 중 조경 수목의 생장 속도가 빠른 수종은?

① 둥근향나무 ② 감나무
③ 모과나무 ④ 삼나무

해설

- ④는 내수성이 좋고, 따뜻한 곳에서 자라는 나무여서 생장이 빠르다.

25 Repetitive Learning (1회 2회 3회)

돌을 뜰 때 앞면, 뒷면, 길이, 접촉부 등의 치수를 지정해서 깨낸 돌을 무엇이라 하는가?

① 견치돌 ② 호박돌
③ 사괴석 ④ 평석

해설

- ②는 호박형의 천연석으로 가공하지 않은 지름이 18cm 이상을 갖는 돌이다.
- ③은 한 면이 10 ~ 18cm 정도의 방형육면체 화강암으로 조선시대 궁궐이나 사대부의 담장, 연못의 호안공으로 사용되었다.
- ④는 윗부분이 평평한 돌로 안정감을 주어 주로 앞쪽에 놓는다.

26 Repetitive Learning (1회 2회 3회)

재료가 탄성한계 이상의 힘을 받아도 파괴되지 않고 가늘고 길게 늘어나는 성질은?

① 취성(脆性) ② 인성(靭性)
③ 연성(延性) ④ 전성(展性)

해설

- ①은 재료가 외력을 받았을 때 작은 변형만 나타내도 파괴되는 성질을 말한다.
- ②는 재료가 파괴되기까지 높은 응력에 잘 견딜 수 있고, 동시에 큰 변형을 나타내며 파괴되는 성질을 말한다.
- ④는 재료에 압력을 가했을 때 재료가 압축되면서 압력의 수직방향으로 얇게 펴지는 성질을 말한다.

27 Repetitive Learning (1회 2회 3회)

해사 중 염분이 허용한도를 넘을 때 철근콘크리트의 조치 방안으로서 옳지 않은 것은?

① 아연도금 철근을 사용한다.
② 방청제를 사용하여 철근의 부식을 방지한다.
③ 살수 또는 침수법을 통하여 염분을 제거한다.
④ 단위시멘트량이 적은 빈배합으로 하여 염분과의 반응성을 줄인다.

해설

- 염분 대책으로 물-시멘트비를 줄여야 하는데 이는 시멘트량에 대한 물의 질량을 줄인다는 의미이므로 단위시멘트량은 증가시킨 부배합으로 해야 한다.

정답 | 21 ① 22 ④ 23 ③ 24 ④ 25 ① 26 ③ 27 ④

0705

28

Repetitive Learning (1회 2회 3회)

일반적으로 봄 화단용 꽃으로만 짝지어진 것은?

① 맨드라미, 국화　　② 데이지, 금잔화
③ 샐비어, 색비름　　④ 칸나, 마리골드

해설

- ①에서 맨드라미는 5～10월에, 국화는 10～12월에 꽃이 핀다.
- ③에서 샐비어는 6～10월에, 색비름은 4～6월에 꽃이 핀다.
- ④에서 칸나는 초여름부터 서리내리까지, 메리골드는 5～11월에 꽃이 핀다.

29

Repetitive Learning (1회 2회 3회)

호랑가시나무(감탕나무과)와 목서(물푸레나무과)의 특징 비교 중 옳지 않은 것은?

① 목서의 꽃은 백색으로 9～10월에 개화한다.
② 호랑가시나무의 잎은 마주나며 얇고 윤택이 없다.
③ 호랑가시나무의 열매는 지름 0.8～1.0cm로 9～10월에 적색으로 익는다.
④ 목서의 열매는 타원형으로 이듬해 10월경에 암자색으로 익는다.

해설

- 호랑가시나무의 잎은 호생으로 타원상의 6각형이며, 가장자리에 바늘 같은 각점(角點)을 가지고 어긋난다.

0402

30

Repetitive Learning (1회 2회 3회)

다음 중 황색의 꽃을 갖는 수목은?

① 모감주나무　　② 조팝나무
③ 박태기나무　　④ 산철쭉

해설

- ②는 흰색 꽃이 핀다.
- ③과 ④는 분홍색 꽃이 핀다.

0305 / 0701

31

Repetitive Learning (1회 2회 3회)

다음 중 일반적으로 전정 시 제거해야 하는 가지가 아닌 것은?

① 도장한 가지　　② 바퀴살 가지
③ 얽힌 가지　　④ 주지(主枝)

해설

- 주지는 세력을 강하게 유지시킨다.

32

Repetitive Learning (1회 2회 3회)

합성수지에 관한 설명 중 잘못된 것은?

① 기밀성, 접착성이 크다.
② 비중에 비하여 강도가 크다.
③ 착색이 자유롭고 가공성이 크므로 장식적 마감재에 적합하다.
④ 내마모성이 보통 시멘트콘크리트에 비교하면 극히 적어 바닥 재료로는 적합하지 않다.

해설

- 합성수지는 마모가 적고 탄력성이 크므로 바닥재료 등에 적합하다.

0302

33

Repetitive Learning (1회 2회 3회)

목재의 구조에는 춘재와 추재가 있는데 추재(秋材)를 바르게 설명한 것은?

① 세포는 막이 얇고 크다.
② 빛깔이 엷고 재질이 연하다.
③ 빛깔이 짙고 재질이 치밀하다.
④ 춘재보다 자람의 폭이 넓다.

해설

- 추재의 세포막은 춘재의 세포막보다 빛깔이 짙고, 두껍고, 조직이 치밀하다.

34

Repetitive Learning (1회 2회 3회)

점토제품 제조를 위한 소성(燒成) 공정순서로 맞는 것은?

① 예비처리－원료조합－반죽－숙성－성형－시유(施釉)－소성
② 원료조합－반죽－숙성－예비처리－소성－성형－시유
③ 반죽－숙성－성형－원료조합－시유－소성－예비처리
④ 예비처리－반죽－원료조합－숙성－시유－성형－소성

해설

- 예비처리에서 제품에 필요한 원료를 선택한 후 불순물을 제거하고 이를 분말로 정제하는 과정을 수행한다. 이후 원료를 조합하여 반죽에 들어간다.

28 ②　29 ②　30 ①　31 ④　32 ④　33 ③　34 ① | 정답

35 Repetitive Learning (1회 2회 3회)

다음 중 방풍용수의 조건으로 옳지 않은 것은?

① 양질의 토양으로 주기적으로 이식한 천근성 수목
② 일반적으로 견디는 힘이 큰 낙엽활엽수보다 상록활엽수
③ 파종에 의해 자란 자생수종으로 직근(直根)을 가진 것
④ 대표적으로 소나무, 가시나무, 느티나무 등이 있음

해설
- 방풍용수는 강한 풍압에 견디기 위해 심근성이고, 줄기와 가지가 강인해야 한다.

36 Repetitive Learning (1회 2회 3회)

다음 설명에 적합한 수목은?

- 감탕나무과 식물이다.
- 상록활엽수교목으로 열매가 적색이다.
- 잎은 호생으로 타원상의 6각형이며, 가장자리에 바늘 같은 각점(角點)이 있다.
- 자웅이주이다.
- 열매는 구형으로서 지름 8～10mm이며, 적색으로 먹는다.

① 감탕나무 ② 낙상홍
③ 먼나무 ④ 호랑가시나무

해설
- ①의 열매는 둥글며 지름이 약 1cm 정도로 붉게 익으며 5～8mm의 대가 있다.
- ②의 열매는 노란색 껍질이 세 개로 갈라지면서 빨간 씨앗이 드러난다.
- ③의 잎은 어긋나고 타원모양이며 가죽질이다.

37 Repetitive Learning (1회 2회 3회)

조경시설물의 관리원칙으로 옳지 않은 것은?

① 여름철 그늘이 필요한 곳에 차광시설이나 녹음수를 식재한다.
② 노인, 주부 등이 오랜 시간 머무는 곳은 가급적 석재를 사용한다.
③ 바닥에 물이 고이는 곳은 배수시설을 하고 다시 포장한다.
④ 이용자의 사용빈도가 높은 것은 충분히 조이거나 용접한다.

해설
- 노인, 주부 등이 오랜 시간 머무는 곳은 가급적 목재를 사용한다.

0302

38 Repetitive Learning (1회 2회 3회)

수목의 전정작업 요령에 관한 설명으로 옳지 않은 것은?

① 상부는 가볍게, 하부는 강하게 한다.
② 우선 나무의 정상부로부터 주지의 전정을 실시한다.
③ 전정작업을 하기 전 나무의 수형을 살펴 이루어질 가지의 배치를 염두에 둔다.
④ 주지의 전정은 주간에 대해서 사방으로 고르게 굵은 가지를 배치하는 동시에 상하(上下)로도 적당한 간격으로 자리 잡도록 한다.

해설
- 수형을 고려할 때 상부는 깊게 하부는 얕게 전정하는 것이 좋다.

39 Repetitive Learning (1회 2회 3회)

개화를 촉진하는 정원수 관리에 관한 설명으로 옳지 않은 것은?

① 햇빛을 충분히 받도록 해준다.
② 물을 되도록 적게 주어 꽃눈이 많이 생기도록 한다.
③ 깻묵, 닭똥, 요소, 두엄 등을 15일 간격으로 시비한다.
④ 너무 많은 꽃봉오리는 솎아낸다.

해설
- 비료를 시비하지 않으며, 수형을 잡기 위해서는 전정을 실시한다.

40 Repetitive Learning (1회 2회 3회)

흡즙성 해충의 분비물로 인하여 발생하는 병은?

① 흰가루병 ② 혹병
③ 그을음병 ④ 점무늬병

해설
- ①은 식물의 면역체계가 무너질 경우 발생한다.
- ②는 소나무류와 참나무류를 기주교대하는 이종기생균에 의해 발생한다.
- ④는 달린 열매가 많아 나무의 수세가 약한 경우 발생한다.

정답 | 35 ① 36 ④ 37 ② 38 ① 39 ③ 40 ③

41 Repetitive Learning (1회 2회 3회)

콘크리트의 재료분리현상을 줄이기 위한 방법으로 옳지 않은 것은?

① 플라이애시를 적당량 사용한다.
② 세장한 골재보다는 둥근골재를 사용한다.
③ 중량골재와 경량골재 등 비중차가 큰 골재를 사용한다.
④ AE제나 AE감수제 등을 사용하여 사용수량을 감소시킨다.

해설

• 굵은 골재와 모르타르의 비중차가 클수록 분리경향은 커진다.

42 Repetitive Learning (1회 2회 3회)

다음 그림과 같은 비탈면 보호공의 공종은?

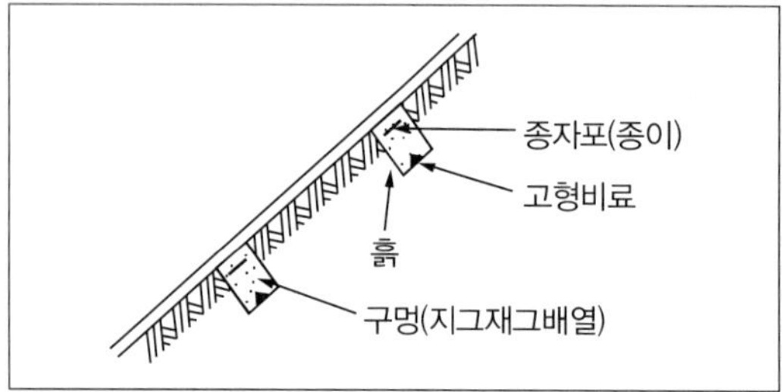

① 식생구멍공 ② 식생자루공
③ 식생매트공 ④ 줄떼심기공

해설

• ②는 흙쌓기를 할 때 비탈면에 흙, 종자, 비료를 넣은 자루를 심는 공법이다.
• ③은 면상의 매트에 종자를 붙여 비탈면에 포설, 부착하여 일시적인 조기녹화를 도모하도록 시공한다.
• ④는 떼를 수평으로 심고 다지는 공법이다.

43 Repetitive Learning (1회 2회 3회)

수목의 키를 낮추려면 다음 중 어떠한 방법으로 전정하는 것이 가장 좋은가?

① 수맥이 유동하기 전에 약전정을 한다.
② 수맥이 유동한 후에 약전정을 한다.
③ 수맥이 유동하기 전에 강전정을 한다.
④ 수맥이 유동한 후에 강전정을 한다.

해설

• 수목의 키를 낮추기 위해서는 수맥이 유동하기 전에 수목의 성장을 제어하기 위해 강전정을 한다.

0405

44 Repetitive Learning (1회 2회 3회)

일반적으로 근원직경이 10cm인 수목의 뿌리분을 뜨고자 할 때 뿌리분의 직경으로 적당한 크기는?

① 20cm ② 40cm
③ 80cm ④ 120cm

해설

• 일반적으로 뿌리분의 크기는 근원직경의 4배로 하므로 근원직경이 10cm이므로 뿌리분은 40cm가 적당하다.

0702

45 Repetitive Learning (1회 2회 3회)

마운딩(Maunding)의 기능으로 옳지 않은 것은?

① 유효 토심확보
② 배수 방향 조절
③ 공간 연결의 역할
④ 자연스러운 경관 연출

해설

• 마운딩은 시각의 조절과 균형유지 역할은 하지만 공간 연결의 역할과는 거리가 멀다.

46 Repetitive Learning (1회 2회 3회)

꺾꽂이(삽목)번식과 관련된 설명으로 옳지 않은 것은?

① 왜성화할 수도 있다.
② 봄철에는 새싹이 나오고 난 직후에 실시한다.
③ 실생묘에 비해 개화 · 결실이 빠르다.
④ 20 ~ 30℃의 온도와 포화상태에 가까운 습도 조건이면 항시 가능하다.

해설

• 봄철에는 생장을 개시하기 전에 실시한다.

47 Repetitive Learning (1회 2회 3회)

과습지역 토양의 물리적 관리 방법이 아닌 것은?

① 암거배수시설 설치 ② 명거배수시설 설치
③ 토양치환 ④ 석회사용

해설

• ④는 산성토양을 중성화 시킬 때 사용하는 방법이다.

41 ③ 42 ① 43 ③ 44 ② 45 ③ 46 ② 47 ④ | 정답

48 Repetitive Learning (1회 2회 3회)

다음 중 토양수분의 형태적 분류와 설명이 옳지 않은 것은?

① 결합수(結合水)－토양 중의 화합물의 한 성분
② 흡습수(吸濕水)－흡착되어 있어서 식물이 이용하지 못하는 수분
③ 모관수(毛管水)－식물이 이용할 수 있는 수분의 대부분
④ 중력수(重力水)－중력에 내려가지 않고 표면장력에 의하여 토양입자에 붙어있는 수분

해설

- ④는 중력의 작용에 의해 이동할 수 있어 토양공극으로부터 쉽게 제거된다.

49 Repetitive Learning (1회 2회 3회)

측량에서 활용되는 다음 설명의 곡면은?

정지된 평균해수면을 육지까지 연장하여 지구전체를 둘러쌌다고 가상한 곡면

① 타원체면 ② 지오이드면
③ 물리적 지표면 ④ 회전타원체면

해설

- ①은 타원이 그 긴지름 혹은 짧은지름 중 하나를 축으로 삼고 회전할 때 생기는 곡면을 말한다.
- ③은 바다, 육지 등 실제 이루어진 지구의 모양을 말한다.
- ④는 지구의 모습을 비교적 실제와 가깝게 나타낸 곡면을 말한다.

50 Repetitive Learning (1회 2회 3회)

잎응애(Spider mite)에 관한 설명으로 옳지 않은 것은?

① 절지동물로서 거미강에 속한다.
② 무당벌레, 풀잠자리, 거미 등의 천적이 있다.
③ 5월부터 세심히 관찰하여 약충이 발견되면, 다이아지논입제 등 살충제를 살포한다.
④ 육안으로 보이지 않기 때문에 응해피해를 다른 병으로 잘못 진단하는 경우가 자주 있다.

해설

- 3월 이전에 기계유제를 이용한 1차 방제를 하고, 7월 상순경에 엽당 응애가 2～3마리 이상이면 2차 방제를 한다.

51 Repetitive Learning (1회 2회 3회)

벽 뒤로부터의 토양에 의한 붕괴를 막기 위한 공사는?

① 옹벽 쌓기 ② 기슭막이
③ 견치석 쌓기 ④ 호안공

해설

- ②는 개울의 둑 등이 패이는 것을 방지하기 위해 기슭이나 물이 흐르는 방향과 평행하게 설치한 구조물을 말한다.
- ③은 돌쌓기의 한 종류로 앞은 네모나고 뒤는 뾰족한 형태의 견치석으로 돌을 쌓는 것을 말한다.
- ④는 제방이나 강기슭을 유수의 파괴와 침식으로부터 보호하기 위해 제방 앞 비탈에 설치한 구조물을 말한다.

52 Repetitive Learning (1회 2회 3회)

조경현장에서 사고가 발생하였다고 할 때 응급조치를 잘못 취한 것은?

① 기계의 작동이나 전원을 단절시켜 사고의 진행을 막는다.
② 현장에 관중이 모이거나 흥분이 고조되지 않도록 하여야 한다.
③ 사고 현장은 사고 조사가 끝날 때까지 그대로 보존하여야 한다.
④ 상해자가 발생 시는 관계 조사관이 현장을 확인, 보존 후 전문의의 치료를 받게 한다.

해설

- 상해자가 발생했을 경우는 응급조치 후 병원으로 이송해 우선 치료를 받게 해야 한다.

53 Repetitive Learning (1회 2회 3회)

잔디의 잎에 갈색 냉반이 동그랗게 생기고, 특히 6～9월경에 벤드그래스에 주로 나타나는 병해는?

① 녹병 ② 황화병
③ 브라운패치 ④ 설부병

해설

- ①은 배수불량 및 과다한 밟기가 원인으로 잎에 황색의 반점과 황색 가루가 발생하는, 잔디에 가장 많이 발생하는 병이다.
- ②는 봄철 발아 후, 6～8월에 주로 발생하는데 잔디의 생육이 부진하고 잎이 누렇게 변하는 병이다.
- ④는 눈이 녹는 시기에 주로 발생하는데 밝은 황색 혹은 회갈색 병반이 생긴다.

정답 | 48 ④ 49 ② 50 ③ 51 ① 52 ④ 53 ③

54

Repetitive Learning (1회 2회 3회)

단풍나무를 식재 적기가 아닌 여름에 옮겨 심을 때 실시해야 하는 작업은?

① 뿌리분을 크게 하고, 잎을 모조리 따내고 식재
② 뿌리분을 적게 하고, 가지를 잘라낸 후 식재
③ 굵은 뿌리는 자르고, 가지를 솎아내고 식재
④ 잔뿌리 및 굵은 뿌리를 적당히 자르고 식재

해설

- 단풍나무는 주로 이른 봄에 이식하나 여름에 옮겨 심을 때는 뿌리분을 크게 하고, 잎을 모조리 따내고 식재한다.

55

Repetitive Learning (1회 2회 3회)

벽면적 4.8m^2 크기에 1.5B 두께로 붉은 벽돌을 쌓고자 할 때 벽돌의 소용매수는?(단, 줄눈의 두께는 10mm이고, 할증률을 고려한다)

① 925매 ② 963매
③ 1,109매 ④ 1,245매

해설

- 1m^2에 1.5B 두께로 시공할 때 필요한 벽돌의 수는 75+149=224(장)이다. 4.8m^2에는 224×4.8≒1,075(장)이 필요하다.
- 할증률을 고려한다고 했으므로 붉은 벽돌의 할증률 3%를 고려하면 1,107.5장이 필요하다.

56

Repetitive Learning (1회 2회 3회)

각 재료의 할증률로 맞는 것은?

① 이형철근 : 5%
② 강판 : 12%
③ 경계블록(벽돌) : 5%
④ 조경용수목 : 10%

해설

- ①은 3%, ②는 10%, ③은 3%이다.

0402 / 0405 / 1301

57

Repetitive Learning (1회 2회 3회)

소나무류는 생장조절 및 수형을 바로잡기 위하여 순따기를 실시하는데 대략 어느 시기에 실시하는가?

① 3~4월 ② 5~6월
③ 9~10월 ④ 11~12월

해설

- 생장조절 및 수형을 바로잡기 위하여 순따기는 해마다 5~6월경 새순이 6~9cm 자라난 무렵에 실시한다.

0501

58

Repetitive Learning (1회 2회 3회)

다음 중 호박돌 쌓기에 이용되는 쌓기법으로 가장 적합한 것은?

① +자 줄눈 쌓기
② 줄눈 어긋나게 쌓기
③ 이음매 경사지게 쌓기
④ 평석 쌓기

해설

- 호박돌 쌓기는 돌을 어긋나게 놓아 +자 줄눈이 생기지 않도록 해야 한다.

0501

59

Repetitive Learning (1회 2회 3회)

흙은 같은 양이라 하더라도 자연상태(N)와 흐트러진 상태(S), 인공적으로 다져진 상태(H)에 따라 각각 그 부피가 달라진다. 자연상태의 흙의 부피(N)를 1.0으로 할 경우 부피가 큰 순서로 적당한 것은?

① H>N>S ② N>H>S
③ S>N>H ④ S>H>N

해설

- 흐트러진 상태의 흙이 가장 큰 부피를 갖고, 다져진 상태의 흙이 가장 작은 부피를 갖는다.

60

Repetitive Learning (1회 2회 3회)

콘크리트의 크리프(Creep) 현상 관한 설명으로 옳지 않은 것은?

① 부재의 건조 정도가 높을수록 크리프는 증가된다.
② 양생, 보양이 나쁠수록 크리프는 증가한다.
③ 온도가 높을수록 크리프는 증가한다.
④ 단위수량이 적을수록 크리프는 증가한다.

해설

- 물시멘트비가 클수록 크리프는 증가하므로 단위수량이 많을수록 크리프는 커진다.

54 ① 55 ③ 56 ④ 57 ② 58 ② 59 ③ 60 ④ 정답

2014년 제1회

2014년 1월 26일 필기

14년 1회차 필기시험
합격률 42.7%

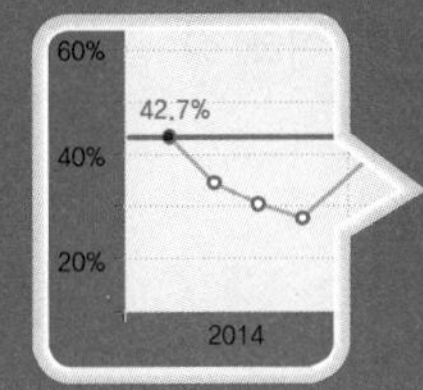

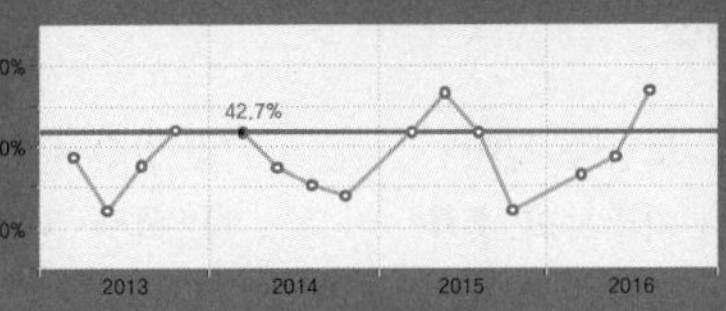

01

Repetitive Learning 1회 2회 3회

토양의 단면 중 낙엽이 대부분 분해되지 않고 원형 그대로 쌓여 있는 층은?

① L층 ② F층
③ H층 ④ C층

해설

- ②는 낙엽이 분해되지만 원형을 일부 유지하는 층이다.
- ③은 전부 부패된 유기물층으로 흑갈색을 띠는 층이다.
- ④는 모재층으로 외계로부터 토양생성작용이 없고, 단지 광물질이 풍화된 층이다.

02

Repetitive Learning 1회 2회 3회

다음 중 색의 대비에 관한 설명이 틀린 것은?

① 보색인 색을 인접시키면 본래의 색보다 채도가 낮아져 딕해 보인다.
② 명도단계를 연속시켜 나열하면 각각 인접한 색끼리 두드러져 보인다.
③ 명도가 다른 두 색을 인접시키면 명도가 낮은 색은 더욱 어두워 보인다.
④ 채도가 다른 두 색을 인접시키면 채도가 높은 색은 더욱 선명해 보인다.

해설

- ①에서 보색인 색을 이웃하여 놓을 경우 색상이 더 뚜렷해지면서 선명하게 보이는 데 이를 보색대비라고 한다.

0301

03

Repetitive Learning 1회 2회 3회

다음 중 일본정원과 관련이 가장 적은 것은?

① 축소 지향적 ② 인공적 기교
③ 통경선의 강조 ④ 추상적 구성

해설

- ③은 광대한 영역을 정원으로 사용하는 프랑스식 정원의 특색이다.

0405

04

Repetitive Learning 1회 2회 3회

조경 프로젝트의 수행단계 중 주로 공학적인 지식을 바탕으로 다른 분야와는 달리 생물을 다룬다는 특수한 기술이 필요한 단계로 가장 적합한 것은?

① 조경계획 ② 조경설계
③ 조경관리 ④ 조경시공

해설

- 조경분양의 프로젝트를 수행하는 단계에서 공학적 지식과 생물을 다루는 단계는 시공단계이다.

05

Repetitive Learning 1회 2회 3회

로마의 조경에 대한 설명으로 알맞은 것은?

① 집의 첫 번째 중정(Atrium)은 5점형 식재를 하였다.
② 주택정원은 그리스와 달리 외향적인 구성이었다.
③ 집의 두 번째 중정(Peristylium)은 가족을 위한 사적 공간이다.
④ 겨울 기후가 온화하고 여름이 해안기후로 시원하여 노단형의 별장(Villa)이 발달하였다.

해설

- ①은 후원인 지스터스에 대한 설명이다.
- ②의 주택정원은 인간본능에 근거한 폐쇄적인 쾌락의 정원으로 변화되었다.
- ④의 별장(Villa)은 성 밖의 주택을 의미하며 노단형이 아니라 구릉지 경치좋은 곳에 화려한 정원을 갖춘 대저택을 말한다.

정답 | 01 ① 02 ① 03 ③ 04 ④ 05 ③

0401 / 0701

06 Repetitive Learning 1회 2회 3회

다음 중 일반적으로 옥상정원 설계 시 일반조경 설계보다 중요하게 고려할 항목으로 관련으로 가장 적은 것은?

① 토양층 깊이 ② 방수 문제
③ 지주목의 종류 ④ 하중 문제

해설

• 옥상정원 설계 시 가장 고려할 사항은 하중문제이다. 토양층의 깊이 역시 하중과 식생과 관련되어 있다. 그 후에는 방수와 배수문제를 고려해야 한다.

07 Repetitive Learning 1회 2회 3회

앙드레 르노트르(Andre Le notre)가 유명하게 된 것은 어떤 정원을 만든 후 부터인가?

① 베르사유(Versailles)
② 센트럴 파크(Central Park)
③ 토스카나장(Villa Toscana)
④ 알람브라(Alhambra)

해설

• 앙드레 르노트르(Andre Le notre)가 설계한 세계 최대 규모의 정형식 궁원(평면기하학식)은 베르사유 궁원이다.
• ②는 미국 도시공원의 효시로 옴스테드에 의해 지어졌다.
• ③은 고대 로마시대의 빌라이다.
• ④는 중세 스페인의 회교식 정원으로 1240년 경에 건립되었다.

08 Repetitive Learning 1회 2회 3회

경관 구성의 기법 중 한 그루의 나무를 다른 나무와 연결시키지 않고 독립하여 심는 경우를 말하며, 멀리서도 눈에 잘 띄기 때문에 랜드마크의 역할도 하는 수목 배치 기법은?

① 점식 ② 열식
③ 군식 ④ 부등변삼각형 식재

해설

• ②는 줄을 맞춰서 심는 것을 말한다.
• ③은 여러 그루를 심어서 무리를 만드는 것을 말한다.
• ④는 크기나 종류가 다른 3 종류의 나무를 거리가 다르게 심는 것으로 입체면을 만들기 위해 자연풍경식에서 사용한 방법이다.

09 Repetitive Learning 1회 2회 3회

계획 구역 내에 거주하고 있는 사람과 이용자를 이해하는 데 목적이 있는 분석 방법은?

① 자연환경 분석 ② 인문환경 분석
③ 시각환경 분석 ④ 청각환경 분석

해설

• ①은 해당 지역의 자연생태계에 대한 조사와 분석을 말하며 지형, 기후, 토양, 경관, 식생 등을 대상으로 한다.

10 Repetitive Learning 1회 2회 3회

수목을 표시를 할 때 주로 사용되는 제도 용구는?

① 삼각자 ② 템플릿
③ 삼각축척 ④ 곡선자

해설

• ①은 수직선과 사선을 긋는 도구이다.
• ③은 1/100 ~ 1/600 축척눈금을 가지며, 축척에 맞게 길이를 측정하는 도구이다.
• ④는 운형자, 원호자, 자유곡선자를 통칭하는 개념이다.

11 Repetitive Learning 1회 2회 3회

귤준망의 「작정기」에 수록된 내용이 아닌 것은?

① 서원조 정원 건축과의 관계
② 원지를 만드는 법
③ 지형의 취급방법
④ 입석의 의장법

해설

• 작정기는 침전조 양식에 대해 다루고 있다.

12 Repetitive Learning 1회 2회 3회

다음 중 옥상정원을 만들 때 배합하는 경량재로 사용하기 가장 어려운 것은?

① 사질 양토 ② 버미큘라이트
③ 펄라이트 ④ 피트

해설

• 건물구조에 영향을 미치는 하중(荷重) 문제를 해결하기 위해 경량재료(버미큘라이트, 펄라이트, 피트, 화산재 등)를 사용한다.

06 ③ 07 ① 08 ① 09 ② 10 ② 11 ① 12 ① | 정답

13 Repetitive Learning 1회 2회 3회

도시공원 및 녹지 등에 관한 법률에서 어린이공원의 설계기준으로 틀린 것은?

① 유치거리는 250m 이하, 1개소의 면적은 1500m^2 이상의 규모로 한다.
② 휴양시설 중 경로당을 설치하여 어린이와의 유대감을 형성할 수 있다.
③ 유희시설에 설치되는 시설물에는 정글짐, 미끄럼틀, 시소 등이 있다.
④ 공원시설 부지면적은 전체 면적의 60% 이하로 하여야 한다.

해설

• 휴양시설 중 경로당 및 노인복지관은 어린이공원 안에 설치할 수 없다.

14 Repetitive Learning 1회 2회 3회

식재설계에서의 인출선과 선의 종류가 동일한 것은?

① 단면선 ② 숨은선
③ 경계선 ④ 치수선

해설

• 인출선은 가는 실선을 사용하며, 가는 실선을 사용하는 선은 치수보조선, 해칭선, 치수선, 지시선 등이 있다.

0401 / 0505 / 0702

15 Repetitive Learning 1회 2회 3회

시공 후 전체적인 모습을 알아보기 쉽도록 그린 다음 그림과 같은 형태의 도면은?

① 평면도 ② 입면도
③ 조감도 ④ 상세도

해설

• ①은 물체를 위에서 내려다 본 것으로 가정하고 수평면상에 투영하여 작도한 것이다.
• ②는 구조물의 외적 형태를 보여 주기 위한 도면이다.
• ④는 다른 도면들에 비해 확대된 축척을 사용하며 재료, 공법, 치수 등을 자세히 기입하는 도면이다.

16 Repetitive Learning 1회 2회 3회

다음 중 이탈리아 정원의 장식과 관련된 설명으로 가장 거리가 먼 것은?

① 기둥 복도, 열주, 퍼걸러, 조각상, 장식분이 장식된다.
② 계단 폭포, 물무대, 정원극장, 동굴 등이 장식된다.
③ 바닥은 포장되며 곳곳에 광장이 마련되어 화단으로 장식된다.
④ 원예적으로 개량된 관목성의 꽃나무나 알뿌리 식물 등이 다량으로 식재된다.

해설

• ④는 네덜란드 정원의 특징이다.

17 Repetitive Learning 1회 2회 3회

섬유포화점은 목재 중에 있는 수분이 어떤 상태로 존재하고 있는 것을 말하는가?

① 결합수만이 포함되어 있을 때
② 자유수만이 포함되어 있을 때
③ 유리수만이 포함되어 있을 때
④ 자유수와 결합수가 포함되어 있을 때

해설

• 섬유포화점은 세포벽 내는 수분으로 포화되고, 세포 내공과 공극에는 수분이 없는 상태로 결합수만이 포함되어 있는 상태를 말한다.

18 Repetitive Learning 1회 2회 3회

골재의 함수상태에 대한 설명 중 옳지 않은 것은?

① 절대건조상태는 105±5℃ 정도의 온도에서 24시간 이상 골재를 건조시켜 표면 및 골재알 내부의 빈틈에 포함되어 있는 물이 제거된 상태이다.
② 공기 중 건조상태는 실내에 방치한 경우 골재입자의 표면과 내부의 일부가 건조된 상태이다.
③ 표면건조 포화상태는 골재입자의 표면에 물은 없으나, 내부에는 물이 꽉 차 있는 상태이다.
④ 습윤상태는 골재입자의 표면에 물이 부착되어 있으나 골재입자 내부에는 물이 없는 상태이다.

해설

• 습윤상태는 골재입자의 내부에 물이 채워져 있고, 표면에도 물이 부착되어 있는 상태를 말한다.

정답 | 13 ② 14 ④ 15 ③ 16 ④ 17 ① 18 ④

19 Repetitive Learning (1회 2회 3회)

주철강의 특성 중 틀린 것은?

① 선철이 주재료이다.
② 내식성이 뛰어나다.
③ 탄소 함유량은 1.7 ~ 6.6%이다.
④ 단단하여 복잡한 형태의 주조가 어렵다.

해설
- 주철은 복잡한 형상의 제작 시 품질도 좋고 작업이 용이하다.

20 Repetitive Learning (1회 2회 3회)

다음 중 자작나무과(科)의 물오리나무 잎으로 가장 적합한 것은?

①

②

③

④

해설
- 물오리나무의 잎은 넓은 난형 또는 타원상 난형이다.

21 Repetitive Learning (1회 2회 3회)

다음 중 물푸레나무과 해당되지 않는 것은?

① 미선나무　② 광나무
③ 이팝나무　④ 식나무

해설
- ④는 층층나무과에 속하는 상록활엽관목이다.

0705

22 Repetitive Learning (1회 2회 3회)

석재의 가공방법 중 혹두기 작업의 바로 다음 후속작업으로 작업면을 비교적 고르고 곱게 처리할 수 있는 작업은?

① 물갈기　② 잔다듬
③ 정다듬　④ 도드락다듬

해설
- ①은 잔다듬면을 연마기나 숫돌을 이용해 갈아내는 것이다.
- ④는 정다듬한 면을 도드락망치를 이용해 1 ~ 3회 곱게 다듬는 것이다.

23 Repetitive Learning (1회 2회 3회)

조경 수목 중 아황산가스에 대해 강한 수종은?

① 양버즘나무　② 삼나무
③ 전나무　④ 단풍나무

해설
- ②, ③, ④는 모두 아황산가스에 약한 수종이다.

24 Repetitive Learning (1회 2회 3회)

수목은 생육조건에 따라 양수와 음수로 구분하는데, 다음 중 성격이 다른 하나는?

① 무궁화　② 박태기나무
③ 독일가문비나무　④ 산수유

해설
- ①, ②, ④는 양수인데 반해 ③은 음수에 해당한다.

25 Repetitive Learning (1회 2회 3회)

다음 중 고광나무(Philadelphus schrenkii)의 꽃 색깔은?

① 적색　② 황색
③ 백색　④ 자주색

해설
- 고광나무는 4 ~ 5월에 백색의 꽃이 피는 관상용 나무이다.

26 Repetitive Learning (1회 2회 3회)

다음 중 난지형 잔디에 해당되는 것은?

① 레드톱　② 버뮤다그래스
③ 켄터키블루그래스　④ 톨 페스큐

해설
- ①, ③, ④는 모두 한지형 잔디에 해당한다.

19 ④　20 ①　21 ④　22 ③　23 ①　24 ③　25 ③　26 ② | 정답

27 Repetitive Learning (1회 2회 3회)

실리카질 물질(SiO_2)을 주성분으로 하여 그 자체는 수경성(Hydraulicity)이 없으나 시멘트의 수화에 의해 생기는 수산화칼슘[$Ca(OH)_2$]과 상온에서 서서히 반응하여 불용성의 화합물을 만드는 광물질 미분말의 재료는?

① 실리카흄 ② 고로슬래그
③ 플라이애시 ④ 포졸란

해설

• 수산화칼슘과 반응하여 물에 녹지 않는 화합물을 만드는 것은 포졸란이다.

28 Repetitive Learning (1회 2회 3회)

화성암의 심성암에 속하며 흰색 또는 담회색인 석재는?

① 화강암 ② 안산암
③ 점판암 ④ 대리석

해설

• ②는 내화력이 우수하고 광택이 없는 화성암으로 짙은 회색을 띤다.
• ③은 화산재와 화산진이 쌓여서 만들어진 수성암으로 강도가 작아 건축용 구조재로 적합하지 않다.
• ③은 석회암이 변성된 변성암으로 강도가 높고, 석질이 치밀하고 연마하면 아름다운 광택을 내므로 실내장식재, 조각재로 많이 사용되는 석재이다.

29 Repetitive Learning (1회 2회 3회)

대취란 지표면과 잔디(녹색식물체) 사이에 형성되는 것으로 이미 죽었거나 살아있는 뿌리, 줄기 그리고 가지 등이 서로 섞여 있는 유층을 말한다. 다음 중 대취의 특징으로 옳지 않은 것은?

① 한겨울에 스캘핑이 생기게 한다.
② 대취층에 병원균이나 해충이 기거하면서 피해를 준다.
③ 탄력성이 있어서 그 위에서 운동할 때 안전성을 제공한다.
④ 소수성인 대취의 성질로 인하여 토양으로 수분이 전달되지 않아서 국부적으로 마른 지역을 형성하며 그 위에 잔디가 말라 죽게 한다.

해설

• 스캘핑은 한 번에 지나치게 잔디를 많이 깎아 줄기나 포복경 및 죽은 잎들이 노출되어 누렇게 보이는 현상으로 강한 햇볕으로 인한 일소현상 혹은 스트레스가 원인이다.

30 Repetitive Learning (1회 2회 3회)

다음 중 가을에 꽃향기를 풍기는 수종은?

① 매화나무 ② 수수꽃다리
③ 모과나무 ④ 목서류

해설

• ①은 3~4월에 잎이 나기 전에 꽃이 피는 대표적인 봄꽃나무이다.
• ②는 4~5월에 꽃이 피는 라일락을 말한다.
• ③은 장미과의 낙엽활엽교목으로 분홍색 꽃이 5월에 개화한다.

0401

31 Repetitive Learning (1회 2회 3회)

다음 중 정원 수목으로 적합하지 않은 것은?

① 잎이 아름다운 것
② 값이 비싸고 희귀한 것
③ 이식과 재배가 쉬운 것
④ 꽃과 열매가 아름다운 것

해설

• 가격이 싸고 쉽게 구할 수 있어야 한다.

0302 / 0405 / 0505 / 1301

32 Repetitive Learning (1회 2회 3회)

겨울 화단에 식재하여 활용하기 가장 적합한 식물은?

① 팬지 ② 마리골드
③ 달리아 ④ 꽃양배추

해설

• ①은 가을에 씨를 뿌리면 이른 봄에 꽃이 피는 1년 초화류이다.
• ②는 초여름부터 서리 내리기 전까지 꽃을 피우는 국화과 식물이다.
• ③은 7월에 꽃이 피고, 10월에 꽃이 지는 대표적인 가을꽃이다.

33 Repetitive Learning (1회 2회 3회)

난지형 한국잔디의 발아적온으로 맞는 것은?

① 15~20℃ ② 20~23℃
③ 25~30℃ ④ 30~33℃

해설

• 한국잔디는 발아적온이 30~33℃인 난지형 잔디에 속한다.

정답 | 27 ④ 28 ① 29 ① 30 ④ 31 ② 32 ④ 33 ④

34

Repetitive Learning (1회 2회 3회)

다음 노박덩굴(Celastraneae)과 식물 중 상록계열에 해당하는 것은?

① 노박덩굴 ② 화살나무
③ 참빗살나무 ④ 사철나무

해설

- ①은 노박덩굴과의 낙엽활엽과목이다.
- ②는 노박덩굴과의 낙엽활엽관목으로 붉은색 단풍이 아름답다.
- ③은 노박덩굴과의 낙엽소교목이다.

35

Repetitive Learning (1회 2회 3회)

다음 도료 중 건조가 가장 빠른 것은?

① 오일페인트 ② 바니시
③ 래커 ④ 레이크

해설

- ①은 유성페인트로 가장 보편적으로 많이 사용하는 도료로 전용 신나와 희석해서 사용한다.
- ②는 니스로 바탕재료의 부식을 방지하고 아름다움을 증대시키기 위한 목적으로 사용된다.
- ④는 수용성 유기색소를 금속염이나 타닌 등으로 침전시켜 불용성으로 한 유기안료를 말한다.

36

Repetitive Learning (1회 2회 3회)

지력이 낮은 척박지에서 지력을 높이기 위한 수단으로 식재 가능한 콩과(科) 수종은?

① 소나무 ② 녹나무
③ 갈참나무 ④ 자귀나무

해설

- 자귀나무는 지력이 낮은 척박지에서 지력을 높이기 위한 수단으로 식재 가능한 콩목 콩과(科)의 수종이다.

37

Repetitive Learning (1회 2회 3회)

다음 중 잡초의 특성으로 옳지 않은 것은?

① 재생 능력이 강하고 번식 능력이 크다.
② 종자의 휴면성이 강하고 수명이 길다.
③ 생육 환경에 대하여 적응성이 작다.
④ 땅을 가리지 않고 흡비력이 강하다.

해설

- 잡초는 생육 환경에 대하여 적응성이 대단히 크다.

1502

38

Repetitive Learning (1회 2회 3회)

다음 중 지형을 표시하는데 가장 기본이 되는 등고선은?

① 간곡선 ② 주곡선
③ 조곡선 ④ 계곡선

해설

- ①은 평탄한 지형 내에서 주곡선만으로 굴곡을 표시하기 힘들 때 주곡선 사이에 긋는 선이다.
- ③은 간곡선 사이의 굴곡을 표현하기 위해 긋는 선이다.
- ④는 주곡선 다섯줄 단위를 굵은 실선으로 표시한 선이다.

0401 / 0705

39

Repetitive Learning (1회 2회 3회)

다음 중 소나무의 순지르기 방법으로 가장 거리가 먼 것은?

① 수세가 좋거나 어린나무는 다소 빨리 실시하고, 노목이나 약해 보이는 나무는 5～7일 늦게 한다.
② 손으로 순을 따 주는 것이 좋다.
③ 5～6월경에 새순이 5～10cm 자랐을 때 실시한다.
④ 자라는 힘이 지나치다고 생각될 때에는 1/3～1/2정도 남겨두고 끝 부분을 따 버린다.

해설

- 노목이나 약해 보이는 나무는 다소 빨리 실시하고, 수세가 좋거나 어린나무는 5～7일 늦게 한다.

40

Repetitive Learning (1회 2회 3회)

시멘트의 응결을 빠르게 하기 위하여 사용하는 혼화제는?

① 지연제 ② 발포제
③ 급결제 ④ 기포제

해설

- ①은 시멘트의 경화시간을 지연시키는 용도로 사용하는 혼화제이다.
- ②는 시멘트에 혼입시켜 화학반응에 의해 발생하는 가스를 이용하여 기포를 발생시키는 혼화제이다.
- ④는 콘크리트의 경량화를 목적으로 하는 혼화제이다.

34 ④ 35 ③ 36 ④ 37 ③ 38 ② 39 ① 40 ③ 정답

41 Repetitive Learning (1회 2회 3회)

용적 배합비 1 : 2 : 4 콘크리트 $1m^3$ 제작에 모래가 $0.45m^3$ 필요하다. 자갈은 몇 m^3 필요한가?

① $0.45m^3$ ② $0.5m^3$
③ $0.90m^3$ ④ $0.15m^3$

해설

- 배합비는 시멘트 : 모래 : 자갈이 1 : 2 : 4이다.
- 즉, 모래의 2배만큼의 자갈이 필요하므로 모래가 $0.45m^3$라면 자갈은 $0.90m^3$이 필요하다.

42 Repetitive Learning (1회 2회 3회)

축적이 1/5,000인 지도상에서 구한 수평 면적이 $5cm^2$라면 지상에서의 실제면적은 얼마인가?

① $1,250m^2$ ② $12,500m^2$
③ $2,500m^2$ ④ $25,000m^2$

해설

- 면적이므로 축척 $\left(\frac{1}{5,000}\right)^2 = \frac{5}{x}$를 만족하는 x를 구하는 문제이다.
- $\frac{1}{25,000,000} = \frac{5}{x}$이므로 $x = 125,000,000cm^2$이 된다.
- $10,000cm^2$이 $1m^2$이므로 $125,000,000cm^2$는 $12,500m^2$이 된다.

0201 / 0502

43 Repetitive Learning (1회 2회 3회)

소나무류의 잎솎기는 어느 때 하는 것이 가장 좋은가?

① 12월경 ② 2월경
③ 5월경 ④ 8월경

해설

- 순따기가 끝나면 8월경에 잎솎기를 한다. 순따기만으로 순의 강약을 조절하기 충분하지 않아 잎을 조절하여 나무 전체의 균형을 유지한다.

44 Repetitive Learning (1회 2회 3회)

다음 중 천적 등 방제대상이 아닌 곤충류에 가장 피해를 주기 쉬운 농약은?

① 훈증제 ② 전착제
③ 침투성 살충제 ④ 지속성 접촉제

해설

- ①은 일정 온도와 압력에서 해충을 사멸시키기 위해 가스 상태로 개발된 약제를 말한다.
- ②는 농약의 주성분을 식물체 및 병해충 표면에 잘 퍼지게 하거나, 부착시키기 위하여 사용하는 계면활성제를 말한다.
- ③은 약제를 식물체의 뿌리, 줄기, 잎 등에 흡수시켜 깍지벌레와 같은 흡즙성 해충을 죽게 하는 살충제이다.

45 Repetitive Learning (1회 2회 3회)

겨울철에 제설을 위하여 사용되는 해빙염(Deicing salt)에 관한 설명으로 옳지 않은 것은?

① 염화칼슘이나 염화나트륨이 주로 사용된다.
② 장기적으로는 수목의 쇠락(Decline)으로 이어진다.
③ 흔히 수목의 잎에는 괴사성 반점(점무늬)이 나타난다.
④ 일반적으로 상록수가 낙엽수보다 더 큰 피해를 입는다.

해설

- ③은 칼륨 부족이나 바이러스의 감염으로 발생하는 현상이다.

1405

46 Repetitive Learning (1회 2회 3회)

토양수분 중 식물이 생육에 주로 이용하는 유효수분은?

① 결합수 ② 흡습수
③ 모세관수 ④ 중력수

해설

- 식물이 생육에 이용하는 유효수분은 모관수 혹은 모세관수이다.

0305

47 Repetitive Learning (1회 2회 3회)

전정도구 중 주로 연하고 부드러운 가지나 수관 내부의 가늘고 약한 가지를 자를 때와 꽃꽂이를 할 때 흔히 사용하는 것은?

① 대형전정가위
② 적심가위 또는 순치기가위
③ 적화, 적과가위
④ 조형전정가위

해설

- ①과 ④는 수관 전체를 어떤 모양이나 형태를 연출해 낼 때 사용한다.
- ③은 꽃눈이나 열매를 솎을 때나 과일 수확 시 사용한다.

정답 | 41 ③ 42 ② 43 ④ 44 ④ 45 ③ 46 ③ 47 ②

48 Repetitive Learning 1회 2회 3회

다음 ( )에 알맞은 것은?

> 공사 목적물을 완성하기까지 필요로 하는 여러가지 작업의 순서와 단계를 ( )(이)라고 한다. 가장 효과적으로 공사 목적물을 만들 수 있으며, 시간을 단축시키고 비용을 절감할 수 있는 방법을 정할 수 있다.

① 공종 ② 검토
③ 시공 ④ 공정

해설
- ①은 기술적으로 설계되고 고안된 시설물의 부분을 제 자원을 동원하여 설계되고 고안된 기능을 가지도록 작업하는 단위를 말한다.
- ②는 시공자가 수행하는 중요사항과 해당 건설공사와 관련한 발주청의 요구사항에 대해 시공자 제출서류, 현장실정 등을 공자감독자 또는 건설사업관리기술인이 숙지하고, 경험과 기술을 바탕으로 타당성 여부를 파악하는 것이다.
- ③은 발주자의 요구사항에 맞게 시설물을 만들어내는 행위와 과정을 말한다.

0501

49 Repetitive Learning 1회 2회 3회

다음 선의 종류와 선긋기의 내용이 잘못 짝지어진 것은?

① 파선 : 단면 ② 가는 실선 : 수목 인출선
③ 1점쇄선 : 경계선 ④ 2점쇄선 : 중심선

해설
- ④의 2점쇄선은 물체가 있을 것으로 가상되는 부분을 표시하는 선이다. 중심선은 1점쇄선으로 표시한다.

50 Repetitive Learning 1회 2회 3회

다음 중 비탈면을 보호하는 방법으로 짧은 시간과 급경사 지역에 사용하는 시공방법은?

① 자연석 쌓기법 ② 콘크리트 격자틀공법
③ 떼심기법 ④ 종자뿜어붙이기법

해설
- ①은 자연석을 이용해 비탈면의 토사붕괴를 막기 위해 구조물을 쌓는 방법이다.
- ②는 용수가 있는 비탈면에 적용하는 방법으로 식생이 적당하지 않고 무너질 우려가 있는 지역에서 실시한다.
- ③은 떼를 수평으로 심고 다지는 공법이다.

51 Repetitive Learning 1회 2회 3회

콘크리트용 골재로서 요구되는 성질로 틀린 것은?

① 단단하고 치밀할 것
② 필요한 무게를 가질 것
③ 알의 모양은 둥글거나 입방체에 가까울 것
④ 골재의 낱알 크기가 균등하게 분포할 것

해설
- 골재의 크기는 굵고 잔 것이 골고루 섞여 있는 것이 좋다.

52 Repetitive Learning 1회 2회 3회

임목(林木) 생장에 가장 좋은 토양구조는?

① 판상구조(Platy) ② 괴상구조(Blocky)
③ 입상구조(Granular) ④ 견파상구조(Nutty)

해설
- ①은 논토양의 하층에서 발견되는 구조로 토양수분의 수직배수가 불량하다.
- ②는 밭토양이나 산림토양에서 발견되는 구조로 입단 상호간의 간격이 좁다.
- ④는 해성토의 심토에서 발견되는 구조이다.

53 Repetitive Learning 1회 2회 3회

다음 중 방위각 150°를 방위로 표시하면 어느 것인가?

① N 30°E ② S 30°E
③ S 30°W ④ N 30°W

해설
- 방위각 150°는 남쪽에서 동쪽으로 30°에 해당하는 방위이다.

0502

54 Repetitive Learning 1회 2회 3회

이식한 수목의 줄기와 가지에 새끼로 수피감기하는 이유로 가장 거리가 먼 것은?

① 경관을 향상시킨다.
② 수피로부터 수분 증산을 억제한다.
③ 병해충의 침입을 막아준다.
④ 강한 태양광선으로부터 피해를 막아준다.

해설
- 새끼로 수피를 감는 것은 경관 향상에 도움이 되지 않는다.

48 ④ 49 ④ 50 ④ 51 ④ 52 ③ 53 ② 54 ① | 정답

55 Repetitive Learning 1회 2회 3회

농약을 유효 주성분의 조성에 따라 분류한 것은?

① 입제 ② 훈증제
③ 유기인계 ④ 식물생장 조정제

해설
- ①과 ②는 제형에 따른 분류이다.
- ④는 사용목적에 따른 분류이다.

56 Repetitive Learning 1회 2회 3회

소나무류 가해 해충이 아닌 것은?

① 알락하늘소 ② 솔잎혹파리
③ 솔수염하늘소 ④ 솔나방

해설
- ①은 버드나무, 감귤류, 배나무 등 육질이 연약한 수목의 아래쪽에 알을 낳기 위해 구멍을 뚫어 수목에 피해를 입힌다.

0405

57 Repetitive Learning 1회 2회 3회

고속도로의 시선유도 식재는 주로 어떤 목적을 갖고 있는가?

① 위치를 알려준다.
② 침식을 방지한다.
③ 속력을 줄이게 한다.
④ 전방의 도로 형태를 알려준다.

해설
- ①은 지표식재의 역할이다.

58 Repetitive Learning 1회 2회 3회

다음 중 여성토의 정의로 가장 알맞은 것은?

① 가라앉을 것을 예측하여 흙을 계획높이보다 더 쌓는 것
② 중앙분리대에서 흙을 볼록하게 쌓아 올리는 것
③ 옹벽 앞에 계단처럼 콘크리트를 쳐서 옹벽을 보강하는 것
④ 잔디밭에서 잔디에 주기적으로 뿌려 뿌리가 노출되지 않도록 준비하는 토양

해설
- ④는 객토를 설명한 것이다.

59 Repetitive Learning 1회 2회 3회

다음 중 등고선의 성질에 관한 설명으로 옳지 않은 것은?

① 등고선상에 있는 모든 점은 높이가 다르다.
② 등경사지는 등고선 간격이 같다.
③ 급경사지는 등고선 간격이 좁고, 완경사지는 등고선 간격이 넓다.
④ 등고선은 도면의 안이나 밖에서 폐합되며 도중에 없어지지 않는다.

해설
- 등고선상에 있는 모든 점들은 같은 높이로서 등고선은 같은 높이의 점들을 연결한다.

60 Repetitive Learning 1회 2회 3회

토양침식에 대한 설명으로 옳지 않은 것은?

① 토양의 침식량은 유거수량이 많을수록 적어진다.
② 토양유실량은 강우량보다 최대강우강도와 관계가 있다.
③ 경사도가 크면 유속이 빨라져 무거운 입자도 침식된다.
④ 식물의 생장은 투수성을 좋게 하여 토양 유실량을 감소시킨다.

해설
- 토양의 침식량은 유거수량이 많을수록 많아진다.

정답 | 55 ③ 56 ① 57 ④ 58 ① 59 ① 60 ①

2014년 제2회

2014년 4월 6일 필기

14년 2회차 필기시험
합격률 34.6%

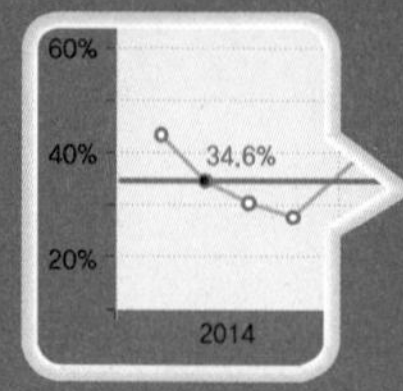

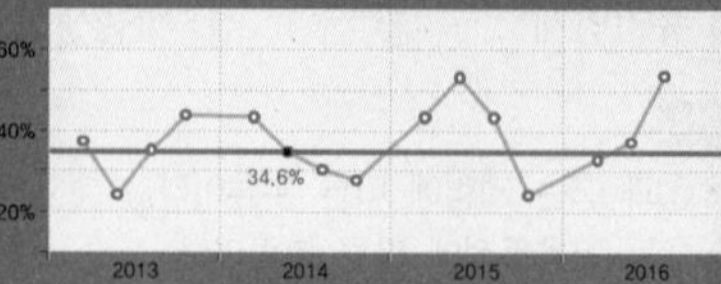

01 Repetitive Learning (1회 2회 3회)

그림과 같이 AOB 직각을 3등분 할 때 다음 중 선의 길이가 같지 않은 것은?

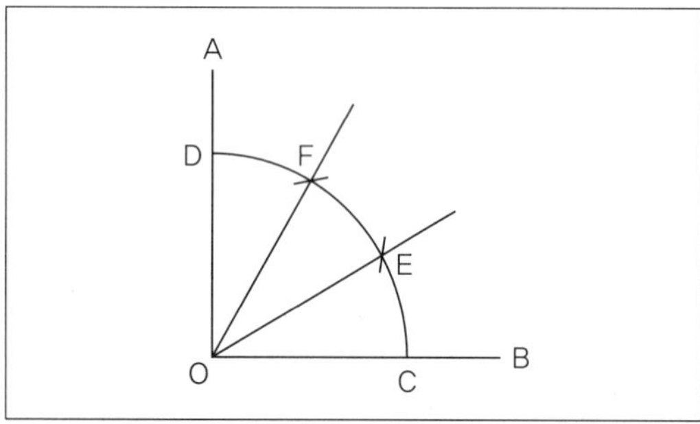

① CF ② EF
③ OD ④ OC

해설
- 직각을 3등분 했으므로 각각이 30°이다. 삼각형 OFC는 정삼각형이므로 OF와 OC, CF의 길이는 같다.

02 Repetitive Learning (1회 2회 3회)

다음 중 위요된 경관(Enclosed Landscape)의 특징 설명으로 옳은 것은?

① 시선의 주의력을 끌 수 있어 소규모의 지형도 경관으로서 의의를 갖게 해준다.
② 보는 사람으로 하여금 위압감을 느끼게 하며 경관의 지표가 된다.
③ 확 트인 느낌을 주어 안정감을 준다.
④ 주의력이 없으면 등한시하기 쉬운 것이다.

해설
- ②는 지형경관에 대한 설명이다.
- ③은 전경관(파노라마경관)에 대한 설명이다.
- ④는 일시적 경관에 대한 설명이다.

03 Repetitive Learning (1회 2회 3회)

다음 중 묘원의 정원에 해당하는 것은?

① 타지마할 ② 알람브라
③ 공중정원 ④ 보르비콩트

해설
- ②는 중세 스페인의 회교식 정원으로 1240년 경에 건립되었다.
- ④는 르노트르가 이탈리아 유학 후 프랑스에 귀국하여 만든 최초의 평면기하학식 정원이다.

04 Repetitive Learning (1회 2회 3회)

실물을 도면에 나타낼 때의 비율을 무엇이라 하는가?

① 범례 ② 표제란
③ 평면도 ④ 축척

해설
- ①은 도면에서 사용되는 기호나 내용을 설명하는 것을 말한다.
- ②는 도면의 번호, 도명 등을 기입하는 곳을 말한다.
- ③은 물체를 위에서 내려다 본 것으로 가정하고 수평면상에 투영하여 작도한 것이다.

05 Repetitive Learning (1회 2회 3회)

고려시대 조경수법은 대비를 중요시 하는 양상을 보인다. 어느 시대의 수법을 받아 들였는가?

① 신라시대 수법 ② 일본 임천식 수법
③ 중국 당 대 수법 ④ 중국 송 대 수법

해설
- 송나라의 영향으로 석가산과 원정, 화원 등 화려한 관상위주의 이국적 정원을 만들었다.

01 ② 02 ① 03 ① 04 ④ 05 ④ 정답

06 Repetitive Learning 1회 2회 3회

다음 설명의 A, B에 적합한 용어는?

> 인간의 눈은 원추세포를 통해 (A)을(를) 지각하고, 간상세포를 통해 (B)을(를) 지각한다.

① A : 색채, B : 명암
② A : 밝기, B : 채도
③ A : 명암, B : 색채
④ A : 밝기, B : 색조

해설

• 간상세포는 명암, 원추세포는 색깔을 지각한다.

07 Repetitive Learning 1회 2회 3회

다음 설명의 ( )에 들어갈 각각의 용어는?

> • 면적이 커지면 명도와 채도가 (㉠)
> • 큰 면적의 색을 고를 때의 견본색은 원하는 색보다 (㉡)색을 골라야 한다.

① ㉠ 높아진다 ㉡ 밝고 선명한
② ㉠ 높아진다 ㉡ 어둡고 탁한
③ ㉠ 낮아진다 ㉡ 밝고 선명한
④ ㉠ 낮아진다 ㉡ 어둡고 탁한

해설

• 면적과 명도와 채도는 서로 비례한다.

1204

08 Repetitive Learning 1회 2회 3회

주로 장독대, 쓰레기통, 빨래건조대 등을 설치하는 주택 정원의 적합 공간은?

① 안뜰　　② 앞뜰
③ 작업뜰　　④ 뒤뜰

해설

• ①은 응접실이나 거실 전면에 위치한 뜰로 정원의 중심이 되는 곳이자 휴식과 단란이 이루어지는 공간이다.
• ②는 대문에서 현관에 이르는 공간으로 주택정원에서 공공성이 가장 강한 공간이다.
• ④는 집 뒤에 위치한 공간으로 조선시대 중엽 이후 풍수설에 따라 주택조경에서 새로이 중요한 부분으로 강조된 공간이다.

09 Repetitive Learning 1회 2회 3회

그림과 같은 축도기호가 나타내고 있는 것으로 옳은 것은?

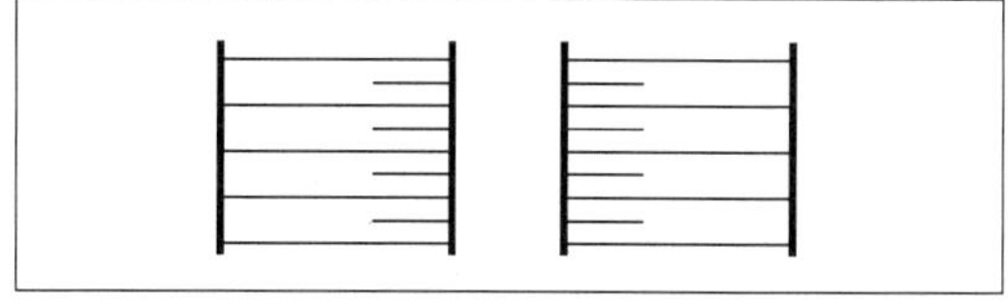

① 등고선　　② 성토
③ 절토　　④ 과수원

해설

• 중앙에 도로가 있고 도로쪽에서 사면이 올라가게 그려지고 있으므로 성토에 해당한다.

10 Repetitive Learning 1회 2회 3회

넓은 의미로의 조경을 가장 잘 설명한 것은?

① 기술자를 정원사라 부른다.
② 궁전 또는 대규모 저택을 중심으로 한다.
③ 식재를 중심으로 한 정원을 만드는 일에 중점을 둔다.
④ 정원을 포함한 광범위한 옥외공간 건설에 적극 참여한다.

해설

• 좁은 의미에서의 조경은 주택뿐 아니라 다양한 형태와 크기의 정원을 만드는 것이고, 넓은 의미에서는 정원 뿐 아니라 광범위한(전 국토) 경관의 보존 및 정비를 과학적이고 조형적으로 다루는 기술을 말한다.

11 Repetitive Learning 1회 2회 3회

이팝나무와 조팝나무에 대한 설명으로 옳지 않은 것은?

① 이팝나무의 열매는 타원형의 핵과이다.
② 환경이 같다면 이팝나무가 조팝나무 보다 꽃이 먼저 핀다.
③ 과명은 이팝나무는 물푸레나무과(科)이고, 조팝나무는 장미과(科)이다
④ 성상은 이팝나무는 낙엽활엽교목이고 ,조팝나무는 낙엽활엽관목이다.

해설

• 조팝나무의 꽃은 4～5월에 피는데 반해 이팝나무의 꽃은 5～6월에 핀다.

정답 | 06 ① 07 ② 08 ③ 09 ② 10 ④ 11 ②

12

Repetitive Learning (1회 2회 3회)

어떤 두 색이 맞붙어 있을 때 그 경계 언저리에 대비가 더 강하게 일어나는 현상은?

① 연변대비　　② 면적대비
③ 보색대비　　④ 한난대비

해설
- ②는 면적에 따라 색채가 다르게 느껴지는 현상을 말한다.
- ③은 보색인 색을 이웃하여 놓을 경우 색상이 더 뚜렷해지면서 선명하게 보이는 현상을 말한다.
- ④는 색의 차고 따뜻한 느낌에 의해 느껴지는 대비현상을 말한다.

13

Repetitive Learning (1회 2회 3회)

1857년 미국 뉴욕에 센트럴 파크(Central park)를 설계한 사람은?

① 하워드　　② 르코르뷔지에
③ 옴스테드　　④ 브라운

해설
- 뉴욕의 센트럴 파크(Central park)는 1857년 프레드릭 로 옴스테드가 도시 한복판에 근대공원의 면모를 갖추어 설계하여 만든 공원이다.

14

Repetitive Learning (1회 2회 3회)

먼셀표색계의 10색상환에서 서로 마주보고 있는 색상의 짝이 잘못 연결된 것은?

① 빨강(R)－청록(BG)　　② 노랑(Y)－남색(PR)
③ 초록(G)－자주(RP)　　④ 주황(YR)－보라(P)

해설
- 주황(YR)의 반대편에는 파랑(B)이 위치한다.

15

Repetitive Learning (1회 2회 3회)

목재의 방부재(Preservate)는 유성, 수용성, 유용성으로 크게 나눌 수 있다. 유용성으로 방부력이 대단히 우수하고 열이나 약제에도 안정적이며 거의 무색제품으로 사용되는 약제는?

① PCP　　② 염화아연
③ 황산구리　　④ 크레오소트

해설
- ②와 ③은 유성이 아니라 수용성 방부제이다.
- ④는 대표적인 목재용 유성 방부제 혹은 비휘발성 기름에 혼합되어 있는 유기용매로 흑갈색이다.

16

Repetitive Learning (1회 2회 3회)

다음의 입체도에서 화살표 방향을 정면으로 할 때 평면도를 바르게 표현한 것은?

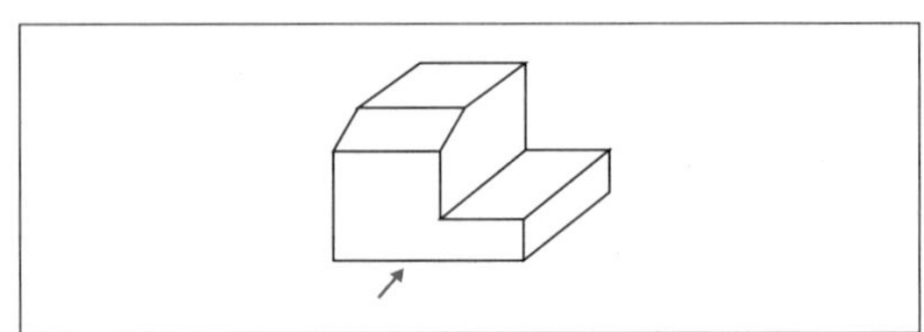

①　　②

③　　④

해설
- 평면도는 위에서 수직 투영된 모양을 일정한 축척으로 나타내는 도면이다.

17

Repetitive Learning (1회 2회 3회)

조경미의 원리 중 대비가 불러오는 심리적 자극으로 가장 거리가 먼 것은?

① 반대　　② 대립
③ 변화　　④ 안정

해설
- 대비미는 반대와 대립, 변화를 느끼게 한다. 안정감은 균형미 등에서 느낄 수 있다.

18

Repetitive Learning (1회 2회 3회)

시멘트의 종류 중 혼합시멘트에 속하는 것은?

① 팽창 시멘트　　② 알루미나 시멘트
③ 고로슬래그 시멘트　　④ 조강포틀랜드 시멘트

해설
- 혼합시멘트에는 고로슬래그 시멘트, 플라이애시 시멘트, 실리카 시멘트, 포틀랜드포졸란 시멘트 등이 있다.

12 ① 13 ③ 14 ④ 15 ① 16 ② 17 ④ 18 ③ 정답

0705

19 Repetitive Learning 1회 2회 3회

가로수가 갖추어야 할 조건이 아닌 것은?

① 공해에 강한 수목
② 답압에 강한 수목
③ 지하고가 낮은 수목
④ 이식에 잘 적응하는 수목

해설

• 사람이나 차량이 다니기에 불편함이 없도록 지하고가 높은 수목이어야 한다.

20 Repetitive Learning 1회 2회 3회

플라스틱의 장점에 해당하지 않는 것은?

① 가공이 우수하다.
② 경량 및 착색이 용이하다.
③ 내수 및 내식성이 강하다.
④ 전기절연성이 없다.

해설

• 플라스틱은 가볍고 전기절연성이 좋아 전기가 통하지 않는다.

21 Repetitive Learning 1회 2회 3회

열경화성 수지의 설명으로 틀린 것은?

① 축합반응을 하여 고분자로 된 것이다.
② 다시 가열하는 것이 불가능하다
③ 성형품은 용제에 녹지 않는다.
④ 불소수지와 폴리에틸렌수지 등으로 수장재로 이용된다.

해설

• ④는 열가소성 수지에 대한 설명이다.

22 Repetitive Learning 1회 2회 3회

다음 중 콘크리트의 워커빌리티 증진에 도움이 되지 않는 것은?

① AE제 ② 감수제
③ 포졸란 ④ 응결경화 촉진제

해설

• ④는 콘크리트의 응결속도를 지연시키거나 촉진시키는 혼화제로 워커빌리티의 증진과는 거리가 멀다.

23 Repetitive Learning 1회 2회 3회

다음 중 목재의 장점이 아닌 것은?

① 가격이 비교적 저렴하다.
② 온도에 대한 팽창, 수축이 비교적 작다.
③ 생산량이 많으며 입수가 용이하다.
④ 크기에 제한을 받는다.

해설

• ④는 목재의 단점에 해당한다.

24 Repetitive Learning 1회 2회 3회

다음 중 산성토양에서 잘 견디는 수종은?

① 해송 ② 단풍나무
③ 물푸레나무 ④ 조팝나무

해설

• ②는 알칼리성에서 잘 자란다.
• ③은 pH에 상관없이 다양한 토양에서 잘 자란다.
• ④는 약산성에서 중성인 토양에서 잘 자란다.

25 Repetitive Learning 1회 2회 3회

잔디밭을 조성함으로써 발생되는 기능과 효과가 아닌 것은?

① 아름다운 지표면 구성
② 쾌적한 휴식 공간 제공
③ 흙이 바람에 날리는 것 방지
④ 빗방울에 의한 토양 유실 촉진

해설

• 잔디 식재를 통해 빗방울에 의한 토양 유실을 방지할 수 있다.

26 Repetitive Learning 1회 2회 3회

다음 중 백목련에 대한 설명으로 옳지 않은 것은?

① 낙엽활엽교목으로 수형은 평정형이다.
② 열매는 황색으로 여름에 익는다.
③ 향기가 있고 꽃은 백색이다.
④ 잎이 나기 전에 꽃이 핀다.

해설

• 열매는 갈색과 빨간색으로 원기둥 모양으로 8～9월에 익는다.

정답 | 19 ③ 20 ④ 21 ④ 22 ④ 23 ④ 24 ① 25 ④ 26 ②

27 Repetitive Learning (1회 2회 3회)

목재의 열기 건조에 대한 설명으로 틀린 것은?

① 낮은 함수율까지 건조할 수 있다.
② 자본의 회전기간을 단축시킬 수 있다.
③ 기후와 장소 등의 제약 없이 건조할 수 있다.
④ 작업이 비교적 간단하며, 특수한 기술을 요구하지 않는다.

해설

- 열기건조법은 건조작업이 자연건조법에 비해 복잡하고, 특수한 기술을 요구한다.

28 Repetitive Learning (1회 2회 3회)

단위용적중량이 1,700kgf/m^3, 비중이 2.6인 골재의 공극률은 약 얼마인가?

① 34.6% ② 52.94%
③ 3.42% ④ 5.53%

해설

- 공극률은 $\left(1-\frac{w}{g}\right)\times 100$으로 구한다. 이때 w는 골재의 단위용적중량[ton/m^3]이고, g는 골재의 비중이다.
- 단위용적중량이 1.7ton/m^3이고, 비중이 2.6이므로 대입하면 $\left(1-\frac{1.7}{2.6}\right)\times 100 = 34.6153\cdots$%이다.

0202 / 0702 / 1502

29 Repetitive Learning (1회 2회 3회)

석재의 분류는 화성암, 퇴적암, 변성암으로 분류할 수 있다. 다음 중 퇴적암에 해당되지 않는 것은?

① 사암 ② 혈암
③ 석회암 ④ 안산암

해설

- ④는 화성암이다.

30 Repetitive Learning (1회 2회 3회)

세라믹 포장의 특성이 아닌 것은?

① 융점이 높다
② 상온에서의 변화가 적다
③ 압축에 강하다
④ 경도가 낮다

해설

- 세라믹 포장은 압축에 강하고, 경도가 높다.

31 Repetitive Learning (1회 2회 3회)

산수유(Cornus officinalis)에 대한 설명으로 옳지 않은 것은?

① 우리나라 자생수종이다.
② 열매는 핵과로 타원형이며 길이는 1.5 ~ 2.0cm이다.
③ 잎은 대생, 장타원형, 길이는 4 ~ 10cm, 뒷면에 갈색 털이 있다.
④ 잎보다 먼저 피는 황색의 꽃이 아름답고 가을에 붉게 익는 열매는 식용과 관상용으로 이용 가능하다.

해설

- 산수유는 중국과 한국에서 주로 생식한다.

1101 / 1505

32 Repetitive Learning (1회 2회 3회)

재료가 외력을 받았을 때 작은 변형만 나타내도 파괴되는 현상을 무엇이라 하는가?

① 취성(脆性) ② 강성(剛性)
③ 인성(靭性) ④ 전성(展性)

해설

- ②는 외력을 받아 변형을 일으킬 때 이에 저항하는 성질을 말한다.
- ③은 재료가 파괴되기까지 높은 응력에 잘 견딜 수 있고, 동시에 큰 변형을 나타내며 파괴되는 성질을 말한다.
- ④는 재료에 압력을 가했을 때 재료가 압축되면서 압력의 수직방향으로 얇게 펴지는 성질을 말한다.

33 Repetitive Learning (1회 2회 3회)

수목 뿌리의 역할이 아닌 것은?

① 저장근 : 양분을 저장하여 비대해진 뿌리
② 부착근 : 줄기에서 새근이 나와 다른 물체에 부착하는 뿌리
③ 기생근 : 다른 물체에 기생하기 위한 뿌리
④ 호흡근 : 식물체를 지지하는 기근

해설

- ④는 지지근의 역할이다.

27 ④ 28 ① 29 ④ 30 ④ 31 ① 32 ① 33 ④ 정답

34 Repetitive Learning (1회 2회 3회)

다음 설명에 해당되는 잔디는?

> • 한지형 잔디이다.
> • 불완전 포복형이지만, 포복력이 강한 포복경을 지표면으로 강하게 뻗는다.
> • 잎의 폭이 2～3mm로 질감이 매우 곱고 품질이 좋아서 골프장 그린에 많이 이용한다.
> • 짧은 예취에 견디는 힘이 가장 강하나, 병충해에 가장 약하여 방제에 힘써야 한다.

① 버뮤다그래스 ② 켄터키블루그래스
③ 벤트그래스 ④ 라이그래스

해설

• ①은 대표적인 난지형 잔디이다.
• ②는 한지형 잔디 중 가장 많이 사용하는 종으로 회복력이 빠르고 내습성이 강하나 초기 생육이 느리고 잔디 깎기에 약한 단점을 갖는다.
• ④는 한지형 잔디로 초기 발아 및 생육속도가 가장 빠르나 우리나라 여름철 날씨에 약한 단점이 있는 잔디이다.

35 Repetitive Learning (1회 2회 3회)

실내조경 식물의 잎이나 줄기에 백색 점무늬가 생기고 점차 퍼져서 흰 곰팡이 모양이 되는 원인으로 옳은 것은?

① 탄저병 ② 무름병
③ 흰가루병 ④ 모자이크병

해설

• ①은 상처부위를 통해 감염되는 병으로 적갈색의 반점이 발생하기 시작해 검은 돌기가 형성된다.
• ②는 주로 다른 요인에 의해 죽은 조직에 감염되는데 감염된 부위가 연약해지고 흐물흐물해진다.
• ④에 감염된 잎은 경화되어 빗방울에도 쉽게 부서진다.

36 Repetitive Learning (1회 2회 3회)

우리나라에서 발생하는 주요 소나무류에 잎녹병을 발생시키는 병원균의 기주로 맞지 않는 것은?

① 소나무 ② 해송
③ 스트로브잣나무 ④ 송이풀

해설

• ④는 잣나무 털녹병의 중간기주이다.

37 Repetitive Learning (1회 2회 3회)

다음 중 벌개미취의 꽃색으로 가장 적합한 것은?

① 황색 ② 연자주색
③ 검정색 ④ 황녹색

해설

• 벌개미취의 꽃은 연한 자주색과 연한 보라색을 띤다.

38 Repetitive Learning (1회 2회 3회)

조경관리에서 주민참가의 단계는 시민권력의 단계, 형식참가의 단계, 비참가의 단계 등으로 구분되는데 그중 시민권력의 단계에 해당되지 않는 것은?

① 자치관리(Citizen control)
② 유화(Placation)
③ 권한 위양(Delegated power)
④ 파트너십(Partnership)

해설

• ②는 형식적 참가 단계에서 필요한 대책이다.

39 Repetitive Learning (1회 2회 3회)

다음 노목의 세력회복을 위한 뿌리자르기의 시기와 방법 설명 중 ( )에 들어갈 가장 접합한 것은?

> • 뿌리자르기의 가장 좋은 시기는 (㉠)이다.
> • 뿌리자르기 방법은 나무의 근원 지름의 (㉡)배 되는 길이로 원을 그려, 그 위치에서 (㉢)의 깊이로 파내려간다.
> • 뿌리 자르는 각도는 (㉣)가 적합하다.

① ㉠ 월동 전, ㉡ 5～6, ㉢ 45～50cm, ㉣ 위에서 30°
② ㉠ 땅이 풀린 직후부터 4월 상순, ㉡ 1～2, ㉢ 10～20cm, ㉣ 위에서 45°
③ ㉠ 월동 전, ㉡ 1～2, ㉢ 직각 또는 아래쪽으로 30°, ㉣ 직각 또는 아래쪽으로 30°
④ ㉠ 땅이 풀린 직후부터 4월 상순, ㉡ 5～6, ㉢ 45～50cm, ㉣ 직각 또는 아래쪽으로 45°

해설

• 뿌리자르기는 식물이 봄 성장을 시작하기 전에 높은 수준의 탄수화물을 가지고 있으므로 절단이 성공할 가능성이 높다.

정답 | 34 ③ 35 ③ 36 ④ 37 ② 38 ② 39 ④

40 Repetitive Learning (1회 2회 3회)

생물분류학적으로 거미강에 속하며 덥고 건조한 환경을 좋아하고 뾰족한 입으로 즙을 빨아먹는 해충은?

① 진딧물 ② 나무좀
③ 응애 ④ 가루이

해설
- ①은 무궁화, 단풍나무, 사과나무, 벚나무 등 식물의 어린 잎이나 새 가지, 꽃봉오리에 붙어 수액을 빨아먹어 생육을 억제한다.

41 Repetitive Learning (1회 2회 3회)

수량에 의해 변화하는 콘크리트 유동성의 정도, 혼화물의 묽기 정도를 나타내며 콘크리트의 변형능력을 총칭하는 것은?

① 반죽질기 ② 워커빌리티
③ 압송성 ④ 다짐성

해설
- 문제는 반죽질기(연도) 즉, 컨시스턴시를 묻고 있다.

0401 / 0605

42 Repetitive Learning (1회 2회 3회)

다음 중 한 가지에 많은 봉우리가 생긴 경우 솎아 낸다든지, 열매를 따버리는 등의 작업을 하는 목적으로 가장 적당한 것은?

① 생장조장을 돕는 가지다듬기
② 세력을 갱신하는 가지다듬기
③ 착화 및 착과 촉진을 위한 가지다듬기
④ 생장을 억제하는 가지다듬기

해설
- 하나의 가지에 많은 봉우리가 생긴 경우 이를 적절히 솎아 주는 것은 개화 결실을 목적으로 하는 전정에 해당한다.

43 Repetitive Learning (1회 2회 3회)

다음 중 이식하기 어려운 수종이 아닌 것은?

① 소나무 ② 자작나무
③ 섬잣나무 ④ 은행나무

해설
- ④는 이식이 쉬운 수종에 속한다.

44 Repetitive Learning (1회 2회 3회)

조경 수목의 단근작업에 대한 설명으로 틀린 것은?

① 뿌리 기능이 쇠약해진 나무의 세력을 회복하기 위한 작업이다.
② 잔뿌리의 발달을 촉진시키고, 뿌리의 노화를 방지한다.
③ 굵은 뿌리는 모두 잘라야 아랫가지의 발육이 좋아진다.
④ 땅이 풀린 직후부터 4월 상순까지가 가장 좋은 작업 시기다.

해설
- 나무의 근원 지름의 5 ~ 6배 되는 길이로 원을 그려, 그 위치에서 45 ~ 50cm의 깊이로 파내려가면서 뿌리를 자른다.

0301

45 Repetitive Learning (1회 2회 3회)

잔디의 뗏밥 넣기에 관한 설명으로 가장 부적합한 것은?

① 뗏밥은 가는 모래 2, 밭흙 1, 유기물 약간을 섞어 사용한다.
② 뗏밥으로 이용하는 흙은 일반적으로 열처리 하거나 증기소독을 하기도 한다.
③ 뗏밥은 한지형 잔디의 경우 봄, 가을에 주고 난지형 잔디의 경우 생육이 왕성한 6 ~ 8월에 주는 것이 좋다.
④ 뗏밥의 두께는 30mm 정도로 주고, 다시 줄 때에는 일주일이 지난 후에 잎이 덮일 때까지 주어야 좋다.

해설
- 뗏밥의 두께는 일반적으로 5 ~ 10mm 정도로 주고, 일시에 다량 사용하는 것은 피해야 하며, 잎끝이 묻히면 피해를 입으므로 15일 이상의 간격으로 여러차례 실시하는 것이 좋다.

46 Repetitive Learning (1회 2회 3회)

농약살포가 어려운 지역과 솔잎혹파리 방제에 사용되는 농약 사용법은?

① 도포법 ② 수간주사법
③ 입제살포법 ④ 관주법

해설
- ①은 수간과 줄기 표면의 상처에 침투성 약액을 발라 조직 내로 약효성분이 흡수되게 하는 농약 사용법이다.
- ③은 손에 고무장갑을 끼고 입제를 직접 뿌리는 방법이다.
- ④는 토양 내에 서식하는 병해충을 방제하기 위해 땅속에 약액을 주입하는 방법이다.

정답: 40 ③ 41 ① 42 ③ 43 ④ 44 ③ 45 ④ 46 ②

0301 / 0405 / 1004

47 Repetitive Learning (1회 2회 3회)

표준품셈에서 조경용 초화류 및 잔디의 할증률은 몇 % 인가?

① 1% ② 3%
③ 5% ④ 10%

해설
• 조경용 수목, 잔디 등의 할증률은 표준품셈에서 10%로 한다.

0405

48 Repetitive Learning (1회 2회 3회)

다음 중 조경 수목의 꽃눈분화, 결실 등과 가장 관련이 깊은 것은?

① 질소와 탄소 비율 ② 탄소와 칼륨 비율
③ 질소와 인산 비율 ④ 인산과 칼륨 비율

해설
• 질소와 탄소 비율이 조경 수목의 꽃눈분화, 결실 등과 가장 관련이 깊다.

49 Repetitive Learning (1회 2회 3회)

다음 설계도면의 종류에 대한 설명으로 옳지 않은 것은?

① 입면도는 구조물의 외형을 보여주는 것이다.
② 평면도는 물체를 위에서 수직방향으로 내려다 본 것을 그린 것이다.
③ 단면도는 구조물의 내부나 내부공간의 구성을 보여주기 위한 것이다.
④ 조감도는 관찰자의 눈높이에서 본 것을 가정하여 그린 것이다.

해설
• 조감도는 시공 후 전체적인 모습을 알아보기 쉽도록 그린 그림이다.

1301

50 Repetitive Learning (1회 2회 3회)

평판을 정치(세우기)하는데 오차에 가장 큰 영향을 주는 항목은?

① 수평맞추기(정준) ② 중심맞추기(구심)
③ 방향맞추기(표정) ④ 모두 같다

해설
• 평판을 정치 즉, 일정한 방향으로 맞추는 것은 표정에 해당한다.

0501

51 Repetitive Learning (1회 2회 3회)

시설물 관리를 위한 페인트 칠하기의 방법으로 가장 거리가 먼 것은?

① 목재의 바탕칠을 할 때에는 별도의 작업 없이 불순물을 제거한 후 바로 수성페인트를 칠한다.
② 철재의 바탕칠을 할 때에는 별도의 작업 없이 불순물을 제거한 후 바로 수성페인트를 칠한다.
③ 목재의 갈라진 구멍, 홈, 틈은 퍼티로 땜질하여 24시간 후 초벌칠을 한다.
④ 콘크리트, 모르타르면의 틈은 석고로 땜질하고 유성 또는 수성페인트를 칠한다.

해설
• ②에서 철재의 바탕칠을 할 때에는 불순물을 제거한 후 녹제거와 부식방지를 위해 방청도료를 처리한 후 유성페인트를 칠한다.

52 Repetitive Learning (1회 2회 3회)

한 가지 약제를 연용하여 살포 시 방제효과가 떨어지는 대표적인 해충은?

① 깍지벌레 ② 진딧물
③ 잎벌 ④ 응애

해설
• 응애에만 선택적인 효과를 갖는 살비제는 한 가지 약제를 연용하여 살포 시 방제효과가 떨어질 수 있다.

53 Repetitive Learning (1회 2회 3회)

다음 중 메쌓기에 대한 설명으로 가장 부적합한 것은?

① 모르타르를 사용하지 않고 쌓는다.
② 뒤채움에는 자갈을 사용한다.
③ 쌓는 높이의 제한을 받는다.
④ $2m^2$마다 지름 9cm정도의 배수공을 설치한다.

해설
• ④는 찰쌓기에 대한 설명이다.

정답 | 47 ④ 48 ① 49 ④ 50 ③ 51 ② 52 ④ 53 ④

54 Repetitive Learning (1회 2회 3회)

다음 중 잔디의 종류 중 한국잔디(Korean lawngrass or Zoysiagrass)의 특징 설명으로 옳지 않은 것은?

① 우리나라의 자생종이다.
② 난지형 잔디에 속한다.
③ 뗏장에 의해서만 번식 가능하다
④ 손상 시 회복속도가 느리고 겨울 동안 황색상태로 남아 있는 단점이 있다.

해설
- 일반적으로는 뗏장에 의해서 번식하나 종자번식도 가능하다.

55 Repetitive Learning (1회 2회 3회)

다음 중 차폐식재에 적용 가능한 수종의 특징으로 옳지 않은 것은?

① 지하고가 낮고 지엽이 치밀한 수종
② 전정에 강하고 유지 관리가 용이한 수종
③ 아랫가지가 말라죽지 않는 상록수
④ 높은 식별성 및 상징적 의미가 있는 수종

해설
- ④는 강조식재에 적합한 수종이지 차폐식재에는 부적당하다.

56 Repetitive Learning (1회 2회 3회)

다음과 같은 특징을 갖는 암거배치 방법은?

- 중앙에 큰 맹암거를 중심으로 하여 작은 맹암거를 좌우에 어긋나게 설치하는 방법
- 경기장 같은 평탄한 지형에 적합하며, 전 지역의 배수가 균일하게 요구되는 지역에 설치
- 주관을 경사지에 배치하고 양측에 설치

① 빗살형 ② 부채살형
③ 어골형 ④ 자연형

해설
- ①은 정구장과 같이 좁고 긴 형태의 전 지역을 균일하게 배수하려는 암거 방법이다.
- ②는 주관 · 지관의 구분없이 같은 크기의 관이 부채살 모양으로 1개 지점에 집중되게 하는 설치방법이다.
- ④는 등고선을 고려하여 주관을 설치하고, 주관을 중심으로 양측에 지관을 지형에 따라 필요한 곳에 설치하는 방법이다.

57 Repetitive Learning (1회 2회 3회)

$900m^2$의 잔디광장을 평떼로 조성하려고 할 때 필요한 잔디량은 약 얼마인가?

① 약 1,000매 ② 약 5,000매
③ 약 10,000매 ④ 약 20,000매

해설
- 뗏장 1장의 면적은 0.3(m)×0.3(m)이므로=0.09(m^2)이므로 대입하면 뗏장의 양=$\frac{900}{0.09}$=10,000(장)이 필요하다.

58 Repetitive Learning (1회 2회 3회)

옹벽 중 캔틸레버(Cantilever)를 이용하여 재료를 절약한 것으로 자체 무게와 뒤채움한 토사의 무게를 지지하여 안전도를 높인 옹벽으로 주로 5m 내외의 높지 않은 곳에 설치하는 것은?

① 중력식 옹벽
② 반중력식 옹벽
③ 부벽식 옹벽
④ L자형 옹벽

해설
- ①은 상단이 좁고 하단이 넓은 형태의 옹벽으로 자중(自重)으로 토압이 저항하며, 높이 4m 내외의 낮은 옹벽에 적합하다.
- ②는 중력식과 철근콘크리트 옹벽의 중간 구조로 자중을 가볍게 하기 위해 중간에 철근을 보강한 것으로 높이 6m 정도의 옹벽에 적합하다.
- ③은 외벽면에서 바깥쪽으로 튀어나와 벽체가 쓰러지지 않게 지탱하는 부벽을 설치해 연약지반이나 5m 이상의 높은 경사면에 설치하는 옹벽이다.

59 Repetitive Learning (1회 2회 3회)

다음 중 루비깍지벌레의 구제에 가장 효과적인 농약은?

① 페니트로티온 수화제
② 다이아지논 분제
③ 포스파미돈 액제
④ 옥시테트라사이클린 수화제

해설
- ①은 노린재, 깍지벌레 등의 살충제이다.
- ②는 솔잎혹파리, 거세미나방 등의 살충제이다.
- ④는 광범위 종합살균제이다.

54 ③ 55 ④ 56 ③ 57 ③ 58 ④ 59 ③ | 정답

60 Repetitive Learning (1회 2회 3회)

형상수(Topiary)를 만들 때 유의 사항이 아닌 것은?

① 망설임 없이 강전정을 통해 한 번에 수형을 만든다.
② 형상수를 만들 수 있는 대상수종은 맹아력이 좋은 것을 선택한다.
③ 전정 시기는 상처를 아물게 하는 유합조직이 잘 생기는 3월 중에 실시한다.
④ 수형을 잡는 방법은 통대나무에 가지를 고정시켜 유인하는 방법, 규준틀을 만들어 가지를 유인하는 방법, 가지에 전정만 하는 방법 등이 있다.

해설

- ①에서 강전정으로 형태를 단번에 만들지 말고, 연차적으로 원하는 수형을 만들어 간다.

정답 | 60 ①

2014년 제4회

2014년 7월 20일 필기

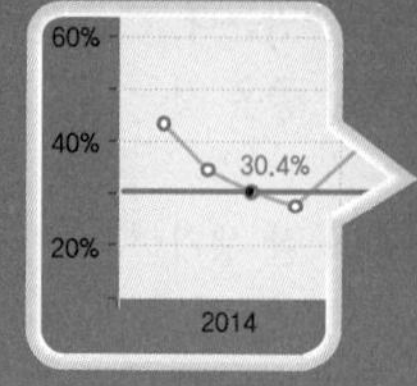

14년 4회차 필기시험
합격률 30.4%

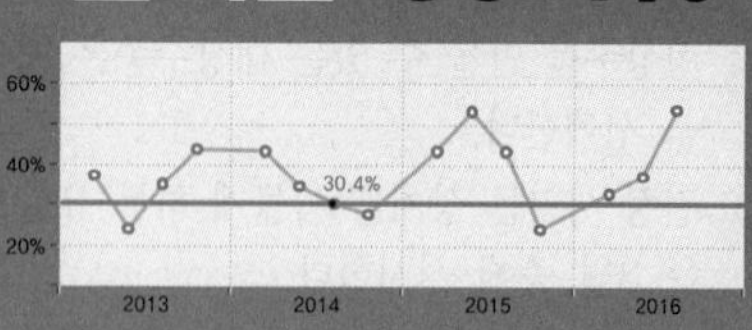

01 Repetitive Learning (1회 2회 3회)

창경궁에 있는 통명전 지당의 설명으로 틀린 것은?

① 장방형으로 장대석으로 쌓은 석지이다.
② 무지개형 곡선 형태의 석교가 있다.
③ 괴석 2개와 앙련(仰蓮) 받침대석이 있다.
④ 물은 직선의 석구를 통해 지당에 유입된다.

해설

- 창경궁에 있는 통명전 지당에는 괴석 3개와 앙련(仰蓮) 받침대석이 있다. 3개의 괴석은 삼신선(봉래, 방장, 영주)을 나타내는 것으로 신선사상을 근간으로 한 것을 확인할 수 있다.

02 Repetitive Learning (1회 2회 3회)

짐을 운반하여야 한다. 다음 중 같은 크기의 짐을 어느 색으로 포장했을 때 가장 덜 무겁게 느껴지는가?

① 다갈색 ② 크림색
③ 군청색 ④ 쥐색

해설

- 색의 중량감을 순서대로 배치하면 검정>파랑>빨강>보라>주황>초록>노랑>흰색 순이므로 크림색이 가장 무게감이 덜 느껴진다.

03 Repetitive Learning (1회 2회 3회)

다음 중 9세기 무렵에 일본 정원에 나타난 조경양식은?

① 평정고산수양식 ② 침전조양식
③ 다정양식 ④ 회유임천양식

해설

- 9세기 일본에서 나타난 조경양식은 침전조양식이다.

04 Repetitive Learning (1회 2회 3회)

도면 작업에서 원의 반지름을 표시할 때 숫자 앞에 사용하는 기호는?

① ø ② D
③ R ④ Δ

해설

- ①은 지름을 의미한다.

05 Repetitive Learning (1회 2회 3회)

이탈리아 조경양식에 대한 설명으로 틀린 것은?

① 별장이 구릉지에 위치하는 경우가 많아 정원의 주류는 노단식
② 노단과 노단은 계단과 경사로에 의해 연결
③ 축선을 강조하기 위해 원로의 교점이나 원점에 분수 등을 설치
④ 대표적인 정원으로는 베르사유 궁원

해설

- ④는 프랑스의 대표적인 정원이다.

0902 / 1204

06 Repetitive Learning (1회 2회 3회)

조선시대 선비들이 즐겨 심고 가꾸었던 사절우(四節友)에 해당하는 식물이 아닌 것은?

① 소나무 ② 대나무
③ 매화나무 ④ 난초

해설

- 사절우는 소나무, 대나무, 매화나무, 국화를 말한다.

01 ③ 02 ② 03 ② 04 ③ 05 ④ 06 ④ | 정답

0205

07 Repetitive Learning 1회 2회 3회

조선시대 궁궐의 침전 후정에서 볼 수 있는 대표적인 것은?

① 자수화단(花壇)
② 비폭(飛瀑)
③ 경사지를 이용해서 만든 계단식의 노단
④ 정자수

해설
- ①은 프랑스 바로크 정원양식의 특징이다.
- ②는 폭포를 말한다.

08 Repetitive Learning 1회 2회 3회

수도원 정원에서 원로의 교차점인 중정 중앙에 큰나무 한 그루를 심는 것을 뜻하는 것은?

① 파라다이소(Paradiso)
② 바(Bagh)
③ 트렐리스(Trellis)
④ 페리스틸리움(Peristylium)

해설
- ②는 정원을 의미하는 페르시아어이다.
- ③은 덩굴성 식물들이 타고 올라가도록 만든 철제나 목재로 만든 격자 구조물이다.
- ④는 고대 로마의 정원 중 제2중정을 가리킨다.

09 Repetitive Learning 1회 2회 3회

물체의 앞이나 뒤에 화면을 놓은 것으로 생각하고, 시점에서 물체를 본 시선과 그 화면이 만나는 각점을 연결하여 물체를 그리는 투상법은?

① 사투상법 ② 투시도법
③ 정투상법 ④ 표고투상법

해설
- ①은 경사투상법으로 기준선 위에 정면도를 그린 다음 각 꼭짓점에서 기준선과 45°를 이루는 사선을 나란히 긋고 이 선위에 물체의 안쪽길이를 옮겨서 물체를 표시하는 방법이다.
- ③은 서로 다른 방향에서 투상된 몇 개의 투상도를 조합하여 3차원의 물체를 2차의 평면 위에 정확하게 표현하는 방법이다.
- ④는 점, 직선 또는 평면이 투상면과 떨어진 거리, 즉, 표고로써 표시되는 수직투상을 말한다.

10 Repetitive Learning 1회 2회 3회

위험을 알리는 표시에 가장 적합한 배색은?

① 흰색－노랑 ② 노랑－검정
③ 빨강－파랑 ④ 파랑－검정

해설
- 위험을 알리는 데는 노랑－검정 배색이 가장 명시성이 뛰어나다.

0302

11 Repetitive Learning 1회 2회 3회

다음 조경의 효과로 가장 부적합한 것은?

① 공기의 정화 ② 대기오염의 감소
③ 소음 차단 ④ 수질오염의 증가

해설
- 조경은 수질 및 대기오염을 감소시키고 자연 훼손지역을 복구한다.

12 Repetitive Learning 1회 2회 3회

'물체의 실제 치수'에 대한 '도면에 표시한 대상물'의 비를 의하는 용어는?

① 척도 ② 도면
③ 표제란 ④ 연각선

해설
- ②는 어떤 기능과 구조, 배치 등을 그린 그림을 말한다.
- ③은 도면의 번호, 도명 등을 기입하는 곳을 말한다.

13 Repetitive Learning 1회 2회 3회

수집된 자료를 종합한 후에 이를 바탕으로 개략적인 계획안을 결정하는 단계는?

① 목표설정 ② 기본구상
③ 기본설계 ④ 실시설계

해설
- ①은 조경이 추구해야 할 구체적인 목표를 설정하는 단계이다.
- ③은 기본계획에 맞춰 세부과정을 시각적으로 구체적으로 제시해주는 단계이다.
- ④는 시공상세도를 작성하고 공사비 내역을 산출하는 단계이다.

정답 | 07 ③ 08 ① 09 ② 10 ② 11 ④ 12 ① 13 ②

14 Repetitive Learning (1회 2회 3회)

이격비의 '낙양원명기'에서 원(園)을 가리키는 일반적인 호칭으로 사용되지 않은 것은?

① 원지　② 원정
③ 별서　④ 택원

해설
- 원은 낙양의 저택이나 정원을 의미하는 용어로 별장에 해당하는 별서와는 거리가 멀다.

15 Repetitive Learning (1회 2회 3회)

스페인 정원의 특징과 관계가 먼 것은?

① 건물로서 완전히 둘러싸인 가운데 뜰 형태의 정원
② 정원의 중심부는 분수가 설치된 작은 연못 설치
③ 웅대한 스케일의 파티오 구조의 정원
④ 난대, 열대 수목이나 꽃나무를 화분에 심어 중요한 자리에 배치

해설
- 스페인 정원은 건물로서 완전히 둘러싸인 가운데 뜰 형태의 정원 형태로 폐쇄적인 특성을 갖는다.

16 Repetitive Learning (1회 2회 3회)

다음 중 녹나무과(科)로 봄에 가장 먼저 개화하는 수종은?

① 치자나무　② 호랑가시나무
③ 생강나무　④ 무궁화

해설
- ①은 6～7월에 꽃이 핀다.
- ②는 4～5월에 꽃이 핀다.
- ④는 7월에 꽃이 핀다.

17 Repetitive Learning (1회 2회 3회)

다음 재료 중 연성(延性 : Ductility)이 가장 큰 것은?

① 금　② 철
③ 납　④ 구리

해설
- 연성은 늘어나는 성질을 말하며 금>은>알루미늄>구리>백금>납>아연>철>니켈 순이다.

18 Repetitive Learning (1회 2회 3회)

다음 중 조경 수목의 계절적 현상 설명으로 옳지 않은 것은?

① 싹틈 : 눈은 일반적으로 지난 해 여름에 형성되어 겨울을 나고 봄에 기온이 올라감에 따라 싹이 튼다.
② 개화 : 능소화, 무궁화, 배롱나무 등의 개화는 그 전년에 자란 가지에서 꽃눈이 분화하여 그 해에 개화한다.
③ 결실 : 결실량이 지나치게 많을 때에는 다음 해의 개화 결실이 부실해지므로 꽃이 진 후 열매를 적당히 솎아 준다.
④ 단풍 : 기온이 낮아짐에 따라 잎 속에서 생리적인 현상이 일어나 푸른 잎이 다홍색, 황색 또는 갈색으로 변하는 현상이다.

해설
- 능소화, 무궁화, 배롱나무는 여름에 꽃이 피는 나무들로 당년에 자란 가지에서 꽃눈이 분화해 꽃이 핀다.

19 Repetitive Learning (1회 2회 3회)

조경용 포장재료는 보행자가 안전하고, 쾌적하게 보행할 수 있는 재료가 선정되어야 한다. 다음 선정기준 중 옳지 않은 것은?

① 내구성이 있고, 시공 · 관리비가 저렴한 재료
② 재료의 질감, 색채가 아름다운 것
③ 재료의 표면 청소가 간단하고, 건조가 빠른 재료
④ 재료의 표면이 태양 광선의 반사가 많고, 보행시 자연스런 매끄러운 소재

해설
- 포장재료의 표면이 태양광선의 반사가 적어야 하고, 미끄러워서는 안 된다.

20 Repetitive Learning (1회 2회 3회)

다음 중 곰솔(해송)에 대한 설명으로 옳지 않은 것은?

① 동아(冬芽)는 붉은색이다.
② 수피는 흑갈색이다.
③ 해안지역의 평지에 많이 분포한다.
④ 줄기는 한 해에 가지를 내는 층이 하나여서 나무의 나이를 짐작할 수 있다.

해설
- 곰솔(해송)의 동아는 백색이다.

14 ③　15 ③　16 ③　17 ①　18 ②　19 ④　20 ① 정답

21 Repetitive Learning 1회 2회 3회

콘크리트용 혼화재료로 사용되는 고로슬래그 미분말에 대한 설명 중 틀린 것은?

① 고로슬래그 미분말을 사용한 콘크리트는 보통 콘크리트보다 콘크리트 내부의 세공경이 작아져 수밀성이 향상된다.
② 고로슬래그 미분말은 플라이애시나 실리카흄에 비해 포틀랜드 시멘트와의 비중차가 작아 혼화재로 사용할 경우 혼합 및 분산성이 우수하다.
③ 고로슬래그 미분말을 혼화재로 사용한 콘크리트는 염화물이온 침투를 억제하여 철근부식 억제효과가 있다
④ 고로슬래그 미분말의 혼합률을 시멘트 중량에 대하여 70% 혼합한 경우 중성화 속도가 보통 콘크리트의 2배 정도로 감소된다.

해설

• 고로슬래그 미분말을 사용한 콘크리트는 콘크리트의 중성화가 보통 콘크리트에 비해 빠르게 진행한다. 따라서 콘크리트 중성화에 대한 대비가 필요하다.

22 Repetitive Learning 1회 2회 3회

콘크리트의 응결, 경화 조절의 목적으로 사용되는 혼화제에 대한 설명 중 틀린 것은?

① 콘크리트용 응결, 경화 조정제는 시멘트의 응결, 경화 속도를 촉진시키거나 지연시킬 목적으로 사용되는 혼화제이다.
② 촉진제는 그라우트에 의한 지수공법 및 뿜어붙이기 콘크리드에 사용된나.
③ 지연제는 조기 경화현상을 보이는 서중 콘크리트나 수송거리가 먼 레디믹스트 콘크리트에 사용된다.
④ 급결제를 사용한 콘크리트의 조기 강도증진은 매우 크나 장기강도는 일반적으로 떨어진다.

해설

• ②에 사용하는 혼화제는 시멘트 응결시간을 매우 빠르게 하는 급결제이다.

1005

23 Repetitive Learning 1회 2회 3회

질량 113kg의 목재를 절대건조시켜서 100kg으로 되었다면 절건량기준 함수율은?

① 0.13%　　② 0.30%
③ 3.0%　　④ 13.00%

해설

• 건량기준 함수율이므로 $\frac{113-100}{100} \times 100 = 13(\%)$이다.

0302

24 Repetitive Learning 1회 2회 3회

크기가 지름 20 ~ 30cm 정도의 것이 크고 작은 알로 고루 고루 섞여져 있으며 형상이 고르지 못한 깬돌이라 설명하기도 하며, 큰 돌을 깨서 만드는 경우도 있어 주로 기초용으로 사용하는 석재의 분류명은?

① 산석　　② 야면석
③ 잡석　　④ 판석

해설

• ①은 산이나 들에서 채집된 돌로 자연풍화로 인해 표면이 마모되어 있으나 잘 보존되어 있는 돌을 말한다.
• ②는 천연석으로 표면을 가공하지 않은 것으로 운반이 가능하고 공사용으로 사용이 가능한 큰 석괴를 말한다.
• ④는 두께 15cm 미만이며, 폭이 두께의 3배 이상이 판 모양의 석재이다.

25 Repetitive Learning 1회 2회 3회

한국의 전통조경 소재 중 하나로 자연의 모습이나 형상석으로 궁궐 후원 첨경물로 석분에 꽃을 심듯이 꽂거나 화계 등에 많이 도입되었던 경관석은?

① 각석　　② 괴석
③ 비석　　④ 수수분

해설

• ①은 각이 진 돌로 폭이 두께의 3배 미만의 돌을 말한다.
• ③은 절단 후 표면가공된 석제품을 말한다.

26 Repetitive Learning 1회 2회 3회

목재를 연결하여 움직임이나 변형 등을 방지하고, 거푸집의 변형을 방지하는 철물로 사용하기 가장 부적합한 것은?

① 볼트, 너트　　② 못
③ 꺾쇠　　④ 리벳

해설

• ④는 얇은 철판재를 영구적으로 결합시키는 연성금속핀을 말한다.

정답 | 21 ④ 22 ② 23 ④ 24 ③ 25 ② 26 ④

27 Repetitive Learning (1회 2회 3회)

다음 괄호 안에 들어갈 용어로 맞게 연결된 것은?

> 외력을 받아 변형을 일으킬 때 이에 저항하는 성질로서 외력에 대한 변형을 적게 일으키는 재료는 (ㄱ)가(이) 큰 재료이다. 이것은 탄성계수와 관계가 있으나 (ㄴ)와(과)는 직접적인 관계가 없다.

① (ㄱ) 강도(Strength), (ㄴ) 강성(Stillness)
② (ㄱ) 강성(Stillness), (ㄴ) 강도(Strength)
③ (ㄱ) 인성(Toughness), (ㄴ) 강성(Stillness)
④ (ㄱ) 인성(Toughness), (ㄴ) 강도(Strength)

해설

- 강성은 외력을 받아 변형을 일으킬 때 이에 저항하는 성질을 말하고, 강도는 재료가 파손되기 전까지 견딜 수 있는 하중의 양을 말한다.

28 Repetitive Learning (1회 2회 3회)

다음 설명에 가장 적합한 수종은?

> - 교목으로 꽃이 화려하다.
> - 전정을 싫어하고 대기오염에 약하며, 토질을 가리는 결점이 있다.
> - 매우 다방면으로 이용되며, 열식 또는 군식으로 많이 식재된다.

① 왕벚나무　② 수양버들
③ 전나무　④ 벽오동

해설

- ②는 버드나무과의 낙엽활엽교목으로 습한 곳을 좋아해 강변에 서식한다.
- ③은 소나무과의 상록침엽교목으로 주로 산에서 자생한다.
- ④는 벽오동과의 낙엽활엽교목으로 대기오염에 강해 가로수로 이용된다.

29 Repetitive Learning (1회 2회 3회)

장미과(科) 식물이 아닌 것은?

① 피라칸다　② 해당화
③ 아까시나무　④ 왕벚나무

해설

- ③은 콩과의 아까시나무속에 속하는 낙엽활엽교목이다.

30 Repetitive Learning (1회 2회 3회)

다음 설명하는 열경화수지는?

> - 강도가 우수하며, 베이클라이트를 만든다.
> - 내산성, 전기 절연성, 내약품성, 내수성이 좋다.
> - 내알칼리성이 약한 결점이 있다.
> - 내수합판 접착제 용도로 사용된다.

① 요소계수지　② 메타아크릴수지
③ 염화비닐계수지　④ 페놀계수지

해설

- ①은 요소와 포름알데히드로 제조된 무색투명한 열경화성 수지로 내수성이 부족하고 값이 저렴하다.
- ②는 빛의 투과율이 85～95% 정도로 유리와 흡사하고 내후성, 내약품성, 내충격 강화도가 뛰어나다.
- ③은 PVC라고도 하는 열가소성 수지로 내수성, 내화학성이 크고 단단해 판, 펌프, 탱크 등에 다양한 용도로 사용된다.

31 Repetitive Learning (1회 2회 3회)

다음 중 합판에 관한 설명으로 틀린 것은?

① 합판을 베니어판이라 하고 베니어란 원래 목재를 얇게 한 것을 말하며, 이것을 단판이라고도 한다.
② 슬라이스드 베니어(Sliced Veneer)는 끌로써 각목을 얇게 절단한 것으로 아름다운 결을 장식용으로 이용하기에 좋은 특징이 있다.
③ 합판의 종류에는 섬유판, 조각판, 적층판 및 강화적층재 등이 있다.
④ 합판의 특징은 동일한 원재로부터 많은 장목판과 나뭇결 무늬판이 제조되며, 팽창 수축 등에 의한 결점이 없고 방향에 따른 강도 차이가 없다.

해설

- 합판의 종류에는 일반합판, 미송합판, MDF, OSB합판, 태고합판 등이 있다.

32 Repetitive Learning (1회 2회 3회)

제초제 1,000ppm은 몇 %인가?

① 0.01%　② 0.1%
③ 1%　④ 10%

해설

- 1,000ppm은 1/1,000이므로 백분율로는 0.1%가 된다.

정답: 27 ②　28 ①　29 ③　30 ④　31 ③　32 ②

33 Repetitive Learning (1회 2회 3회)

자동차 배기가스에 강한 수목으로만 짝지어진 것은?

① 화백, 향나무
② 삼나무, 금목서
③ 자귀나무, 수수꽃다리
④ 산수국, 자목련

해설
- 화백과 향나무는 은행나무와 함께 아황산가스 및 자동차 배기가스에 강한 수목이다.

34 Repetitive Learning (1회 2회 3회)

다음 중 은행나무의 설명으로 틀린 것은?

① 분류상 낙엽활엽수이다.
② 나무껍질은 회백색, 아래로 깊이 갈라진다.
③ 양수로 적윤지 토양에 생육이 적당하다.
④ 암수딴그루이고 5월초에 잎과 꽃이 함께 개화한다.

해설
- 은행나무는 낙엽침엽교목으로 대기오염에 강하다.

35 Repetitive Learning (1회 2회 3회)

다음 중 플라스틱 제품의 특징으로 옳은 것은?

① 불에 강하다.
② 비교적 저온에서 가공성이 나쁘다.
③ 흡수성이 크고 투수성이 불량하다.
④ 내후성 및 내광성이 부족하다.

해설
- 플라스틱 제품은 내화성 및 내마모성, 내후성 및 내광성이 부족하다.

36 Repetitive Learning (1회 2회 3회)

수목식재 시 수목을 구덩이에 앉히고 난 후 흙을 넣는데 수식(물죔)과 토식(흙죔)이 있다. 다음 중 토식을 실시하기에 적합하지 않은 수종은?

① 목련 ② 전나무
③ 서향 ④ 해송

해설
- ①은 물죔을 하는 수종이다.

37 Repetitive Learning (1회 2회 3회)

골재의 표면수는 없고, 골재 내부에 빈틈이 없도록 물로 차 있는 상태는?

① 절대건조상태 ② 기건상태
③ 습윤상태 ④ 표면건조 포화상태

해설
- ①은 건조로에서 건조시킨 상태로 함수율이 0인 상태이다.
- ②는 실내에 방치한 경우 골재입자의 표면과 내부의 일부가 건조한 상태이다(공기 중 건조상태).
- ③은 골재입자의 내부에 물이 채워져 있고, 표면에도 물이 부착되어 있는 상태이다.

38 Repetitive Learning (1회 2회 3회)

식물의 아래 잎에서 황화현상이 일어나고 심하면 잎 전면에 나타나며, 잎이 작지만 잎수가 감소하며 초본류의 초장이 작아지는 조기 낙엽이 비료결핍의 원인이라면 어느 비료 요소와 관련된 설명인가?

① P ② N
③ Mg ④ K

해설
- ①이 결핍되면 생장이 억제되어 식물체가 왜소하고 잎이 광택이 없는 어두운 색으로 변한 후 자색의 반점이 생기며 고사한다.
- ③이 결핍되면 황백화나 누렁이병, 백화병을 유발시킨다.
- ④가 결핍되면 잎에 갈색의 반점이 생기고 정상적이지 않은 주름무늬가 발생한다. 잎 가장자리가 말리고 불에 탄듯 마르게 된다.

39 Repetitive Learning (1회 2회 3회)

더운 여름 오후에 햇빛이 강하면 수간의 남서쪽 수피가 열에 의해서 피해(터지거나 갈라짐)를 받을 수 있는 현상을 무엇이라 하는가?

① 피소 ② 상렬
③ 조상 ④ 한상

해설
- ②는 추위에 의하여 나무의 줄기 또는 수피가 수선 방향으로 갈라지는 현상을 말한다.
- ③은 서리가 일찍 찾아와서 받는 피해로 첫서리로 인한 피해를 말한다.
- ④는 0℃ 이하의 기온에서 열대식물 등이 차가운 기온으로 인해 생활기능이 장해를 받아 죽음에 이르는 것을 말한다.

정답 | 33 ① 34 ① 35 ④ 36 ① 37 ④ 38 ② 39 ①

0201 / 0605 / 0905

40 Repetitive Learning (1회 2회 3회)

뿌리분의 크기를 구하는 식으로 가장 적합한 것은?(단, N : 근원직경, d : 상록수와 낙엽수의 상수)

① 24+(N−3)×d ② 24+(N+3)÷d
③ 24−(N−3)+d ④ 24−(N−3)−d

해설
• 구체적인 뿌리분의 크기는 24+(N−3)×d로 구한다. 이때 N은 근원직경, d는 상록수(4)와 낙엽수(5)의 상수이다.

41 Repetitive Learning (1회 2회 3회)

수목 외과수술의 시공 순서로 옳은 것은?

㉠ 공동 가장자리의 형성층 노출 ㉡ 부패부 제거 ㉢ 표면경화처리 ㉣ 공동충진 ㉤ 방수처리 ㉥ 인공수피 처리 ㉦ 소독 및 방부처리

① ㉠−㉥−㉡−㉢−㉣−㉤−㉦
② ㉡−㉦−㉠−㉥−㉤−㉢−㉣
③ ㉠−㉡−㉢−㉣−㉤−㉥−㉦
④ ㉡−㉠−㉦−㉣−㉤−㉢−㉥

해설
• 순서는 부패부 제거, 공동 가장자리의 형성층 노출, 소독 및 방부처리, 공동충진, 방수처리, 표면경화처리, 인공수피 처리의 순으로 진행한다.

42 Repetitive Learning (1회 2회 3회)

저온의 해를 받은 수목의 관리방법으로 적당하지 않은 것은?

① 멀칭
② 바람막이 설치
③ 강전정과 과다한 시비
④ Wilt-pruf(시들음방지제) 살포

해설
• 강한 가지치기는 하지 않아야 하며, 적당한 시비를 해주는 것이 좋다.

43 Repetitive Learning (1회 2회 3회)

다음 중 재료의 할증률이 다른 것은?

① 목재(각재) ② 시멘트 벽돌
③ 원형철근 ④ 합판(일반용)

해설
• ①, ②, ③은 5%인데 반해 ④는 3%이다.

44 Repetitive Learning (1회 2회 3회)

소형고압블록 포장의 시공방법에 대한 설명으로 옳은 것은?

① 차도용은 보도용에 비해 얇은 두께 6cm의 블록을 사용한다.
② 지반이 약하거나 이용도가 높은 곳은 지반위에 잡석으로만 보강한다.
③ 블록 깔기가 끝나면 반드시 진동기를 사용해 바닥을 고르게 마감한다.
④ 블록의 최종 높이는 경계석보다 조금 높아야 한다.

해설
• ①에서 차도용은 보도용에 비해 두꺼워야 한다.
• ②에서 지반이 약하거나 이용도가 높은 곳은 잡석 뿐 아니라 sod공법 등으로 보강해야 한다.
• ④ 블록의 최종높이는 경계석과 같아야 한다.

45 Repetitive Learning (1회 2회 3회)

식물이 필요로 하는 양분요소 중 미량원소로 옳은 것은?

① O ② K
③ Fe ④ S

해설
• ①, ②, ④는 모두 다량원소이다.

46 Repetitive Learning (1회 2회 3회)

기초 토공사비 산출을 위한 공정이 아닌 것은?

① 터파기 ② 되메우기
③ 정원석 놓기 ④ 잔토처리

해설
• ③은 정원을 실제로 꾸미는 작업에 해당한다.

40 ① 41 ④ 42 ③ 43 ④ 44 ③ 45 ③ 46 ③ 정답

47 Repetitive Learning (1회 2회 3회)

2개 이상의 기둥을 합쳐서 1개의 기초로 받치는 것은?

① 줄기초 ② 독립기초
③ 복합기초 ④ 연속기초

해설
- ①은 연속기초(④)라고도 하며, 담장의 기초와 같이 길게 띠 모양으로 받치는 기초이다.
- ②는 하중을 독립적으로 지반에 전달하는 기초를 말한다.

48 Repetitive Learning (1회 2회 3회)

다음 중 평판측량에 사용되는 기구가 아닌 것은?

① 평판 ② 삼각대
③ 레벨 ④ 엘리데이드

해설
- ②는 어떤 지점의 높이를 결정하는 수준측량에 사용되는 기구이다.

49 Repetitive Learning (1회 2회 3회)

진딧물이나 깍지벌레의 분비물에 곰팡이가 감염되어 발생하는 병은?

① 흰가루병 ② 녹병
③ 잿빛곰팡이병 ④ 그을음병

해설
- ①은 곰팡이종의 병원균에 의해 발생하는 병으로 식물의 잎과 줄기에 하얀 밀가루 같은 균사로 덮이는 증상이다.
- ②는 배수불량 및 과다한 밟기가 원인으로 잎에 황색의 반점과 황색 가루가 발생하는 잔디에 가장 많이 발생하는 병이다.
- ③은 다습할 때 발생하는 병해로 토마토, 가지, 고추 등의 열매에 발생하는 병이다.

50 Repetitive Learning (1회 2회 3회)

해충의 방제방법 중 기계적 방제에 해당되지 않는 것은?

① 포살법 ② 진동법
③ 경운법 ④ 온도처리법

해설
- ④는 물리적 방제법에 해당한다.

51 Repetitive Learning (1회 2회 3회)

콘크리트 혼화제 중 내구성 및 워커빌리티(Workbility)를 향상시키는 것은?

① 감수제 ② 경화촉진제
③ 지연제 ④ 방수제

해설
- ②는 한중콘크리트의 초기강도를 빠르게 하기 위해 사용한다.
- ③은 조기 경화현상을 보이는 서중 콘크리트나 수송거리가 먼 레디믹스트 콘크리트에 사용된다.
- ④는 모르타르, 콘크리트의 흡수성과 투수성을 줄이기 위한 목적으로 사용한다.

52 Repetitive Learning (1회 2회 3회)

철재시설물의 손상부분을 점검하는 항목으로 가장 부적합한 것은?

① 용접 등의 접합부분
② 충격에 비틀린 곳
③ 부식된 곳
④ 침하된 것

해설
- ④는 하중에 의해 지반이 가라앉는 현상으로 철재시설물과 거리가 멀다.

53 Repetitive Learning (1회 2회 3회)

조경공사의 시공자 선정방법 중 일반 공개경쟁입찰방식에 관한 설명으로 옳은 것은?

① 예정가격을 비공개로 하고 견적서를 제출하여 경쟁입찰에 단독으로 참가하는 방식
② 계약의 목적, 성질 등에 따라 참가자의 자격을 제한하는 방식
③ 신문, 게시 등의 방법을 통하여 다수의 희망자가 경쟁에 참가하여 가장 유리한 조건을 제시한 자를 선정하는 방식
④ 공사 설계서와 시공도서를 작성하여 입찰서와 함께 제출하여 입찰하는 방식

해설
- ①은 단독입찰에 대한 설명이다.
- ②는 제한경쟁입찰에 대한 설명이다.
- ④는 일괄입찰에 대한 설명이다.

정답 | 47 ③ 48 ③ 49 ④ 50 ④ 51 ① 52 ④ 53 ③

54
Repetitive Learning (1회 2회 3회)

공정 관리기법 중 횡선식 공정표(Bar-chart)의 장점에 해당하는 것은?

① 신뢰도가 높으며 전자계산기의 이용이 가능하다.
② 각 공종별의 착수 및 종료일이 명시되어 있어 판단이 용이하다.
③ 바나나 모양의 곡선으로 작성하기 쉽다.
④ 상호관계가 명확하며, 주 공정선의 밑에는 현장인원의 중점배치가 가능하다.

해설

- ② 외에 공정표가 단순하여 작성하기 쉽다는 장점을 갖는다.

55
Repetitive Learning (1회 2회 3회)

토양의 변화에서 체적비(변화율)는 L과 C로 나타낸다. 다음 설명 중 옳지 않은 것은?

① L값은 경암보다 모래가 더 크다.
② C는 다져진 상태의 토량과 자연상태의 토량의 비율이다.
③ 성토, 절토 및 사토량의 산정은 자연상태의 양을 기준으로 한다.
④ L은 흐트러진 상태의 토량과 자연상태의 토량의 비율이다.

해설

- L값은 흐트러진 상태의 토양값으로 입자의 크기가 클수록 커지므로 경암(L 1.70 ~ 2.0)이 모래(L 1.10 ~ 1.20)보다 더 크다.

56
Repetitive Learning (1회 2회 3회)

조경식재 공사에서 뿌리돌림의 목적으로 가장 부적합한 것은?

① 뿌리분을 크게 만들려고
② 이식 후 활착을 돕기 위해
③ 잔뿌리의 신생과 신장도모
④ 뿌리 일부를 절단 또는 각피하여 잔뿌리 발생촉진

해설

- 뿌리돌림은 이식 후 활착을 돕기 위해 잔뿌리의 신생과 신장을 도모하는 작업이다.

57
Repetitive Learning (1회 2회 3회)

콘크리트 $1m^3$에 소요되는 재료의 양으로 계량하여 1 : 2 : 4 또는 1 : 3 : 6 등의 배합 비율로 표시하는 배합을 무엇이라 하는가?

① 표준계량 배합
② 용적배합
③ 중량배합
④ 시험중량배합

해설

- 배합비는 시멘트, 모래, 자갈의 혼합비율을 말한다. 주로 콘크리트 $1m^3$에 소요되는 재료의 양으로 계량하여 용접배합 비율로 표시한다.

58
Repetitive Learning (1회 2회 3회)

다음 중 시방서에 포함되어야 할 내용으로 가장 부적합한 것은?

① 재료의 종류 및 품질
② 시공방법의 정도
③ 재료 및 시공에 대한 검사
④ 계약서를 포함한 계약 내역서

해설

- 시방서에 작성해야 하는 내용은 재료의 종류 및 품질, 시공방법의 정도, 재료 및 시공에 대한 검사, 공사개요 및 공법 등이다.

59
Repetitive Learning (1회 2회 3회)

"느티나무 10주에 600,000원, 조경공 1인과 보통공 2인이 하루에 식재한다."라고 가정할 때 느티나무 1주를 식재할 때 소요되는 비용은?(단, 조경공 노임은 60,000원/일, 보통공 40,000원/일이다)

① 68,000원 ② 70,000원
③ 72,000원 ④ 74,000원

해설

- 일위대가란 공사에 사용되는 재료비, 인력비를 단가 1개 기준으로 잡는 것을 말한다.
- 느티나무 10주를 식재하는데 소요되는 총비용은 느티나무 600,000원, 조경공 60,000원, 보통공 2인 80,000원으로 총 740,000원이다.
- 느티나무 1주 식재에는 740,000원의 1/10인 74,000원이 소요된다.

54 ② 55 ① 56 ① 57 ② 58 ④ 59 ④ 정답

0305 / 1004

60 Repetitive Learning (1회 2회 3회)

농약의 사용목적에 따른 분류 중 응애류에만 효과가 있는 것은?

① 살충제 ② 살균제
③ 살비제 ④ 살초제

해설

- 응애류를 방제하기 위하여 사용하는 약제를 살비제라 한다.

정답 | 60 ③

2014년 제5회

2014년 10월 11일 필기

14년 5회차 필기시험
합격률 28.8%

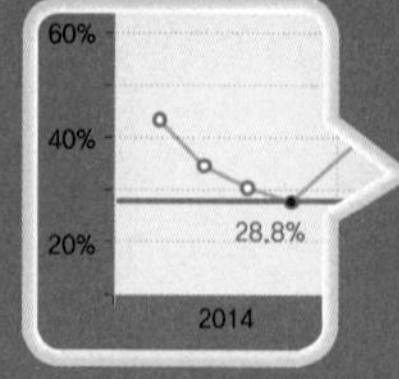

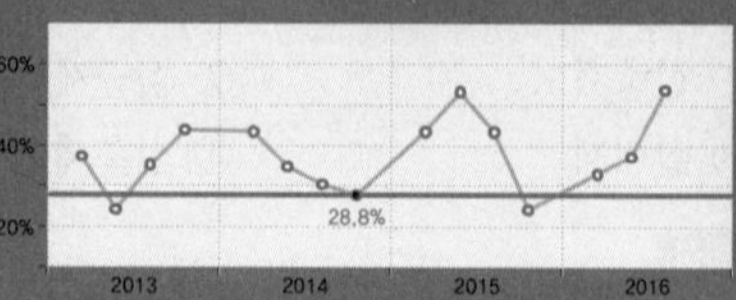

01 Repetitive Learning (1회 2회 3회)

다음 중 직선과 관련된 설명으로 옳은 것은?

① 절도가 없어 보인다.
② 표현 의도가 분산되어 보인다.
③ 베르사유 궁전은 직선이 지나치게 강해서 압박감이 발생한다.
④ 직선 가운데에 중개물(仲介物)이 있으면 없는 때보다도 짧게 보인다.

해설
- 직선은 굳건하고 남성적인 느낌을 갖게 한다. 프랑스의 평면기하학은 직선을 강조하였는데 베르사유 궁전은 직선을 너무 강조해서 압박감을 느끼게 한다.

02 Repetitive Learning (1회 2회 3회)

다음 중 경주 월지(안압지 : 雁鴨地)에 있는 섬의 모양으로 가장 적당한 것은?

① 육각형 ② 사각형
③ 한반도형 ④ 거북이형

해설
- 연못 속에는 3개의 섬(거북이형)이 있는데 임해전의 동쪽에 가장 큰 섬과 가장 작은 섬이 위치하여 섬이 타원형을 이룬다.

03 Repetitive Learning (1회 2회 3회)

낮에 태양광 아래에서 본 물체의 색이 밤에 실내 형광등 아래에서 보니 달라 보였다. 이러한 현상을 무엇이라 하는가?

① 메타메리즘 ② 메타볼리즘
③ 프리즘 ④ 착시

해설
- ②는 생물학적 용어 신진대사를 건축학에 도입한 개념으로 건축이나 도시도 생물과 같이 유기적으로 변화할 수 있는 디자인이 되어야 한다는 개념이다.
- ③은 빛의 굴절 혹은 분산시키는 광학도구를 말한다.
- ④는 시각이미지가 실제 사물의 모습과 다르게 보이는 현상을 말한다.

04 Repetitive Learning (1회 2회 3회)

다음 중 색의 잔상(殘像, Afterimage)과 관련한 설명으로 틀린 것은?

① 잔상은 원래 자극의 세기, 관찰시간과 크게 비례한다.
② 주위색의 영향을 받아 주위색에 근접하게 변화하는 것이다.
③ 주어진 자극이 제거된 후에도 원래의 자극과 색, 밝기가 같은 상이 보인다.
④ 주어진 자극이 제거된 후에도 원래의 자극과 색, 밝기가 반대인 상이 보인다.

해설
- 색의 잔상은 주위색의 영향이 아니라 망막의 흔적에 의해 나타난다.

05 Repetitive Learning (1회 2회 3회)

다음 중 사자의 중정(Court of Lion)은 어느 곳에 속해 있는가?

① 헤네랄리페 ② 알카자르
③ 알람브라 ④ 타지마할

해설
- 사자의 중정은 알람브라 궁의 대표적인 중정이다.

01 ③ 02 ④ 03 ① 04 ② 05 ③ | 정답

06 Repetitive Learning (1회 2회 3회)

영국의 풍경식 정원은 자연과의 비율이 어떤 비율로 조성 되었는가?

① 1 : 1　② 1 : 5
③ 2 : 1　④ 1 : 100

해설

- 풍경식 조경양식은 형태와 선이 자유로우며, 자연재료를 사용하여 자연을 모방하거나 축소하여 자연에 가까운 형태(1 : 1)로 표현한다.

0505

07 Repetitive Learning (1회 2회 3회)

다음 중국식 정원의 설명으로 가장 거리가 먼 것은?

① 차경수법을 도입하였다.
② 사실주의보다는 상징적 축조가 주를 이루는 사의주의에 입각하였다.
③ 다정(茶庭)이 정원구성 요소에서 중요하게 작용하였다.
④ 대비에 중점을 두고 있으며, 이것이 중국정원의 특색을 이루고 있다.

해설

- ③은 일본 정원의 특징이다.

08 Repetitive Learning (1회 2회 3회)

구조용 재료의 단면 표시 기호 중 강(鋼)을 나타낸 것으로 가장 적합한 것은?

①
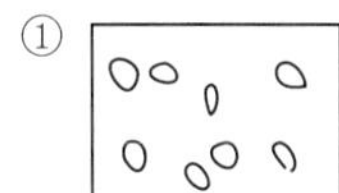
②
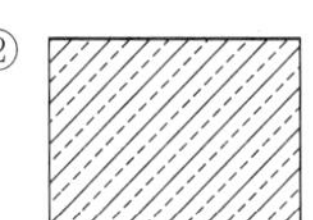
③
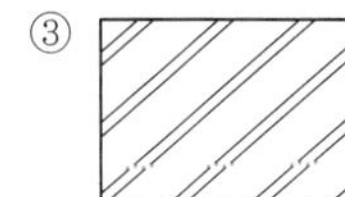
④
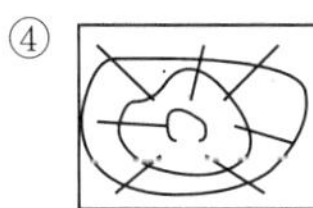

해설

- ①은 콘크리트, ②는 석재, ④는 목재를 표시한 것이다.

0505 / 0601 / 1201 / 1305

09 Repetitive Learning (1회 2회 3회)

고려시대 궁궐의 정원을 맡아 관리하던 해당 부서는?

① 내원서　② 정원서
③ 상림원　④ 동산바치

해설

- ③은 조선시대 전기의 궁궐 내 정원을 관리하고 과일이나 화초를 공급하는 역할을 하던 관서이다.
- ④는 채소, 과일, 화초 등을 심어서 가꾸는 일을 직업으로 하는 사람을 일컫는 말이다.

10 Repetitive Learning (1회 2회 3회)

건설재료용으로 사용되는 목재를 건조시키는 목적 및 건조방법에 관한 설명 중 틀린 것은?

① 중량경감 및 강도, 내구성을 증진시킨다.
② 균류에 의한 부식 및 벌레의 피해를 예방한다.
③ 자연건조법에 해당하는 공기건조법은 실외에 목재를 쌓아두고 기건상태가 될 때까지 건조시키는 방법이다.
④ 밀폐된 실내에서 가열한 공기를 보내서 건조를 촉진시키는 방법은 인공건조법 중에서 증기건조법이다.

해설

- ④는 열기건조법에 대한 설명이다.

11 Repetitive Learning (1회 2회 3회)

소가 누워있는 것과 같은 들로, 횡석보다 안정감을 주는 자연석의 형태는?

① 와석　② 평석
③ 입석　④ 환석

해설

- ②는 윗부분이 평평한 돌로 안정감을 주어 주로 앞쪽에 놓는다.
- ③은 세워서 쓰는 돌을 말하며, 전후 · 좌우 사방 어디에서나 볼 수 있으며, 키가 높아야 효과적이다.
- ④는 둥근 생김새를 갖는 돌을 말한다.

12 Repetitive Learning (1회 2회 3회)

실제 길이 3m는 축척 1/30 도면에서 얼마로 나타내는가?

① 1cm　② 10cm
③ 3cm　④ 30cm

해설

- 축척 1/30은 도면에서 1m가 실제 30m를 의미한다.
- 실제 길이 3m는 도면에서 0.1m 즉, 10cm로 표시된다.

정답 | 06 ① 07 ③ 08 ③ 09 ① 10 ④ 11 ① 12 ②

13 Repetitive Learning 1회 2회 3회

컴퓨터를 사용하여 조경제도 작업을 할 때의 작업 특징과 가장 거리가 먼 것은?

① 도덕성 ② 응용성
③ 정확성 ④ 신속성

해설

- CAD와 도덕성은 거리가 멀다.

14 Repetitive Learning 1회 2회 3회

도시공원의 설치 및 규모의 기준상 어린이공원의 최대 유치 거리는?

① 100m ② 250m
③ 500m ④ 1000m

해설

- 설치규모나 유치거리가 제한이 없는 것을 제외하면 어린이공원이 유치거리는 250m 이하, 설치규모는 1,500m^2 이상으로 가장 작다.

15 Repetitive Learning 1회 2회 3회

채도대비에 의해 주황색 글씨를 보다 선명하게 보이도록 하려면 바탕색으로 어떤 색이 가장 적합한가?

① 빨간색 ② 노란색
③ 파란색 ④ 회색

해설

- 회색의 바탕색에 놓인 주황색 글씨가 실제의 색보다 더 선명해 보이는 것은 채도대비에 의한 결과이다.

16 Repetitive Learning 1회 2회 3회

콘크리트의 표준배합비가 1 : 3 : 6일 때 이 배합비의 순서에 맞는 각각의 재료를 바르게 나열한 것은?

① 모래 : 자갈 : 시멘트
② 자갈 : 시멘트 : 모래
③ 자갈 : 모래 : 시멘트
④ 시멘트 : 모래 : 자갈

해설

- 배합비는 시멘트, 모래, 자갈의 혼합비율을 말한다.

17 Repetitive Learning 1회 2회 3회

다음 중 단순미(單純美)와 가장 관련이 없는 것은?

① 잔디밭 ② 독립수
③ 형상수(Topiary) ④ 자연석 무너짐 쌓기

해설

- 자연석의 형태나 색채는 동일하지 않으므로 단순미와 거리가 멀다.

18 Repetitive Learning 1회 2회 3회

다음 관용색명 중 색상의 속성이 다른 것은?

① 이끼색 ② 라벤더색
③ 솔잎색 ④ 풀색

해설

- 모두 관용색명이나 ①, ③, ④는 연두색 계열, ②는 연한 자주색이다.

19 Repetitive Learning 1회 2회 3회

다음 중 멜루스(Malus)속에 해당되는 식물은?

① 아그배나무 ② 복사나무
③ 팥배나무 ④ 쉬땅나무

해설

- ②는 복숭아가 열리는 벚나무속에 속한 식물이다.
- ③은 마가목속의 식물이다.
- ④는 쉬땅나무속의 식물이다.

20 Repetitive Learning 1회 2회 3회

다음 인동과(科) 수종에 대한 설명으로 맞는 것은?

① 백당나무는 열매가 적색이다.
② 아왜나무는 상록활엽관목이다.
③ 분꽃나무는 꽃향기가 없다.
④ 인동덩굴의 열매는 둥글고 6 ~ 8월에 붉게 성숙한다.

해설

- ② 아왜나무는 상록활엽교목이다.
- ③ 분꽃나무는 통꽃이고 향기가 아름다워 관상용으로 적합하다.
- ④ 인동덩굴의 열매는 둥글고 9 ~ 10월에 윤나는 검은색으로 성숙한다.

13 ① 14 ② 15 ④ 16 ④ 17 ④ 18 ② 19 ① 20 ① | 정답

21 Repetitive Learning (1회 2회 3회)

다음 중 중 양수에 해당하는 낙엽관목 수종은?

① 독일가문비 ② 무궁화
③ 녹나무 ④ 주목

해설
- ①과 ③은 음수, ④는 강음수에 해당한다.

22 Repetitive Learning (1회 2회 3회)

다음 중 목재의 방화제(防火劑)로 사용될 수 없는 것은?

① 염화암모늄 ② 황산암모늄
③ 제2인산암모늄 ④ 질산암모늄

해설
- ④는 비료나 화약 등에 주로 사용되는 물질로 폭발물에서 산화제로 사용되는 물질로 폭발가능성을 갖는다.

23 Repetitive Learning (1회 2회 3회)

조경에 이용될 수 있는 상록활엽관목류의 수목으로만 짝지어진 것은?

① 아왜나무, 가시나무
② 광나무, 꽝꽝나무
③ 백당나무, 병꽃나무
④ 황매화, 후피향나무

해설
- ①의 아왜나무는 상록침엽관목, 가시나무는 상록활엽교목이다.
- ③의 백당나무는 낙엽활엽관목, 병꽃나무는 낙엽활엽관목이다.
- ④의 황매화는 낙엽활엽관목, 후피향나무는 상록활엽교목이다.

24 Repetitive Learning (1회 2회 3회)

종류로는 수용형, 용제형, 분말형 등이 있으며 목재, 금속, 플라스틱 및 이들 이종재(異種材)간의 접착에 사용되는 합성수지 접착제는?

① 페놀수지 접착제
② 카세인 접착제
③ 요소수지 접착제
④ 폴리에스테르수지 접착제

해설
- ②는 우유를 주원료로 하여 만든 건축용 접착제이다.
- ③은 요소와 포름알데히드로 제조된 무색투명한 열경화성 수지 접착제로 내수성이 부족하고 값이 저렴하다.
- ④는 유리와의 접착성이 좋고, 유리섬유와 적층하여 사용된다.

25 Repetitive Learning (1회 2회 3회)

다음 중 가시가 없는 수종은?

① 산초나무 ② 음나무
③ 금목서 ④ 찔레꽃

해설
- ①, ②, ④는 모두 가시가 있는 수종이다.

26 Repetitive Learning (1회 2회 3회)

다음 중 콘크리트 내구성에 영향을 주는 아래 화학반응식의 현상은?

$$Ca(OH)_2 + CO_2 \rightarrow CaCO_3 + H_2O \uparrow$$

① 콘크리트 염해 ② 동결융해현상
③ 콘크리트 중성화 ④ 알칼리 골재반응

해설
- ①은 콘크리트 내부에 축적된 염분이 철근의 부식을 촉진시켜 구조체의 균열, 박락 등의 손상을 입히는 현상을 말한다.
- ②는 콘크리트 내부의 수분이 동결되고, 일시 등의 영향으로 기온이 상승하면 융해하는 작용이 반복되어 콘크리트 조직이 파괴되는 현상이다.
- ④는 시멘트의 알칼리 성분과 골재를 구성하는 실리카광물이 반응하여 콘크리트를 팽창시키는 반응이다.

27 Repetitive Learning (1회 2회 3회)

마로니에와 칠엽수에 대한 설명으로 옳지 않은 것은?

① 마로니에와 칠엽수는 원산지가 같다.
② 마로니에와 칠엽수의 잎은 장상복엽이다.
③ 마로니에는 칠엽수와는 달리 열매 표면에 가시가 있다.
④ 마로니에와 칠엽수 모두 열매 속에는 밤톨 같은 씨가 들어 있다.

해설
- 마로니에는 남유럽 원산인데 반해 칠엽수는 일본 원산이다.

정답 | 21 ② 22 ④ 23 ② 24 ① 25 ③ 26 ③ 27 ①

28 Repetitive Learning (1회 2회 3회)

구상나무(Abies Koreana Wilson)와 관련된 설명으로 틀린 것은?

① 한국이 원산지이다.
② 측백나무과(科)에 해당한다.
③ 원추형의 상록침엽교목이다.
④ 열매는 구과로 원통형이며 길이 4 ~ 7cm, 지름 2 ~ 3cm의 자갈색이다.

해설

- 구상나무는 소나무과에 속하는 원추형의 상록침엽교목이다.

29 Repetitive Learning (1회 2회 3회)

자연토양을 사용한 인공지반에 식재된 대관목의 생육에 필요한 최소 식재토심은?(단, 배수구배는 1.5 ~ 2.0%이다)

① 15cm ② 30cm
③ 45cm ④ 70cm

해설

- 자연토양 대관목이므로 45cm가 되어야 한다.

0402

30 Repetitive Learning (1회 2회 3회)

다음 중 조경공간의 포장용으로 주로 쓰이는 가공석은?

① 견치돌(간지석) ② 각석
③ 판석 ④ 강석(하천석)

해설

- ①은 돌을 뜰 때 앞면, 뒷면, 길이, 접촉부 등의 치수를 지정해서 깨낸 돌을 말한다.
- ②는 각이 진 돌로 폭이 두께의 3배 미만의 돌을 말한다.
- ④는 하천에서 채집된 돌로 모서리가 마모되어 둥글게 되어 있는 돌이다.

31 Repetitive Learning (1회 2회 3회)

주로 감람석, 섬록암 등의 심성암이 변질된 것으로 암녹색 바탕에 흑백색의 아름다운 무늬가 있으며, 경질이나 풍화성이 있어 외장재보다는 내장 마감용 석재로 이용되는 것은?

① 사문암 ② 안산암
③ 점판암 ④ 화강암

해설

- ②는 내화력이 우수하고 광택이 없는 화성암으로 구조용으로 많이 사용된다.
- ③은 점토가 큰 압력을 받아 응결된 수성암으로 내수성이 우수해 지붕 및 벽의 재료로 사용된다.
- ④는 조직이 균질하고 내구성 및 강도가 큰 편이며, 외관이 아름다운 장점이 있는 반면 내화성이 작아 고열을 받는 곳에는 적합하지 않다.

32 Repetitive Learning (1회 2회 3회)

다음 중 시멘트의 응결시간에 가장 영향이 적은 것은?

① 수량(水量) ② 온도
③ 분말도 ④ 골재의 입도

해설

- 시멘트의 응결시간은 분말도가 미세한 것일수록, 또 수량이 적고 온도가 높을수록 짧아진다.

33 Repetitive Learning (1회 2회 3회)

콘크리트 다지기에 대한 설명으로 틀린 것은?

① 진동다지기를 할 때에는 내부진동기를 하층의 콘크리트 속으로 작업이 용이하도록 사선으로 0.5m 정도 찔러 넣는다.
② 내부진동기의 1개소당 진동시간은 다짐할 시 시멘트 페이스트가 표면 상부로 약간 부상할 때까지 한다.
③ 거푸집 판에 접하는 콘크리트는 되도록 평탄한 표면이 얻어지도록 타설하고 다져야 한다.
④ 콘크리트 다지기에는 내부진동기의 사용을 원칙으로 하나, 얇은 벽 등 내부진동기의 사용이 곤란한 장소에서는 거푸집 진동기를 사용해도 좋다.

해설

- 진동기는 수직방향으로 넣고 콘크리트 속으로 약 0.1m정도 찔러 넣는다.

34 Repetitive Learning (1회 2회 3회)

다음 조경식물 중 생장 속도가 가장 느린 것은?

① 배롱나무 ② 쉬나무
③ 눈주목 ④ 층층나무

해설

- ③은 강음수여서 생장이 느리다.

28 ② 29 ③ 30 ③ 31 ① 32 ④ 33 ① 34 ③ | 정답

35 Repetitive Learning (1회 2회 3회)

다음 중 목재에 유성페인트 칠을 할 때 가장 관련이 없는 재료는?

① 건성유 ② 건조제
③ 방청제 ④ 희석제

해설

- ③은 금속의 표면에 녹을 방지하기 위해 사용하는 재료이다.

36 Repetitive Learning (1회 2회 3회)

다음 중 비료의 3요소에 해당하지 않는 것은?

① N ② K
③ P ④ Mg

해설

- ④는 다량원소이면서 소량 필수원소로 분류된다.

37 Repetitive Learning (1회 2회 3회)

가지가 굵어 이미 찢어진 경우에 도목 등의 위험을 방지하고자 하는 방법으로 가장 알맞은 것은?

① 지주설치 ② 쇠조임(당김줄설치)
③ 외과수술 ④ 가지치기

해설

- ①은 수목을 식재한 후 바람으로 인한 뿌리의 흔들림이나 쓰러짐을 방지하고, 활착을 촉진시키기 위해 수목을 고정시키는 것을 말한다.
- ③은 상처부위나 공동이 더 이상 부패하지 않도록 조치, 수간의 물리적 지지력을 높이고, 미관상 아름다운 외형을 가지도록 한다.
- ④는 건강한 생육과 원하는 모양의 유지를 위해 나무의 일부분을 잘라주는 작업을 말한다.

38 Repetitive Learning (1회 2회 3회)

합성수지 놀이시설물의 관리 요령으로 가장 적합한 것은?

① 자체가 무거워 균열 발생 전에 보수한다.
② 정기적인 보수와 도료 등을 칠해 주어야 한다.
③ 회전하는 축에는 정기적으로 그리스를 주입한다.
④ 겨울철 저온기 때 충격에 의한 파손을 주의한다.

해설

- ①에서 합성수지는 자체가 가볍다.
- ②는 목재의 관리요령이다.
- ③은 철재의 관리요령이다.

39 Repetitive Learning (1회 2회 3회)

다음 중 흙깎기의 순서 중 가장 먼저 실시하는 곳은?

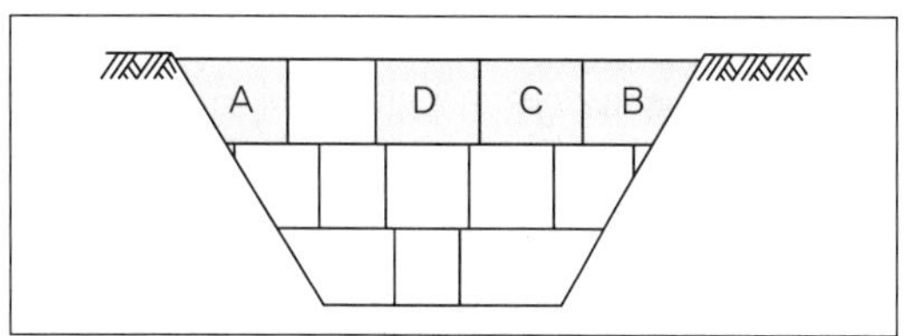

① A ② B
③ C ④ D

해설

- 보기의 4점 중 가장 중앙부는 D이므로 D부터 깎는다.

40 Repetitive Learning (1회 2회 3회)

수목의 뿌리분 굴취와 관련된 설명으로 틀린 것은?

① 분의 크기는 뿌리목 줄기 지름의 3~4배를 기준으로 한다.
② 수목 주위를 파 내려가는 방향은 지면과 직각이 되도록 한다.
③ 분의 주위를 1/2정도 파 내려갔을 무렵부터 뿌리감기를 시작한다.
④ 분 감기 전 직근을 잘라야 용이하게 작업할 수 있다.

해설

- 허리감기를 먼저 한 후 위아래 감기를 할 때 직근을 자른다.

41 Repetitive Learning (1회 2회 3회)

다음 중 지피식물 선택 조건으로 부적합한 것은?

① 치밀하게 피복되는 것이 좋다.
② 키가 낮고 다년생이며 부드러워야 한다.
③ 병충해에 강하며 관리가 용이하여야 한다.
④ 특수 환경에 잘 적응하며 희소성이 있어야 한다.

해설

- 지피식물은 쉽게 대량으로 구매가 가능해야 한다.

정답 | 35 ③ 36 ④ 37 ② 38 ④ 39 ④ 40 ④ 41 ④

42 Repetitive Learning (1회 2회 3회)

우리나라에서 1929년 서울의 비원(秘苑)과 전남 목포지방에서 처음 발견된 해충으로 솔잎 기부에 충영을 형성하고 그 안에서 흡즙해 소나무에 피해를 주는 해충은?

① 솔껍질깍지벌레　② 솔잎혹파리
③ 솔나방　④ 솔잎벌

해설
- ①은 주로 암컷 약충이 소나무 가지에 침을 꽂아 수액을 흡즙하여 피해를 입힌다.
- ③은 유충(송충이)이 잎을 가해하며, 심하게 피해를 받으면 소나무가 고사하기도 한다.
- ④는 1세대 유충이 묵은 잎을, 2세대 이후는 신엽을 먹고 자란다.

43 Repetitive Learning (1회 2회 3회)

다음 그림과 같은 삼각형의 면적은?

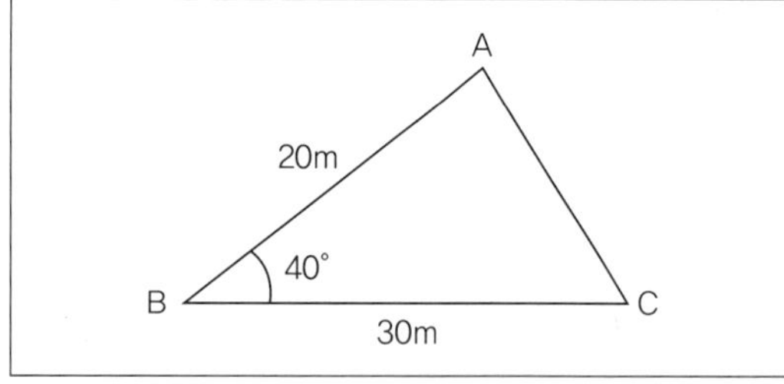

① $115m^2$　② $193m^2$
③ $230m^2$　④ $386m^2$

해설
- 주어진 삼각형의 높이는 각 B가 40°이고, 선분 AB의 길이가 주어졌으므로 20×sin40°이고, 밑변의 길이는 30m이므로 대입하면 $\frac{1}{2}\times20\times30\times\sin40=192.836\cdots$가 된다.

0201 / 0502

44 Repetitive Learning (1회 2회 3회)

개화결실을 목적으로 실시하는 정지, 전정 방법 중 옳지 않은 것은?

① 약지(弱枝)는 길게, 강지(强枝)는 짧게 전정하여야 한다.
② 묵은 가지나 병충해 가지는 수액유동 전에 전정한다.
③ 작은 가지나 내측(內側)으로 뻗은 가지는 제거한다.
④ 개화 결실을 촉진하기 위하여 가지를 유인하거나 단근 작업을 실시한다.

해설
- 약한 가지는 짧게, 강한 가지는 길게 많이 전정하는 것을 원칙으로 한다.

45 Repetitive Learning (1회 2회 3회)

디딤돌 놓기 공사에 대한 설명으로 틀린 것은?

① 정원의 잔디, 나지 위에 놓아 보행자의 편의를 돕는다.
② 넓적하고 평평한 자연석, 판석, 통나무 등이 활용된다.
③ 시작과 끝 부분, 갈라지는 부분은 50cm 정도의 돌을 사용한다.
④ 같은 크기의 돌을 직선으로 배치하여 기능성을 강조한다.

해설
- 크기와 모양이 다양한 돌을 지그재그로 놓도록 한다.

46 Repetitive Learning (1회 2회 3회)

다음 중 토양 통기성에 대한 설명으로 틀린 것은?

① 기체는 농도가 낮은 곳에서 높은 곳으로 확산작용에 의해 이동한다.
② 토양 속에는 대기와 마찬가지로 질소, 산소, 이산화탄소 등의 기체가 존재한다.
③ 토양생물의 호흡과 분해로 인해 토양 공기 중에는 대기에 비하여 산소가 적고 이산화탄소가 많다.
④ 건조한 토양에서는 이산화탄소와 산소의 이동이나 교환이 쉽다.

해설
- ①에서 기체는 농도가 높은 곳에서 낮은 곳으로 확산작용에 의해 이동한다.

47 Repetitive Learning (1회 2회 3회)

목재를 방부제속에 일정기간 담가두는 방법으로 크레오소트(Creosote)를 많이 사용하는 방부법은?

① 표면탄화법　② 직접유살법
③ 상압주입법　④ 약제도포법

해설
- ①은 목재의 표면을 태워서 방부처리하는 방법이다.
- ④는 충분히 건조된 목재에 약재를 도포하여 방부처리하는 방법이다.

42 ② 43 ② 44 ① 45 ④ 46 ① 47 ③ | 정답

48 —— Repetitive Learning (1회 2회 3회)

다음 중 조경시공에 활용되는 석재의 특징으로 부적합한 것은?

① 내화성이 뛰어나고 압축강도가 크다.
② 내수성 · 내구성 · 내화학성이 풍부하다.
③ 색조와 광택이 있어 외관이 미려 · 장중하다.
④ 천연물이기 때문에 재료가 균일하고 갈라지는 방향성이 없다.

해설
- 천연물이기 때문에 재료가 균일하지 않고 갈라지는 방향성이 있을 수 있다.

49 —— Repetitive Learning (1회 2회 3회)

과다 사용시 병에 대한 저항력을 감소시키므로 특히 토양의 비배관리에 주의해야 하는 무기성분은?

① 질소 ② 규산
③ 칼륨 ④ 인산

해설
- ③이 과다 사용되면 석회의 흡수를 억제하고, 양분(마그네슘, 칼슘)의 결핍을 가져온다. 이로 인해 과실은 단단해지고, 작아지며, 줄기는 부러지기 쉽다.
- ④가 과다 사용되면 양분(아연, 구리, 철, 망간)의 결핍을 가져온다.

1401

50 —— Repetitive Learning (1회 2회 3회)

토양수분 중 식물이 생육에 주로 이용하는 유효수분은?

① 결합수 ② 흡습수
③ 모세관수 ④ 중력수

해설
- 식물이 생육에 이용하는 유효수분은 모관수 혹은 모세관수이다.

51 —— Repetitive Learning (1회 2회 3회)

인공식재 기반 조성에 대한 설명으로 틀린 것은?

① 토양, 방수 및 배수시설 등에 유의한다.
② 식재층과 배수층 사이는 부직포를 깐다.
③ 심근성 교목의 생존 최소 깊이는 40cm로 한다.
④ 건축물 위의 인공식재 기반은 방수처리 한다.

해설
- 심근성 수종의 생존 최소 깊이 90cm, 생육 최소 깊이 150cm 이상이어야 한다.

52 —— Repetitive Learning (1회 2회 3회)

다음 중 방제 대상별 농약 포장지 색깔이 옳은 것은?

① 살충제－노란색 ② 살균제－초록색
③ 제초제－분홍색 ④ 생장조절제－청색

해설
- 살충제는 초록색이다.
- 살균제는 분홍색이다.
- 제초제는 노란색이다.

53 —— Repetitive Learning (1회 2회 3회)

수간과 줄기 표면의 상처에 침투성 약액을 발라 조직 내로 약효성분이 흡수되게 하는 농약 사용법은?

① 도포법 ② 관주법
③ 도말법 ④ 분무법

해설
- ②는 토양 내에 서식하는 병해충을 방제하기 위해 땅속에 약액을 주입하는 방법이다.
- ③은 미생물 배양액 또는 시험용액을 배지에 접종하는 방법을 말한다.
- ④는 유제, 수화제, 수용제 등이 약제를 물에 희석하여 분무기로 살포하는 방법이다.

1205

54 —— Repetitive Learning (1회 2회 3회)

안전관리 사고의 유형은 설치, 관리, 이용자 · 보호자 · 주최자 등의 부주의, 자연재해 등에 의한 사고로 분류된다. 다음 중 관리하자에 의한 사고의 종류에 해당하지 않는 것은?

① 위험물 방치에 의한 것
② 시설의 노후 및 파손에 의한 것
③ 시설의 구조 자체의 결함에 의한 것
④ 위험장소에 대한 안전대책 미비에 의한 것

해설
- ③은 작업환경 자체의 원인(물적결함)에서 비롯된 사고이다.

정답 | 48 ④ 49 ① 50 ③ 51 ③ 52 ④ 53 ① 54 ③

55 Repetitive Learning (1회 2회 3회)

도시공원의 식물 관리비 계산 시 산출근거와 관련이 없는 것은?

① 식물의 수량 ② 식물의 품종
③ 작업률 ④ 작업횟수

해설
- 식물관리비는 식물의 수량×작업률×작업횟수×작업단가로 구한다.

56 Repetitive Learning (1회 2회 3회)

다음 그림은 수목의 번식방법 중 어떠한 접목법에 해당하는가?

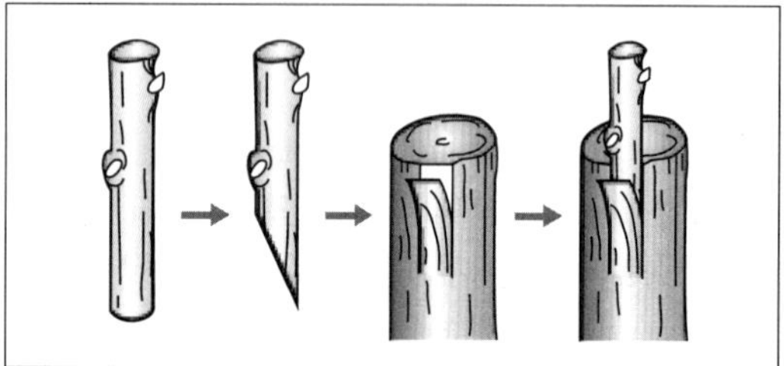

① 깎기접 ② 안장접
③ 쪼개접 ④ 박피접

해설
- ①은 절접이라고도 하는데 대목의 한쪽 면을 수직으로 깎아 내리고 접수를 다듬어 끼운 후 묶어주는 방법이다.
- ②는 대목과 접지의 한쪽을 길마 모양으로 깎아내고 한데 맞추어 동여매는 방법이다.
- ③은 할접이라고도 하는데 대목의 굵기와 비슷한 접수를 5cm 정도 자른 뒤 2cm를 쐐기모양으로 깎은 후 쪼갠 대목에 삽입하는 방법이다.

57 Repetitive Learning (1회 2회 3회)

참나무 시들음병에 관한 설명으로 틀린 것은?

① 피해목은 벌채 및 훈증처리 한다.
② 솔수염하늘소가 매개충이다.
③ 곰팡이가 도관을 막아 수분과 양분을 차단한다.
④ 우리나라에서는 2004년 경기도 성남시에서 처음 발견 되었다.

해설
- 매개충은 광릉긴나무좀이다.

58 Repetitive Learning (1회 2회 3회)

다음 중 콘크리트의 파손 유형이 아닌 것은?

① 균열(Crack) ② 융기(Blow-up)
③ 단차(Faulting) ④ 양생(Curing)

해설
- ④는 콘크리트를 친 후 응결과 경화가 완전히 이루어지도록 보호하는 것을 말한다.

59 Repetitive Learning (1회 2회 3회)

적심(摘心, Candle Pinching)에 대한 설명으로 틀린 것은?

① 고정생장하는 수목에 실시한다.
② 참나무과(科) 수종에서 주로 실시한다.
③ 수관이 치밀하게 되도록 교정하는 작업이다.
④ 촛대처럼 자란 새순을 가위로 잘라주거나 손끝으로 끊어준다.

해설
- ②에서 참나무과는 뿌리가 심근성이고 녹음수로 사용하므로 적심작업이 필요하지 않다.

60 Repetitive Learning (1회 2회 3회)

이종기생균이 그 생활사를 완성하기 위하여 기주를 바꾸는 것을 무엇이라고 하는가?

① 기주교대 ② 중간기주
③ 이종기생 ④ 공생교환

해설
- ②는 기주교대를 하는 두 기주 중에서 경제적 가치가 적은 것을 말한다.
- ③은 녹병균이 그 생활사를 완성하기 위해 두 종의 서로 다른 식물을 기주로 하는 것을 말한다.

55 ② 56 ④ 57 ② 58 ④ 59 ② 60 ① 정답

2015년 제1회

2015년 1월 25일 필기

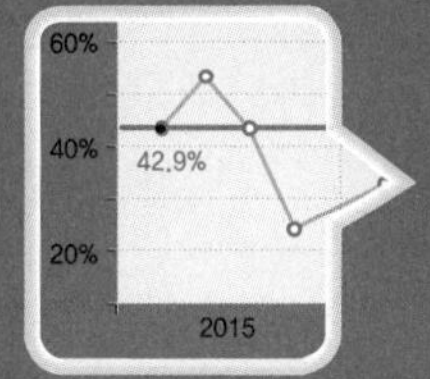

15년 1회차 필기시험
합격률 42.9%

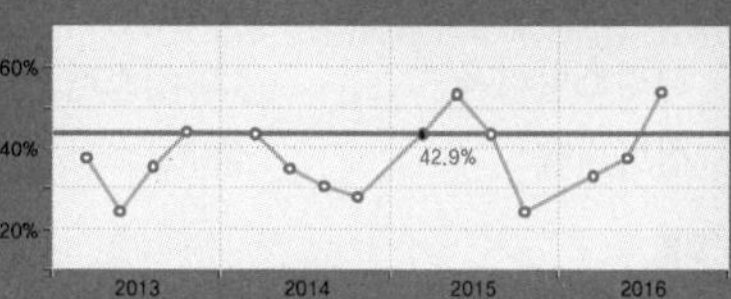

01

Repetitive Learning 1회 2회 3회

조경설계기준상의 조경시설로서 음수대의 배치, 구조 및 규격에 대한 설명이 틀린 것은?

① 설치위치는 가능하면 포장지역보다는 녹지에 배치하여 자연스럽게 지반면보다 낮게 설치한다.
② 관광지 · 공원 등에는 설계대상 공간의 성격과 이용특성 등을 고려하여 필요한 곳에 음수대를 배치한다.
③ 지수전과 제수밸브 등 필요시설을 적정 위치에 제 기능을 충족시키도록 설계한다.
④ 겨울철의 동파를 막기 위한 보온용 설비와 퇴수용 설비를 반영한다.

해설

- 음수대는 녹지에 접한 포장부위에 배치한다.

02

Repetitive Learning 1회 2회 3회

다음 중 정신 집중을 요구하는 사무공간에 어울리는 색은?

① 빨강 ② 노랑
③ 난색 ④ 한색

해설

- ③은 노랑, 오렌지색 등으로 따뜻하고 부드러운 느낌을 주는 색으로 어린이 놀이방이나 공부방 등에 어울린다.

03

Repetitive Learning 1회 2회 3회

브라운파의 정원을 비판하였으며 큐가든에 중국식 건물, 탑을 도입한 사람은?

① Richard Steele ② Joseph Addison
③ Alexander Pope ④ William Chambers

해설

- 영국 왕립 식물원인 큐가든에 중국식 파고라를 설치한 사람은 William Chambers이다.

04

Repetitive Learning 1회 2회 3회

전통사상과 신선사상을 바탕으로 불교 선사상의 직접적 영향을 받아 극도의 상징성(자연석이나 모래 등을 산수자연을 상징)으로 조성된 14 ~ 15세기 일본의 정원양식은?

① 중정식 정원 ② 고산수식 정원
③ 전원풍격식 정원 ④ 다정식 정원

해설

- 14 ~ 15세기 일본의 정원양식은 일본의 토속신앙과 결합된 불교의 영향, 중국의 사의주의적 풍조에 영향을 받아 극도의 상징성을 나타낸 고산수식 정원양식이 발달하였다.

05

Repetitive Learning 1회 2회 3회

조경계획 및 설계에 있어서 몇 가지의 대안을 만들어 각 대안의 장 · 단점을 비교한 후에 최종안으로 결정하는 단계는?

① 기본구상 ② 기본계획
③ 기본설계 ④ 실시설계

해설

- ②는 여러가지 대안들 중 최종안으로 결정된 대안을 기본계획으로 확정하는 단계이다.
- ③은 기본계획에 맞춰 세부과정을 시각적으로 구체적으로 제시해주는 단계이다.
- ④는 시공상세도를 작성하고 공사비 내역을 산출하는 단계이다.

정답 | 01 ① 02 ④ 03 ④ 04 ② 05 ①

0302

06 Repetitive Learning (1회 2회 3회)

고대 그리스에서 청년들이 체육 훈련을 하는 자리로 만들어졌던 것은?

① 페리스틸리움　② 지스터스
③ 짐나지움　④ 보스코

해설
- ①은 고대 로마의 정원 중 제2중정을 가리킨다.
- ②는 고대 로마의 정원 중 후원을 가리킨다.

07 Repetitive Learning (1회 2회 3회)

다음 중 추위에 견디는 힘과 짧은 예취에 견디는 힘이 강하며, 골프장의 그린을 조성하기에 가장 적합한 잔디의 종류는?

① 들잔디　② 벤트그래스
③ 버뮤다그래스　④ 라이그래스

해설
- ①과 ③은 난지형 잔디여서 추위에 견디는 힘이 약하다.
- ④는 한지형 잔디로 초기 발아 및 생육속도가 가장 빠르나 우리나라 여름철 날씨에 약한 단점이 있는 잔디이다.

0301

08 Repetitive Learning (1회 2회 3회)

스페인의 파티오(Patio)에서 가장 중요한 구성요소는?

① 물　② 원색의 꽃
③ 색채 타일　④ 짙은 녹음

해설
- 스페인 파티오에서는 이슬람 문화의 영향을 받아 물을 가장 중요한 구성요소로 취급한다.

09 Repetitive Learning (1회 2회 3회)

다음 이슬람 정원 중 '알함브라 궁전'에 없는 것은?

① 알베르카 중정
② 사자의 중정
③ 사이프레스의 중정
④ 헤네랄리페 중정

해설
- ④는 나스르 왕조 때 건축된 왕들의 여름 별궁이다.

1002

10 Repetitive Learning (1회 2회 3회)

제도에서 사용되는 물체의 중심선, 절단선, 경계선 등을 표시하는 데 가장 적합한 선은?

① 실선　② 파선
③ 1점 쇄선　④ 2점 쇄선

해설
- ①은 물체가 보이는 부분을 나타내는 선이다.
- ②는 대상물의 보이지 않는 부분의 모양을 표시하는 데 사용된다.
- ④는 물체가 있을 것으로 가상되는 부분을 표시하는 선이다.

11 Repetitive Learning (1회 2회 3회)

보르비콩트(Vaux-le-Vicomte) 정원과 가장 관련 있는 양식은?

① 노단식　② 평면기하학식
③ 절충식　④ 자연풍경식

해설
- 최초의 평면기하학식 정원은 보르비콩트(Vaux-le-Vicomte) 정원이다.

12 Repetitive Learning (1회 2회 3회)

다음 중 면적대비에 대한 설명으로 틀린 것은?

① 면적의 크기에 따라 명도와 채도가 다르게 보인다.
② 면적의 크고 작음에 따라 색이 다르게 보이는 현상이다.
③ 면적이 작은 색은 실제보다 명도와 채도가 낮아 보인다.
④ 동일한 색이라도 면적이 커지면 어둡고 칙칙해 보인다.

해설
- 같은 색이라도 면적이 커지면 명도와 채도가 높아진다.

13 Repetitive Learning (1회 2회 3회)

조경계획 과정에서 자연환경 분석의 요인이 아닌 것은?

① 기후　② 지형
③ 식물　④ 역사성

해설
- ④는 인문환경 분석의 대상에 해당한다.

06 ③ 07 ② 08 ① 09 ④ 10 ③ 11 ② 12 ④ 13 ④ 정답

14 Repetitive Learning (1회 2회 3회)

조선시대 중엽 이후 풍수설에 따라 주택조경에서 새로이 중요한 부분으로 강조된 곳은?

① 앞뜰(前庭) ② 가운데뜰(中庭)
③ 뒤뜰(後庭) ④ 안뜰

해설

- ①은 대문에서 현관에 이르는 공간으로 주택정원에서 공공성이 가장 강한 공간이다.
- ②는 중정으로 집안 건물과 건물 사이의 마당 또는 건물 내부에 노출되어 구성된 공간을 말한다.
- ④는 응접실이나 거실 전면에 위치한 뜰로 정원의 중심이 되는 곳으로 휴식과 단란이 이루어지는 공간이다.

15 Repetitive Learning (1회 2회 3회)

다음 중 19세기 서양의 조경에 대한 설명으로 틀린 것은?

① 1899년 미국 조경가협회(ASLA)가 창립되었다.
② 19세기 말 조경은 토목공학기술에 영향을 받았다.
③ 19세기 말 조경은 전위적인 예술에 영향을 받았다.
④ 19세기 초에 도시문제와 환경문제에 관한 법률이 제정되었다.

해설

- 19세기 초 도시문제와 환경문제가 심각해졌으나 19세기 말에 들어서야 관련 법률이 제정되었다.

16 Repetitive Learning (1회 2회 3회)

가죽나무(가중나무)와 물푸레나무에 대한 설명으로 옳은 것은?

① 가중나무와 물푸레나무 모두 물푸레나무과(科)이다.
② 잎 특성은 가중나무는 복엽이고 물푸레나무는 단엽이다.
③ 열매 특성은 가중나무와 물푸레나무 모두 날개 모양의 시과이다.
④ 꽃 특성은 가중나무와 물푸레나무 모두 한 꽃에 암술과 수술이 함께 있는 양성화이다.

해설

- ①에서 가중나무는 소태나무과에 속한다.
- ②에서 물푸레나무의 잎은 마주나고 우상복엽이다.
- ④에서 가중나무의 꽃은 자웅이가화이고, 물푸레나무는 수꽃양성화딴그루이다.

17 Repetitive Learning (1회 2회 3회)

화성암은 산성암, 중성암, 염기성암으로 분류되는데, 이때 분류 기준이 되는 것은?

① 규산의 함유량 ② 석영의 함유량
③ 장석의 함유량 ④ 각섬석의 함유량

해설

- 화성암은 이산화규소(SiO_2)의 농도가 높을수록 산성을 띠게 되고, 그만큼 산소도 많이 포함하게 된다.

18 Repetitive Learning (1회 2회 3회)

가연성 도료의 보관 및 장소에 대한 설명 중 틀린 것은?

① 직사광선을 피하고 환기를 억제한다.
② 소방 및 위험물취급 관련 규정에 따른다.
③ 건물 내에 수용할 때에는 방화구조적인 장소를 선택한다.
④ 주위 건물에서 격리된 독립된 건물에 보관하는 것이 좋다.

해설

- 가연성 도료를 보관할 때는 직사광선을 피하고 환기를 자주 실시해야 한다.

19 Repetitive Learning (1회 2회 3회)

회양목에 대한 설명으로 틀린 것은?

① 낙엽활엽관목이다.
② 잎은 두껍고 타원형이다.
③ 3～4월경에 꽃이 연한 황색으로 핀다.
④ 열매는 삭과로 달걀형이고 털이 없으며 갈색으로 9～10월에 성숙한다.

해설

- 회양목은 상록활엽관목이다.

20 Repetitive Learning (1회 2회 3회)

다음 중 아황산가스에 견디는 힘이 가장 약한 수종은?

① 삼나무 ② 편백
③ 플라타너스 ④ 사철나무

해설

- ②, ③, ④는 모두 아황산가스에 강한 수종이다.

정답 | 14 ③ 15 ④ 16 ③ 17 ① 18 ① 19 ① 20 ①

21 Repetitive Learning (1회 2회 3회)

조경재료는 식물재료와 인공재료로 구분된다. 다음 중 식물재료의 특징으로 옳지 않은 것은?

① 생장과 번식을 계속하는 연속성이 있다.
② 생물로서 생명 활동을 하는 자연성을 지니고 있다.
③ 계절적으로 다양하게 변화함으로써 주변과의 조화성을 가진다.
④ 기후변화와 더불어 생태계에 영향을 주지 못한다.

해설
- 식물재료는 기후변화와 더불어 생태계에 영향을 준다.

22 Repetitive Learning (1회 2회 3회)

백색계통의 꽃을 감상할 수 있는 수종은?

① 개나리 ② 이팝나무
③ 산수유 ④ 맥문동

해설
- ①과 ③은 노란색 꽃이 핀다.
- ④는 자주색 꽃이 핀다.

23 Repetitive Learning (1회 2회 3회)

목재 방부제로서의 크레오소트유(Cresote 油)에 관한 설명으로 틀린 것은?

① 휘발성이다.
② 살균력이 강하다.
③ 페인트 도장이 곤란하다.
④ 물에 용해되지 않는다.

해설
- 크레오소트유는 대표적인 목재용 유성 방부제 혹은 비휘발성 기름에 혼합되어 있는 유기용매이다.

0305

24 Repetitive Learning (1회 2회 3회)

토피어리(Topiary)란?

① 분수의 일종 ② 형상수(形狀樹)
③ 조각된 정원석 ④ 휴게용 그늘막

해설
- 토피어리란 수목을 기하학적인 모양으로 수관을 다듬어 만든 수형, 형상수를 말한다.

25 Repetitive Learning (1회 2회 3회)

암석은 그 성인(成因)에 따라 대별되는데 편마암, 대리석 등은 무엇으로도 분류되는가?

① 수성암 ② 화성암
③ 변성암 ④ 석회질암

해설
- 편마암, 대리석, 트래버틴, 사문암 등은 화성암, 수성암 등이 온도와 압력 등에 의해 변성작용을 받아 형성된 변성암이다.

26 Repetitive Learning (1회 2회 3회)

목재가공 작업 과정 중 소지조정, 눈막이(눈메꿈), 샌딩실러 등은 무엇을 하기 위한 것인가?

① 도장 ② 연마
③ 접착 ④ 오버레이

해설
- 소지조정, 눈막이, 샌딩실러는 목재를 도장하기 전에 연마를 통해 목재 고유의 아름다움을 살리고, 문제되는 부분을 제거하기 위한 작업이다.

27 Repetitive Learning (1회 2회 3회)

소철과 은행나무의 공통점으로 옳은 것은?

① 속씨식물 ② 자웅이주
③ 낙엽침엽교목 ④ 우리나라 자생식물

해설
- ① 소철과 은행나무는 공통적으로 겉씨식물이다.
- ③ 소철은 상록관목이고, 은행나무는 낙엽침엽교목이다.
- ④ 소철과 은행나무는 동아시아 원산이다.

28 Repetitive Learning (1회 2회 3회)

석재판(板石) 붙이기 시공법이 아닌 것은?

① 습식공법 ② 건식공법
③ FRP공법 ④ GPC공법

해설
- 석재판 붙이기 시공법은 모르타르를 이용한 습식공법, 철물을 이용한 건식공법, 구조체와 일체화된 석재를 붙이는 GPC공법(유닛공법)으로 구분할 수 있다.

정답: 21 ④ 22 ② 23 ① 24 ② 25 ③ 26 ① 27 ② 28 ③

29 Repetitive Learning (1회 2회 3회)

타일의 동해를 방지하기 위한 방법으로 옳지 않은 것은?

① 붙임용 모르타르의 배합비를 좋게 한다.
② 타일은 소성온도가 높은 것을 사용한다.
③ 줄눈 누름을 충분히 하여 빗물의 침투를 방지한다.
④ 타일은 흡수성이 높은 것일수록 잘 밀착되므로 방지 효과가 있다.

해설
- 흡수율과 기공률이 클수록 동해가 발생할 가능성이 높다.

30 Repetitive Learning (1회 2회 3회)

시멘트의 성질 및 특성에 대한 설명으로 틀린 것은?

① 분말도는 일반적으로 비표면적으로 표시한다.
② 강도시험은 시멘트 페이스트 강도시험으로 측정한다.
③ 응결이란 시멘트 풀이 유동성과 점성을 상실하고 고화하는 현상을 말한다.
④ 풍화란 시멘트 공기 중의 수분 및 이산화탄소와 반응하여 가벼운 수화반응을 일으키는 것을 말한다.

해설
- 시멘트 강도시험은 모르타르 시험체를 성형한 후 재령 24시간 시험체에 대해 압축강도시험을 실시한다.

31 Repetitive Learning (1회 2회 3회)

100cm×100cm×5cm 크기의 화강석 판석의 중량은?
(단, 화강석의 비중 기준은 2.56ton/m^3이다)

① 128kg ② 12.8kg
③ 195kg ④ 19.5kg

해설
- 판석의 부피는 1m×1m×0.05m=0.05m^3이다.
- 비중이 2.56ton/m^3이므로 2,560kg/m^3이므로 곱하면 2,560×0.05=128kg이 된다.

32 Repetitive Learning (1회 2회 3회)

다음 중 조경 수목의 생장 속도가 느린 것은?

① 모과나무 ② 메타세쿼이아
③ 백합나무 ④ 개나리

해설
- ①은 심근성 수목으로 생장이 늦다.

33 Repetitive Learning (1회 2회 3회)

다음 수목들은 어떤 산림대에 해당하는가?

> 잣나무, 전나무, 주목, 가문비나무, 분비나무, 잎갈나무, 종비나무

① 난대림 ② 온대 중부림
③ 온대 북부림 ④ 한대림

해설
- ①에는 주로 상록활엽수로 동백나무, 종가시나무, 녹나무, 후박나무, 구실잣밤나무, 사철나무 등이 있다.
- ②에는 참나무, 단풍나무, 박달나무, 달피나무, 밤나무, 소나무 등이 있다.
- ③에는 참피나무, 박달나무, 신갈나무, 거제수나무, 시닥나무, 잣나무, 전나무, 잎갈나무 등이 있다.

34 Repetitive Learning (1회 2회 3회)

친환경적 생태하천에 호안을 복구하고자 할 때 생물의 종다양성과 자연성 향상을 위해 이용되는 소재로 가장 적절하지 않은 것은?

① 섶단 ② 소형고압블록
③ 돌망태 ④ 야자롤

해설
- ②는 일정한 크기의 골재와 시멘트를 배합하여 높은 압력과 열로 처리한 보도블록(콘크리트 제품)으로 친환경적 생태하천 호안용으로는 적절하지 않다.

35 Repetitive Learning (1회 2회 3회)

우리나라에서 발생하는 수목의 녹병 중 기주교대를 하지 않는 것은?

① 소나무 잎녹병 ② 후박나무 녹병
③ 버드나무 잎녹병 ④ 오리나무 잎녹병

해설
- ②는 중간기주 없이 후박나무에서 정자와 겨울포자만을 형성해서 생활을 이어가는 동종기생균으로 후박나무에서 후박나무로 전염이 반복된다.

정답 | 29 ④ 30 ② 31 ① 32 ① 33 ④ 34 ② 35 ②

36 Repetitive Learning (1회 2회 3회)

다음 중 미선나무에 대한 설명으로 옳은 것은?

① 열매는 부채 모양이다.
② 꽃은 노란색으로 향기가 있다.
③ 상록활엽교목으로 산야에서 흔히 볼 수 있다.
④ 원산지는 중국이며 세계적으로 여러 종이 존재한다.

해설
- ② 상아색과 분홍색 꽃이 피는 나무로 나눠진다.
- ③ 볕이 잘 드는 산기슭에서 드물게 자란다.
- ④ 원산지는 한국이며, 세계적으로 1속1종뿐이다.

37 Repetitive Learning (1회 2회 3회)

다음 중 아스팔트의 일반적인 특성에 대한 설명으로 옳지 않은 것은?

① 비교적 경제적이다.
② 점성과 감온성을 가지고 있다.
③ 물에 용해되고 투수성이 좋아 포장재로 적절하지 않다.
④ 점착성이 크고 부착성이 좋기 때문에 결합재료, 접착재료로 사용한다.

해설
- 아스팔트는 물에 용해되지 않아 방수제로 사용된다.

38 Repetitive Learning (1회 2회 3회)

식물의 주요한 표징 중 병원체의 영양기관에 의한 것이 아닌 것은?

① 균사 ② 균핵
③ 포자 ④ 자좌

해설
- ③은 표징 중 병원체의 번식기관에 해당한다.

39 Repetitive Learning (1회 2회 3회)

소나무류의 순지르기에 대한 설명으로 옳은 것은?

① 10～12월에 실시한다.
② 남길 순도 1/3～1/2 정도로 자른다.
③ 새순이 15cm 이상 길이로 자랐을 때에 실시한다.
④ 나무의 세력이 약하거나 크게 기르고자 할 때 순지르기를 강하게 실시한다.

해설
- ①에서 순지르기는 매년 5～6월경에 실시한다.
- ③에서 새순이 5～10cm의 길이로 자랐을 때 실시한다.
- ④에서 발육과 생장을 억제해서 수형을 형성시키기 위해 실시한다.

40 Repetitive Learning (1회 2회 3회)

일반적인 실물 간 양료 요구도(비옥도)가 높은 것부터 차례로 나열된 것은?

① 활엽수>유실수>소나무류>침엽수
② 유실수>침엽수>활엽수>소나무류
③ 유실수>활엽수>침엽수>소나무류
④ 소나무류>침엽수>유실수>활엽수

해설
- 유실수가 가장 높으며, 다음으로 활엽수, 침엽수, 소나무가 가장 비옥도가 낮다.

41 Repetitive Learning (1회 2회 3회)

다음 중 굵은 가지 절단 시 제거하지 말아야 하는 부위는?

① 목질부 ② 지피융기선
③ 지륭 ④ 피목

해설
- ②는 두 가지가 서로 맞닿아서 생긴 주름살 부분으로 제거할 때 주의해야 한다.

0402 / 0801

42 Repetitive Learning (1회 2회 3회)

다음 중 한국잔디류에 가장 많이 발생하는 병은?

① 녹병 ② 탄저병
③ 설부병 ④ 브라운 패치

해설
- ②는 토양에서 자연적으로 발생하는 탄저균이라는 그람양성균, 간균에 의해 전염되는 병으로 식물, 가축, 야생동물에 영향을 주는 심각한 병이다.
- ③은 눈이 녹는 시기에 주로 발생하는데 밝은 황색 혹은 회갈색 병반이 생긴다.
- ④는 잔디의 잎에 갈색 냉반이 동그랗게 생기고, 특히 6～9월경에 벤트그래스에 주로 나타나는 병이다.

36 ① 37 ③ 38 ③ 39 ② 40 ③ 41 ③ 42 ① | 정답

43 Repetitive Learning (1회 2회 3회)

그림과 같이 수준측량을 하여 각 측정의 높이를 측정하였다. 절토량 및 성토량이 균형을 이루는 계획고는?

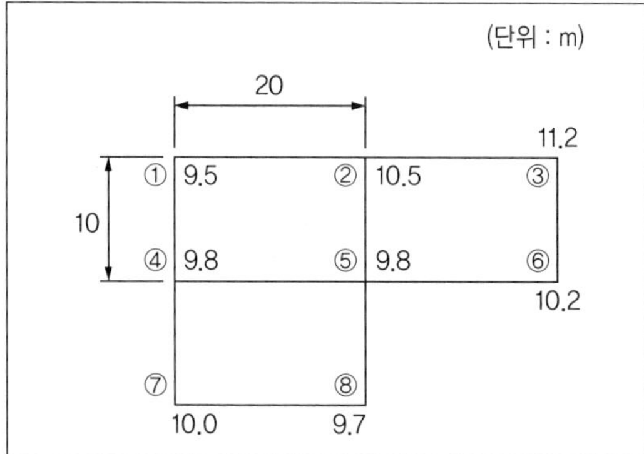

① 9.59m　② 9.95m
③ 10.05m　④ 10.50m

해설

- 성(절)토량에서 A는 20×10=200m^2이다.
- h_1은 9.5+10.0+9.7+10.2+11.2=50.6이고, h_2는 10.5+9.8=20.3이고, h_3은 9.8이다.
- 성(절)토량 V= $\frac{200}{4}(50.6+2\times20.3+3\times9.8)=6,030$이 된다.
- 계획고에서 n은 3개의 구역이므로 h= $\frac{6,030}{3\times200}=10.05$m이다.

44 Repetitive Learning (1회 2회 3회)

다음 중 생울타리 수종으로 가장 적합한 것은?

① 쥐똥나무　② 이팝나무
③ 은행나무　④ 굴거리 나무

해설

- 생울타리용으로 적합한 수종은 측백나무, 편백나무, 가이즈카향나무(상록침엽교목), 꽝꽝나무, 호랑가시나무, 사철나무(상록활엽관목), 쥐똥나무, 개나리, 명자나무, 무궁화, 탱자나무, 찔레나무(낙엽활엽관목) 등이다.

45 Repetitive Learning (1회 2회 3회)

다음 중 L형 측구의 팽창줄눈 설치 시 자수판의 간격은?

① 20m 이내　② 25m 이내
③ 30m 이내　④ 35m 이내

해설

- 팽창줄눈 설치 시 자수판의 간격은 20m 이내로 한다(최대 30m).

46 Repetitive Learning (1회 2회 3회)

조경관리 방식 중 직영방식의 장점에 해당하지 않는 것은?

① 긴급한 대응이 가능하다.
② 관리실태를 정확하게 파악할 수 있다.
③ 애착심을 가지므로 관리효율의 향상을 꾀한다.
④ 규모가 큰 시설 등의 관리를 효율적으로 할 수 있다.

해설

- ④는 도급방식의 장점에 해당한다.

47 Repetitive Learning (1회 2회 3회)

다음 중 시비시기와 관련된 설명 중 틀린 것은?

① 온대지방에서는 수종에 관계없이 가장 왕성한 생장을 하는 시기가 봄이며, 이 시기에 맞게 비료를 주는 것이 가장 바람직하다.
② 시비효과가 봄에 나타나게 하려면 겨울눈이 트기 4~6주 전인 늦은 겨울이나 이른 봄에 토양에 시비한다.
③ 질소비료를 제외한 다른 대량원소는 연중 필요할 때 시비하면 되고, 미량원소를 토양에 시비할 때에는 가을에 실시한다.
④ 우리나라의 경우 고정생장을 하는 소나무, 전나무, 가문비나무 등은 9~10월보다는 2월에 시비하는 것이 적절하다.

해설

- 우리나라의 경우 고정생장을 하는 소나무, 전나무, 가문비나무 등은 4~6월에 새로운 가지가 신장을 하므로 2월보다는 9~10월에 시비하는 것이 효과적이다.

48 Repetitive Learning (1회 2회 3회)

수목의 필수원소 중 다량원소에 해당하지 않는 것은?

① H　② K
③ Cl　④ C

해설

- ③은 미량원소에 해당한다.

정답 | 43 ③ 44 ① 45 ① 46 ④ 47 ④ 48 ③

0501 / 0702

49

Repetitive Learning 1회 2회 3회

시공관리의 3대 목적이 아닌 것은?

① 원가관리　② 노무관리
③ 공정관리　④ 품질관리

해설

- 시공관리의 3대 목적에는 공정관리, 원가관리, 품질관리가 있으며 추가적으로 안전관리를 포함하여 4대 목적으로 분류한다.

50

Repetitive Learning 1회 2회 3회

다음 중 토사붕괴의 예비책으로 틀린 것은?

① 지하수위를 높인다.
② 적절한 경사면의 기울기를 계획한다.
③ 활동할 가능성이 있는 토석은 제거하여야 한다.
④ 말뚝(강관, H형강, 철근 콘크리트)을 타입하여 지반을 강화시킨다.

해설

- 토사의 붕괴를 막기 위해서는 지하수위를 낮춰야 한다.

51

Repetitive Learning 1회 2회 3회

병의 발생에 필요한 3가지 요인을 정량화하여 삼각형의 각 변으로 표시하고 이들 상호관계에 의한 삼각형의 면적을 발병량으로 나타내는 것을 병삼각형이라 한다. 여기에 포함되지 않는 것은?

① 병원체　② 환경
③ 기주　④ 저항성

해설

- 병삼각형은 기주, 병원체(주요인), 환경요인(유인)으로 구성된다.

52

Repetitive Learning 1회 2회 3회

소나무좀의 생활사를 기술한 것 중 옳은 것은?

① 유충은 2회 탈피하며 유충기간은 약 20일이다.
② 1년에 1～3회 발생하며 암컷은 불완전변태를 한다.
③ 부화유충은 잎, 줄기에 붙어 즙액을 빨아 먹는다.
④ 부화한 애벌레가 쇠약목에 침입하여 갱도를 만든다.

해설

- 1년에 1회 발생한다.

53

Repetitive Learning 1회 2회 3회

목재 시설물에 대한 특징 및 관리 등에 대한 설명으로 틀린 것은?

① 감촉이 좋고 외관이 아름답다.
② 철재보다 부패하기 쉽고 잘 갈라진다.
③ 정기적인 보수와 칠을 해 주어야 한다.
④ 저온 때 충격에 의한 파손이 우려된다.

해설

- ④는 플라스틱 시설물에 대한 설명이다.

54

Repetitive Learning 1회 2회 3회

근원직경이 18cm 나무의 뿌리분을 만들려고 한다. 다음 식을 이용하여 소나무 뿌리분의 지름을 계산하면 얼마인가?(단, 공식 24+(N−3)×d, d는 상록수 4, 활엽수 5이다)

① 80cm　② 82cm
③ 84cm　④ 86cm

해설

- 구체적인 뿌리분의 크기는 24+(N−3)×d로 구한다. 근원직경이 18cm, 소나무는 상록수이므로 상수는 4, 대입하면 24+(18−3)×4=24+60=84cm이다.

55

Repetitive Learning 1회 2회 3회

농약은 라벨과 뚜껑의 색으로 구분하여 표기하고 있는데, 다음 중 바르게 짝지어진 것은?

① 제초제－노란색
② 살균제－녹색
③ 살충제－파란색
④ 생장조절제－흰색

해설

- 살충제는 초록색이다.
- 생장조절제는 청색이다.

49 ② 50 ① 51 ④ 52 ① 53 ④ 54 ③ 55 ① 정답

56 Repetitive Learning 1회 2회 3회

축적 1/1,200의 도면을 1/600로 변경하고자 할 때 도면의 증가 면적은?

① 2배 ② 3배
③ 4배 ④ 6배

해설

- 축적이 1/1,200에서 1/600로 변경되면 도면의 가로, 세로는 각각 2배씩 면적은 4배 증가한다.

57 Repetitive Learning 1회 2회 3회

살비제(Acaricide)란 어떠한 약제를 말하는가?

① 선충을 방제하기 위하여 사용하는 약제
② 나방류를 방제하기 위하여 사용하는 약제
③ 응애류를 방제하기 위하여 사용하는 약제
④ 병균이 식물체에 침투하는 것을 방지하는 약제

해설

- 응애류를 방제하기 위하여 사용하는 약제를 살비제라 한다.

58 Repetitive Learning 1회 2회 3회

일반적인 공사 수량 산출 방법으로 가장 적절한 것은?

① 중복이 되지 않게 세분화한다.
② 수직방향에서 수평방향으로 한다.
③ 외부에서 내부로 한다.
④ 작은 곳에서 큰 곳으로 한다.

해설

- 일반적인 공사 수량 산출 시 중복이 되지 않게 세분화한다.

59 Repetitive Learning 1회 2회 3회

20L들이 분무기 한 통에 1,000배액의 농약 용액을 만들고자 할 때 필요한 농약의 약량은?

① 10mL ② 20mL
③ 30mL ④ 50mL

해설

- 희석배수가 1,000배, 농약용액의 양이 20L 즉, 20,000mL이므로 농약의 양은 $\frac{20,000}{1,000}=20$mL가 된다.

60 Repetitive Learning 1회 2회 3회

다음 중 순공사원가에 속하지 않는 것은?

① 재료비 ② 경비
③ 노무비 ④ 일반관리비

해설

- 순공사원가는 재료비, 노무비, 경비를 합산한 금액을 말한다.

정답 | 56 ③ 57 ③ 58 ① 59 ② 60 ④

2015년 제2회

2015년 4월 4일 필기

15년 2회차 필기시험

합격률 52.8%

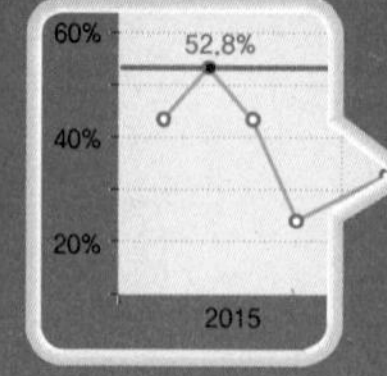

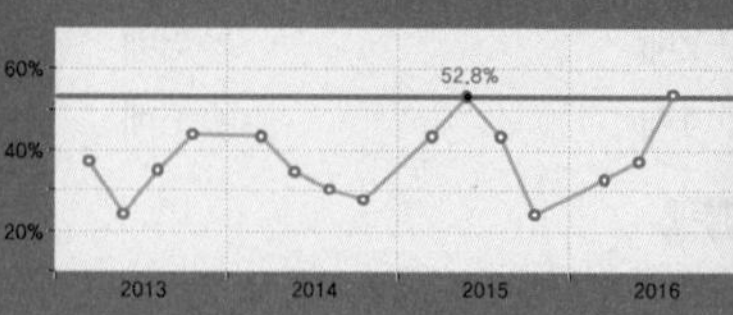

01 Repetitive Learning (1회 2회 3회)

다음 중 주택정원의 작업뜰에 위치할 수 있는 시설물로 가장 적절하지 않은 것은?

① 장독대 ② 빨래 건조장
③ 파고라 ④ 채소밭

해설

- ③은 옥상정원 등에 주로 설치하는 휴게시설이다.
- 작업뜰은 장독대, 쓰레기통, 빨래건조대, 채소밭 등을 설치하는 공간을 말한다.

02 Repetitive Learning (1회 2회 3회)

상점의 간판에 세 가지의 조명을 동시에 비추어 백색광을 만들려고 한다. 이때 필요한 3가지 기본 색광은?

① 노랑(Y), 초록(G), 파랑(B)
② 빨강(R), 노랑(Y), 파랑(B)
③ 빨강(R), 노랑(Y), 초록(G)
④ 빨강(R), 초록(G), 파랑(B)

해설

- 빛의 3원색은 빨강(R), 초록(G), 파랑(B)을 말한다.

03 Repetitive Learning (1회 2회 3회)

다음은 어떤 색에 대한 설명인가?

> 신비로움, 환상, 성스러움 등을 상징하며 여성스러움을 강조하는 역할을 하는 반면 비애감과 고독감을 느끼게 하기도 한다.

① 빨강 ② 주황
③ 파랑 ④ 보라

해설

- ①은 충동적이고, 강하고 선정적이나 죽음의 고통, 상처, 전쟁 등을 의미한다.
- ②는 우호적이고, 자부심과 야망을 의미하나 사탄, 악담을 의미하기도 한다.
- ③은 축제, 바다, 헌신, 순수를 의미하나 의심과 낙담을 의미하기도 한다.

04 Repetitive Learning (1회 2회 3회)

우리나라 조경의 특징에 대한 설명으로 가장 적절한 것은?

① 경관의 조화를 중요시하면서도 경관의 대비에 중점을 둔다.
② 급격한 지형변화를 이용하여 돌, 나무 등의 섬세한 사용을 통해 정신세계를 상징화한다.
③ 풍수지리설에 영향을 받으며, 계절의 변화를 느낄 수 있다.
④ 바닥포장과 괴석을 주로 사용하여 계속적인 변화와 시각적 흥미를 제공한다.

해설

- 우리나라 전통조경은 신선사상에 근거를 두고 여기에 음양오행설이 가미되었다.

05 Repetitive Learning (1회 2회 3회)

사적지 유형 중 '제사, 신앙에 관한 유적'에 해당하는 것은?

① 도요지 ② 성곽
③ 고궁 ④ 사당

해설

- ①은 토기나 도자기를 구워내던 가마 유적을 말한다.
- ②는 성의 벽을 말한다.
- ③은 오래된 궁궐을 의미한다.

01 ③ 02 ④ 03 ④ 04 ③ 05 ④ | 정답

06 Repetitive Learning (1회 2회 3회)

물체를 투상면에 대하여 한쪽으로 경사지게 투상하여 입체적으로 나타낸 것으로 다음 그림과 같은 것은?

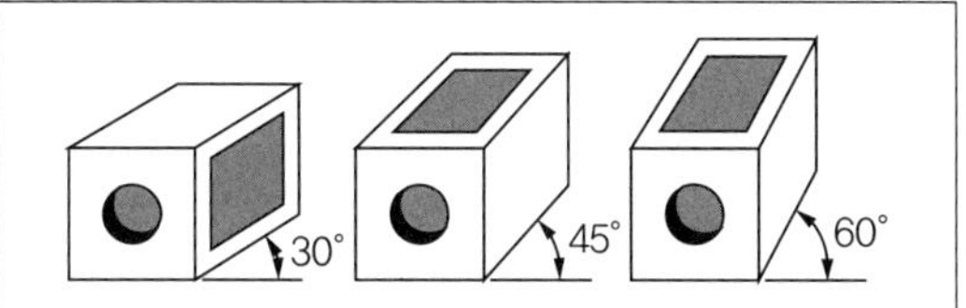

① 사투상도 ② 투시투상도
③ 등각투상도 ④ 부등각투상도

해설
- ②는 물체의 앞 또는 뒤에 화면을 놓고 시점에서 본 물체를 본 시선이 화면과 만나는 각 점을 연결해 눈에 비치는 모양과 같게 물체를 그리는 투상도를 말한다.
- ③은 물체의 정면, 평면, 측면 등을 하나의 투상도에 나타내는 투상법으로 직각 좌표계의 세 좌표축이 서로 120°를 이룬다.
- ④는 수평선과 2개의 축선이 이루는 각을 서로 다르게 그린 것을 말한다.

07 Repetitive Learning (1회 2회 3회)

다음 중 통경선(Vistas)에 대한 설명으로 가장 적절한 것은?

① 주로 자연식 정원에서 많이 쓰인다.
② 정원에 변화를 많이 주기 위한 수법이다.
③ 정원에서 바라볼 수 있는 정원 밖의 풍경이 중요한 구실을 한다.
④ 시점(視點)으로부터 부지의 끝부분까지 시선을 집중하도록 한 것이다.

해설
- ①에서 비스타는 프랑스의 평면기하학식 정원에서 유행한 기법이다.
- ②, ③에서 비스타는 좌우로 시선이 제한되어 일정한 지점으로 시선이 모이도록 구성하는 경관 요소이다.

08 Repetitive Learning (1회 2회 3회)

다음 지피식물의 기능과 효과에 관한 설명 중 옳지 않은 것은?

① 토양유실의 방지
② 녹음 및 그늘 제공
③ 운동 및 휴식공간 제공
④ 경관의 분위기를 자연스럽게 유도

해설
- 지피식물은 지면을 피복하는 식물로 녹음이나 그늘을 제공할 수 없다.

09 Repetitive Learning (1회 2회 3회)

「도시공원 및 녹지 등에 관한 법률 시행규칙」에 의한 도시공원의 구분에 해당되지 않는 것은?

① 역사공원 ② 체육공원
③ 도시농업공원 ④ 국립공원

해설
- 국립공원은 도시공원이 아닌 자연공원법상 자연공원이다.

10 Repetitive Learning (1회 2회 3회)

중세 클로이스터 가든에 나타나는 사분원(四分園)의 기원이 된 회교 정원 양식은?

① 차하르 바그 ② 페리스타일 가든
③ 아라베스크 ④ 행잉 가든

해설
- ②는 열주(주랑)가 있는 장소를 의미하는 로마시대 주택 양식이다.
- ③은 이슬람 문화권에서 발달한 장식 무늬 양식이다.
- ④는 고대 서아시아의 공중정원으로 건물 위에 솟아 있는 정원 양식이다.

11 Repetitive Learning (1회 2회 3회)

다음 그림의 가로 장치물 중 볼라드로 가장 적절한 것은?

①
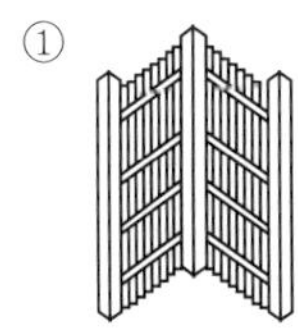

②

③
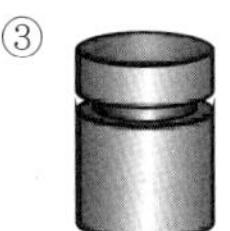

④
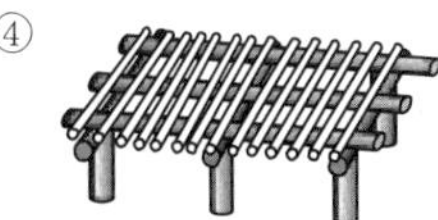

해설
- ①은 눈가림 시설(트렐리스), ②는 석등, ④는 파고라이다.

정답 | 06 ① 07 ④ 08 ② 09 ④ 10 ① 11 ③

12 Repetitive Learning (1회 2회 3회)

다음 중 ( ) 안에 들어갈 내용을 순서대로 나열한 것은?

> 인간이 볼 수 있는 ( )의 파장은 약 ( ) nm 이다.

① 적외선, 560 ~ 960
② 가시광선, 560 ~ 960
③ 가시광선, 380 ~ 780
④ 적외선, 380 ~ 780

해설
- 자외선은 380nm 이하, 적외선은 780nm 이상의 파장이다.

13 Repetitive Learning (1회 2회 3회)

회색의 시멘트 블록들 가운데에 놓인 붉은 벽돌은 실제의 색보다 더 선명해 보인다. 이러한 현상을 무엇이라고 하는가?

① 색상대비 ② 명도대비
③ 채도대비 ④ 보색대비

해설
- ①은 도형의 색이 바탕색의 잔상으로 나타나는 심리보색의 방향으로 변화되어 지각되는 대비효과이다.
- ②는 밝기가 다른 두 색이 서로 영향을 받아 밝은색은 더 밝게, 어두운색은 더 어둡게 보이는 현상이다.
- ④는 보색인 색을 이웃하여 놓을 경우 색상이 더 뚜렷해지면서 선명하게 보이는 현상을 말한다.

14 Repetitive Learning (1회 2회 3회)

정원의 구성 요소 중 점적인 요소로 구별되는 것은?

① 원로 ② 생울타리
③ 냇물 ④ 휴지통

해설
- ①, ②, ③은 모두 선적인 요소에 해당한다.

15 Repetitive Learning (1회 2회 3회)

다음 중 교통 표지판의 색상을 결정할 때 가장 중요하게 고려하여야 할 것은?

① 심미성 ② 명시성
③ 경제성 ④ 양질성

해설
- 교통 표지판은 생명과 관련된 중요한 정보를 전달하는 표지판이므로 명시성을 최우선으로 고려하여 정해야 한다.

16 Repetitive Learning (1회 2회 3회)

다음 중 ( ) 안에 들어갈 말로 적절하지 않은 것은?

> 우리나라 전통 조경공간인 연못에는 ( ), ( ), ( )의 삼신산을 상징하는 세 섬을 꾸며 신선사상을 표현했다.

① 영주 ② 방지
③ 봉래 ④ 방장

해설
- 우리나라 전통 조경에서 연못에는 영주, 봉래, 방장의 삼신산을 상징하는 세 인공섬을 꾸몄다.

17 Repetitive Learning (1회 2회 3회)

금속을 활용한 제품으로서 철 금속 제품에 해당하지 않는 것은?

① 철근, 강판 ② 형강, 강관
③ 볼트, 너트 ④ 도관, 가도관

해설
- ④의 도관은 점토를 구워 만든 관 혹은 식물의 조직을 구성하는 물관부에서 보이는 세포의 하나를 말하고, 가도관은 대부분의 목본식물에서 물을 수송하는 세포를 말한다.

18 Repetitive Learning (1회 2회 3회)

어떤 목재의 함수율이 50%일 때 목재중량이 3,000g이라면 절건중량은 얼마인가?

① 1,000g ② 2,000g
③ 4,000g ④ 5,000g

해설
- 함수율이 50%이고 목재질량이 3,000g이므로 $\frac{3,000-x}{x}\times 100=50\%$이다.
- $3,000-x=0.5x$이므로 $3,000=1.5x$이고, $x=2,000$(g)이 된다.

12 ③ 13 ③ 14 ④ 15 ② 16 ② 17 ④ 18 ② | 정답

19 Repetitive Learning 1회 2회 3회

다음 시멘트의 성분 중 화합물상에서 발열량이 가장 많은 성분은?

① C_3A ② C_3S
③ C_4AF ④ C_2S

해설
- 수화열은 알루민산3석회(C_3A)이 가장 크다.

20 Repetitive Learning 1회 2회 3회

다음 중 환경적 문제를 해결하기 위하여 친환경적 재료로 개발한 것은?

① 시멘트 ② 절연재
③ 잔디블록 ④ 유리블록

해설
- 잔디블록은 비탈면 녹화를 위해 블록 안에 잔디를 심을 수 있도록 한 친환경적으로 만들어진 자재이다.

0401
21 Repetitive Learning 1회 2회 3회

암석에서 떼어 낸 석재를 가공할 때 잔다듬기용으로 사용하는 도드락망치는?

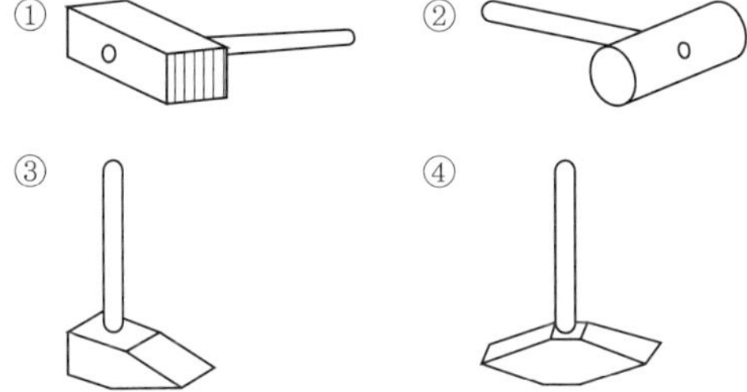

해설
- ②는 쇠망치, ③은 외날망치, ④는 정다듬망치이다.

22 Repetitive Learning 1회 2회 3회

다음 중 비료(肥料)목에 해당되는 식물이 아닌 것은?

① 다릅나무 ② 곰솔
③ 싸리나무 ④ 보리수나무

해설
- ②는 소나무과에 속하는 상록침엽수이다.

23 Repetitive Learning 1회 2회 3회

소나무 꽃 특성에 대한 설명으로 옳은 것은?

① 단성화, 자웅동주 ② 단성화, 자웅이주
③ 양성화, 자웅동주 ④ 양성화, 자웅이주

해설
- 단성화, 자웅이주에 해당하는 버드나무와 은행나무는 암꽃과 수꽃이 서로 다른 개체에 핀다.

24 Repetitive Learning 1회 2회 3회

다음 중 가로수로 식재하며, 주로 봄에 꽃을 감상할 목적으로 식재하는 수종은?

① 팽나무 ② 마가목
③ 협죽도 ④ 벚나무

해설
- 벚나무는 봄에 꽃이 아름다워 강변의 가로수로 많이 심는다.

25 Repetitive Learning 1회 2회 3회

다음 중 강음수에 해당되는 식물종은?

① 팔손이 ② 두릅나무
③ 회나무 ④ 노간주나무

해설
- ②는 강양수로 전광의 60% 이상이 있어야 생존가능한 나무이다.
- ③은 음수로서 전광의 3 ~ 10%로 생존이 가능한 나무에 해당한다.
- ④는 양수로서 전광의 30 ~ 60%로 생존이 가능한 나무에 해당한다.
- 강음수는 전광의 1 ~ 3%만으로도 생존이 가능한 나무로 팔손이, 회양목, 눈주목 등이 있다.

0202 / 0702 / 1402
26 Repetitive Learning 1회 2회 3회

석재는 화성암, 퇴적암, 변성암으로 분류할 수 있다. 다음 중 퇴적암에 해당되지 않는 것은?

① 사암 ② 혈암
③ 석회암 ④ 안산암

해설
- ④는 화성암이다.

정답 | 19 ① 20 ③ 21 ① 22 ② 23 ① 24 ④ 25 ① 26 ④

27 Repetitive Learning (1회 2회 3회)

콘크리트의 연행공기량과 관련된 설명으로 틀린 것은?

① 사용 시멘트의 비표면적이 작으면 연행공기량은 증가한다.
② 콘크리트의 온도가 높으면 공기량은 감소한다.
③ 단위잔골재량이 많으면, 연행공기량은 감소한다.
④ 플라이애시를 혼화재로 사용할 경우 미연소 탄소 함유량이 많으면 연행공기량이 감소한다.

해설
- 콘크리트에 사용되는 골재가 클수록 실적률이 증가하고 공극률이 작아진다. 따라서 공기량도 작아진다.
- 잔골재가 많이 들어가면(잔골재율이 커지면) 실적률이 작아지고 공극률이 커지므로 공기량도 커진다.

28 Repetitive Learning (1회 2회 3회)

피라칸다와 해당화의 공통점으로 옳지 않은 것은?

① 과명은 장미과이다.
② 열매가 붉은색으로 성숙한다.
③ 성상은 상록활엽관목이다.
④ 줄기나 가지에 가시가 있다.

해설
- 해당화는 낙엽관목에 해당한다.

0305

29 Repetitive Learning (1회 2회 3회)

낙엽활엽소교목으로 양수이며 잎이 나오기 전 3월경 노란색으로 개화하고, 빨간 열매를 맺어 아름다운 수종은?

① 개나리 ② 생강나무
③ 산수유 ④ 풍년화

해설
- ①은 노란색으로 개화하고, 가을에 녹색 열매를 맺는다.
- ②는 노란색으로 개화하고, 가을에 검은 열매를 맺는다.
- ④는 노란색으로 개화하고, 가을에 노란 열매를 맺는다.

30 Repetitive Learning (1회 2회 3회)

다음 중 수목의 형태상 분류가 다른 것은?

① 떡갈나무 ② 박태기나무
③ 회화나무 ④ 느티나무

해설
- ②는 낙엽활엽관목이지만 ①, ③, ④는 낙엽활엽교목이다.

31 Repetitive Learning (1회 2회 3회)

통기성, 흡수성, 보온성, 부식성이 우수하여 줄기감기용, 수목 굴취 시 뿌리감기용, 겨울철 수목보호용으로 사용되는 마(麻) 소재의 친환경적 조경자재는?

① 녹화마대 ② 볏짚
③ 새끼줄 ④ 우드 칩

해설
- ②는 약한 나무를 보호하기 위하여 줄기를 싸주거나(잠복소) 지표면을 덮어주는 데(방한) 사용된다.
- ③은 이식할 때 뿌리분이 깨지지 않도록 감는 데 사용한다. 강한 햇볕에 줄기가 타는 것을 방지하고, 천공성 해충의 침입을 방지하기 위하여 감아준다.
- ④는 죽은 나무나 폐기된 나무를 수거해 연소하기 쉬운 칩 형태로 분쇄하여 에너지원으로 사용할 수 있게 만든 제품으로 멀칭재료로 사용한다.

32 Repetitive Learning (1회 2회 3회)

다음 중 목재의 함수율이 크고 작음에 가장 영향이 큰 강도는?

① 인장강도 ② 휨강도
③ 전단강도 ④ 압축강도

해설
- 함수율과 가장 관련있는 것은 압축강도이다.

33 Repetitive Learning (1회 2회 3회)

조경공사용 기계의 종류와 용도(굴삭, 배토정지, 상차, 운반, 다짐)의 연결이 바르지 않은 것은?

① 굴삭용－무한궤도식 로더
② 운반용－덤프트럭
③ 다짐용－탬퍼
④ 배토정지용－모터 그레이더

해설
- ①의 로더는 평탄바닥에 적재된 토사를 덤프에 적재하거나 평탄작업 등의 정지작업에 사용되는 기계이다.

27 ③ 28 ③ 29 ③ 30 ② 31 ① 32 ④ 33 ① | 정답

34 Repetitive Learning 1회 2회 3회

목련과(Magnoliaceae) 중 상록성 수종에 해당하는 것은?

① 태산목 ② 함박꽃나무
③ 자목련 ④ 일본목련

해설
- ②, ③, ④는 모두 목련과의 낙엽교목에 해당한다.

35 Repetitive Learning 1회 2회 3회

압력 탱크 속에서 고압으로 방부제를 주입시키는 방법으로 목재의 방부처리 방법 중 가장 효과적인 것은?

① 표면탄화법 ② 침지법
③ 가압주입법 ④ 도포법

해설
- 가압주입법은 압력용기 속에 목재를 넣어서 처리하는 방법으로 신속하고 효과적인 방법이다.

36 Repetitive Learning 1회 2회 3회

다음 석재의 역학적 성질에 대한 설명 중 옳지 않은 것은?

① 공극률이 가장 큰 것은 대리석이다.
② 현무암의 탄성계수는 후크(Hooke)의 법칙을 따른다.
③ 석재의 강도는 압축강도가 특히 크며, 인장강도는 매우 작다.
④ 서재 중 풍화에 가장 큰 서항성을 가지는 것은 화강암이다.

해설
- 공극률이 크면 흡수율이 커 동해되기 쉽고 내구성이 작다. 대리석은 화강암보다는 강도가 작지만 다른 암석에 비해서 강도가 크고 흡수율이 작다. 즉, 공극률이 그만큼 작다는 의미이다.

37 Repetitive Learning 1회 2회 3회

다음 중 조경석 가로쌓기 작업에서 설계도면 및 공사시방서에 명시가 없을 경우 메쌓기는 몇 m 이하로 하여야 하는가?

① 1.5 ② 1.8
③ 2.0 ④ 2.5

해설
- 설계도면 및 공사시방서에 명시가 없을 경우 높이는 1.5m 이하로 해야 한다.

0505

38 Repetitive Learning 1회 2회 3회

동일한 규격의 수목을 연속적으로 모아 심었거나 줄지어 심었을 때 적합한 지주 설치법은?

① 단각지주 ② 이각지주
③ 삼각지주 ④ 연결형지주

해설
- ①은 묘목이나 수고 1.2m 이하의 수목에 설치한다.
- ②는 수고 1.2 ~ 2.5m의 소형목, 중형목에 주로 설치한다.
- ③은 수고 1.2 ~ 4.5m의 수목에 통행량이 많고 공간이 협소할 때 설치한다.

39 Repetitive Learning 1회 2회 3회

측량 시에 사용하는 측정기구와 그 설명이 틀린 것은?

① 야장 : 측량한 결과를 기입하는 수첩
② 측량 핀 : 테이프의 길이마다 그 측점을 땅 위에 표시하기 위하여 사용되는 핀
③ 폴(Pole) : 일정한 지점이 멀리서도 잘보이도록 곧은 장대에 빨간색과 흰색을 교대로 칠하여 만든 기구
④ 보수계(Pedometer) : 어느 지점이나 범위를 표시하기 위하여 땅에 꽂아 두는 나무 표지

해설
- ④는 측정 시 보폭 수를 헤아리는 기구이다.

40 Repetitive Learning 1회 2회 3회

다음 중 유충과 성충이 동시에 나뭇잎에 피해를 주는 해충이 아닌 것은?

① 느티나무벼룩바구미
② 버들꼬마잎벌레
③ 주등무늬차색풍뎅이
④ 큰이십팔점박이무당벌레

해설
- ③은 느티나무, 밤나무, 떡갈나무, 포도나무 등의 잎을 갉아먹지만 유충은 잔디의 뿌리를 갉아먹는다.

정답 | 34 ① 35 ③ 36 ① 37 ① 38 ④ 39 ④ 40 ③

41

Repetitive Learning 1회 2회 3회

물 200L를 가지고 제초제 1,000배액을 만들 경우 필요한 약량은 몇 mL인가?

① 10mL ② 100mL
③ 200mL ④ 500mL

해설

• 희석배수가 1,000배이고 물 즉, 농약용액의 양이 200L이면 200,000mL이므로 농약의 양은 $\frac{200,000}{1,000}=200$mL가 된다.

42

Repetitive Learning 1회 2회 3회

다음의 뿌리돌림에 대한 설명 중 ( )에 들어갈 가장 적절한 숫자는?

• 뿌리돌림은 이식하기 (㉠)년 전에 실시하되, 최소 (㉡)개월 전 초봄이나 늦가을에 실시한다.
• 노목이나 보호수와 같이 중요한 나무는 (㉢)회 나누어 연차적으로 실시한다.

① ㉠ 1～2 ㉡ 12 ㉢ 2～4
② ㉠ 1～2 ㉡ 6 ㉢ 2～4
③ ㉠ 3～4 ㉡ 12 ㉢ 1～2
④ ㉠ 3～4 ㉡ 24 ㉢ 1～2

해설

• 뿌리돌림은 미리 뿌리를 자르거나 굵은 뿌리의 껍질을 벗긴 후 다시 묻어 6개월～2년 정도 양생하여 근원 근처에 새로운 잔뿌리를 많이 발생시킨 후 이식하는 방법이다.
• 초봄이나 늦가을에 노목이나 보호수와 같이 중요한 나무는 2～4회 나누어 연차적으로 실시한다.

43

Repetitive Learning 1회 2회 3회

40%(비중=1)의 어떤 유제가 있다. 이 유제를 1,000배로 희석하여 10a당 9L를 살포하고자 할 때, 유제의 소요량은 몇 mL인가?

① 7mL ② 8mL
③ 9mL ④ 10mL

해설

• 10a당 살포량이 9L이고, 희석배수가 1,000배이므로 대입하면 $\frac{9}{1,000}=0.009$L이므로 9mL이다.

44

Repetitive Learning 1회 2회 3회

건설공사의 감리 구분에 해당하지 않는 것은?

① 설계감리 ② 시공감리
③ 입찰감리 ④ 책임감리

해설

• 건설공사 감리에는 설계감리, 검측감리, 시공감리, 책임감리가 있다.

45

Repetitive Learning 1회 2회 3회

관리업무 수행 중 도급방식의 대상으로 옳은 것은?

① 긴급한 대응이 필요한 업무
② 금액이 적고 간편한 업무
③ 연속해서 행할 수 없는 업무
④ 규모가 크고, 노력, 재료 등을 포함하는 업무

해설

• ①, ②, ③은 직영방식의 대상에 해당한다.

46

Repetitive Learning 1회 2회 3회

다음 제시된 식물들이 모두 사용되는 정원 식재 작업에서 가장 먼저 식재를 진행해야 할 수종은?

소나무, 수수꽃다리, 영산홍, 잔디

① 잔디 ② 영산홍
③ 수수꽃다리 ④ 소나무

해설

• 제시된 식물들 중 가장 큰 나무는 소나무이다.

47

Repetitive Learning 1회 2회 3회

서중콘크리트는 1일 평균기온이 얼마를 초과하는 것이 예상되는 경우 시공하여야 하는가?

① 25℃ ② 20℃
③ 15℃ ④ 10℃

해설

• 서중콘크리트는 일 평균기온이 25℃, 최고온도가 30℃를 초과하는 시기 및 장소에서 사용하는 콘크리트이다.

41 ③ 42 ② 43 ③ 44 ③ 45 ④ 46 ④ 47 ① 정답

48 Repetitive Learning (1회 2회 3회)

다음 중 생리적 산성비료는?

① 요소 ② 용성인비
③ 석회질소 ④ 황산암모늄

해설
- ①은 생리적 중성비료이다.
- ②와 ③은 생리적 염기성비료이다.

49 Repetitive Learning (1회 2회 3회)

흡즙성 해충으로 버즘나무, 철쭉류, 배나무 등에서 많은 피해를 주는 해충은?

① 오리나무잎벌레 ② 솔노랑잎벌
③ 방패벌레 ④ 도토리거위벌레

해설
- ①은 오리나무의 잎을 먹는 해충이다.
- ②는 유충이 잣나무 잎을 모조리 갉아먹는 해충이다.
- ④는 도토리가 달린 나뭇가지를 잘라내는 해충이다.

0201 / 0202 / 0502 / 0702 / 1002

50 Repetitive Learning (1회 2회 3회)

골프코스에서 홀(Hole)의 출발지점을 무엇이라 하는가?

① 그린 ② 티
③ 러프 ④ 페어웨이

해설
- ①은 잔디를 매우 짧게 깎아 다듬어 놓은 곳으로 홀이 위치한 곳이다.
- ③은 페어웨이의 외곽부분에 잔디를 덜 다듬어 잡초와 수림이 형성된 곳이다.
- ④는 골프장에서 티와 그린 사이의 공간으로 잔디를 짧게 깎는 지역이다.

51 Repetitive Learning (1회 2회 3회)

농약 혼용 시 주의하여야 할 사항으로 틀린 것은?

① 혼용 시 침전물이 생기면 사용하지 않아야 한다.
② 가능한 한 고농도로 살포하여 인건비를 절약한다.
③ 농약의 혼용은 반드시 농약 혼용가부표를 참고한다.
④ 농약을 혼용하여 조제한 약제는 될 수 있으면 즉시 살포하여야 한다.

해설
- 처음에는 적은 면적에 저농도로 시험살포해 안전 여부를 확인할 필요가 있다.

1005

52 Repetitive Learning (1회 2회 3회)

목적에 알맞은 수형으로 만들기 위해 나무의 일부분을 잘라주는 관리방법을 무엇이라 하는가?

① 관수 ② 멀칭
③ 시비 ④ 전정

해설
- ①은 논밭에 물을 대는 일을 말한다.
- ②는 나뭇잎, 잔가지, 지푸라기, 비닐 등으로 농사지을 흙을 덮는 것을 말한다.
- ③은 비료를 주는 것을 말한다.

1401

53 Repetitive Learning (1회 2회 3회)

다음 중 지형을 표시하는 데 가장 기본이 되는 등고선은?

① 간곡선 ② 주곡선
③ 조곡선 ④ 계곡선

해설
- ①은 평탄한 지형 내에서 주곡선만으로 굴곡을 표시하기 힘들 때 주곡선 사이에 긋는 선이다.
- ③은 간곡선 사이의 굴곡을 표현하기 위해 긋는 선이다.
- ④는 주곡선 다섯 줄 단위를 굵은 실선으로 표시한 선이다.

54 Repetitive Learning (1회 2회 3회)

수준측량의 용어 설명 중 높이를 알고 있는 기지점에 세운 표척 눈금을 읽는 것을 무엇이라 하는가?

① 후시 ② 전시
③ 전환점 ④ 중간점

해설
- ②는 표고를 알고자 하는 미지점의 표척 눈금을 읽는 것을 말한다.
- ③은 수준차 측량의 시작과 끝점 사이에 여러 번 레벨을 설치하는데 전후의 측량을 연결하기 위하여 전시후시를 하게 되는 표척 설치점이다.
- ④는 어느 한 점의 표고를 구하기 위해 전시만 읽는 점을 말한다.

정답 | 48 ④ 49 ③ 50 ② 51 ② 52 ④ 53 ② 54 ①

55 Repetitive Learning 1회 2회 3회

경관에 변화를 주거나 방음, 방풍 등을 위한 목적으로 작은 동산을 만드는 공사의 종류는?

① 부지정지 공사 ② 흙깎기 공사
③ 멀칭 공사 ④ 마운딩 공사

해설
- ①은 부지와 도로의 높이가 맞지 않을 경우 이를 맞추는 작업을 말한다.
- ②는 흙을 파헤치는 굴착작업을 말한다.
- ③은 겨울철 식물의 월동을 위해 지면을 덮는 피복작업을 말한다.

56 Repetitive Learning 1회 2회 3회

잣나무 털녹병의 중간기주에 해당하는 것은?

① 등골나무 ② 향나무
③ 오리나무 ④ 까치밥나무

해설
- 나무 털녹병의 중간기주에는 송이풀, 까치밥나무 등이 있다.

57 Repetitive Learning 1회 2회 3회

석재가공 방법 중 화강암 표면의 기계로 켠 자국을 없애주고 자연스러운 느낌을 주므로 가장 널리 쓰이는 마감 방법은?

① 버너마감 ② 잔다듬
③ 정다듬 ④ 도드락다듬

해설
- ②는 도드락다듬면을 일정 방향이나 평행선으로 나란히 찍어 다듬어 평탄하게 마무리하는 마감법이다.
- ③은 정을 사용해 비교적 고르고 곱게 다듬는 마감법이다.
- ④는 정다듬한 면을 도드락망치를 이용해 1 ~ 3회 곱게 다듬는 마감법이다.

58 Repetitive Learning 1회 2회 3회

공원의 주민참가 3단계 발전과정으로 옳은 것은?

① 비참가 → 시민권력의 단계 → 형식적 참가
② 형식적 참가 → 비참가 → 시민권력의 단계
③ 비참가 → 형식적 참가 → 시민권력의 단계
④ 시민권력의 단계 → 비참가 → 형식적 참가

해설
- 주민참가의 단계는 비참가 → 형식적 참가 → 시민권력의 단계로 이뤄진다.

59 Repetitive Learning 1회 2회 3회

자연석(경관석) 놓기에 대한 설명으로 틀린 것은?

① 경관석의 크기와 외형을 고려한다.
② 경관석 배치의 기본형은 부등변삼각형이다.
③ 경관석의 구성은 2, 4, 8 등 짝수로 조합한다.
④ 돌 사이의 거리나 크기를 조정하여 배치한다.

해설
- 경관석은 일반적으로 3, 5, 7 등 홀수로 배치한다.

60 Repetitive Learning 1회 2회 3회

농약의 물리적 성질 중 살포하여 부착한 약제가 이슬이나 빗물에 씻겨 내리지 않고 식물체 표면에 묻어있는 성질을 무엇이라 하는가?

① 고착성(Tenacity)
② 부착성(Adhesiveness)
③ 침투성(Penetrating)
④ 현수성(Suspensibility)

해설
- ②는 약액이 식물체나 충체에 붙는 성질을 말한다.
- ③은 약제가 식물체나 충체에 스며드는 성질을 말한다.
- ④는 균일한 분산상태를 유지하려는 성질을 말한다.

55 ④ 56 ④ 57 ① 58 ③ 59 ③ 60 ① 정답

2015년 제4회

2015년 7월 19일 필기

15년 4회차 필기시험
합격률 42.6%

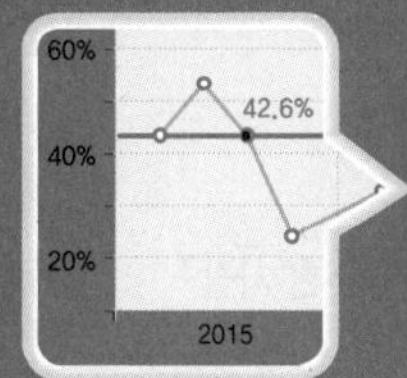

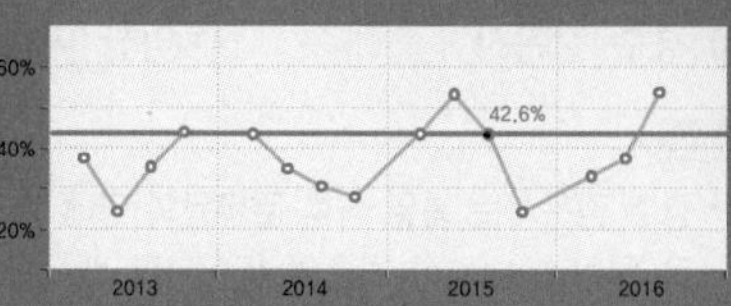

01

Repetitive Learning 1회 2회 3회

다음 중 색의 삼속성이 아닌 것은?

① 색상 ② 명도
③ 채도 ④ 대비

해설

- 색의 3속성에는 명도, 채도, 색상이 있다.

02

Repetitive Learning 1회 2회 3회

다음 중 기본계획에 해당되지 않는 것은?

① 땅가름 ② 주요시설배치
③ 식재계획 ④ 실시설계

해설

- ④는 설계계획에 해당된다.

03

Repetitive Learning 1회 2회 3회

다음 중 서원 조경에 대한 설명으로 틀린 것은?

① 도산서당의 정우당, 남계서원의 지당에 연꽃이 식재된 것은 주렴계의 애련설의 영향이다.
② 서원의 진입공간에는 홍살문이 세워지고, 하마비와 하마석이 놓인다.
③ 서원에 식재되는 수목들은 관상을 목적으로 식재되었다.
④ 서원에 식재되는 대표적인 수목은 은행나무로 행단과 관련이 있다.

해설

- 서원에 식재되는 수목은 관상의 목적보다는 공자의 학문을 배우고 가르치는 장소라는 위엄과 신성한 장소를 보여주기 위한 목적으로 식재되었다.

04

Repetitive Learning 1회 2회 3회

일본의 정원 양식 중 다음 설명에 해당하는 것은?

- 15세기 후반에 바다의 경치를 나타내기 위해 사용하였다.
- 정원소재로 왕모래와 몇 개의 바위만으로 정원을 꾸미고, 식물은 일체 쓰지 않았다.

① 다정양식 ② 축산고산수양식
③ 평정고산수양식 ④ 침전조정원양식

해설

- 14 ~ 15세기 일본의 정원 양식은 나무를 이용해 산봉우리를 표현한 축산고산수식 기법에서 나무까지 배제하고 모래와 바위만을 이용해 바다의 경치를 표현하는 평정고산수식으로 변천하였다.

05

Repetitive Learning 1회 2회 3회

이집트 하(下)대의 상징 식물로 여겨졌으며 연못에 식재되었고, 식물의 꽃은 즐거움과 승리를 의미하여 신과 사자에게 바쳐졌던 식물로 이집트 건축의 주두(柱頭) 장식에도 사용되었던 것은?

① 자스민 ② 무화과
③ 파피루스 ④ 아네모네

해설

- ①은 물푸레나무과 영춘화속에 속하는 상록성 목본성 덩굴 식물이다.
- ②는 뽕나무과 무화과나무속에 속하는 과일로 인류 최초의 과일이다. 유럽 지중해 지역과 중동에서 많이 먹으며 성경에도 자주 언급된 과일이다.
- ④는 지중해 연안의 미나리재비과의 식물로 그리스 신화와 관련된다.

정답 | 01 ④ 02 ④ 03 ③ 04 ③ 05 ③

06 Repetitive Learning (1회 2회 3회)

다음 중 쌍탑형 가람배치를 가지고 있는 사찰은?

① 경주 분황사 ② 부여 정림사
③ 경주 감은사 ④ 익산 미륵사

해설
- 경주 감은사는 통일 직후 문무왕의 명에 따라 창건한 사찰로 석탑을 배치한 최초의 쌍탑가람 배치를 갖는다.

07 Repetitive Learning (1회 2회 3회)

다음 중 프랑스 베르사유 궁원의 수경시설과 관련이 없는 것은?

① 아폴로 분수 ② 물극장
③ 라토나 분수 ④ 양어장

해설
- 베르사유 궁원에는 아폴로 분수, 라토나 분수, 물극장 등의 수경시설을 설치하였다.

08 Repetitive Learning (1회 2회 3회)

중국 옹정제가 제위 전 하사받은 별장으로 영국에 중국식 정원을 조성하게 된 계기가 된 곳은?

① 원명원 ② 기창원
③ 이화원 ④ 외팔묘

해설
- ②는 중국 남부의 전통공원으로 졸정원, 유원, 첨원과 함께 강남 4대 원림으로 불린다.
- ③은 청나라의 건륭제가 조영하였으며, 만수산과 곤명호로 구성되어 있는 정원으로 서태후의 여름 피서지이자 만수산 이궁으로도 불린다.
- ④는 중국 허베이성 청더 시의 피서산장을 둘러 싼 절과 사당을 총칭한다.

09 Repetitive Learning (1회 2회 3회)

다음 중 휴게시설물로 분류할 수 없는 것은?

① 파고라(그늘시렁) ② 평상
③ 도섭지(발물놀이터) ④ 야외탁자

해설
- ③은 수경시설로 분류된다.

10 Repetitive Learning (1회 2회 3회)

다음 설계 도면의 종류 중 2차원의 평면을 나타내지 않는 것은?

① 평면도 ② 단면도
③ 상세도 ④ 투시도

해설
- ①은 물체를 위에서 내려다 본 것으로 가정하고 수평면상에 투영하여 작도한 것이다.
- ②는 구조물의 내부나 내부공간의 구성을 보여주는 도면이다.
- ③은 다른 도면들에 비해 확대된 축척을 사용하며 재료, 공법, 치수 등을 자세히 기입하는 도면이다.

11 Repetitive Learning (1회 2회 3회)

자유, 우아, 섬세, 간접적, 여성적인 느낌을 갖는 선은?

① 직선 ② 절선
③ 곡선 ④ 점선

해설
- ①은 굳건하고 남성적이며, 지그재그선은 유동적이고 활동적이다.

12 Repetitive Learning (1회 2회 3회)

파란색 조명에 빨간색 조명과 초록색 조명을 동시에 켰더니 하얀색으로 보였다. 이처럼 빛에 의한 색채의 혼합 원리는?

① 가법혼색 ② 병치혼색
③ 회전혼색 ④ 감법혼색

해설
- 3원색(빨강, 초록, 파랑)을 동시에 비추면 흰색이 되는 것은 가법혼색에 의한 것이다.

13 Repetitive Learning (1회 2회 3회)

다음 중 가로수용으로 가장 적합한 수종은?

① 회화나무 ② 돈나무
③ 호랑가시나무 ④ 풀명자

해설
- 회화나무, 이팝나무, 은행나무, 메타세쿼이아, 가중나무, 플라타너스, 느티나무, 벚나무 등을 가로수로 많이 심는다.

06 ③ 07 ④ 08 ① 09 ③ 10 ④ 11 ③ 12 ① 13 ① | 정답

14 Repetitive Learning (1회 2회 3회)

조경분야의 기능별 대상 구분 중 위락관광시설로 가장 적절한 것은?

① 오피스빌딩정원 ② 어린이공원
③ 골프장 ④ 군립공원

해설
- ①은 휴게시설에 해당한다.
- ②는 도시공원에 해당한다.
- ④는 자연공원에 해당한다.

15 Repetitive Learning (1회 2회 3회)

벽돌로 만들어진 건축물에 태양광선이 비추어지는 부분과 그늘진 부분에서 나타나는 배색은?

① 톤인톤(Tone in Tone) 배색
② 톤온톤(Tone on Tone) 배색
③ 까마이외(Camaïeu) 배색
④ 트리콜로르(Tricolore) 배색

해설
- ①은 색은 다르지만 톤을 통일되게 배색하여 전체 색조의 통일감을 살린 배색을 말한다.
- ③은 거의 동일한 색으로 명도와 채도에 약간씩 차이를 주는 배색방법을 말한다.
- ④는 3가지 색을 이용한 배색방법으로 변화와 리듬, 긴장감을 준다.

16 Repetitive Learning (1회 2회 3회)

진비중이 1.5, 절건비중이 0.54인 목재의 공극률은?

① 66% ② 64%
③ 62% ④ 60%

해설
- 공극률 $V=\left(1-\dfrac{0.54}{1.5}\right)\times 100=64\%$가 된다.

17 Repetitive Learning (1회 2회 3회)

골프장에서 티와 그린 사이의 공간으로 잔디를 짧게 깎는 지역은?

① 해저드 ② 페어웨이
③ 홀 커터 ④ 벙커

해설
- ①은 골프장에서 잔디와 그린이 있는 곳을 제외하고 모래나 연못 등과 같이 장애물을 설치한 곳이다.
- ③은 홀 컵의 구멍을 뚫는 기계이다.
- ④는 페어웨이와 그린 주변에 모래 웅덩이를 조성해 놓은 곳이다.

18 Repetitive Learning (1회 2회 3회)

골재의 함수상태에 관한 설명 중 틀린 것은?

① 골재를 110℃ 정도의 온도에서 24시간 이상 건조시킨 상태를 절대건조 상태 또는 노건조 상태(Oven Dry Condition)라 한다.
② 골재를 실내에 방치할 경우, 골재입자의 표면과 내부의 일부가 건조된 상태를 공기 중 건조상태라 한다.
③ 골재입자의 표면에 물은 없으나 내부의 공극에는 물이 꽉 차있는 상태를 표면건조포화상태라 한다.
④ 절대건조 상태에서 표면건조 상태가 될 때까지 흡수되는 수량을 표면수량(Surface Moisture)이라 한다.

해설
- ④는 흡수량을 말한다.

19 Repetitive Learning (1회 2회 3회)

나무의 높이나 나무고유의 모양에 따른 분류가 아닌 것은?

① 교목 ② 활엽수
③ 상록수 ④ 덩굴성 수목(만경목)

해설
- 나무의 높이에 따라서는 교목, 관목, 덩굴식물로 분류한다.
- 나무고유의 모양에 따라서는 활엽수와 침엽수로 분류한다.

0302 / 0405

20 Repetitive Learning (1회 2회 3회)

다음 중 산울타리 수종으로 적합하지 않은 것은?

① 편백 ② 무궁화
③ 단풍나무 ④ 쥐똥나무

해설
- 생울타리용으로 적합한 수종은 측백나무, 편백나무, 가이즈카향나무(상록침엽교목), 꽝꽝나무, 호랑가시나무, 사철나무(상록활엽관목), 쥐똥나무, 개나리, 명자나무, 무궁화, 탱자나무(낙엽활엽관목) 등이다.

정답 | 14 ③ 15 ② 16 ② 17 ② 18 ④ 19 ③ 20 ③

21

Repetitive Learning (1회 2회 3회)

다음 중 모감주나무(Koelreuteria paniculata Laxmann)에 대한 설명으로 맞는 것은?

① 뿌리는 천근성으로 내공해성이 약하다.
② 열매는 삭과로 3개의 황색종자가 들어있다.
③ 잎은 호생하고 기수1회우상복엽이다.
④ 남부지역에서만 식재가능하고 성상은 상록활엽교목이다.

해설

• 모감주나무는 내공해성이 강하고, 열매는 꽈리모양으로 3개의 검은색 종자가 있으며, 성상은 낙엽소교목이다.

22

Repetitive Learning (1회 2회 3회)

복수초(Adonis amurensis Regel & Radde)에 대한 설명으로 틀린 것은?

① 여러해살이풀이다.
② 꽃색은 황색이다.
③ 실생개체의 경우 1년 후 개화한다.
④ 우리나라에는 1속1종이 난다.

해설

• 복수초는 종자에서 꽃이 피기까지 5년의 시간이 걸린다.

0201 / 0402

23

Repetitive Learning (1회 2회 3회)

다음 중 지피(地被)용으로 사용하기 가장 적합한 식물은?

① 맥문동　　② 등나무
③ 으름덩굴　　④ 멀꿀

해설

• ②는 콩과에 속하는 낙엽만경식물이나 길이가 10m에 이른다.
• ③은 으름덩굴과의 낙엽활엽덩굴나무로 길이가 10 ~ 20m에 이른다.
• ④는 으름덩굴과의 상록활엽만경식물로 길이가 15m에 이른다.

0401

24

Repetitive Learning (1회 2회 3회)

다음 중 열가소성 수지에 해당되는 것은?

① 페놀수지　　② 멜라민수지
③ 폴리에틸렌수지　　④ 요소수지

해설

• ①, ②, ④는 열경화성 수지이다.

25

Repetitive Learning (1회 2회 3회)

다음 중 약한 나무를 보호하기 위하여 줄기를 싸주거나 지표면을 덮어주는 데 사용되기에 가장 적절한 것은?

① 볏짚　　② 새끼줄
③ 밧줄　　④ 바크(Bark)

해설

• ②는 이식할 때 뿌리분이 깨지지 않도록 감는 데 사용한다. 강한 햇볕에 줄기가 타는 것을 방지하고, 천공성 해충의 침입을 방지하기 위하여 감아준다.
• ③은 이식작업이나 운반 등 무거운 물체를 목도할 때 사용된다.
• ④는 목재를 만드는 과정에서 생기는 부산물로 퇴비로 사용된다.

26

Repetitive Learning (1회 2회 3회)

목질 재료의 단점에 해당되는 것은?

① 함수율에 따라 변형이 잘 된다.
② 무게가 가벼워서 다루기 쉽다.
③ 재질이 부드럽고 촉감이 좋다.
④ 비중이 적은데 비해 압축, 인장강도가 높다.

해설

• ②, ③, ④는 목재의 장점에 해당한다.

27

Repetitive Learning (1회 2회 3회)

다음 중 열매가 붉은색인 것으로만 짝지어진 것은?

① 쥐똥나무, 팥배나무
② 주목, 칠엽수
③ 피라칸다, 낙상홍
④ 매실나무, 무화과나무

해설

• ①에서 쥐똥나무는 열매색이 검은색이다.
• ②에서 칠엽수의 열매는 밤과 비슷하게 생겼고, 밤색이다.
• ④에서 매실나무 열매는 녹색 혹은 주황색이고, 무화과나무의 열매는 연노랑부터, 보라, 녹색, 벽돌색, 검정색까지 다양하다.

정답: 21 ③　22 ③　23 ①　24 ③　25 ①　26 ①　27 ③

1005

28 Repetitive Learning 1회 2회 3회

다음 중 지피식물의 특성에 해당되지 않는 것은?

① 지표면을 치밀하게 피복해야 함
② 키가 높고, 일년생이며 거칠어야 함
③ 환경조건에 대한 적응성이 넓어야 함
④ 번식력이 왕성하고 생장이 비교적 빨라야 함

해설
- 지피식물은 키가 낮고 다년생이며 부드러워야 한다.

29 Repetitive Learning 1회 2회 3회

다음의 설명에 해당하는 수종은?

> - '설송(雪松)'이라 불리기도 한다.
> - 천근성 수종으로 바람에 약하며, 수관폭이 넓고 속성수로 크게 자라기 때문에 적지 선정이 중요하다.
> - 줄기는 아래로 쳐지며, 수피는 회갈색으로 얇게 갈라져 벗겨진다.
> - 잎은 짧은 가지에 30개가 총생, 3 ~ 4cm로 끝이 뾰족하며, 바늘처럼 찌른다.

① 잣나무 ② 솔송나무
③ 개잎갈나무 ④ 구상나무

해설
- ①은 심근성 수종으로 수피는 흑갈색으로 갈라진다.
- ②는 울릉도와 일본에만 자라는 소나무과 나무로 잎의 길이가 1 ~ 2cm로 2줄로 자란다.
- ④는 한국특산종이며, 유럽에서 크리스마스트리로 애용된다.

0305 / 0705

30 Repetitive Learning 1회 2회 3회

다음 설명의 ( ) 안에 들어갈 가장 적절한 것은?

> 조경공사표준시방서의 기준상 수목은 수관부 가지의 약 ( ) 이상이 고사하는 경우에 고사목으로 판정하고 지피 · 초화류는 해당 공사의 목적에 부합되는가를 기준으로 감독자의 육안검사 결과에 따라 고사여부를 판정한다.

① 1/2 ② 1/3
③ 2/3 ④ 3/4

해설
- 조경공사표준시방서의 기준상 수목은 수관부 가지의 약 2/3 이상이 고사하는 경우에 고사목으로 판정한다.

31 Repetitive Learning 1회 2회 3회

다음 중 목재 접착 시 압착의 방법이 아닌 것은?

① 도포법 ② 냉압법
③ 열압법 ④ 냉압 후 열압법

해설
- ①은 목재의 방부처리를 위해 솔 등을 이용해 약제를 도포 및 뿜칠하는 작업을 말한다.

32 Repetitive Learning 1회 2회 3회

목재가 함유하는 수분을 존재 상태에 따라 구분한 것 중 맞는 것은?

① 모관수 및 흡착수 ② 결합수 및 화학수
③ 결합수 및 응집수 ④ 결합수 및 자유수

해설
- 목재 내부의 수분은 자유수(유리수)와 결합수(흡착수)로 구분된다.

33 Repetitive Learning 1회 2회 3회

벤치 좌면 재료 가운데 이용자가 4계절 가장 편하게 사용할 수 있는 재료는?

① 플라스틱 ② 목재
③ 석재 ④ 철재

해설
- ①은 깨지기 쉽다.

34 Repetitive Learning 1회 2회 3회

다음과 같은 피해 특징을 보이는 대기오염 물질은?

> - 침엽수는 물에 젖은 듯한 모양, 적갈색으로 변색
> - 활엽수 잎의 끝부분과 엽맥 사이 조직의 괴사, 물에 젖은 듯한 모양(엽육조직 피해)

① 오존 ② 아황산가스
③ PAN ④ 중금속

해설
- 주어진 내용은 아황산가스로 인한 급성 피해에 대한 설명이다.

정답 | 28 ② 29 ③ 30 ③ 31 ① 32 ④ 33 ② 34 ②

35 Repetitive Learning 1회 2회 3회

다음 중 한지형(寒地形) 잔디에 속하지 않는 것은?

① 벤트그래스 ② 버뮤다그래스
③ 라이그래스 ④ 켄터키블루그래스

해설
- ②는 대표적인 난지형 잔디이다.

36 Repetitive Learning 1회 2회 3회

다음 중 시설물의 사용연수로 가장 적절하지 않은 것은?

① 철재시소 : 10년
② 목재벤치 : 7년
③ 철재파고라 : 40년
④ 원로의 모래자갈 포장 : 10년

해설
- ③의 사용연수는 20년이 적당하다.

37 Repetitive Learning 1회 2회 3회

다음 중 금속재의 부식 환경에 대한 설명이 아닌 것은?

① 온도가 높을수록 녹의 양은 증가한다.
② 습도가 높을수록 부식속도가 빨리 진행된다.
③ 도장이나 수선 시기는 여름보다 겨울이 좋다.
④ 내륙이나 전원지역보다 자외선이 많은 일반 도심지가 부식속도가 느리게 진행된다.

해설
- 내륙이나 전원지역보다 자외선이 많은 일반 도심지가 부식속도가 빠르다.

38 Repetitive Learning 1회 2회 3회

다음 중 경사도에 관한 설명으로 틀린 것은?

① 45° 경사는 1 : 1이다.
② 25% 경사는 1 : 4이다.
③ 1 : 2는 수평거리 1, 수직거리 2를 나타낸다.
④ 경사면은 토양의 안식각을 고려하여 안전한 경사면을 조성한다.

해설
- ③에서 1은 수직거리, 2는 수평거리를 나타낸다.

39 Repetitive Learning 1회 2회 3회

다음 중 같은 밀도(密度)에서 토양공극의 크기(Size)가 가장 큰 것은?

① 식토 ② 사토
③ 점토 ④ 식양토

해설
- 토양의 크기는 점토가 작고, 사토가 가장 크다. 따라서 공극의 크기도 사토가 가장 크다.

1202

40 Repetitive Learning 1회 2회 3회

다음 중 화성암에 해당하는 것은?

① 화강암 ② 응회암
③ 편마암 ④ 대리석

해설
- ②는 수성암(퇴적암)이다.
- ③과 ④는 변성암이다.

41 Repetitive Learning 1회 2회 3회

표준시방서의 기재 사항으로 옳은 것은?

① 공사량 ② 입찰방법
③ 계약절차 ④ 사용재료 종류

해설
- 시방서에 작성해야 하는 내용은 재료의 종류 및 품질, 시공방법의 정도, 재료 및 시공에 대한 검사, 공사개요 및 공법 등이다.

42 Repetitive Learning 1회 2회 3회

가로 2m×세로 50m의 공간에 H0.4×W0.5 규격의 영산홍으로 생울타리를 만들려고 하면 사용되는 수목의 수량은 약 얼마인가?

① 50주 ② 100주
③ 200주 ④ 400주

해설
- 1열이라는 조건이 없으므로 울타리의 면적은 2×50=100 m^2이고, 수목의 면적은 0.5×0.5=0.25m^2이다(수고는 고려할 필요가 없다).
- 100/0.25=400주가 필요하다.

35 ② 36 ③ 37 ④ 38 ③ 39 ② 40 ① 41 ④ 42 ④ 정답

43 Repetitive Learning (1회 2회 3회)

다음 중 멀칭의 기대 효과가 아닌 것은?

① 표토의 유실을 방지
② 토양의 입단화를 촉진
③ 잡초의 발생을 최소화
④ 유익한 토양미생물의 생장을 억제

해설
- ④에서 멀칭은 유익한 토양미생물이 생육하기 좋은 상태를 조성한다.

44 Repetitive Learning (1회 2회 3회)

표준품셈에서 수목을 인력시공 식재 후 지주목을 세우지 않을 경우 인력품의 몇 %를 감하는가?

① 5% ② 10%
③ 15% ④ 20%

해설
- 지주목을 세우지 않을 때 인력시공 시 인력품의 10%를 감한다.

45 Repetitive Learning (1회 2회 3회)

습기가 많은 물가나 습원에서 생육하는 식물을 수생식물이라 한다. 다음 중 이에 해당하지 않는 것은?

① 부처손, 구절초 ② 갈대, 물억새
③ 부들, 생이가래 ④ 고랭이, 미나리

해설
- ①의 부처손은 산지의 바위에 붙어 자라는 여러해살이풀이고, 구절초는 국화과에 속하는 다년생 초본식물이다.

46 Repetitive Learning (1회 2회 3회)

다음 중 철쭉류와 같은 화관목의 전정시기로 가장 적절한 것은?

① 개화 1주 전 ② 개화 2주 전
③ 개화가 끝난 직후 ④ 휴면기

해설
- 춘계전정(4~5월) 시 진달래, 목련, 철쭉 등의 화목류는 개화가 끝난 후에 하는 것이 좋다.

47 Repetitive Learning (1회 2회 3회)

다음 중 등고선의 성질에 대한 설명으로 옳은 것은?

① 지표의 경사가 급할수록 등고선 간격이 넓어진다.
② 같은 등고선 위의 모든 점은 높이가 서로 다르다.
③ 등고선은 지표의 최대 경사선의 방향과 직교하지 않는다.
④ 높이가 다른 두 등고선은 동굴이나 절벽의 지형이 아닌 곳에서는 교차하지 않는다.

해설
- ①에서 급경사지는 등고선 간격이 좁다.
- ②에서 등고선상에 있는 모든 점들은 같은 높이로서 등고선은 같은 높이의 점들을 연결한다.
- ③에서 최대경사 어떤 지점에서 최대 경사 방향은 그 등고선에 직각인 방향이다.

48 Repetitive Learning (1회 2회 3회)

식물 병에 대한 '코흐의 원칙'에 대한 설명으로 틀린 것은?

① 병든 생물체에 병원체로 의심되는 특정 미생물이 존재해야 한다.
② 그 미생물은 기주생물로부터 분리되고 배지에서 순수 배양되어야 한다.
③ 순수배양한 미생물을 동일 기주에 접종하였을 때 동일한 병이 발생되어야 한다.
④ 병든 생물체로부터 접종할 때 사용하였던 미생물과 동일한 특성의 미생물이 재분리되지만 배양은 되지 않아야 한다.

해설
- 발병된 피해부위에서 접종에 사용한 미생물과 동일한 성질을 가진 미생물이 재분리 되어야 한다.

49 Repetitive Learning (1회 2회 3회)

다음 중 제초제 사용 시의 주의사항으로 틀린 것은?

① 비나 눈이 올 때는 사용하지 않는다.
② 될 수 있는 대로 다른 농약과 섞어서 사용한다.
③ 적용 대상에 표시되지 않은 식물에는 사용하지 않는다.
④ 살포할 때는 보안경과 마스크를 착용하며, 피부가 노출되지 않도록 한다.

해설
- 농약이든 제초제이든 다른 약과 섞어서 사용하는 것은 신중하게 결정해야 한다.

정답 | 43 ④ 44 ② 45 ① 46 ③ 47 ④ 48 ④ 49 ②

50 Repetitive Learning (1회 2회 3회)

인공지반에 식재된 식물과 생육에 필요한 식재최소토심으로 가장 적합한 것은?(단, 배수구배는 1.5~2.0%, 인공토양 사용 시로 한다)

① 잔디, 초본류 : 15cm
② 소관목 : 20cm
③ 대관목 : 45cm
④ 심근성 교목 : 90cm

해설

- ①은 10cm이다.
- ③은 30cm이다.
- ④는 60cm이다.

51 Repetitive Learning (1회 2회 3회)

미국흰불나방에 대한 설명으로 틀린 것은?

① 성충으로 월동한다.
② 1화기보다 2화기에 피해가 심하다.
③ 성충의 활동시기에 피해지역 또는 그 주변에 유아등이나 흡입포충기를 설치하여 유인 포살한다.
④ 알 기간에 알덩어리가 붙어 있는 잎을 채취하여 소각하며, 잎을 가해하고 있는 군서 유충을 소살한다.

해설

- 애벌레 때 잎맥만 남기고 잎을 모두 갉아먹어 가장 많은 피해를 준다.

52 Repetitive Learning (1회 2회 3회)

페니트로티온 45% 유제 원액 100cc를 0.05%로 희석 살포액을 만들려고 할 때 필요한 물의 양은 얼마인가?(단, 유제의 비중은 1.0이다)

① 70,000cc ② 80,000cc
③ 90,000cc ④ 100,000cc

해설

- 45% 페니트로티온 유제 100cc라는 것은 A의 약량이 0.45×100cc=45cc라는 말이다.
- 0.05%는 0.0005를 의미하므로 이는 희석배수가 $\frac{1}{0.0005}$ =2,000배임을 의미한다.
- 물의 양은 농약용액의 양으로 보면 되므로 2,000×45cc=90,000cc이다.

53 Repetitive Learning (1회 2회 3회)

다음 중 시멘트와 그 특성이 바르게 연결된 것은?

① 조강 포틀랜드 시멘트 : 조기강도를 요하는 긴급공사에 적합하다.
② 백색 포틀랜드 시멘트 : 시멘트 생산량의 90% 이상을 점하고 있다.
③ 고로슬래그 시멘트 : 건조수축이 크며, 보통 시멘트보다 수밀성이 우수하다.
④ 실리카 시멘트 : 화학적 저항성이 작고 발열량이 적다.

해설

- ②에서 시멘트 생산량의 90% 이상을 차지하는 것은 보통 포틀랜드 시멘트이다.
- ③의 고로슬래그 시멘트는 수화열이 낮아 콘크리트의 균열이 발생하지 않는다.
- ④의 실리카 시멘트는 화학적 저항성이 커 큰 구조물이나 해안공사에 사용된다.

54 Repetitive Learning (1회 2회 3회)

일반적인 토양의 표토에 대한 설명으로 가장 적절하지 않은 것은?

① 우수(雨水)의 배수능력이 없다.
② 토양오염의 정화가 진행된다.
③ 토양미생물이나 식물의 뿌리 등이 활발히 활동하고 있다.
④ 오랜 기간의 자연작용에 따라 만들어진 중요한 자산이다.

해설

- 표토는 우수의 배수능력을 갖고 있다.

55 Repetitive Learning (1회 2회 3회)

벽돌(190×90×57)을 이용하여 경계부의 담장을 쌓으려고 한다. 시공면적 10m^2에 1.5B 두께로 시공할 때 약 몇 장의 벽돌이 필요한가?(단, 줄눈은 10mm이고, 할증률은 무시한다)

① 약 750장 ② 약 1,490장
③ 약 2,240장 ④ 약 2,980장

해설

- 1m^2에 1.5B 두께로 시공할 때 필요한 벽돌의 수는 75+149=224장이다. 10m^2에는 이의 10배인 2,240장이 필요하다.

50 ② 51 ① 52 ③ 53 ① 54 ① 55 ③ 정답

56 Repetitive Learning 1회 2회 3회

잔디재배 관리방법 중 칼로 토양을 베어주는 작업으로, 잔디의 포복경 및 지하경도 잘라주는 효과가 있으며 레노베이어, 론에어 등의 장비가 사용되는 작업은?

① 스파이킹 ② 롤링
③ 버티컬 모잉 ④ 슬라이싱

해설
- ①은 토양표면에 못과 같은 뾰족한 장비로 구멍을 내는 작업이다.
- ②는 잔디밭을 롤러 등을 이용하여 눌러주는 작업이다.
- ③은 잔디밭에 축적된 대취(Thatch)를 제거하고, 밀도를 조절하며, 잔디 줄기의 절간을 잘라주는 등 잔디의 밀도를 높이기 위한 작업이다.

1001
57 Repetitive Learning 1회 2회 3회

평판측량의 3요소가 아닌 것은?

① 수평맞추기(정준) ② 중심맞추기(구심)
③ 방향맞추기(표정) ④ 수직맞추기(수준)

해설
- 평판측량 3요소에는 정준, 구심, 표정이 있다.

58 Repetitive Learning 1회 2회 3회

대추나무에 발생하는 전신병으로 마름무늬매미충에 의해 전염되는 병은?

① 갈반병 ② 잎마름병
③ 혹병 ④ 빗자루병

해설
- 파이토플라스마(Phytoplasma)를 마름무늬매미충이 매개하여 전염되는 병은 대추나무 빗자루병이다.

1302
59 Repetitive Learning 1회 2회 3회

다음 복합비료 중 주성분 함량이 가장 많은 비료는?

① 21−21−17 ② 11−21−11
③ 18−18−18 ④ 0−40−10

해설
- 질소, 인산, 칼륨에 해당하는 주성분의 값은 59, 43, 54, 50으로 ①이 가장 크다.

60 Repetitive Learning 1회 2회 3회

해충의 방제방법 중 기계적 방제방법에 해당하지 않는 것은?

① 경운법 ② 유살법
③ 포살법 ④ 방사선이용법

해설
- 기계적 방제법에는 포살법, 유살법, 소살법, 경운법, 진동법 등이 있다.

정답 | 56 ④ 57 ④ 58 ④ 59 ① 60 ④

2015년 제5회

2015년 10월 10일 필기

15년 5회차 필기시험
합격률 23.4%

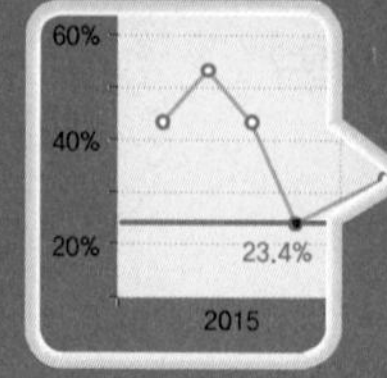

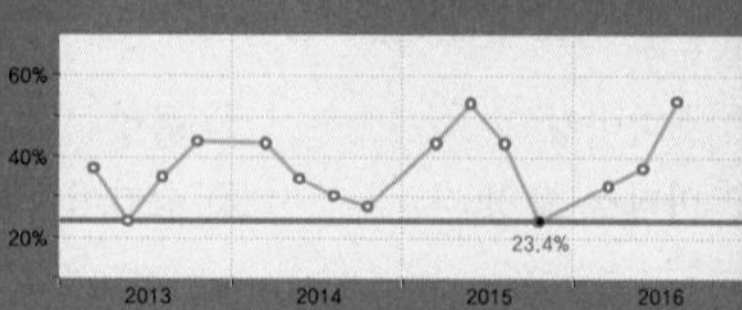

01 Repetitive Learning (1회 2회 3회)

다음에서 설명하는 것은?

- 유사한 것들이 반복되면서 자연적인 순서와 질서를 갖게 되는 것
- 특정한 형이 점차 커지거나 반대로 서서히 작아지는 형식이 되는 것

① 점이(漸移) ② 운율(韻律)
③ 추이(推移) ④ 비례(比例)

해설
- 점층미를 다른 말로 점이(漸移)라고 한다.

02 Repetitive Learning (1회 2회 3회)

다음 중 전라남도 담양지역의 정자원림이 아닌 것은?

① 소쇄원 원림 ② 명옥헌 원림
③ 식영정 원림 ④ 임대정 원림

해설
- ④는 전남 화순의 원림이다.

03 Repetitive Learning (1회 2회 3회)

다음 제시된 색 중 같은 면적에 적용했을 경우 가장 좁아 보이는 색은?

① 열은 하늘색 ② 선명한 분홍색
③ 밝은 노란 회색 ④ 진한 파랑

해설
- 낮은 채도일수록, 한색에 가까울수록 공간은 넓어 보이며, 높은 채도일수록, 난색에 가까울수록 좁아 보인다.

04 Repetitive Learning (1회 2회 3회)

화단 50m의 길이에 1열로 생울타리(H1.2×W0.4)를 만들려면 해당 규격의 수목이 최소한 얼마나 필요한가?

① 42주 ② 125주
③ 200주 ④ 600주

해설
- 1열로 구성하므로 50/0.4=125주가 필요하다.

05 Repetitive Learning (1회 2회 3회)

중국 조경의 시대별 연결이 옳은 것은?

① 명-이화원(颐和园)
② 진-화림원(華林園)
③ 송-만세산(萬歲山)
④ 명-태액지(太液池)

해설
- ①의 이화원은 청나라 정원이다.
- ②의 화림원은 오나라의 정원이다.
- ④의 태액지는 한나라, 당나라, 청나라 때 각각 만들어진 연못의 이름이다.

06 Repetitive Learning (1회 2회 3회)

다음 중 배치도에 표시하지 않아도 되는 사항은?

① 축척 ② 건물의 위치
③ 대지 경계선 ④ 수목 줄기의 형태

해설
- 배치도는 대지 안에 위치한 건물이나 부대시설의 배치를 나타낸 도면으로 축척, 건물의 위치, 대지경계선은 표현하나 수목 줄기의 형태까지는 표현하지 않는다.

01 ① 02 ④ 03 ④ 04 ② 05 ③ 06 ④ | 정답

07 Repetitive Learning (1회 2회 3회)

도면의 작도 방법으로 옳지 않은 것은?

① 도면은 될 수 있는 한 간단히 하고, 중복을 피한다.
② 도면은 그 길이 방향을 위아래 방향으로 놓은 위치를 정위치로 한다.
③ 사용 척도는 대상물의 크기, 도형의 복잡성 등을 고려해 그림이 명료성을 갖도록 선정한다.
④ 표제란을 보는 방향은 통상적으로 도면의 방향과 일치하도록 하는 것이 좋다.

해설

- ②에서 도면은 그 길이 방향을 좌우 방향으로 놓은 위치를 정위치로 한다.

08 Repetitive Learning (1회 2회 3회)

다음 중 식별성이 높은 지형이나 시설을 지칭하는 것은?

① 비스타(Vista)
② 캐스케이드(Cascade)
③ 랜드마크(Landmark)
④ 슈퍼그래픽(Super Graphic)

해설

- ①은 좌우로 시선이 제한되어 일정한 지점으로 시선이 모이도록 구성하는 경관 요소이다.
- ②는 여러 단을 만들어 그곳에 물을 흘러내리게 하는 이탈리아 정원에서 많이 사용되었던 조경기법이다.
- ④는 학교, 아파트, 공장 등의 건물 외벽을 그래픽으로 작업해 장식하여 도서의 경관을 아름답게 하는 것이다.

09 Repetitive Learning (1회 2회 3회)

해가 지면서 주위가 어둑해질 무렵 낮에 화사하게 보이던 빨간 꽃이 거무스름해져 보이고, 청록색 물체가 밝게 보인다. 이러한 원리를 무엇이라고 하는가?

① 명순응　　② 면적 효과
③ 색의 항상성　　④ 푸르키니에 현상

해설

- ①은 어두운 곳에 있다가 밝은 곳으로 나올 때 시각이 적응하는 것을 말한다.
- ②는 색의 시각반응이 면적에 따라 다르게 느껴지는 현상을 말한다.
- ③은 주변 환경의 변화로 색이 변하더라도 물체의 원래 색으로 인지하는 인간의 착시현상을 말한다.

10 Repetitive Learning (1회 2회 3회)

다음의 설명은 어느 시대의 정원에 관한 것인가?

- 석가산과 원정, 화원 등이 특징이다.
- 대표적인 유적으로 동지(東池), 만월대, 수창궁원, 청평사 문수원 정원 등이 있다.
- 휴식 · 조망을 위한 정자를 설치하기 시작하였다.
- 송나라의 영향으로 화려한 관상위주의 이국적 정원을 만들었다.

① 조선　　② 백제
③ 고려　　④ 통일신라

해설

- 송나라의 영향으로 석가산과 원정, 화원 등 화려한 관상 위주의 이국적 정원을 만든 것은 고려시대의 정원이다.

11 Repetitive Learning (1회 2회 3회)

방사(防砂) · 방진(防塵)용 수목의 대표적인 특징에 대한 설명으로 가장 적절한 것은?

① 잎이 두껍고 함수량이 많으며 넓은 잎을 가진 치밀한 상록수여야 한다.
② 지엽이 밀생한 상록수이며 맹아력이 강하고 관리가 용이한 수목이어야 한다.
③ 사람의 머리가 닿지 않을 정도의 지하고를 유지하고 겨울에는 낙엽되는 수목이어야 한다.
④ 빠른 생장력과 뿌리뻗음이 깊고, 지상부가 무성하면서 지엽이 바람에 상하지 않는 수목이어야 한다.

해설

- ①은 녹음용 수목의 특징이다.
- ②는 방풍용 수목이 특징이다.
- ③은 가로수용 수목의 특징이다.

12 Repetitive Learning (1회 2회 3회)

이탈리아 바로크 정원 양식의 특징이 아닌 것은?

① 미원(maze)
② 토피어리
③ 다양한 물의 기교
④ 타일포장

해설

- ④는 대리석과 함께 고전주의 정원 양식의 대표적인 구성요소이다.

정답 | 07 ② 08 ③ 09 ④ 10 ③ 11 ④ 12 ④

13 Repetitive Learning (1회 2회 3회)

다음 중 어린이들의 물놀이를 위해서 만든 얕은 물 놀이터는?

① 도섭지 ② 포석지
③ 폭포지 ④ 천수지

해설

• 주로 폭포 아래에 여름철 어린이들의 물놀이를 위해 만든 물 놀이터를 도섭지라고 한다.

14 Repetitive Learning (1회 2회 3회)

먼셀 표색계의 색채 표기법으로 옳은 것은?

① 2040−Y70R ② 5R 4/14
③ 2 : R−4.5−9s ④ 221c

해설

• 색을 표기할 때는 색상 · 명도 · 채도의 순으로 쓴다. 색상이 5R, 명도가 4, 채도가 14라면 5R 4/14로 표기하고, 5R 4의 14라고 읽는다.

15 Repetitive Learning (1회 2회 3회)

조선시대 창덕궁의 후원(비원, 秘苑)을 가리키던 용어로 가장 거리가 먼 것은?

① 북원(北園) ② 후원(後苑)
③ 금원(禁園) ④ 유원(留園)

해설

• 창덕궁 후원인 비원은 궁원, 금원, 북원, 후원으로 불리었다.

16 Repetitive Learning (1회 2회 3회)

목재의 역학적 성질에 대한 설명으로 틀린 것은?

① 옹이로 인하여 인장강도는 감소한다.
② 비중이 증가하면 탄성은 감소한다.
③ 섬유포화점 이하에서는 함수율이 감소하면 강도가 증대된다.
④ 일반적으로 응력의 방향이 섬유방향에 평행한 경우 강도(전단강도 제외)가 최대가 된다.

해설

• ②에서 목재의 비중이 증가하면 외력에 대한 저항과 탄성은 커진다.

17 Repetitive Learning (1회 2회 3회)

서양의 대표적인 조경양식이 바르게 연결된 것은?

① 이탈리아−평면기하학식
② 영국−자연풍경식
③ 프랑스−노단건축식
④ 독일−중정식

해설

• 이탈리아는 노단건축식이 되어야 한다.
• 프랑스는 평면기하학식이 되어야 한다.
• 독일은 자연풍경식이 되어야 한다.

18 Repetitive Learning (1회 2회 3회)

다음 그림과 같은 형태를 보이는 수목은?

① 일본목련 ② 복자기
③ 팔손이 ④ 물푸레나무

해설

• ①의 잎은 가지 위쪽에 모여 달린다.
• ③은 넓은 잎이 여덟 갈래로 갈라져 있는 것처럼 보인다.
• ④의 잎은 마주나며 잎자루에 잎이 4～8개가 난다.

19 Repetitive Learning (1회 2회 3회)

다음 중 9월 중순～10월 중순에 성숙된 열매색이 흑색인 것은?

① 마가목 ② 살구나무
③ 남천 ④ 생강나무

해설

• ①은 10월에 붉은 열매를 맺는 식물이다.
• ②는 6～7월에 황색으로 열매가 익는다.
• ③은 10월에 붉은 열매를 맺는 식물이다.

13 ① 14 ② 15 ④ 16 ② 17 ② 18 ② 19 ④ 정답

20 Repetitive Learning (1회 2회 3회)

다음 그림은 어떤 돌쌓기 방법인가?

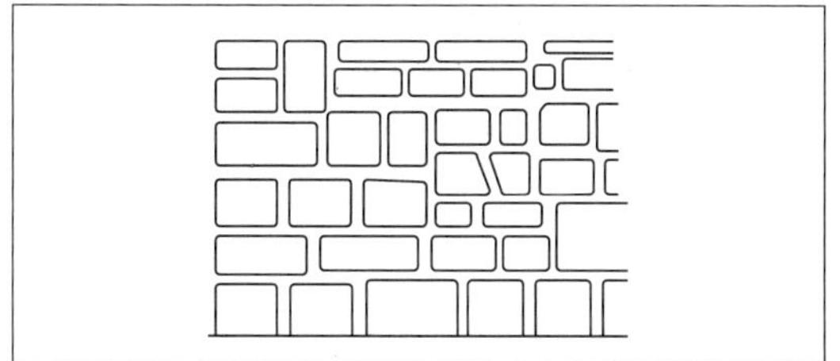

① 층지어 쌓기 ② 허튼층 쌓기
③ 귀갑무늬 쌓기 ④ 마름돌 바른층 쌓기

해설

- ①은 2, 3켜 정도는 막쌓지만 일정한 켜마다는 수평줄눈이 일직선이 되게 쌓는 방법이다.
- ③은 석재를 6각형이 되게끔 다듬어 쌓는 방법이다.
- ④는 같은 켜에서는 돌의 높이가 일정하게 해서 수평줄눈이 일직선으로 하고, 각 켜에서의 돌의 높이는 다를 수 있도록 한 쌓기 방법이다.
- 그림은 2분 높이 허튼층 쌓기방법이다.

21 Repetitive Learning (1회 2회 3회)

그림은 벽돌을 토막내어 시공에 사용할 때의 벽돌의 형상이다. 다음 중 반토막 벽돌에 해당하는 것은?

①
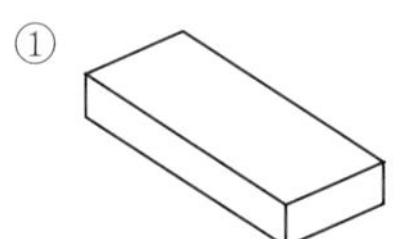

②
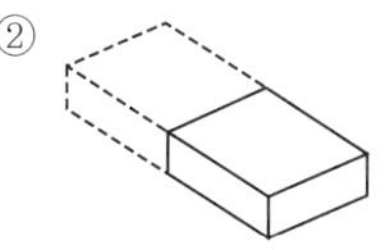

③
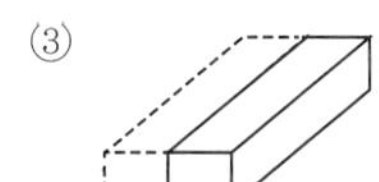

④
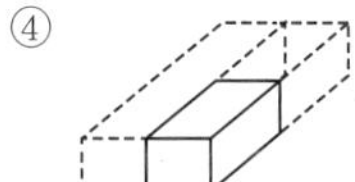

해설

- ①은 온장벽돌, ③은 반절, ④는 반반절 벽돌이다.

22 Repetitive Learning (1회 2회 3회)

목재의 치수 표시방법으로 옳지 않은 것은?

① 제재 치수 ② 제재 정치수
③ 중간 치수 ④ 마무리 치수

해설

- 목재의 치수 표시방법에는 제재 치수, 제재 정치수, 마무리 치수가 있다.

23 Repetitive Learning (1회 2회 3회)

다음 중 주택 정원에 식재하여 여름에 꽃을 감상할 수 있는 수종은?

① 식나무 ② 능소화
③ 진달래 ④ 수수꽃다리

해설

- 능소화는 예로부터 양반들이 이 나무를 아주 좋아해서 정원에 많이 식재하여 여름철에 꽃을 감상한 수종이다.

24 Repetitive Learning (1회 2회 3회)

시멘트의 저장과 관련된 설명 중 ( ) 안에 들어갈 말로 적절하지 않은 것은?

- 시멘트는 ( )적인 구조로 된 사일로 또는 창고에 품종별로 구분하여 저장하여야 한다.
- 저장 중에 약간이라도 굳은 시멘트는 공사에 사용하지 않아야 한다. ( )개월 이상 저장한 시멘트는 재시험을 실시하여 그 품질을 확인한다.
- 포대시멘트를 쌓아서 저장하면 그 질량으로 인해 하부의 시멘트가 고결할 염려가 있으므로 시멘트를 쌓아올리는 높이는 ( )포대 이하로 하는 것이 바람직하다.
- 시멘트의 온도는 일반적으로 ( ) 정도 이하를 사용하는 것이 좋다.

① 13 ② 6
③ 방습 ④ 50℃

해설

- 저장 중에 약간이라도 굳은 시멘트는 공사에 사용하지 않아야 하므로 3개월 이상 장기간 저장한 시멘트는 사용하기에 앞서 재시험을 실시하여 그 품질을 확인해야 한다.

25 Repetitive Learning (1회 2회 3회)

구조용 경량콘크리트에 사용되는 경량골재는 크게 인공, 천연 및 부산경량골재로 구분할 수 있다. 다음 중 인공경량골재에 해당되지 않는 것은?

① 화산재 ② 팽창혈암
③ 팽창점토 ④ 소성플라이애시

해설

- ①은 천연경량골재에 해당한다.

정답 | 20 ② 21 ② 22 ③ 23 ② 24 ② 25 ①

26 Repetitive Learning (1회 2회 3회)

다음 중 시멘트가 풍화작용과 탄산화 작용을 받은 정도를 나타내는 척도로 고온으로 가열하여 시멘트 중량의 감소율을 나타내는 것은?

① 경화 ② 위응결
③ 강열감량 ④ 수화반응

해설
- 풍화의 척도는 시멘트를 900 ~ 1,000℃에서 60분의 강열을 했을 때 나타나는 감량인 강열감량(Ignition Loss)을 사용한다.

1101 / 1402

27 Repetitive Learning (1회 2회 3회)

재료가 외력을 받았을 때 작은 변형만 나타내도 파괴되는 현상을 무엇이라 하는가?

① 취성(脆性) ② 강성(剛性)
③ 인성(靭性) ④ 전성(展性)

해설
- ②는 외력을 받아 변형을 일으킬 때 이에 저항하는 성질을 말한다.
- ③은 재료가 파괴되기까지 높은 응력에 잘 견딜 수 있고, 동시에 큰 변형을 나타내며 파괴되는 성질을 말한다.
- ④는 재료에 압력을 가했을 때 재료가 압축되면서 압력의 수직방향으로 얇게 펴지는 성질을 말한다.

28 Repetitive Learning (1회 2회 3회)

조경에 활용되는 석질재료의 특성으로 옳은 것은?

① 열전도율이 높다. ② 가격이 싸다.
③ 가공하기 쉽다. ④ 내구성이 크다.

해설
- 석질재료는 열전도율이 낮다.
- 석질재료는 가공이 어렵고, 가격이 비싸다.

29 Repetitive Learning (1회 2회 3회)

용기에 채운 골재절대용적의 그 용기 용적에 대한 백분율로 단위질량을 밀도로 나눈 값의 백분율이 의미하는 것은?

① 골재의 실적률 ② 골재의 입도
③ 골재의 조립률 ④ 골재의 유효흡수율

해설
- ②는 모래, 자갈 등 골재의 입자들의 크고 작은 입자와 그 혼합정도의 비율을 말한다.
- ③은 골재의 체가름 시험을 통한 중량백분률의 합으로 조립률이 커질수록 골재의 크기가 커지므로 분리경향은 커진다.
- ④는 골재가 표면건조포화상태가 될 때까지 흡수하는 수량의 절대건조상태의 골재질량에 대한 백분율이다.

30 Repetitive Learning (1회 2회 3회)

겨울철에도 노지에서 월동할 수 있는 상록 다년생 식물은?

① 옥잠화 ② 샐비어
③ 꽃잔디 ④ 맥문동

해설
- ①은 백합과의 다년생 초본식물로 겨울에도 노지 월동이 가능하나 지상부는 죽었다가 봄이 오면 다시 살아난다.
- ②는 꿀풀과의 한해살이풀이다.
- ③은 꽃고비과의 여러해살이풀로 겨울에도 노지 월동이 가능하나 지상부는 죽었다가 봄이 오면 다시 살아난다.

31 Repetitive Learning (1회 2회 3회)

다음의 조건을 활용한 골재의 공극률 계산식은?

- D : 진비중
- W : 겉보기 단위용적중량
- W_1 : 110℃로 건조하여 냉각시킨 중량
- W_2 : 수중에서 충분히 흡수된 대로 수중에서 측정한 것
- W_3 : 흡수된 시험편의 외부를 잘 닦아내고 측정한 것

① $\dfrac{W_1}{W_3 - W_2}$

② $\dfrac{W_3 - W_1}{W_1} \times 100$

③ $(1 - \dfrac{D}{W_2 - W_1}) \times 100$

④ $(1 - \dfrac{W}{D}) \times 100$

해설
- 공극률은 $\left(1 - \dfrac{w}{g}\right) \times 100$으로 구한다. 이때 w는 골재의 단위용적중량[ton/m^3]이고, g는 골재의 비중이다.

26 ③ 27 ① 28 ④ 29 ① 30 ④ 31 ④ 정답

32 Repetitive Learning (1회 2회 3회)

유동화제에 의한 유동화 콘크리트의 슬럼프 증가량의 표준값으로 적절한 것은?

① 2 ~ 5cm ② 5 ~ 8cm
③ 8 ~ 11cm ④ 11 ~ 14cm

해설

- 유동화 콘크리트 슬럼프의 증가량은 10cm 이하를 원칙으로 하며, 5 ~ 8cm를 표준으로 한다.

33 Repetitive Learning (1회 2회 3회)

다음의 설명에 해당하는 장비는?

> • 2개의 눈금자가 있는데 왼쪽 눈금은 수평거리가 20m, 오른쪽 눈금은 15m일 때 사용한다.
> • 측정방법은 우선 나뭇가지의 거리를 측정하고 시공을 통하여 수목의 선단부와 측고기의 눈금이 일치하는 값을 읽는다. 이때 왼쪽 눈금은 수평거리에 대한 %값으로 계산하고, 오른쪽 눈금은 각도 값으로 계산하여 수고를 측정한다.
> • 수고측정 뿐만 아니라 지형경사도 측정에도 사용된다.

① 윤척 ② 측고봉
③ 하가측고기 ④ 순토측고기

해설

- ①은 수목의 흉고직경을 측정할 때 사용하는 장비이다.
- ②는 수고를 측정하는 장비이다.
- ③은 나무 높이와 경사를 측정하는 장비이다.

34 Repetitive Learning (1회 2회 3회)

안료를 가하지 않아 목재의 무늬를 아름답게 낼 수 있는 것은?

① 유성페인트 ② 에나멜페인트
③ 클리어래커 ④ 수성페인트

해설

- ①은 가장 보편적으로 많이 사용하는 도료로 전용 신나와 희석해서 사용한다.
- ②는 유성페인트의 한 종류로 햇빛에 약하고 내구성이 떨어지지만 광택이 좋고 건조가 빨라 주로 내부용으로 사용한다.
- ④는 안료를 물에 용해하여 수용성 교착제와 혼합한 분말 상태의 도료로 외부마감용 도료로 많이 사용한다.

35 Repetitive Learning (1회 2회 3회)

다른 지방에서 자생하는 식물을 도입한 것을 무엇이라고 하는가?

① 재배식물 ② 귀화식물
③ 외국식물 ④ 외래식물

해설

- ①은 목적을 갖고 길러내는 식물을 말한다.
- ②는 국외 식물이 인위적 또는 자연적으로 국내로 들어와 도태되지 않고 자력으로 토착화하여 살아가는 식물을 말한다.
- ③은 외국에서 식생하는 식물을 말한다.

36 Repetitive Learning (1회 2회 3회)

콘크리트 배합의 종류가 아닌 것은?

① 시방배합 ② 현장배합
③ 시공배합 ④ 질량배합

해설

- 콘크리트 배합의 종류는 시방배합, 현장배합, 질량배합, 용적배합으로 구분한다.

37 Repetitive Learning (1회 2회 3회)

콘크리트 시공연도와 직접 관계가 없는 것은?

① 물-시멘트비 ② 재료의 분리
③ 골재의 조립도 ④ 물의 정도 함유량

해설

- 시공연도에 영향을 주는 요인에는 시멘트의 성질, 골재의 입형과 조립도, 혼화재료, 물-시멘트비, 굵은 골재의 최대치수, 잔골재율, 단위수량, 공기량, 비빔시간, 온도 등이 있다.

0805 / 1001

38 Repetitive Learning (1회 2회 3회)

파이토플라스마(Phytoplasma)에 의한 수목병이 아닌 것은?

① 벚나무 빗자루병
② 붉나무 빗자루병
③ 오동나무 빗자루병
④ 대추나무 빗자루병

해설

- ①의 병원균은 곰팡이 병원균이다.

정답 | 32 ② 33 ④ 34 ③ 35 ④ 36 ③ 37 ② 38 ①

39 Repetitive Learning (1회 2회 3회)

수목을 이식할 때의 고려사항으로 적절하지 않은 것은?

① 지상부의 지엽을 전정해 준다.
② 뿌리분의 손상이 없도록 주의하여 이식한다.
③ 굵은 뿌리의 자른 부위는 방부처리하여 부패를 방지한다.
④ 운반이 용이하도록 뿌리분은 기준보다 가능한 한 작게 하여 무게를 줄인다.

해설
- ④에서 뿌리분을 기준보다 작게 하는 것은 이식의 성공확률을 극도로 줄이므로 피해야 하는 행위이다.

40 Repetitive Learning (1회 2회 3회)

다음 중 과일나무가 늙어서 꽃맺음이 나빠지는 경우에 실시하는 전정은 무엇인가?

① 생리를 조절하는 전정
② 생장을 돕기 위한 전정
③ 생장을 억제하는 전정
④ 세력을 갱신하는 전정

해설
- 늙어서 꽃맺음이 나쁜 나무의 낡은 가지를 치는 작업은 세력을 갱신하는 전정에 해당한다.

41 Repetitive Learning (1회 2회 3회)

대목을 대립종자의 유경이나 유근을 사용하여 접목하는 방법으로 접목한 뒤에는 관계습도를 높게 유지하며, 정식 후 근두암종병의 발병률이 높다는 단점을 갖는 접목법은?

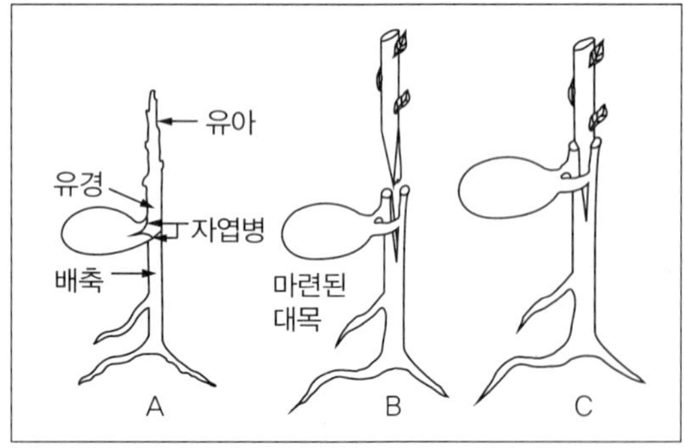

① 아접법 ② 유대접
③ 호접법 ④ 교접법

해설
- ①은 눈접이라고도 하는데 대목은 가지를 자르지 않고 수피만 T자 모양으로 절개하여 접아를 삽입하고 비닐로 묶어주는 방법이다.
- ③은 가지를 잘라 접붙이는 것이 아니라 접붙이기로 증식할 나무와 대목이 될 나무를 나란히 심어두고 접할 나무의 가지와 대목의 서로 맞닿는 부분의 수피를 약간 벗긴 후 비닐로 묶어서 접하는 방법이다.

42 Repetitive Learning (1회 2회 3회)

소나무 순지르기에 대한 설명으로 틀린 것은?

① 매년 5 ~ 6월경에 실시한다.
② 중심 순만 남기고 모두 자른다.
③ 새순이 5 ~ 10cm의 길이로 자랐을 때 실시한다.
④ 남기는 순도 힘이 지나칠 경우 1/2 ~ 1/3 정도로 자른다.

해설
- 중심 순은 모두 제거하고 나머지 순도 힘이 지나칠 경우 1/2 ~ 1/3 정도 남겨두고 끝부분을 따버린다.

43 Repetitive Learning (1회 2회 3회)

토양에 따른 경도와 식물생육의 관계를 나타낼 때 나지화가 시작되는 값(kgf/cm^2)은?(단, 지표면의 경도는 Yamanaka 경도계로 측정한 것으로 한다)

① 9.4 이상 ② 5.8 이상
③ 14.0 이상 ④ 3.6 이상

해설
- ①의 경우 수목의 생장저하가 이뤄진다.
- ③의 경우 잔디의 생육이 불가능해진다.
- ④의 경우 수목의 생육에 적합하다.

44 Repetitive Learning (1회 2회 3회)

어른과 어린이 겸용벤치 설치 시 앉음면(좌면, 坐面)의 적당한 높이는?

① 25 ~ 30cm ② 35 ~ 40cm
③ 45 ~ 50cm ④ 55 ~ 60cm

해설
- 앉음판의 높이는 34 ~ 46cm를 기준으로 하되 어린이를 위한 의자는 낮게 할 수 있다.

39 ④ 40 ④ 41 ② 42 ② 43 ② 44 ② | 정답

45 Repetitive Learning (1회 2회 3회)

코흐의 4원칙에 대한 설명 중 잘못된 것은?

① 미생물은 반드시 환부에 존재해야 한다.
② 미생물은 분리되어 배지상에서 순수 배양되어야 한다.
③ 순수 배양한 미생물은 접종하여 동일한 병이 발생되어야 한다.
④ 발병한 피해부에서 접종에 사용한 미생물과 동일한 성질을 가진 미생물이 반드시 재분리될 필요는 없다.

해설

- 발병된 피해부위에서 접종에 사용한 미생물과 동일한 성질을 가진 미생물이 재분리되어야 한다.

46 Repetitive Learning (1회 2회 3회)

공사의 설계 및 시공을 의뢰하는 사람을 뜻하는 용어는?

① 설계자 ② 시공자
③ 발주자 ④ 감독자

해설

- ①은 설계도서를 작성하고 그 의도하는 바를 해설하며, 지도하고 자문에 응하는 자를 말한다.
- ②는 건축공사 등을 설치, 유지, 보수하는 공사 · 기계설비 · 기타 구조물의 설치 및 해체공사를 시행하는 자를 말한다.
- ④는 소속 원을 직접 지휘 · 감독하는 부서의 장 또는 그 직위를 담당하는 자를 말한다.

47 Repetitive Learning (1회 2회 3회)

다음 중 관리해야 할 수경시설물에 해당되지 않는 것은?

① 폭포 ② 분수
③ 연못 ④ 데크(Deck)

해설

- ④는 휴식공간의 바닥을 말한다.

48 Repetitive Learning (1회 2회 3회)

아황산가스에 민감하지 않은 수종은?

① 소나무 ② 겹벚나무
③ 단풍나무 ④ 화백

해설

- ④는 아황산가스에 둔감한 수종이다.

49 Repetitive Learning (1회 2회 3회)

식재작업의 준비단계에 포함되지 않는 것은?

① 수목 및 양생제 반입 여부를 재확인한다.
② 공정표 및 시공도면, 시방서 등을 검토한다.
③ 빠른 식재를 위한 식재지역의 사전조사는 생략한다.
④ 수목의 배식, 규격, 지하 매설물 등을 고려하여 식재 위치를 결정한다.

해설

- 식재할 곳의 제반환경을 반드시 사전 조사하여야 한다.

50 Repetitive Learning (1회 2회 3회)

조경 목재시설물의 유지관리를 위한 대책 중 적절하지 않은 것은?

① 통풍을 좋게 한다.
② 빗물 등의 고임을 방지한다.
③ 건조되기 쉬운 간단한 구조로 한다.
④ 20 ~ 40℃의 온도와 80% 이상의 습도를 유지시킨다.

해설

- 20℃ 전후의 온도와 40 ~ 50%의 습도를 유지하는 것이 좋다.

51 Repetitive Learning (1회 2회 3회)

콘크리트 포장에 관한 설명 중 옳지 않은 것은?

① 보조 기층을 튼튼히 해서 부동침하를 막아야 한다.
② 두께는 10cm 이상으로 하고, 철근이나 용접철망을 넣어 보강한다.
③ 물 · 시멘트의 비율은 60% 이내, 슬럼프의 최댓값은 5cm 이상으로 한다.
④ 온도변화에 따른 수축 · 팽창에 의한 파손 방지를 위해 신축줄눈과 수축줄눈을 설치한다.

해설

- 물 · 시멘트의 비율은 60% ~ 70%로 한다.

정답 | 45 ④ 46 ③ 47 ④ 48 ④ 49 ③ 50 ④ 51 ③

52 Repetitive Learning (1회 2회 3회)

건설재료의 할증률이 틀린 것은?

① 붉은 벽돌 : 3%
② 이형철근 : 5%
③ 조경용 수목 : 10%
④ 석재판붙임용재(정형돌) : 10%

해설

• ②는 3%이다.

53 Repetitive Learning (1회 2회 3회)

현대적인 공사관리에 관한 설명 중 가장 적절한 것은?

① 품질과 공기는 정비례한다.
② 공기를 서두르면 원가가 싸게 된다.
③ 경제속도에 맞는 품질이 확보되어야 한다.
④ 원가가 싸게 되도록 하는 것이 공사관리의 목적이다.

해설

• 공사관리는 속도(원가와 관련)에 맞는 품질 확보가 되어야 한다. 그래야 공정, 원가, 품질관리를 만족할 수 있다.

54 Repetitive Learning (1회 2회 3회)

다음 중 입찰계약의 순서로 옳은 것은?

① 입찰공고 → 낙찰 → 계약 → 개찰 → 입찰 → 현장설명
② 입찰공고 → 현장설명 → 입찰 → 계약 → 낙찰 → 개찰
③ 입찰공고 → 현장설명 → 입찰 → 개찰 → 낙찰 → 계약
④ 입찰공고 → 계약 → 낙찰 → 개찰 → 입찰 → 현장설명

해설

• 입찰 및 계약은 입찰공고 → 참가 등록 → 설계도서 배부 → 현장설명 및 질의응답 → 적산 및 견적기간 → 입찰등록 → 입찰 → 개찰 → 낙찰 → 계약의 순서를 따른다.

55 Repetitive Learning (1회 2회 3회)

비탈면의 녹화와 조경에 사용되는 식물의 요건으로 가장 적절하지 않은 것은?

① 적응력이 큰 식물
② 생장이 빠른 식물
③ 시비 요구도가 큰 식물
④ 파종과 식재시기의 폭이 넓은 식물

해설

• 시비 요구도가 작은 식물이 좋다.

56 Repetitive Learning (1회 2회 3회)

토양 및 수목에 양분을 처리하는 방법의 특징에 대한 설명이 틀린 것은?

① 액비관주는 양분흡수가 빠르다.
② 수간주입은 나무에 손상이 생긴다.
③ 엽면시비는 뿌리 발육 불량 지역에 효과적이다.
④ 천공시비는 비료 과다투입에 따른 염류장해발생 가능성이 없다.

해설

• 천공시비는 땅에 구멍을 뚫어 액비를 주는 방법으로 비료 과다 투입에 따른 염류장해발생 가능성이 크다.

57 Repetitive Learning (1회 2회 3회)

경사도(勾配, Slope)가 15%인 도로면상의 경사거리 135m에 대한 수평거리는?

① 130.0m ② 132.0m
③ 133.5m ④ 136.5m

해설

• 경사도가 15%라는 것은 수평거리로 100m 이동했을 때 수직거리로 15m 이동함을 의미한다. 즉, $\tan^{-1}(100/15) = 8.53°$가 된다.
• 경사거리가 135m일 때의 수평거리는 135×cos(8.53)= 133.5066(m)가 된다.

0904

58 Repetitive Learning (1회 2회 3회)

잔디깎기의 목적으로 옳지 않은 것은?

① 잡초 방제
② 이용 편리 도모
③ 병충해 방지
④ 잔디의 분얼 억제

해설

• 잔디깎기는 잔디의 분얼을 촉진시킨다.

정답: 52 ② 53 ③ 54 ③ 55 ③ 56 ④ 57 ③ 58 ④

59

Repetitive Learning (1회 2회 3회)

다음 중 원가계산에 의한 공사비의 구성에서 '경비'에 해당하지 않는 항목은?

① 안전관리비　　② 운반비
③ 가설비　　④ 노무비

해설

- 노무비는 경비에 포함되지 않는다.

60

Repetitive Learning (1회 2회 3회)

다음 중 측량의 3대 요소가 아닌 것은?

① 각측량　　② 거리측량
③ 세부측량　　④ 고저측량

해설

- 측량의 3대 요소는 거리, 방향, 고저차이다.

정답 | 59 ④ 60 ③

2016년 제1회

2016년 1월 24일 필기

16년 1회차 필기시험
합격률 32.9%

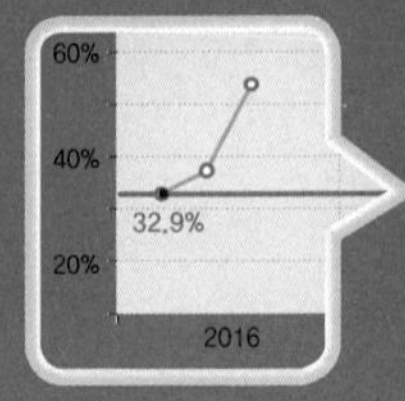

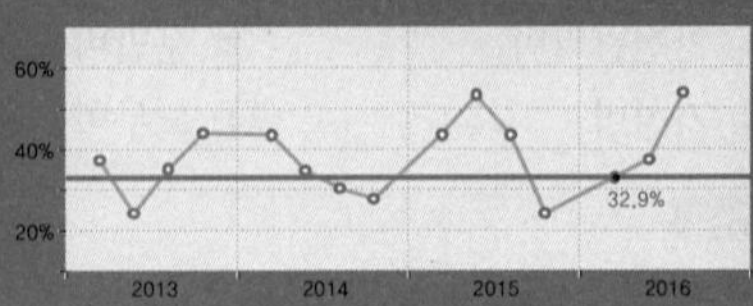

01 Repetitive Learning (1회 2회 3회)

중세 유럽의 조경 형태로 볼 수 없는 것은?

① 과수원 ② 약초원
③ 공중정원 ④ 회랑식 정원

해설

- ③은 기원전 600년경(고대)에 건립된 바빌론에 위치한 정원으로 세계 7대 불가사의 중 하나이다.

02 Repetitive Learning (1회 2회 3회)

일본 고산수식 정원의 요소와 상징적인 의미가 바르게 연결된 것은?

① 나무 – 폭포 ② 연못 – 바다
③ 왕모래 – 물 ④ 바위 – 산봉우리

해설

- 고산수식 정원에서 왕모래는 냇물, 바위는 폭포, 나무는 산봉우리를 상징적으로 표현했다.

1002

03 Repetitive Learning (1회 2회 3회)

형태와 선이 자유로우며, 자연재료를 사용하여 자연을 모방하거나 축소하여 자연에 가까운 형태로 표현한 정원 양식은?

① 건축식 ② 풍경식
③ 정형식 ④ 규칙식

해설

- 풍경식 조경양식은 형태와 선이 자유로우며, 자연재료를 사용하여 자연을 모방하거나 축소하여 자연에 가까운 형태(1 : 1)로 표현한다.

04 Repetitive Learning (1회 2회 3회)

다음 중 중국정원의 양식에 가장 많은 영향을 끼친 사상은?

① 선사상 ② 신선사상
③ 풍수지리사상 ④ 음양오행사상

해설

- 중국정원은 신선사상의 영향을 가장 많이 받았다.

05 Repetitive Learning (1회 2회 3회)

고대 로마의 대표적인 별장이 아닌 것은?

① 빌라 투스카니
② 빌라 감베라이아
③ 빌라 라우렌티아나
④ 빌라 아드리아누스

해설

- ②는 15세기 기존의 수녀원이던 곳을 공원으로 조성하여 만든 별장이다.

06 Repetitive Learning (1회 2회 3회)

프랑스 평면기하학식 정원을 확립하는 데 가장 큰 기여를 한 사람은?

① 르노트르 ② 메이너
③ 브릿지맨 ④ 비니올라

해설

- 보르비콩트(Vaux-le-Vicomte) 정원, 베르사유(Versailles) 궁원 등 대표적인 프랑스 평면기하학식 정원을 앙드레 르노트르(Andre Le Notre)가 설계하였다.

정답 01 ③ 02 ③ 03 ② 04 ② 05 ② 06 ①

07 Repetitive Learning (1회 2회 3회)

다음 중 서양식 전각과 서양식 정원이 조성되어 있는 우리나라 궁궐은?

① 경복궁 ② 창덕궁
③ 덕수궁 ④ 경희궁

해설
- 서양식 전각인 석조전과 그 앞의 서양식 정원은 덕수궁의 주요 요소이다.

08 Repetitive Learning (1회 2회 3회)

미국 식민지 개척을 통한 유럽 각국의 다양한 사유지 중심의 정원양식이 공공적인 성격으로 전환되는 계기에 영향을 끼친 것은?

① 스토우 정원 ② 보르비콩트 정원
③ 스투어헤드 정원 ④ 버컨헤드 공원

해설
- ①은 18세기 영국의 풍경식 정원으로 Ha-Ha(브릿지맨)를 도입하였다.
- ②는 르노트르가 이탈리아 유학 후 프랑스에 귀국하여 만든 최초의 평면기하학식 정원이다.
- ③은 18세기 영국의 풍경식 정원으로 헨리 호어의 사유지에 조성되었다.

09 Repetitive Learning (1회 2회 3회)

주택정원의 시설구분 중 휴게시설에 해당되는 것은?

① 벽천, 폭포 ② 미끄럼틀, 조각물
③ 정원등, 잔디등 ④ 파고라, 야외탁자

해설
- ①은 수경시설에 해당한다.
- ②의 미끄럼틀은 유희시설, 조각물은 조형물에 해당한다.
- ③은 조명시설에 해당한다.

10 Repetitive Learning (1회 2회 3회)

조경계획 · 설계에서 기초적인 자료의 수집과 정리 및 여러 가지 조건의 분석과 통합을 실시하는 단계를 무엇이라 하는가?

① 목표 설정 ② 현황분석 및 종합
③ 기본계획 ④ 실시설계

해설
- ①은 조경계획의 첫 번째 단계로 조경이 추구해야 할 목표를 설정하는 단계이다.
- ③은 조사분석을 통해 주변환경에 대한 파악이 끝나면 조경을 구현하기 위한 최적의 대안을 설정하는 단계이다.
- ④는 시공상세도를 작성하고 공사비 내역을 산출하는 단계이다.

11 Repetitive Learning (1회 2회 3회)

다음 후원 양식에 대한 설명 중 틀린 것은?

① 한국의 독특한 정원 양식 중 하나이다.
② 괴석이나 세심석 또는 장식을 겸한 굴뚝을 세워 장식하였다.
③ 건물 뒤 경사지를 계단모양으로 만들어 장대석을 앉혀 평지를 만들었다.
④ 경주 동궁과 월지, 교태전 후원의 아미산원, 남원시 광한루 등에서 찾아볼 수 있다.

해설
- 경주동궁과 월지는 신라시대 궁궐이고, 광한루는 대표적인 누원이다.

12 Repetitive Learning (1회 2회 3회)

현대 도시환경에서 조경 분야의 역할과 관계가 먼 것은?

① 자연환경의 보호유지
② 자연 훼손지역의 복구
③ 기존 대도시의 광역화 유도
④ 토지의 경제적이고 기능적인 이용 계획

해설
- 조경이 대도시의 광역화를 유도하는 것이 아니다. 광역화된 대도시에서도 최소한의 인간다운 삶을 살 수 있도록 하는 것이 조경의 목적이 된다.

13 Repetitive Learning (1회 2회 3회)

다음 중 곡선의 느낌으로 적절하지 않은 것은?

① 온건하다. ② 부드럽다.
③ 모호하다. ④ 단호하다.

해설
- ④는 직선의 느낌이다.

정답 | 07 ③ 08 ④ 09 ④ 10 ② 11 ④ 12 ③ 13 ④

14 —— Repetitive Learning (1회 2회 3회)

다음 설명의 ( ) 안에 들어갈 시설물은?

> 시설지역 내부의 포장지역에도 (   )를 이용하여 낙엽성 교목을 식재하면 여름에도 그늘을 만들 수 있다.

① 볼라드(Bollard)　② 펜스(Fence)
③ 벤치(Bench)　④ 수목 보호대(Grating)

해설
- ①은 보행자의 안전을 위해 차량이 보행구역 안으로 진입하는 것을 차단하는 시설이다.
- ②는 울타리를 말한다.

15 —— Repetitive Learning (1회 2회 3회)

기존의 레크리에이션 기회에 참여 또는 소비하고 있는 수요(需要)를 무엇이라 하는가?

① 표출수요　② 잠재수요
③ 유효수요　④ 유도수요

해설
- 레크리에이션 수요는 잠재수요, 유도수요, 표출수요로 구분한다.
- ②는 내재되어 있는 수요로 현재 표출되지 않은 수요이다.
- ④는 잠재된 수요를 대중매체, 교육 등을 통해 유도시킨 수요이다.

16 —— Repetitive Learning (1회 2회 3회)

좌우로 시선이 제한되어 일정한 지점으로 시선이 모이도록 구성하는 경관 요소는?

① 전망　② 통경선(Vista)
③ 랜드마크　④ 질감

해설
- ③은 식별성이 높은 지형이나 시설을 지칭한다.

0802 / 0904

17 —— Repetitive Learning (1회 2회 3회)

석재의 성인(成因)에 의한 분류 중 변성암에 해당되는 것은?

① 대리석　② 섬록암
③ 현무암　④ 화강암

해설
- ②, ③, ④는 화성암이다.

18 —— Repetitive Learning (1회 2회 3회)

다음 채도대비에 관한 설명 중 틀린 것은?

① 무채색끼리는 채도대비가 일어나지 않는다.
② 채도대비는 명도대비와 같은 방식으로 일어난다.
③ 고채도의 색은 무채색과 함께 배색하면 더 선명해 보인다.
④ 중간색을 그 색과 색상은 동일하고 명도가 밝은색과 함께 사용하면 훨씬 선명해 보인다.

해설
- 중간색을 그 색과 색상은 동일하고 명도가 밝은색과 함께 사용하면 훨씬 탁하게 보인다.

19 —— Repetitive Learning (1회 2회 3회)

조경시공 재료의 기호 중 벽돌에 해당하는 것은?

① ②
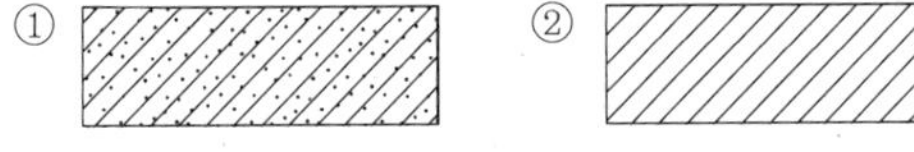

③
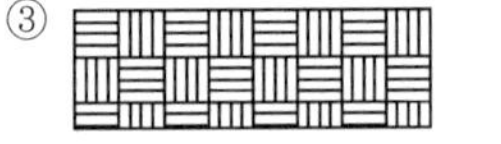

④

해설
- ①은 타일 및 테라코타, ③은 지반, ④는 철근 콘크리트이다.

20 —— Repetitive Learning (1회 2회 3회)

조경 실시설계 단계 중 용어의 설명이 틀린 것은?

① 시공에 관하여 도면에 표시하기 어려운 사항을 글로 작성한 것을 시방서라고 한다.
② 공사비를 체계적으로 정확한 근거에 의하여 산출한 서류를 내역서라고 한다.
③ 일반관리비는 단위작업당 소요인원을 구하여 일당 또는 월급여로 곱하여 얻어진다.
④ 공사에 소요되는 자재의 수량, 품 또는 기계 사용량 등을 산출하여 공사에 소요되는 비용을 계산한 것을 적산이라고 한다.

해설
- ③은 직접인건비에 대한 설명이다.

14 ④　15 ①　16 ②　17 ①　18 ④　19 ②　20 ③ | 정답

21 Repetitive Learning (1회 2회 3회)

모든 설계에서 가장 기본적인 도면은?

① 입면도 ② 단면도
③ 평면도 ④ 상세도

해설
- ①은 구조물의 외적 형태를 보여 주기 위한 도면이다.
- ②는 구조물의 내부나 내부공간의 구성을 보여주는 도면이다.
- ④는 다른 도면들에 비해 확대된 축척을 사용하며 재료, 공법, 치수 등을 자세히 기입하는 도면이다.

22 Repetitive Learning (1회 2회 3회)

레미콘 규격이 25－210－12로 표시되어 있다면 ⓐ－ⓑ－ⓒ 순서대로 의미가 적절한 것은?

① ⓐ 슬럼프, ⓑ 골재 최대치수, ⓒ 시멘트의 양
② ⓐ 물 · 시멘트비, ⓑ 압축강도, ⓒ 골재 최대치수
③ ⓐ 골재 최대치수, ⓑ 압축강도, ⓒ 슬럼프
④ ⓐ 물 · 시멘트비, ⓑ 시멘트의 양, ⓒ 골재 최대치수

해설
- 레미콘 규격은 골재 최대치수－압축강도(호칭강도)－슬럼프를 수치화하여 표시한다.

23 Repetitive Learning (1회 2회 3회)

다음 설명에 해당하는 열가소성 수지는?

> • 강도, 전기절연성, 내약품성이 양호하고 가소재에 의하여 유연고무와 같은 품질이 되며 고온, 저온에 약하다.
> • 바닥용 타일, 시트, 조인트재료, 파이프, 접착제, 도료 등이 주용도이다.

① 페놀수지 ② 염화비닐수지
③ 멜라민수지 ④ 에폭시수지

해설
- ①은 내열성, 난연성, 전기절연성을 갖는 열경화성 수지로 항공우주분야뿐 아니라 다양한 하이테크 산업에서 활용되고 있다.
- ③은 멜라민과 포름알데히드로 제조된 순백색 또는 투명백색의 열경화성 수지로, 표면경도가 크고 착색이 자유로우며 내열성이 우수한 수지이다.
- ④는 열경화성 합성수지로 내수성, 내약품성, 전기절연성, 접착성이 뛰어나 접착제나 도료로 널리 이용된다.

24 Repetitive Learning (1회 2회 3회)

인공폭포, 수목 보호판을 만드는 데 가장 많이 이용되는 제품은?

① 유리블록제품
② 식생호안블록
③ 콘크리트격자블록
④ 유리섬유강화플라스틱

해설
- ①은 단열과 방음효과를 위해 공기층이 있는 육면체의 블록 형태로 만들어낸 유리제품이다.
- ②는 제방이나 강기슭 등 유수에 의한 파괴와 침식으로부터 보호하고 절토한 비탈면이 흙의 압력 등으로 붕괴되는 것을 방지할 목적으로 설치하는 콘크리트블록이다.
- ③은 비탈면의 붕괴 위험을 방지하기 위해 설치하는 블록으로 바둑판처럼 가로세로 일정한 간격으로 직각이 되게 짠 구조모형을 갖는다.

25 Repetitive Learning (1회 2회 3회)

알루미나 시멘트의 최대 특징으로 옳은 것은?

① 값이 싸다.
② 조기강도가 크다.
③ 원료가 풍부하다.
④ 타 시멘트와 혼합이 용이하다.

해설
- 알루미나 시멘트는 조기강도가 아주 크므로(24시간에 보통 포틀랜드 시멘트의 28일 강도) 긴급공사 등에 많이 사용된다.

26 Repetitive Learning (1회 2회 3회)

다음 조경시설 소재 중 도로 절 · 성토면의 녹화공사, 해안매립 및 호안공사, 하천제방 및 급류 부위의 법면보호공사 등에 사용되는 코코넛 열매를 원료로 한 천연섬유 재료는?

① 코이어 메시 ② 우드 칩
③ 테라소브 ④ 그린블록

해설
- ②는 죽은 나무나 폐기된 나무를 수거해 연소하기 쉬운 칩 형태로 분쇄하여 에너지원으로 사용할 수 있게 만든 제품으로 멀칭재료로 사용한다.
- ④는 친환경 투수성 잔디블록을 말한다.

정답 | 21 ③ 22 ③ 23 ② 24 ④ 25 ② 26 ①

27 Repetitive Learning (1회 2회 3회)

다음 중 목재의 장점에 해당하지 않는 것은?

① 가볍다.
② 무늬가 아름답다.
③ 열전도율이 낮다.
④ 습기를 흡수하면 변형이 잘된다.

해설

- ④는 목재의 단점에 해당한다.

28 Repetitive Learning (1회 2회 3회)

다음 금속재료에 대한 설명으로 틀린 것은?

① 저탄소강은 탄소 함유량이 0.3% 이하이다.
② 강판, 형강, 봉강 등은 압연식 제조법에 의해 제조된다.
③ 구리에 아연 40%를 첨가하여 제조한 합금을 청동이라고 한다.
④ 강의 제조방법에는 평로법, 전로법, 전기로법, 도가니법 등이 있다.

해설

- ③은 황동에 대한 설명이다.

29 Repetitive Learning (1회 2회 3회)

견치석에 관한 설명 중 옳지 않은 것은?

① 형상은 재두각추체(裁頭角錐體)에 가깝다.
② 접촉면의 길이는 앞면 네 변의 제일 짧은 길이의 3배 이상이어야 한다.
③ 접촉면의 폭은 전면 한 변의 길이의 1/10 이상이어야 한다.
④ 견치석은 흙막이용 석축이나 비탈면의 돌붙임에 쓰인다.

해설

- 접촉면의 길이는 1변의 평균 길이의 1/2 이상이다.

30 Repetitive Learning (1회 2회 3회)

Syringa oblata var. dilatata는 어떤 식물인가?

① 라일락 ② 목서
③ 수수꽃다리 ④ 쥐똥나무

해설

- ①은 수수꽃다리의 유럽버전으로 학명이 Syringa vulgaris 이다.
- ②는 물푸레나무과의 상록활엽관목으로 학명이 Osmanthus fragrans이다.
- ④는 물푸레나무과의 낙엽관목으로 학명이 Ligustrum obtusifolium이다.

31 Repetitive Learning (1회 2회 3회)

무근콘크리트와 비교한 철근콘크리트의 특성으로 옳은 것은?

① 공사기간이 짧다.
② 유지관리비가 적게 소요된다.
③ 철근 사용의 주목적은 압축강도 보완이다.
④ 가설공사인 거푸집 공사가 필요 없고 시공이 간단하다.

해설

- ① 공사기간이 길다.
- ③ 철근 사용의 주목적은 인장강도 보완이다.
- ④ 가설공사인 거푸집 공사가 필요하고 시공이 복잡하다.

32 Repetitive Learning (1회 2회 3회)

다음 중 수관의 형태가 '원추형'인 수종은?

① 전나무 ② 실편백
③ 녹나무 ④ 산수유

해설

- ②는 우산형, ③은 반구형, ④는 우산형이다.

33 Repetitive Learning (1회 2회 3회)

다음 중 인동덩굴(Lonicera japonica Thunb)에 대한 설명으로 옳지 않은 것은?

① 반상록 활엽 덩굴성이다.
② 원산지는 한국, 중국, 일본이다.
③ 꽃은 1～2개씩 엽액에 달리며 포는 난형으로 길이는 1～2cm이다.
④ 줄기가 왼쪽으로 감아 올라가며, 소지에는 회색으로 가시가 있고 속이 비어 있다.

해설

- ④에서 줄기가 오른쪽으로 감아 올라가며, 소지에는 적갈색 털이 나있다.

27 ④ 28 ③ 29 ② 30 ③ 31 ② 32 ① 33 ④ 정답

34 Repetitive Learning (1회 2회 3회)

서향(Daphne odora Thunb)에 대한 설명으로 옳지 않는 것은?

① 꽃은 청색계열이다.
② 성상은 상록활엽관목이다.
③ 뿌리는 천근성이고 내염성이 강하다.
④ 잎은 어긋나기하며 타원형이고, 가장자리가 밋밋하다.

해설

• 꽃은 이른 봄에 피는데 바깥쪽은 분홍색이고, 안쪽은 흰색이다.

35 Repetitive Learning (1회 2회 3회)

팥배나무(Sorbus alnifolia K. Koch)에 대한 설명으로 틀린 것은?

① 꽃은 노란색이다.
② 생장속도는 비교적 빠르다.
③ 열매는 조류 유인식물로 좋다.
④ 잎의 가장자리에 이중거치가 있다.

해설

• 열매는 팥을 닮았고, 하얀색 꽃이 아름답게 피어 팥배나무라 하였다.

36 Repetitive Learning (1회 2회 3회)

다음 중 조경수의 이식에 대한 적응이 가장 어려운 수종은?

① 편백　② 미루나무
③ 수양버들　④ 일본잎갈나무

해설

• ①, ②, ③은 모두 이식이 쉬운 수종이다.

37 Repetitive Learning (1회 2회 3회)

방풍림(Wind Shelter) 조성에 알맞은 수종은?

① 팽나무, 녹나무, 느티나무
② 곰솔, 대나무류, 자작나무
③ 신갈나무, 졸참나무, 향나무
④ 박달나무, 가문비나무, 아까시나무

해설

• 방풍용 수목으로는 해송, 삼나무, 편백, 가시나무, 느티나무, 녹나무, 구실잣밤나무, 후박나무, 아왜나무, 팽나무 등이 많이 쓰인다.

38 Repetitive Learning (1회 2회 3회)

골담초(Caragana sinica Rehder)에 대한 설명으로 틀린 것은?

① 콩과(科) 식물이다.
② 꽃은 5월에 피고 단생한다.
③ 생장이 느리고 덩이뿌리로 위로 자란다.
④ 비옥한 사질양토에서 잘 자라고 토박지에서도 잘 자란다.

해설

• 골담초는 튼튼하고 내한성과 내건성이 강하며 생장이 빠르고 위로 자란다.

39 Repetitive Learning (1회 2회 3회)

조경 수목은 식재기의 위치나 환경조건 등에 따라 적절히 선정하여야 한다. 다음 중 수목의 구비조건으로 가장 거리가 먼 것은?

① 병충해에 대한 저항성이 강해야 한다.
② 다듬기 작업 등 유지관리가 용이해야 한다.
③ 이식이 용이하며, 이식 후에도 잘 자라야 한다.
④ 번식이 힘들고 다량 구입이 어려워야 희소성 때문에 가치가 있다.

해설

• 번식이 쉽고, 소량으로도 구입이 가능해야 한다.

40 Repetitive Learning (1회 2회 3회)

잔디공사 중 떼심기 작업 시의 주의사항이 아닌 것은?

① 뗏장의 이음새에는 흙을 충분히 채워준다.
② 관수를 충분히 하여 흙과 밀착되도록 한다.
③ 경사면의 시공은 위쪽에서 아래쪽으로 작업한다.
④ 뗏장을 붙인 다음에 롤러 등의 장비로 전압을 실시한다.

해설

• 경사면의 시공은 아래에서 위로 떼꽂이로 밀리지 않게 작업한다.

정답 | 34 ① 35 ① 36 ④ 37 ① 38 ③ 39 ④ 40 ③

41 Repetitive Learning (1회 2회 3회)

미선나무(Abeliophyllum distichum Nakai)의 특징이 아닌 것은?

① 1속 1종 ② 낙엽활엽관목
③ 잎은 어긋나기 ④ 물푸레나무과(科)

해설
- 잎은 마주나며 끝이 뾰족하다.

42 Repetitive Learning (1회 2회 3회)

농약제제의 분류 중 분제(粉劑, Dusts)에 대한 설명으로 틀린 것은?

① 잔효성이 유제에 비해 짧다.
② 작물에 대한 고착성이 우수하다.
③ 유효성분 농도가 1~5% 정도인 것이 많다.
④ 유효성분을 고체증량제와 소량의 보조제를 혼합 분쇄한 미분말을 말한다.

해설
- 분제는 유제나 수화제에 비해 작물에 대한 고착성이 불량하다.

43 Repetitive Learning (1회 2회 3회)

다음 중 철쭉, 개나리 등 화목류의 전정시기로 가장 알맞은 것은?

① 가을 낙엽 후 실시한다.
② 꽃이 진 후에 실시한다.
③ 이른 봄 해동 후 바로 실시한다.
④ 시기와 상관없이 실시할 수 있다.

해설
- 춘계전정(4~5월) 시 진달래, 목련 등의 화목류는 개화가 끝난 후에 하는 것이 좋다.

44 Repetitive Learning (1회 2회 3회)

토공사에서 터파기할 양이 $100m^3$, 되메우기양이 $70m^3$일 때 실질적인 잔토처리량(m^3)은?(단, L=1.1, C=0.8이다)

① 24 ② 30
③ 33 ④ 39

해설
- 잔토처리량=(터파기 체적-되메우기 체적)×토량환산계수로 구한다.
- 100-70=$30m^3$이지만 흐트러진 상태이므로 $33m^3$만큼의 잔토처리량이 발생한다.

45 Repetitive Learning (1회 2회 3회)

양버즘나무(플라타너스)에 발생된 흰불나방을 구제하고자 할 때 가장 효과가 좋은 약제는?

① 디플루벤주론 수화제
② 결정석회황합제
③ 포스파미돈 액제
④ 티오파네이트메틸 수화제

해설
- 흰불나방 방제에는 디플루벤주론 수화제(디밀란), 트리클로르폰 수화제(디프록스), 카바릴 수화제(세빈) 등을 이용해 구제한다.

46 Repetitive Learning (1회 2회 3회)

조경 수목에 공급하는 속효성 비료에 대한 설명으로 틀린 것은?

① 대부분의 화학비료가 해당된다.
② 늦가을에서 이른 봄 사이에 준다.
③ 시비 후 5~7일 정도면 바로 비효가 나타난다.
④ 강우가 많은 지역과 잦은 시기에는 유실정도가 빠르다.

해설
- 속효성 비료는 덧거름으로 주는 것이 좋으므로 주로 봄~가을에 준다.

47 Repetitive Learning (1회 2회 3회)

비탈면의 잔디를 기계로 깎으려면 비탈면의 경사가 어느 정도보다 완만하여야 하는가?

① 1 : 1보다 완만해야 한다.
② 1 : 2보다 완만해야 한다.
③ 1 : 3보다 완만해야 한다.
④ 경사에 상관없다.

해설
- 교목이나 잔디 식재 시 1 : 3보다 완만하게 하여야 한다.

41 ③ 42 ② 43 ② 44 ③ 45 ① 46 ② 47 ③ | 정답

48 Repetitive Learning (1회 2회 3회)

다음 설명에 해당하는 것은?

> • 나무의 가지에 기생하면 그 부위가 국소적으로 이상 비대해진다.
> • 기생당한 부위의 윗부분은 위축되면서 말라죽는다.
> • 참나무류에 가장 큰 피해를 주며, 팽나무, 물오리나무, 자작나무, 밤나무 등의 활엽수에도 많이 기생한다.

① 새삼 ② 선충
③ 겨우살이 ④ 바이러스

해설

• ①은 목본식물에 기생하는 식물로 철사와 같이 다른 식물에 엮인 후 뿌리가 없어지고 기생식물에서 양분을 흡수한다.
• ②는 주머니 형태의 미소동물로 토양에서 동식물에 기생해서 생활한다.
• ④는 다른 유기체의 살아있는 세포 안에서만 살 수 있는 전염성 감염원이다.

49 Repetitive Learning (1회 2회 3회)

천적을 이용해 해충을 방제하는 방법은?

① 생물적 방제 ② 화학적 방제
③ 물리적 방제 ④ 임업적 방제

해설

• ②는 약제를 이용한 방제방법이다.
• ③은 온도, 습도, 광선, 소리 등을 이용한 방제방법이다.

50 Repetitive Learning (1회 2회 3회)

다음 설명의 ( ) 안에 들어갈 적절한 것은?

> ( )란 지질 지표면을 이루는 흙으로, 유기물과 토양 미생물이 풍부한 유기물층과 용탈층 등을 포함한 표층 토양을 말한다.

① 표토 ② 조류(Algae)
③ 풍적토 ④ 충적토

해설

• ②는 주로 수중에서 생활하며 동화색소를 가지고 독립영양 생활을 하는 생물을 총칭한다.
• ③은 바람에 날려 운반되어 퇴적된 흙으로 뢰스와 사구로 구분된다.
• ④는 유수에 의해 운반된 자갈이나 모래, 실트, 점토 등이 파쇄, 마모되어 강하류나 해안에 퇴적된 흙을 말한다.

51 Repetitive Learning (1회 2회 3회)

조경시설물 유지관리 연관 작업계획에 포함되지 않는 작업 내용은?

① 수선, 교체 ② 개량, 신설
③ 복구, 방제 ④ 제초, 전정

해설

• ④는 조경시설물이 아닌 조경식물에 대한 작업계획표 작업 내용이다.

0202 / 0301 / 0302 / 0901 / 1101 / 1104

52 Repetitive Learning (1회 2회 3회)

건설공사 표준품셈에서 사용되는 기본(표준형) 벽돌의 표준 치수(mm)로 옳은 것은?

① 180×80×57 ② 190×90×57
③ 210×90×60 ④ 210×100×60

해설

• 건설공사에 사용하는 벽돌의 표준규격은 190×90×57mm 이다.

53 Repetitive Learning (1회 2회 3회)

다음 설명에 해당하는 공법은?

> • 면상의 매트에 종자를 붙여 비탈면에 포설, 부착하여 일시적인 조기녹화를 도모하도록 시공한다.
> • 비탈면을 평평하게 끝손질한 후 배꽂이 등을 꽂아주어 떠오르거나 바람에 날리지 않도록 밀착한다.
> • 비탈면 상부 0.2m 이상을 흙으로 덮고 단부(端部)를 흙 속에 묻어 넣어 비탈면 어깨로부터 물의 침투를 방지한다.
> • 긴 매트류로 시공할 때에는 비탈면의 위에서 아래로 길게 세로로 깔고 흙쌓기 비탈면을 다지고 붙일 때에는 수평으로 깔며 양단을 0.05m 이상 중첩한다.

① 식생대공 ② 식생자루공
③ 식생매트공 ④ 종자분사파종공

해설

• ①은 흙쌓기를 할 때 비탈면에 흙, 종자, 비료 등을 를 넣은 대를 비탈면에 설치하는 공법이다.
• ②는 흙쌓기를 할 때 비탈면에 흙, 종자, 비료를 넣은 자루를 심는 공법이다.
• ④는 종자, 비료, 파이버(Fiber), 침식방지제 등 물과 교반하여 펌프로 살포 녹화하는 공법이다.

정답 | 48 ③ 49 ① 50 ① 51 ④ 52 ② 53 ③

54 Repetitive Learning 1회 2회 3회

곰팡이가 식물에 침입하는 방법은 직접침입, 연개구로 침입, 상처침입으로 구분할 수 있다. 다음 중 직접침입이 아닌 것은?

① 피목침입
② 흡기로 침입
③ 세포 간 균사로 침입
④ 흡기를 가진 세포 간 균사로 침입

해설
- ①은 연개구로 침입에 해당한다.

55 Repetitive Learning 1회 2회 3회

수목 식재 후 물집을 만드는데, 물집의 크기로 가장 적당한 것은?

① 근원지름(직경)의 1배
② 근원지름(직경)의 2배
③ 근원지름(직경)의 3 ~ 4배
④ 근원지름(직경)의 5 ~ 6배

해설
- 근원직경의 5 ~ 6배로 주간을 따라 원형으로 높이 10 ~ 20cm의 턱을 만들어 물받이를 설치한다.

56 Repetitive Learning 1회 2회 3회

다음 중 콘크리트의 공사에 있어서 거푸집에 작용하는 콘크리트 측압에 대한 설명으로 옳지 않은 것은?

① 타설 속도가 빠를수록 측압이 크다.
② 슬럼프가 클수록 측압이 크다.
③ 다짐이 많을수록 측압이 크다.
④ 빈배합이 부배합보다 측압이 크다.

해설
- 빈배합이 부배합보다 측압이 작다.

57 Repetitive Learning 1회 2회 3회

수준측량에서 표고(標高, Elevation)라 함은 일반적으로 어느 면(面)으로부터의 연직거리를 말하는가?

① 해면(海面) ② 기준면(基準面)
③ 수평면(水平面) ④ 지평면(地平面)

해설
- ①은 수년간의 조위관측값의 산술평균값이다.
- ③은 연직선에 직교하는 모든 점을 잇는 곡면으로 대략 지구의 형상을 이룬다.
- ④는 연직선에 직교하는 평면으로 어떤 점에서는 수평면에 접하는 평면이며, 시준거리에서는 수평면과 일치한다.

58 Repetitive Learning 1회 2회 3회

다음에서 설명하는 특징의 건설장비는?

- 기동성이 뛰어나고, 대형목의 이식과 자연석의 운반, 놓기, 쌓기 등에 가장 많이 사용된다.
- 기계가 서 있는 지반보다 낮은 곳의 굴착에 좋다.
- 파는 힘이 강력하고 비교적 경질지반도 적용한다.
- Drag Shovel이라고도 한다.

① 로더(Loader)
② 백호(Back Hoe)
③ 불도저(Bulldozer)
④ 덤프트럭(Dump Truck)

해설
- ①은 평탄바닥에 적재된 토사를 덤프에 적재하거나 평탄작업 등의 정지작업에 사용되는 기계이다.
- ③은 무한궤도가 달려 있는 트랙터 앞머리에 블레이드(Blade)를 부착하여 흙의 굴착 압토 및 운반 등의 작업하는 토목기계이다.
- ④는 공사용 토사나 골재를 운반하는 장비이다.

59 Repetitive Learning 1회 2회 3회

토양환경을 개선하기 위해 유공관을 지면과 수직으로 뿌리 주변에 세워 토양 내 공기를 공급하여 뿌리호흡을 유도하는데, 유공관의 깊이는 수종, 규격, 식재지역의 토양 상태에 따라 다르게 할 수 있으나, 평균 깊이는 몇 m 이내로 하는 것이 바람직한가?

① 1m ② 1.5m
③ 2m ④ 3m

해설
- 유공관의 깊이는 수종, 규격, 식재지역의 토양 상태에 따라 다르게 할 수 있으나 평균 깊이는 1m 이내로 하는 것이 바람직하다.

54 ① 55 ④ 56 ④ 57 ② 58 ② 59 ① 정답

60 Repetitive Learning 1회 2회 3회

다음 중 현장 답사 등과 같은 높은 정확도를 요하지 않는 경우에 간단히 거리를 측정하는 약측정 방법에 해당하지 않는 것은?

① 목측　　② 보측
③ 시각법　　④ 줄자측정

해설

- ④는 정확도를 요하는 측정에 사용하는 방법이다.

2016년 제2회

2016년 4월 2일 필기

16년 2회차 필기시험
합격률 37.5%

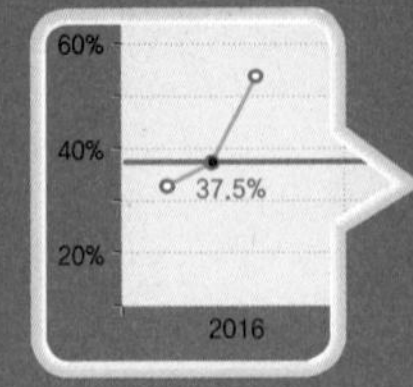

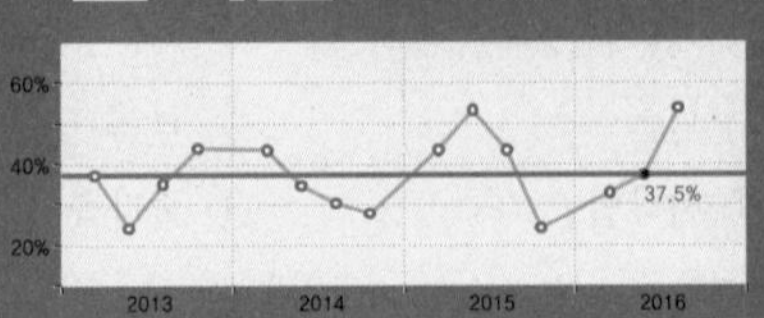

01

Repetitive Learning (1회 2회 3회)

형태는 직선 또는 규칙적인 곡선에 의해 구성되고 축을 형성하며 연못이나 화단 등의 각 부분에도 대칭형이 되는 조경양식은?

① 자연식　② 풍경식
③ 정형식　④ 절충식

해설

- ①은 동아시아에서 발달한 양식이며 자연 상태 그대로를 정원으로 조성하는 정원 양식이다.
- ②는 영국의 정원 양식으로 자연풍경을 그대로 표현하는 정원 양식이다.
- ④는 한 장소에 정형식과 자연식을 동시에 지니고 있는 조경양식이다.

02

Repetitive Learning (1회 2회 3회)

다음 고서 중 조경식물에 대한 기록이 다루어지지 않은 것은?

① 고려사　② 악학궤범
③ 양화소록　④ 동국이상국집

해설

- ②는 조선 성종 때 편찬된 악서로 장악원에 있던 의궤 · 악보를 정리한 책이므로 조경식물과는 거리가 멀다.

03

Repetitive Learning (1회 2회 3회)

스페인 정원에 관한 설명으로 틀린 것은?

① 규모가 웅장하다.
② 기하학적인 터가르기를 한다.
③ 바닥에는 색채타일을 이용하였다.
④ 안달루시아(Andalusia) 지방에서 발달했다.

해설

- 스페인 정원은 건물로서 완전히 둘러싸인 가운데 뜰 형태의 정원 형태로 폐쇄적인 특성을 갖는다.

04

Repetitive Learning (1회 2회 3회)

다음 중 정원에 사용되었던 하하(Ha-ha) 기법을 가장 잘 설명한 것은?

① 정원과 외부 사이 수로를 파 경계하는 기법
② 정원과 외부 사이 언덕으로 경계하는 기법
③ 정원과 외부 사이 교목으로 경계하는 기법
④ 정원과 외부 사이 산울타리를 설치하여 경계하는 기법

해설

- 하하 기법은 담장 대신 정원 부지의 경계선에 도랑을 파서 외부로부터의 침입을 막은 것을 말한다.

05

Repetitive Learning (1회 2회 3회)

다음 중 고산수 수법에 대한 설명으로 알맞은 것은?

① 가난함이나 부족함 속에서도 아름다움을 찾아내어 검소하고 한적한 삶을 표현
② 이끼 낀 정원석에서 고담하고 한아를 느낄 수 있도록 표현
③ 정원의 못을 복잡하게 표현하기 위해 호안을 곡절시켜 심(心)자와 같은 형태의 못을 조성
④ 물이 있어야 할 곳에 물을 사용하지 않고 돌과 모래를 사용해 물을 상징적으로 표현

해설

- 14 ~ 15세기 일본의 정원 양식은 일본의 토속신앙과 결합된 불교와 중국의 사의주의적 풍조에 영향을 받아 극도의 상징성을 나타낸 고산수식 정원 양식이 발달하였다.

01 ③　02 ②　03 ①　04 ①　05 ④ | 정답

06 Repetitive Learning (1회 2회 3회)

경복궁 내 자경전의 꽃담 벽화문양에 표현되지 않은 식물은?

① 매화 ② 석류
③ 산수유 ④ 국화

해설
• 자경전 서쪽 꽃담에는 매화, 천도, 모란, 국화, 대나무, 나비, 연꽃, 석류 등을 색깔이 든 벽돌로 장식하였다.

07 Repetitive Learning (1회 2회 3회)

우리나라 부유층의 민가정원에서 유교의 영향으로 부녀자들을 위해 특별히 조성된 부분은?

① 전정 ② 중정
③ 후정 ④ 주정

해설
• 우리나라 후원양식의 정원 유교의 영향으로 부녀자들의 공간으로 뒤뜰에 설치하여 후원이라 불리었다.

08 Repetitive Learning (1회 2회 3회)

다음 중 독일의 풍경식 정원과 가장 관계가 깊은 것은?

① 한정된 공간에서 다양한 변화를 추구
② 동양의 사의주의 자연풍경식을 수용
③ 외국에서 도입한 원예식물의 수용
④ 식물생태학, 식물지리학 등의 과학이론의 적용

해설
• ①은 네덜란드 정원의 특징이다.
• ②는 중국식 정원의 특징이다.
• ③은 영국식 정원의 특징이다.

09 Repetitive Learning (1회 2회 3회)

다음 설명에 해당하는 고대 이집트의 대표적인 정원수는?

> • 강한 직사광선으로 인하여 녹음수로 많이 사용
> • 신성시하여 사자(死者)를 이 나무 그늘 아래 쉬게 하는 풍습이 있었음

① 파피루스 ② 버드나무
③ 장미 ④ 시카모어

해설
• ①은 지중해 연안에서 자라는 나무로 이집트 하(下)대의 상징 식물로 여겨졌으며 연못에 식재되었고, 식물의 꽃은 즐거움과 승리를 의미하여 신과 사자에게 바쳐졌었다.
• ②는 물을 좋아해서 주로 시냇가와 강가, 호숫가에 많이 자라는 나무이다.
• ③은 향이 좋고, 꽃이 아름다워 관상용으로 재배한다.

10 Repetitive Learning (1회 2회 3회)

다음 중 사적인 정원이 공적인 공원으로 역할전환의 계기가 된 사례는?

① 에스테장 ② 베르사유궁
③ 켄싱턴 가든 ④ 센트럴 파크

해설
• 뉴욕의 센트럴 파크(Central park)는 식민지 시대의 사유지 중심의 정원에서 공공적인 성격을 지닌 조경으로 전환되는 전기를 마련하였다.

11 Repetitive Learning (1회 2회 3회)

조경계획 및 설계과정에 있어서 각 공간의 규모, 사용재료, 마감방법을 제시해 주는 단계는?

① 기본구상 ② 기본계획
③ 기본설계 ④ 실시설계

해설
• ①은 수집된 자료를 종합한 후에 이를 바탕으로 개략적인 계획안을 결정하는 단계이다.
• ②는 조사분석을 통해 주변환경에 대한 파악이 끝나면 조경을 구현하기 위한 최적의 대안을 설정하는 단계이다.
• ④는 시공상세도를 작성하고 공사비 내역을 산출하는 단계이다.

12 Repetitive Learning (1회 2회 3회)

도시 내부와 외부의 관련이 매우 좋으며 재난 시 시민들의 빠른 대피에 큰 효과를 발휘하는 녹지형태는?

① 분산식 ② 방사식
③ 환상식 ④ 평행식

해설
• 재난 시 시민 대피에 효과적인 녹지형태는 도시 중심에서 외부로 방사상의 녹지대를 조성하는 방사식이다.

정답 | 06 ③ 07 ③ 08 ④ 09 ④ 10 ④ 11 ③ 12 ②

13

Repetitive Learning (1회 2회 3회)

주택정원 거실 앞쪽에 위치한 뜰로 옥외생활을 즐길 수 있는 공간은?

① 안뜰　② 앞뜰
③ 뒤뜰　④ 작업뜰

해설

- ②는 대문에서 현관에 이르는 공간으로 주택정원에서 공공성이 가장 강한 공간이다.
- ③은 집 뒤에 위치한 공간으로 조선시대 중엽 이후 풍수설에 따라 주택조경에서 새로이 중요한 부분으로 강조된 공간이다.
- ④는 장독대, 쓰레기통, 빨래건조대 등을 설치하는 공간으로 구석진 공간이나 분리된 공간으로 한다.

14

Repetitive Learning (1회 2회 3회)

다음에 제시된 행위 시 「도시공원 및 녹지 등에 관한 법률」상의 벌칙 기준은?

- 위반하여 도시공원에 입장하는 사람으로부터 입장료를 징수한 자
- 허가를 받지 아니하거나 허가받은 내용을 위반하여 도시공원 또는 녹지에서 시설 · 건축물 또는 공작물을 설치한 자

① 2년 이하의 징역 또는 3천만 원 이하의 벌금
② 1년 이하의 징역 또는 1천만 원 이하의 벌금
③ 1년 이하의 징역 또는 5백만 원 이하의 벌금
④ 1년 이하의 징역 또는 3천만 원 이하의 벌금

해설

- 해당 사안은 모두 1년 이하의 징역 또는 1천만 원 이하의 벌금에 해당하는 범죄행위이다.

15

Repetitive Learning (1회 2회 3회)

색채와 자연환경에 대한 설명으로 옳지 않은 것은?

① 풍토색은 기후와 토지의 색, 즉 지역의 태양빛, 흙의 색 등을 의미한다.
② 지역색은 그 지역의 특성을 전달하는 색채와 그 지역의 역사, 풍속, 지형, 기후 등의 지방색과 합쳐 표현된다.
③ 지역색은 환경색채계획 등 새로운 분야에서 사용되기 시작한 용어이다.
④ 풍토색은 지역의 건축물, 도로환경, 옥외광고물 등의 특징을 갖고 있다.

해설

- ④는 풍토색이 아니라 지역색에 대한 설명이다.

16

Repetitive Learning (1회 2회 3회)

표제란에 대한 설명으로 옳은 것은?

① 도면명은 표제란에 기입하지 않는다.
② 도면 제작에 필요한 지침을 기록한다.
③ 도면번호, 도명, 작성자명, 작성일자 등에 관한 사항을 기입한다.
④ 용지의 긴 쪽 길이를 가로 방향으로 설정할 때 표제란은 왼쪽 아래 구석에 위치한다.

해설

- ①에서 표제란에는 도면명과 도면번호 등을 기재한다.
- ②에서 도면의 번호, 도명 등을 기입하는 곳을 말한다.
- ④에서 용지의 긴 쪽 길이를 가로 방향으로 설정할 때 표제란은 오른쪽 아래 구석에 위치한다.

17

Repetitive Learning (1회 2회 3회)

먼셀 색체계의 기본색인 5가지 주요 색상이 바르게 나열된 것은?

① 빨강, 노랑, 초록, 파랑, 주황
② 빨강, 노랑, 초록, 파랑, 보라
③ 빨강, 노랑, 초록, 파랑, 청록
④ 빨강, 노랑, 초록, 남색, 주황

해설

- 색상환의 12시 방향에 빨강(R)을 기준으로 노랑(Y), 초록(G), 파랑(B), 보라(P)의 5가지 색을 기본으로 한다.

18

Repetitive Learning (1회 2회 3회)

대형건물의 외벽도색을 위한 색채계획을 할 때 사용하는 컬러샘플(Color Sample)은 실제 색보다 명도나 채도를 낮추어서 사용하는 것이 좋다. 이는 색채의 어떤 현상 때문인가?

① 착시효과　② 동화현상
③ 대비효과　④ 면적효과

해설

- 큰 면적의 색을 고를 때의 견본 색은 원하는 색보다 어둡고 탁한 색을 골라야 한다.

13 ① 14 ② 15 ④ 16 ③ 17 ② 18 ④ | 정답

19 Repetitive Learning (1회 2회 3회)

건설재료의 골재의 단면표시 중 잡석을 나타낸 것은?

①

② 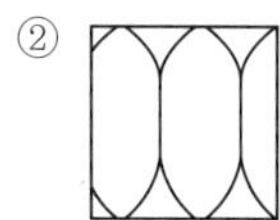

③

④ 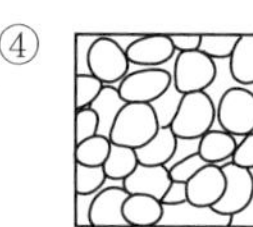

해설
- ①은 치장재, ③은 모래, ④는 자갈을 나타낸다.

20 Repetitive Learning (1회 2회 3회)

오른손잡이의 선긋기 연습에서 고려해야 할 사항이 아닌 것은?

① 수평선 긋기 방향은 왼쪽에서 오른쪽으로 긋는다.
② 수직선 긋기 방향은 위쪽에서 아래쪽으로 내려 긋는다.
③ 선은 처음부터 끝나는 부분까지 일정한 힘으로 한 번에 긋는다.
④ 선의 연결과 교차부분이 정확하게 되도록 한다.

해설
- 수직선은 밑에서 위로, 왼쪽에서부터 오른쪽으로 차례대로 긋는다.

21 Repetitive Learning (1회 2회 3회)

다음 중 방부 또는 방충을 목적으로 하는 방법으로 적절하지 않은 것은?

① 표면탄화법 ② 약제도포법
③ 상압주입법 ④ 마모저항법

해설
- 목재의 방부 및 방충처리법에는 침지법, 약제도포법, 상압 및 가압주입법, 표면탄화법 등이 있다.

22 Repetitive Learning (1회 2회 3회)

다음 중 아황산가스에 강한 수종이 아닌 것은?

① 고로쇠나무 ② 가시나무
③ 백합나무 ④ 칠엽수

해설
- ①은 아황산가스에 약한 수종이다.

0705

23 Repetitive Learning (1회 2회 3회)

조경공사의 돌쌓기용 암석을 운반하기에 가장 적절한 재료는?

① 철근 ② 쇠파이프
③ 와이어메시 ④ 와이어로프

해설
- ①은 콘크리트 속에 묻어서 콘크리트를 보강하기 위해 만든 기다란 막대모양의 철재 부품이다.
- ②는 쇠로 만든 파이프이다.
- ③은 고강도 철선을 가로세로로 직교시켜 전기저항용접으로 접합한 격자형의 시트이다.

24 Repetitive Learning (1회 2회 3회)

쇠망치 및 날메로 요철을 대강 따내고, 거친 면을 그대로 두어 부풀린 느낌으로 마무리하는 것으로 중량감과 자연미를 주는 석재가공법은?

① 혹두기 ② 정다듬
③ 도드락다듬 ④ 잔다듬

해설
- ②는 정으로 비교적 고르고 곱게 다듬는 마감법이다.
- ③은 정다듬한 면을 도드락망치를 이용해 1～3회 곱게 다듬는 마감법이다.
- ④는 도드락 다듬면을 일정 방향이나 평행선으로 나란히 찍어 다듬어 평탄하게 마무리하는 마감법이다.

0201

25 Repetitive Learning (1회 2회 3회)

새끼(볏짚제품)의 용도에 대한 설명으로 적절하지 않은 것은?

① 더위에 약한 수목을 보호하기 위해서 줄기에 감는다.
② 옮겨 심는 수목의 뿌리분이 상하지 않도록 감아준다.
③ 강한 햇볕에 줄기가 타는 것을 방지하기 위하여 감아준다.
④ 천공성 해충의 침입을 방지하기 위하여 감아준다.

해설
- 새끼줄은 추위에 약한 수목을 보호하기 위해 줄기에 감는다.

정답 | 19 ② 20 ② 21 ④ 22 ① 23 ④ 24 ① 25 ①

26 Repetitive Learning (1회 2회 3회)

다음에서 설명하는 건설용 재료는?

> • 갈라진 목재 틈을 메우는 정형 실링재이다.
> • 단성복원력이 적거나 거의 없다.
> • 일정 압력을 받는 새시의 접합부 쿠션 겸 실링재로 사용되었다.

① 프라이머 ② 코킹
③ 퍼티 ④ 석고

해설

• ①은 페인트나 시멘트를 바르기 전에 대상의 표면에 펴 바르는 액체류의 도장재이다.
• ②는 각종 접합부나 갈라진 틈에 대한 수밀 및 기밀작업을 수행하는 물질로 신축허용률 ±10% 이하의 조인트에 사용되는 제품을 말한다.
• ④는 산화칼슘이 주성분인 비금속 광물로 물과 결합하여 굳은 형태를 만드는 무른 고체이다.

27 Repetitive Learning (1회 2회 3회)

건설용 재료의 특징에 대한 설명으로 틀린 것은?

① 미장재료 : 구조재의 부족한 요소를 감추고 외벽을 아름답게 나타내 주는 것
② 플라스틱 : 합성수지에 가소제, 채움제, 안정제, 착색제 등을 넣어서 성형한 고분자 물질
③ 역청재료 : 최근에 환경 조형물이나 안내판 등에 널리 이용되고, 입체적인 벽면구성이나 특수지역의 바닥 포장재로 사용
④ 도장재료 : 구조재의 내식성, 방부성, 내마멸성, 방수성, 방습성 및 강도 등이 높아지고 광택 등 미관을 높여 주는 효과를 얻음

해설

• ③은 모자이크타일에 대한 설명이다.

0202 / 0301 / 1202 / 1205

28 Repetitive Learning (1회 2회 3회)

형상수(Topiary)를 만들기에 가장 적합한 수종은?

① 주목 ② 단풍나무
③ 개벚나무 ④ 전나무

해설

• 형상수 만들기에 좋은 나무는 맹아력이 우수한 향나무, 주목이 대표적이다.

29 Repetitive Learning (1회 2회 3회)

내부진동기를 사용하여 콘크리트 다지기를 실시할 때 내부 진동기를 찔러 넣는 간격은 얼마 이하를 표준으로 하는 것이 좋은가?

① 30cm ② 50cm
③ 80cm ④ 100cm

해설

• 진동기는 수직방향으로 넣고 간격은 약 50cm 이하로 한다.

30 Repetitive Learning (1회 2회 3회)

굵은 골재의 절대건조상태의 질량이 1,000g, 표면건조포화상태의 질량이 1,100g, 수중질량이 650g일 때 흡수율은 몇 %인가?

① 10.0% ② 28.6%
③ 31.4% ④ 35.0%

해설

• 절대건조상태의 질량이 1000g, 표면건조포화상태의 질량은 1,100g이므로 흡수율은 $\frac{1,100-1,000}{1,000}\times 100 = \frac{100}{1,000}\times 100 = 10\%$이다.

31 Repetitive Learning (1회 2회 3회)

무너짐 쌓기를 한 후 돌과 돌 사이에 식재하는 식물 재료로 가장 적절한 것은?

① 장미 ② 회양목
③ 화살나무 ④ 꽝꽝나무

해설

• 돌을 쌓고 난 후 돌과 돌 사이의 틈에는 키가 작은 관목(회양목, 철쭉, 맥문동 등)을 식재한다.

32 Repetitive Learning (1회 2회 3회)

단풍나무과(科)에 해당하지 않는 수종은?

① 고로쇠나무 ② 복자기
③ 소사나무 ④ 신나무

해설

• ③은 자작나무과의 갈잎큰키나무이다.

26 ③ 27 ③ 28 ① 29 ② 30 ① 31 ② 32 ③ 정답

33 → Repetitive Learning (1회 2회 3회)

시멘트의 강열감량(Ignition Loss)에 대한 설명으로 틀린 것은?

① 시멘트 중에 함유된 H_2O와 CO_2의 양이다.
② 클링커와 혼합하는 석고의 결정수량과 거의 같은 양이다.
③ 시멘트에 약 1000℃의 강한 열을 가했을 때의 시멘트 감량이다.
④ 시멘트가 풍화하면 강열감량이 적어지므로 풍화의 정도를 파악하는 데 사용된다.

해설

- 시멘트가 풍화하면 강열감량이 커지므로 풍화의 정도를 파악하는 데 사용된다.

34 → Repetitive Learning (1회 2회 3회)

아스팔트의 물리적 성질과 관련된 설명으로 옳지 않은 것은?

① 아스팔트의 연성을 나타내는 수치를 신도라 한다.
② 침입도는 아스팔트의 컨시스턴시를 임의 관입저항으로 평가하는 방법이다.
③ 아스팔트에는 명확한 융점이 있으며, 온도가 상승하는 데 따라 연화하여 액상이 된다.
④ 아스팔트는 온도에 따른 컨시스턴시의 변화가 매우 크며, 이 변화의 정도를 감온성이라 한다.

해설

- 아스팔트의 융점은 일정하지 않고 원유의 산지나 정세방법에 따라 다르다.

35 → Repetitive Learning (1회 2회 3회)

잔디의 병해 중 녹병의 방제약으로 옳은 것은?

① 만코제브(수)
② 테부코나졸(유)
③ 에마멕틴벤조에이트(유)
④ 글루포시네이트암모늄(액)

해설

- ①은 역병, 탄저병, 잎마름병, 무늬병 방제 약제이다.
- ③은 총채벌레, 담배나방, 배추좀나방, 소나무재선충 등의 방제 약제이다.
- ④는 비선택성 제초제이다.

36 → Repetitive Learning (1회 2회 3회)

다음 중 양수에 해당하는 수종은?

① 일본잎갈나무 ② 조록싸리
③ 식나무 ④ 사철나무

해설

- ②와 ④는 강음수, ③은 음수에 해당한다.

37 → Repetitive Learning (1회 2회 3회)

다음 중 내염성이 가장 큰 수종은?

① 사철나무 ② 목련
③ 낙엽송 ④ 일본목련

해설

- ②와 ③은 내염성이 강한 수종에 해당한다.
- ④는 내염성이 약한 수종에 해당한다.
- 사철나무는 해송, 노간주나무 등과 함께 내염성이 특히 강한 수종에 해당한다.

38 → Repetitive Learning (1회 2회 3회)

화단에 심겨지는 초화류가 갖추어야 할 조건으로 적절하지 않은 것은?

① 가지 수는 적고 큰 꽃이 피어야 한다.
② 바람, 건조 및 병·해충에 강해야 한다.
③ 꽃의 색채가 선명하고, 개화기간이 길어야 한다.
④ 성질이 강건하고 재배와 이식이 비교적 용이해야 한다.

해설

- ①에서 가지가 많이 갈라져 꽃이 많이 달려야 한다.

39 → Repetitive Learning (1회 2회 3회)

수종과 그 줄기색(樹皮)의 연결이 틀린 것은?

① 벽오동은 녹색 계통이다.
② 곰솔은 흑갈색 계통이다.
③ 소나무는 적갈색 계통이다.
④ 흰말채나무는 흰색 계통이다.

해설

- 흰말채나무의 줄기색은 여름에는 녹색이나 가을, 겨울철에는 붉은색이다.

정답 | 33 ④ 34 ③ 35 ② 36 ① 37 ① 38 ① 39 ④

40 Repetitive Learning (1회 2회 3회)

귀룽나무(Prunus padus L)에 대한 특성으로 옳지 않은 것은?

① 원산지는 한국, 일본이다.
② 꽃과 열매는 백색계열이다.
③ Rosaceae과(科) 식물로 분류된다.
④ 생장속도가 빠르고 내공해성이 강하다.

해설
- 귀룽나무의 꽃은 백색이고 열매는 검게 익는다.

41 Repetitive Learning (1회 2회 3회)

능소화(Campsis grandifolia K.Schum)에 대한 설명으로 틀린 것은?

① 낙엽활엽덩굴성이다.
② 잎은 어긋나며 뒷면에 털이 있다.
③ 나팔모양의 꽃은 주홍색으로 화려하다.
④ 동양적인 정원이나 사찰 등의 관상용으로 좋다.

해설
- 잎은 한 자루에 7～9개의 작은 잎이 서로 마주보고 달린다.

42 Repetitive Learning (1회 2회 3회)

도시공원 녹지 중 수림지 관리에서 그 필요성이 가장 떨어지는 것은?

① 시비(施肥)　② 하예(下刈)
③ 제벌(除伐)　④ 병충해 방제

해설
- 도시공원 수림지는 활엽수와 침엽수가 혼재된 혼유림으로 시비의 필요성이 크지 않다.

43 Repetitive Learning (1회 2회 3회)

봄에 향나무의 잎과 줄기에 갈색의 돌기가 형성되고 비가 오면 한천모양이나 젤리모양으로 부풀어 오르는 병은?

① 향나무 가지마름병
② 향나무 그을음병
③ 향나무 붉은별무늬병
④ 향나무 녹병

해설
- ①은 여름장마가 끝나면서부터 발생하여 묘목과 어린나무의 잎과 작은 가지를 침해한다.
- ②는 깍지벌레, 진딧물, 가루이 등의 피해를 입었거나 입고 있는 수목에서 주로 발생하는 병으로 엽면을 덮고 있는 그을음이 광합성 작용을 방해해서 수목을 시들게 한다.
- ③은 주로 잎에 발생하지만 과실과 어린 가지에도 발생한다.

44 Repetitive Learning (1회 2회 3회) 1102

25% A 유제 100mL를 0.05%의 살포액으로 만드는 데 소요되는 물의 양은?(단, 비중은 1.00이다)

① 5L　② 25L
③ 50L　④ 100L

해설
- 25% A 유제 100mL라는 것은 A의 약량이 0.25×100mL=25mL라는 말이다.
- 0.05%는 0.0005를 의미하므로 이는 희석배수가 $\frac{1}{0.0005}$ =2,000배임을 의미한다.
- 물의 양은 농약용액의 양으로 보면 되므로 2,000×25mL =50,000mL=50L가 된다.

45 Repetitive Learning (1회 2회 3회)

다음 설명에 해당하는 파종 공법은?

- 종자, 비료, 파이버(Fiber), 침식방지제 등 물과 교반하여 펌프로 살포 녹화한다.
- 비탈 기울기가 급하고 토양조건이 열악한 급경사지에 기계와 기구를 사용해서 종자를 파종한다.
- 한랭도가 적고 토양조건이 어느 정도 양호한 비탈면에 한하여 적용한다.

① 식생매트공
② 볏짚거적덮기공
③ 종자분사파종공
④ 지하경뿜어붙이기공

해설
- ①은 면상의 매트에 종자를 붙여 비탈면에 포설, 부착하여 일시적인 조기녹화를 도모하도록 시공한다.
- ②는 절토사면에 씨를 뿌린 후 그 위에 볏짚으로 짠 거적을 사면 전체에 골고루 덮고 대꽂이를 거적 위에 설치하는 공법이다.

40 ② 41 ② 42 ① 43 ④ 44 ③ 45 ③ 정답

46 Repetitive Learning (1회 2회 3회)

해충의 체(體) 표면에 직접 살포하거나 살포된 물체에 해충이 접촉되어 약제가 체내에 침입하여 독(毒) 작용을 일으키는 약제는?

① 유인제　② 접촉살충제
③ 소화중독제　④ 화학불임제

해설
- ①은 해충을 유인할 때 사용하는 약제이다.
- ③은 식물체 표면에 약제성분을 부착시켜 해충이 먹이와 함께 약제를 먹게 하여, 해충의 소화기관 내로 들어가 독작용을 보이는 약제이다.
- ④는 곤충의 생식기관의 발육을 저해하거나 생식세포의 발육 또는 생리에 저해를 일으켜 생식능력을 잃게 하는 약제이다.

47 Repetitive Learning (1회 2회 3회)

장미 검은무늬병은 주로 식물체 어느 부위에 발생하는가?

① 꽃　② 잎
③ 뿌리　④ 식물전체

해설
- 장미 검은무늬병은 잎에 커다란 검은색 병반이 생기고, 잎의 조기탈락으로 수세가 약화되며, 이로 인해 동해의 피해를 받기 쉽다.

48 Repetitive Learning (1회 2회 3회)

진딧물의 방제를 위하여 보호하여야 하는 천적으로 볼 수 없는 것은?

① 무당벌레류　② 꽃등애류
③ 솔잎벌류　④ 풀잠자리류

해설
- ③은 1세대 유충이 묵은 잎을, 2세대 이후는 신엽을 먹고 자라는 해충이다.

49 Repetitive Learning (1회 2회 3회)

철근의 피복두께를 유지하는 목적으로 틀린 것은?

① 철근량 절감　② 내구성능 유지
③ 내화성능 유지　④ 소요의 구조내력확보

해설
- 철근을 피복하는 이유는 철근의 부식방지, 내화성 및 내구성 확보, 골재의 유동성 확보, 구조내력 및 부착력의 확보 등에 있다.

50 Repetitive Learning (1회 2회 3회)

수목의 이식 전 세근을 발달시키기 위해 실시하는 작업을 무엇이라 하는가?

① 가식　② 뿌리돌림
③ 뿌리분 포장　④ 뿌리외과수술

해설
- ①은 식재준비를 위해 정식하기 전에 임시로 땅을 파고 뿌리부분을 흙으로 덮어 주는 것을 말한다.
- ③은 뿌리분의 보습력을 유지하기 위해 포장하는 작업을 말한다.
- ④는 뿌리 중 살아있는 부분을 찾아서 뿌리를 절단하고 박피를 실시하여 생명력을 회복시키는 작업을 말한다.

51 Repetitive Learning (1회 2회 3회)

수목을 장거리 운반할 때 주의해야 할 사항이 아닌 것은?

① 병충해 방제　② 수피 손상 방지
③ 분 깨짐 방지　④ 바람 피해 방지

해설
- 수목을 운반할 때 병충해 방제는 고려할 사항으로 거리가 멀다.

0505 / 1001

52 Repetitive Learning (1회 2회 3회)

인간이나 기계가 공사 목적물을 만들기 위하여 단위물량당 소요되는 노력과 품질을 수량으로 표현한 것을 무엇이라 하는가?

① 할증　② 품셈
③ 견적　④ 내역

해설
- ①은 비용을 추가한다는 말이다.
- ③은 산출 수량에 단위당 가격 즉, 단가를 곱해서 금액을 산출하는 작업을 말한다.
- ④는 물품이나 금액 따위의 내용을 말한다.

정답 | 46 ② 47 ② 48 ③ 49 ① 50 ② 51 ① 52 ②

0901

53 Repetitive Learning (1회 2회 3회)

내구성과 내마멸성이 좋아 일단 파손된 곳은 보수가 어려우므로 시공 때 각별한 주의가 필요하다. 다음과 같은 원로 포장방법은?

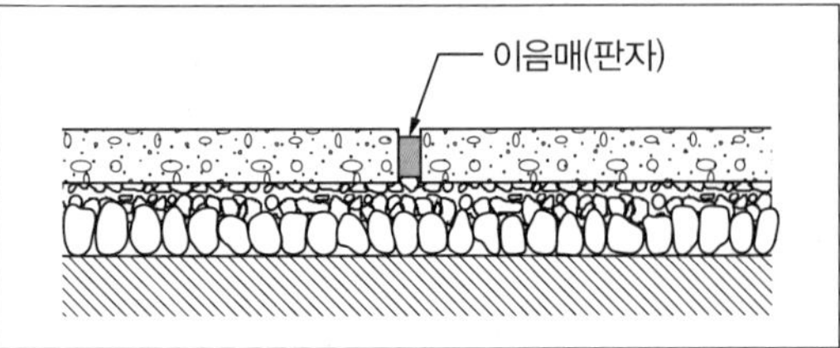

① 마사토 포장 ② 콘크리트 포장
③ 판석 포장 ④ 벽돌 포장

해설
- ①은 공원의 산책로 등에서 자연의 질감을 그대로 유지하면서 표토층을 보존하는 포장방법이다.
- ③은 화강석, 점판암 등을 이용해 판석을 Y형으로 배치하고 모르타르로 고정하는 포장방법이다.
- ④는 마모가 쉽고 탈색 우려가 있으며 압축강도가 약한 포장방법이다.

0402 / 0705 / 0801

54 Repetitive Learning (1회 2회 3회)

다음 중 조경시공 공사에서 마지막으로 행하는 작업은?

① 식재공사 ② 급배수 및 호안공
③ 터닦기 ④ 콘크리트 공사

해설
- 조경시공 공사는 터닦기→급배수, 호안공사→콘크리트 공사→정원시설물설치→식재공사 순으로 진행한다.

55 Repetitive Learning (1회 2회 3회)

작업현장에서 작업물의 운반작업 시 주의사항으로 옳지 않은 것은?

① 어깨높이보다 높은 위치에서 하물을 들고 운반하여서는 안된다.
② 운반 시의 시선은 진행방향을 향하고 뒷걸음 운반을 하여서는 안된다.
③ 무거운 물건을 운반할 때 무게 중심이 높은 하물은 인력으로 운반하지 않는다.
④ 단독으로 긴 물건을 어깨에 메고 운반할 때에는 뒤쪽을 위로 올린 상태로 운반한다.

해설
- 단독으로 긴 물건을 어깨에 메고 운반할 때에는 화물 앞부분 끝을 어깨에 메고 뒤쪽 끝을 끌면서 운반한다.

56 Repetitive Learning (1회 2회 3회)

경사진 지형에서 흙이 무너지는 것을 방지하기 위하여 토양의 안식각을 유지하며 크고 작은 돌을 자연스러운 상태가 되도록 쌓아 올리는 방법은?

① 평석쌓기
② 견치석쌓기
③ 디딤돌쌓기
④ 자연석 무너짐쌓기

해설
- ①은 평석을 이용해 돌담장 등을 쌓는 방법이다.
- ②는 지반이 약한 곳에 콘크리트 기초 위에 견치석을 이용해 석축을 쌓아 올리는 돌쌓기이다.
- ③은 정원의 잔디나 나지 위에 보행자의 편의를 돕고, 지피식물을 보호하기 위해 쌓는 돌쌓기이다.

57 Repetitive Learning (1회 2회 3회)

예불기(예취기) 작업 시 작업자 상호 간의 최소 안전거리는 몇 m 이상이 적절한가?

① 4m ② 6m
③ 8m ④ 10m

해설
- 작업 시 작업자 상호 간의 최소 안전거리는 10m 이상을 유지한다.

58 Repetitive Learning (1회 2회 3회)

옹벽자체의 자중으로 토압에 저항하는 옹벽의 종류는?

① L형 옹벽 ② 역T형 옹벽
③ 중력식 옹벽 ④ 반중력식 옹벽

해설
- ①과 ②는 현관의 차양처럼 한쪽 끝이 고정되고 다른 끝은 받쳐지지 않은 상태로 된 캔틸레버(Cantilever)를 이용하여 재료를 절약한 캔틸레버형 옹벽이다.
- ④는 중력식과 철근콘크리트 옹벽의 중간 구조로 자중을 가볍게 하기 위해 중간에 철근을 보강한 것으로 높이 6m 정도의 옹벽에 적합하다.

53 ② 54 ① 55 ④ 56 ④ 57 ④ 58 ③ 정답

59

Repetitive Learning (1회 2회 3회)

지형도상에서 2점 간의 수평거리가 200m이고, 높이차가 5m라 하면 경사도는 얼마인가?

① 2.5%　　② 5.0%
③ 10.0%　　④ 50.0%

해설

- 수평거리 200m에 수직거리가 5m인 경우이므로 $\frac{5}{200} \times 100 = 2.5\%$가 된다.

60

Repetitive Learning (1회 2회 3회)

옥상녹화 방수 소재에 요구되는 성능으로 가장 거리가 먼 것은?

① 식물의 뿌리에 견디는 내근성
② 시비, 방제 등에 견디는 내약품성
③ 박테리아에 의한 부식에 견디는 성능
④ 색상이 미려하고 미관상 보기 좋은 것

해설

- ①, ②, ③ 외에 내움푹패임성과 수밀성 및 투수성이 있다.

2016년 제4회

2016년 7월 10일 필기

16년 4회차 필기시험
합격률 53.8%

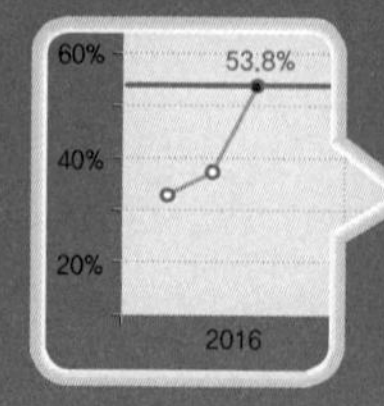

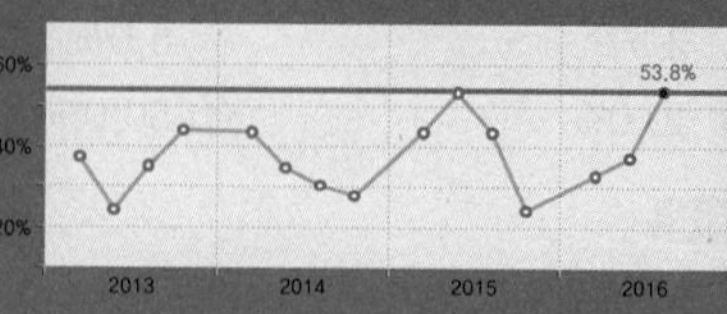

01 ——• Repetitive Learning 1회 2회 3회

조선시대 궁궐이나 상류주택 정원에서 가장 독특하게 발달한 공간은?

① 전정 ② 후정
③ 주정 ④ 중정

해설

- 우리나라 후원양식의 정원 유교의 영향으로 부녀자들의 공간으로 뒤뜰에 설치하여 후원이라 불리었다.

0802

02 ——• Repetitive Learning 1회 2회 3회

영국 튜터왕조에서 유행했던 화단으로 낮게 깎은 회양목 등으로 화단을 여러가지 기하학적 문양으로 구획짓는 것은?

① 기식화단 ② 매듭화단
③ 카펫화단 ④ 경재화단

해설

- ①은 모둠화단이라고도 하는데 화단의 어느 방향에서나 관상 가능하도록 중앙 부위는 높게, 가장 자리는 낮게 조성한 화단을 말한다.
- ③은 양탄자 화단이라고도 하며, 키가 작은 초화류를 양탄자 무늬처럼 기하학적으로 배치한 화단으로 평면화단에 해당한다.
- ④는 건물이나 담장 앞 또는 원로에 따라 길게 만들어지는 화단으로 전면에서만 감상되기 때문에 화단 앞쪽은 키가 작은 것을, 뒤쪽으로 갈수록 큰 초화류를 심는다.

0501

03 ——• Repetitive Learning 1회 2회 3회

중정(Patio)식 정원의 가장 대표적인 특징은?

① 토피어리 ② 색채타일
③ 동물 조각품 ④ 수렵장

해설

- ①은 식물을 동물 등 여러가지 모양으로 다듬는 기술 혹은 작품을 말한다.
- 중정식 정원은 물과 분수를 풍부하게 장식하였으며 다채로운 색채를 도입한 대리석과 벽돌이 기하학적 형태를 이룬다.

04 ——• Repetitive Learning 1회 2회 3회

정원요소로 징검돌, 물통, 세수통, 석등 등의 배치를 중시하던 일본의 정원 양식은?

① 다정원 ② 침전조 정원
③ 축산고산수 정원 ④ 평정고산수 정원

해설

- ②는 연회나 행차를 위해 흰모래가 깔린 마당인 침전에 음양오행설에 입각해 정원과 못, 섬 등을 설치하고 그 끝에 조전을 세워 연회를 하는 양식의 일본 귀족 주택양식을 말한다.
- ③은 왕모래, 바위, 나무 등을 이용해 자연을 표현한 방식이다.
- ④는 왕모래와 바위를 이용해 바다의 경치를 표현한 방식이다.
- 정원 양식에 세수통이나 석등 등이 등장한 것은 다정식 정원 양식이다.

1202

05 ——• Repetitive Learning 1회 2회 3회

중국 청나라 시대의 대표적인 정원이 아닌 것은?

① 원명원 이궁 ② 이화원 이궁
③ 졸정원 ④ 승덕피서산장

해설

- ③은 당나라 때 만들어진 후 명나라 때 개인정원으로 개조된 정원이다.

01 ② 02 ② 03 ② 04 ① 05 ③ 정답

06 → Repetitive Learning (1회 2회 3회)

16세기 무굴제국의 인도 정원과 가장 관련이 깊은 것은?

① 타지마할 ② 퐁텐블로
③ 클로이스터 ④ 알함브라 궁원

해설

- ②는 베르사이유 궁에 이은 프랑스의 2번째로 큰 왕궁이다.
- ③은 중세 성당이나 수도원 등의 지붕에 덮인 회랑을 의미한다.
- ④는 중세 스페인의 회교식 정원으로 1240년경에 건립되었다.

0605

07 → Repetitive Learning (1회 2회 3회)

이탈리아의 노단 건축식 정원, 프랑스의 평면기하학식 정원 등은 자연 환경 요인 중 어떤 요인의 영향을 가장 크게 받아 발생한 것인가?

① 기후 ② 지형
③ 식물 ④ 토지

해설

- 지형적인 이유로 인해 이탈리아에서는 경사지에 여러 개의 노단(테라스)을 조화시켜 쌓는 방식이, 프랑스에서는 구릉지에 평면기하학식 정원이 발전하였다.

08 → Repetitive Learning (1회 2회 3회)

다음 중 창경궁(昌慶宮)과 관련이 있는 건물은?

① 만춘전 ② 낙선재
③ 함화당 ④ 사정전

해설

- ①, ③, ④는 경복궁에 있다.

09 → Repetitive Learning (1회 2회 3회)

경관요소 중 높은 지각 강도(A)와 낮은 지각 강도(B)의 연결이 옳지 않은 것은?

① A : 수평선, B : 사선
② A : 따뜻한 색채, B : 차가운 색채
③ A : 동적인 상태, B : 고정된 상태
④ A : 거친 질감, B : 섬세하고 부드러운 질감

해설

- 수평선은 지각 강도가 낮고, 사선은 지각 강도가 높다.

1202

10 → Repetitive Learning (1회 2회 3회)

메소포타미아의 대표적인 정원은?

① 베다사원
② 베르사유 궁전
③ 바빌론의 공중정원
④ 타지마할 사원

해설

- ①은 기원전 1500년경의 인도지역의 사원을 말한다.
- ②는 루이13세의 사냥용 별장이었는데 1662년 궁원으로 증개축되었다.
- ④는 인도 무굴제국의 대표적인 건축물(묘원)이다.

11 → Repetitive Learning (1회 2회 3회)

다음 중 좁은 의미의 조경 또는 조원으로 가장 적절한 설명은?

① 복잡 다양한 근대에 이르러 적용되었다.
② 기술자를 조경가라 부르기 시작하였다.
③ 정원을 포함한 광범위한 옥외공간 전반이 주대상이다.
④ 식재를 중심으로 한 전통적인 조경기술로 정원을 만드는 일만을 말한다.

해설

- 좁은 의미에서의 조경은 주택뿐 아니라 다양한 형태와 크기의 정원을 만드는 것이고, 넓은 의미에서는 정원뿐 아니라 광범위한(전 국토) 경관의 보존 및 정비를 과학적이고 조형적으로 다루는 기술을 말한다.

12 → Repetitive Learning (1회 2회 3회)

도시기본구상도의 표시기준 중 노란색은 어느 용지를 나타내는 것인가?

① 주거용지 ② 관리용지
③ 보전용지 ④ 상업용지

해설

- 노란색은 주거용지를 의미한다.
- ②는 갈색, ③은 옅은 연두색, ④는 분홍색으로 표시한다.

정답 | 06 ① 07 ② 08 ② 09 ① 10 ③ 11 ④ 12 ①

13 Repetitive Learning (1회 2회 3회)

국토교통부장관이 규정에 의하여 공원녹지기본계획을 수립할 시 종합적으로 고려해야 하는 사항으로 가장 거리가 먼 것은?

① 장래 이용자의 특성 등 여건의 변화에 탄력적으로 대응할 수 있도록 할 것
② 공원녹지의 보전 · 확충 · 관리 · 이용을 위한 장기발전방향을 제시하여 도시민들의 쾌적한 삶의 기반이 형성되도록 할 것
③ 광역도시계획, 도시 · 군기본계획 등 상위계획의 내용과 부합되어야 하고 도시 · 군기본계획의 부문별 계획과 조화되도록 할 것
④ 체계적 · 독립적으로 자연환경의 유지 · 관리와 여가활동의 장을 분리 형성하여 인간으로부터 자연의 피해를 최소화할 수 있도록 최소한의 제한적 연결망을 구축할 것

해설

- ④는 '체계적 · 지속적으로 자연환경을 유지 · 관리하여 여가활동의 장이 형성되고 인간과 자연이 공생할 수 있는 연결망을 구축할 수 있도록 할 것'으로 변경되어야 한다.

14 Repetitive Learning (1회 2회 3회)

수목 또는 경사면 등의 주위 경관 요소들에 의하여 자연스럽게 둘러싸여 있는 경관을 무엇이라 하는가?

① 파노라마 경관 ② 지형경관
③ 위요경관 ④ 관개경관

해설

- ①은 넓은 초원과 같이 시야가 가리지 않고 멀리 터져 보이는 경관이다.
- ②는 지형지물이 경관에서 지배적인 위치를 가지는 경관이다.
- ④는 수림의 가지와 잎들이 천정을 이루고 수간이 교목의 수관 아래 형성되는 경관으로 숲속의 오솔길 등이 대표적이다.

15 Repetitive Learning (1회 2회 3회)

가법혼색에 관한 설명으로 틀린 것은?

① 2차색은 1차색에 비하여 명도가 높아진다.
② 빨강 광원에 녹색 광원을 흰 스크린에 비추면 노란색이 된다.
③ 가법혼색의 삼원색을 동시에 비추면 검정이 된다.
④ 파랑에 녹색 광원을 비추면 시안(Cyan)이 된다.

해설

- 가법혼색의 3원색(빨강, 초록, 파랑)을 동시에 비추면 흰색이 된다.

16 Repetitive Learning (1회 2회 3회)

조경양식에 대한 설명으로 틀린 것은?

① 조경양식에는 정형식, 자연식, 절충식 등이 있다.
② 정형식 조경은 영국에서 처음 시작된 양식으로 비스타 축을 이용한 중앙 광로가 있다.
③ 자연식 조경은 동아시아에서 발달한 양식이며 자연상태 그대로를 정원으로 조성한다.
④ 절충식 조경은 한 장소에 정형식과 자연식을 동시에 지니고 있는 조경양식이다.

해설

- 정형식 조경은 서아시아 및 유럽 등에서 기원전부터 성립된 조경양식이다. 비스타 축을 이용한 정원방식은 프랑스식 정원 양식이다.

17 Repetitive Learning (1회 2회 3회)

다음 그림과 같은 정투상도(제3각법)에 해당하는 입체도형으로 옳은 것은?

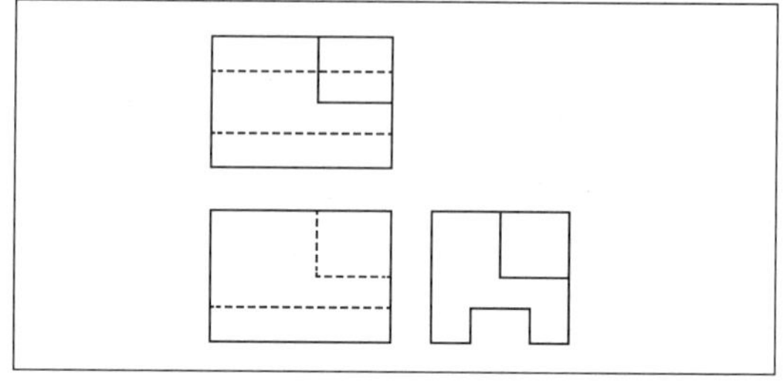

①
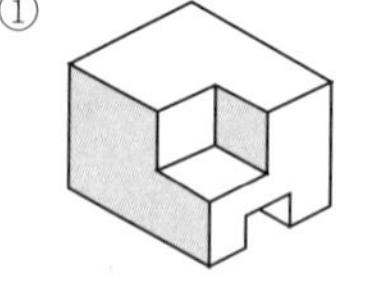

②
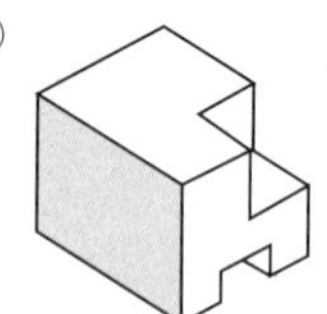

③
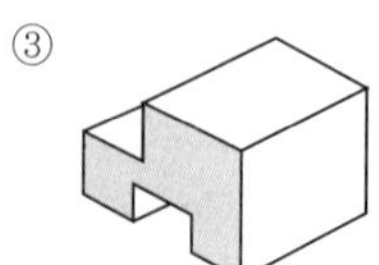

④
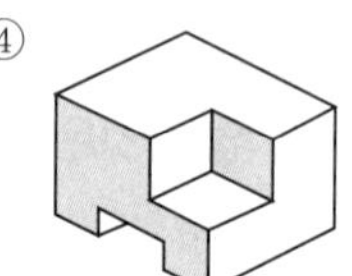

해설

- 위쪽이 평면도, 아래쪽이 정면도, 오른쪽이 우측면도이다.

13 ④ 14 ③ 15 ③ 16 ② 17 ② 정답

18

Repetitive Learning 1회 2회 3회

다음 중 직선의 느낌으로 가장 적절하지 않은 것은?

① 여성적이다. ② 굳건하다.
③ 딱딱하다. ④ 긴장감이 있다.

해설

- 직선은 굳건하고 남성적이며, 지그재그선은 유동적이고 활동적이다.

19

Repetitive Learning 1회 2회 3회

건설재료 단면의 경계표시 기호 중 지반면(흙)을 나타낸 것은?

①

②
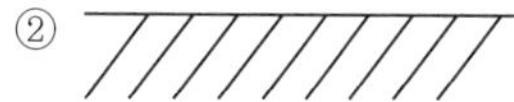

③
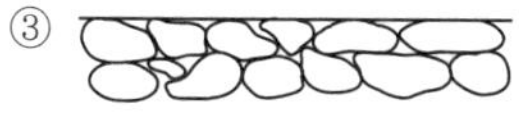

④

해설

- ①은 모래, ③은 자갈을 나타낸다.
- 지반면(흙)은 으로도 나타낸다.

20

Repetitive Learning 1회 2회 3회

일반적인 합성수지(Plastics)의 장점으로 틀린 것은?

① 열전도율이 높다.
② 성형가공이 쉽다.
③ 마모가 적고 탄력성이 크다.
④ 우수한 가공성으로 성형이 쉽다.

해설

- 합성수지는 열전도율이 낮고 열을 차단하는 효과가 우수하다.

21

Repetitive Learning 1회 2회 3회

시멘트 제조 시 응결시간을 조절하기 위해 첨가하는 것은?

① 광재 ② 점토
③ 석고 ④ 철분

해설

- 석고는 응결시간을 조절하기 위해 첨가하는 성분으로 시멘트의 응결은 석고의 질과 양에 따라 큰 영향을 받는다.

22

Repetitive Learning 1회 2회 3회

변성암의 종류에 해당하는 것은?

① 사문암 ② 섬록암
③ 안산암 ④ 화강암

해설

- ②, ③, ④는 모두 화성암이다.

23

Repetitive Learning 1회 2회 3회

다음의 ( ) 안에 들어갈 숫자로 적절한 것은?

조경설계기준상의 생울타리용 관목의 식재간격은 ( )m, 2 ~ 3줄을 표준으로 하되, 수목 종류와 식재장소에 따라 식재간격이나 줄 숫자를 적정하게 조정해서 시행해야 한다.

① 0.14 ~ 0.20 ② 0.25 ~ 0.75
③ 0.8 ~ 1.2 ④ 1.2 ~ 1.5

해설

- 생울타리용 관목의 식재간격은 0.25 ~ 0.75m, 2 ~ 3줄을 표준으로 한다.

24

Repetitive Learning 1회 2회 3회

조경에서 사용되는 건설재료 중 콘크리트의 특징으로 옳은 것은?

① 압축강도가 크다.
② 인장강도와 휨강도가 크다.
③ 자체 무게가 적어 모양변경이 쉽다.
④ 시공과정에서 품질의 양부를 조사하기 쉽다.

해설

- 콘크리트는 압축강도에 비해 인장강도, 휨강도, 전단강도는 매우 작다.
- 콘크리트는 자체 무게가 크다.
- 콘크리트는 시공과정에서 품질의 양부를 조사하기 어렵다.

정답 | 18 ① 19 ④ 20 ① 21 ③ 22 ① 23 ② 24 ①

25 Repetitive Learning (1회 2회 3회)

다음 설명에 해당하는 도장공사의 재료는?

- 초화면(硝化綿)과 같은 용제에 용해시킨 섬유계 유도체를 주성분으로 하고 여기에 합성수지, 가소제와 안료를 첨가한 도료이다.
- 건조가 빠르고 도막이 견고하며 광택이 좋고 연마가 용이하며, 불점착성 · 내마멸성 · 내수성 · 내유성 · 내후성 등이 강한 고급 도료이다.
- 결점으로는 도막이 얇고 부착력이 약하다.

① 유성페인트　② 수성페인트
③ 래커　④ 니스

해설
- ①은 가장 보편적으로 많이 사용하는 도료로 전용 신나와 희석해서 사용한다.
- ②는 안료를 물에 용해하여 수용성 교착제와 혼합한 분말 상태의 도료로 외부마감용 도료로 많이 사용한다.
- ④는 바탕재료의 부식을 방지하고 아름다움을 증대시키기 위한 목적으로 사용되는 도막형성용 도료이다.

26 Repetitive Learning (1회 2회 3회)

일반적으로 목재의 비중과 가장 관련이 있으며, 목재성분 중 수분을 공기 중에서 제거한 상태의 비중을 말하는 것은?

① 생목비중　② 기건비중
③ 함수비중　④ 절대 건조비중

해설
- ①은 벌채 후 생나무의 비중을 말한다.
- ③은 흙의 함수량을 표시할 때 사용한다.
- ④는 수분을 완전히 제거한 상태의 비중을 말한다.

27 Repetitive Learning (1회 2회 3회)

타일 붙임재료에 대한 설명으로 틀린 것은?

① 접착력과 내구성이 강하고 경제적이며 작업성이 있어야 한다.
② 종류는 무기질 시멘트 모르타르와 유기질 고무계 또는 에폭시계 등이 있다.
③ 경량으로 투수율과 흡수율이 크고, 형상 · 색조의 자유로움 등이 우수하나 내화성이 약하다.
④ 접착력이 일정기준 이상 확보되어야만 타일의 탈락현상과 동해에 의한 내구성의 저하를 방지할 수 있다.

해설
- 타일 붙임재료는 투수율과 흡수율이 작아야 한다.

28 Repetitive Learning (1회 2회 3회)

미장 공사 시 미장재료로 활용될 수 없는 것은?

① 견치석　② 석회
③ 점토　④ 시멘트

해설
- ①은 송곳니를 닮은 석재로 흙막이용 석축이나 비탈면의 돌붙임에 사용된다.

29 Repetitive Learning (1회 2회 3회)

가죽나무가 해당되는 과(科)는?

① 운향과　② 멀구슬나무과
③ 소태나무과　④ 콩과

해설
- 가죽나무는 소태나무과에 속한다.

30 Repetitive Learning (1회 2회 3회)

다음 중 광선(光線)과의 관계상 음수(陰樹)로 분류하기 가장 적절한 것은?

① 박달나무　② 눈주목
③ 감나무　④ 배롱나무

해설
- ②는 강음수로 전광의 1～3%만으로도 생존이 가능한 나무에 해당한다.

31 Repetitive Learning (1회 2회 3회)

열매를 관상목적으로 하는 조경 수목 중 열매색이 적색(홍색) 계열이 아닌 것은?(단, 열매색의 분류 : 황색, 적색, 흑색)

① 주목　② 화살나무
③ 산딸나무　④ 굴거리나무

해설
- ④의 열매는 흑자색으로 10～11월에 익는다.

25 ③　26 ②　27 ③　28 ①　29 ③　30 ②　31 ④ | 정답

32
Repetitive Learning (1회 2회 3회)

알루미늄의 일반적인 성질로 틀린 것은?

① 열의 전도율이 높다.
② 비중은 약 2.7 정도이다.
③ 전성과 연성이 풍부하다.
④ 산과 알칼리에 특히 강하다.

해설
- 알루미늄은 산과 알칼리에 약하고, 콘크리트나 강판에 접촉하면 부식되기 쉽다.

33
Repetitive Learning (1회 2회 3회)

콘크리트 혼화제와 그 역할의 연결이 바르지 않은 것은?

① 단위수량, 단위시멘트량의 감소 : AE감수제
② 작업성능이나 동결융해 저항성능의 향상 : AE제
③ 강력한 감수효과와 강도의 대폭 증가 : 고성능감수제
④ 염화물에 의한 강재의 부식을 억제 : 기포제

해설
- ④는 방청제의 역할이다.

34
Repetitive Learning (1회 2회 3회)

공원식재 시공 시 식재할 지피식물의 조건으로 가장 거리가 먼 것은?

① 관리가 용이하고 병충해에 잘 견뎌야 한다.
② 번식력이 왕성하고 생장이 비교적 빨라야 한다.
③ 성질이 강하고 환경조건에 대한 적응성이 넓어야 한다.
④ 토양까지의 강수 전단을 위해 지표면을 듬성듬성 피복하여야 한다.

해설
- 지피식물은 치밀하게 피복되는 것이 좋다.

35
Repetitive Learning (1회 2회 3회)

고로쇠나무와 복자기에 대한 설명으로 옳지 않은 것은?

① 복자기의 잎은 복엽이다.
② 두 수종 모두 열매가 시과이다.
③ 두 수종 모두 단풍색이 붉은색이다.
④ 두 수종 모두 과명이 단풍나무과이다.

해설
- 고로쇠나무는 단풍이 황색이고, 복자기는 단풍이 붉은색인 단풍나무과 나무이다.

0705

36
Repetitive Learning (1회 2회 3회)

줄기가 아래로 늘어지는 생김새의 수간을 가진 나무의 모양을 무엇이라 하는가?

① 쌍간 ② 다간
③ 직간 ④ 현애

해설
- ①은 주간의 본수가 두 개로 나란한 형태의 직간형이다.
- ②는 주간의 본수가 5개 이상인 형태의 직간형이다.
- ③은 수목의 주간이 지표면에서 나무의 끝부분까지 똑바로 자란 형태로 단간, 쌍간, 다간이 있다.

0701

37
Repetitive Learning (1회 2회 3회)

수목식재에 가장 적합한 토양의 구성비는?(단, 구성은 토양 : 수분 : 공기의 순서임)

① 50% : 25% : 25%
② 50% : 10% : 40%
③ 40% : 40% : 20%
④ 30% : 40% : 30%

해설
- 수목식재에 가장 적합한 토양의 구성비는 고상 : 액상 : 기상이 50 : 25 : 25인 비율이다.

38
Repetitive Learning (1회 2회 3회)

곤충이 빛에 반응하여 일정한 방향으로 이동하려는 행동습성은?

① 주광성(Phototaxis)
② 주촉성(Thigmotaxis)
③ 주화성(Chemotaxis)
④ 주지성(Geotaxis)

해설
- ②는 생물이 고형물에 대해 접촉하려는 성질을 말한다.
- ③은 진행생물의 세포나 일부 다세포생물이 외부의 화학적 자극에 의해 이동하는 현상을 말한다.
- ④는 중력이 자극이 되어 일어나는 주성을 말한다.

정답 | 32 ④ 33 ④ 34 ④ 35 ③ 36 ④ 37 ① 38 ①

39 Repetitive Learning (1회 2회 3회)

수피에 아름다운 얼룩무늬가 관상 요소인 수종이 아닌 것은?

① 노각나무 ② 모과나무
③ 배롱나무 ④ 자귀나무

해설
• ④의 줄기색은 연한 갈색 혹은 검은 갈색을 띤다.

1101 / 1204

40 Repetitive Learning (1회 2회 3회)

흰말채나무의 특징에 대한 설명으로 틀린 것은?

① 노란색의 열매가 특징적이다.
② 층층나무과로 낙엽활엽관목이다.
③ 수피가 여름에는 녹색이나 가을, 겨울철의 붉은 줄기가 아름답다.
④ 잎은 대생하며 타원형 또는 난상타원형이고, 표면에 작은 털이 있으며 뒷면은 흰색의 특징을 갖는다.

해설
• 흰말채나무의 열매는 9 ~ 10월경에 까맣게 익는다.

41 Repetitive Learning (1회 2회 3회)

차량 통행이 많은 지역의 가로수로 적절하지 않은 것은?

① 은행나무 ② 층층나무
③ 양버즘나무 ④ 단풍나무

해설
• 단풍나무는 공해에 약해 차량 통행이 많은 지역의 가로수로 적절하지 않다.

42 Repetitive Learning (1회 2회 3회)

멀칭재료는 유기질, 광물질 및 합성재료로 분류할 수 있다. 유기질 멀칭재료에 해당하지 않는 것은?

① 볏짚 ② 마사
③ 우드 칩 ④ 톱밥

해설
• ②는 암석이 잘게 깨진 형태의 흙으로 광물질 재료에 해당한다.

43 Repetitive Learning (1회 2회 3회)

지주목 설치에 대한 설명으로 틀린 것은?

① 수피와 지주가 닿은 부분은 보호조치를 취한다.
② 지주목을 설치할 때에는 풍향과 지형 등을 고려한다.
③ 대형목이나 경관상 중요한 곳에는 당김줄형을 설치한다.
④ 지주는 뿌리 속에 박아 넣어 견고히 고정되도록 한다.

해설
• 지주목은 뿌리가 상하지 않도록 조심해서 설치한다.

44 Repetitive Learning (1회 2회 3회)

조경공사의 유형 중 환경생태복원 녹화공사에 속하지 않는 것은?

① 분수공사
② 비탈면녹화공사
③ 옥상 및 벽체녹화공사
④ 자연하천 및 저수지공사

해설
• ①은 수경공사의 한 종류이다.

45 Repetitive Learning (1회 2회 3회)

수목의 가식 장소로 적절한 곳은?

① 배수가 잘되는 곳
② 차량출입이 어려운 한적한 곳
③ 햇빛이 잘 안들고 점질 토양인 곳
④ 거센 바람이 불거나 흙 입자가 날려 잎을 덮어 보온이 가능한 곳

해설
• 그늘지고 사질양토로 약간 습한 곳이 좋다.

46 Repetitive Learning (1회 2회 3회)

1차 전염원이 아닌 것은?

① 균핵 ② 분생포자
③ 난포자 ④ 균사속

해설
• ②는 2차 전염원 역할을 한다.

정답: 39 ④ 40 ① 41 ④ 42 ② 43 ④ 44 ① 45 ① 46 ②

47 Repetitive Learning (1회 2회 3회)

수목의 잎 조직 중 주로 가스교환을 하는 곳은?

① 책상조직 ② 엽록체
③ 표피 ④ 기공

해설
- ①은 엽육조직을 구성하는 한 부분으로 표피와 수직방향으로 길게 자란 조직을 말한다.
- ②는 광합성을 담당하는 세포 소기관이다.
- ③은 치밀하게 배열된 수목의 맨 바깥쪽 세포층이다.

48 Repetitive Learning (1회 2회 3회)

대추나무 빗자루병에 대한 설명으로 틀린 것은?

① 마름무늬매미충에 의하여 매개 전염된다.
② 각종 상처, 기공 등의 자연개구를 통하여 침입한다.
③ 잔가지와 황록색의 아주 작은 잎이 밀생하고, 꽃봉오리가 잎으로 변화된다.
④ 전염된 나무는 옥시테트라사이클린 항생제를 수간주입한다.

해설
- 마름무늬매미충이 병든 식물을 흡즙할 때 옮겨간 병원체가 건강한 나무를 흡즙할 때 전염된다.

49 Repetitive Learning (1회 2회 3회)

살충제에 해당되는 것은?

① 베노밀 수화제
② 페니트로티온 유제
③ 글리포세이트암모늄 액제
④ 아시벤졸라－에스－메틸 · 만코제브 수화제

해설
- ①은 광범위 종합살균제이다.
- ③은 비선택성 제초제이다.
- ④는 탄저병에 유효한 살균제이다.

50 Repetitive Learning (1회 2회 3회)

축척 1/500 도면의 단위면적이 $10m^2$인 것을 이용하여 축척 1/1000 도면의 단위면적으로 환산하면 얼마인가?

① $20m^2$ ② $40m^2$
③ $80m^2$ ④ $120m^2$

해설
- 축척이 1/500에서 도면의 단위면적이 $10m^2$이라면, 축척이 1/1000에서는 가로와 세로가 각각 2배이므로 4배가 되어서 $40m^2$이 된다.

51 Repetitive Learning (1회 2회 3회)

여름용(남방계) 잔디라고 불리며, 따뜻하고 건조하거나 습윤한 지대에서 주로 재배되는데 하루 평균기온이 10℃ 이상이 되는 4월 초순부터 생육이 시작되어 6～8월의 25～35℃ 사이에서 가장 생육이 왕성한 것은?

① 켄터키블루그래스 ② 버뮤다그래스
③ 라이그래스 ④ 벤트그래스

해설
- ①, ②, ③은 모두 한지형 잔디이다.

52 Repetitive Learning (1회 2회 3회)

콘크리트의 시공단계가 순서대로 바르게 나열된 것은?

① 운반 → 제조 → 부어넣기 → 다짐 → 표면마무리 → 양생
② 운반 → 제조 → 부어넣기 → 양생 → 표면마무리 → 다짐
③ 제조 → 운반 → 부어넣기 → 다짐 → 양생 → 표면마무리
④ 제조 → 운반 → 부어넣기 → 다짐 → 표면마무리 → 양생

해설
- 콘크리트는 레미콘의 형태로 공장에서 제조해서 실어오므로 제조가 가장 앞선 순서이다.

53 Repetitive Learning (1회 2회 3회)

콘크리트용 혼화재료에 관한 설명으로 옳지 않은 것은?

① 포졸란은 시공연도를 좋게 하고 블리딩과 재료분리 현상을 저감시킨다.
② 플라이애시와 실리카흄은 고강도 콘크리트 제조용으로 많이 사용된다.
③ 알루미늄 분말과 아연 분말은 방동제로 많이 사용되는 혼화제이다.
④ 염화칼슘과 규산소오다 등은 응결과 경화를 촉진하는 혼화제로 사용된다.

해설
- ③은 시멘트의 알칼리 성분과 결합하여 수소기포를 발생시키는 발포 혼화제이다.

정답 | 47 ④ 48 ② 49 ② 50 ② 51 ② 52 ④ 53 ③

54

Repetitive Learning (1회 2회 3회)

다음 설명에 적합한 조경공사용 기계는?

- 운동장이나 광장과 같이 넓은 대지나 노면을 판판하게 고르거나 필요한 흙쌓기 높이를 조절하는 데 사용
- 길이 2～3m, 너비 30～50cm의 배토판으로 지면을 긁어가면서 작업
- 배토판은 상하좌우로 조절할 수 있으며, 각도를 자유롭게 조절할 수 있기 때문에 지면을 고르는 작업 이외에 언덕 깎기, 눈치기, 도랑파기 작업 등도 가능

① 모터 그레이더　② 차륜식 로더
③ 트럭 크레인　④ 진동 컴팩터

해설

- ②는 평탄바닥에 적재된 토사를 덤프에 적재하거나 평탄작업 등의 정지작업에 사용되는 기계이다.
- ③은 운반작업에 편리하고 평면적인 넓은 장소에 기동력 있게 작업할 수 있는 장비로 트럭에 크레인이 달려있다.
- ④는 롤러, 래머, 탬퍼 등과 함께 지반을 다지는 다짐기계이다.

55

Repetitive Learning (1회 2회 3회)

다음 중 경관석 놓기에 관한 설명으로 적절하지 않은 것은?

① 돌과 돌 사이는 움직이지 않도록 시멘트로 굳힌다.
② 돌 주위에는 회양목, 철쭉 등을 돌에 가까이 붙여 식재한다.
③ 시선이 집중되기 쉬운 곳, 시선을 유도해야 할 곳에 앉혀 놓는다.
④ 3, 5, 7 등의 홀수로 만들며, 돌 사이의 거리나 크기 등을 조정배치한다.

해설

- 경관석은 자연스러움을 강조하는 것이므로 시멘트로 굳히지 않는다.

56

Repetitive Learning (1회 2회 3회)

지표면이 높은 곳의 꼭대기 점을 연결한 선으로, 빗물이 이것을 경계로 좌우로 흐르게 되는 선을 무엇이라 하는가?

① 능선　② 계곡선
③ 경사 변환점　④ 방향 변환점

해설

- ②는 여러 개의 주곡선이 중첩되면 고도를 계산하기 어려우므로 주곡선 5줄마다를 굵은 실선으로 표시하는 것을 말한다.
- ③은 지표면 같은 방향 경사면에 의해 전체적으로 경사가 변하는 점을 말한다.

0502

57

Repetitive Learning (1회 2회 3회)

토공사(정지) 작업 시 일정한 장소에 흙을 쌓아 일정한 높이를 만드는 일을 무엇이라 하는가?

① 객토　② 절토
③ 성토　④ 경토

해설

- ①은 토질 개량을 위해 다른 곳의 흙을 가져다 까는 작업을 말한다.
- ②는 땅을 평평하게 하기 위해 파내는 작업을 말한다.
- ④는 농사짓기에 알맞은 땅을 일컫는다.

58

Repetitive Learning (1회 2회 3회)

옥상녹화용 방수층 및 방근층 시공 시 '바탕체의 거동에 의한 방수층의 파손' 요인에 대한 해결방법으로 적절하지 않은 것은?

① 거동 흡수 절연층의 구성
② 방수층 위에 플라스틱계 배수판 설치
③ 합성고분자계, 금속계 또는 복합계 재료 사용
④ 콘크리트 등 바탕체가 온도 및 진동에 의한 거동 시 방수층 파손이 없을 것

해설

- ②는 배수층 설치를 통한 체류수의 원활한 흐름의 해결방법이다.

59

Repetitive Learning (1회 2회 3회)

수경시설(연못)의 유지관리에 관한 내용으로 옳지 않은 것은?

① 겨울철에는 물을 2/3 정도만 채워둔다.
② 녹이 잘 스는 부분은 녹막이 칠을 수시로 해준다.
③ 수중식물 및 어류의 상태를 수시로 점검한다.
④ 물이 새는 곳이 있는지의 여부를 수시로 점검하여 조치한다.

54 ① 55 ① 56 ① 57 ③ 58 ② 59 ① 정답

해설

• 겨울철에는 동파를 방지하기 위해 물을 빼 둔다.

60

Repetitive Learning (1회 2회 3회)

수변의 디딤돌(징검돌) 놓기에 대한 설명으로 틀린 것은?

① 보행에 적합하도록 지면과 수평으로 배치한다.
② 징검돌의 상단은 수면보다 15cm 정도 높게 배치한다.
③ 디딤돌 및 징검돌의 장축은 진행방향에 직각이 되도록 배치한다.
④ 물순환 및 생태적 환경을 조성하기 위하여 투수지역에서는 주로 가벼운 디딤돌을 활용한다.

해설

• 물순환 및 생태적 환경을 조성하기 위하여 투수지역에서는 무거운 디딤돌을 피한다.

정답 | 60 ④

memo